U0216330

福建省自然科学基金联合资助项目计划（编号：2024J01905）
三明学院学术著作出版基金资助

现代爆破信号

分析理论与典型工程应用

付晓强　著

厦门大学出版社
XIAMEN UNIVERSITY PRESS
国家一级出版社
全国百佳图书出版单位

图书在版编目（CIP）数据

现代爆破信号分析理论与典型工程应用 / 付晓强著.
厦门 ：厦门大学出版社，2024. 12. -- ISBN 978-7
-5615-9510-7

Ⅰ. TB41

中国国家版本馆 CIP 数据核字第 20243XQ106 号

责任编辑　睦　蔚　陈玉环
美术编辑　张雨秋
技术编辑　许克华

出版发行　厦门大学出版社
社　　址　厦门市软件园二期望海路 39 号
邮政编码　361008
总　　机　0592-2181111　0592-2181406(传真)
营销中心　0592-2184458　0592-2181365
网　　址　http://www.xmupress.com
邮　　箱　xmup@xmupress.com
印　　刷　厦门市金凯龙包装科技有限公司

开本　787 mm×1 092 mm　1/16
印张　21
插页　2
字数　525 千字
版次　2024 年 12 月第 1 版
印次　2024 年 12 月第 1 次印刷
定价　66.00 元

本书如有印装质量问题请直接寄承印厂调换

厦门大学出版社
微信二维码

厦门大学出版社
微博二维码

前　言

　　工程爆破作为土石方开挖的一种特殊施工手段,由于其施工组织灵活、成本较低,在我国基础建设中发挥着重要作用。近年来,随着科学技术、生产和国防建设事业的发展,工程爆破技术的研究和实践都取得了卓越的成就。此外,由于炸药爆炸能量释放的无序性和岩土地质条件的复杂性,爆破产生的能量难以精确控制,在实现土石方开挖的同时,产生的次生灾害效应对周围建(构)筑物和环境的影响不容忽视,其中最为突出的便是爆破振动安全问题。因此,研究爆破振动波传播和能量控制以及特征提取对保障工程安全具有积极的现实意义。

　　爆破振动信号处理分析作为爆破振动效应评价和爆破参数优化的主要手段之一,历来受到相关研究人员的广泛关注。爆破振动作为各种频率成分振动波的混合体,其波形特征极为复杂混乱,在信号幅值、频率和振动时间等方面都表现出无规则的随意性。因此,必须对大量包含着无穷信息的爆破振动信号进行快速处理,去伪存真,提取能够反映爆破特征的有用信息进而探寻爆破能量的衰减过程,得到能够科学指导工程实践的普适性客观规律。由此可见,爆破振动信号处理分析的重要性和需求与日俱增。因此,掌握爆破振动数据分析和信号处理的理论和方法,在现代科学技术领域中已十分必要。由于传统研究手段和方法的局限性,爆破振动波传播机理和安全控制方面的研究仍未取得突破性的进展。

　　本书从时域和频谱分析角度,叙述了爆破信号分析的新理论。本书是本人及团队的研究成果,总结了对几类典型爆破工程采集爆破信号的分析及应用,系统阐述了爆破信号预处理和特征提取方法,期望能起到抛砖引玉的作用。

　　爆破信号分析理论、技术方法不断发展,本书仅涉及部分相对直接和研究热点的内容,选取的典型工程也有限,并未囊括所有的工程爆破类型,目的在于为具有相关信号处理基础的研究者和工程技术人员提供一定的参考和借鉴,部分程序见附录。

本书的出版得到了福建省自然科学基金联合资助项目计划（编号：2024J01905）和三明学院学术著作出版基金的资助，本人在此深表谢意。另外，感谢华侨大学土木工程学院俞缙教授，太原理工大学矿业工程学院张世平副教授、张昌锁教授，三明科飞产气新材料股份有限公司戴良玉董事长对本书提出的宝贵意见；感谢三明学院工程材料与结构加固福建省高等学校重点实验室崔秀琴教授、曾武华副教授对本书出版的大力支持；特别感谢夫人王培女士在文稿整理、编辑过程中的支持与关怀。

感谢书中所引用参考文献的著者、译者。

由于本人在该领域的水平有限，书中若存在疏漏内容和欠妥之处，欢迎广大读者批评指正。

付晓强

2024 年 11 月

目　　录

第一章　绪论 ··· 1

  1.1　爆破信号分析算法研究现状 ································· 1

  1.2　爆破信号能量及特征提取研究现状 ······················· 4

  1.3　爆破减振降损技术研究现状 ······························· 5

  参考文献 ··· 8

第二章　信号处理基本知识 ·· 12

  2.1　信号及类型 ·· 12

    2.1.1　信号处理过程 ····································· 12

    2.1.2　采样和量化 ······································· 13

    2.1.3　采样频率与采样过程 ······························· 13

  2.2　模拟生成时域信号 ·· 14

    2.2.1　均匀正态分布的噪声 ······························· 15

    2.2.2　正弦波 ··· 16

    2.2.3　高斯信号 ··· 17

    2.2.4　方波信号 ··· 17

    2.2.5　其他时域信号 ····································· 18

  2.3　平稳和非平稳时间序列 ···································· 18

    2.3.1　精度和分辨率 ····································· 19

    2.3.2　信号起止缓冲时间 ································· 20

    2.3.3　多变量时间序列生成 ······························· 20

  2.4　傅里叶变换与逆变换 ······································ 21

    2.4.1　傅里叶变换 ······································· 21

    2.4.2　傅里叶变换结果输出和解释 ························· 22

    2.4.3　多正弦波和噪声的傅里叶变换 ······················· 23

    2.4.4　提取特定频率信息 ································· 23

    2.4.5　非稳态正弦信号傅里叶变换 ························· 24

    2.4.6　非正弦信号的傅里叶变换 ··························· 25

  2.5　边缘伪像和时间序列锥化 ·································· 25

  2.6　常用信号频谱分析方法 ···································· 29

    2.6.1　短时傅里叶变换 ··································· 30

　　　　2.6.2　维格纳-威尔（Wigner-Ville）分布 ················· 32

　　　　2.6.3　Morlet 小波卷积 ··························· 33

　　　　2.6.4　滤波希尔伯特（Hilbert）变换 ················· 36

　　　　2.6.5　有限与无限脉冲响应滤波器 ··················· 37

　　　　2.6.6　时域信号去噪 ························· 42

　　2.7　经验模式分解 ··························· 45

　　2.8　时间序列平稳性 ························· 46

　　　　2.8.1　均值稳态性 ························· 46

　　　　2.8.2　方差平稳性 ························· 47

　　　　2.8.3　相位和频率平稳性 ····················· 48

　　　　2.8.4　多变量数据信号平稳性 ··················· 49

　　　　2.8.5　信号平稳性统计意义 ····················· 50

　　2.9　多元时间序列相关分析方法 ··················· 50

　　　　2.9.1　谱相干性分析 ······················· 51

　　　　2.9.2　主成分分析 ························· 51

　　2.10　MATLAB 软件简介 ························· 53

　　　　2.10.1　MATLAB 界面及结果输出 ················· 53

　　　　2.10.2　MATLAB 语言特点 ····················· 54

　　　　2.10.3　基本绘图功能 ······················· 55

　　2.11　LabVIEW 软件简介 ························· 57

　　　　2.11.1　LabVIEW 的特点 ····················· 58

　　　　2.11.2　LabVIEW 的应用领域 ··················· 58

　　　　2.11.3　LabVIEW 编程环境 ····················· 59

　　　　2.11.4　启动界面 ························· 59

　　　　2.11.5　前面板 ··························· 60

　　　　2.11.6　程序框图 ························· 60

　　　　2.11.7　LabVIEW 与信号处理 ··················· 61

　　参考文献 ······························· 62

第三章　隧道爆破信号分析与相关特征提取研究 ················· 63

　　3.1　隧道爆破振动信号交叉项抑制分析 ················· 63

　　　　3.1.1　隧道概况 ························· 63

　　　　3.1.2　隧道工程的特点和难点 ··················· 64

　　　　3.1.3　测试方案及测点的布置 ··················· 65

　　　　3.1.4　隧道爆破振动信号时频谱交叉项抑制方法 ········· 68

　　　　3.1.5　雷管延期时间确定 ····················· 77

　　3.2　隧道爆破振动信号混沌分形特征研究 ··············· 80

　　　　3.2.1　算法原理 ························· 80

　　　　3.2.2　信号频带划分与重构 ····················· 82

3.2.3　爆破振动吸引子混沌特征　………………………………　83

3.2.4　相轨迹图变化规律　…………………………………………　83

3.3　城市浅埋隧道下穿密集建筑群控制爆破技术研究　…………………　87

3.3.1　工程概况　……………………………………………………　87

3.3.2　减振爆破方案　………………………………………………　88

3.3.3　隧道爆破振动监测与分析　…………………………………　91

3.4　隧道爆破信号主分量特征提取与毫秒延期识别研究　………………　92

3.4.1　算法简介　……………………………………………………　93

3.4.2　爆破信号主分量判别与毫秒延期识别　……………………　94

3.5　隧道爆破信号能量特征提取分析　……………………………………　98

3.5.1　TQWT 算法原理　……………………………………………　100

3.5.2　隧道爆破信号分析结果　……………………………………　100

3.5.3　TQWT 优化分解过程实现　…………………………………　102

3.6　地铁隧道爆破振动信号趋势项和噪声消除分析　……………………　105

3.6.1　基本算法　……………………………………………………　106

3.6.2　工程概况　……………………………………………………　108

3.6.3　信号分析过程及结果　………………………………………　110

3.7　隧道爆破振动信号畸变校正分析　……………………………………　114

3.7.1　基本理论　……………………………………………………　115

3.7.2　爆破信号畸变校正　…………………………………………　117

3.7.3　爆破信号特征提取　…………………………………………　119

3.8　隧道爆破振动信号畸变校正与混沌多重分形特征　…………………　122

3.8.1　基本算法　……………………………………………………　123

3.8.2　隧道爆破信号零偏校正　……………………………………　125

3.8.3　混沌多重分形特征分析　……………………………………　127

3.8.4　多重分形特征　………………………………………………　129

3.8.5　信号相关性分析　……………………………………………　132

参考文献　………………………………………………………………………　133

第四章　露天矿山爆破信号分析与边坡稳定性评价研究　………………　140

4.1　爆破振动安全及振动效应监测　………………………………………　143

4.1.1　爆破振动强度经验公式　……………………………………　143

4.1.2　爆破振动安全判据　…………………………………………　144

4.2　爆破振动效应监测　……………………………………………………　145

4.2.1　本次爆破振动监测的选择　…………………………………　145

4.2.2　爆破监测方案和测点布置原则　……………………………　146

4.2.3　爆破振动监测现场工作　……………………………………　147

4.2.4　爆破振动监测数据处理分析　………………………………　147

4.3 露天爆破信号傅里叶分析 ·················· 148
4.3.1 傅里叶分析理论 ···················· 148
4.3.2 傅里叶变换在爆破振动信号中的应用 ···· 149
4.3.3 傅里叶变换分析的局限性 ·············· 152
4.4 露天爆破信号小波和小波包分析 ·········· 152
4.4.1 小波分析理论 ···················· 153
4.4.2 小波包分析理论 ·················· 154
4.4.3 小波变换在微差爆破延时间隔识别中的应用 ···· 155
4.4.4 爆破微差延时间隔识别 ·············· 158
4.4.5 露天爆破能量衰减特征 ·············· 159
4.5 露天爆破信号 HHT 分析 ·················· 166
4.5.1 HHT 分析理论 ···················· 167
4.5.2 基于 HHT 的爆破振动信号分析 ········ 169
4.5.3 爆破振动信号经验模态分解 ············ 171
4.5.4 HHT 法微差雷管早爆识别 ············ 176
4.5.5 爆破振动信号瞬时能量谱 ············ 178
4.6 露天爆破振动信号的反应谱响应特征分析 ···· 180
4.6.1 反应谱理论 ······················ 181
4.6.2 监测信号波形采集 ·················· 182
4.6.3 露天爆破反应谱特征分析 ············ 184
4.6.4 爆破振动速度反应谱的特征分析 ········ 186
4.7 露天矿爆破开采边坡稳定性分析 ·········· 188
4.7.1 安全系数法理论 ···················· 189
4.7.2 评价模型的建立 ···················· 190
4.7.3 爆破后单边坡稳定性分析 ············ 192
4.7.4 爆破对多边坡的影响分析 ············ 197
4.7.5 影响边坡稳定性的其他因素分析 ········ 199

参考文献 ···································· 201

第五章 斜井爆破振动监测分析及对建(构)筑物的影响研究 ···· 203

5.1 爆破振动监测和反应谱理论 ·············· 204
5.1.1 爆破振动监测及安全判据 ············ 204
5.1.2 爆破监测的核心内容及基本原理 ········ 204
5.1.3 仪器的特性和参数设置 ·············· 205
5.2 爆破振动安全 ······················ 207
5.2.1 爆破振动强度经验公式 ·············· 207
5.2.2 爆破对周围建(构)筑物的安全影响 ······ 207
5.2.3 建筑物安全允许标准 ················ 210

5.3 爆破施工振动监测方案及监测数据理论分析 …………………… 210

　　5.3.1 工程概况 …………………………………………………… 210

　　5.3.2 监测点的布置方案 …………………………………………… 211

　　5.3.3 监测信息反馈及预报 ………………………………………… 212

5.4 各阶段监测数据及典型波形 ……………………………………… 213

　　5.4.1 第一阶段爆破方案 …………………………………………… 213

　　5.4.2 分部开挖爆破参数及预期效果 ……………………………… 214

　　5.4.3 第一阶段地表监测数据及典型爆破波形 …………………… 216

　　5.4.4 第二阶段监测数据及典型波形 ……………………………… 219

　　5.4.5 复式掏槽爆破参数及预期效果 ……………………………… 220

　　5.4.6 第三阶段监测数据及典型波形 ……………………………… 223

　　5.4.7 第三阶段典型波形 …………………………………………… 226

　　5.4.8 第四阶段监测数据及典型波形 ……………………………… 227

5.5 建(构)筑物随频率变化动力响应分析 ………………………… 232

　　5.5.1 反应谱解析理论和动力响应分析理论 ……………………… 232

　　5.5.2 反应谱常用计算方法 ………………………………………… 233

　　5.5.3 反应谱和反应谱曲线 ………………………………………… 235

　　5.5.4 建(构)筑物阻尼比系数 …………………………………… 236

5.6 各阶段监测数据加速度和标准反应谱分析 ……………………… 237

　　5.6.1 各阶段监测数据速度反应谱分析 …………………………… 239

　　5.6.2 各阶段监测数据位移反应谱分析 …………………………… 240

　　5.6.3 相似案例分析 ………………………………………………… 241

5.7 建(构)筑物随周期变化动力响应分析 ………………………… 244

　　5.7.1 各阶段监测数据加速度和标准反应谱分析 ………………… 245

　　5.7.2 各阶段监测数据速度反应谱分析 …………………………… 246

　　5.7.3 各阶段监测数据位移反应谱分析 …………………………… 247

5.8 建(构)筑物爆破响应结构稳定性数值模拟 …………………… 248

　　5.8.1 模型的建立 …………………………………………………… 249

　　5.8.2 建筑物位移响应 ……………………………………………… 250

　　5.8.3 建筑物运动方程及解析 ……………………………………… 252

参考文献 ……………………………………………………………………… 256

第六章　冻结立井爆破信号分析与精细化特征提取 ……………………… 258

6.1 立井爆破雷管微差延时识别 ……………………………………… 258

　　6.1.1 工程概况 …………………………………………………… 258

　　6.1.2 微差识别原理 ………………………………………………… 259

　　6.1.3 应用分析 …………………………………………………… 260

6.2 立井爆破井壁振动与围岩损伤控制分析 ………………………… 264

　　6.2.1 爆破参数优化 ………………………………………………… 264

6.2.2　基本算法 ……………………………………………… 266

6.2.3　井壁振动信号分析 …………………………………… 267

6.2.4　雷管延期识别 ………………………………………… 269

6.2.5　冻结壁图像能量及半孔痕识别 ……………………… 270

6.2.6　冻结壁成形状态分类 ………………………………… 272

6.3　立井爆破振动信号 Hilbert 谱分析 …………………………… 273

6.3.1　爆破振动信号及频谱 ………………………………… 273

6.3.2　小波分解与 Hilbert 谱分析 ………………………… 274

6.3.3　信号能量分布特征 …………………………………… 276

6.4　立井爆破信号时频特征精细化提取 …………………………… 278

6.4.1　FSWT 时频分析方法 ………………………………… 279

6.4.2　爆破振动信号 FSWT 分析 …………………………… 279

6.4.3　能量分布特征提取 …………………………………… 280

6.5　冻结立井爆破振动信号去噪研究 ……………………………… 281

6.5.1　EMD-DFA 算法 ……………………………………… 282

6.5.2　EMD 和 DFA 的爆破信号去噪 ……………………… 283

6.5.3　应用实例 ……………………………………………… 283

6.5.4　去噪效果评价 ………………………………………… 284

6.6　立井爆破振动信号混沌特征研究 ……………………………… 285

6.6.1　立井爆破信号采集与重构 …………………………… 286

6.6.2　信号重构及频谱特征 ………………………………… 286

6.6.3　爆破振动吸引子混沌特征 …………………………… 288

6.7　井筒爆破信号趋势项消除分析 ………………………………… 290

6.7.1　变分模态分解算法 …………………………………… 291

6.7.2　爆破信号趋势项消除分析 …………………………… 292

6.7.3　爆破信号特征提取 …………………………………… 294

6.8　立井爆破信号趋势项和噪声消除研究 ………………………… 294

6.8.1　相关算法 ……………………………………………… 295

6.8.2　趋势项消除流程 ……………………………………… 296

6.8.3　应用实例 ……………………………………………… 296

6.8.4　效果验证 ……………………………………………… 299

参考文献 ……………………………………………………………… 299

附录　部分程序 ……………………………………………………… 304

第一章 绪论

1.1 爆破信号分析算法研究现状

对爆破振动信号的分析处理是爆破振动效应研究的首要环节,因此必须选择合适的仪器和分析方法对爆破振动波进行采集与深入分析。20 世纪初,随着对爆破振动危害效应的广泛关注,各国研究者针对爆破振动波在岩石介质中的传播理论开展了研究工作,尤其是从20 世纪 50 年代开始,随着地下核试验的开展和核防护工程的修建及工业爆破中炸药量使用的增加,国内外专家学者进行了一系列爆破振动波传播规律的理论计算和实验研究,取得了一系列丰硕的成果。

传统的频谱分析算法——快速傅里叶变换(fast Fourier transform,FFT)是信号分析的有力工具,典型的如学者杨军伟采用快速傅里叶变换对采集爆破振动信号进行了频谱分析,获得了爆破振动信号频率的高低、能量的分布及主频判别等有效信息,为爆破荷载下地表和地下工程的安全稳定性评估提供了理论依据。典型的如范磊和沈蔚通过对基岩爆破实测振动信号进行 FFT 频谱分析,得到了爆破振动衰减规律及装药位置、传播路径等因素对频谱特征的影响,为工程爆破安全设计和作用目标的保护提供了基础数据。鞠伟采用 FFT 算法在 Nios II 处理器上对爆破振动信号进行了频谱分析处理并论证了爆破频谱实时在线显示传输方案的可行性,为传统爆破测振仪的改进提供了新的思路。杨军伟利用 FFT 获得了爆破信号频率高低、能量的分布及主频等特征物理量,为研究爆破振动波的传播特征和对周围建筑物的影响提供了理论依据。但 FFT 算法比较适合对平稳信号的分析处理,对具有较大突变的瞬态冲击爆破振动信号的分析存在较大局限性,不能准确描述任意小尺度局部时域范围内的频谱特征,因此小波分析(wavelet analysis,WA)方法便应运而生。

小波分析是一种时域-频域联合分析,同时具有时域和频域的良好局部化性质,这是它优于傅里叶分析的特性,而且随着信号不同频率成分在时间(空间)域取样的疏密自动调节(频高者密,频低者疏)可达到效率高、质量佳的效果。早在 20 世纪 90 年代,意大利那不勒斯大学物理系的 Evangelista 利用小波理论进行了语音和音乐方面的信号处理研究,随后我国的爆破工作者和科研人员也开始了这方面的研究工作,如何军、于亚伦和梁文基在阐述小波方法与传统傅里叶变换差异的基础上,对爆破信号进行了多尺度小波分解和重构,准确描述了爆破信号的非线性局部特征,验证了小波方法用于爆破信号处理过程的可行性。赵明阶、叶晓明和吴德伦应用小波-傅里叶综合分析方法,实现了真实爆破信号的分离,获取了隐藏在高频干扰中的优势频谱特征,从而为将速度、频率准则纳入《爆破安全规程》提供了一种可行的技术手段。凌同华等采用基于小波方法的时-能密度分析,精确识别出爆破网络中路段别雷管实际延期时间,通过信号时-频转换技术得到分离出的子波波形曲线,通过比较各分段振波在不同延期时间下的叠加效果,进一步分析得到微差爆破的较优微差延期时间并进行了效果验证。

相较于小波方法,小波包方法可以对信号进行更为精细的特征提取,对信号高频部分的分辨率优于小波分析方法。因此,小波包分析在爆破信号处理中的应用更加广泛,如宋光明等分别研究了爆破条件、位置条件和传播介质特性对爆破信号小波包时频特征的影响,多角度、多层次对爆破信号的时频差异进行了综合研究,收到了良好的效果。凌同华和李夕兵根据爆破信号短时非平稳特点,利用小波包分析技术对爆破信号的能量分布特征进行了分析,得到了不同段药量和爆源距离条件下的多条爆破信号的能量分布特征,同时也对多段微差爆破信号的频带能量分布特征进行了研究,为研究爆破振动危害效应提供了有效的分析技术。谢全民等分别采用小波方法和小波包方法对同一爆破信号进行了分析实践并对分析结果进行了比较分析,验证了小波包在爆破信号处理中的优势。实践证明,鉴于小波分析在非线性信号处理方面的显著优势,小波分析在国内外众多学科研究中有越来越重要的地位,将小波分析理论引入爆破信号处理过程是当今爆破科技工作者的一项重要课题。

小波分析在时域和频域都具有很好的局部化性质,较好地解决了时间和频率分辨率的矛盾,但本质上是一种窗口可调的傅里叶变换。另外,小波基的有限长会造成信号能量的泄漏,使信号的能量-频率-时间分布很难定量表述。1998 年由美国宇航局的 Huang 等提出的希尔伯特-黄变换(Hilbert-Huang transform,HHT)信号处理方法被认为是近年来对以傅里叶变换为基础的线性和稳态谱分析的一个重大突破。该方法不受傅里叶分析的局限,可依据数据本身的时间尺度特征来进行模态分解,分解过程中保留了数据本身的特性。HHT 算法虽还有诸多问题需要解决,但是这一方法已经以其独特的优点在爆破信号分析领域得到了成功的应用。在国内,学者张义平、李夕兵等首先将 HHT 引入爆破振动信号处理领域,并取得了一定的研究成果。张义平等研究发现,HHT 法能有效地提取爆破振动信号的主要特征,更能适应信号突变快、衰减快的特征,为进一步认识爆破振动波的传播机理、确定破坏原因和危害判据提供了新的途径。陆凡东等在分析石方爆破信号噪声产生原因的基础上,利用 HHT 方法揭示了爆破信号噪声的时频特征,凸显了该方法在非线性、非平稳信号处理中的独特优势。李顺波等采用 HHT 分析方法对石场爆破近距离处隧道安全的不利影响进行了分析,基于瞬时能量表征和评估了在建和既有隧道的安全,改进了传统的单一振动速度评价方法,收到了很好的应用效果。宗琦等采用 HHT 方法对煤矿巷道掘进爆破振动波信号的频谱、能量分布进行了研究,明确了爆破振动主频率区间以及掏槽孔等不同部位炮孔对应的瞬时能量峰值差异,并结合研究成果,从爆破能量控制的角度提出了降低爆破振动效应的对策。龚敏等通过 HHT 分析方法,得到了数码电子雷管经验模态分解(empirical mode decomposition,EMD)和瞬时能量识别方法微差延期时间识别结果,获得了不同识别方法的识别精度,得到了最优化的段间微差延期时间及不同识别方法的适用条件。马华原、李斌利和郭涛对田湾核电站二期扩建工程爆破信号进行了监测,通过经验模态分解得到了信号各固有模态分量,进而得到各模态函数的时频谱,通过瞬时能量变化识别出雷管延期时间,为雷管质量监测和频域分析提供了探索性思路。

随着研究的深入,HHT 提出的自适应基底导致算法边界效应较大,这一点对信号处理精度的影响问题目前仍是极为关键的难题。二次型时频分布可以从时域与频域特征相结合的途径揭示信号构成的本质,其基本思想是设计时间和频率的联合函数并通过核函数的巧妙设计实施有效过滤从而有效地除去噪声,用它来描述信号在不同时间和频率上的能量密度和强度,从时域、频域和幅值域三维空间同时揭示信号成分。二次型分析方法中最有代表性的包括维格纳-威尔分布(Wigner-Ville distribution,WVD)、平滑伪维格纳-威尔分布(smooth pseudo Wigner-Ville distribution,SPWVD)、Cohen 类时频分布和 Affine 类时频分布等。二次型分布在爆破信号分析领域主要用于提取信号的能量在时频两个维度的分布特征,如史秀志、薛剑光和陈寿如基于 MATLAB 平台采用双线性变换的二次型分析方法对铜山口矿爆破振动信号特征进行了分析,改善了爆破振动信号特征分析精度,提高了信号时频解析能力并得到了主振频率信息。池恩安等采用重排平滑伪维格纳-威尔分布(reassignment of smooth pseudo Wigner-Ville distribution,RSPWVD)二次型方法对单段爆破振动信号在不同频段内的能量随时间、频率的分布规律进行了研究,全面揭示了单段爆破信号的频率成分及时频分布特征。马瑞恒和时党勇尝试利用二次型时频分布对爆破振动信号进行分析,通过对比确定了自适应二次型分析方法,有效抑制了信号中的交叉项干扰。另外,非线性分析方面的先进算法也被不断引入爆破信号分析领域,如匹配追踪(matching pursuit,MP)方法、混沌分形方法等,不断丰富和发展了爆破信号分析理论和技术。如郭涛等采用频率切片小波变换(frequency slice wavelet transform,FSWT)对爆破振动信号的时频特征进行了提取,验证了该算法在爆破信号处理过程中的良好时频聚集性、任意频带分量特征提取的灵活性及准确性。将其引入爆破振动效应分析领域,可为爆破振动信号时频特征精确提取奠定基础。付晓强等将匹配追踪算法应用于井筒爆破信号分析,实现了信号重构分量和残差分量的有效分离,验证了该算法用于信号突变特征提取的时效性,为爆破参数优化和方案调整提供了有效途径。许昌和邓成发针对近区工程爆破对周围建(构)筑物的影响,采用连续 S 变换对爆破信号的时频分布进行了统计,综合采用质点峰值振动速度、瞬时能量谱和持续时间等指标对坝体的安全性进行评价,为爆区建(构)筑物保护提供了可参考的数据支撑。谢全民等通过吸引子、李雅普诺夫(Lyapunov)指数、关联维数等核心参量指标分析隧道爆破振动响应信号混沌特征,得到了隧道爆破振动信号具有混沌特征,随着钻爆作业面与既有隧道爆心距减小会引起隧道爆破振动响应的混沌特征增强的重要结论,建立了爆破信号的非线性动力学行为特征参数与爆破振动响应之间的定性关系。

近年来,众多组合分析方法在爆破信号特征提取方面的应用也越来越广泛。如马瑞恒等利用基于小波变换模极大值法(wavelet transform modulus maxima,WTMM)的多分形奇异谱计算方法对岩石爆破信号的分形特征进行了分析,明确了爆破信号奇异指数的分布范围,得到了爆破信号具有处处奇异性的重要结论。李夕兵等分别采用小波方法和 HHT 变换对同一爆破信号进行了特征分析,对比了分析结果差异,揭示了小波基选取对信号分析结果的影响,而具有自适应性的 HHT 方法在多段别爆破信号分析过程中具有更明显的优势,突出了自适应性分解在爆破信号特征提取中的重要性。中国生、徐国元和江文武根据爆破信号中噪声和主分量信号的奇异性差异,对信号二进小波变换模值中噪声局部最大值所在域进行平滑处理,得到局部信号的小波系数,通过反变换重构得到去噪后的信号数据,有效消除了爆破信号中包含的噪声干扰。赵明生、张建华和易长平利用 RSPWVD 二次型和小波分析相结合的分析方法,提高了爆破振动信号时频特征的精度,展现了爆破振动信号的时频细节信息,并较好地抑制了信号时频平面上的交叉项,从而避免了信号在时频两个维度上的能量损伤。杨仁树等结合爆破分解子信号与原始信号的自相似统计特征,采用集合经验模态分解(emsemble empirical mode decomposition,EEMD)和分形盒维数分析方法,精确提取到爆破振动信号的主分量,有效改善了爆破信号的模态混叠现象并抑制了交叉项影响,提高了信号的时频聚集性。

1.2 爆破信号能量及特征提取研究现状

长期以来,爆破振动信号能量分析一直是爆破振动危害控制的关键和难题。从20世纪90年代至今,各国研究者就爆破振动波能量传播理论、爆破信号监测及分析、振动破坏判据和灾害控制等方面展开了深入研究,取得了大量成果。但由于爆破振动波的瞬时性、传播介质的复杂性和保护对象的多变性,爆破振动能量分析是现阶段一个艰巨而复杂的研究课题。

研究表明,建(构)筑物在爆破振动波作用下的动力响应特征与振动波的能量特性密切相关。薛永鹏、朱铭和薛永明介绍一种利用松散介质传递炸药爆炸能量拆除容器型和薄壁结构物的控制爆破方法,以污水处理池爆破拆除为例揭示了该方法的爆破机理。娄建武、龙源和徐全军采用小波分析方法对工程爆破引起的振动信号能量进行了分析,得出了小波系数与信号能量之间的关系,并用工程实测数据分析得到了爆破能量与小波系数之间的定量关系。王永青和汪旭光通过调配乳化炸药品种和添加玻璃微球调节炸药的密度以及能量密度,进行了模型爆破分析,建立乳化炸药能量密度与爆破效果的关系,研究表明炸药能量密度应与岩体的强度匹配,以便取得最优化的爆破效果。

在破岩与能量关系方面,宗琦和孟德君根据爆炸波的界面折射和反射理论,分析爆炸能量的折射和反射规律,建立爆炸能量折射率和反射率的计算公式以及岩石和炸药的最佳阻抗匹配关系,探讨不同炮孔装药结构(耦合装药、空气不耦合装药、水不耦合装药)对爆炸能量传递的影响,提出适用于不同爆破要求的合理装药方式。逢焕东和张金泉对掏槽爆破的本质进行了探讨,指出掏槽爆破中岩石的开裂、破碎以及高温高压下的团结都是装药爆炸所释放的能量与岩石自身损伤状态匹配的结果,同时也给出了发生这些现象所必须满足的匹配条件。张志呈等论述了爆破振动在地层介质中传播的规律,分析了地质地层条件造成爆破能量集中对建(构)筑物产生的危害,探讨不同岩石性质的爆破振动效应,可为矿区建(构)筑物的位置选择及防震提供参考。Thomas 和 Filippov 认为岩石的破碎程度取决于其内部自然不连续面的形状,在初始裂缝受分形定律控制的前提下,建立了破坏过程中岩石能量耗散和结构性能之间的关系。赵阳升、冯增朝和万志军通过分析岩石材料的特性及三向应力状态转为单向时动力破坏损耗能量的差异性,提出了最小能量原理。赵忠虎和谢和平从微观角度推导了岩石变形过程中能量传递方程,用岩石能量的释放来解释岩石的突变破坏。

在爆破参数与爆破能量关系方面,张光雄、杨军和陈军结合工程爆破振动监测资料,分析了爆破振动信号不同频带的能量分布规律及信号能量时程曲线,对爆破振动信号能量随爆心距变化而变化的规律进行了探讨,得到随着爆心距增大,高频能量衰减较快,低频带能量衰减相对较慢的重要结论。凌同华等总结了爆破振动信号频带能量的分布规律,重点探讨了爆心距对爆破振动信号频带能量分布的影响,研究发现爆破振动信号在传播过程中,其主振频带有往低频发展的趋势且宽度增加。张智宇等研究了爆破振动信号不同频带的能量分布规律,分析了爆破振动信号的能量在传播过程中随着起爆方式改变的变化规律,说明了爆破振动信号的频带能量分布与起爆方式密切相关,综合研究露天台阶爆破振动危害机理和爆破振动效应,特别是为从频率角度研究爆区附近建(构)筑物的安全提供了一种有效的分析手段。严鹏等对高地应力条件下隧洞爆破开挖过程中围岩能量分布进行了分析,研究表明爆破开挖时,初始地应力动态卸载诱发的围岩振动的频率范围和爆破荷载诱发的围岩振动频率范围基本相同,但地应力卸载诱发的振动中,低频能量占较大的比例。开挖面上的卸载应力值的大小和卸载面的大小共同决定卸载效应的强弱,而这两个因素均与开挖面上的炮孔布置和起爆网路的连接有关。丁汉堃等针对预裂爆破中主炮孔爆破时双侧均存在自由面和抵抗线的情况,采用能量分析法,研究了条形药包等效子药包两侧炸药能量分布与相应抵抗线的相关性,研究得出炮孔两侧等效线装药密度与同侧抵抗线大小成反比,即抵抗线越大,等效线装药密度越小的重要结论。李洪涛等利用基于功率谱的爆破振动能量分析方法,借助大量工程实测数据,针对爆源形式对爆破能量分布特征的影响进行了分析,研究表明随着孔径、孔深的增大,爆破振动主振能量频带趋于集中,也更倾向低频方向。

在控制爆破能量分布方面,张济宏和项开发基于切缝药包能量控制技术的作用原理,通过实验研究阐述了切缝药包不同参数的作用效果与选择方法,将切缝药包能量控制技术应用到了某采石场料石开采,取得了良好的爆破效果与经济效益。梁为民等分析了定向断裂控制爆破理论聚能装药结构和装药外壳切缝爆破技术定向导向缝成缝机理,提出了炸药爆炸能量随爆炸动静作用变化分配观点,指出定向断裂控制爆破实质是对炸药爆炸能量在介质中的作用加以控制,研究新型装药结构,提高炸药爆炸的能量利用率和定向断裂方向的爆炸能流是改善定向断裂控制爆破效果的主要研究方向。申涛等采用数值模拟方法研究切缝药包爆炸过程中冲击波相互作用、爆炸流场压力时空分布和切缝管形态变化。试验表明,切缝药包爆炸过程中切缝管能够有效控制爆炸能量释放和爆生气体动力学行为;切缝方向压力超前且高于非切缝方向;在爆炸冲击波及爆生气体共同作用下,切缝管曲率不断变小且从起爆点处以相同的变形特征沿切缝管轴向发展。闫帅等通过混凝土模型试验开展了切缝药包爆破试验,提出了一种新的计算装药不耦合系数的方法。研究发现,随着不耦合系数的增加,炮孔周边的应力峰值会逐渐降低,合理的装药量及装药不耦合系数会对爆破能量产生较大影响,在选择合适的切缝药包不耦合系数时要综合考虑切缝效果及岩体破碎情况。刘敦文等为解决常规装药爆破能量利用率低的问题,设计了一种可以改变能量分配的新型多向聚能管药柱。

1.3　爆破减振降损技术研究现状

一直以来,爆破振动都被工程领域视为地下工程爆破中的首要危险因素。建(构)筑物在受到爆破施工产生的振动波影响时,会受到不同程度的损坏,轻者可能出现开裂,重者地层下降,甚至房屋倒塌造成人员伤亡事故。国内对爆破振动危害的研究始于20世纪70年代以后,当时爆破振动的危害开始引起国内从业者的关注。我国开始引进国外的爆破振动监测设备及施工控制技术,通过吸收和再利用积累了一定的经验,进而开始钻研爆破振动波的产生原理、振动强度影响因素、安全标准与控制技术。新的理论和依据、技术和方法在我国基础设施建设大潮中得到应用,并取得了丰富的研究成果。

在爆破减振方面,赵康林等针对现场爆破时容易发生传爆失败等问题,采取增加防护孔等辅助措施,应用效果较好,大大减小了断响盲炮概率,有效降低了施工风险。实践证明,孔外延时联网相关技术可行有效,对类似工况施工具有一定的参考价值。赖广文、杨琳和邓志勇针对爆破区域紧邻运营地铁、居民区的复杂环境,对爆破振动安全控制的要求极其严格,为确保安全,从施工工艺、施工方法等方面进行了多项减振技术的现场试验,主要在电子雷管延迟间隔设置、减振孔规划、炮孔底部气垫层、爆破作业自由面朝向等方面进行了深入研究,通过爆破振动现场实测值分析减振效果,并对上述各项减振技术进行了量化试验对比分析,获得该爆破施工地质环境条件下可靠的试验数据;在试验数据的支撑下,完善爆破施工技术、工艺、方案,成功地完成了该项目的施工。王忠康等为解决在某石油储库顶部拱形岩巷施工过程中存在爆破振动过强、掏槽效果不佳、炮孔利用率不高、壁面成形不良且周边孔半孔率不足 70% 及围岩损伤过大等问题,提出"分幅减振爆破开挖技术"的解决方案,将断面化大为小,分次爆破,有效降低单次起爆药量和最大单段药量。管晓明等针对隧道超小净距下穿深埋供水管线的爆破监测及减振控制难题,依托实际隧道工程,提出有压大直径供水管线的爆破振动安全控制值;采用现场试验测试方法,建立隧道爆破掌子面前方围岩和掌子面后方围岩的振速关系,提出深埋地下管线的爆破振动间接监测方法,利用掌子面后方围岩振速推知前上方管线处振速;提出复杂条件下隧道超小净距穿越供水管线的综合减振爆破技术,即多级楔形掏槽＋分部爆破＋孔外微差延时爆破控制技术,控制管线振速在安全范围内,实现隧道能够安全、经济、快速地穿越城市建筑群和地下管线等高风险源区。代青松等针对贵阳天河潭大道山体开挖爆破对周围民居建筑的安全威胁,通过现场爆破试验,分析比较了耦合生产爆破、空气间隔装药爆破、小孔径爆破 3 种不同爆破方案的爆破振速峰值与爆破破碎效果,利用萨氏公式回归计算了不同爆破方案下以振速为安全判据的最小安全距离。

在爆破损伤分析方面,李卓等为改善某工程巷道掘进爆破效果,通过理论计算及 LS-DYNA 数值模拟方法对现有爆破方案中的关键参数进行优化,分别构建了 3 组掏槽与光面爆破的模型,提取代表损伤的因子 D,并基于此分析爆破效果,提出了有利于损伤控制的最优化光爆孔间距。刘闽龙等为了研究爆破荷载对浅埋小净距隧道围岩造成的损伤影响,以济南顺河快速路南延工程浅埋暗挖段为工程背景,通过 LS-DYNA 软件将建立的各向异性动态损伤本构用于隧道爆破的损伤数值模拟,研究炮孔周围的损伤范围,并基于声波测试原理,对浅埋小净距隧道围岩的损伤进行了现场探测,研究成果对浅埋小净距隧道的爆破开挖和损伤控制具有一定指导作用。宋肖龙等为了研究爆破振动影响下的隧道围岩损伤地质雷达图像的演化规律,对围岩损伤模型进行基于时域有限差分法的正演模拟,并进行相应的场地试验,分析表明爆破振动影响下围岩的损伤演化受其完整性程度影响大,经历多次循环爆破作用影响的围岩区域完整性差,裂缝区域会在爆破作用下产生扩展与贯穿,新生裂缝多出现在距爆源较近区域。胡英国等基于 LS-DYNA 二次开发技术,在爆破损伤方法中引入光滑粒子流体动力学(smoothed particle hydrodynamics,SPH)法,实现爆破近区采用 SPH 粒子,远区采用有限元法(finite element method,FEM)计算的 SPH-FEM 耦合的空间全方位爆破损伤计算方法。结合具体工程实例,对深孔梯段爆破的动力效应进行全方位的数值仿真,并采用实测振动资料对该方法的精确性进行验证,为爆破的精细化数值仿真和爆破破碎机制研究提供一定的参考。黄佑鹏、王志亮和毕程程为了研究岩石爆破损伤范围及损伤分布规律,基于 LS-DYNA 软件,采用 HJC 材料模型,探究了石灰岩爆破损伤范围随径向不耦合系数 K 增大的变化关系,接着对比分析了石灰岩、凝灰岩和花岗斑岩的爆破损伤分布规律,并用Logistic函数模型对损伤演化过程进行表征。周子涵、陈忠辉刘昱廷基于爆破振动影响下露天矿岩质边坡滑动趋势面介质的损伤弱化效应,建立了爆破荷载、后缘裂隙静水压力及滑动趋势面扬压力共同作用下的尖点突变模型,并根据导出的临界爆破药量的表达式给出了边坡失稳的判据条件。以鞍千矿业有限公司许东沟采场西帮的一处滑坡为例,利用建立的二维简化模型和导出的失稳判据对边坡在多次爆破作业影响下的稳定性进行了分析,得到了稳定性随爆破次数累积的变化规律,验证了利用导出的失稳判据评价露天矿边坡的稳定情况是合理可行的。

在损伤控制方面,蒋伯杰和邹奕芳讨论了声波测试法等常用爆破损伤确定方法和质点峰值振动速度(peak particle velocity,PPV)安全判据等常用爆破损伤控制标准,指出国际上广泛应用的基于爆源近区质点峰值振动速度安全判据的爆破损伤评价与控制方法值得借鉴和推广。严鹏等通过对锦屏二级引水隧洞爆破开挖损伤区的检测和分析,比较了爆炸荷载所造成的损伤和地应力重分布所造成的损伤,研究发现可以通过考虑地应力的爆破设计,优化钻孔布置和起爆网路来控制地应力的高速卸载效应来达到改善爆破效果,减小爆破开挖造成的岩体损伤。李江华等采用ANSYS/LS-DYNA三维非线性动力有限元软件对浅孔落矿邻近矿柱炮孔不耦合装药结构进行了数值模拟,引入岩体爆破损伤的质点峰值振动速度安全判据及爆破损伤范围计算式,分析了矿房和矿柱的爆破损伤范围,采用爆破荷载下岩石von Mises屈服准则分析了矿柱与其邻近炮孔的安全距离。邻近矿柱炮孔合理的装药结构能有效控制爆破损伤范围,不同耦合条件下炸药爆炸矿柱稳定性与炮孔的距离有关。胡阳升等综合采用理论分析、数值模拟分析、现场实测及试验等研究方法对薄层复合顶板爆破损伤失稳机理及其稳定性控制技术展开系统的研究,通过研究发现薄层复合顶板巷道采用爆破方式掘进时要正确估算地应力的大小,采用合理的爆破参数及支护方式能够有效控制爆破对顶板造成的损伤破坏,对于薄层复合顶板的安全稳定有着重要的意义。郑明亮通过实验室相似模拟试验和数值模拟,对切槽控制爆破和普通控制爆破进行对比分析,最后分析切槽控制爆破和普通控制爆破两种状态下的主裂纹方向和非主裂纹方向的裂隙发育和应变情况,以此为切槽爆破技术参数提供相关理论依据。熊伟为研究岩体在水下消能爆破技术下的损伤机理,对水下消能爆破中水介质对爆破的影响进行了理论分析,借助水介质爆炸容器模拟了不同药量的水下消能爆破,并与常规爆破进行对比,采用压电波动法对岩体模型的不同位置进行了爆破损伤检测,再结合能量分析得出了测点处的爆破损伤因子。其通过数值模拟研究,采用消能爆破技术岩体模型的损伤分布情况,依据《水工建筑物岩石基础开挖工程施工技术规范》,基于数值模拟的损伤云图,得出了消能爆破可以减少炮孔底部39.35%的损伤区域的重要结论。

以上文献丰富和发展了爆破振动信号分析理论,为爆破信号能量与特征提取以及损伤分析评价提供了极具价值的可借鉴的研究手段。当前,对不同类型工程爆破短时非平稳信号的分析是相关领域的共同课题。爆破振动波作为复杂频率成分振动波的混合体,其信号幅值、频率衰减性都在一定程度上表现出随机性,再加上各类岩石或土壤传播介质的性质和地质构造的多样性,使得对爆破振动波的研究面临巨大挑战。另外,爆破振动波研究手段和方法的局限性使得国内外工程爆破界在爆破振动波传播机理和控制及其预测预报方面的研究还未取得根本性突破,爆破振动信号处理和损伤评价控制仍是现阶段爆破工作者和科研院所关注的焦点。

参考文献

[1] 鞠伟.FFT 算法在爆破测振仪中的应用[J].科技创新与应用,2013(6):13.

[2] 杨军伟.基于 FFT 的实测爆破振动信号综合分析[J].科技信息,2011(22):439,441.

[3] 范磊,沈蔚.爆破振动频谱特性实验研究[J].爆破,2001(4):18-20.

[4] EVANGELISTA G. Comb and multiplexed wavelet transforms and their applications to signal processing [J]. IEEE Transactions on Signal Processing：A Publication of the IEEE Signal Processing Society,1994,42(2):292-303.

[5] 何军,于亚伦,梁文基.爆破震动信号的小波分析[J].岩土工程学报,1998(1):47-50.

[6] 赵明阶,叶晓明,吴德伦.工程爆破振动信号分析中的小波方法[J].重庆交通学院学报,1999(3):35-41.

[7] 马瑞恒,李钊,王伟策,等.基于小波变换模极大的爆破震动信号奇异谱分析[J].爆炸与冲击,2004(6):529-533.

[8] 李夕兵,张义平,刘志祥,等.爆破震动信号的小波分析与 HHT 变换[J].爆炸与冲击,2005(6):528-535.

[9] 中国生,徐国元,江文武.基于小波变换的爆破地震信号去噪的应用[J].中南大学学报(自然科学版),2006(1):155-159.

[10] 凌同华,李夕兵,戴塔根,等.基于小波变换的微差爆破震动信号分离法[J].地下空间与工程学报,2006(3):491-494.

[11] 宋光明,曾新吾,陈寿如,等.传播介质特性对爆破震动信号分析中小波包时频特征的影响[J].工程爆破,2003(1):64-68.

[12] 宋光明,曾新吾,陈寿如,等.位置条件对爆破震动信号分析中小波包时频特征的影响[J].工程爆破,2002(4):1-6.

[13] 宋光明,曾新吾,陈寿如,等.爆破条件对爆破震动信号分析中小波包时频特征的影响[J].工程爆破,2002(3):5-12.

[14] 凌同华,李夕兵.多段微差爆破振动信号频带能量分布特征的小波包分析[J].岩石力学与工程学报,2005(7):1117-1122.

[15] 凌同华,李夕兵.地下工程爆破振动信号能量分布特征的小波包分析[J].爆炸与冲击,2004(1):63-68.

[16] 谢全民,龙源,钟明寿,等.基于小波、小波包两种方法的爆破振动信号对比分析[J].工程爆破,2009,15(1):5-9.

[17] 张义平,李夕兵,赵国彦.基于 HHT 方法的爆破地震信号分析[J].工程爆破,2005(1):1-7.

[18] 陆凡东,陈勇,方向,等.基于 HHT 方法的石方爆破噪声特性分析[J].爆破器材,2007(2):21-24.

[19] 李顺波,杨军,夏晨曦,等.近距离爆破对隧道结构影响的监测和 HHT 分析[J].工程爆破,2013,19(3):5-9.

[20] 宗琦,汪海波,徐颖,等.基于 HHT 方法的煤矿巷道掘进爆破地震波信号分析[J].振动与冲击,2013,32(15):116-120.

[21] 龚敏,邱燚可可,孟祥栋,等.基于 HHT 的雷管实际延时识别法在城市环境微差爆破中的应用[J].振动与冲击,2015,34(10):206-212.

[22] 马华原,李斌利,郭涛.核电站扩建工程爆破开挖振动信号的 HHT 分析[J].爆破器材, 2016,45(5):50-55.

[23] 邱贤阳,史秀志,周健,等.基于 HHT 能量谱的高精度雷管短微差爆破降振效果分析[J]. 爆炸与冲击,2017,37(1):107-113.

[24] 李强,李文明,韩晓亮,等.基于 HHT 法的出矿巷道爆破振动衰减规律研究[J].矿业研究 与开发,2017,37(2):44-47.

[25] 史秀志,薛剑光,陈寿如.爆破振动信号双线性变换的二次型时频分析[J].振动与冲击, 2008,27(12):131-134,185.

[26] 池恩安,梁开水,赵明生,等.小波分解下单段爆破振动信号 RSPWVD 时频分析[J].武汉理 工大学学报,2010,32(13):106-109.

[27] 马瑞恒,时党勇.爆破振动信号的时频分析[J].振动与冲击,2005(4):92-95,142.

[28] 郭涛,方向,谢全民,等.频率切片小波变换在爆破振动信号时频特征精确提取中应用[J]. 振动与冲击,2013,32(22):73-78.

[29] 付晓强,黄凌君,张仁巍,等.基于匹配追踪算法的立井爆破信号时频特征提取[J].爆破器 材,2020,49(6):54-60.

[30] 许昌,邓成发.基于 S 变换的坝体爆破振动信号时频特征分析[J].浙江水利水电学院学报, 2014,26(3):59-62.

[31] 谢全民,贾永胜,丁凯,等.隧道爆破振动信号的混沌特征分析[J].振动与冲击,2022, 41(3):238-244,306.

[32] 赵明生,张建华,易长平.基于小波分解的爆破振动信号 RSPWVD 二次型时频分析[J].振 动与冲击,2011,30(2):44-47.

[33] 杨仁树,付晓强,张世平,等.基于 EEMD 分形与二次型 SPWV 分布的爆破振动信号分析 [J].振动与冲击,2016,35(22):41-47.

[34] 薛永鹏,朱铭,薛永明.用松散介质传递爆炸能量的控制爆破方法[J].工程爆破,2000(2): 27-31.

[35] 娄建武,龙源,徐全军.小波分析在结构爆破振动响应能量分析法中的应用[J].世界地震工 程,2001(1):64-68.

[36] 王永青,汪旭光.乳化炸药能量密度与爆破效果的关系[J].有色金属,2003(1):102-104.

[37] 宗琦,孟德君.炮孔不同装药结构对爆破能量影响的理论探讨[J].岩石力学与工程学报, 2003(4):641-645.

[38] 逄焕东,张金泉.掏槽爆破爆炸能量与损伤岩体破坏的能量匹配[J].爆破,2003(S1): 58-60.

[39] 张志呈,胡健,张渝疆,等.爆破地震波在地层介质中产生的能量集中效应[J].矿业研究与 开发,2004(5):71-72,76.

[40] THOMAS A,FILIPPOV L O. Fractures, fractals and breakage energy of mineral particles [J]. International Journal of Mineral Processing,1999,57(4):285-301.

[41] 赵阳升,冯增朝,万志军.岩体动力破坏的最小能量原理[J].岩石力学与工程学报,2003(11): 1781-1783.

[42] 赵忠虎,谢和平.岩石变形破坏过程中的能量传递和耗散研究[J].四川大学学报(工程科学 版),2008(2):26-31.

[43] 张光雄,杨军,陈军.爆破地震波能量随距离衰减规律实例分析[J].有色金属(矿山部分),2006(5):24-27.

[44] 凌同华,李夕兵,王桂尧,等.爆心距对爆破振动信号频带能量分布的影响[J].重庆建筑大学学报,2007(2):53-55.

[45] 张智宇,栾龙发,殷志强,等.起爆方式对台阶爆破振频能量分布的影响[J].爆破,2008(2):21-25.

[46] 严鹏,卢文波,李洪涛,等.地应力对爆破过程中围岩振动能量分布的影响[J].爆炸与冲击,2009,29(2):182-188.

[47] 丁汉堃,张阳,西子阳,等.基于能量分布的深孔预裂爆破参数优化研究[J].采矿技术,2017,17(5):120-122.

[48] 李洪涛,杨兴国,舒大强,等.不同爆源形式的爆破地震能量分布特征[J].四川大学学报(工程科学版),2010,42(1):30-34.

[49] 张济宏,项开发.切缝药包能量控制技术在采石场中的应用[J].有色金属(矿山部分),2009,61(3):51-54.

[50] 梁为民,杨小林,余永强,等.定向断裂控制爆破理论与技术应用[J].辽宁工程技术大学学报,2006(5):702-704.

[51] 申涛,罗宁,向俊庠,等.切缝药包爆炸作用机理数值模拟[J].爆炸与冲击,2018,38(5):1172-1180.

[52] 闫帅,马俊斌,焦卫宁,等.高边坡爆破开挖中聚能切缝药包试验研究[J].施工技术(中英文),2021,50(23):83-87.

[53] 刘敦文,蔡才武,唐宇,等.微风化花岗岩多向聚能爆破破岩试验研究[J].工程爆破,2020,26(2):9-16.

[54] 赵康林,王书峰,喻伟峰,等.孔外延时网路在地铁减振爆破施工中的应用[J].工程爆破,2020,26(2):87-92.

[55] 赖广文,杨琳,邓志勇.城镇控制爆破减振技术试验研究[J].铁道建筑,2020,60(3):152-157.

[56] 王忠康,顾晓薇,施传斌,等.分幅减振爆破开挖技术实践[J].工程爆破,2019,25(4):68-73.

[57] 管晓明,余志伟,宋景东,等.隧道超小净距下穿深埋供水管线爆破监测及减振技术研究[J].土木工程学报,2017,50(S2):160-166.

[58] 代青松,陶铁军,李鸿,等.土石方控制爆破减振试验研究[J].矿业研究与开发,2016,36(4):22-25.

[59] 李卓,刘浩杉,黄永辉,等.基于岩石爆破损伤的合理炮孔参数研究[J].有色金属工程,2022,12(4):100-108.

[60] 刘闰龙,陈士海,孙杰,等.浅埋小净距隧道爆破损伤探测及数值模拟分析[J].爆炸与冲击,2021,41(11):149-157.

[61] 宋肖龙,高文学,季金铭,等.基于EEMD-HHT变换的爆破损伤分析方法[J].中南大学学报(自然科学版),2021,52(8):2887-2896.

[62] 胡英国,卢文波,陈明,等.SPH-FEM耦合爆破损伤分析方法的实现与验证[J].岩石力学与工程学报,2015,34(S1):2740-2748.

［63］黄佑鹏,王志亮,毕程程.岩石爆破损伤范围及损伤分布特征模拟分析[J].水利水运工程学报,2018(5):95-102.

［64］周子涵,陈忠辉,刘昱廷.基于爆破损伤的露天矿边坡稳定性的灾变分析[J].三峡大学学报(自然科学版),2020,42(4):35-41.

［65］蒋伯杰,邹奕芳.大坝基础开挖中爆破损伤的度量与控制[J].爆破,2004(1):1-4,25.

［66］严鹏,单治钢,陈祥荣,等.深部岩体爆破损伤及控制研究[C]//黄润秋,许强.第三届全国岩土与工程学术大会论文集.成都:四川科学技术出版社,2009:519-523.

［67］李江华,叶义成,姚囝,等.邻近矿柱浅孔落矿不耦合装药爆破损伤控制的数值模拟研究[J].矿冶工程,2016,36(6):13-17.

［68］胡阳升.薄层复合顶板爆破损伤失稳机理及控制技术[D].西安:西安科技大学,2011.

［69］郑明亮.低透气性煤层切槽控制爆破损伤机制研究[D].淮南:安徽理工大学,2019.

［70］熊伟.基于消能爆破技术的水下钻孔爆破损伤控制研究[D].武汉:武汉科技大学,2021.

第二章　信号处理基本知识

2.1　信号及类型

　　现实世界充满各种各样的信号,包括自然和人为的信号。例如,说话时气压的变化,每日温度的高低,以及心脏产生的周期性电信号。信号包含着特定的信息。通常,信号可能无法直接传达所需的信息,也不可避免地会受到其他干扰。正因如此,信号处理是增强、提取、存储或传输有用信息的基础。信号在任意时刻的值称为其(瞬时)振幅,时间可以假定为连续值 t 或离散值 nt_s,其中 t_s 是采样间隔,n 是正整数。振幅也可假定为连续的值,或在其极值之间量化为有限的离散水平。这样便会产生四种可能的信号,如图 2.1 所示。

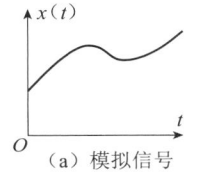
（a）模拟信号
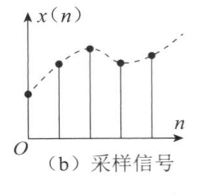
（b）采样信号
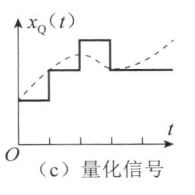
（c）量化信号
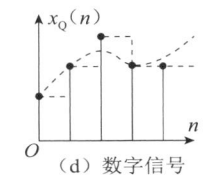
（d）数字信号

图 2.1　常见的四种信号类型

2.1.1　信号处理过程

　　模拟信号是指用连续变化的物理量表示的信息,其信号的幅度,或频率,或相位随时间作连续变化,或在一段连续的时间间隔内,其代表信息的特征量可以在任意瞬间呈现为任意数值的信号。模拟信号通常分为以下三种类型:

　　第一种类型:时间连续、幅值连续的信号。

　　第二种类型:时间离散、幅值连续的信号,这类信号也称为离散信号。

　　第三种类型:时间连续、幅值离散的信号。

　　近几十年来,数字信号受到越来越广泛的关注。信号处理的两个概念方案如图 2.2 所示。模拟信号的数字处理要求我们在处理之前使用模数转换器(analog-to-digital converter,ADC)对模拟信号进行采样,并使用数模转换器(digital-to-analog converter,DAC)将处理后的数字信号转换回模拟信号。

模拟
信号 → 模拟信号处理器 → 模拟
信号

模拟信号处理

模拟
信号 → 模/数转换 → 数字
信号 → 数字信号
处理器 → 数字
信号 → 数/模转换 → 模拟
信号

模拟信号数字化信号处理

图 2.2　模拟信号和数字信号处理过程

2.1.2 采样和量化

模拟信号采样是数字信号处理的第一步。要用数字方法处理模拟信号,我们必须分两步把它转换成数字信号。首先,我们必须对其进行采样,通常以均匀的间隔 t_s 进行采样。离散量 nt_s 与整数指数有关。其次,需要量化样本值(振幅)。采样和量化都会导致潜在的信息丢失。值得注意的是,如果信号带限至最高频率 f_B,并且采样间隔小于 $1/2f_B$,则可以在不丢失信息的情况下进行采样,这就是著名的抽样定理。若采样间隔设置过大,采样间隔超过临界值 $1/2f_B$,则会出现混叠现象,即模拟信号高频分量出现在采样信号的较低频率(混叠)。这导致得到一个更小高频的采样信号。一旦采集到样本信号,混叠效应就无法消除。因此,通常在采样前对信号进行频带限制(使用低通滤波器)。

使用数字计算机进行数值处理需要有限精度的有限数据。我们必须将信号幅度限制在有限的水平上,这个过程被称为量化,从而产生只能用统计术语描述的非线性效应。量化还会导致不可逆的信息丢失,通常只在任何设计的最后阶段考虑。因此,离散时间(discrete time,DT)、采样时间和数字时间这三个术语通常可作为同义词使用。

将复杂信号分解为简单形式对信号和系统分析都非常有利。一种分析连续时间系统的方法将输入描述为加权脉冲的和,并将响应视为加权脉冲响应的和。这描述了卷积的过程。由于响应在理论上是无限多个脉冲响应的累积和,因此卷积运算实际上是一个积分。一种有用的信号系统分析方法依赖于转换,转换将信号和系统映射到变换域,如频域,这使得评估系统行为的数学运算更为便捷。最有用的结果是当我们移动到变换域时,在特定的限制条件下,卷积被简单得多的乘法运算所取代。由于响应是在变换域中评估的,因此必须通过逆变换将该响应重新映射到时域。此方法的示例包括相量分析(针对正弦和周期信号)、傅里叶变换和拉普拉斯变换。相量分析只允许找到松弛系统对周期信号的稳态响应。而傅里叶变换允许分析具有任意输入的松弛系统。拉普拉斯变换使用复频率将分析扩展到更大类别的输入和具有非 0 初始条件的系统。不同的系统分析方法允许从不同的角度对系统进行结果分析。一些更适合于时域,另一些则提供了频率方面的解析,还有一些更易于数值计算。结果表明,离散时间正弦波在一些基本方面不同于模拟信号,离散时间正弦波对于任何频率选择都不是周期性的,但它具有周期性频谱,其周期等于采样频率 S。

2.1.3 采样频率与采样过程

1. 采样定理

对于爆破振动监测,最为重要的一个参数便是仪器采样频率的设定。采样频率是建立在熟知采样定理理论基础上的,采样定理通常也称为奈奎斯特定理或香农(Shannon)定理。若想达到不失真、准确恢复连续时间信号 $x(t)$,此处假定为函数 $f(t)$,则采样频率必须满足 $f_s \geqslant 2f_m$,其中 f_s 代表设定的采样频率,f_m 代表被测信号的最高频率。当信号的采样频率 $f_s < 2f_m$ 时,就会导致信号出现频谱混叠现象。所谓的频谱混叠现象,就是各种调制频谱在理想采样信号频谱中相互叠加相交的现象。这种情况对于信号的处理分析是很不利的。

通常,无失真恢复原始信号的条件所允许的最小采样频率 $f_{smin} = 2f_m$ 称为奈奎斯特率(Nyquist rate),而把所允许的最大采样周期 $T_s = 1/2f_m$ 称为奈奎斯特间隔。一旦信号经过采样,假设采样频率为 f_s,那么其值的一半 $f_s/2$ 称为奈奎斯特频率(Nyquist frequency)或折叠频率(folding frequency),它定义了奈奎斯特区间(Nyquist interval):

$$\text{Nyquist interval} = [-f_s/2, f_s/2] \tag{2-1}$$

当连续信号的采样满足采样定理时,显然奈奎斯特频率 $f_s/2$ 是信号频率的上限,它也定义了数字信号处理的操作所用的低通模拟滤波器的截止频率。换句话说,采样定理给出了一个在理论上能不失真再现原信号的最低频率。

2. 采样频率及其设定

采样频率即为模/数(A/D)转换的频率,单位是 Hz。被测信号的频率范围是测振仪采样频率参数设置的主要依据,通常,工程爆破中所监测到的振动频率范围位于 10～200 Hz 区间内。采样频率应设为信号频率的 10～100 倍。换句话说,为了保证准确监测爆破振动信号波形,必须设定每个振动周期内至少有 10 个采样点,这样才能避免出现混频现象。监测工作进行以前,必须选择合适的采样频率,采样频率取得太高,虽然计算精度提高了,但会带来计算量的增加,浪费很多额外的时间。根据斜井施工现场爆破监测要求,采样频率取为 5000 Hz,所以设定仪器采样频率在 5 k 挡位上。

3. 采样过程

根据需要,有必要获取信号瞬间值。信号瞬间值是通过对采集到的连续时间信号进行离散处理,随后在离散时刻点上进行抽取得到的。在工程上,采样是通过 A/D 转换器来实现的。设 $x(t)$ 为待离散的连续时间信号,对连续时间信号的采样过程视为图 2.3(a)所示的一个电子开关的开关过程。设电子开关的开关周期是 T_s,在一个周期内的闭合时间是 τ,且 $\tau \ll T_s$。这样,图 2.3(b)的连续时间信号 $x(t)$ 就被转换为图 2.3(c)所示的采样后的信号 $x(t)$。如果 τ 趋于 0,且在模拟信号与数字信号的转换过程中忽略量化误差,便可以获得离散时间信号 $x(nT_s)$,即

$$x(nT_s) = x(t)|_{t=nT_s}, \quad -\infty < n < \infty \tag{2-2}$$

式中,n 取整数,称为时间序号;T_s 称为采样周期,也称为采样时间。

进一步得到 $f_s = 1/T_s$,该式称为采样频率。

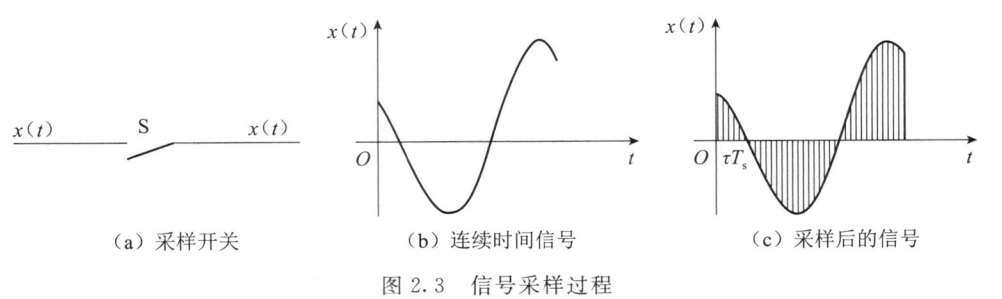

(a) 采样开关   (b) 连续时间信号   (c) 采样后的信号

图 2.3 信号采样过程

2.2 模拟生成时域信号

本节主要介绍如何利用真实数据中经常观察到的特征来模拟时间序列数据。基于本节提供的方法,其余部分用于说明和评估不同时频分析的模拟数据。

2.2.1　均匀正态分布的噪声

信号中的噪声可以通过函数 rand(均匀分布)和 randn(正态高斯分布)产生,如图 2.4 所示。这些函数的输入指定了结果矩阵的大小。术语“白噪声”是指具有平坦功率谱的噪声。函数 rand 和 randn 产生的数据具有大致平坦的功率谱,因此可被视为白噪声,如图 2.5 所示。

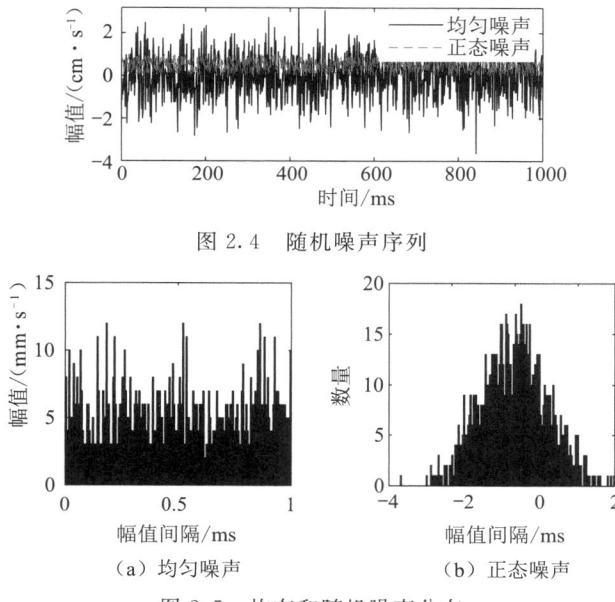

图 2.4　随机噪声序列

(a) 均匀噪声　　(b) 正态噪声

图 2.5　均布和随机噪声分布

“粉红噪声”是指具有非均匀频率结构的噪声。通常,其功率随着频率的增加而降低。有几种方法可以计算粉红噪声,其中一种便是应用消失频率滤波器。白噪声和粉红噪声频谱如图 2.6 所示。

(a) 白噪声和粉红噪声　　(b) 相互关系

(c) 噪声频谱

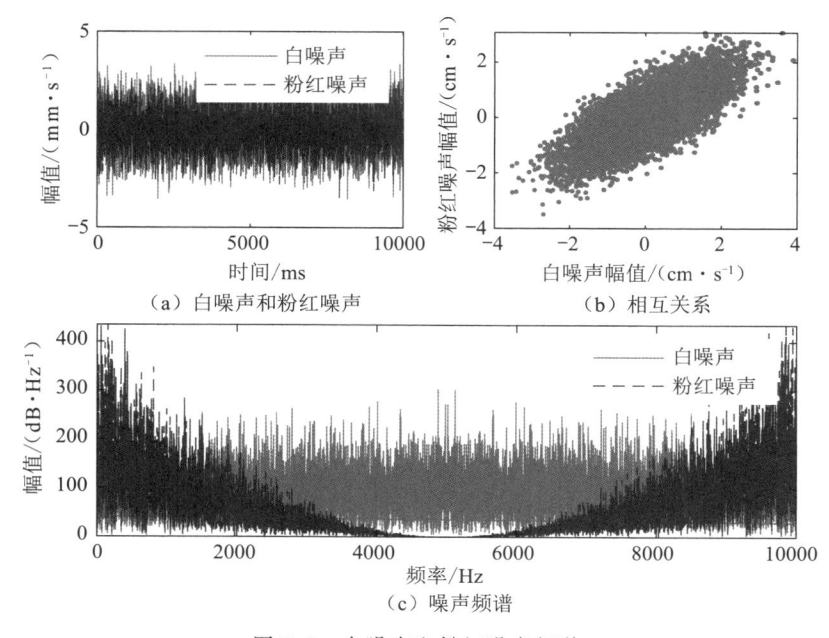

图 2.6　白噪声和粉红噪声频谱

2.2.2 正弦波

正弦波是许多频谱和时频分析的基础。正弦波可以用三个参数来创建:频率(正弦波的速度)、振幅(正弦波的高度或能量)和相位(正弦波的定时)。频率可以说是最重要的参数;振幅和相位可以分别隐式设置为 1 和 0。

正弦波函数信号的公式是:$y = a\sin(2\pi ft + j)$,其中 a 是振幅(正弦波的波幅,大小为 y 轴上波谷到波峰距离的一半),f 是以 $Hz(1/s)$ 为单位的频率,j 是以弧度为单位的相位角,它定义了正弦波在 $t = 0$ 时的振幅,如图 2.7 所示。

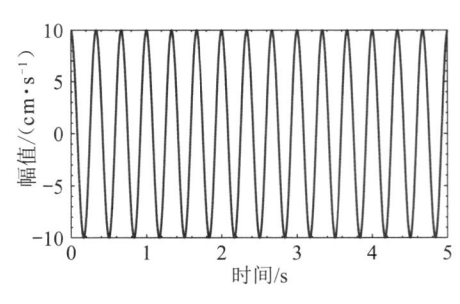

图 2.7 正弦波

t 是以 s 为单位的时间变量,若以 0.001 s(即 1 ms)为时间步长,表示时间序列的采样频率为 1000 Hz,即 1 s 中采 1000 个数据点。不同振幅、相位和频率的多个正弦波可以相加,如图 2.8 所示。由此产生的时间序列可能很难在时域中解释,但单个波可以很容易地在频域中隔离。

除了同时包含多个频率,正弦波还可以包含频率和振幅的突然变化,如图 2.9 所示。

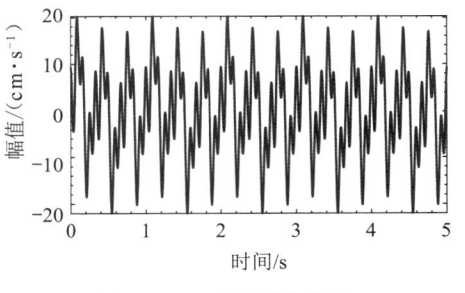

图 2.8 正弦波叠加信号

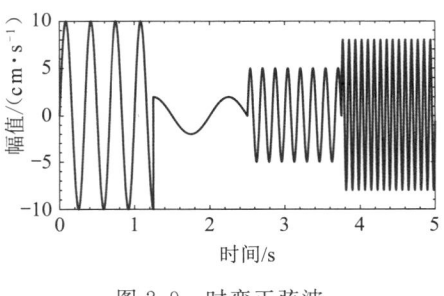

图 2.9 时变正弦波

频率的时变也可以是平滑的。对于频率的线性或二次变化,产生的信号通常称为 "chirp" 或 "扫频信号"。线性调频信号可以通过频率随时间变化来计算,并根据频率变化的斜率进行缩放,如图 2.10 所示。

正弦波的振幅不必随时间而固定。实际上,在时频分析和应用中振荡幅度的时变是主要的结果度量,如图 2.11 所示。

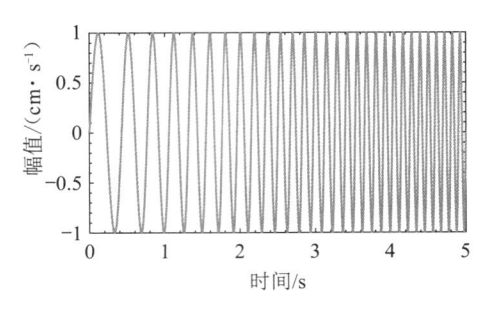

图 2.10 线性调频信号(chirp 信号)

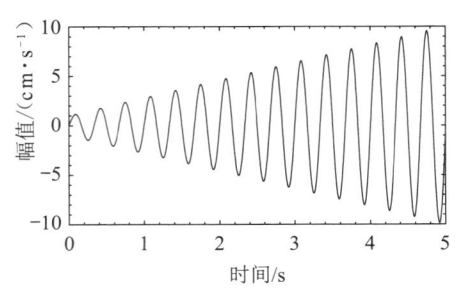

图 2.11 增强型正弦信号

2.2.3 高斯信号

另一个重要的时域函数是高斯函数,它通常用于锥化或阻尼时间序列的一部分。时域高斯分布的公式为 $ae[-(t-m)^2/2s^2]$(注意 $e[x]$ 表示 e^x)。在这个方程中,a 是高斯分布的峰值振幅,t 是时间,m 是高斯分布峰值时间点,s 是高斯分布的标准偏差[$2s^2$ 将被称为 w(宽度)]。如果未指定 m,则高斯曲线的峰值将在时间的零点。图 2.12 所示的两个高斯分布有三个参数不同:峰值时间(m)、标准偏差(s)和振幅(a)。

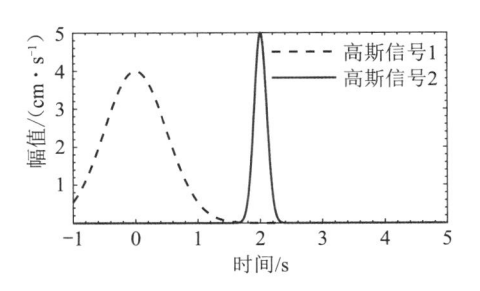

图 2.12 两类相似的高斯信号

2.2.4 方波信号

实际上,并非所有的时间序列都是平滑的,有些是方形的,如图 2.13 所示。这里,模(函数 mod)与布尔真/假检验相结合,产生一个 0 和 1 的时间序列,其宽度可以变化(图中实线为 1,虚线为 1.5)和峰值(图 2.13 中对应变量 t 中其幅值沿 y 轴偏移 0.02 以便于区分)。时间序列也可以有三角形,如图 2.14 所示,或者为更不常见的形状。在三角波中,幅值1.25 和 1 的差值相对于模数而言是有意义的。

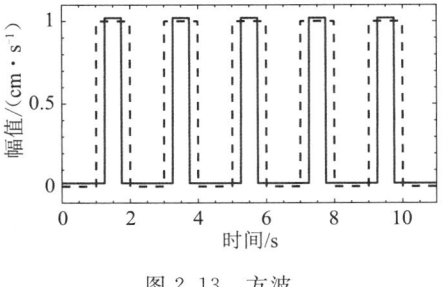

图 2.13 方波

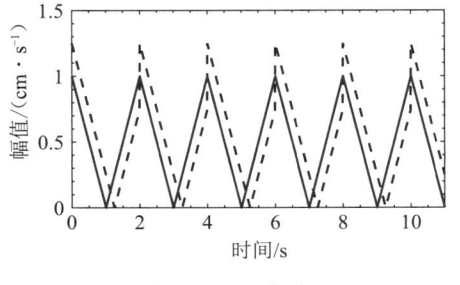

图 2.14 三角波

2.2.5　其他时域信号

这里仅介绍模拟时间序列数据的其他方式。组合基本信号函数可以生成许多其他时域函数,如图 2.15 所示。

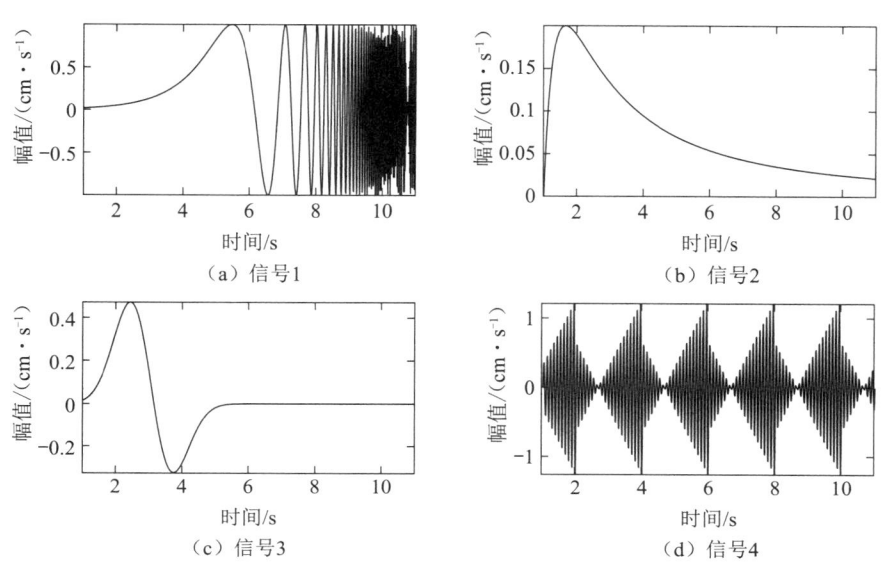

图 2.15　其他时域信号

2.3　平稳和非平稳时间序列

平稳性意味着时间序列的统计特性不随时间变化。平稳性包括平均平稳性、方差平稳性、频率平稳性、协方差平稳性(对于多维时间序列)等。平稳和非平稳时间序列的示例如图 2.16 所示。

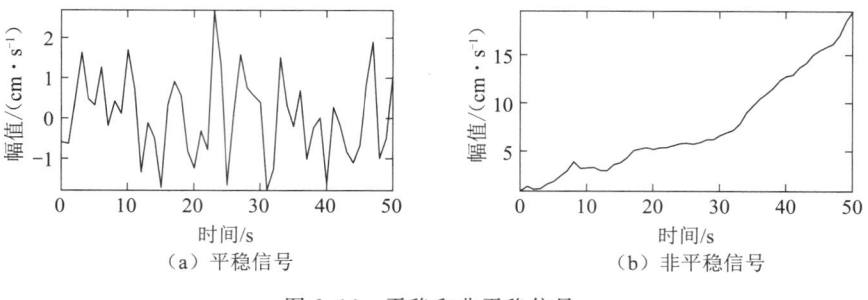

图 2.16　平稳和非平稳信号

平稳性是时间序列分析中的一个重要概念,因为许多分析(包括傅里叶变换)都假设数据是平稳的。违反平稳性并不一定会使分析错误,但会产生某些难以解释的结果。有几种简单的方法可以使非平稳时间序列更加平稳,一种便是去趋势化,它涉及消除数据的线性拟合,如图 2.17 所示。另一种方法是求导数(每个时间点的值被重新指定为该值与上一个时间点的值之间的差值)。在时频分析中,该过程有时被称为"预白化",并会在一定程度上减弱低频波动。因为求导结果会将时间点的数量减少一个,可以在时间序列最后补 0。使非平稳数据更平稳的另一种方法是对数据进行滤波(高通、低通或带通)。

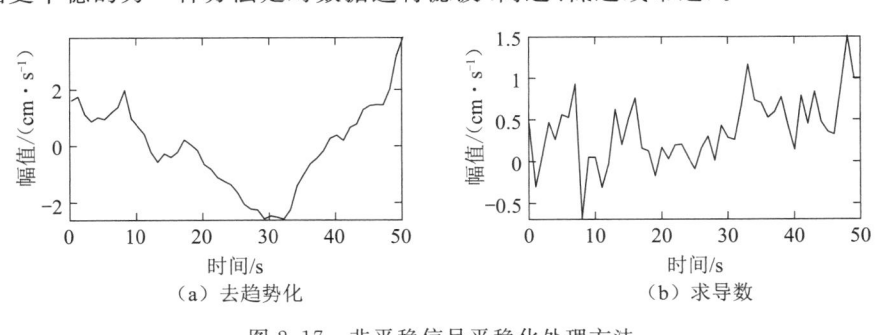

（a）去趋势化　　　　　　　　（b）求导数

图 2.17　非平稳信号平稳化处理方法

通常,使非平稳时间序列平稳化处理并没有完美的解决方案。在上面的例子中,去趋势化有一定效果,但会使时间序列保留某些局部非平稳性。预白化(采用导数)也有帮助,但会导致某些真实信号的缺失,尤其是在较低的频率段。

2.3.1　精度和分辨率

信号的精度和分辨率是不同的,但很容易混淆。分辨率只是单位时间内测量点的数量,而精度与每个数据点包含的信息量有关。这里,以图 2.18 所示正弦波为例,分辨率是由采样频率决定的,而精度与采样频率和正弦波的频率有关。

首先考虑 1 Hz 的正弦波。如果采样频率为 100 Hz 与 1000 Hz,则分辨率会发生变化。但是,由于采样频率比正弦波快得多,因此精度保持大致相同。也就是说,100 Hz 信号中的数据点及 1000 Hz 信号中的对应点均包含关于 1 Hz 正弦波相当的信息量。

问题在于正弦波在 1000 Hz 或 100 Hz 采样频率下是否可以更精确地表示。在这种情况下,两种采样频率似乎具有相似的特性精度,即使它们的分辨率相差一个数量级。相反,如果采样频率为 3 Hz,显然 100 Hz 测量具有更高的精度,如图 2.19 所示。

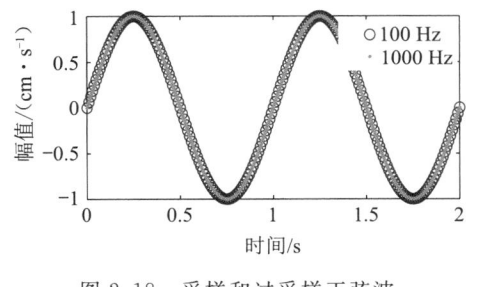

图 2.18　采样和过采样正弦波

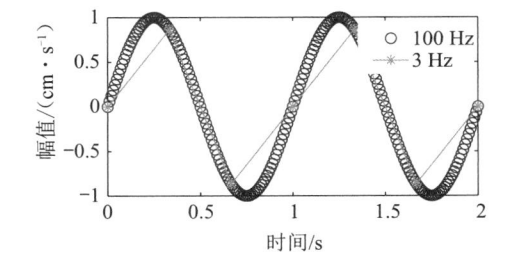

图 2.19　采样和欠采样正弦波

精度和分辨率也是信号的频域特征。频率分辨率仅指可测量的频率数量(由时间点的数量决定),而频率精度则与每个频率单元包含的与时间序列特征相关的信息量有关。如果时间序列包含某一范围的频率响应(例如,30～35 Hz,而非 32.521586 Hz),可能不需要以 0.001 Hz 的分辨率对每个频率进行采样;在这种情况下,分辨率将高于精度。分辨率对于时频分析非常关键,因为它决定了可以从数据中提取哪些频率。精度很重要,因为它决定了需要更高还是更低的分辨率。

2.3.2　信号起止缓冲时间

实际测量时,最好在所关心的数据前后都有一定的预测数据。例如,若关心的信号是鸟叫,则采集应在鸟叫开始前几秒钟开始,并应在鸟叫结束后几秒钟结束。感兴趣事件前后的额外时间称为"过渡域"。设置过渡域的原因在于:首先,时间序列振幅的突然变化会在时频结果中引入伪成分。这些"边缘伪成分"及其对结果的影响可以通过过渡域弱化。边缘伪成分会污染过渡域,但会在所关心的信号开始时便被消除。其次,许多时频分析需要在每个时间点周围的时间窗口中计算频率变化。因此,为了计算时间序列开始和结束时的频率变化,有必要在所研究的信号前后获得一些数据。最后,对于某些应用,信号采集前的"基线"周期对于信号时频特性比较是有利的。当信号反映正在进行的背景上的波动变化时,这一点也非常有用。

可以作为所有时间序列的过渡域没有特定的时间量要求。一般来讲,选取被分析信号的最低频率的三个周期应该是足够的(例如,如果最低频率是 100 Hz,则选取 30 ms 即可满足要求),但是,若信号存在大的边缘伪成分或额外的预信号基线周期,则设定更长的过渡域范围是必要的。

如果信号已经进行采集但并未设定过渡域,或过渡域很短,则合适的补救方案是进行信号对称反射,如图 2.20 所示。对称反射意味着时间序列被翻转并附着在时间序列的始末端。这些向前向后的周期可以用作过渡域(虽然它们不能被认为是基线波动),然后在进行时频分析后将过渡域多余部分人为修剪掉。

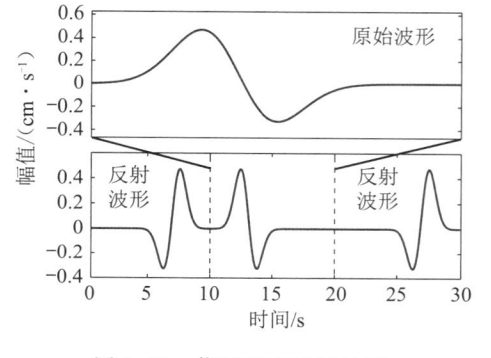

图 2.20　信号对称反射处理

2.3.3　多变量时间序列生成

相关随机数的多变量时间序列可以通过指定协方差矩阵(协方差指所有变量对之间的未缩放相关性)和要生成的时间点的数量来生成。本节所述的相关多变量模拟过程中,协方差矩阵必须是正的(通过将矩阵乘以其转置得到),并且必须应用乔莱斯基(Cholesky)分解。

下面的代码中,矩阵 d 为 10000×3 的随机数矩阵,使得前两个在 0.8 左右相关,而第三个与前两个不相关。请注意,cov(d)(cov 是计算协方差矩阵的 MATLAB 函数)与 v * v' 非常相似。

```
%协方差矩阵
v=[1.50;.510;001];
%半正定 Cholesky 分解
c=chol(v * v');
%n 点序列
n=10000;
d=randn(n,size(v,1)) * c;
```

上述是生成多元数据集的基本算法。另外,MATLAB 统计工具箱包含几个函数,这些函数可以创建更专业的多变量数据集。

2.4 傅里叶变换与逆变换

傅里叶定理指出,任何时间序列都可以用不同频率、相位和振幅的正弦波之和来表示。在时间序列分析中,傅里叶变换的目的是在频域中表示时间序列。这对于揭示时间序列的特征以及在带通滤波中变换数据都是有用的。

傅里叶变换的基础是复杂的正弦波。复正弦波类似于实值正弦波,除此之外还包含一个虚部,如图 2.21 和图 2.22 所示。因此,一个复杂的正弦波是一个三维时间序列。它是通过将正弦波的公式嵌入欧拉公式(e^{ik})来创建的,该公式将相位角 k 表示为极面上的单位矢量。

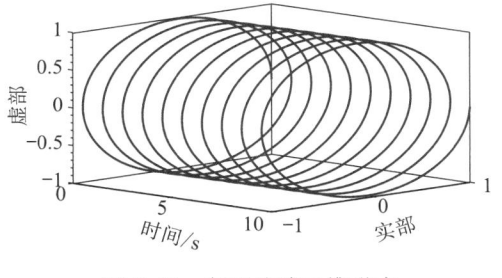

图 2.21 复正弦波三维形式

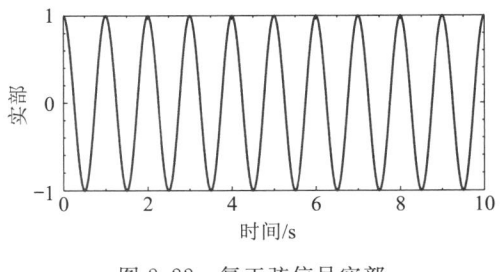

图 2.22 复正弦信号实部

虚数算符 i 是 −1 的平方根,在 MATLAB 中表示为 1i 或 1j 而非 i 或 j,在 MATLAB 中 i 或 j 通常用作计数或索引变量。

2.4.1 傅里叶变换

时间序列的傅里叶变换是通过计算多个复正弦波和时间序列之间的点积来实现的。点积是长度相等的两个向量之间逐点相乘的总和,它表示两个向量之间的"相似性"(点积也是相关系数的基础)。傅里叶变换中使用的复正弦波的数量等于数据中时间点的数量。因为正弦波很复杂,所以产生的点积很复杂,被称为"傅里叶系数"。

在 MATLAB 编程中,可以方便地为傅里叶系数使用与时域数据类似的变量名。变量名后的 X 表示光谱(X spectral)。因此,时间序列变量信号的傅里叶系数将被称为 signal X。这种方便的符号表示将有助于提高代码可读性并防止混淆。

```
signal=2*sin(2*pi*3*t+pi/2);
fouriertime=(0:n-1)/n;              %n是时间点数
signalX=zeros(size(signal));
forfi=1:length(signalX)
csw=exp(-1i*2*pi*(fi-1)*fouriertime);
signalX(fi)=sum(csw.*signal)/n;
end
```

上述过程称为离散时间傅里叶变换(discrete-time Fourier transform,DTFT)。注意,创建复正弦波的时间向量必须归一化,其不是以秒为单位的时间。对于长时间序列,这种实现需要大量计算,速度会非常慢。因此,应使用 FFT 实现,这将在更短的时间内产生相同的结果。将傅里叶系数除以时间点的数量,将系数缩放到原始数据的振幅。

FFT 变换的调用方式为 y＝fft(x),返回向量 x 的离散傅里叶变换(discrete Fourier transform,DFT),当 x 为矩阵时,则按列返回 x 每一列的 FFT,当 x 的长度是 2 的幂次方时,y＝fft(x,n),返回 n 点的 FFT,n 最好是 2 的幂次方。当 x 的长度小于 n 时,fft 函数在 x 的尾部补 0,以构成 n 点数据;当 x 的长度大于 n 时,fft 函数会截断序列 x;当 x 为矩阵时,fft 函数按类似的方式处理每一列。无论 x 是实数还是复数,fft 函数返回的结果 y 都是复数,包括对应正负频率的完整数据。其中,对应正频率的数据存放在结果 y 向量的前半部分,对应负频率的数据存放在结果 y 向量的后半部分,正负频率的数据存放顺序按频率从小到大的排列方式,也就是整个结果 y 向量的第一个和最后一个数据对应的频率都是 0 Hz,形成以 FFT 长度二分之一处为中心,两边数据的大小呈对称的存放形式。若用户只需要分析正频率域的结果,则取 y 的前半部分的数据即可。

2.4.2　傅里叶变换结果输出和解释

每个傅里叶系数对应一个频率。正弦波中定义的频率为 $fi-1$(fi 只是循环整数计数变量,从 1 到时间序列中的时间点数量)。这意味着第一频率为 0,如图 2.23 所示。这通常被称为 DC(直流)频率,并捕捉平均振幅偏移(如果时间序列是以平均值为中心,DC 将为 0)。因为在时间序列中可以测量的最高频率是采样频率(称为"奈奎斯特频率")的一半,所以从频率指数(上述中的 fi)到赫兹频率的转换可以通过以 $N/2+1$ 的步长计算从 0 到奈奎斯特频率的线性递增步长来实现,其中 N 是时间序列中的时间点数量($+1$ 是因为 DC 频率)。

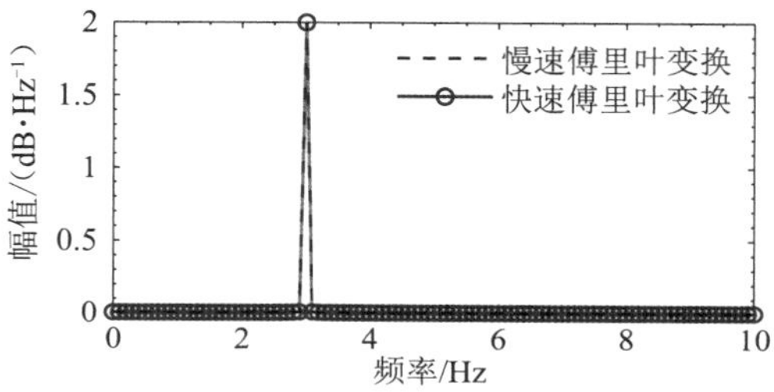

图 2.23　傅里叶变换输出结果

值得注意的是,频率是傅里叶系数的一半。0 和奈奎斯特频率(对应于傅里叶系数的前半部分)之间的频率称为"正频率",后半部分称为"负频率",捕捉反向(顺时针)传播的正弦波。对于实值时间序列,负频率将反映正频率,因此它们通常被叠加到正频率上。实际上,这是通过忽略负频率并将正频率幅度乘以 2 来实现的。然而,负频率系数对于傅里叶逆变换(inverse Fourier transform,IFT)是必要的,因此不应该被去除。

每个傅里叶系数包含关于每个正弦波的振幅和相位的信息。可以使用 abs 和 angle 函数提取其相关信息,功率是振幅的平方(abs(…)^2)。频率-振幅或频率-功是傅里叶变换最典型的结果。傅里叶分析的一个优点是可以分离重叠的正弦波,而这些正弦波在时域中很难分离。频谱图提供了关于时间序列数据的频率内容的定性有效信息。然而,从特定频率中提取定量信息通常也是极为有用的。当时间(x 轴)为 0 时,相位值与每个组成正弦波在 y 轴上的位置有关。相位信息对于重建时间序列的时间轴定位是至关重要的,但与功率相比,相位信息用于描述时间序列数据的概率较低。

关于傅里叶变换的结果,因为本节只处理离散采样时间序列(与连续和更多理论信号相反),所以频率也离散采样。因此,更适合将频率绘制为点,而不使用线连接它们。线条通常用于在连续的频率单元之间形成连续的线性过渡,而实际上情况并非如此。线形图对于直观检查非常有用,尤其是直接比较同一绘图中的多个结果,而当比较来自不同时间序列的傅里叶变换的结果时则比较困难。因此,在解释线形图时必须谨慎。

2.4.3 多正弦波和噪声的傅里叶变换

傅里叶分析的一个优点是它可以分离出重叠的正弦波,而这些正弦波在时域中可能很难分离。图 2.24 和图 2.25 显示了对应于四个正弦波频率的四个峰值。注意到,x 轴上的频率和 y 轴上的振幅完全匹配创建正弦波中指定的频率。与时域相比,在频域中更容易看到组成多正弦波的各组分。如图 2.26 和图 2.27 所示,当随机噪声被添加到时域信号中时,傅里叶变换的结果更具有物理意义。然而,傅里叶变换也不是完全不受噪声影响的,若将添加的噪声幅值增大为之前的好几倍,比如从 20 增大到 100,则可能无法准确检测出信号中的正弦成分。

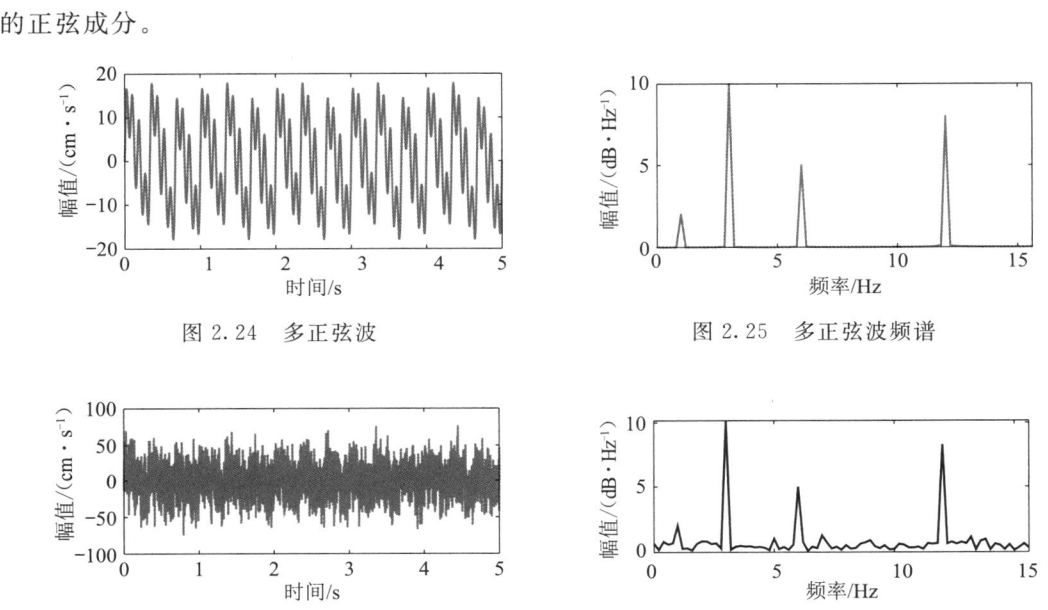

图 2.24 多正弦波   图 2.25 多正弦波频谱

图 2.26 含噪信号波形   图 2.27 含噪信号频谱

2.4.4 提取特定频率信息

迄今为止,所有的频谱图均提供了有关时间序列数据频率内容的有效信息。然而,有些场合从特定频率中提取定量信息通常也是必要的。指定的频率不一定对应于用 Hz 表示的频率。例如,在 MATLAB 软件中无法通过键入 swaveX(10) 从信号中提取 10 Hz 分量。也就是说,swaveX 向量中的第 10 个元素不对应于 10 Hz。相反,有必要通过频率标签向量 Hz 搜索来寻找与所需频率最接近的匹配。这一点可以通过以下两种方式实现。

```
[junk,ten Hzidx]=min(abs( Hz−10));
ten Hzidx=dsearchn( Hz',10);
```

两种方法运算结果均返回数字 51,这意味着 Hz 向量中的第 51 个元素对应 10 Hz,进而可以从特定频率中提取结果进行进一步分析,如图 2.28 所示。

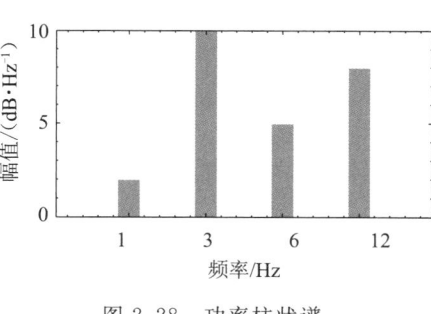

图 2.28　功率柱状谱

2.4.5　非稳态正弦信号傅里叶变换

这里,建立一个具有恒定频率而振幅不同的正弦波。同时,考虑具有不同振幅和不同频率的时间序列,如图 2.29～图 2.32 所示。功率谱揭示了信号的峰值频率,尽管其精度有限,并带有频带波动。值得注意的是,在生成信号数据时未指定频率下的功率与添加噪声后的功率谱相似,尽管此处并未向时间序列添加噪声。

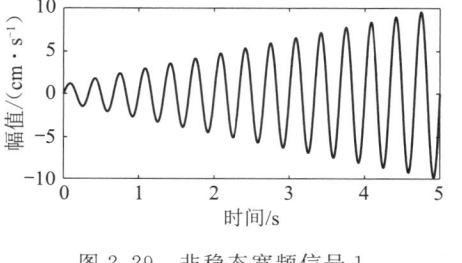

图 2.29　非稳态宽频信号 1

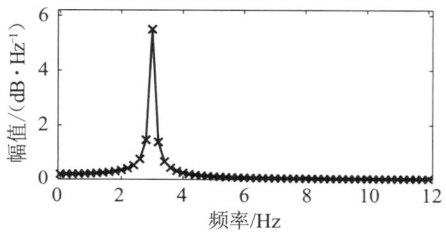

图 2.30　非稳态宽频信号频谱

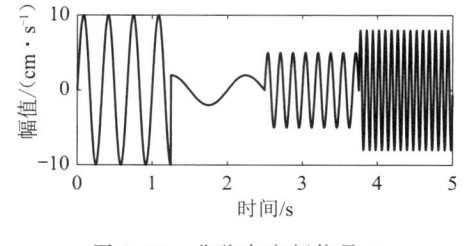

图 2.31　非稳态宽频信号 2

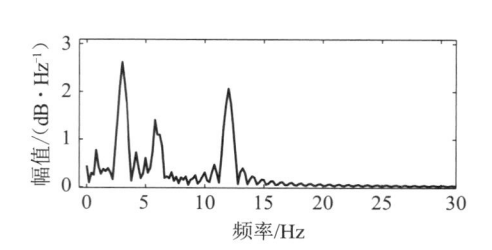

图 2.32　非稳态宽频信号频谱

另一个显著特征是,振幅小于生成信号时指定的振幅,通过观察频谱图无法推断出正弦波出现的不同时间。事实上,有时可能会认为所有四个正弦波都是同时出现的,然后再添加上随机噪声。信号的暂态时间信息包含在傅里叶系数的相位中,然而,相位信息却不易揭示不同正弦波出现的时间。使用傅里叶变换来推断时变信息是极为困难的,这也是进行时频分析的主要目的。最后,考虑一个包含恒定振幅而频率随时间变化的正弦波的 chirp 信号,如图 2.33 和图 2.34 所示。在这种情况下,仅仅通过傅里叶振幅谱来判定时间序列误差会很大。这是因为傅里叶分析假设信号是平稳的,而在本例中,信号并不是平稳的。因此,分析不会使傅里叶系数无效或不准确,但会使分析结果难以以简单的方式解释,即很难通过观察功率谱并还原时域数据波形。这是时频分析而不仅仅是频率分析的主要原因。

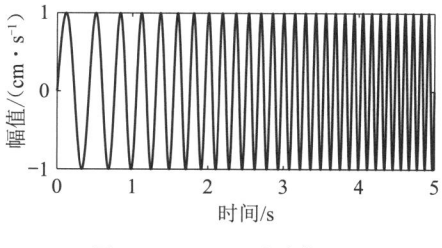

图 2.33　chirp 时域信号

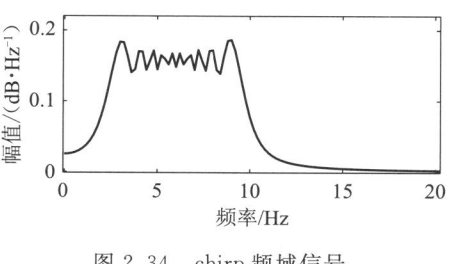

图 2.34　chirp 频域信号

关于如何解释功率谱图,首先,当频率峰值有一个尖点,数据中的正弦分量为频率平稳,而当频率峰值更为平坦时,存在频率非平稳性。其次,当频率峰值出现从峰值频率开始向下倾斜下降时,也就是说,当功率谱具有非常高峰值尖点特征时,随着时间的推移,正弦波的振幅随时间几乎没有变化。相比之下,当频率峰值具有从峰值向下的缓坡时,则存在振幅非平稳性。

2.4.6　非正弦信号的傅里叶变换

傅里叶变换是基于将理想正弦波与时域数据进行比较,因此包含正弦波的时间序列的傅里叶变换便会产生易于解释的结果。实际上,傅里叶变换不限于正弦信号。它可以准确地描述频域中的任何时间序列,即使该时间序列不包含正弦波或其他周期性特征。然而,对于非正弦时间序列,频域表示可能不太容易直观地予以解释。图 2.35 使用周期性重复的时间框来说明这一点。

注意到,图 2.36 中功率谱看起来不像基于正弦波的时间序列的频谱那样清晰可辨。然而,傅里叶系数是方波脉冲时间序列的完美频域表示,其可以通过计算傅里叶逆变换来显示,这在后续分析中亦有所体现。

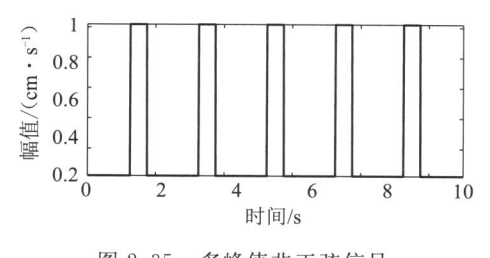

图 2.35　多峰值非正弦信号

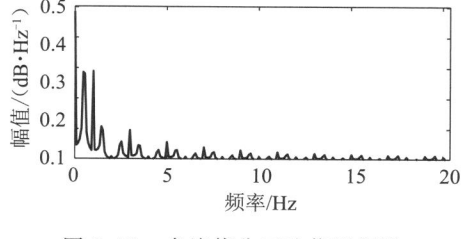

图 2.36　多峰值非正弦信号频谱

2.5　边缘伪像和时间序列锥化

由上述示例可知,时域信号中的锐边可以用傅里叶变换完美地表示,但是具有“杂乱”的频谱表示。这是因为许多平滑的正弦波必须相加才能产生一条直线。除了时间序列内的突然突变,边缘伪像也可能发生在时间序列的开始和结束时刻,即 0 和第一个时间点的值之间以及最后一个时间点的值和 0 之间会存在理论跳跃,如图 2.37 和图 2.38 所示。

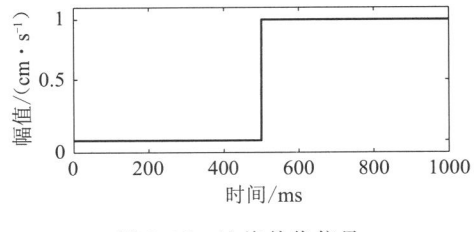

图 2.37　边缘伪像信号

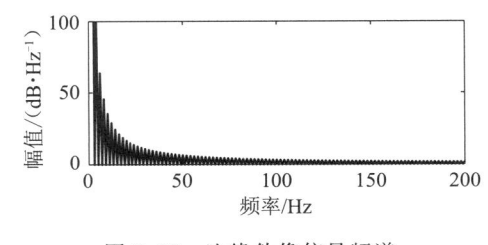

图 2.38　边缘伪像信号频谱

图 2.39 和图 2.40 将显示两个正弦响应的傅里叶谱,其边缘伪像的大小不同,这是由正弦波中的相位偏移(正弦到余弦)产生的。这可能看似无关紧要,但也是一个小的边缘。在实时序列中,边缘伪像可能对信号频谱解释产生严重影响。针对该问题的一个有效解决方法是对时间序列进行锥化处理。锥化处理是用于衰减信号起始和结束附近数据点的一个平滑包络,从而有效地消除边缘伪像。有许多形式的锥化可以应用,这里将采用 Hann 窗(汉宁窗)(其他锥化包括 Hamming、Gaussian、Welch 和 Blackman,通常均会产生类似结果)。

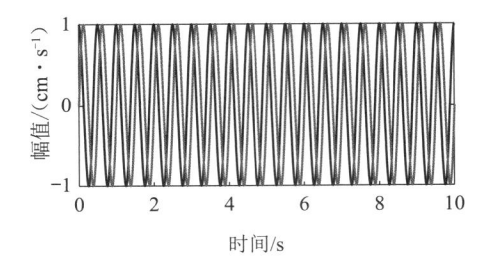

图 2.39　正、余弦信号

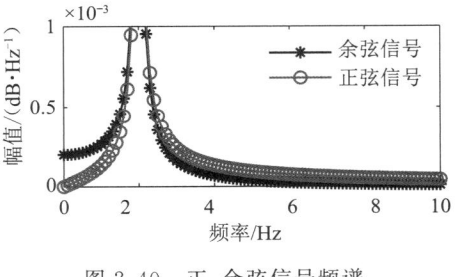

图 2.40　正、余弦信号频谱

MATLAB 信号处理工具箱包含一个名为 Hann 的函数,该函数将返回 N 点 Hann 锥化结果。编制简单程序即可快速计算 Hann 锥度,因此不需要特殊的工具箱函数。

注意:图 2.41～图 2.44 中应用锥化处理也会衰减有效信号。这种潜在的信号损失必须与边缘引入的伪像衰减相平衡。由于时间序列开始和结束时有效数据的衰减,锥化正弦波降低了峰值功率。然而,锥化正弦波也有非常低的边带,功率迅速下降到 0。非锥化正弦波具有较小的边缘伪像,在较宽的频率范围内具有较大的功率。

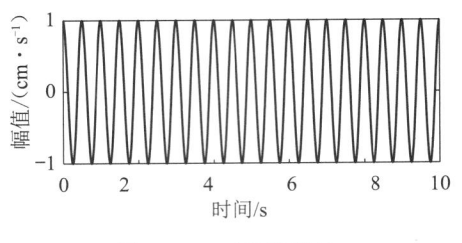

图 2.41　正弦波信号

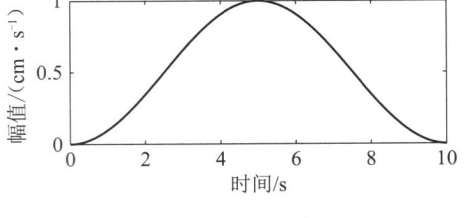

图 2.42　锥形波

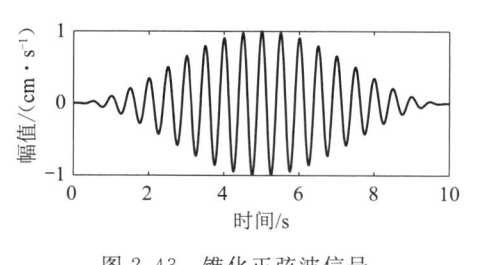

图 2.43 锥化正弦波信号

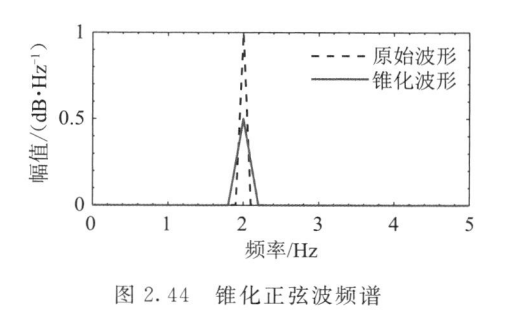

图 2.44 锥化正弦波频谱

时间序列是否应该进行锥化取决于计算傅里叶变换的目的。如果目标是在选定频率下尽可能精确地测量峰值功率，则应用锥化将降低峰值测量的精度。如果频率响应的形状更为重要，则锥化将通过抑制边缘伪像来提高结果的准确性。在多数应用中，锥化处理的利大于弊，因此除非有特定的理由不进行锥化，否则锥化应为默认程序。

傅里叶变换的频率分辨率（唯一频率的数量）由时间序列中的时间点数量决定，可以通过增加更多的时间点来提高频率分辨率。这可以通过在时间序列的末尾添加额外的 0 来实现，也称为"零-填充"（补零法），如图 2.45 和图 2.46 所示。在 MATLAB 中，零填充可以通过 fft 函数的第二个输入 N 来实现。如果 N 大于时间序列中的时间点数量，则在计算傅里叶变换之前添加 0（如果 N 小于数据中的时间点数量，则时间序列被截断）。

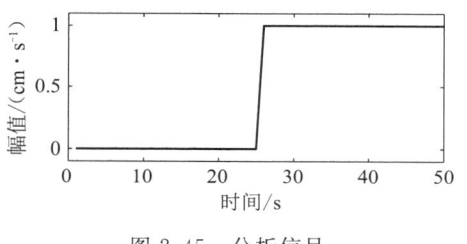

图 2.45 分析信号

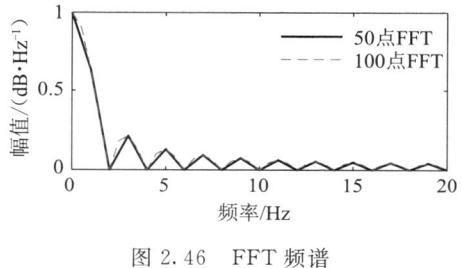

图 2.46 FFT 频谱

在上述两种情况下，频率开始于 0，结束于 $n/2$（奈奎斯特频率）。因此，频率范围不改变；只有 0（DC）和奈奎斯特频率之间的频率点数量（即频率分辨率）发生变化。

傅里叶变换产生的最大频率总是采样频率的一半。实际应用中应确保奈奎斯特频率被定义为采样频率的一半，而不是时间点数的一半，这是一个极易出现的错误。缩放傅里叶变换结果时，请确保除以原始数据点的数量，而不是包括 0 填充在内的数据点的数量。除以 N（包括填充 0）将抑制傅里叶分析结果的振幅。

在计算时间序列的傅里叶变换之前对其进行补 0 有三个主要原因：① 通过频域乘法进行卷积。在这种情况下，两个信号的频谱被逐个在频域相乘；如果两个信号的长度不同，其中一个信号必须用 0 填充，以便与另一个信号的长度相同。② 是为了获得特定的频率。因为傅里叶变换的频率分辨率是由时间点的数量决定的，所以对于分析很重要的频率可能无法从时间序列中提取出来。通过任意增加数据长度，可以使用 0 填充来获得任意频率（只要该频率在 0 和奈奎斯特频率之间）。请注意，补 0 不会提高傅里叶变换的频率精度，只会提高频率分辨率。为了提高精度和分辨率，有必要增加时间序列中的数据量，而不是添加 0。③ 是为了加快 FFT 的处理时间。如果输入时间序列的长度对应于 2 的幂（即正整数 2 的幂），则大多数 FFT 算法是最有效的。如果时间序列是 256 点长，FFT 会比 250 点长更快。对于短时间序列，计算时间的差异可以忽略不计。但是，如果时间序列包含数千、数百万或更多的时间点，进行补 0 以获得 2 的幂长度可以节省几分钟到几小时的计算时间。

若采样频率相对于时间序列的变化速度太低，可能会出现混叠。图 2.47 说明了当对"连续"（此处模拟为高采样频率正弦波）信号进行二次采样时，混叠是如何发生的。

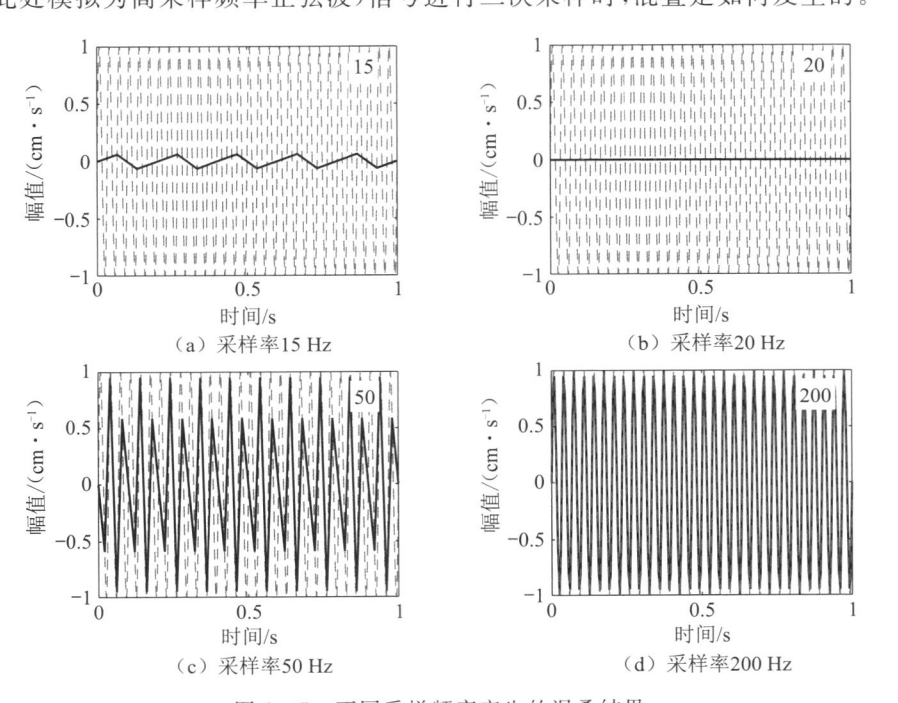

图 2.47　不同采样频率产生的混叠结果

为了避免混叠，采样速率必须至少是时间序列中最快频率（奈奎斯特截止频率）的两倍。为了避免二次采样，最好比信号中最大频率高 5～10 倍。这将确保高频成分的高信噪比估计。因此，如果最大的频率是 200 Hz，以 400 Hz 对时间序列采样是最低要求，以 2000 Hz 采样则是优选。

科学实验数据测试过程中因测试环境和仪器的原因，采集数据均会含有噪声。分离信号和噪声有多种方法，最佳去噪方法取决于噪声的来源和特征。有些噪声源很容易被过滤掉。例如，电子设备产生的线噪声，可通过应用 50 Hz 或 60 Hz 带阻滤波器消除。如果噪声是不可预测的或宽带的，那么在保持信号的同时衰减噪声的最简单和最稳健的技术之一就是对同一试验系统进行重复测量。其本质是记录的数据同时包含信号和噪声，重复测量的信号相似，而每次测量的噪声是随机的。因此，将几个测量值平均在一起将抵消一些随机噪声，同时保留信号有效信息。在大多数情况下，建议分别计算每次测量数据的频率表示，然后对测量的光谱结果求平均值。这是科学合理的，因为重复测量之间的微小相位差将导致时域平均中的信号损失，但不会影响时频功率结果。

在图 2.48 和图 2.49 中，将生成同一试验的 40 个测量值（每个测量值称为一次试验值）。图为试验获得的信号波形曲线，图中粗实线是多次测试值的均值。由图可知，多次测量求均值更能体现试验数据的波动趋势。

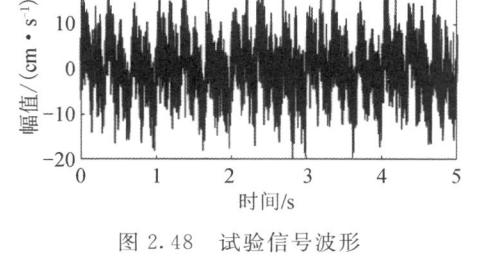

图 2.48 试验信号波形

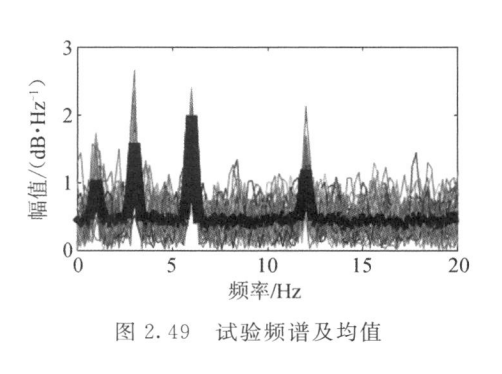

图 2.49 试验频谱及均值

该示例还说明了在存在噪声的情况下,频域分析优于简单的时域平均。事实上,原始时间序列的正弦波分量在试验平均图中仅略微可见,但在频域图中可清晰识别。

2.6 常用信号频谱分析方法

信噪比(signal-to-noise ratio,SNR)是衡量数据处理质量的重要指标。理想情况下,信号幅值相较于噪声应该较大。实际上,通常很难对信号和噪声进行辨别。因此,必须根据分析数据估计其信噪比。当有重复测量时,估计信噪比的一种方法是将平均功率除以标准偏差功率并分别用于每个频率,如图 2.50 所示。在计算信噪比之前,通过消除功率谱来消除功率偏移有时将取得良好的效果。

当时间序列数据在计算傅里叶变换之前进行锥化时,若仅使用一次锥化(此处选用 Hann 锥化)。多锥化方法是傅里叶变换的一种扩展变换,其中进行多次傅里叶变换,每次变换使用不同的窗函数对数据进行锥化处理。如图 2.51 所示,每次锥化都与另一次锥化正交。多锥化方法在低信噪比情况下可能有用。但是,其估计的频谱峰值比原始时间序列频率宽(这称为"频谱泄漏"或"频率污染")。因此,若分割小间隔的频率是必要的,则多锥化方法可能不是最佳选择。

图 2.51 是执行多锥化分析的结果,该过程需要使用 MATLAB 信号处理工具箱来计算锥度(函数 dpss,或离散长椭球序列,也称为 Slepian 序列)。

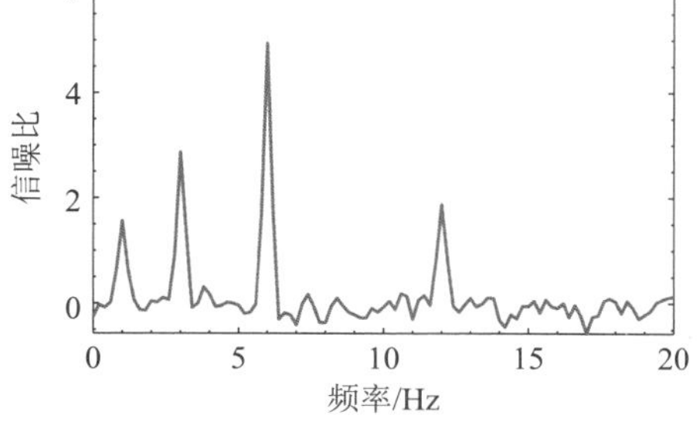

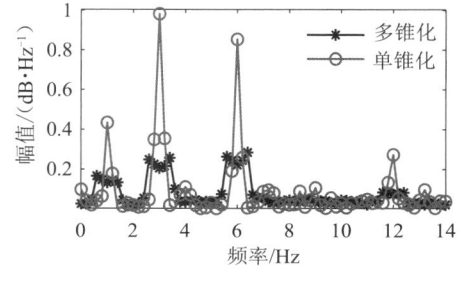

图 2.50 经验信噪比(平均值除以标准偏差)

图 2.51 单锥化和多锥化频谱

傅里叶变换包含计算时间序列的所有信息。这种无损耗表示可以通过应用傅里叶逆变换获得原始时间序列来证明,如图 2.52 所示。傅里叶逆变换涉及对一系列正弦波求和,使这些正弦波按傅里叶系数对应的频率进行缩放。在实践中,使用快速傅里叶逆变换更加简单便捷。

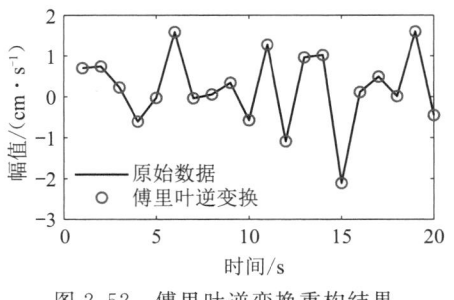

图 2.52　傅里叶逆变换重构结果

傅里叶逆变换重构时间序列的能力意味着频域操作可以用于时域数据处理,以修改该时间序列的某些属性,一个简单的操作是抑制正弦波的振幅。

创建一个由两个正弦波(5 Hz 和 10 Hz)之和组成的信号,如图 2.53 所示。10 Hz 正弦波通过在频域中向下缩放相应频率来衰减,然后通过傅里叶逆变换计算以返回到时域,如图 2.54 所示。注意,由于傅里叶系数被缩小(x＝fft()/n),因此在傅里叶逆变换过程中,系数需要被放大。还要注意频域衰减不仅适用于峰值频率,还适用于附近的几个频率。这是因为有限正弦波和一些边缘伪分量不能仅用一个频率的理想脉冲来表示(尝试当 y 轴比例改变为[0.1]时,尝试检查频谱),如图 2.54 所示。因此,边带也会被衰减。

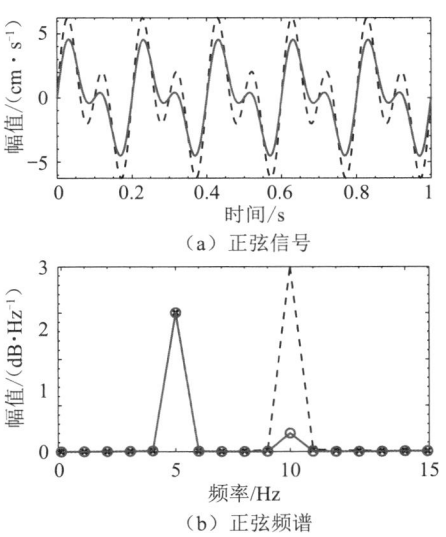

（a）正弦信号

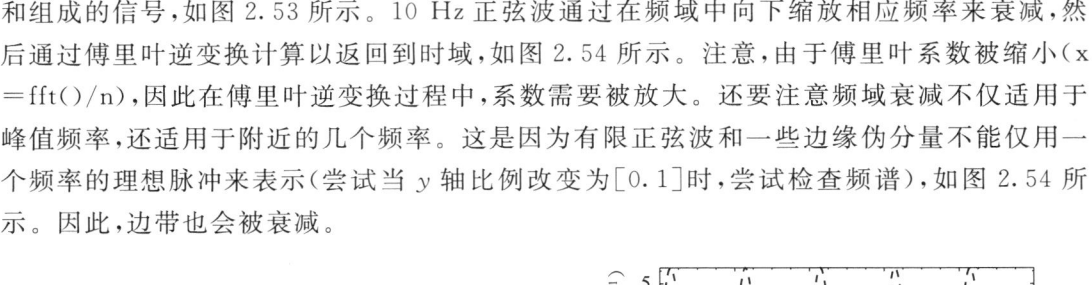

（b）正弦频谱

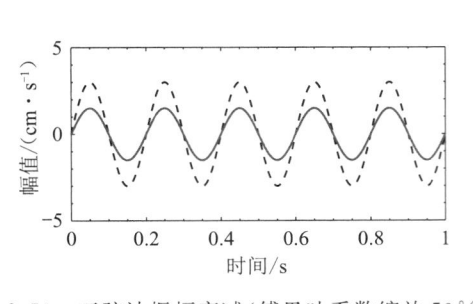

图 2.53　正弦波振幅衰减(傅里叶系数缩放 50%)

图 2.54　多正弦信号的频率选择性抑制

2.6.1　短时傅里叶变换

虽然傅里叶变换可以利用不同频率、振幅和相位的正弦波完美地表示时间序列,但是频率结构的时变很难在频谱图中可视化。许多时频分析会导致信号某些信息量缺失,基于时频分析的结果不可能完美地重建原始时间序列。这与傅里叶变换形成对比,傅里叶变换包含时间序列中的所有信息,并且可从傅里叶变换中完美地重建原始时间序列。通常,这并不重要,因为对时间序列特征的定性和定量的理解比能够完美地重构时间序列更为关键。也就是说,信号某些成分可能会丢失,但信息会获得。

短时傅里叶变换(short-time Fourier transform,STFT)简单、直观、有效,在连续的短时间窗口中计算傅里叶变换,而不是在整个时间序列中计算一次。时间窗口重叠有助于提高绘图的可视性和对比性。若已创建频率变化的时间序列,FFT 计算结果将与前述章节的结果类似,除非是在指定宽度的连续窗口中计算 FFT。在开始分析之前,必须指定用于计算傅里叶变换的时间窗宽度和中心时间点。将以毫秒(ms)为单位时间转换为以指标为单位的时间后(在这种情况下,它们碰巧是相同的,因为采样频率为 1000 Hz,但对于非 1000 Hz 采样的情况,添加转换是较好的做法),变量 fftWidth 将减少一半。这是因为傅里叶变换将围绕每个中心时间点进行计算,即每个中心时间点之前的 fftWidth/2 和之后的 fftWidth/2。如果中心时间点的距离比所选取的分析时窗更小,特殊情况下,如果中心时间点的间距为 100 ms,窗口的宽度为 100 ms,则连续窗口之间会有重叠。如前所述,时间窗口重叠有助于平滑时频结果,从而使频率特性的时变更为显著。

　　建立如图 2.55 所示时变信号,求解可得到图 2.56 所描述的"时频图",由于时频图显示振幅(功率的平方根),因此也称为"时频功率(振幅)图"。与前述频谱图不同,此处的频率位于 y 轴上,较低的频率朝向底部,较高的频率朝向顶部。时间点绘制在 x 轴上,与上图中的时域绘制相同。从表观上看,时频图似乎与时间序列相当匹配,包括组成正弦波的起始/偏移时间和频率。从这张图可以清楚地看出,信号的频率结构随时间而变化。

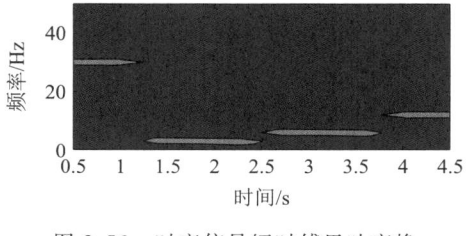

图 2.55　时变信号波形　　　　　　　图 2.56　时变信号短时傅里叶变换

　　然而,图 2.57 中一个显著的区别是,时间切片图在 0.5 s 和 4.5 s 时截断了时间序列。这是因为短时傅里叶变换是对每个中心时间点周围的数据进行计算,并且在时间 0 之前没有数据。因此,可以估计频率特性的第一时间点是在信号已经开始之后。如果存在至少 500 ms 的信号前/后缓冲时间,则可以包括信号开始和结束时频分析结果。这就是要设置信号缓冲的原因之

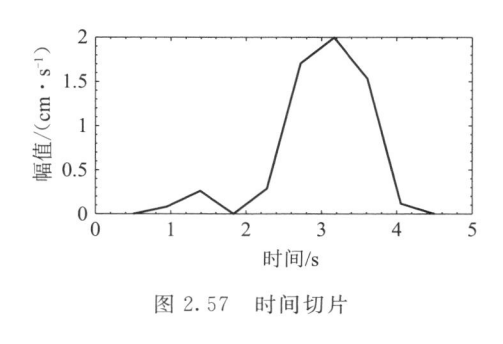

图 2.57　时间切片

一。同时,如果某个频率具有先验意义,则可以将其与其他频率分开绘制。

　　对于短时傅里叶变换,高时间分辨率(即高采样频率)对于从数据中提取频率分量是有用的。时间延迟加上频率特性的变化必然慢于数据的时间分辨率,降低了短时傅里叶变换结果的时间精度。结果的时间精度部分由时间序列的特征决定,部分由窗口的大小决定(较宽的窗口会降低时间精度,因为它们在更多的时间点上取平均值)。因为时频分析的时间精度降低,所以降低时频分析结果的时间分辨率是合理的。尽管会丢失一些信息,但结果的主要特征仍然存在。可通过更改 Ntime steps 参数的值来研究短时傅里叶变换的时间分辨率

对结果质量的影响。

换而言之,短时快速傅里叶变换结果的时间分辨率由时间步长的数量决定,而时间精度部分由窗口宽度决定,部分由频率特性相对于傅里叶变换结果的每个频率变化的速度决定。傅里叶变换的频率分辨率完全取决于数据中的时间点数量。为此,当时间窗口的大小减小时,短时傅里叶变换的频率分辨率降低。值得注意的是,有时请求的频率并不准确,而是近似值。例如,当提取 1 Hz 和 40 Hz 之间的频率时,第二个请求的频率是 2.3448 Hz。由于有限的频率分辨率(有限的时间窗口),无法从数据中提取出准确的频率。相反,该请求频率被估计为 2.008 Hz,从数据中提取的最接近请求频率的频率。如前所述,更长的时间窗口将提供更好的频率分辨率,但代价是结果的时间精度降低。

如图 2.58 所示,短时傅里叶变换过程中,选择窗口大小时会出现一个折中:不可能同时最大化时间精度和频率分辨率。这就是应用于时频分析的海森堡测不准原理。这种权衡的一个解决方案是随着频率的增加改变时间窗口的大小。因此,在较低频率下,以降低时间精度为代价来最大化频率分辨率,而在较高频率下,以降低频率分辨率为代价来最大化时间精度。这种方法通常是可以接受的,因为较低频率的活动通常比较高频率的活动变化更慢。

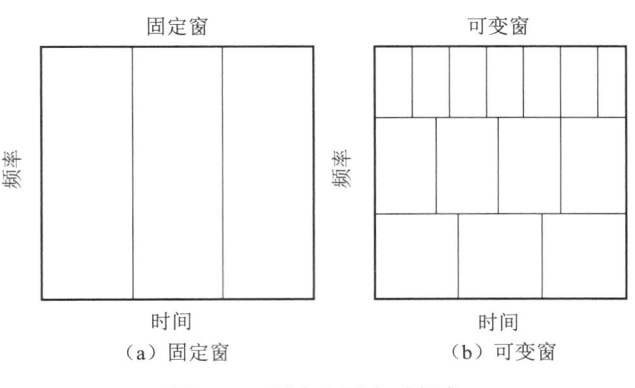

图 2.58　固定和可变时频窗

如果对信号进行重复分析,每次分析都应分别计算短时快速傅里叶变换,然后将得到的时频图一起平均。这优于先在时域中求平均值,然后执行一次短时傅里叶变换,因为试验中的微小时间抖动或相位差会导致时域抵消,从而降低时频分析的精度。

2.6.2　维格纳-威尔(Wigner-Ville)分布

Wigner-Ville 分布方法涉及循环时间序列的每个时间点。在每个时间点,向前 N 个点的数据与向后 N 个点的数据相乘,形成自相关分布矩阵。然后对该矩阵应用傅里叶变换。每一步乘以的点数从 1 增加到时间点总数(N),因此傅里叶变换的每一行对应于数据的频率,如图 2.59 所示。

Wigner-Ville 分布方法具有较高的频率和时间精度。然而,其两方面的局限性在于分析结果会受到噪声的强烈影响,并且对于多分量信号处理结果往往会产生明显的"交叉项"。对 Wigner-Ville 分布方法进行一些参数调整,可以有效抑制这些交叉项。

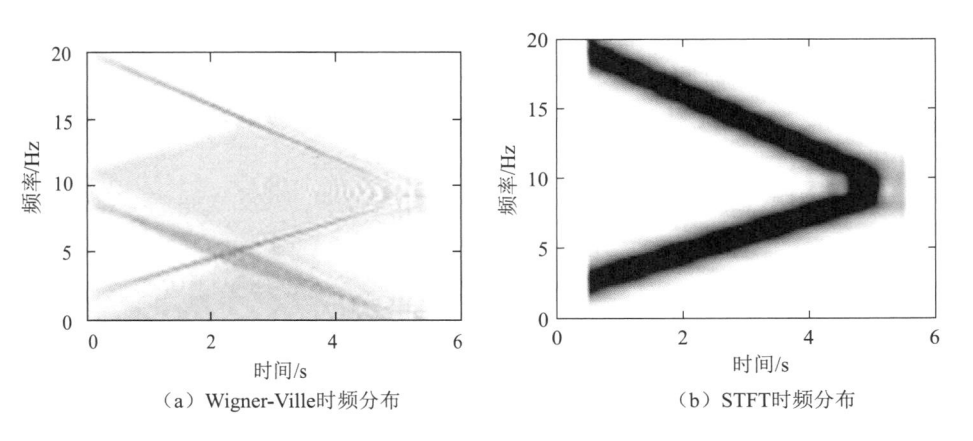

（a）Wigner-Ville 时频分布　　　　　　（b）STFT 时频分布

图 2.59　Wigner-Ville 和 STFT 时频分布

简而言之,虽然 Wigner-Ville 分布方法有一些优点(它最初是为了研究量子力学而发展的),但在存在噪声和/或多频信号的情况下,相较于其他时频方法并不具有明显的优势。

2.6.3　Morlet 小波卷积

Morlet 小波卷积是一种时频分析方法,其结果与短时傅里叶变换类似,并且具有一些优点,包括减少了计算时间,对时频分辨率的适应性增强,提高了时间分辨率。小波是一个短波状的时间序列,开始和结束于 0 或非常接近 0。有丰富类型的小波对特定信号处理非常有用。

Morlet 小波是通过使用高斯函数将正弦波变细而产生的,如图 2.60 所示。Morlet 小波通常用于时频分析,因为它们是时间对称的,允许灵活控制时间和频率精度之间的平衡,因为它们在频域中具有高斯形状,并不会引入边缘虚假成分。高斯曲线是使用宽度参数 w 创建的,该参数定义了时频精度。

因为需要估计信号的功率和相位,所以需要一个复小波,与傅里叶变换需要一个复正弦波相似,一个复杂的 Morlet 小波有三个维度:实数、虚数和时间。实部对应余弦波,虚部对应正弦波,如图 2.61 所示。

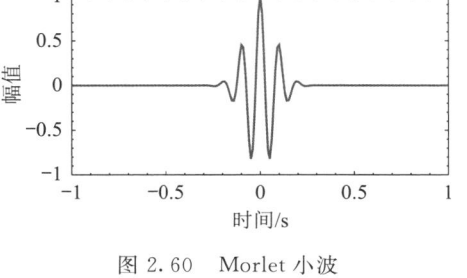

图 2.60　Morlet 小波

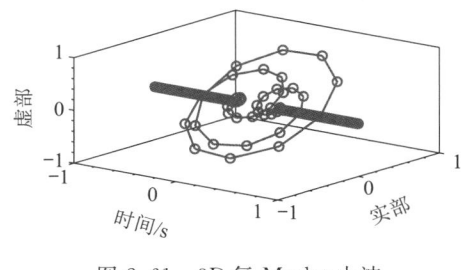

图 2.61　3D 复 Morlet 小波

1. 时域卷积

卷积的目的是比较时间上的两个时间序列(卷积也可以在空间上计算)。卷积的基础是点积,即两个向量之间逐点相乘的和。卷积是通过重复计算内核(向后翻转)和时间序列之间的点积来实现的,每次需将内核移动一个时间单位,点积的时间序列是卷积的结果。卷积开始于内核与时间序列最左边的点对齐,卷积结束于内核与时间序列最右边的点对齐。这包括两层含义。第一,时间序列的两端必须补零,以适应额外的乘法运算。第二,卷积结果的长度将是 $K+S-1$,其中 K 和 S 是内核和时间序列的长度。卷积运算后,结果必须在开始和结束时被小波长度的一半所切割。

卷积定理表明,信号时域中的卷积相当于频域中的乘法(反之亦然:频域中的卷积相当于时域中的乘法,尽管这对时频分析没有用处)。卷积定理对小波卷积的影响在于卷积可以通过卷积核和小波的傅里叶变换乘以它们的频谱,然后通过傅里叶逆变换计算来执行。这使得小波卷积类似于带通滤波,不同之处在于滤波器的形状由小波的频率表示来定义,而不是由任意函数定义。Morlet 小波频域中具有高斯形状,这对于时频分析非常有用,因为不存在频域边缘伪分量干扰。通过频域乘法进行卷积,可使复小波卷积成为一种有用且快速的时频分析方法。复 Morlet 小波与时间序列之间卷积结果的振幅与时间序列的振幅不匹配。通常,卷积结果的振幅是关于频率、小波宽度和数据采样频率的函数。

2. 幅值缩放复 Morlet 小波卷积结果

为了获得与原始时间序列数据相同振幅单位的卷积结果,必须缩放 Morlet 小波的振幅。这种缩放可以在时域或频域中完成。时域标度比较困难,因为并不存在简单的振幅标度函数适用于所有频率、高斯宽度和采样频率,而频域振幅缩放是简单且有效的,它涉及将小波的频率表示缩放到最大值 1.0,然后再将小波和时间序列的频谱相乘,如图 2.62 所示。

3. 复 Morlet 小波卷积时频分析

使用复 Morlet 小波卷积进行时频分析涉及建立具有不同频率的小波"家族",并将每个小波与分析数据卷积,如图 2.63 所示。若数据频率范围已知,或者频率包含整个可能范围,则可以预先指定频率。小波频率的总可能范围受到两个因素的限制。在频率上限,不可能估计出高于奈奎斯特频率的频率,因为傅里叶变换的频率上限是奈奎斯特频率。在频率下限,时间序列中必须有足够的时间来估计至少一个周期,最好是几个周期。也就是说,如果时间序列为 1 s 长,则不可能在 0.5 Hz 下估计其波动特征,因为时间序列仅包含半个周期。虽然从技术上讲,1 Hz 响应可以在 1 s 的时间序列中进行估计,但最好将较低的小波频率限制在 2~3 个周期内。

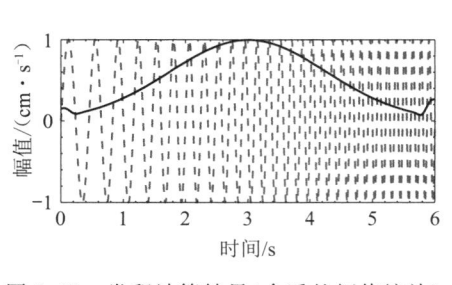

图 2.62　卷积计算结果(合适的幅值缩放)

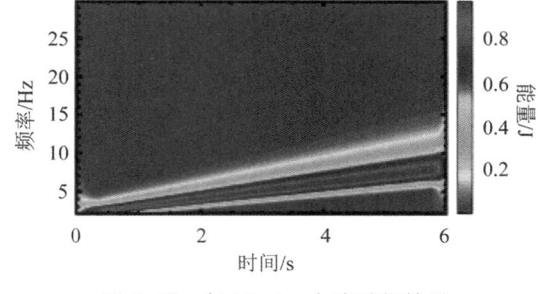

图 2.63　复 Morlet 小波时频结果

请注意,无须在每个频率重新计算时间序列的傅里叶变换。与短时傅里叶变换相比,这是小波卷积可以减少时频分析计算时间的方法之一。这也是使用自定义编写的代码执行卷积比使用 MATLAB 中 conv 函数更快、更高效的原因,因为 conv 函数需要多次冗余地重新计算时间序列的傅里叶变换。与采样频率相比，频率特性的变化相对缓慢，加上时间泄漏，意味着卷积结果的时间精度通常低于其时间分辨率。这反过来意味着卷积的结果通常可以在不丢失重要信息的情况下进行时间降采样。降采样时，检查分析结果以确定信息是否丢失是极为关键的，如图 2.64 所示。

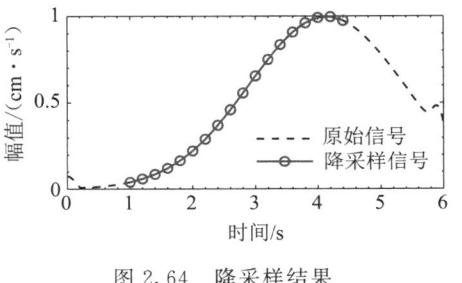

图 2.64　降采样结果

　　由前述可知，高斯函数的宽度由标准偏差方程定义，而标准偏差方程又由通常称为"循环数"的参数 ncyc 定义，因 n 用于表示时间序列中的时间点数，故 ncyc 越大，高斯分布越宽。在建立 Morlet 小波过程中，当用于正弦波时，ncyc 按 2 * pi * f 缩放，其中 f 是正弦波的频率。该参数对结果有影响，应用时应仔细选择。较宽的高斯分布提高了频率精度，但降低了时间精度，反之亦然。这是因为更宽的高斯曲线将包含更多的正弦波周期，因此将更精确地测量窄频率波动，具体如图 2.65 所示。在极端情况下，由周期数无限的高斯函数逐渐变细的正弦波是纯正弦波，卷积运算便成为傅里叶变换的关键步骤。

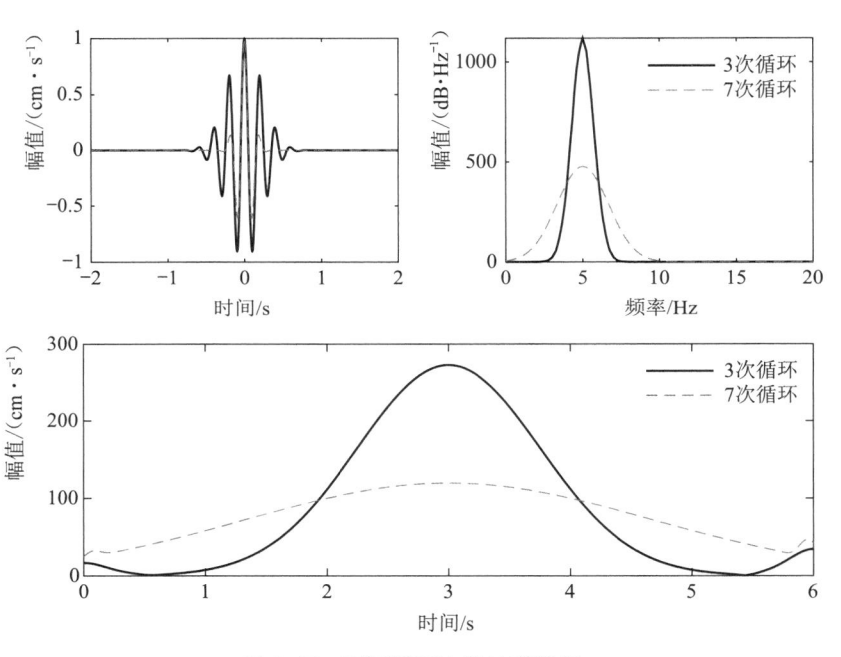

图 2.65　不同循环次数波形特征

　　一方面，如果信号动态变化迅速，则较窄的高斯（较小的 ncyc 参数）将有助于确定变化发生的时间，尽管这些变化的频率无法精准确定。另一方面，如果变化相对缓慢而频率精度高，则更宽的高斯（更大的 ncyc 参数）将有助于确定变化发生的频率，但很难确切地知道这些变化发生的时间。原始时间序列数据的振幅标度体现了时频变化。但在三种情况下，时频结果不应在原始量表中解释而应标准化。①感兴趣的信号反映了大幅度背景波动之上的微小变化。②不同来源的信号具有不同的标度，必须对信号进行比较。③时间序列中存在多个频率分量，每个分量具有不同的振幅标度。一般，存在以下几种标准化方式。一种称为分贝(dB),其在信号处理中用于量化信号功率的变化,通常相对于"基线"或参考周期。dB 的数学定义为 $10\lg a/b$,其中 a 表示所关注时间段内的波动,b 表示基线期间的平均波动。在这种情况下,基线周期将被视为引入相关信号前 2 s 的平均波动,因此,实际应用中应根据信号特点选择不同的小波基函数,常用小波基函数形态如图 2.66 所示。

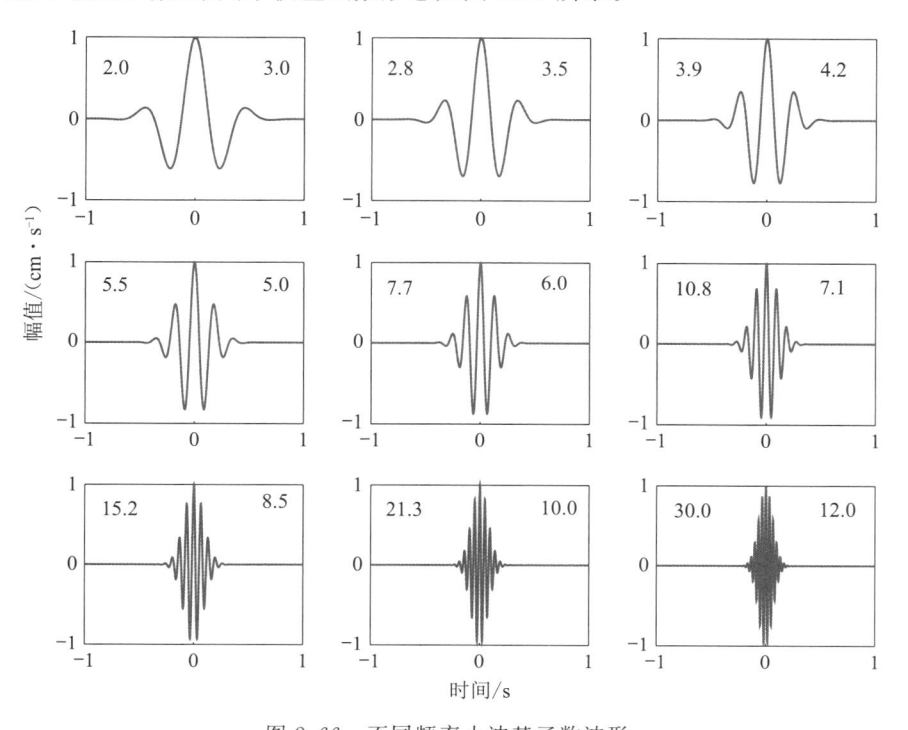

图 2.66   不同频率小波基函数波形

2.6.4   滤波希尔伯特(Hilbert)变换

对信号进行带通滤波后并进行希尔伯特变换(滤波希尔伯特方法)是另一种时频分析方法,可以产生与短时傅里叶变换和复 Morlet 小波卷积类似的结果。滤波 Hilbert 方法的主要优点是可以指定滤波器的频率响应(相比之下,Morlet 小波的频率响应总是采用高斯)。

希尔伯特变换是一种将纯实值时间序列转换为其复数的表示方法(既包含实部又包含虚部的表示法),可以提取信号功率和相位值变化。希尔伯特变换涉及傅里叶变换,旋转正频率(介于 0 和奈奎斯特频率之间的频率)在复空间中为 $-90°$,将负频率(奈奎斯特频率以上的频率)旋转 $90°$,将旋转后的频率叠加到原始频率上,然后计算傅里叶逆变换。实际上,这可以通过加倍正频率并将负频率调 0 来实现,而后计算逆频率傅里叶变换,这会产生复数时间序列。MATLAB 信号处理工具箱和倍频程信号分析工具箱中均包含 Hilbert 函数,可以对信号进行希尔伯特变换。希尔伯特变换不影响时间序列的实部,这可以通过在原始时间序列上绘制希尔伯特变换的实部来验证,如图 2.67 所示。

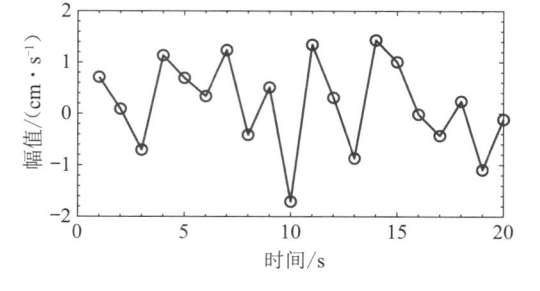

图 2.67   Hilbert 变换信号实部

图 2.68 中功率/振幅和相位值可从 Hilbert 变换的（复数）结果中提取，该过程与复 Morlet 小波卷积或短时傅里叶变换得到的结果相同。如果时间序列仅包含一个主频且几乎没有噪声，则 Hilbert 转换可应用于原始时间序列数据。然而，对于多频率时间序列，如果没有进行带通滤波，希尔伯特变换可能产生无法解释的结果。原因在于希尔伯特变换的功率和相位信息将反映时间序列的带宽特征，这在很大程度上取决于在每个时间点所具有最大功率的任意频率。

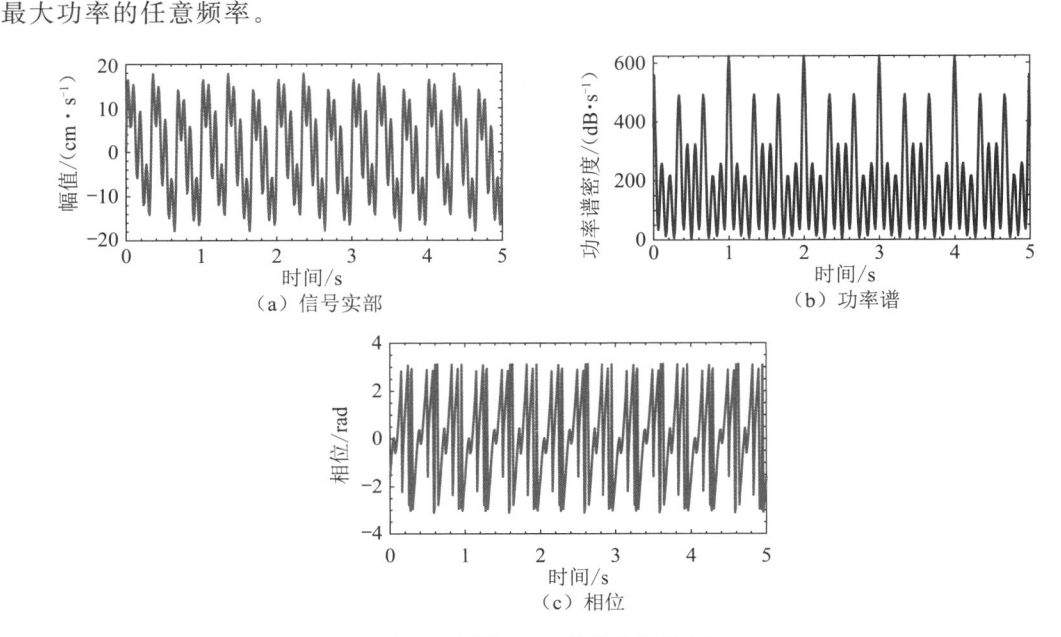

（a）信号实部 （b）功率谱

（c）相位

图 2.68　Hilbert 变换提取信号信息

信号估计得到的功率和相位角不易解释，因其似乎不能表征任何形式组成的正弦波。因此，在应用希尔伯特变换之前对数据进行过滤通常是必要的。

2.6.5　有限与无限脉冲响应滤波器

FIR 和 IIR（有限和无限脉冲响应）描述了当输入为脉冲（单个非零数）时的滤波器响应。区别在于 FIR 滤波器在某个点结束（该响应为有限响应），而 IIR 滤波器的响应是无限的。是否使用 FIR 或 IIR 滤波器取决于应用。如果滤波的目的是获得指定频率范围内的时域信号，则 FIR 和 IIR 滤波器均会获得非常相似的结果，因此，FIR 与 IIR 的选择可以基于实施特定类型滤波器的经验确定。如果滤波的目标是获得相位值，随后再对其进行分析，例如计算瞬时频率（instantaneous frequency，IF）、相位同步或相位稳定性等方面，应首选 FIR 滤波器。FIR 滤波器更稳定，而 IIR 滤波器如果构造不好会引入一些相位干扰。FIR 滤波器由于其较高的滤波器阶数而需要稍长的时间来实现，实际上这与计算机的性能无关。

应用滤波器对时间序列处理过程中会在数据中引入相移，相移量由过滤器内核的长度决定。这些相移会产生虚假成分，应尽可能进行校正。通过数据滤波，然后向后翻转时间序列并采用相同的滤波器，最后再次向前翻转数据，可以校正相移。这种翻转背后的原理是通过滤波引入的相位失真在反向时间重新引入，从而反向消除失真。结果是滤波后的时间序列不会产生相位失真,这类滤波被称为非因果过滤器。非因果滤波器只能在收集数据后应用,因为在实时滤波过程中,用户无法访问将来的数据。在实时滤波中,如果内核相当短,相位延迟可以忽略不计。非因果滤波可以使用包含在 MATLAB 信号处理工具箱中的 filtfilt 函数来实现。

1. 时域中的频率边缘伪成分

频域中的锐边会在时域中引入"波纹"伪成分。下面通过向正弦波的频谱添加锐边,然后绘制逆傅里叶重构时域信号来说明这一点。从图 2.69 和图 2.70 中可知,频域中的锐边(此处 8~9 Hz 平台的出现)可能会在时域中引起波动。

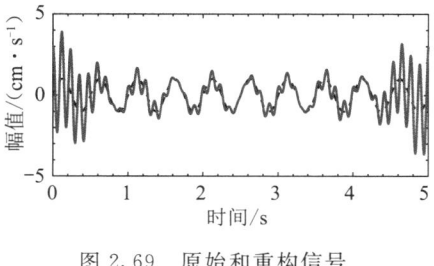

图 2.69　原始和重构信号

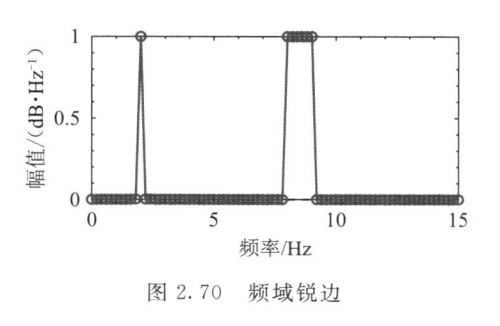

图 2.70　频域锐边

2. 高通与低通滤波

任一时间序列可以通过计算其傅里叶变换,从而抑制不需要的频率,然后计算傅里叶逆变换来滤波,如图 2.71~图 2.74 所示。"高通"是指数据中仅保留高于某一截止值的频率,换句话说,让较高频率分量通过滤波器,而较低频率则不断衰减并消失。为了避免时域中伪分量不断扩散,滤波器应设计为在频域中具有平滑过渡。

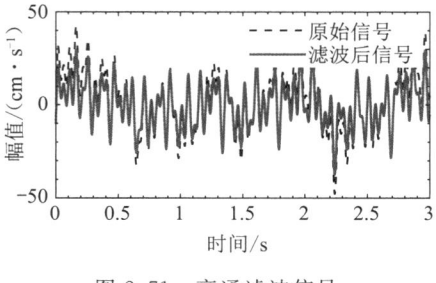

图 2.71　高通滤波信号

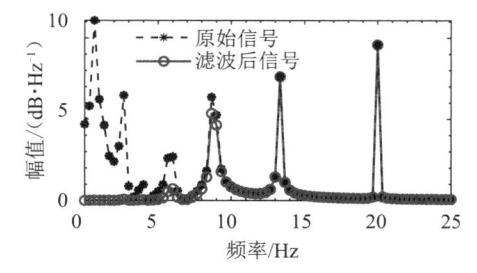

图 2.72　高通滤波滤除低频波动

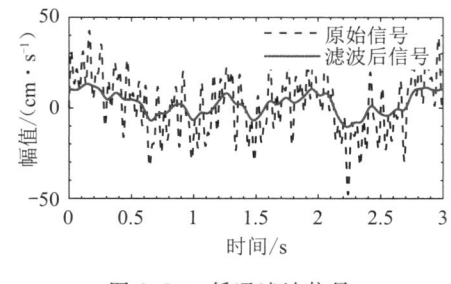

图 2.73　低通滤波信号

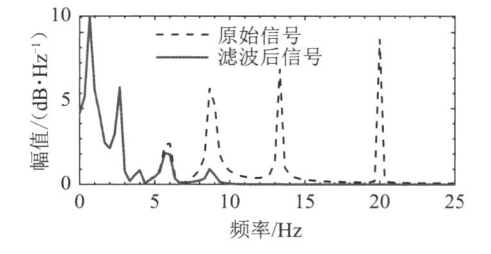

图 2.74　低通滤波滤除高频波动

3. 平台形带通滤波器

带通滤波器的概念是将低通滤波器与高通滤波器相结合,以隔离一个频率范围,同时衰减较低和较高的频率,平台形滤波器是较为流行的带通滤波器。理想的平台形滤波器将在上下限边缘产生虚假分量。因此,对平台形滤波器边缘的"过渡区"进行平滑处理是有利的,如图2.75所示。过渡区范围通常设置为频率边缘的5%～20%,具体取决于分析所需的频率特性。

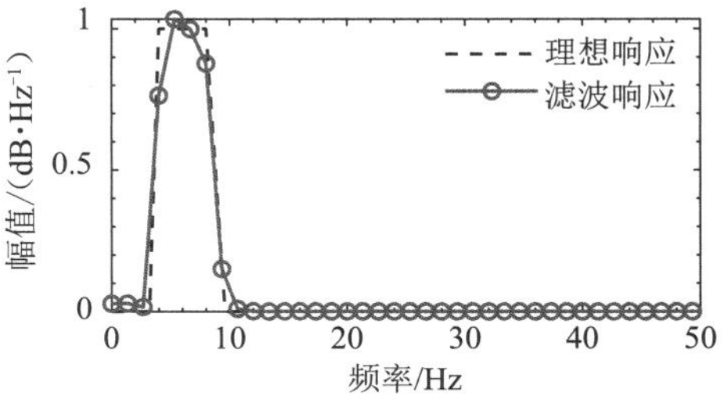

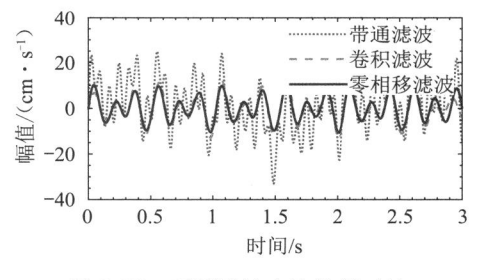

图 2.75　频谱曲线

为了确保边缘虚假分量被衰减,可将所需的平台形状作为函数 firls(有限脉冲响应)的输入。firls 将设计一个时域内核,其频率响应与包含可将虚假分量衰减的平滑过渡区的平台匹配。

过滤器的"阶数"定义了滤波器内核中的时间点数量(内核为阶数+1 个点长)。其根据带通滤波器的最低频率指定:滤波器内核必须至少长于最低频率的一个周期。实际分析中,最好将滤波器阶数设置为最低频率一个周期内时间点数量的3～8 倍。高阶滤波器核将提高滤波器频率响应的精度,但也会略微增加计算时间。注意,若滤波器阶数小于时间序列长度的 3 倍,MATLAB 将产生错误。

图 2.76 所示带通滤波器核通常具有类似小波的形状,考虑到实际滤波器内核的频率形状,这并不足为奇,其似乎介于平台和高斯之间。实际上,如果将理想响应指定为完美高斯,则时域滤波器内核将是 Morlet 小波。一旦获取滤波器内核,便可以使用内核滤波数据。滤波器内核可用于卷积,由于核是实数(不是复数),因此必须对卷积的结果应用希尔伯特变换才能获得相位和功率谱信息,不同滤波方法结果对比如图 2.77 所示。

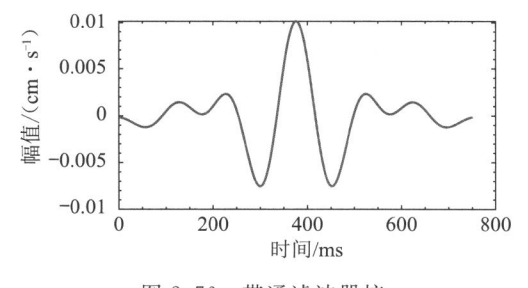

图 2.76　带通滤波器核

图 2.77　不同滤波方法结果对比

卷积和零相移滤波 filtfilt 函数的结果相类似,但不完全相同。微小的差异源于 filtfilt 计算和应用的内核缩放。这些差异通常不是重大问题。事实上,改变小波宽度或带通 FIR 滤波器过渡宽度将产生类似甚至更大的差异。

4. 非稳频信号中的瞬时频率

频率分析和时间-频率分析均假设被测量的振荡器至少在分析的时间窗内(例如 Morlet 小波卷积中高斯的非零部分)随时间变化是稳定的,即信号具有固定的频率成分。然而,在许多信号分析中,系统振荡频率会随着时间快速变化。事实上,频率的时变可以作为一种传递信息的方式,例如对于调频广播信号。

要认识到,振荡频率不能在单个时间点精确测量,类似于医学诊断中心率不能通过仅测量一个时间点的心电图来判断。因此,每个时间点的瞬时频率必须基于附近一定范围内的时间点来估计。因为较低频率的振荡从定义上来说通常较慢(也就是说,随着频率的降低,相同数量的周期会占用更多的时间),所以在较高频率下,瞬时频率在时间上更精确。这也是调频收音机使用 MHz 范围而不是 Hz 范围的原因之一。

5. 频率时变信号生成

在学习如何提取瞬时频率之前,先要了解如何创建频率随时间变化的时间序列。图 2.78 为随机生成的具有任意形状的时变频率的时间序列。

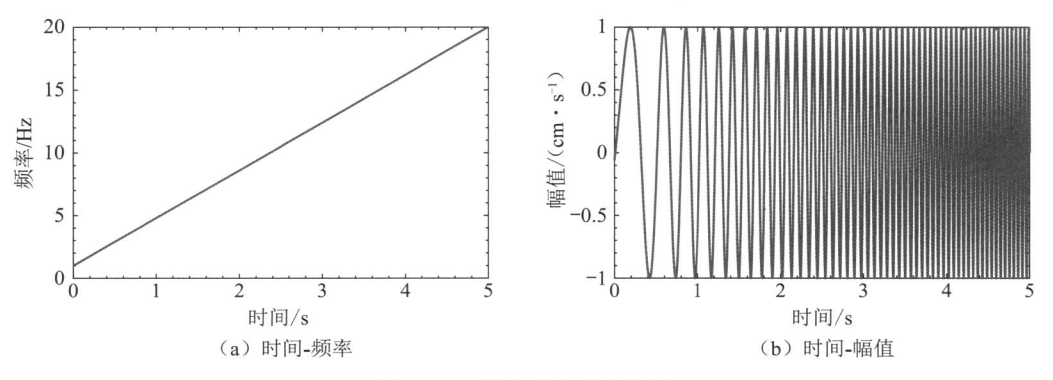

（a）时间-频率 　　　　　（b）时间-幅值

图 2.78　任意频率响应差异

频率可以定义为相角时间序列的导数,也常被称为瞬时角速度,因为它是相位角矢量在尽可能小的时间测量值(从一个时间点到下一个时间点,这取决于采样频率)条件下绕极平面旋转的速度。因为瞬时频率仅基于相位值计算,所以它独立于信号功率中的任何正在进行的动态变化(除了在零功率下,因未定义相位值,所以不能计算瞬时频率)。相角时间序列可以通过 MATLAB 软件凭条中的 angle 函数从复时间序列(例如,与复小波或滤波器-希尔伯特方法卷积的结果)中提取。然后,提取相角时间序列的一阶导数。相位角必须首先展开,展开相位角意味着每次角度从－pi 过渡到＋pi 时(当矢量在极面中移动通过正实轴时),会将 2pi 添加到相位角时间序列中。展开相位角时间序列的导数便得到对瞬时频率的估计。为了将结果换算成 Hz 单位,导数需乘以数据采样速率,同时再除以 2pi,分析结果如图 2.79 所示。注意在重建的瞬时频率时间序列中会存在边界虚假成分。如果在分析信号边界前后一定范围有过渡缓冲区,则这些干扰可以被衰减或避免。

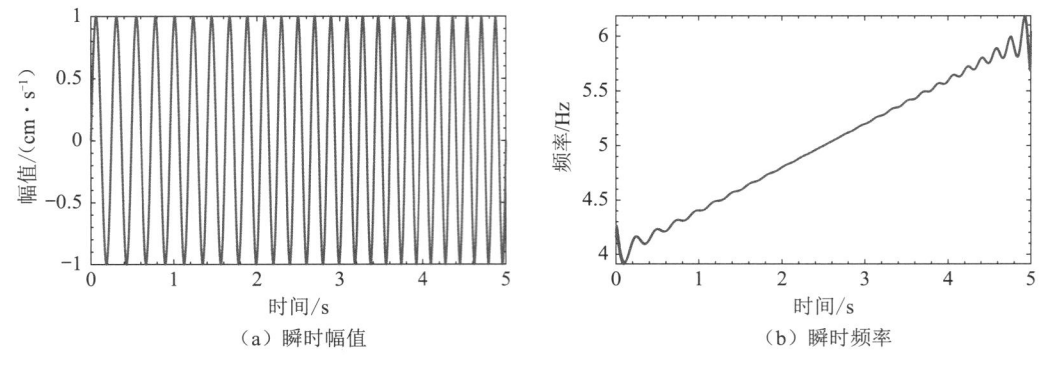

（a）瞬时幅值 　　　　　（b）瞬时频率

图 2.79　信号瞬时幅值和瞬时频率

　　因为瞬时频率是基于时间导数的(每个点都是自身与前一点的差值),瞬时频率时间序列比原始时间序列的长度少一个数据点。这可能会在随后的分析中引起较大误差甚至错误。因此,在末尾增加一个额外的数据点是有用的,这样瞬时频率的时间序列与原始时间序列保持相同的长度,通常这个额外的数据点可以重复最终邻近的数据点。在多频信号或包含噪声的单频时间序列中,只有在通过带通滤波隔离特定频率范围后,才能解释瞬时频率。

　　① 带限瞬时频率。如图 2.80～图 2.82 中带通滤波改进了在存在其他重叠数据分量的"污染"时对瞬时频率的估计。过滤数据的估计瞬时频率时间序列更接近地反映了真实瞬时频率,尽管存在环境噪声的残余影响。当创建小波时,更宽的高斯将有助于通过增加频率差异性来减少某些伪分量,比如尝试将 Morlet 小波中的周期数从 5 更改为 10 等。最初,隔离一个狭窄的频率范围,然后估计该范围内的瞬时频率可能看似无法理解。然而,频率非平稳性相对于那些非平稳性围绕其波动的"载波"频率来说是很小的,这也是较为常见的。事实上,调频广播也是利用基于窄频带内频率随时间变化的原理而被广泛应用。尽管如此,在应用窄带滤波器之后估计瞬时频率的过程只对带通滤波器范围内具有频率非平稳性的信号有效。

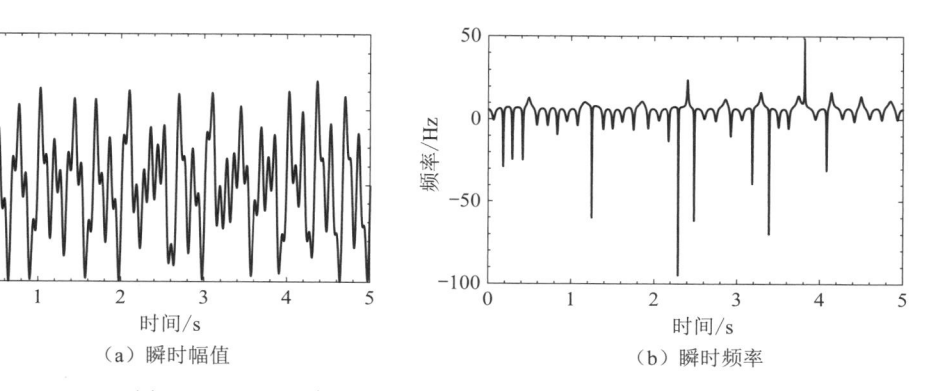

（a）瞬时幅值　　　　　　　　（b）瞬时频率

图 2.80　重叠频率产生的虚假瞬时幅值和瞬时频率

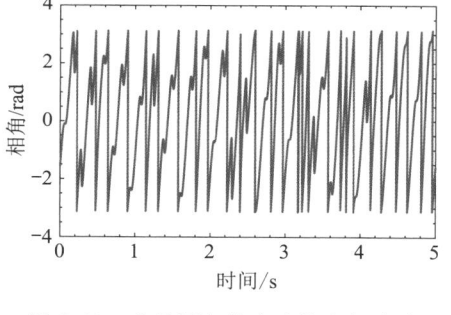

图 2.81　非单调相位产生的虚假波动

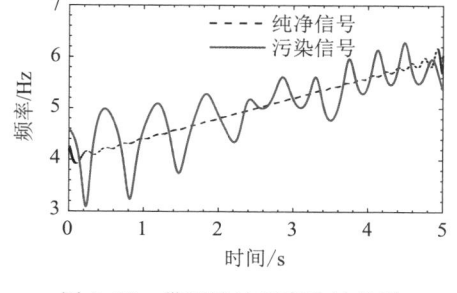

图 2.82　带通滤波频率估计结果

　　② 宽带噪声下的瞬时频率估计。噪声会给计算瞬时频率的精确时间序列带来相当大的问题,尤其是对于宽带噪声。如图 2.83～图 2.85 所示,图中说明即使是少量的噪声,在没有滤波的情况下,对估计瞬时频率的影响也是极为严重的。

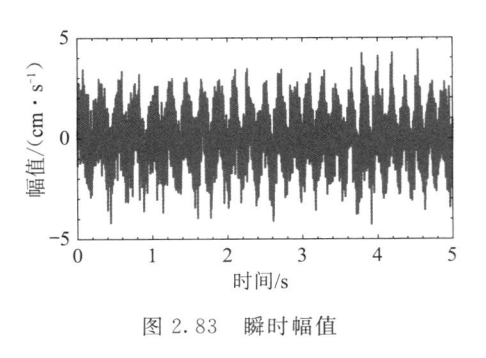

图 2.83　瞬时幅值

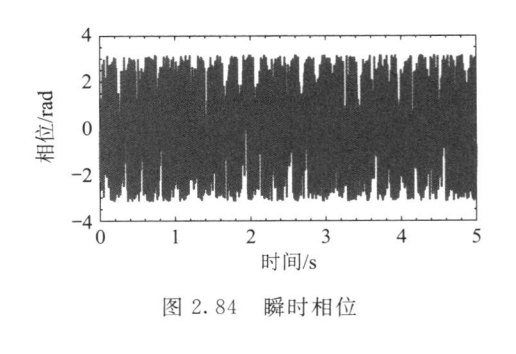

图 2.84　瞬时相位

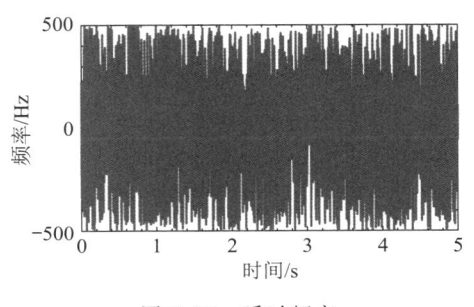

图 2.85　瞬时频率

分析出现的异常结果则表明,不应该对这个时间序列计算瞬时频率或在解释结果之前需要进行滤波。只有当信号的特性已知时,例如时间序列中存在多少主频时,才能成功地使用上述方法估计瞬时频率。如果信号的特征不是先验已知的,一个可行的方法是先采用一般的时频分析方法,例如短时傅里叶变换或复小波卷积,然后计算已知信号分量上的瞬时频率。

2.6.6　时域信号去噪

1. 滤波消除噪声信号

数据测试环境中的噪声会导致信号一定程度上受到污染,许多方法可以衰减或消除时间序列数据中的噪声。衰减噪声的最佳方法取决于噪声和信号的特性。不存在一种方法可以消除所有类型的噪声,如图 2.86 和图 2.87 所示。因此,在选择去噪方法前有必要检查信号数据并了解噪声的来源和特征。

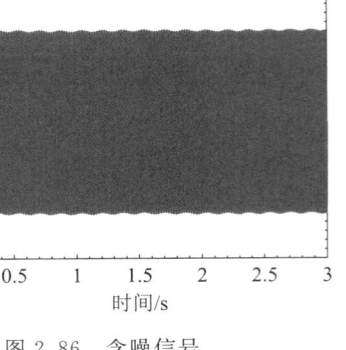

图 2.86　含噪信号

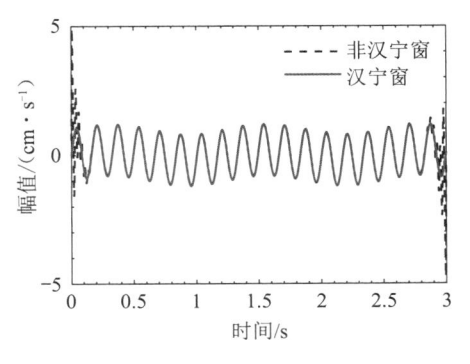

图 2.87　信号低通滤波结果

在某些情况下,噪声具有明确的频率特性,只需通过滤波即可消除。例如,工频噪声就是这种情况,其振幅可能很大,但频率正好为 50 Hz 或 60 Hz。但噪声不一定总是很窄的峰值。如果噪声具有集中在某个范围内的频率特性(例如大于 100 Hz 或小于 4.5 Hz),抑或在这些频率范围内很少或不存在所关心的信号成分,则可以通过低通或高通滤波器对噪声进行消除。

高振幅、高频噪声(信号和噪声)可通过低通滤波器成功去除得到无噪声原始信号。图 2.87 显示了在计算傅里叶变换以消除边缘伪分量之前应用汉宁和非汉宁低通滤波的结果。结果表明,在计算傅里叶变换之前滤波的优势通常超过信号损失方面的成本。

2. 去均值滤波

去均值滤波器(有时也称为滑动平均滤波器)直观、易于实现,并且在噪声随机且相对于信号幅度较小时效果显著。图 2.88 中去均值滤波器包括将每个数据点重新分配为周围数据点的平均值(算术平均值)。滤波器的重要参数 d 用于计算平均值的周围数据点的数量(d 代表分布范围)。如果噪声值相对于信号为正和负且没有异常值,则去均值滤波对于消除随机噪声是有效的。

上述去均值滤波器是一个非因果滤波器,因应用于每个时间点的滤波器结合了来自先前和后续未来时间点的数据。如果在计算平均值时只考虑先前的时间点,则去均值滤波器便退化为因果滤波器。然而,这将产生相移(时滞响应)现象。在去均值滤波器中所有周围数据点的权重相等。这种方法的一种改进便是计算加权平均值,从而将每个数据点重新分配为周围数据点的加权平均值。

图 2.89 中常用的加权去均值滤波器是高斯滤波器,其中,根据周围数据点与每个中心数据点的距离对其进行加权。实际上,高斯滤波器可以通过频域卷积来实现。因为高斯在频域中具有负指数形状(即从高电平开始快速下降),所以将数据与高斯卷积实际上是权重去均值低通滤波器。

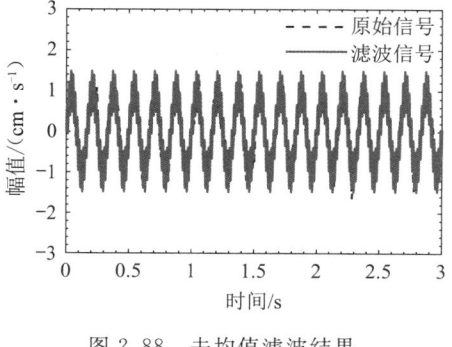

图 2.88　去均值滤波结果

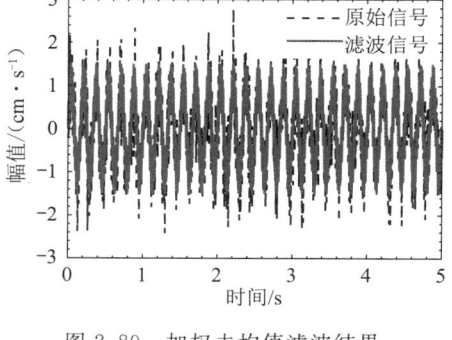

图 2.89　加权去均值滤波结果

在本例中,权重设置为距每个中心时间点的高斯距离。运行加权去均值滤波器处理效果优于高斯滤波器。通过修改高斯加权移动平均滤波器的参数,可以提高其性能。

3. 去中值滤波

图 2.90 中去中值滤波器类似于去均值滤波器,除了使用中值代替平均值,与平均值一

样,中位数是数字分布中心趋势的量度。然而,中位数被认为是中间数,即把分布分成大小相等的两部分的数。若存在一些振幅非常大的噪声峰值,则去中值滤波器特别适用。在这些情况下,平均值将由噪声尖峰驱动,而中值对尖峰不敏感。由于中值是分布中心趋势的非线性估计,因此,去中值滤波器是非线性滤波器。与去均值滤波器类似,去中值滤波器的主要参数是 d(分布大小)或称为"用于计算中值的连续点数"。对于很长的时间序列,去中值滤波器可能会耗费时

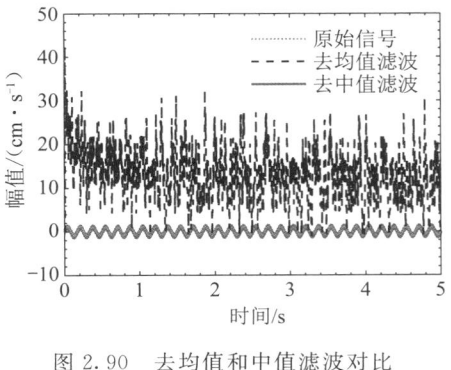

图 2.90　去均值和中值滤波对比

间,因为它涉及许多浮点运算。若使用 MATLAB 平台并安装了 MATLAB 编译器,则可以使用"nth_element"工具箱中包含的快速中值实现。

4. 基于阈值去噪

根据信号和噪声的特性,计算每个时间点的平均值或中值可能是不明智的。相反,可以选择阈值使滤波器仅应用于超过指定阈值的点。在图 2.91 和图 2.92 中,对数据的检查表明,中值以上两个标准偏差的阈值可以有效区分信号和噪声。平均值和中值滤波器将仅在超过该阈值的数据点上计算,所有其他数据点将保持不变。

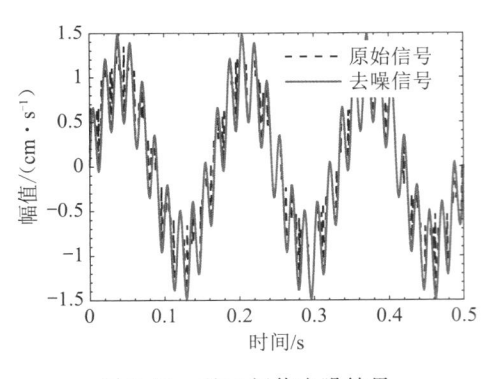

图 2.91　基于阈值去噪结果

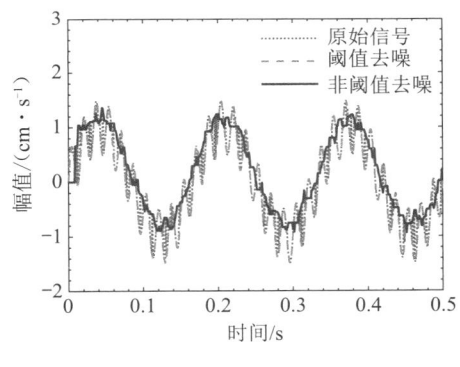

图 2.92　不同去噪方法对比

实际上,最佳去噪方法以及每种算法的最佳参数在很大程度上取决于信号和噪声的特性。由于滤波器仅适用于某些时间点,因此基于阈值的滤波器会引入非线性,并会降低时间序列的平滑度,这可能会对后续分析产生负面影响。所有滤波方法都应仔细检查去噪结果,以确保信号有效成分未随噪声一起被过度滤除。

5. 多项式拟合去噪

如果信号不存在特定的频率表示且仍然比噪声波动更慢,则多项式函数是一种更为有用的去噪方法,如图 2.93 和图 2.94 所示。多项式拟合是一种类似于回归的过程,其中数据由缩放预测变量的系数进行判定。实际上,对于拟合较高的多项式阶数,或者阶数可能发生变化时,使用函数 polyval 来计算多项式展开式是更为方便的。

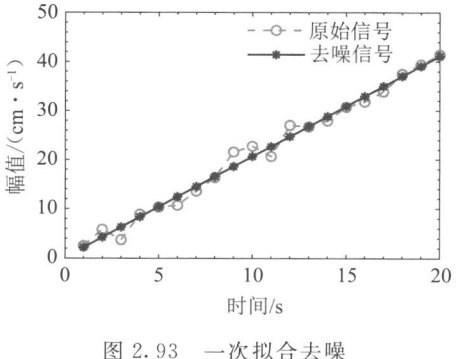

图 2.93　一次拟合去噪

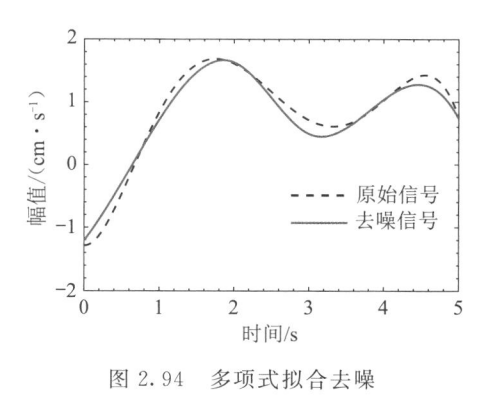

图 2.94　多项式拟合去噪

多项式的阶数不应设置得过高,具有多参数的模型需要大量数据才能进行可靠的参数估计。多项式拟合阶数必须与信号的变化大致匹配,欠拟合和过拟合都会对信号变化不敏感而对噪声过于敏感,从而产生次优结果。有时数据的拟合度很差,以至于 MATLAB 会发出警告。因此,当信号和噪声可以通过快速和缓慢变化的时间序列特征来区分时,多项式拟合可能是一种有用的去噪策略,即使它们不具有明确的频率特性。

在上述例子中,信号包含缓慢变化的特征,而噪声包含快速变化的特征。多项式拟合也可用于相反的情况:信号包含快速变化的特征,而噪声包含缓慢变化的特征,如漂移。在这种情况下,去噪包括减去拟合的时间序列来获取信号,如图 2.95 所示。

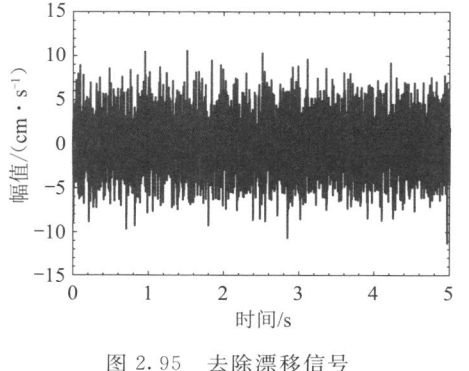

图 2.95　去除漂移信号

2.7　经验模式分解

经验模式分解是一种非线性时频分解方法,它不需要数据频率结构的先验知识,也不假定频率平稳性,也不涉及如傅里叶变换、卷积或滤波等“匹配”过程。如图 2.96 和图 2.97 所示,经验模态分解的目标是识别表征数据的“固有模态”。这些模态是振荡的(也就是说,它们具有时间上连续且大致时间上等距的波峰和波谷),但不一定具有随时间变化的恒定频率。时间序列的振荡结构无须事先确定,但可以通过算法提取。

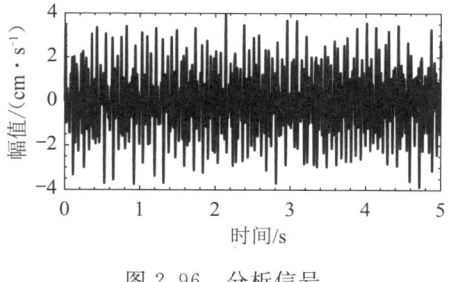

图 2.96　分析信号

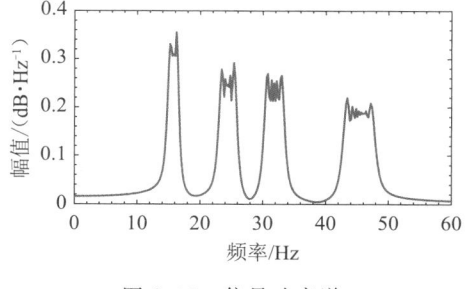

图 2.97　信号功率谱

进行 EMD 分解,具体过程为:首先,识别时间序列的局部最小值和最大值,在局部最大值和最小值之间插值建立信号的上、下包络线。其次,求上、下包络均值,并将其从原始时间序列中减去,产生一个残差。如果时间序列和残差之间的差值低于设定的阈值,则残差被认为是一个固有模态,要将其从时间序列中减去,并且再次重复上述过程,以便提取下一个固有模态;如果差值高于阈值,则在不从原始时间序列减去的情况下,对残差进行局部最小值/最大值处理。这个"筛选"过程不断重复直至小于设定阈值结束。

EMD 在重构原始时间序列中频率方面具有独特的优势,虽然有时有一定的误差,不同频率和振幅的测试信号会导致重构效果不理想甚至有时较差。此外,在某些情况下,单一模态可能会包含多个频率,故在 EMD 分解得到的本征模态和时间序列的原始正弦波分量之间不存在必然的一对一映射关系,如图 2.98 所示。

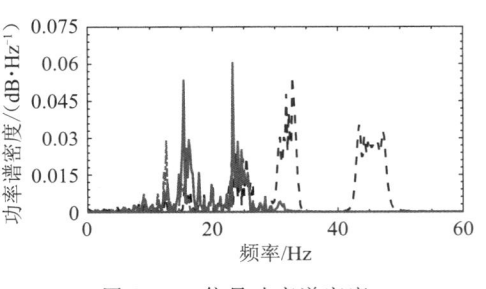

图 2.98　信号功率谱密度

提取本征模态后,可以将希尔伯特变换应用于得到的本征模态时间序列,以获得相对应的功率和相位,相位值、瞬时频率可以按照相关理论计算。这个过程(经验模态分解和希尔伯特变换)也被称为"希尔伯特-黄变换"。

2.8　时间序列平稳性

信号平稳性通常意味着信号时间序列的属性不会随时间发生显著变化。平稳性可以在局部或整体上有所体现。"局部"和"整体"是相对的术语,但一般来说,局部平稳性是指时间序列内时间窗口的平稳性,而整体平稳性是指分析时间序列在持续时间内的平稳性。有可能存在一些局部非平稳性而没有显著的整体非平稳性。同样,也可能存在变化缓慢的整体非平稳性,从而保持信号的局部平稳性。分析时间序列的平稳性有几个原因:首先,它可用作确定时频分析时间窗口的诊断工具,因为在分析时间长度内信号应保持平稳性(这对应于短时傅里叶变换的时间窗口或 Morlet 小波卷积中高斯时间宽度)。其次,平稳性也可以作为系统动态性和复杂性的信息指标。一个刚性的、可预测的或简单的系统可能会产生一个平稳的时间序列,而一个自适应的、不可预测的和复杂的系统可能会产生一个非平稳的时间序列。

2.8.1　均值稳态性

均值是时间序列的一阶矩,平均平稳性是时间序列的一个重要统计描述。为了计算平均平稳性,可以将时间序列分成不重叠的时间窗口,然后计算每个窗口的平均值。在 MAT-LAB 中,这可以通过将时间序列向量重新整合为一个矩阵实现,该矩阵的行数对应于时间窗口的数量。

如图 2.99 和图 2.100 所示,如果时间序列不具备平均平稳性,有几种方法可能有助于使时间序列达到平均平稳性。最容易实现的两个是去趋势项(MATLAB 函数去趋势项)和计算导数,如图 2.101 和图 2.102 所示。使平均非平稳时间序列变得平均平稳的另一种方法是计算时变平均值的时间序列,并从原始时间序列中减去该平均时间序列。

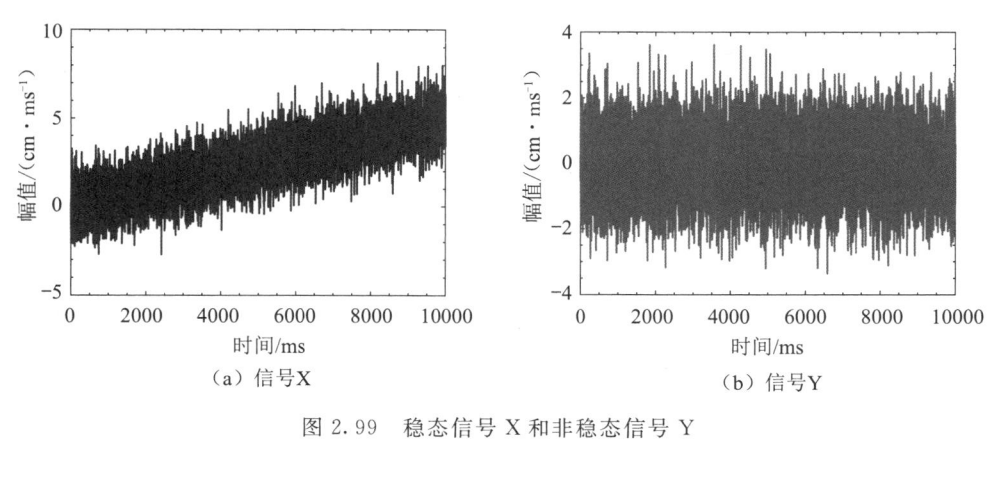

（a）信号X　　　　　　（b）信号Y

图 2.99　稳态信号 X 和非稳态信号 Y

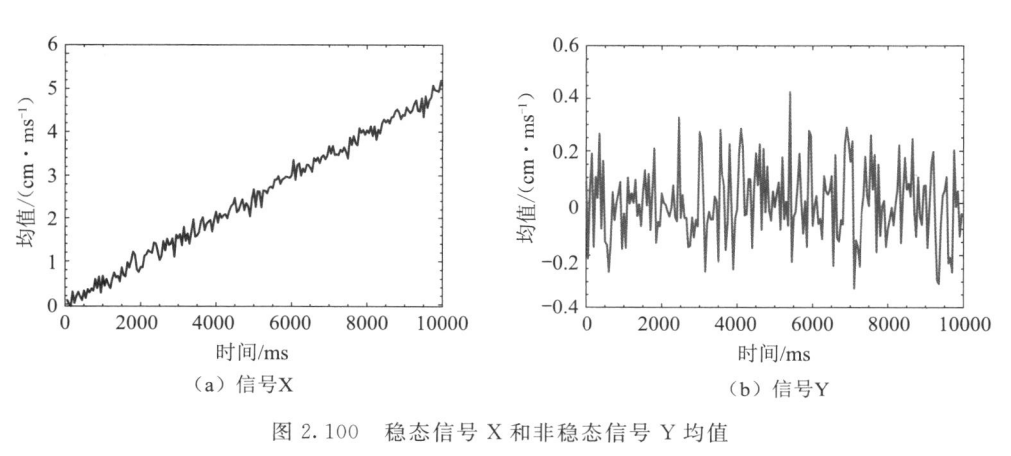

（a）信号X　　　　　　（b）信号Y

图 2.100　稳态信号 X 和非稳态信号 Y 均值

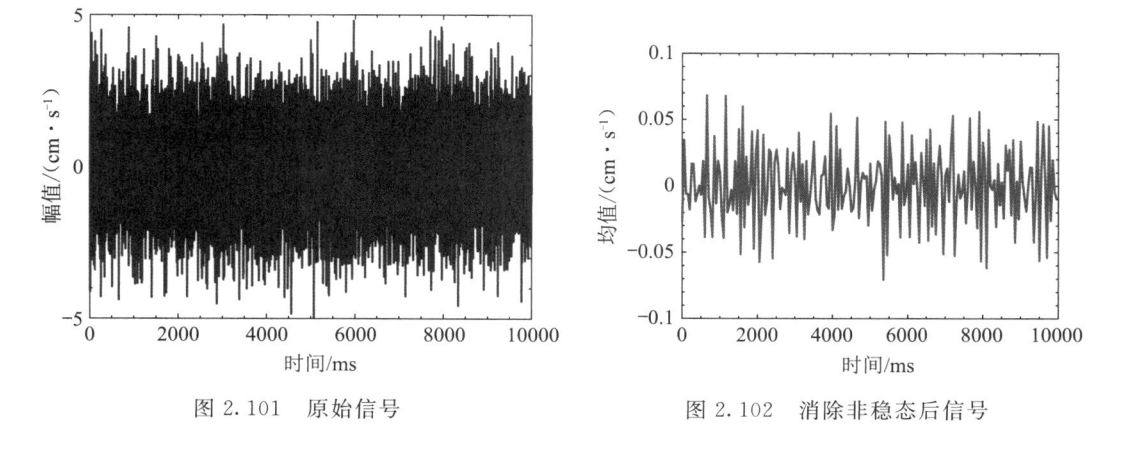

图 2.101　原始信号　　　　图 2.102　消除非稳态后信号

2.8.2　方差平稳性

时间序列的方差称为其二阶矩,通常可以随时间变化。与均值相似,方差平稳性可以通过时间序列分段和计算每个分段区间内的方差来衡量。与去除均值-非平稳性相比,去除方差非平稳性更为困难。一个简单方法是归一化(采用 z-score 标准;减去平均值并除以标准偏差)分别计算每个分段内的时间序列。然而,这将在分段之间产生不连续边界,因此可能对后续分析不利,除非对每个分段分别进行上述分析。

如图 2.103 和图 2.104 所示,实现方差平稳性的另一种方法是通过权重向量来缩放数据,该权重向量根据方差的大小从 0 到 1 变化。如果加权向量被仔细地构造,时间序列可以变得方差平稳。然而,这将改变信号振幅值,从而会对后续分析产生负面影响,例如提取时频功率。平稳性也可以针对高阶矩进行计算,例如偏斜度(方差的不对称性)或峰度(分布的形状从平缓变为尖锐),或者可以在时窗中计算时间序列的任何其他统计特性,如上述均值和方差。

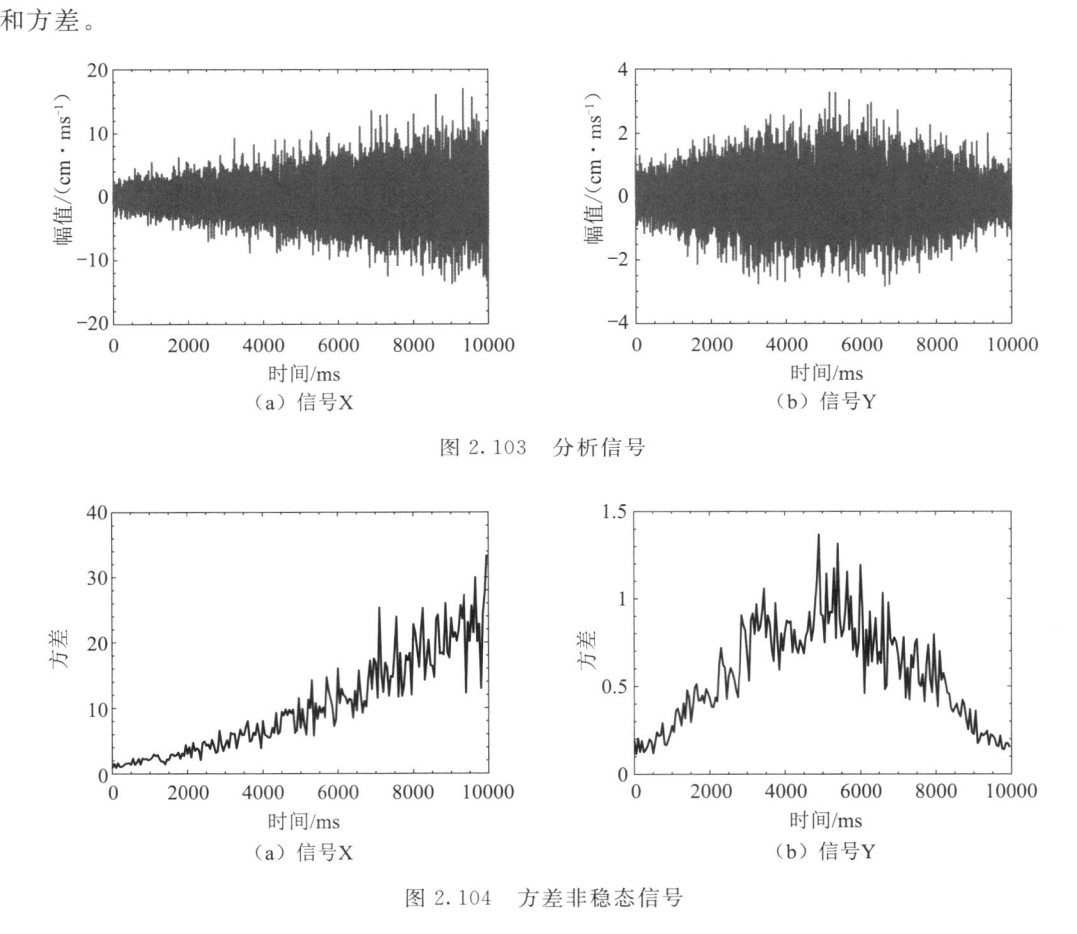

图 2.103　分析信号

图 2.104　方差非稳态信号

2.8.3　相位和频率平稳性

为了实现信号相位平稳性,展开的相位角时间序列应该随着时间以相似的速率单调增加。相位平稳性也可以被解释为使得展开的相位角时间序列的一阶时间导数为正,并且随着时间变化具有相似的值。因为频率可以定义为相位关于时间的一阶导数(瞬时角速度),所以相位平稳性和频率平稳性是重叠的概念。当考虑导数时,即使有少量噪声,也会出现一些短暂的大幅度尖峰(正或负),如图 2.105 所示。因此,在解释相位平稳性前,应对信号进行滤波处理。

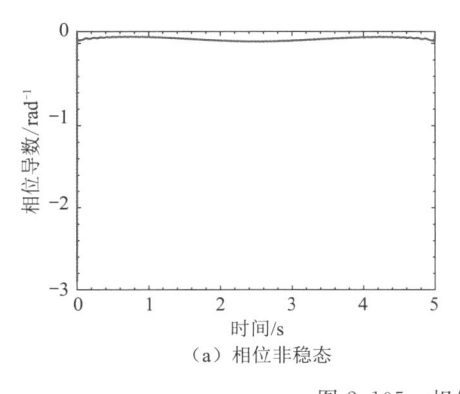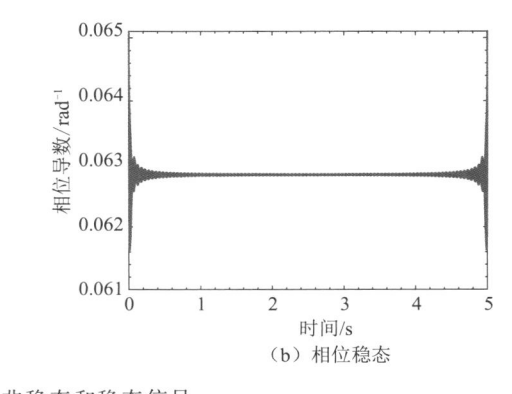

（a）相位非稳态 　　　　　　　　　（b）相位稳态

图 2.105　相位非稳态和稳态信号

2.8.4　多变量数据信号平稳性

　　多变量数据稳态的主要度量指标之一是其协方差矩阵，一个 $N \times N$（其中 N 是信道数）矩阵，表示所有信道之间的关系。因此，多变量信号数据平稳性的一个指标是协方差平稳性。为了测量多变量信号的平稳性，在非重叠时间窗内计算协方差矩阵，并且将每个协方差矩阵与前一时间窗的协方差矩阵进行比较，其思想是协方差平稳性将导致时间上连续的协方差彼此相似；相反，协方差的非平稳性将导致不连续的协方差。这里，基于已知协方差矩阵来创建多变量时间序列。通过将三个不同协方差矩阵生成的三个多元时间序列串联，体现出简单的非平稳性。

　　图 2.106 中模拟得到的多变量时间序列，包括三个数据通道，由三个协方差矩阵定义。在协方差矩阵中，每个框的颜色对应于每对通道之间的协方差大小。对角线表示"自协方差"，即每个通道的方差。垂直点线表示"协方差之间的边界"。协方差比较可以采取欧几里得距离度量的形式，其中两个协方差矩阵的对应元素被减去并平方，所有平方差求和（概念化为平方误差的和）。在 MATLAB 中可通过两个变量的求和（$(a1-a2)^2+(b1-b2)^2$）实现。这产生了连续协方差矩阵之间的"距离"的时间序列。这便产生了连续协方差矩阵之间的"距离"时间序列。欧氏距离的另一种度量是计算每两个连续协方差矩阵之间的广义特征值，然后将"距离"作为最大特征值与最小特征值的比值，这通常也会产生与欧几里得距离相同的结果，如图 2.107 和图 2.108 所示。

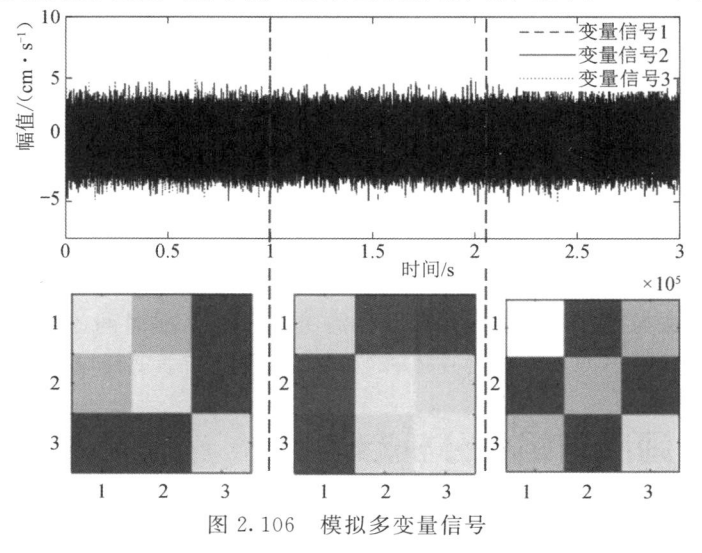

图 2.106　模拟多变量信号

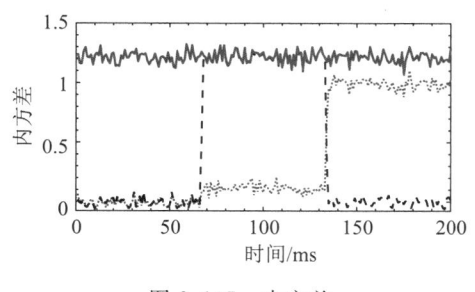

图 2.107　内方差

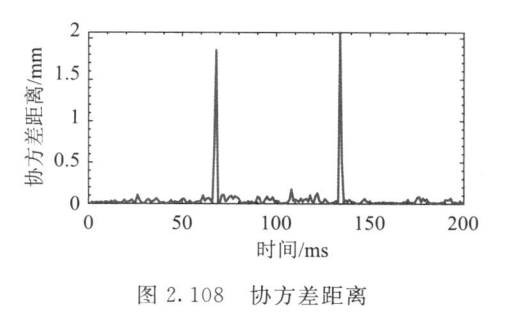

图 2.108　协方差距离

2.8.5　信号平稳性统计意义

有时从信号表观上可以准确判定信号时间序列是非平稳的。然而,某些时候仅仅通过观察时间序列很难确切地判断其是稳态的还是非稳态的。在这些情况下,统计评估有助于确定潜在的非平稳性是否会对信号产生显著影响。特别是对于数据含有噪声的情况,在这种情况下,一定量的非平稳因素可能只是偶然发生的。

有几种方法可以确定观察到的非平稳性是否可能为显著非平稳。一种是测试变量(例如,平均值或相位导数)随时间的线性效应。如果存在统计学上显著的线性效应,可以说存在显著的非平稳性。然而,这种方法无法识别非线性平稳模式。另一种可能性是将多项式拟合到平稳时间序列,并测试多项式系数是否具有统计显著性。同样,这个过程需要一些关于可能的非平稳性随时间而发生的形状变化的基本假设。

一种好的具有显著统计意义的非平稳性的分析方法,应该对线性和非线性效应都较为敏感,而不必事先指定其与时间的关系属性。在这种情况下,互信息提供了一种有用的通用方法。互信息量化了两个时间序列之间共享的信息量(熵)。这种情况下的两个时间序列是平稳变量(均值、方差等)的时间序列和时间。互信息的一个优点是,它可以用来确定两个变量之间的关系,而不管这种关系是线性的还是非线性的,是正的还是负的。

互信息可以通过计算变量 X 和 Y 的熵减去两者的联合熵(这里,X 和 Y 分别指非平稳变量和时间)。熵是时间序列中包含的信息量,在 MATLAB 中计算为 $sum(p * log(p))$,其中 p 是特定区段中观察到指定值的概率。区段划分可根据一些统计准则确定,MATLAB 中通过弗里德曼-迪亚科尼斯(Freedman-Diaconis)方法实现。

互信息结果本身不具有统计学意义。如果平稳性变量和时间之间没有关系,则可以将该结果与偶然预期的互信息值的分布进行比较。这种分布通过随机排列时间序列并重新计算互信息值来生成。MATLAB 代码中提供了 mutual information 这一函数,可用于测试非平稳性的重要性。通过键入 help mutual information 或检查代码,可以获得该过程的其他细节以及如何解释分析结果。其他领域还开发了其他方法来评估非平稳性随时间变化的统计意义,大多数方法与存在显著的自回归系数有关(也就是说,时间序列的当前值可以从之前的值中预测)。其中一些函数包含在 MATLAB 计量经济学工具箱中。

2.9　多元时间序列相关分析方法

一般来说,分析多元时间序列数据有两种方法。第一种方法是对数据进行单变量分析,第二种方法是执行反映不同通道数据之间相互作用的分析。与第一种方法相比,多变量分析是指仅可对多通道数据执行的分析,以及根据分析中包含的通道数量,结果会有所不同的分析。通常,多变量分析比单变量分析更复杂。

2.9.1　谱相干性分析

计算两个数据通道之间的光谱相干性与计算相关性类似,但相关性和光谱相干性之间有两个值得注意的区别:相干性不能是负的,它是在频域中计算的,因此提供了频率特异性。通过对每个通道进行傅里叶变换并计算这些变换的共轭来计算光谱相干性。复数共轭的实部相同,但虚部的符号相反。比如,复数 $4+i9$ 的共轭为 $4-i9$。

关于在时频分析中使用复共轭的说明:功率通常计算为振幅的平方($abs(fft(x))$^2),也可以通过将傅里叶系数乘以其共轭($fft(x) * conj(fft(x))$)来实现。

如图 2.109 和图 2.110 所示,光谱相干性包括将一个时间序列的傅里叶系数乘以另一个时间序列的傅里叶系数的共轭,它们的联合分布幅值被视为其相干性的强度表征。然而,简单地乘以傅里叶系数并不是相干性的合适度量。因其主要受每个时间序列的振幅影响,而不考虑两个时间序列彼此之间的实际关系。

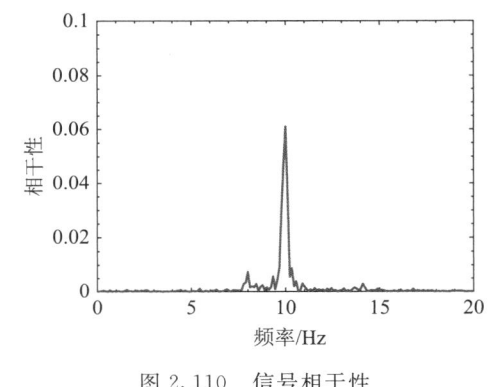

图 2.109　信号功率谱　　　　　　　　　图 2.110　信号相干性

光谱相干性的一个可解释的量度必须用单个光谱的振幅来衡量。因此,将两个光谱的傅里叶系数的乘积作为分子,每个光谱振幅的乘积作为分母。将这个比值作为光谱相干性的量度,它只取决于两个时间序列之间的关系,而不取决于任何一个时间序列的振幅。频谱协方差在 0(完全没有协方差)和 1(完美协方差)之间变化。

2.9.2　主成分分析

主成分分析(principal component analysis,PCA)是一种多变量分析,其中为每个通道计算权重,所有通道的加权组合反映了通道之间的共性。这些加权组合被称为"主成分"(principal component,PC)或"模式"。这些分量解释了数据的所有方差,并且被构造成彼此不相关的状态。

主成分分析经常被用作具有互相关通道的多元时间序列的数据简化技术。例如,一组 10 个通道可能仅由 3 个主成分准确表征。进行主成分分析,首先需要一个协方差矩阵。协方差矩阵的计算方法是将多变量时间序列乘以其转置,然后除以 $N-1$,其中 N 是时间点的数量。在计算协方差矩阵之前,应分别从每个通道中减去平均值,否则主成分分析的第一个分量将反映平均时间序列值。通过编制代码运行生成共变时间序列,计算其协方差矩阵,然后将协方差矩阵显示为图像,如图 2.111 所示。

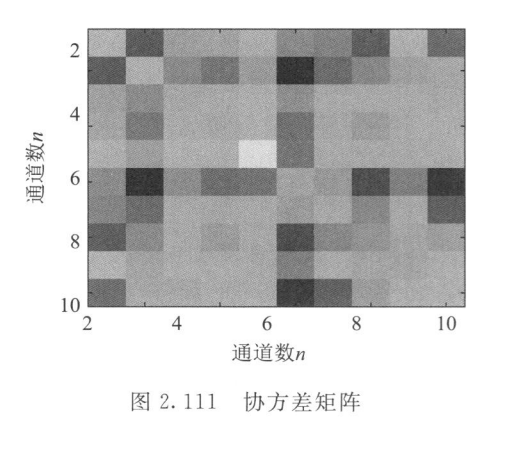

图 2.111   协方差矩阵

在获得协方差矩阵之后,计算主成分分析作为该矩阵的特征值分解(也可以从协方差矩阵的奇异值分解获得相同或几乎相同的结果)。特征值分解返回两个矩阵,特征向量和特征值。特征向量提供每个通道的权重,当乘以通道时间序列时,提供主分量。

特征值反映了沿着每一个 PC 的“强度”,并且可以从矩阵的对角线提取,然后转换成百分比方差占比。特征值有助于确定数据中存在多少大分量。例如,在上述模拟数据中,第一个分量占总方差的 70% 以上,而其余分量各占不到 10%。在 MATLAB 中,信号各组分根据其所占协方差矩阵的方差大小进行排序。排序是升序的,这意味着最小的组分首先被提取并列出,如图 2.112 所示。

PCA 变量 PC 包含将通道波动映射到每个分量的权重。每个 PC 的时间过程可以通过将权重乘以信道数据来获得。该时间过程是所有通道的加权组合,其中权重根据多元协方差定义。PC 时间序列可以像常规时间序列一样处理,前述任何分析方法都可以应用于此过程,如图 2.113 所示。

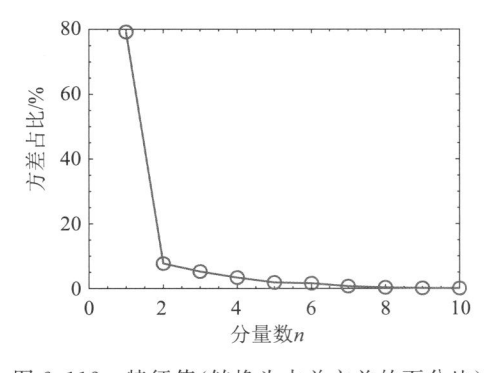

图 2.112   特征值(转换为占总方差的百分比)

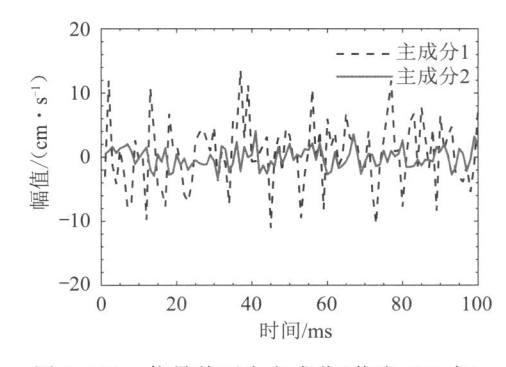

图 2.113   信号前两个主成分(截取 100 点)

在生成理想模拟信号过程中,信号和噪声很容易分离。首先创建生成信号,其次添加噪声(通常由随机生成的序列定义)。然而,现实世界中的许多时间序列更为复杂,要将信号与噪声分离并不总是那么容易。信号和噪声之间的关键区别在于,信号与当前分析相关,而噪声与当前分析无关。何为相关,何为不相关,反过来,哪些成分是“信号”和哪些是“噪声”又会受到先验知识、技术条件和基本假设的限制。因此,一些现在被认为是噪声成分有可能将来会被作为信号对象处理。例如,在 1964 年关于宇宙残余微波背景辐射的著名发现中,Penzias 和 Wilson 最初认为这个“信号”是“噪声”,他们试图探测来自卫星的微弱无线电波。随后意识到这一“噪声”并非噪声,事实上是对大爆炸辐射的直接测量,这是 20 世纪宇宙学最重要的发现之一,也是表明宇宙形成并正在不断膨胀的重要证据。

尽管这一发现与宇宙起源和传说理论有关,但这种背景辐射仍然被认为是"噪声",在探测绕地球运行的卫星发出的无线电波时必须滤除。实际上,术语"噪声"是为了便于统计分析而使用的,而不是作为时间序列是否部分有用性的绝对评估。更准确的描述应该是"已知与当前应用无关的时变波动,或已知太少而无法确定其是否包含有意义信息",只要理解这一点,"噪声"可以作为一个合适的短期术语使用。

许多时频分析和其他信号处理策略均涉及信号的某些退化或衰减。也就是说,在许多情况下,原始时间序列无法根据时频分析结果完美重建。原因在于时频分析通常只使用功率密度分布而忽略相位,部分原因也与时频分析通常涉及子采样频率和时间点有关(即时频结果的频率和时间分辨率通常低于原始时间序列的频率和时间分辨率)。时频分析需要分离信号和噪声,或分离信号的多个在时间轴上重叠但频谱不同的分量。这是其优势所在,它使得从时域信号中隔离和解释的信息量会显著增加。信息量的增加必须与信号的潜在损失相平衡。通过适当的时频分析,与噪声和时间序列中其他无关部分的强衰减相比,信号的微小损失通常是无关紧要的。

一些分析方法更适合于窄频信号,其他方法更适合于宽带信号。某些参数更适合于快速变化的波动,而其他参数更适合于缓慢变化的波动。一些分析对噪声更具鲁棒性,而其他分析对噪声更为敏感。尽管对于某些情况和某些类型的信号,某些类型的分析(具有某些参数范围)确实优于其他分析和参数,但要认识到,对于任意类型的时间序列和信号特征,从来没有一种方法或参数能够始终适用。

一般来说,一个好的经验是使用以前用于处理数据类型的分析方法和参数。应注意,仅仅是因为某些分析人员使用了指定的分析方法,并不意味着它是所有类型数据的最佳方法。当分析者积累了时频分析和信号处理技术相关经验时,便会了解和判断哪些方法可能在哪些情况下最有用。最重要的是,尝试不同的分析方法和不同的参数集,为自己确定数据的最佳方法。也可以模拟包含数据特征的时间序列,以便开发最适合的应用程序。

2.10 MATLAB 软件简介

过去 30 年,由 MathWorks 公司开发的 MATLAB 软件已经成为信号处理和数值计算领域最为流行的分析软件并成为算法开发的首选平台。出现这种趋势最重要的原因在于其可在所有计算平台上使用。MATLAB 是一个基于矩阵的交互式系统,用于科学和工程数值计算以及可视化。其优势在于可以很容易地解决复杂的数值问题,并且比 Fortran 或 C 语言等编程语言更为高效。操作者只需具备相对简单的编程能力,便可以很容易地利用 MATLAB 来创建新的命令和函数。

MATLAB 软件提供了强大的矩阵处理和绘图功能,简单易用,运算速度快,可信度高,因而在世界范围内被科研工作者、工程师以及大学生群体广泛使用,目前已成为国际市场上科学研究和工程应用方面的主导软件。掌握 MATLAB 并借助它解决理论和应用问题已经成为每一个从事科学研究和工程技术人员应具备的基本技能。

2.10.1 MATLAB 界面及结果输出

MATLAB 的编程语言是一种面向科学与工程计算的高级语言,允许用数学形式的语言编写程序。在程序编制时,矩阵的维数和大小无须定义,可以随时任意扩大和缩小,数据类型也不需要说明。由于 MATLAB 编程语言所用数学表达形式和运算规则与人们进行科学计算时通常习惯的思路和表达方式完全一致,所以不像学习其他高级语言,例如 Fortran 和 C 语言等那样难于掌握。MATLAB 还包括了一系列被称作"工具箱"(toolbox)的专业求解工具。工具箱实际上是 MATLAB 针对不同学科、不同专业所开发的专业函数库,用来求解各个领域的数值计算问题,包括信号处理、图像处理、小波分析和神经网络等。随着 MATLAB 版本的不断升级,所含的工具箱的功能越来越完善,规模越来越庞大,因此,应用范围也越来越广泛,成为各种专业科研人员和工程技术人员得力的工具,以 R2018a 版本为例,其软件界面如图 2.114 所示。

图 2.114　MATLAB 界面

MATLAB 编译器提供了命令输入和编辑的窗口,如果命令输入正确,则输入结束后按下回车键,命令就会被执行并输出运算结果,如图 2.115 所示。

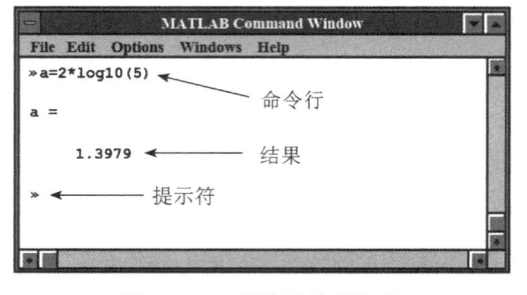

图 2.115　运算及结果输出

2.10.2　MATLAB 语言特点

MATLAB 主要功能具体包括:一般数值分析、矩阵运算、数字信号处理、建模和系统控制和优化等应用程序,并集应用程序和图形于便于使用的集成环境中。在此环境下所解问题的 MATLAB 语言表述形式和其数学表达形式相同,不需要按传统的方法编程。MATLAB 语言的这一特点大大降低了对使用者的数学基础和计算机语言知识的要求,而且提高了编程效率和计算效率,还可在计算机上直接输出结果和精美的图形拷贝。综上所述,MATLAB 语言有如下特点:

① 编程语言接近人的思维方式,编程效率高,易学易懂。MATLAB 是一种面向科学与工程计算的高级语言,允许用数学形式的语言编写程序,且比其他计算机语言更加接近我们书写计算公式的思维方式,用 MATLAB 编写程序犹如在演算纸上排列出公式与求解问题。因此,MATLAB 语言也可通俗地称为"演算纸式科学算法语言",其编写简单,所以编程效率高,易学易懂。

② 程序调试方便灵活。MATLAB 语言与其他语言相比,使编辑、编译、连接和执行融为一体。它能在同一画面上进行灵活操作并快速判别输入程序中的书写错误、语法错误以及语意错误,从而加快了用户编写、修改和调试程序的速度。MATLAB 语言不仅是一种语言,广义上讲还是一种语言开发系统,即语言调试系统。

③ 源程序开放、库函数丰富、扩展能力强。高版本的 MATLAB 语言具有丰富的库函数,在进行复杂的数学运算时可以直接调用,而且 MATLAB 的库函数同用户文件在形成上一样,所以用户文件也可作为 MATLAB 的库函数来调用。因而,用户可根据自己的需要方便地建立和扩充新的库函数,以便提高 MATLAB 使用效率和扩充它的功能。

④ 程序语言简洁、准确、涵义丰富。MATLAB 语言中最基本最重要的成分是函数,其一般形式为:一个函数由函数名、输入变量和输出变量组成,同一函数名 F,不同数目的输入变量(包括无输入变量)及不同数目的输出变量,代表着不同的含义。这不仅使 MATLAB 的库函数功能更强大,而且使得 MATLAB 编写的 M 文件简单、短小而高效。

⑤ 矩阵和数组运算高效方便。MATLAB 语言中规定了矩阵的算术运算符、关系运算符、逻辑运算符、条件运算符及赋值运算符,另外,它无须定义数组的维数,并给出矩阵函数、特殊矩阵专门的库函数,使之在求解诸如信号处理、建模、系统识别等领域的问题时,更为高效、方便,这是其他高级语言所不能比拟的。

⑥ 方便而强大的绘图功能。MATLAB 的绘图是十分方便的,它有一系列绘图函数(命令),例如线性坐标、对数坐标、半对数坐标及极坐标,均只需调用不同的绘图函数(命令),在图上标出图题,简单易行。另外,在调用绘图函数时调整自变量可绘出不同颜色的点、线或多重线。总之,MATLAB 语言的设计思想可以说代表了当前计算机高级语言的发展方向。

2.10.3 基本绘图功能

MATLAB 基本的绘图功能函数是 plot 函数,它将 y 轴上的数据绘制为以自变量为 x 轴对应点的函数。如运行下面的命令:

```
x=1:10;
y=x.^10;
plot(x,y)
```

便得到了如图 2.116 所示的 x-y 关系曲线。

如果程序中未提供绘图所用输入的 x 的数据长度,则可假设其是从 1 到 y 中元素数量的整数。函数 plot 也接受二维矩阵,并将每行绘制为单独的一行。绘制多行数据也可以通过"holdon"命令来实现。若输入了"holdoff"命令,下一个绘图命令将在绘制新数据之前关闭现有绘图。MAT-LAB 有一个用于线条的默认颜色顺序,每次调用绘图命令时,该顺序都会重置。输入"holdall"命令将覆盖颜色顺序重置并可以重新指定每个离散数据点的颜色和形状。如运行下面的程序:

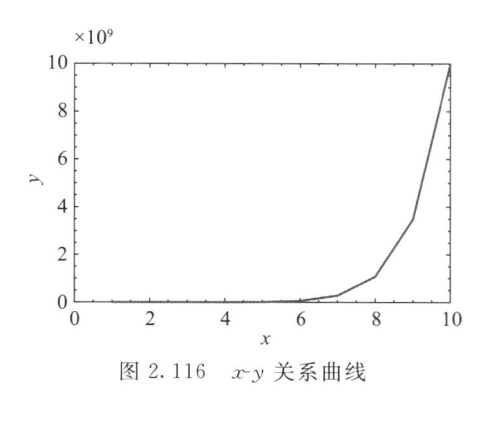

图 2.116 x-y 关系曲线

```
y(:,1)=x.^1.1;
y(:,2)=exp(x/10);
plot(x,y(:,1),'r-o')
holdon
plot(x,y(:,2),'m*','markersize',10)
holdoff
```

便得到了如图 2.117 所示的结果。

plot 还有其他几个选项,可以指定线条厚度、点的大小等。有关详细信息,请通过输入 "help plot"命令获取详细说明。另一个常用的绘图功能是 bar,可以用来创建条形图。如运行 bar(x,y(:,1)),则输出柱状图,如图 2.118 所示。

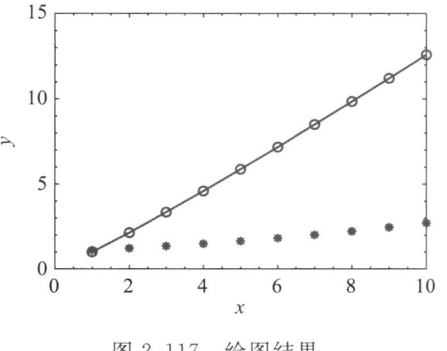

图 2.117 绘图结果

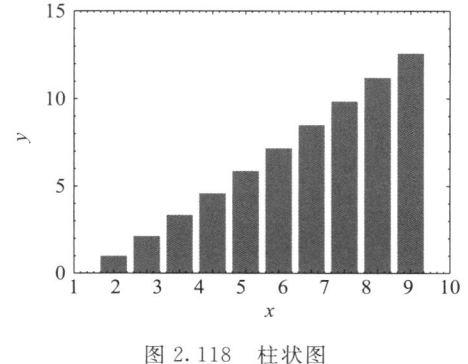

图 2.118 柱状图

可以使用命令"figure"创建新图窗。如果没有现成的图窗打开,则使用"plot"或"bar"等绘图命令创建新的图窗。单个图窗可以使用 figure(1)、figure(15)等进行输出。默认情况下,每个图窗包含一套用于绘图的坐标轴。图窗的坐标轴是用于绘图的白色区域,数据在其中以可视化方式表达。同时,图中可以有更多的区域来绘制数据。例如,当比较同一数据的不同分析结果时,这是极为有用的。通过 subplot 函数便可完成上述对比分析,它接受三个输入:行数、列数和当前哪个坐标轴处于激活状态。

通常,数字被转换成点和连接它们的线条的形式呈现。然而,通过考虑矩阵中每个点的值可以根据数字的大小进行着色,因此,矩阵也可以以图像的形式表示,如图 2.119 所示。

imagesc 命令与函数图像相同,只是 imagesc 会自动将颜色缩放到数据范围内。默认颜色贴图将最小值设置为深蓝色,最大值设置为深红色。MATLAB 中预先设置了几个颜色映射,可以创建自定义颜色映射。有关详细信息,可通过输入"help colormap"获得。默认情况下,函数 imagesc 显示数据在 MATLAB 命令中的显示方式,第一行在顶部,最后一行在底部。在某些情况下,让数据反方向表达是很有用的。这可以通过以下命令使用:

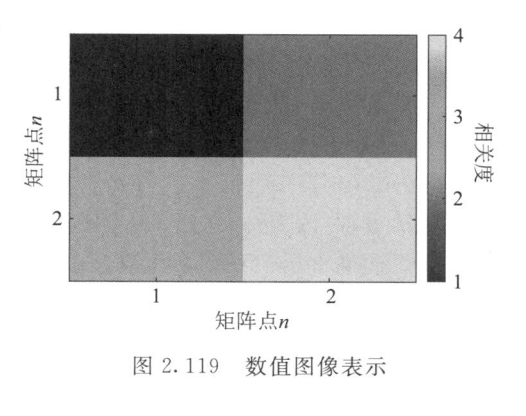

图 2.119 数值图像表示

```
set(gca,'ydir','normal')or axis xy;(默认条件下)
set(gca,'ydir','reverse')or axis ij)
```

可以使用 contourf 函数绘制更平滑的图,该函数与轮廓函数相关,但轮廓之间的空间被填充。如运行下面的命令:

```
w=linspace(0,1.5,300);
x=bsxfun(@times,sin(2 * pi * w),sin(w)');
contourf(w,w,x)
```

便得到了如图 2.120 所示的结果。

通过指定多个等高线并删除分隔等高线的线,可以使 contourf 生成的图更平滑。MATLAB 还提供了句柄图形操作命令。句柄图形是对地层图形程序集合的总称,由其来进行生成图形的具体工作。用户可利用句柄图形操作命令对图形的显示进行精密的控制,也可以利用句柄图形的命令生成用户自己的图形命令。句柄图形中定义了一些图形对象,每个图形对象都有许多可以设置的属性。通过设置句柄图形对象的

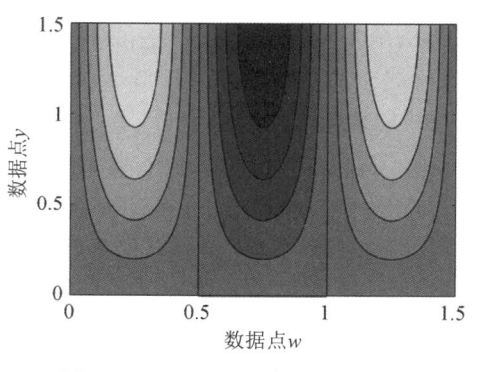

图 2.120 contourf 命令出图效果

属性值,可以生成理想的图形。对于已经生成的图形,可以在命令窗口中输入相应的句柄图形命令来改变图形的外观。MATLAB 语言提供了一套功能强的图形程序,为计算过程和结果的可视化提供了极佳的手段。

2.11 LabVIEW 软件简介

LabVIEW(laboratory virtual instrument engineering workbench)是一种图形化的编程语言,它被工业界、学术界和研究实验室广泛接受,被视为一个标准的数据采集和仪器控制软件。LabVIEW 集成了 GPIB、VXI、RS-232 和 RS-485 协议的硬件及数据采集卡通信的全部功能。它还内置了便于应用 TCP/IP、Acvex 等软件标准的库函数。这是一个功能强大且灵活的软件,利用它可以方便地建立自己的虚拟仪器,其图形化的界面使得编程及使用过程均生动有趣。

图形化的程序语言,又称为"G 语言"。使用这种语言编程时,基本上不写程序代码,取而代之的是流程图。它尽可能利用了技术人员、科学家、工程师所熟悉的术语、图标和概念,因此,LabVIEW 是一个面向最终用户的工具。利用 LabVIEW,可产生独立运行的可执行文件,它是一个真正的 32 位编译器,像许多重要的软件一样,LabVIEW 提供了 Windows、UNIX、Linux、Macintosh 等多种版本。与其他常见的编程语言相比,它最大的特点就在于它是一种图形化编程语言(G 语言)。在用 LabVIEW 编程时,面对的不是高度抽象的文本语言,而是图形化的方式。而文本语言和图形化语言也就相当于 DOS 系统和 Windows 系统。

2.11.1 LabVIEW 的特点

1. 直观、易学易用

与 Visual C++、Visual Basic 等计算机编程语言相比,图形化编程工具 LabVIEW 有一个重要的不同点:不采用基于文本的语言产生代码行,而使用图形化编程语言 G 编写程序;产生的程序是框图的形式,用框图代替了传统的程序代码。

2. 通用编程系统

LabVIEW 的功能并没有因图形化编程而受到限制,依然具有通用编程系统的特点。LabVIEW 有一个可完成任何编程任务的庞大的函数库。该函数库包括数据采集、GPIB、串口控制、数据分析、数据显示及数据存储等。

LabVIEW 也有传统的程序调试工具,如设置断点、以动画方式显示数据及其通过程序的结果、单步执行等,便于程序的调试。LabVIEW 的动态连续跟踪方式,可以连续、动态地观察程序中的数据及其变化情况,比其他语言的开发环境更方便、更有效。

3. 模块化

LabVIEW 中使用的基本节点和函数等就是一个个小的模块,可以直接使用;另外,由 LabVIEW 编写的程序——虚拟仪器(virtual instrument,VI)模块,除了作为独立程序运行外,还可作为另一个虚拟仪器模块的子模块(即子 VI)供其他模块程序使用。

2.11.2 LabVIEW 的应用领域

1. 测试测量

LabVIEW 最初就是为测试测量而设计的,至今大多数主流的测试仪器、数据采集设备都拥有专门的 LabVIEW 驱动程序,使用 LabVIEW 可以十分方便地找到各种适用于测试测量领域的 LabVIEW 工具包。有时甚至只需简单地调用几个工具包中的函数,就可以组成一个完整的测试测量应用程序。

2. 控制

LabVIEW 拥有专门用于控制领域的模块——LABVIEWDSC。除此之外,工业控制领域常用的设备、数据线等通常也有相应的 LabVIEW 驱动程序。使用 LabVIEW 可以非常方便地编写各种控制程序。

3. 仿真

LabVIEW 包含了多种多样的数学运算函数,特别适合进行模拟、仿真、原型设计等工作。

4. 快速开发

完成一个功能类似的大型应用软件,熟练使用 LabVIEW 的程序员所需的开发时间,大概只是熟练使用 C 语言程序员所需时间的 1/5 左右。所以,如果项目开发时间紧张,应该优先考虑使用 LabVIEW,以缩短开发时间。

5. 跨平台

LabVIEW 具有良好的平台一致性。LabVIEW 的代码不需要任何修改就可以运行在常见的三大台式机操作系统上:Windows、MacOS 及 Linux。除此之外,LabVIEW 还支持各种实时操作系统和嵌入式设备,比如常见的 PDA、FPGA 以及运行 VxWorks 和 Phar Lap 系统的 RT 设备。

2.11.3　LabVIEW 编程环境

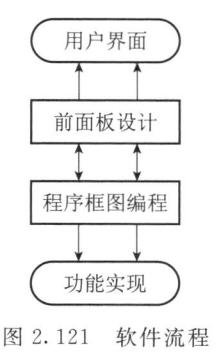

所有的 LabVIEW 应用程序,即虚拟仪器(VI),它包括前面板(front panel)、流程图(block diagram)以及图标/连接器(icon/connector)三部分。典型的 LabVIEW 程序结构如图 2.121 所示,与大多数界面设计软件一样,要构建一个 LabVIEW 程序首先需根据用户需求制定合适的界面,这个界面主要是在前面板中设计,包括放置各种输入输出控件、说明文字和图片等,其次就是在程序框图中进行编程以实现具体的功能。在实际的设计中,通常是以上两步骤的交叉执行。

图 2.121　软件流程

2.11.4　启动界面

以 LabVIEW8.6 中文版为例,启动 LabVIEW 首先显示出来的是 LabVIEW 的启动界面,如图 2.122 所示。在这个界面中可创建新 VI、选择最近打开的 LabVIEW 文件、查找范例以及打开 LabVIEW 帮助。同时还可查看各种信息和资源,如用户手册、帮助主题以及各种网站资源等。

图 2.122　LabVIEW 启动界面

2.11.5 前面板

前面板是 VI 的人机界面。创建 VI 时,通常应先设计前面板,然后设计程序框图执行在前面板上创建的输入输出任务,新建或打开一个原有 VI,便出现如图 2.123 所示的前面板界面。

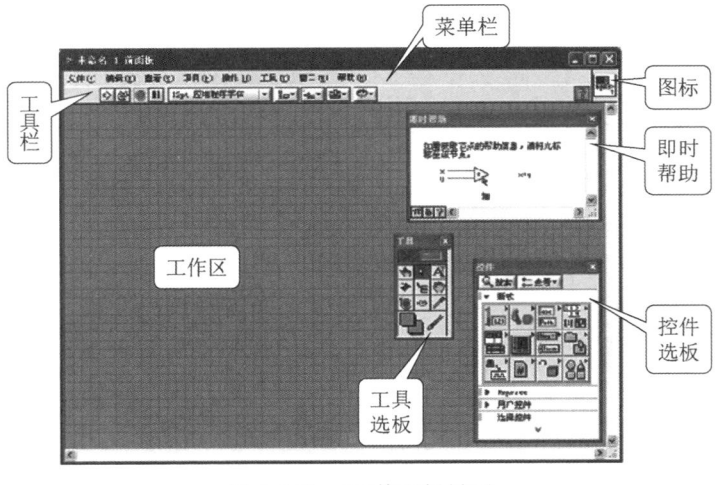

图 2.123 VI 前面板界面

菜单栏:菜单用于操作和修改前面板和程序框图上的对象,VI 窗口顶部的菜单为通用菜单,同样适用于其他程序,如打开、保存、复制和粘贴及其他 LabVIEW 的特殊操作。

工具栏:工具栏按钮用于运行、中断、终止、调试 VI、修改字体、对齐、组合、分布对象。

即时帮助窗口:选择"帮助→显示即时帮助"显示即时帮助窗口。将光标移至一个对象上,即时帮助窗口将显示该 LabVIEW 对象的基本信息。VI、函数、常数、结构、选板、属性、方式、事件、对话框和项目浏览器中的项均有即时帮助信息,即时帮助窗口还可帮助确定 VI 或函数的连线位置。

图标:图标是 VI 的图形化表示,可包含文字、图形或图文组合。如将 VI 当作子 VI 调用,程序框图上将显示该子 VI 的图标。

控件选板:控件选板提供了创建虚拟器等程序面板所需的输入控件和显示控件,仅能在前面板窗口中打开。

工具选板:在前面板和程序框图中都可看到工具选板。工具选板上的每一个工具都对应于鼠标的一个操作模式,光标对应于选板上所选择的工具图标。可选择合适的工具对前面板和程序框图上的对象进行操作和修改。

2.11.6 程序框图

创建前面板后,可通过图形化的函数添加源代码,从而对前面板对象进行控制。程序框图中包括前面板上的控件的连线端子,还有一些编程必需的,如函数、结构和连线等,如图 2.124 所示。

函数选板:函数选板仅位于程序框图。函数选板中包含创建程序框图所需的 VI 和函数,既包含了大量专用的信号处理、信号运算等 VI 图标,也包含了各种数值运算、逻辑运算

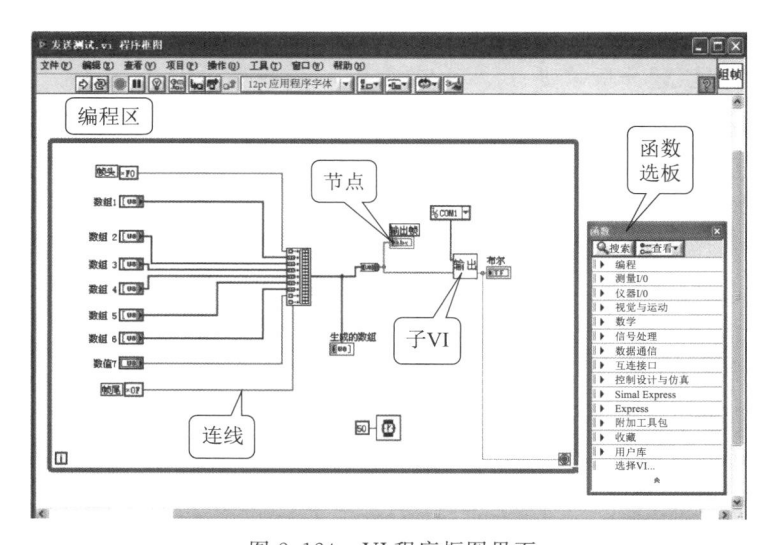

图 2.124 VI 程序框图界面

的基本 VI 图标。按照 VI 和函数的类型,将 VI 和函数归入不同子选板中。

程序框图对象包括接线端和节点。将各个对象用连线连接便创建了程序框图。

① 接线端:前面板对象在程序框图中显示为接线端。它是前面板和程序框图之间交换信息的输入输出端口。输入前面板输入控件的数据值经由输入控件接线端进入程序框图。运行时,输出数据值经由显示控件接线端流出程序框图而重新进入前面板,最终在前面板显示控件中显示。

② 节点:节点是程序框图上的对象,带有输入输出端,在 VI 运行时进行运算。节点类似于文本编程语言中的语句、运算符、函数和子程序。LabVIEW 有以下类型的节点:

函数——内置的执行元素,相当于操作符、函数或语句,它是 LabVIEW 中最基本的操作元素。

子 VI——用于另一个 VI 程序框图上的 VI,相当于子程序。

Express VI——LabVIEW 中自带的协助常规测量任务的子 VI,其功能强大、使用便捷,但是效率较低。所以,对于效率要求较高的程序不适合使用。

结构——执行控制元素,如 For 循环、While 循环、条件结构、平铺式和层叠式顺序结构、定时结构和事件结构。

③ 多态 VI 和函数:多态 VI 和函数会根据输入数据类型的不同而自动调整数据类型。比如读/写配置文件的 VI,它们既可以读/写数值型数据,也可以读/写字符串、布尔等数据类型。

2.11.7 LabVIEW 与信号处理

信号处理是 LabVIEW 的一个重要组成部分,它提供了大量的信号处理库函数,即 VI,从信号的生成或采集进行 FFT 到做各种谱分析等都有现成的 VI 调用,对于通用信号的分析或精度要求不高时,利用其现成的 VI 就已经能够满足要求。但当用于处理复杂信号时,其精度远达不到要求。LabVIEW 是一比较开放的编程环境,它提供了代码接口节点(code interface node,CIN)和调用库函数(call library function,CLF)等功能,方便用户直接调用由其他语言编成的可执行程序。结合工程实际,编制了信号处理频谱校正的部分程序。利用 LabVIEW 的 CIN 接点功能,加入频谱校正三种新方法,大幅度提高了处理复杂信号的精度,使其完全满足工程分析需要。

信号处理作为对信号的分析、解释和操作,是几乎各类工程应用中的基本需求。借助 LabVIEW 软件完整的分析功能,无须浪费时间移动不相容工具之间的数据,无须编写自己的分析程序,就能处理各类信号。想在屏幕上查看数据,单凭数据的采集和处理往往是不够的。有时需要保存采集的数据以备今后参考。在硬盘和数据库中存储数百或数千兆字节的数据也并不稀奇。应用程序运行了一次及至上百次后,用户继而可以提取信息以便做出决定、比较结果、对过程做适当的修改,直至获得满意的结果。

盲目存储所有采集的数据,使累积大量数据相对容易,以致其变得无法管理。借助快速数据采集卡和足量的通道数,只需数毫秒就能获得千个值。搞清所有数据的意义并不是一项琐碎的任务。工程师和科学家一般会提出报告,创建图形,并最终用经验数据来证实任何评估和结论。缺乏正确的工具,任务艰巨的同时,还导致效率下降。借助 LabVIEW,在将数据存储到磁盘之前,可先轻松执行重要的数据压缩和规范化,这样在提取已保存的数据进一步分析或预览时,就显得更容易。重采样、平均和数学变换,如 FFT,可将大量原始数据转换为更为有用的结果以便记录和今后参考,有别于仅为数据采集或信号处理设计的软件开发工具。LabVIEW 从开发时就提供完全集成的解决方案,帮助用户在单一环境中同时采集并分析数据。

虚拟仪器技术在岩土工程等中的应用实现了信号的实时处理,简化了设备结构,增强了仪器功能,使检测结果更精确、更可靠。它将现有的计算机主流技术新的灵活易用的软件和高性能模块化硬件结合在一起,建立起功能强大又灵活易变的基于计算机测试测量与控制系统来代替传统仪器的功能。在虚拟仪器中硬件不是系统的主体,而只是信号输入输出的通道。将测量所得模拟信号转化为数字信号,然后传输给计算机。信号的分析、计算、统计和结果显示等繁杂的工作都交由系统的软件处理。利用计算机处理器强大的运算能力,可很快得到结果。除此之外,虚拟仪器可以连接多种传感器,可将数据融合图像处理等尖端技术集于一身,将是监测精密器件的必不可少的工具。

本章彩图详见二维码:

参考文献

[1] 边家文,李志明,李宏伟,等.谐波信号分析与处理[M].武汉:中国地质大学出版社,2013.

[2] 芮坤生,潘孟贤,丁志中.信号分析与处理[M].2版.北京:高等教育出版社,2003.

[3] 孙晖,张冶沁,刘俊延.信号分析与处理:虚拟仪器实验教程[M].北京:清华大学出版社,2013.

[4] 宋爱国,刘文波,王爱民.测试信号分析与处理[M].北京:机械工业出版社,2016.

[5] 张明照,刘政波,刘斌,等.应用 MATLAB 实现信号分析和处理[M].北京:科学出版社,2006.

[6] 张振海,张振山,胡红波,等.信号与系统的处理、分析与实现[M].北京:北京理工大学出版社,2021.

第三章 隧道爆破信号分析与相关特征提取研究

3.1 隧道爆破振动信号交叉项抑制分析

3.1.1 隧道概况

新悬泉寺隧道位于山西省太原市剥蚀侵蚀中山区,地势陡峭,地面标高 855～1030 m,相对高差在 175 m 以上,新悬泉寺隧道位于新建太兴铁路太静段工程 TXXS-1 标段,里程标段:DK20＋494.77～DK21＋378.00,全长 883.23 m。DK20＋520.12～DK21＋706.67 段为曲线段 $R=3000$ m,$l=50$ m。隧道最大埋深约 190 m。进口端岩石陡直,与悬泉寺桥台相连,施工条件困难,出口端位于弱风化石灰岩层。隧道进、出口端位于直线上,该隧道单线上坡,坡率分别为 11.3‰、9.8‰。隧道进口线间距为 30 m,隧道出口线间距为 68 m,隧道距离悬泉寺最近距离为 200 m。地震动峰值加速度为 0.2g,相当于地震基本烈度 8 度,动反应谱特征周期为 0.35 s。

新悬泉寺隧道采取出口单口掘进施工,DK20＋504.25～DK21＋358 段Ⅱ、Ⅲ级围岩采用全断面开挖,DK20＋494.77～DK21＋504.25 段Ⅲ级围岩桥隧相连结构,DK21＋358～DK21＋378 段Ⅳ级围岩采用台阶法开挖。Ⅲ级预留变形量 2 cm,Ⅳ级加强预留变形量 6 cm,开挖围岩类别见表 3.1。

表 3.1 隧道开挖围岩类别

隧道开挖区段	隧道围岩类别
DK20＋493～DK20＋508 段	Ⅲ级
DK21＋355～DK21＋363 段	Ⅲ级
DK20＋508～DK21＋363 段	Ⅱ级
DK21＋363～DK21＋375 段	Ⅳ级

隧道地质特征和水文地质特征主要体现在以下方面。

1. 地层岩性

① 第四系全新统碎石土 Q_{4col}:灰褐色、杂色,中密,稍湿,成分以石灰岩石块为主,厚 10～18 m,出露于出口段。

② 石灰岩 O_{2s}:青灰色-灰黑色,表层为灰白色,弱风化-微风化,弱风化层为碎块状,岩层节理及裂隙发育,强度高。岩层产状 88°∠6°,节理产状 224°∠89°,140°∠90°,151°∠90°,220°∠90°。

2. 地层承载力特征

① 碎石土 Q_{4col}稍密-中密,稍湿,承载力基本值 $\sigma=400$ kPa。

② 石灰岩 O_{2s}：承载力基本值，弱风化层 $\sigma=1400\ kPa$，微风化层 $\sigma=1800\ kPa$。

3. 水文地质

隧道区位于区域侵蚀基准面以上，并且在沿线四周山体陡峭、沟谷较多，根据隧道区含水介质的赋存条件、水理性质及水动力特征，进行综合分析，将该区域分为基岩裂隙水及地下水出露，地表水可见汾河二库的储水。

4. 地质构造

该区位于区域构造鄂尔多斯断块隆起区中部，为近场区主体构造单元，新生代以来该地区表现为间歇性上升，内部差异运动幅度小，水平运动相对较弱，致使区内断裂、褶皱不甚发育。工点范围内地质构造形迹不明显，中厚-厚层状的奥陶系中统下马沟组产状基本水平，倾角较小，未见较大地质构造。

5. 不良地质及特殊岩土问题

隧道进出口基岩裸露，岩性为石灰岩，岩体受节理切割较严重；有少量危石；出口有崩积及填积的碎石土。

6. 洞口位置及洞门形式的选择

① 太原端洞口：按"早进洞、晚出洞"的原则，结合实际地形条件和悬泉寺汾河大桥跨布置位置及控制边仰坡开挖高度等因素，定洞口与 DK20＋494.77 处，采用桥隧相连结构。

② 白文端洞口：按"早进洞、晚出洞"的原则，结合实际地形条件及控制边仰坡开挖高度等因素，选择暗洞进洞，洞口定于 DK21＋378 处，采用翼墙式隧道门。

3.1.2 隧道工程的特点和难点

① 进口端岩石陡直，与悬泉寺桥台相连，出口端位于弱风化石灰岩层，施工场地狭窄，施工条件相对困难。

② 本隧道所处位置除出口端 20 m 范围内为Ⅳ级围岩外，其余均为Ⅱ、Ⅲ级围岩，地质条件较好。

③ 本隧道位于汾河二库旅游景区内，且汾河二库为太原市生产、生活水源基地，工程施工对环境影响较大，因此环护和水保的技术措施要求高。

④ 隧道进口线间距为 30 m，隧道出口线间距为 68 m，隧道中线距离悬泉寺距离为 200 m，悬泉寺位于二库公路上方峭壁上，施工中对爆破可能产生的滚石、落石以及对悬泉寺的振动影响加以考虑，并对既有线加以防护，为隧道施工的重点。悬泉寺隧道和新悬泉寺洞口详情见图 3.1，其关系如图 3.2 所示。复线与既有线路位置关系如图 3.3 所示。

图 3.1　新建隧道位置关系

图 3.2 悬泉寺隧道口大样(左)及新悬泉寺隧道口施工(右)

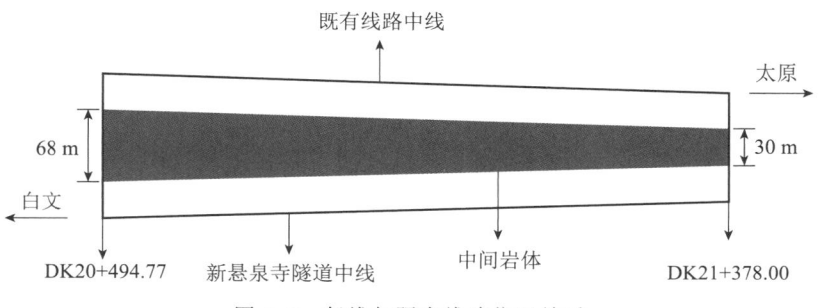

图 3.3 复线与既有线路位置关系

3.1.3 测试方案及测点的布置

在爆破振动检测中,测点的布置极其重要,直接影响到爆破振动测量的效果和观测数据的应用价值。测点是根据观测目的而选定的,不同的目的就有不同的测点布置方案,应在对爆区环境及其有关情况调查分析的基础上,按照测试的目的来选择合适的测试方案。测点方案应遵照下列原则:

① 爆源中心常被称为爆心,它是以爆区的几何中心为基本点。测点与爆心尽量保持在同一水平上,要用尽可能少的、保证精度的测点来达到监测任务的目的,不能盲目追求多测点、大规模。

② 选择的测试场地要求宽广并有较为平坦的地形。这样做的目的是使布置测点时不会受到爆心距长度的影响,可以避免地形对振动强度的影响。

③ 测试时,一些必须区的数据的重要测点,应布置重复测点。按照理论公式、经验公式或套用类似条件的观测结果对每个测点的测试波形、数据要事先有个估计,根据推测数据设置合理的仪器量程。

④ 详细调查布点处的环境状况,判断测点测到的数据是否正常,对于个别不利因素影响造成的数据异常,在分析处理应该不予考虑。

⑤ 多测点时应布置在同一高度,每一测点最好能同时测出三个相互垂直方向的量。

以上原则,在测点方案的选取时应重点考虑,综合利用。以达到数据测试和分析的目的。为了确保悬泉寺隧道不影响既有线路结构的安全,根据萨道夫斯基经验公式 $V=$

$\left(\dfrac{Q^B}{R}\right)^\alpha$ 计算安全极限振速的爆源距离为 45 m,需要在隧道内合理布设测点。

① 根据本次项目研究爆破振动测试的目的,完成新悬泉寺隧道掌子面爆破施工时,在既有线路对应的位置前后进行全程监测,通过分析爆破振动速度说明对未成洞区和成洞区的危害哪个更大;同时考虑对既有线路边墙和拱墙连接处的危害,布设 4 台设备每次可以监测 4 个有效数据,并将测点尽量靠近爆心。

② 在全程监测的过程中,有线路承担着重要的运输任务和客运量,如果每次都要保证爆心距都最短,根据现场的条件采用仪器来科学合理反映爆破振动强度变得更加困难。测点的布置要将来自各方面的干扰降到最低。综合各方面的因素,为了精确测得爆破对既有隧道的影响,只能将仪器布置在同侧相距 60 m 的避车硐中,这样既能连续监测数据,又能保证监测过程不受火车过往的影响,顺利完成监测任务。

③ 每次监测新隧道开挖掌子面前后布置的两处测点,在既有线路的避车硐室内,在衬砌迎爆侧边墙的墙中与墙下分别布置三个方向的传感器,三个方向具体为水平、径向和垂直方向。此次监测方案采用的测点布置方式如图 3.4 所示。

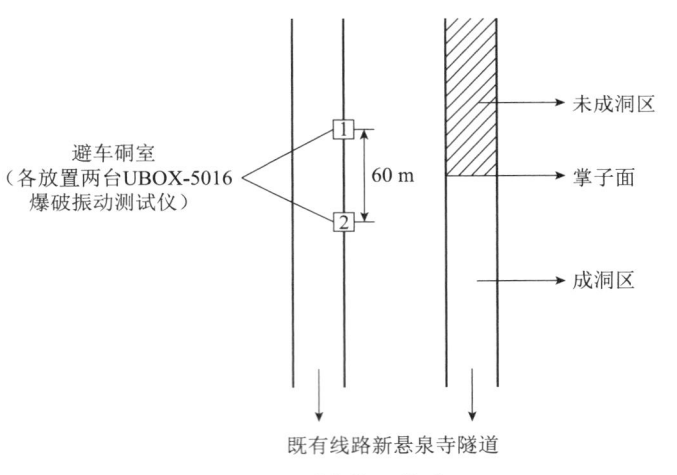

图 3.4　测点位置关系

仪器自身有两套与被测部分相连接的装置,墙下测试仪器的位置确定以后,短时间内用水调制的速凝石膏把传感器固定在隧道底板中平整面的监测点处,使仪器固定与地面形成一体,墙中则通过角铁用连接件将仪器与墙面形成一体,保证仪器监测数据的准确性。在安装传感器的过程中,尽量保证垂直速度传感器(垂直方向)与水平面垂直。水平速度传感器包括两类:切向速度传感器和径向速度传感器。两者都应与水平面保持平行,但是在指向上有所不同:径向传感器应指向爆心方向;切向传感器应与径向垂直(图 3.5)。现场安装过程见图 3.6。

当测试仪器的位置确定以后,短时间内用水调制石膏把传感器固定在隧道底板中平整面的监测点处。在安装传感器的过程中,尽量保证垂直速度传感器(垂直方向)与水平面垂直。水平速度传感器包括两类:切向速度传感器和径向速度传感器。两者都应与水平面保持平行,但是在指向上有所不同,径向传感器应指向爆心方向,切向传感器应与径向垂直,见图 3.7 和图 3.8。

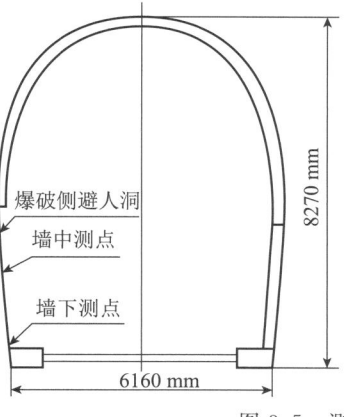
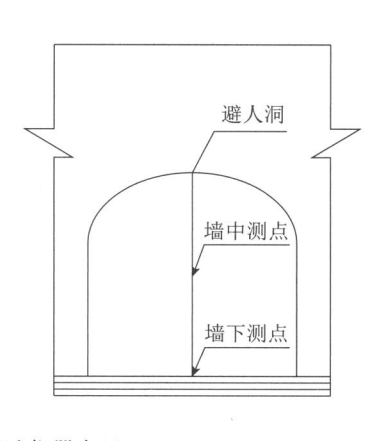

图 3.5　测试仪器布置

图 3.6　墙中测试仪器固定安装

图 3.7　测试现场测试仪器布置(8、10 避车洞)

图 3.8　墙下及墙中测点测试仪器固定

3.1.4　隧道爆破振动信号时频谱交叉项抑制方法

1. 算法基本理论

MP 算法是在信号处理和函数逼近领域独立发展起来的,是信号稀疏表示最重要的算法之一。它将信号按照字典原子逐步分解,通过多次迭代并选取原子库中匹配度高的原子近似逼近,最终获得最稀疏且具有明确物理意义的信号表示,其分解过程如图 3.9 所示:① 选择与信号 X_n 相似度高的原子 Ψ_n 并计算其投影值 a_n 和差值信号 X_{n+1};② 对差值信号 X_{n+1} 重新选择原子进行匹配,获取其在最相近原子 Ψ_{n+1} 上的投影,得到

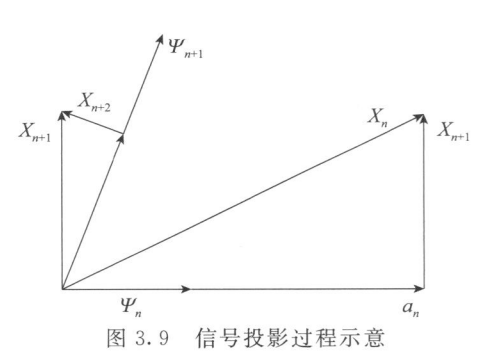

图 3.9　信号投影过程示意

差值信号 X_{n+2};③ 重复上述过程,当残差信号能量小于设定的阈值时则计算终止。

设 D 为有限维 Hilbert 空间 H 中的一个超完备字典,假定 f 为待分解信号($f \in H$),数据长度为 N,则 D 满足

$$D = \{g_\gamma : \gamma \in \Gamma\} \|g_\gamma\| = 1 \tag{3-1}$$

式中,g_γ 为子波算子;Γ 为伽马函数。

MP 算法可将信号 f 投影至原子库 D 的子波上,设 $g_\gamma^{(0)} \in D$,则 f 可表示为

$$f = \langle f, g_\gamma^{(0)} \rangle g_\gamma^{(0)} + R_f \tag{3-2}$$

式中,R_f 为采用子波匹配 $g_\gamma^{(0)}$ 对信号 f 一次分解得到的残差分量。为了使信号尽可能不缺失有效信息,则要求残差分量尽可能小,这必然要求内积项 $\langle f, g_\gamma^{(0)} \rangle$ 取极大值,同时满足 $g_\gamma^{(0)}$ 与 R_f 是正交的,即

$$\|f\|^2 = |\langle f, g_\gamma^{(0)} \rangle|^2 g_\gamma^{(0)} + \|R_f\|^2 \tag{3-3}$$

经过 $n(n \gg 0)$ 次迭代得到残差分量信号 $R_f^{(n)}$,此时重新选择一个子波 $g_\gamma^{(0)} \in D$,使其匹配 $R_f^{(n)}$,则

$$R_f^{(n)} = \langle R_f^n, g_\gamma^{(n)} \rangle g_\gamma^{(n)} + R_f^{(n+1)} \tag{3-4}$$

$R_f^{(n+1)}$ 为进行 $n+1$ 次迭代得到的差值。信号 f 进行 m 次迭代,最终可表示为

$$f = \sum_{n=0}^{m-1} \langle R_f^{(n)}, g_\gamma^{(n)} \rangle g_\gamma^{(n)} + R_f^{(m)} \tag{3-5}$$

Cohen 类非线性时频分布中的 WVD 算法会产生交叉项,伪维格纳-威尔分布(pseudo Wigner-Ville distribution,PWVD)算法可在一定程度上削弱交叉项,而相对 WVD 和 PWVD 分布,SPWVD 时频解析精度更高,具体算法详见文献。对于任意给定爆破振动信号 $X(t)$,利用 Hilbert 变换可预先提取其瞬时频率和相位信息,从而在很大程度上减少信号原子库的匹配数量,提高运算效率。具体步骤如下:

① 选择 Gabor 原子并对其扩展,形成匹配过完备原子数据库 $D_i(i=1,2,\cdots,I)$。

② 令初始差值信号 r_0 等于待分解的初始信号 $X(t)$,并将其带入过完备原子库中,筛选并预先确定子波分解原子库范围。

③ 经过 m 次迭代后,从确定的原子库内找出与差值信号 r_m 局部特征最为匹配的原子,也就是内积最大的原子 d_{mi},将匹配到的原子从差值信号中减去,获取新的差值信号 r_{m+1}。

④重复上述步骤②和③,直至差值信号满足规定的条件。最终,$X(t)$ 被分解为

$$X(t) = \sum_{i=1}^{I} c_{mi}d_{mi} + R \tag{3-6}$$

⑤ 剔除信号中干扰成分 R,分别对通过反复迭代获取的各分量信号 $c_{mi}d_{mi}$ 进行 SPWVD 运算并叠加,从而获得在时频平面的最优化特征分布。信号 MP-SPWVD 算法流程见图 3.10。

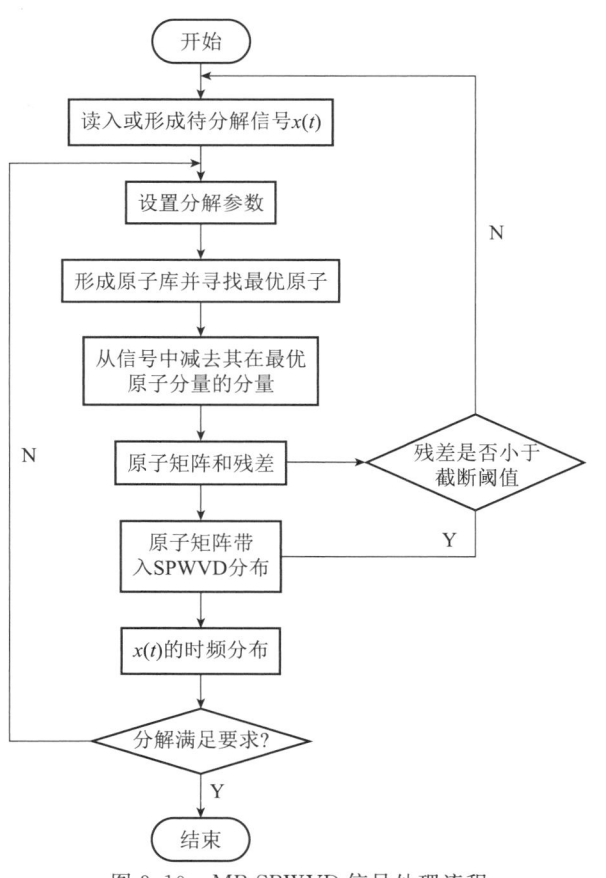

图 3.10　MP-SPWVD 信号处理流程

为了说明算法的优良特性,采用以子波瞬时频率变化表示信号信息的频率调制方式建立图 3.11(a)中包含 4 个高斯分量的复杂调制信号,各分量归一化频率中心分别为 0.15、

0.25、0.35 和 0.45,如图 3.11(b)所示,其峰值均为 2 cm/s,调制信号由各分量信号实部采用线性叠加形成,尽可能模拟多段别雷管起爆多频率多振型特点。其中 x_1、x_4 波形起始于 32 ms,x_2、x_3 初振时刻为 96 ms,为了提高运算效率,设定分量波形振动时长均为 128 ms。调制信号 WVD 时频分布如图 3.12(a)所示。

可以看出:信号时频面上除了 4 个真实高斯分量的能量分布外,亦包含任意两个分量时频中心连线处出现的交叉项,信号 4 个有效分量共产生 6 个交叉项,分别为交叉项 1(由分量 x_1、x_4 产生)、交叉项 2(由分量 x_3、x_4 产生)、交叉项 3(由分量 x_2、x_3 产生)、交叉项 4(由分量 x_1、x_2 产生)、交叉项 5(由分量 x_1、x_3 产生)和交叉项 6(由分量 x_2、x_4 产生),且对角交叉项 5、6 互相叠加产生了重叠。图 3.12(b)信号 PWVD 时频分布将交叉项个数减少至 2 个,分别为 x_1、x_4(交叉项 1)和 x_2、x_3(交叉项 2)产生。PWVD 一定程度上减少了交叉项的个数,但仍未能从根本上抑制交叉项的产生。对调制信号进行 MP 迭代分解后,可准确获得 4 个高斯分量 $x_1 \sim x_4$ 的波形曲线,见图 3.11(c)。对各分量分别求取 SPWVD 后叠加,便得到信号真实的时-频-能分布,如图 3.12(c)所示。

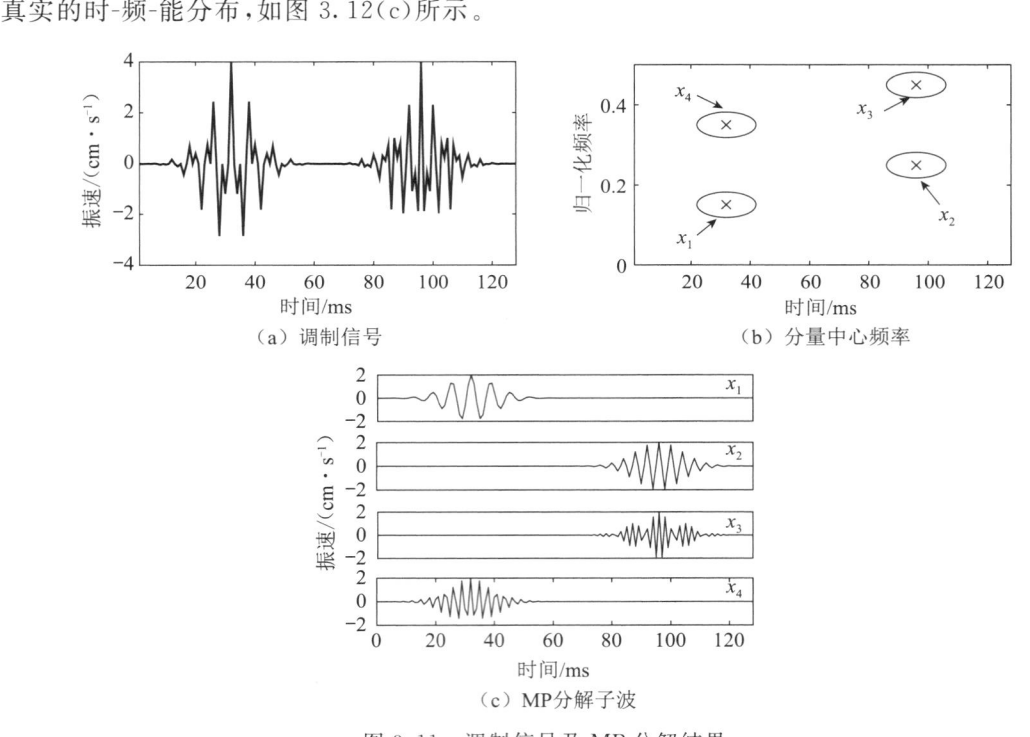

（a）调制信号   （b）分量中心频率

（c）MP分解子波

图 3.11　调制信号及 MP 分解结果

调制信号 WVD 和 PWVD 在时频域本不应有能量存在的局部出现交叉项。而 MP-SP-WVD 算法将信号分解为相互独立且包含局部结构特征的有限个原子的线性组合,由于原子间相互独立,则其 SPWVD 分布亦是相互独立且不存在交叉项,通过相互独立原子 SP-WVD 分布叠加得到信号时频表达。因此,MP-SPWVD 可有效避免交叉项的影响并改善多分量信号时频分辨率,进而获得更为真实的时频谱分布。

图 3.13(a)为典型的隧道多段别爆破信号,该信号波峰值为 3.36 cm/s,波谷值为 2.77 cm/s,主频为 180.22 Hz。隧道掘进断面 41.2 m²,爆破采用 MS1～MS15 段别雷管跳段使用。其中,掏槽孔采用 MS1、MS3 段,单孔装药量 0.8 kg;辅助孔采用 MS5、7、9、11 及 13 段,单孔装药量 0.6 kg;周边孔采用 MS15 段,单孔装药量 0.4 kg;底孔为 MS15 段,单孔装药量 0.6 kg。

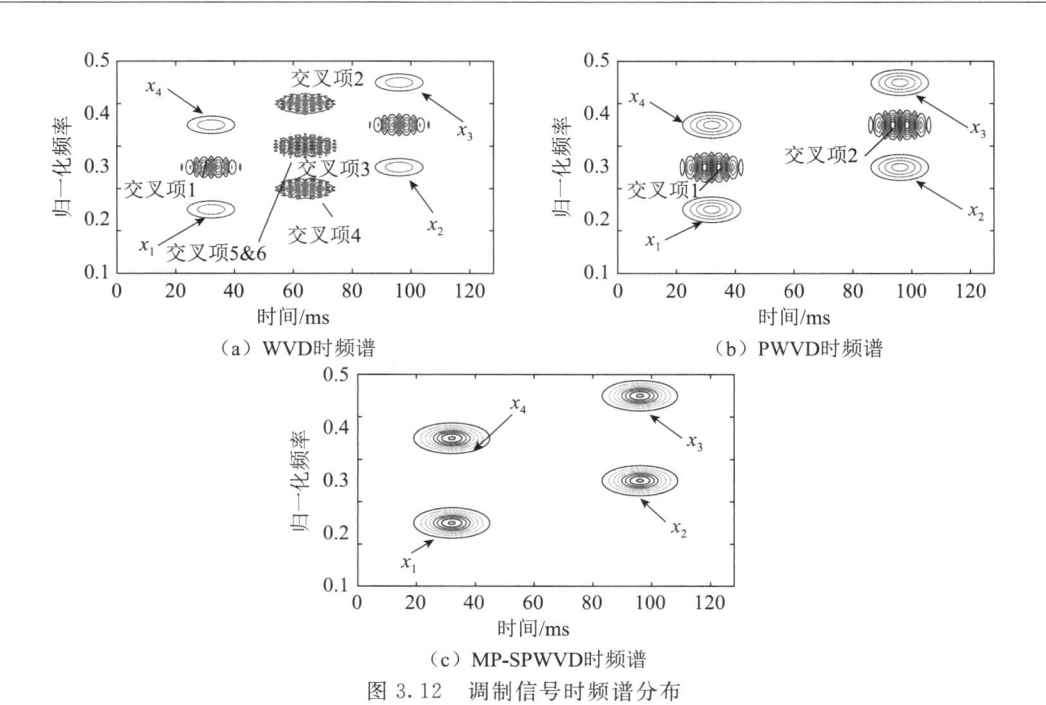

（a）WVD时频谱 　　　　　　　（b）PWVD时频谱

（c）MP-SPWVD时频谱

图 3.12 调制信号时频谱分布

采用"短进尺＋弱爆破"方案，掏槽孔深度 1.5 m，其余炮孔 1.2 m，单循环总装药量为 56.2 kg。

图 3.13（b）功率谱表明：信号在低频段存在明显的趋势项，在起始频率 0～3 Hz 附近产生 0.02 dB/Hz 的奇异值，而在大于 500 Hz 的频带出现显著的低幅高斯白噪声，信号频谱中存在明显的伪信息，其在信号时频谱上产生无法解释的交叉项干扰，严重影响了对信号特征的解读和判别。图 3.13（c）中 MP 重构信号功率谱有效克服了低频趋势项对信号真实频谱的影响，获得了具有明确物理意义的信号频谱特征。

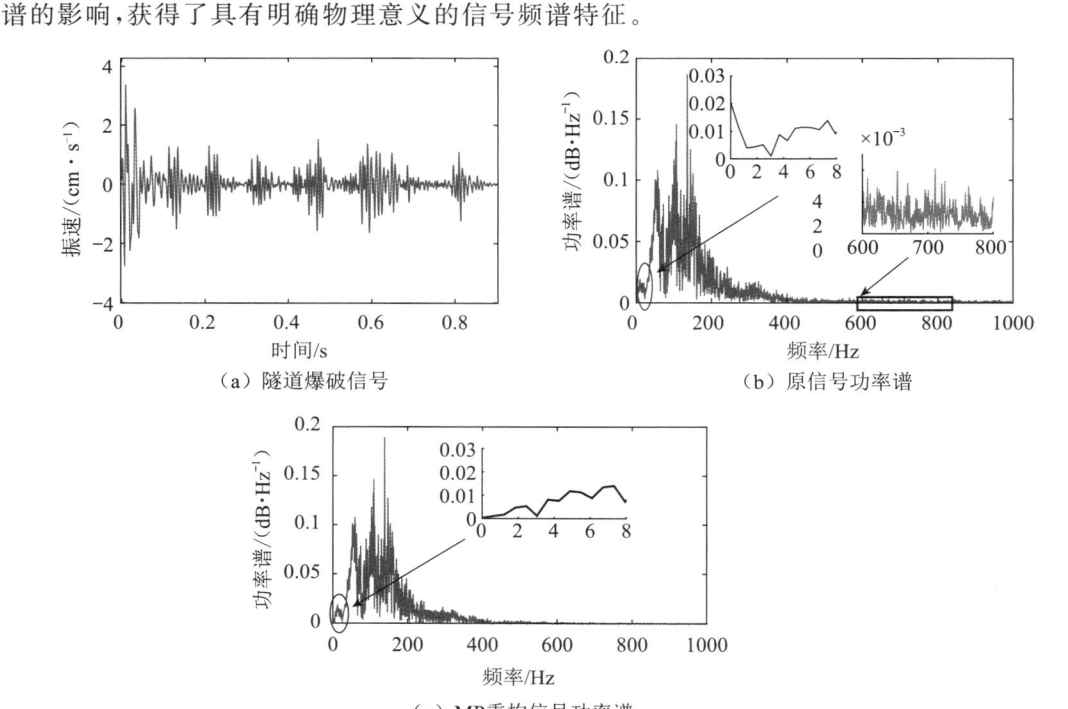

（a）隧道爆破信号 　　　　　　　（b）原信号功率谱

（c）MP重构信号功率谱

图 3.13 隧道爆破信号功率谱

2. 信号 MP 分解与重构

在信号频谱分析中,Gaussian 函数具有良好的时频聚集性。因此,文中建立的 Gabor 原子库中的每个原子都是由 Gaussian 函数经伸缩、平移和调制得到的,如图 3.14(a) 所示。

通过引入固有时间尺度分解(intrinsic time decomposition,ITD)得到信号分解为一系列不同频率段的固有旋转(proper rotation,PR)分量。对各 PR 分量进行 Hilbert 变换,获取信号的瞬时优势频率和相位,随后将其带入 MP 算法中,可大大减少程序循环步数。采用前述的 MP 算法对原始信号进行处理,建立与分析信号相似度高、长度为 10 ms 过完备稀疏 Gabor 原子字典库。实践证明,迭代次数满足 10^n($n \leqslant 3$ 且为正整数)指数关系时能取得较为理想的分析效果,n 较小时($n = 1$)存在分解不彻底缺陷,而 n 较大时($n = 3$)易产生过分解,同时运算时长激增。根据爆破信号特点及子波分量频带限制,此处设置迭代次数为 $100(n = 2)$,从而将原信号分解为 7 个子波分量,如图 3.14(b)所示。由于 MP 算法是以信号时频能量高低对其进行分解的,因此将迭代获得的前 4 个能量占比高的分量进行线性叠加,得到重构后的真实信号见图 3.14(c)。

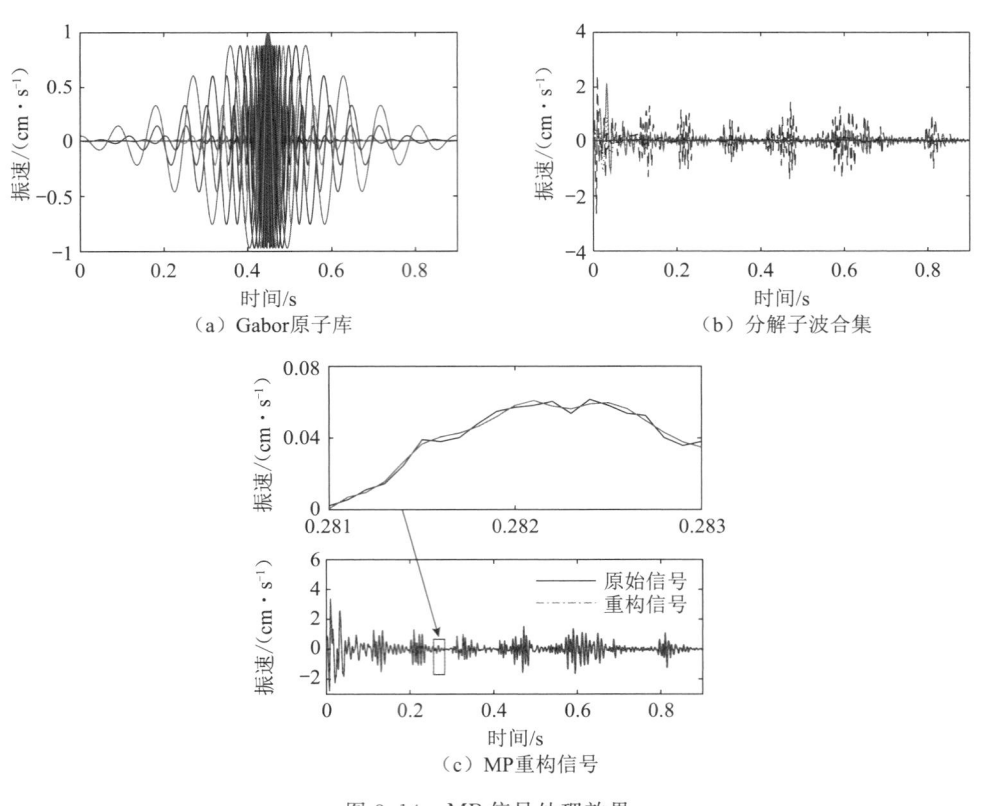

(a)Gabor原子库

(b)分解子波合集

(c)MP重构信号

图 3.14　MP 信号处理效果

从中可以看出,重构信号很好地继承了原始信号的波动特征,同时对信号波形局部进行了平滑拟合。为了便于分析,分别标识原始信号、MP 处理信号为 X_1、X_2,采用交叉小波变换(cross wavelet transform,CWT)方法,求取两者的相关性凝聚谱如图 3.15 所示。

相关性凝聚谱 X_2 和 X_1 在时域和主振频域上均为显著正相关。X_2 与 X_1 在低频部分(<32 Hz)和高频部分(>512 Hz)为负相关,有效滤除了信号中的低频趋势项

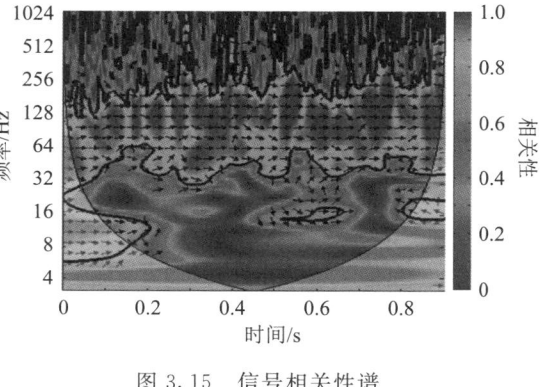

图 3.15 信号相关性谱

和高频噪声且相关性在时间轴上连续统一,显著性检验基本贯穿小波影响锥范围内的整个时频域。定义互相关系数为

$$\lambda_{s1,s2} = \max[R_{s1}(\tau)]/\max[R_{s2}(\tau)], \lambda_{s1,s2} \in (0,1) \tag{3-7}$$

式中,$R_{s1}(\tau)$、$R_{s2}(\tau)$ 为分别为 X_1、X_2 的自相关值,$\lambda_{s1,s2}$ 值越大,则两信号间互相关性越强。计算 X_2 与 X_1 之间的互相关系数为 0.968,交叉小波变换清晰描述 X_2 与 X_1 在时域和频域不同层次的波动性和共振相位相关度。MP 算法在信号处理过程中对低频趋势项进行了有效校正,同时对高频噪声分量起到了良好的抑制效果,体现了算法信号处理优势。

3. 时频分析

为了分析爆破信号交叉项干扰的抑制效果,分别采用 WVD、PWVD 和 MP-SPWVD 算法求取信号的时频谱,如图 3.16 所示。隧道爆破信号 WVD 时频谱交叉项干扰严重,时频谱交叉项出现在原本不存在能量的位置,时频分布的可辨性差。同时,段间延期时间越短,交叉项越明显。PWVD 谱削弱并剔除了信号时频面上的高频交叉项,但对于低频交叉项分布却有一定程度放大,表现在时频面上的分布密度增强且分布形态趋于一致。MP-SPWVD 时频谱能量分布清晰可辨,实现了多段别微差爆破起爆能量的有效分割。爆破产生的能量主要聚集在掏槽段起爆 0~35 ms 时程范围内,能量峰值位于归一化频率 0.05~0.07 处(采样频率为 3000 Hz,150~210 Hz 范围内),低频交叉项位于 0~35 ms 及归一化频率 0~0.02 处(0~60 Hz 范围),而高频交叉项主要位于波形时程尾部边缘,且集中在归一化频率 0.15~0.25 处(450~750 Hz 范围)。MP-SPWVD 算法时频分布能够随着被分析信号局部特征自适应地调节原子基函数的特征参数,如时宽和带宽,避免了传统方法中窗效应的影响,还可很好地匹配信号的局部特征,得到的时频谱对于低频漂零和高频边缘交叉项均有优良的抑制效果。

为了验证上述组合方法的有效性,选取煤矿冻结立井某次爆破井壁振动信号,如图 3.17(a)所示。信号采用相关文献中井壁传感器预埋法采集,测点位于爆破掌子面距离为 6 m 的井壁处。由于测点位于爆破近区,该信号含有明显的偏离基线的趋势项,导致其在时间轴上 0.1 s 后出现了"甩尾"(基线漂零)现象。爆破采用雷管为 MS1~MS5 共五个段别,其中,周边孔采用的 MS5 段雷管的起爆及误差区间为 110 ± 15 ms,与趋势项在时间轴上的出现区间重叠。因此,趋势项引起的时频谱交叉项干扰对其频谱特征的解读产生误判,特别是 0.1 s 后的时频平面上的能量分布尤其值得关注。

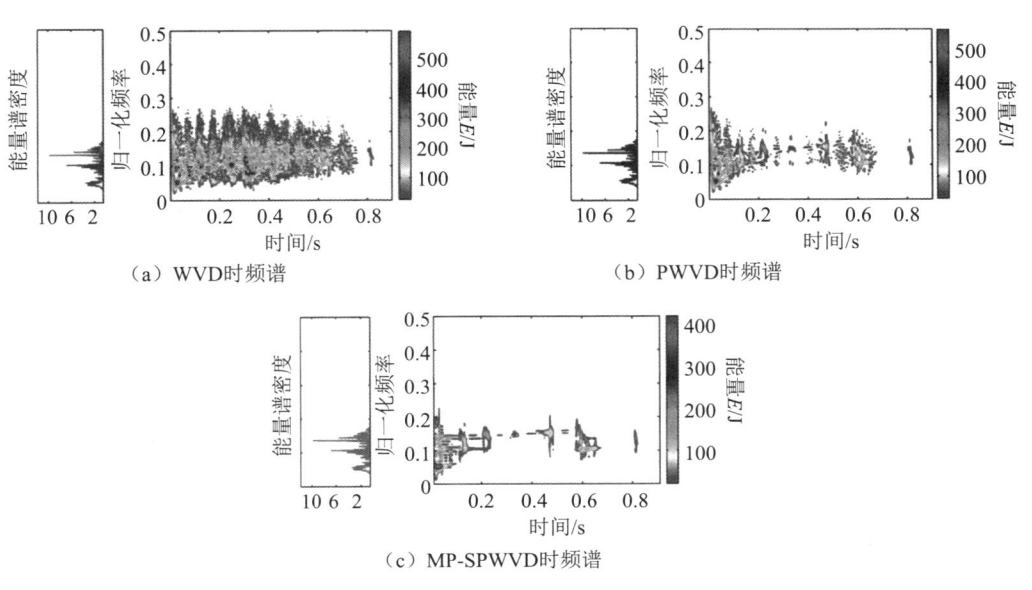

（a）WVD时频谱　　　　　　　　　　（b）PWVD时频谱

（c）MP-SPWVD时频谱

图 3.16　隧道爆破振动信号时频谱分布

对图 3.17(a)中井壁振动信号分别采用小波方法和 MP 算法进行信号恢复,其结果见图 3.17(b)和图 3.17(c)。图中对比表明:小波方法信号重构过程中,阈值选取不当易使信号产生微幅的高频振荡噪声,同时信号幅值大幅降低,损失了信号部分有用信息。MP 算法校正并剔除了信号中的趋势项分量,信号特征辨识度高。

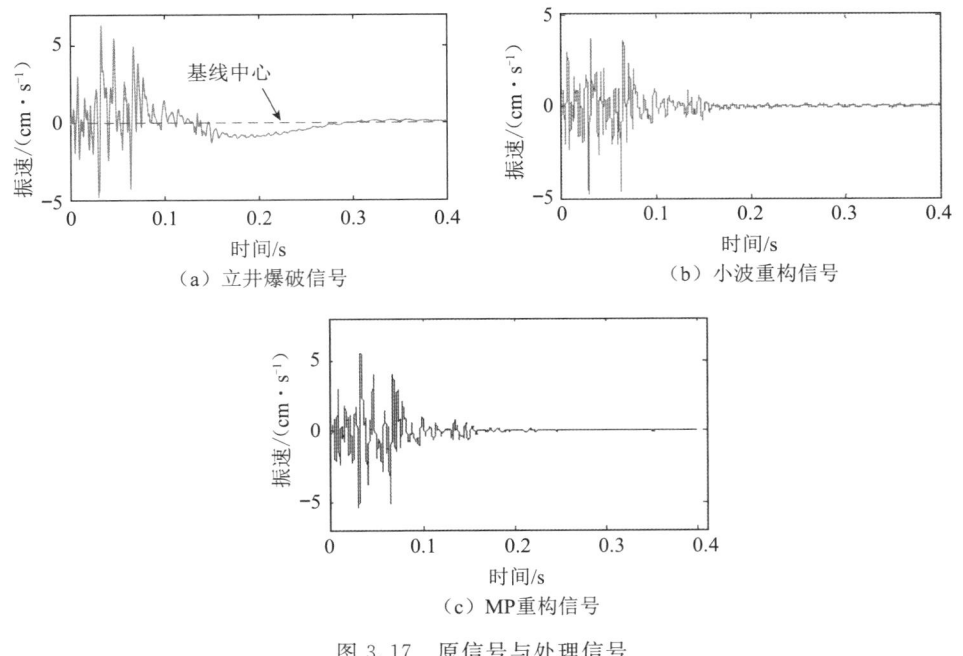

（a）立井爆破信号　　　　　　　　　　（b）小波重构信号

（c）MP重构信号

图 3.17　原信号与处理信号

求取原始信号 WVD、PWVD 和 MP-SPWVD 时频谱分别如图 3.18(a)~(c)所示。

从图中可知,WVD 时频谱窗函数不可调,致使其时频分辨率是固定的,存在严重的交

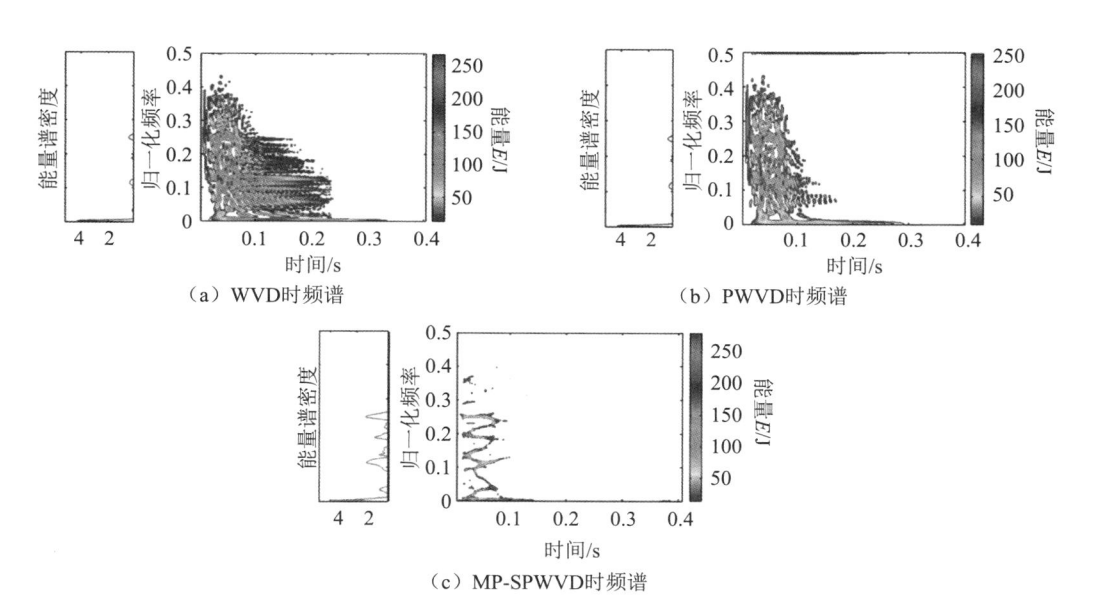

（a）WVD时频谱　　　　　　　　　　（b）PWVD时频谱

（c）MP-SPWVD时频谱

图 3.18　立井爆破振动信号时频谱分布

叉项干扰。PWVD 时频谱虽然改善了交叉项干扰的影响程度,但对于时频谱在频率边界处的交叉项干扰有一定程度的放大。MP-SPWVD 时频谱是通过相互独立的原子重构子信号 SPWVD 相互叠加构成的,可有效抑制交叉项的产生,其更加符合微差爆破信号的局部特征,能够更清晰地揭示立井信号的时频分布特性。

　　工程实践表明:隧道台阶法开挖过程中,上台阶产生的强度要显著高于下台阶,因此,通常重点分析上台阶产生的振动信号。选择该隧道某次爆破三向振速传感器监测到的振速曲线分别如图 3.19（a）～（c）所示。从中可知,与隧道掘进方向平行的 X 向振速波峰值为 4.02 cm/s,波谷值为 -6.25 cm/s,峰值差为 10.27 cm/s,主频为 130.8 Hz;Y 向振速波峰值为 2.41 cm/s,波谷值为 -2.55 cm/s,峰值差为 4.96 cm/s,主频为 195.6 Hz;Z 向振速波峰值为 3.74 cm/s,波谷值为 -1.98 cm/s,峰值差为 5.72 cm/s,主频为 172.1 Hz。从三向振速对比可知:隧道爆破水平两向的振速峰值均大于垂向而频率相对较低。与岩体抛掷方向一致的 X 向振速最大,这是由于隧道爆破"漏斗效应"引起的与破碎岩体质点主运动方向一致的振速最大。同时,隧道爆破掏槽孔部分自由面单一,岩体夹制作用显著,导致掏槽段装药量虽小却振动强度大。周边孔部分雷管段别高,起爆误差大,同时由于第二附加自由面的空间补偿作用,使得周边孔药量大而振动强度小。对上述三向振速信号分别求取 WVD、MP-SPWVD 时频谱具体如图 3.20 和图 3.21 所示。

　　从图中对比可知:爆破振动信号 WVD 在时频域本不该有能量存在的雷管段间出现严重交叉项。而 MP-SPWVD 算法将信号分解为相互独立且包含局部结构特征的有限个原子的线性组合,通过相互独立原子 SPWVD 时频谱分布叠加得到信号时频表达。因此,MP-SPWVD 可有效避免交叉项的影响并改善多分量信号时频分辨率,进而获得更为真实的时频谱分布。同时应注意到,由于 MS1～MS3 段之间的延期时间较短,MP-SPWVD 仍未能完全消除该段间的交叉项问题,段间延期时间对交叉项抑制效果有一定影响。

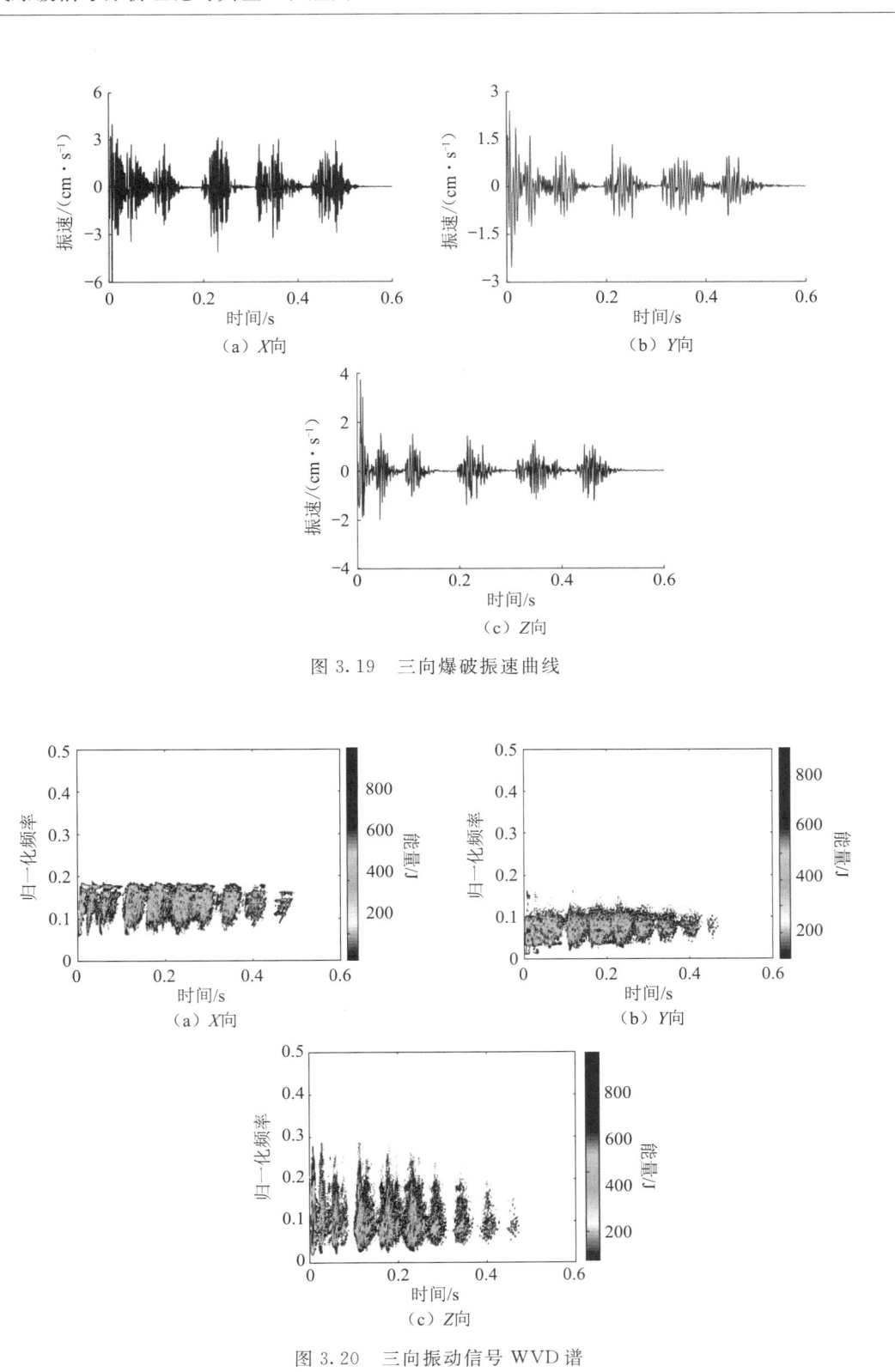

图 3.19　三向爆破振速曲线

图 3.20　三向振动信号 WVD 谱

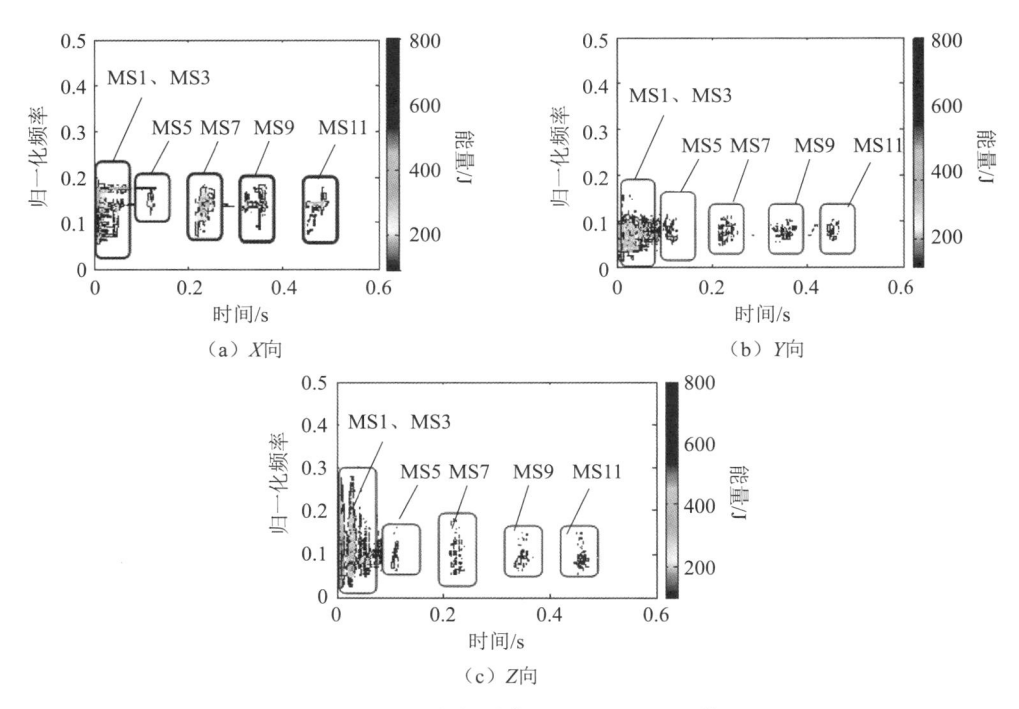

图 3.21　三向振动信号 MP-SPWVD 谱

3.1.5　雷管延期时间确定

采用小波时-能密度方法对爆破振动信号分析的过程中，小波基的选取极为关键。Daubechies 小波系列因具备良好紧支撑性、光滑性及近似对称性等特点，在非线性信号分析领域应用较为成熟。此处，借助 MATLAB 软件平台编写代码，选用 db5～db10 小波基对同一爆破振动信号进行 9 层分解与重构，得到重构误差统计信息，见表 3.2。

表 3.2　小波重构误差

小波基	db5	db6	db7	db8	db9	db10
误差/10^{-4}	3.85	5.73	1.62	4.97	1.04	2.38

由表 3.2 可知：db9 小波基对信号的重构误差最小，因此，选择 db9 小波基用于爆破振动信号小波时-能分析过程，最大程度减小小波基选取不当产生的误差。对信号进行时-能密度分析时，小波变换尺度的确定也极为关键。本次测试仪器的最小工作频率为 10 Hz，采样频率为 1200 Hz，根据香农定理，确定时-能密度积分上限为 60 即可满足分析要求。

对图 3.19 中所示各向振动信号进行 MP 子波重构，根据前述分析，选用 db9 小波基，并按照小波时-能密度法求取重构信号的小波时-能密度分布曲线，具体如图 3.22 所示。

分析隧道爆破振动信号形时，信号及其子信号关系可表示为

$$y_n = x(n-n_1) + x(n-n_2) + \cdots + x(n-n_m) + w(n) \tag{3-8}$$

式中，y_n 为叠加后的时间序列，即待分析爆破振动信号，cm/s；$x(n-n_m)$ 为不同延时的移位分段时间序列，cm/s；$w(n)$ 为噪声时间序列，cm/s。

从图 3.22 可以看出，三向振速信号经小波时-能密度法后得到的时-能密度曲线中均出

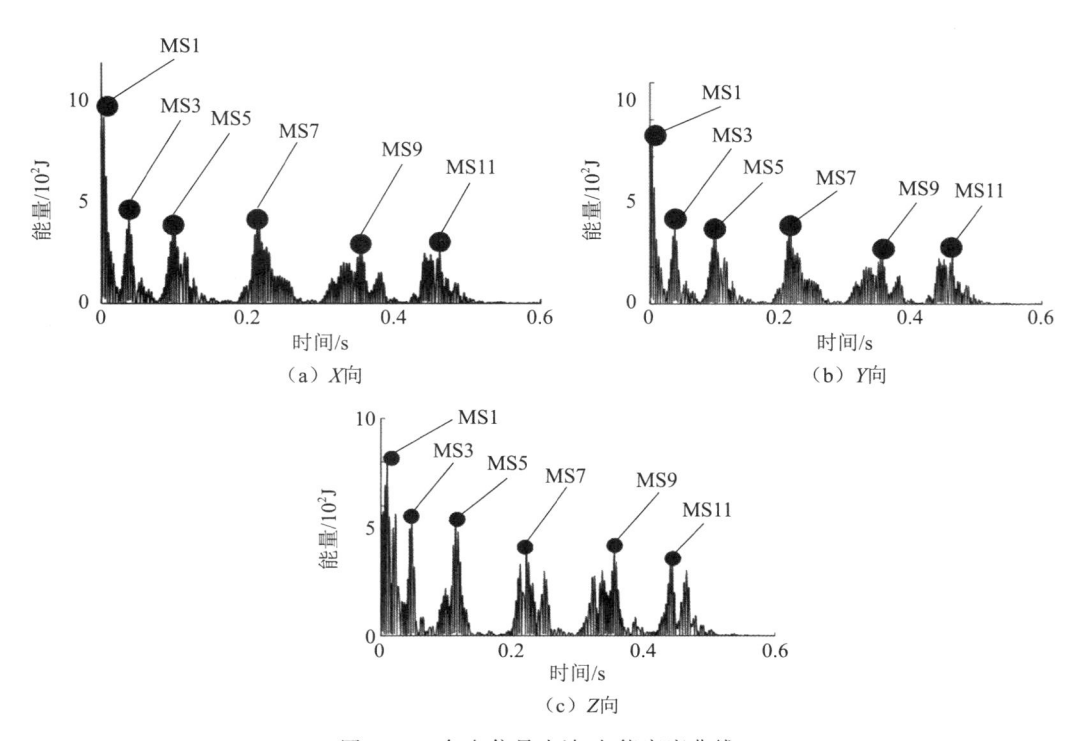

图 3.22 各向信号小波时-能密度曲线

现了 6 个峰值奇异点,在时间轴上的位置分别为 2.9 ms、40.2 ms、107.6 ms、215.4 ms、349 ms、455.9 ms(X 向),9.3 ms、46.6 ms、114 ms、221.8 ms、355.4 ms、462.3 ms(Y 向),以及 9.3 ms、46.6 ms、114 ms、221.8 ms、355.4 ms、462.3 ms(Z 向)。表明隧道多段微差爆破振动信号是由 6 段雷管起爆子信号叠加而成,这与图 3.21 中三向信号 MP-SPWVD 得到的交叉项抑制后的时频谱中能量的聚集形态一致,同时更进一步地实现了 MS1～MS3 低段别雷管起爆时刻的准确辨识。微差爆破段间延期时间可看作相邻段别雷管起爆时刻间的时间差,若将第一个峰值奇异点出现时刻视为最低段次雷管的起爆时刻,可依次得到起爆网路中各段别雷管的实际段间延期时刻,具体见表 3.3。

表 3.3 雷管延期时间误差对比

段次	设计间隔/ms	实际间隔/ms		
		X 向	Y 向	Z 向
1～3	25～62.5	37.3	37.3	37.3
3～5	30～92.5	67.4	67.4	67.4
5～7	45～132.5	107.8	107.8	107.8
7～9	55～170	133.6	133.6	133.6
9～11	75～225	106.9	106.9	106.9

注:1～3 是指 MS1～MS3 段雷管之间的时间间隔,其他类推。

若将最低段别雷管产生的爆破振动信号表示为 $x(n)$,则其他段别依次为 $x(n-37.3)$、$x(n-104.7)$、$x(n-212.5)$、$x(n-346.1)$ 和 $x(n-453)$,则叠加后的爆破振动信号可表

示为

$$y_n = x(n) + x(n-37.3) + x(n-104.7) + x(n-212.5) + x(n-346.1) + x(n-453)$$

(3-9)

对式(3-9)两端分别进行离散小波变换,便可得到各分段波形,此处不再赘述。

雷管精度是隧道爆破效果和成形质量控制的关键。从表3.3中可以看出,小波时-能密度法识别得到的各向振速信号实际段间延期时间均在设定的允许误差范围内,识别效果均较为理想。三向识别得到的多段微差爆破峰值奇异点的位置虽有所差异,但识别得到的实际间隔完全相同。由此证明:基于小波时-能密度法分析该隧道爆破微差延时间隔是切实可行的。

同时应注意到,MP-SPWVD算法也有一定不足之处,即当待提取振动信号数据较长时,原子数量将急剧增加,这种情形下会严重降低运算速度。选取相关文献中高斯调制信号、三正弦和典型爆破信号在时间轴上分别进行人为延拓至1 s、3 s、5 s,来比较不同信号长度处理所耗机时,具体见表3.4。

表 3.4　不同信号 CPU 运行机时

信号类型	信号波形	所用机时/s		
		信号<1 s	信号<3 s	信号>5 s
高斯调制		1.68	10.14	110.63
三正弦		1.72	13.59	118.92
爆破信号		1.87	17.94	126.38

注:CPU 型号为 Intel Core i7-1065G7,主频 1.30～1.50 GHz。

由表3.4可知:随着信号长度和复杂性的增大,分析所耗机时也会增加,尤其对于采样点密集或持续时长较大(大于5 s)的爆破信号计算量过大,严重时甚至导致内存溢出。因此求解过程需耗费很长机时,对求解器配置和性能有特殊要求。

通过上述分析,得出以下结论:

① 爆破信号时频谱提供了信号在时域和频域的联合分布,清晰描述了能量在时频域上的变化关系。受测试环境及仪器自身原因的影响,爆破信号时频谱中普遍存在交叉项干扰,交叉项的存在严重影响了对爆破信号信息特征的判别,致使时频域能量分布在局部物理意义不明确,影响后续爆破参数调整优化和效果评价。

② MP算法实现了爆破信号的稀疏化分解和降噪重构,MP-SPWVD分布可有效抑制时频谱交叉项,降低不确定因素对信号谱特征的干扰,精细刻画爆破信号能量分布的非平稳时变特征。交叉项抑制效果与雷管段别及延期时间密切相关。

③ MP-SPWVD算法虽是一种高精度的信号恢复和时频表征方法,但受信号时长的限制较为严重,尤其对于采样密集或持续时长大于5 s以上的信号数据,求解速度受到一定的制约,所耗机时激增,对求解器配置和性能有特殊要求。后续研究过程中,应重点优化长时

信号计算速度,提高算法的高效性。

④ MP-SPWVD 算法可用于爆破振动信号受干扰引起的时频谱交叉项抑制,同时应注意到,三向信号中高段别(MS5 段以后)雷管起爆能量在时频域聚集区域均可有效分离,但掏槽孔较低段别(MS3 段以内)雷管由于起爆延时时间过短,能量抑制效果仍有待于改进。在后续的研究中应重点关注低段别雷管区域的抑制效果,以期获得更具普遍意义的分析结论。

⑤ 时-能密度法可有效识别出爆破振动信号奇异点的位置,从而确定雷管起爆实际延期时间。识别过程中,小波基的选取对分析结果影响不容忽视。实际分析时,可通过不同小波基信号重构误差值来确定合适的小波基,以保证分析结果的精度,从而为隧道爆破施工安全提供保障。

3.2 隧道爆破振动信号混沌分形特征研究

3.2.1 算法原理

1. FSWT 算法

令 $L^2(\mathbf{R})$ 为有限向量空间($\mathbf{R}$ 为实数集合),对于任意信号 $f(t) \in L^2(\mathbf{R})$,频率切片小波的变换以母小波函数 $p(t)$ 的傅里叶变换存在为前提,即

$$W(t,\omega,\lambda,\sigma) = \frac{1}{2\pi}\lambda \int_{-\infty}^{+\infty} \hat{f}(u) \, \hat{p}^* \left(\frac{u-\omega}{\sigma}\right) \mathrm{e}^{\mathrm{i}ut} \mathrm{d}u \tag{3-10}$$

式中,σ 表示变换尺度($\sigma \neq 0$);λ 表示能量系数($\lambda \neq 0$),σ 与 λ 均为常数或关于 ω 和 t 的函数。$\hat{p}(u)$ 为母小波函数 $p(t)$ 的频域形式,$\hat{p}^*(\omega)$ 为 $\hat{p}(\omega)$ 的共轭函数。利用 Parseval 方程对式(3-10)进行变换,得到其时域表示形式为

$$W(t,\omega,\lambda,\sigma) = \sigma\lambda \mathrm{e}^{\mathrm{i}\omega t} \int_{-\infty}^{+\infty} f(\tau) \mathrm{e}^{-\mathrm{i}\omega\tau} p^* \sigma(\tau - t)\mathrm{d}\tau \tag{3-11}$$

FSWT 逆变换可实现信号重构,假定信号 FSWT 变换为 $W(t,\omega,\lambda,\sigma)$,任意选取时间区间$(t_1,t_2)$和频率区间$(\omega_1,\omega_2)$,可以得到该时频空间上的信号分量

$$f'(t) = \frac{1}{2\pi\lambda} \int_{\omega_1}^{\omega_2} \int_{t_1}^{t_2} W(t,\omega,\lambda,\sigma) \mathrm{e}^{\mathrm{i}\omega(t-\tau)} \mathrm{d}\tau\mathrm{d}\omega \tag{3-12}$$

2. 频带能量分布特征

FSWT 能方便地重构任意频带内的信号,并不受小波基函数的限制。利用该特点,可通过构造合理的子频带,对信号进行更加详细具体的分析,进而获取信号细节特性。定义任意频带的能量为

$$E_{i,j} = \int_{T_1}^{T_n} f(t)\mathrm{d}t = \sum_{k=1}^{n} |x_k|^2 \tag{3-13}$$

式中,$E_{i,j}$ 表示信号在频率范围为$[i,j]$ Hz 的能量;$x_k(k=1,2,\cdots,n)$为相应频带各个采样点的幅值。相应的总能量为

$$E = \int_{T} f(t)\mathrm{d}t = \sum_{k=1}^{n} |x_k|^2 \tag{3-14}$$

各个频带的能量占总能量的百分比为

$$P_{i,j} = \frac{E_{i,j}}{E} \times 100\% \tag{3-15}$$

3. 吸引子相空间重构

混沌吸引子在相空间中为一定区域内有一定分布形式或结构的永不封闭轨迹。本节采用 C-C 法重构相空间,具体过程如下:

对任意一维时间序列 $x = \{x_i, i = 1, 2, \cdots, N\}$,根据嵌入维数 m 及时间延迟 τ 可构造一批矢量 X,即 $X = [X_i, X_{i+\tau}, X_{i+2\tau}, \cdots X_{i+(m-1)\tau}]$, $(i = 1, 2, \cdots, M)$。式中,N 为时间序列长度;X_i 为相空间中矢量;$M = N - (m-1)\tau$ 为相空间矢量个数。

因此,对一维混沌时间序列进行重构可将其映射到高维空间。通过该方法,可以在高维相空间中构造一批矢量:

$$X = \begin{bmatrix} X_1 \\ X_2 \\ \vdots \\ X_M \end{bmatrix} = \begin{bmatrix} x_1 & x_{1+\tau} & \cdots & x_{1+(m-1)\tau} \\ x_2 & x_{2+\tau} & \cdots & x_{2+(m-1)\tau} \\ \vdots & \vdots & \ddots & \vdots \\ x_M & x_{M+\tau} & \cdots & x_{M+(m-1)\tau} \end{bmatrix} \tag{3-16}$$

嵌入维数 m 及延迟时间 τ 的选取对重构相空间至关重要。定义差量为

$$\Delta S(m, \tau) = \max\{S(m, r, \tau)\} - \min\{S(m, r, \tau)\} \tag{3-17}$$

局部最大时间 t 对应 $S(m, r, \tau)$ 零点或 $\Delta S(m, \tau)$ 最小值,时间序列延迟 τ_d 对应最大局部时间 t 中第一个,此时重构空间点最接近均匀分布,重构吸引子轨道在相空间完全展开,据第一个局部时间确定时间序列延迟 τ_d,进而据 $\tau_d = \tau\tau_s$ 确定延迟时间 τ 与 m 值。

相空间重构可实现在更高维空间中恢复系统吸引子,便于找出系统的内在规律性,提取其相空间动力学特性。图 3.23 为典型的 Lorenz 和 Rossler 信号系统二维相空间重构混沌吸引子形态,吸引子状态可用来判定时间序列是否具有混沌特征。

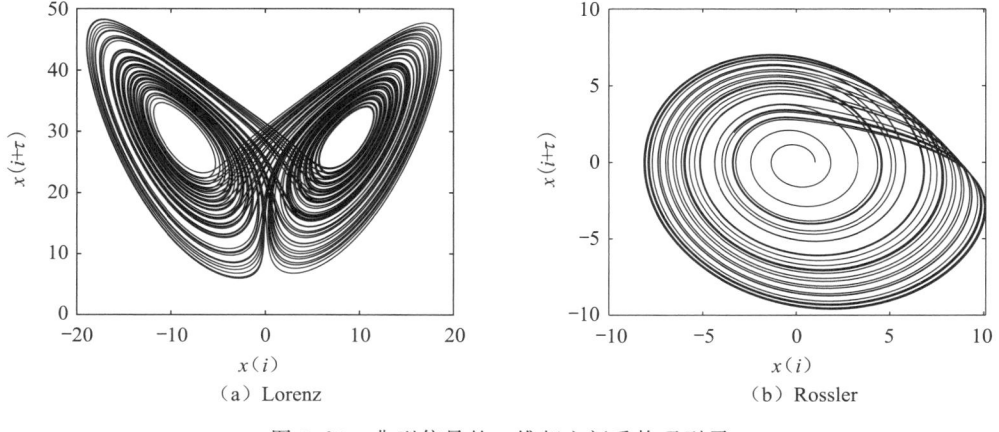

（a）Lorenz　　　　　　　　　　（b）Rossler

图 3.23　典型信号的二维相空间重构吸引子

图 3.24 为采集到的隧道某次爆破信号水平径向分量时程曲线,其振速峰值为 3.36 cm/s,峰值时刻为 9.8 ms,主振频率为 127.42 Hz,波形图清晰展示了所用各段别雷管起爆产生的振动响应形态。对于多段别微差爆破信号而言,毫秒延期致使隧道爆破信号必定为一个时

滞的非线性系统。这种时滞系统通常具有多自由度、高维度特性,在系统的演化过程中,会伴随着混沌现象的产生。由此可见,爆破信号系统是高维的动力学系统,蕴含着复杂的特征信息,需重构到高维空间才能解析。

混沌行为是由于信号内部的非线性特征,使得系统的演化行为具有随机性,因此其功率谱图是宽频的连续谱。求取图 3.24 中信号功率谱分布如图 3.25 所示,其功率谱幅值在信号主振频段后以指数次幂急剧降低,体现出明显的混沌特征。从功率谱中可以看出:信号中包含大量的动态噪声,谱中的峰值紧密交错并相互关联,具有混沌信号"噪声背景"和"宽频带"典型特征,可以直观判定爆破信号具有混沌行为。

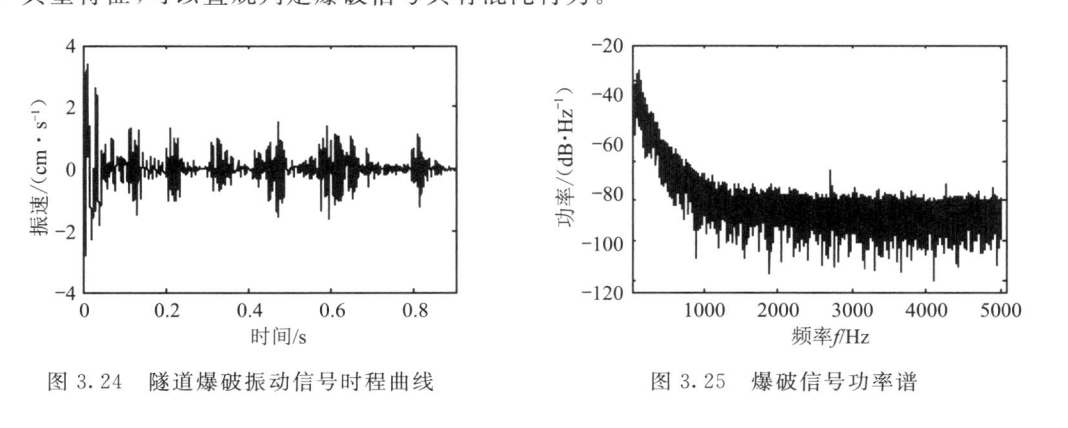

图 3.24　隧道爆破振动信号时程曲线　　　　图 3.25　爆破信号功率谱

3.2.2　信号频带划分与重构

由功率谱分布可知爆破振动信号能量主要集中在中低频段(500 Hz 以下),因此,采用 FSWT 对信号子频带重构时也以 500 Hz 以内频带为主。以 100 Hz 间隔为一个划分区间,500~5000 Hz 高频段作为一个独立区间,这样便可将信号划分为 6 个子频带子信号,获取每个子频带区间的重构信号如图 3.26 所示。

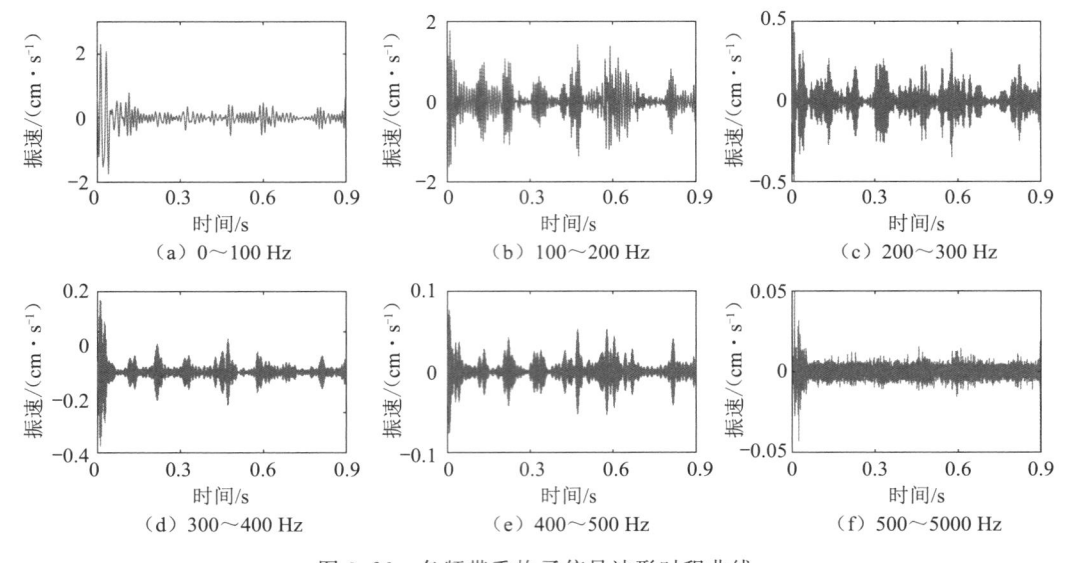

（a）0~100 Hz　　　　（b）100~200 Hz　　　　（c）200~300 Hz

（d）300~400 Hz　　　　（e）400~500 Hz　　　　（f）500~5000 Hz

图 3.26　各频带重构子信号波形时程曲线

从各子信号曲线可知：在各个子频带内，信号峰值振速逐渐降低，说明振动强度均随频率的升高而不断降低，对岩体破坏起主导作用的频率集中在 500 Hz 以内，能量占比为 92.5%。500~5000 Hz 频带重构子信号振幅明显减小，主峰不明显且频率成分增多，为高频干扰成分。信号经 FSWT 分解逆变换重构后一定程度上起到了滤波作用，得到的各频带子信号波形光滑度提高，有效抑制了噪声并较好恢复了各频带子信号的波动形态，体现了信号重构的有效性。

3.2.3 爆破振动吸引子混沌特征

隧道爆破信号具有混沌和分形的特征，关联维数是最基本的分形特征参数，这里采用虚假临近点法选取嵌入维数 m。对原信号选取不同的嵌入维数 m，计算并绘制出 $\ln C(r)$-$\ln r$ 的双对数关系曲线如图 3.27 所示。

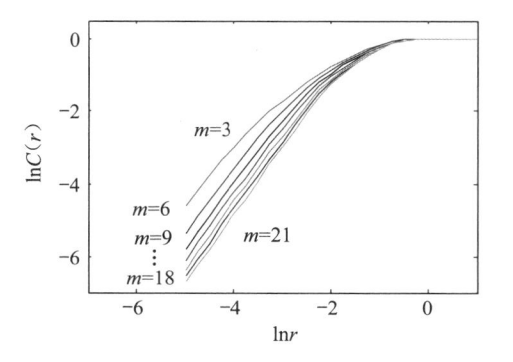

图 3.27 不同嵌入维数 $\ln C(r)$-$\ln r$ 曲线

通过对图中曲线进行直线拟合得到的斜率即为关联维数 D。当嵌入维数 m 由小变大时，关联维数 D 也具有相同的变化趋势。当 m 增大到 9 时，双对数曲线趋于平行，即 D 趋于饱和，从而确定嵌入维数 m 为 9。

延迟时间 τ 通常采用自相关函数法求取，设 $\{x(i)\}$ 为一组实测时间序列，则其自相关函数为

$$C(\tau) = \frac{\dfrac{1}{N-\tau}\displaystyle\sum_{i=1}^{N-\tau}\left[x(i+\tau)-\bar{x}\right]\left[x(i)-\bar{x}\right]}{\dfrac{1}{N-\tau}\displaystyle\sum_{i=1}^{N-\tau}\left[x(i)-\bar{x}\right]^2} \tag{3-18}$$

$$\bar{x} = \frac{1}{N}\sum_{i=1}^{N}x(i) \tag{3-19}$$

根据上式可构造 τ 与 $C(\tau)$ 的函数，当 $C(\tau)$ 下降至 $(1-1/e)C(0)$ 值以下时，所对应的 τ 为最佳延迟时间。

3.2.4 相轨迹图变化规律

常用的判别信号混沌特性的方法有吸引子轨迹法、功率谱法及 Lyapunov 指数（李雅普诺夫指数）法。这里选用吸引子轨迹状态来表征爆破信号时间序列的混沌特征。将前述频率划分区间重构子信号分别进行相空间重构，运用主矢量法将其投影到二维坐标系中，通过相空间轨迹图的变化可直观清晰地展现各频率子信号系统状态的演变过程。根据前述理

论,选择信号系统嵌入维数 $m=9$,最佳延迟时间 $\tau=3$,通过 C-C 法进行信号相空间重构并得到子信号的吸引子形态变化过程如图 3.28 所示。

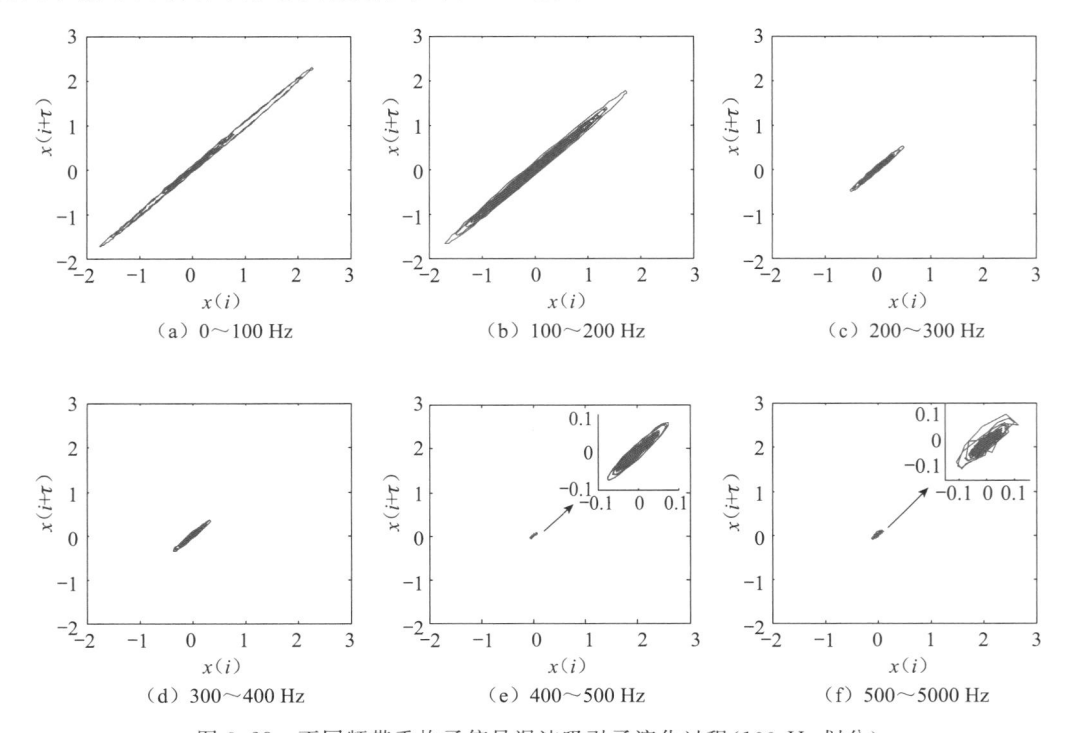

（a）0～100 Hz　　　　（b）100～200 Hz　　　　（c）200～300 Hz

（d）300～400 Hz　　　　（e）400～500 Hz　　　　（f）500～5000 Hz

图 3.28　不同频带重构子信号混沌吸引子演化过程（100 Hz 划分）

从图 3.28 中可知,爆破信号各频带重构子信号吸引子为向内不断旋进的椭圆轨迹,子信号均具有明显的混沌特征,吸引子在二维相空间形态为沿相平面 45°线为对称轴,外观包络呈类似"枣核状"的椭圆形分布。随着频率的增大,吸引子长短轴之比逐渐减小,在相空间形态趋于稳定,并最终汇聚在(0,0)坐标所在的中心不动点。图 3.28(f)中高频信号吸引子形态与 500 Hz 以下的形态发生逆转突变,不再具有低频段展开过程中的拓扑形态,反映爆破信号混沌系统有界性。在对应的吸引子状态出现相互排斥的奇异性,表现为折线形式,体现了不稳定的高频振荡特性,反映了爆破信号混沌系统在高频分量中的随机性。相空间内吸引子从低于主振频率的发散突变模式到主振频带的紧凑密实的稳态模式,再到高于主振频带的发散突变模式的演化分布规律。

为了进一步了解吸引子变化规律,取 50 Hz 为间隔的子频带做细化分析,重新获得不同频带重构子信号波形曲线,如图 3.29 所示。

隧道爆破信号的优势能量位于主振频带范围内,重构子信号吸引子以主振频带为界限,两侧频率区间内信号吸引子在二维相空间的精细程度和收敛程度均出现明显不同。各频带重构子信号的混沌吸引子聚集在相空间的有限域内,其形态由具有无穷嵌套自相似结构的不相交环面组成,每个环面吸引子反映了不同频率信号混沌弥散状态,如图 3.29(k)细节图所示。

吸引子在二维相空间中的覆盖面积大小反映了信号本身的复杂程度,也体现出信号能量的聚集和耗散状态。各频带重构子信号振速最大的波峰和波谷值与相空间中吸引子椭圆

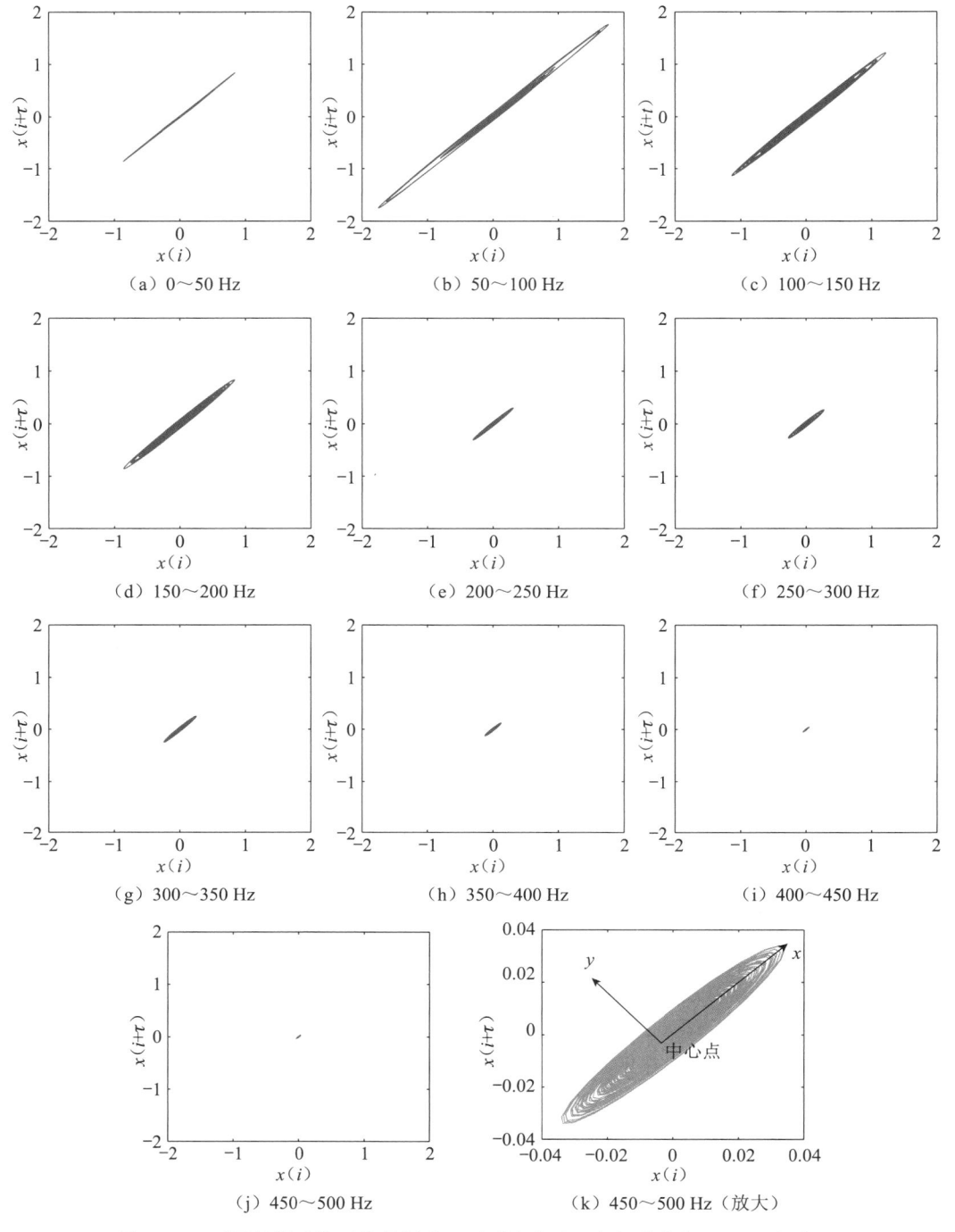

图 3.29　不同频带重构子信号混沌吸引子演化过程与细节特征(50 Hz 划分)

长轴端值对应,表现出良好的局部化混沌特征,突出了有效信号的细节,反映了爆破信号系统混沌吸引子对振幅初值的敏感性。为了量化对相空间吸引子形态特征的评价,表 3.5 提取了各子信号及其吸引子相关特征参数。

表 3.5 不同频带重构信号混沌特征参数

频率 f	参数								
	P	V	E	ρ	S	A	M	D	F
0~50	0.838	−0.863	7.75	0.279	61.768	7.29	0.0122	2.683	1.241
50~100	1.761	−1.750	32.96	0.574	49.131	32.41	0.0305	3.024	1.292
100~150	1.216	−1.135	39.70	0.630	22.002	39.43	0.0808	3.492	1.415
150~200	0.834	−0.858	15.58	0.395	13.071	34.28	0.1044	2.878	1.449
200~250	0.307	−0.307	2.380	0.155	11.453	23.06	0.2159	2.299	1.497
250~300	0.247	−0.246	0.792	0.089	10.378	4.79	0.3025	2.878	1.501
300~350	0.273	−0.271	0.568	0.075	10.157	3.29	0.3337	1.773	1.512
350~400	0.122	−0.122	0.167	0.041	9.5988	0.89	0.3854	1.467	1.525
400~450	0.046	−0.046	0.039	0.020	6.4492	0.20	0.4306	1.243	1.571
450~500	0.034	−0.034	0.021	0.014	2.5565	0.06	0.4421	1.195	1.583

注:① f—频率,Hz;② P—波峰值,cm/s;③ V—波谷值,cm/s;④ E—能量百分比,%;⑤ ρ—相关系数;⑥ S—长短轴之比;⑦ A—吸引子包络面积,mm²;⑧ M—最大李雅普诺夫指数;⑨ D—关联维数;⑩ F—分形维数。

隧道爆破信号不同频带子信号均为非稳态信号,由于子信号吸引子轨迹具有自相似性,分形维数可反映其轨迹所具有的结构特性。非整数的分形维数表征了爆破信号在不同频率区间混沌演化行为。爆破子信号具有复杂的内部结构,且不同频带子信号的混沌吸引子自相似性质说明了其非线性特征具有相对稳定性。在主振频带区间,炸药爆炸作用最为强烈,能量占比高,混沌特征也最为明显,体现在关联维数值较大(为 3.492)。之后随着频率的增大,由于岩体介质的滤波耗能作用,影响爆破信号系统性能的因素减少,系统混沌特性不断减弱,关联维数逐渐降低,在 450~500 Hz 区间仅为 1.195。随着频率的增加,主振频带以上子信号与原信号的互相关性值减小,表明其与原信号的相关程度降低,杂波干扰越多,混沌特征更加微弱,信号的可预测性越小。最大 Lyapunov 指数是衡量爆破信号动力学特性的一个重要定量指标,它表征了系统在相空间中相邻轨道间收敛或发散的平均指数率,是衡量信号非线性特征的一个重要指标。计算得到的最大李雅普诺夫指数值与频率的增加呈正相关,说明频率越高其吸引子在相空间越收敛,在相空间的聚集程度也更强。

以主振频率所在的区间(100~150 Hz)为界限,在相对低频段(<150 Hz)随着频率的逐渐升高,子信号振幅的波峰和波谷值也不断增大,峰值差、能量百分比及互相关系数也呈现相同的趋势,反映了不同段别雷管起爆在相对低频段内能量的不断补充。在相对高频段(>400 Hz)随着频率的逐渐升高,子信号振幅的波峰和波谷值也不断降低,峰值差、能量百分比及互相关系数同样逐渐减小,反映了爆炸能量在相对高频段内的不断耗散,说明爆炸能量主要集中在信号低频,同时高频信号所包含的能量贡献也不可完全忽略。信号能量百分比 E、相关系数 ρ、吸引子包络面积 A 和关联维数 D 均以主振频带区间为拐点,呈现先增大后减小的规律,反映了爆破信号系统混沌吸引子对主频初值的敏感性。吸引子椭圆轨迹长短轴比 S、最大李雅普诺夫指数 M 和分形维数 F 随着频率增大其值也不断增大,表明在有限的频率区域内,吸引子形态变化趋势较为稳定,吸引子特征参数值的变化可敏感地捕捉到信号的细节特征。

通过以上分析,得出以下结论:

① 在既有隧道避车硐内对新建隧道爆破振动进行监测的方案,可有效避免飞石、空气冲击波等对测振设备的破坏和影响,最大程度上保证了隧道测试的可靠性,又能使测试过程

受正常施工的影响降至最小。在同一测点三向振速中,通常与隧道掘进轴线平行的水平径向振速最大,这与掏槽孔单自由面起爆抵抗线方向和破碎岩体质点运动方向关系密切。

② 频率切片小波变换不受小波基选取的局限,自适应性强。重构信号具有良好的去噪、信号特征提取和细节保持能力,重构子信号对原始信号能量的贡献率与相关系数具有一致性,可用于信号波形特征的定量描述和分类判别。

③ 隧道爆破信号具有明显的自相似分析特征,通过吸引子混沌动力学相轨迹图,可揭示隧道爆破不同频带信号在相空间的混沌特征演化规律。隧道爆破混沌系统具有初值敏感性、有界性和随机性的内在特征。混沌吸引子的演化规律揭示了隧道爆破混沌动力学特性,体现了其非线性动态变化机制,为隧道爆破信号主频、振幅等特征判别提供依据。

3.3　城市浅埋隧道下穿密集建筑群控制爆破技术研究

伴随着城市地铁隧道的快速发展,隧道掘进引起的爆破振动危害越来越受到重视,尤其对于下穿地表密集建筑群,爆破振动负面效应已成为爆破施工过程中面临的关键问题。目前,国内外学者和爆破技术人员针对爆破振动问题开展了持续研究:如黄明利等以重庆长洪岭隧道工程开挖为背景,采用机械开挖与爆破相结合的技术,成功将振速控制在规定的范围内,保证了隧道上方建筑物的安全;周宜等以青岛地铁下穿酒店建筑物为课题,通过优化爆破方案实现了隧道微振高效快速掘进;张建波等研究隧道下穿煤矿多栋建筑群时的爆破减振技术,通过优化爆破方案并采取相应的爆破控制措施,达到了安全施工的目的;李立功等通过优化钻爆设计参数,分析了隧道下穿建筑物爆破振速控制技术难题,采用水压爆破有效降低了爆破振动效应。

城市隧道工程的地质条件多样性,以及施工环境的复杂性,致使隧道爆破减振仍面临严峻的挑战。本节以贵阳观山西路至兴筑西路段隧道施工下穿金阳步行街为工程背景,通过设计合理的掏槽形式,优化装药结构和起爆网路,降低了地表振动速度,保证了地表金阳步行街密集建筑群的安全。

3.3.1　工程概况

观山西路站-兴筑西路站区间位于贵州省贵阳观山湖区,区间隧道为矿山法双洞单线结构,线间距为 14 m～78 m,隧道拱顶埋深 10.7～26.7 m。左隧区间设计起止里程为 ZDK17＋345.15～ZDK18＋520.09,长 1174.791 m。右隧区间设计起止里程为 YDK17＋345.150～YDK18＋520.093,长 1174.94 m。区间左右线之间为金阳步行街 3～4 层建筑(部分建筑地下一层),区间线路外侧为住宅小区、学校和社区医院等,区间隧道与建(构)筑物水平距离 8～9 m,线路在区间南端及北端受曲线条件限制,需要下穿金阳步行街 4 层建筑,竖向最小净距 11 m。

该区间段围岩级别综合判定为Ⅲ～Ⅴ级,围岩主要为中风化灰岩,局部溶洞充填可塑性红黏土。爆破施工对地表建筑物群的振动、噪声及由此产生的不均匀沉降,会严重影响居民的正常生活与安全。同时隧道掘进方向沿街埋设有电力、电信、燃气等通信和生活管线(管线埋深 1～3 m),使得对于爆破振动的控制要求更为严格。金阳步行街与开挖隧道剖面关系如图 3.30 所示。

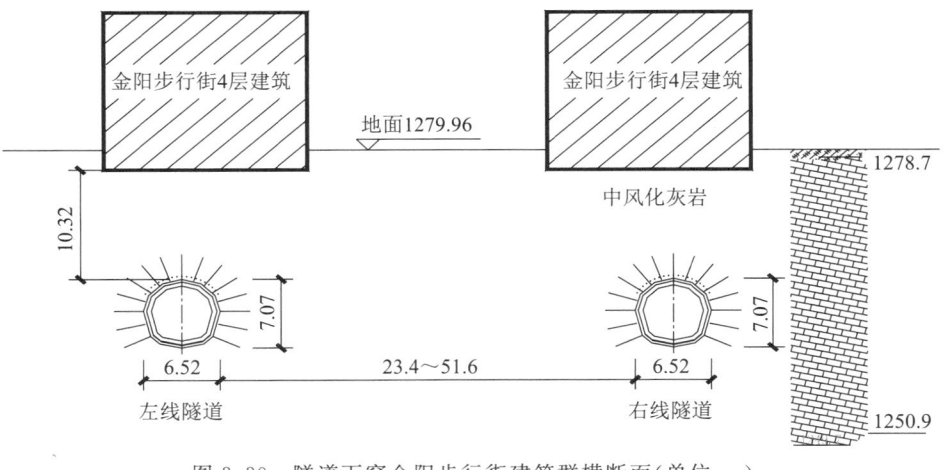

图 3.30　隧道下穿金阳步行街建筑群横断面(单位:m)

3.3.2　减振爆破方案

根据类似浅埋隧道掘进爆破工程和目前隧道掘进的总体施工方法,经过爆破方案优化和选择,观山西路站至兴筑西路站区间下穿步行街隧道爆破方案采用正台阶法分部爆破开挖法分两次或三次进行断面掘进爆破。爆破施工期间,根据隧道掌子面超前地质预报情况对隧道掘进爆破作相应调整,同时为减小爆破引起的地面爆破振动,先采用短进尺施工,循环进尺小于 1 m,并根据爆破振动监测情况逐渐增大循环进尺,最终确定合适的循环进尺为 1 m。

1. 掏槽形式的确定

选择合理的掏槽形式及掏槽参数,是浅埋隧道开挖中控制地表振动的关键措施。由于上台阶爆破自由面单一,产生的振动远大于下台阶。因此,对于上台阶爆破振动的控制是难点。

为减小上台阶掏槽孔爆破引起的爆破振动,掏槽孔采用大直径中空孔配合二级斜孔复式掏槽形式,掏槽中心设置直径为 300 mm 大空孔,深度通常为常规装药孔的 3~5 倍,保证掘进效率及减少凿岩机具更换对施工的干扰,其他炮孔均匀布置在掏槽孔周围。采用的雷管段别为 MS1、MS3、MS5、MS7 段,其炮孔布置如图 3.31 所示。

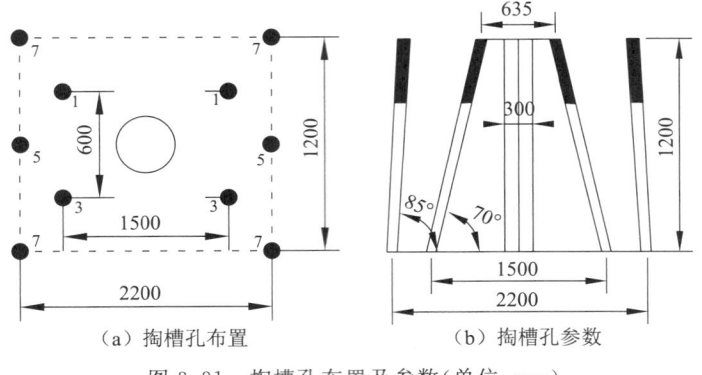

|(a)掏槽孔布置|(b)掏槽孔参数|

图 3.31　掏槽孔布置及参数(单位:mm)

结合萨道夫斯基经验公式及现场试验得到爆破时的最大段药量,确定掏槽孔单孔装药量为 0.4 kg。为了扩大槽腔为辅助孔的顺利起爆提供更大的自由面,局部炮孔单孔装药量为 0.5 kg。

2. 辅助孔

根据施工设备情况,孔径采用 42 mm,即 $d=42$ mm。辅助孔的间距和排距应不小于周边孔的抵抗线。抵抗线 $w=(15\sim25)d$,根据现场岩石取样试验情况,岩石属于较硬岩体,结合掘进进尺,取排距 $b=550$ mm。根据公式 $E=(8\sim15)d$(d 为炮孔直径,一般在 $38\sim42$ mm 之间)计算,炮孔间距在 $336\sim630$ mm 之间,为有效降低爆破振动,取孔距 $a=600$ mm。考虑循环进度和钻孔设备,根据掏槽孔深为 1.2 m,确定辅助孔深为 1.0 m。辅助孔单孔装药量的计算公式为

$$q=k_a awl\lambda \tag{3-20}$$

式中,q 为辅助孔的单孔装药量,kg;k_a 为炸药单耗,kg/m^3;a 为辅助孔的间距,m;w 为炮孔爆破方向的抵抗线,m;l 为炮孔深度,m;λ 为炮孔所在部位系数。对于炮孔深度为 1.0 m 的辅助孔,其炮孔部位系数 $\lambda=1$,炸药单耗根据现场岩性及试爆情况确定,则单孔装药量 q 为 0.3 kg。

3. 周边孔

周边孔的爆破效果直接影响隧道轮廓面的成形质量及围岩的稳定性。考虑到下穿金阳步行街区间隧道的拱顶部位的围岩较软,光爆层厚度确定为 550 mm。周边孔的炮孔密集系数 $K(K=E/W)$ 取 0.75 较为合适,因此确定周边孔的孔间距为 400 mm。根据掏槽孔和辅助孔的深度,确定周边孔深取 1.0 m,单孔装药量为 0.2 kg。上台阶的炮孔布置如图 3.32 所示,具体的爆破参数见表 3.6。

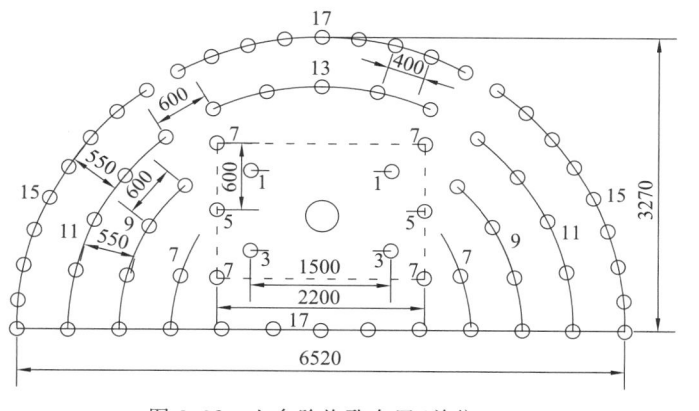

图 3.32　上台阶炮孔布置(单位:mm)

表 3.6　上台阶爆破参数

炮孔名称	炮数/ 个	炮孔深度/ mm	段号	孔径/ mm	单孔装药量/ kg	总药量/ kg
掏槽孔	2	1200	1	42	0.4	0.8
	2	1200	3	42	0.4	0.8
	2	1200	5	42	0.4	0.8
	4	1200	7	42	0.5	2.0
辅助孔	27	1 000	7,9,11,13	42	0.3	6.3
周边孔	32	1 000	15,17	42	0.2	7.6
总计	69	—	—	—	—	18.3

4. 装药结构及起爆网路

装药结构周边孔、辅助孔、底板孔分别采用间隔装药、连续装药和不耦合装药等装药结构。炮孔堵塞的作用是使炸药在受约束条件下作充分做功,提高能量利用率。因此,堵塞材料采用炮泥组分(砂:土:水=3:1:1),堵塞密实避免存在空隙和间断。具体的装药结构见图3.33。

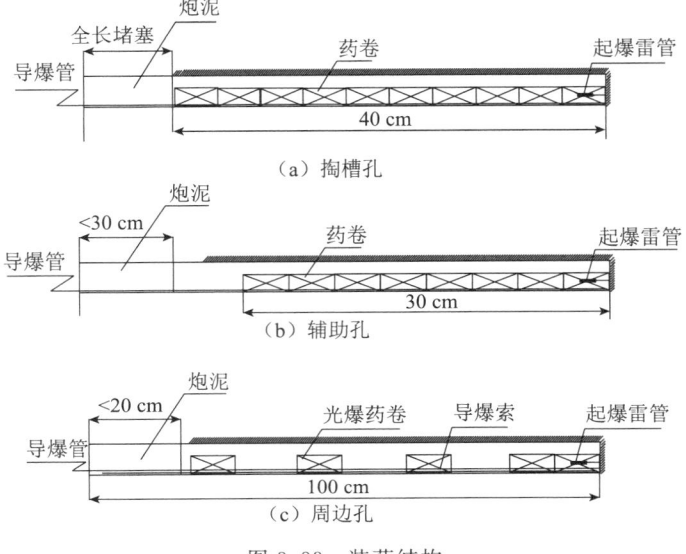

图3.33　装药结构

城市隧道爆破中主要通过毫秒微差雷管的使用,来限制单段最大起爆药量,从而降低振速峰值。微差爆破效果主要取决于先爆孔能否为后爆孔创造理想的自由面,因此,在掏槽形式和孔网参数确定的情况下,段间延期时间和起爆顺序成为振动控制的关键因素。

上台阶爆破共使用19段普通毫秒延期电雷管,由于雷管段别相对较为丰富,采用各排炮孔雷管跳段起爆。各孔起爆顺序为掏槽孔先起爆,辅助孔随后起爆,最后起爆周边孔和底孔。起爆网路如图3.34所示。

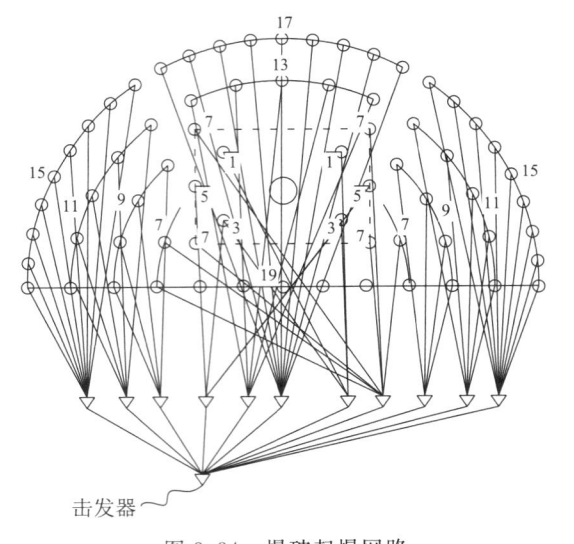

图3.34　爆破起爆网路

隧道施工期间,如遇隧道断面变化,将根据实际情况改变掏槽孔位置及掏槽方式,增加相应的辅助孔和周边孔数量,并严格控制单次爆破药量。同时,在施工过程中还需不间断监测所穿越建筑物的地表沉降,将最大下沉量控制在 15 mm 以内,最大不均匀沉降量控制在 5 mm 以内,最大水平变形量控制在 5 mm 以内。

下穿建筑物段在优化爆破方案的同时,要加强隧道支护。根据目前边界条件拟采取以下措施通过:①拱部 $\phi42$ 注浆小导管,$L=3.5$ m,环向间距 0.4 m,纵向间距为 2 m,外插角 $7°\sim12°$ 超前支护;②260 mm 厚 C25 早强混凝土初喷,拱部采用 $\phi25$ 中注浆锚杆,边墙采用 $\phi22$ 砂浆锚杆,间距 1.0 m×1.0 m 支护;③全环 400 mm 厚 C35 防水钢筋混凝土,抗渗等级 P12,C20 混凝土仰拱填充;④施工期间加强隧道内、地表建筑的监测,根据监测情况研究做相应加强处理。

3.3.3　隧道爆破振动监测与分析

采用台阶法施工可最大限度地降低爆破负面效应对地表建筑物的危害。为此,爆破时须对地表保护建筑物进行爆破振动监测。根据监测结果调整爆破参数,以达到合理的掘进进度和安全标准。为了验证减振方案的可行性,对常规掏槽和中心大空孔复式掏槽下的振动强度进行了监测,测试选用成都中科测控有限公司生产的 TC-4850 型测振仪布置在隧道掘进掌子面正上方建筑物地下室,测距为 13 m。为了保证测试数据的准确性和波形完整,设置采样频率为 2 kHz,采样时长为 2 s。得到不同掏槽形式下监测到的振动波形如图 3.35 所示。

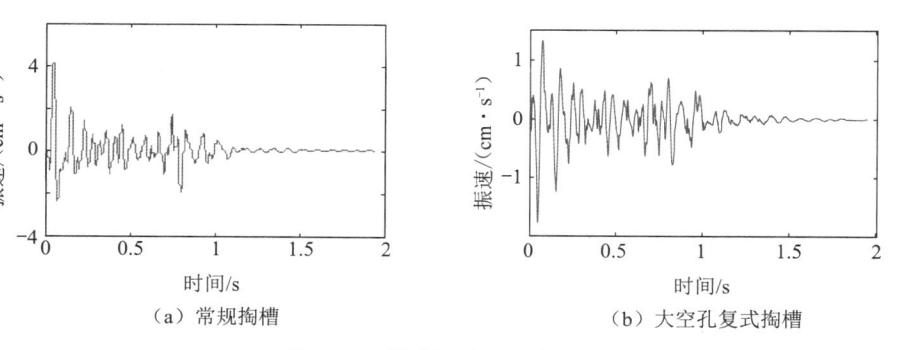

（a）常规掏槽　　　　　　　　　（b）大空孔复式掏槽

图 3.35　爆破振动监测波形

从图上振动波形的对比可以看出:隧道爆破的峰值振速由掏槽孔部分起爆引起,常规掏槽产生的振速峰值为 4.09 cm/s,远大于《爆破安全规程》(GB 6722—2014)中对大型砌块建筑物安全允许振速 $2\sim2.5$ cm/s 的规定。采用大空孔复式掏槽形式,产生的振速峰值为 1.764 cm/s。统计连续 30 次掘进循环的平均振速为 1.536 cm/s,振速最大值均控制在 2 cm/s 以内,振速峰值大幅度降低。对信号求取能量分布如图 3.36 所示。

图 3.36 中能量在时频面上的分布也表明中心大空孔复式掏槽较常规爆破能量峰值更低,能量在低频段内的分布更为均匀,保证了金阳步行街建筑物的安全。

通过研究得出以下重要结论:

① 隧道爆破振动峰值通常由掏槽孔部分起爆所引起。因此,掏槽孔形式的设计和优化是隧道减振控制的关键,采用大空孔结合复式掏槽形式,可有效降低爆破振动强度。

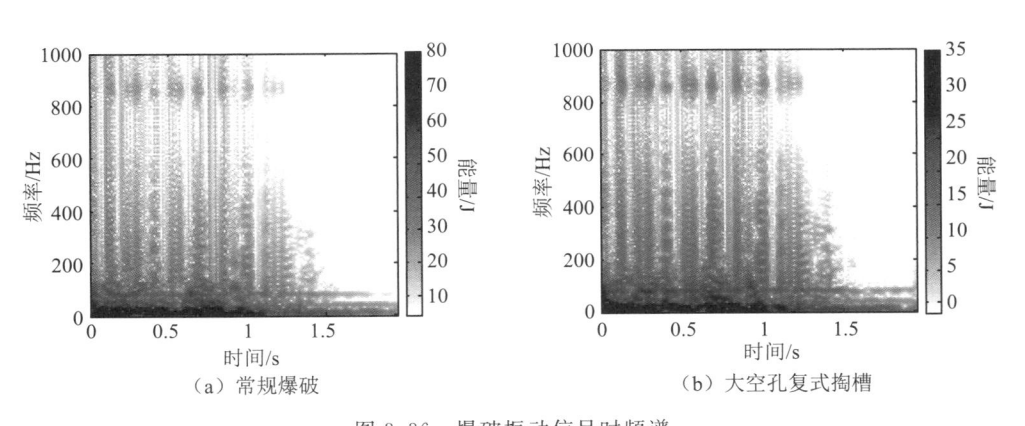

图 3.36　爆破振动信号时频谱

② 对于大断面隧道,台阶法爆破采用分区爆破并采用跳段起爆顺序,可避免由于单段别雷管起爆药量过大而产生的强振动,从而达到减振效果。

③ 在爆破参数优化的基础上,要采取科学合理的支护措施。施工全过程要加强进行地表振动、变形和沉降监测,避免爆破累积效应对邻近结构体的影响,从而保证施工段内地表建筑物的安全。

3.4　隧道爆破信号主分量特征提取与毫秒延期识别研究

隧道爆破过程中由于外界环境及仪器测点布置的影响,监测到的爆破信号中常常会包含一定的杂波成分。杂波的存在会对爆破信号特征的提取存在很大的干扰,因此,如何准确确定信号中包含的主要信息特征是科研人员关心的首要问题。相关科研院所和工程技术人员针对同类非线性信号也开展了相关的研究:如江伟华等对通信信号进行主分量分析,提出了基于神经网络的信号调制方法并验证了该方法的可靠性;李赫等采用 Delphi 语言编制程序,并对坦克柴油机的排气噪声信号进行分析,并对数据矩阵构造、有效特征值提取提出了相应的指导性建议;凌同华等通过构造新的正交小波基方法,对去噪后爆破信号进行了毫秒延期识别分析,分析结果对比验证了该方法的有效性。由于隧道爆破地质条件和装药参数的差异性,对隧道复杂信号分析结果往往并不理想,以往相关性的确定并未考虑信号能量在时频域的相似性,仅通过波形外在的相似度进行判别存在很大的盲目性。本节利用 HHT 中的 EMD 分解与交叉小波变换组合方法,对隧道爆破信号进行了实例分析,根据信号能量在时频域分布特征获得信号的主分量,并对包含主分量的重组信号分析提取得到了实际的段间毫秒延期时间,为该地质条件下隧道爆破网路及装药参数的选取提供了依据。

爆破信号中包含着反映爆破振动特征的重要信息,目前常采用爆破振动速度作为衡量爆破效应影响的重要指标。通过三向振速时程曲线峰值对比发现沿着掘进隧道中轴线方向(水平径向)的振速最大,且主要由掏槽孔引起。其原因在于掏槽孔的自由面较为单一,岩石的夹制作用较大,同时起爆瞬间岩石的质点运动速度与隧道中轴线平行,导致与其平行的水平径向振速较大。图 3.37 为各向传感器采集并记录到的有效速度时程曲线。其中水平径向主振频率为 50.05 Hz,正向振速峰值为 3.36 cm/s,负向振速峰值为 2.77 cm/s,峰-峰值为

6.13;垂向主振频率为 98.42 Hz,正向振速峰值为 2.76 cm/s,负向振速峰值为 2.73 cm/s,峰-峰值为 5.49;水平切向主振频率为 92.36 Hz,正向振速峰值为 2.44 cm/s,负向振速峰值为 2.39 cm/s,峰-峰值为 4.83。

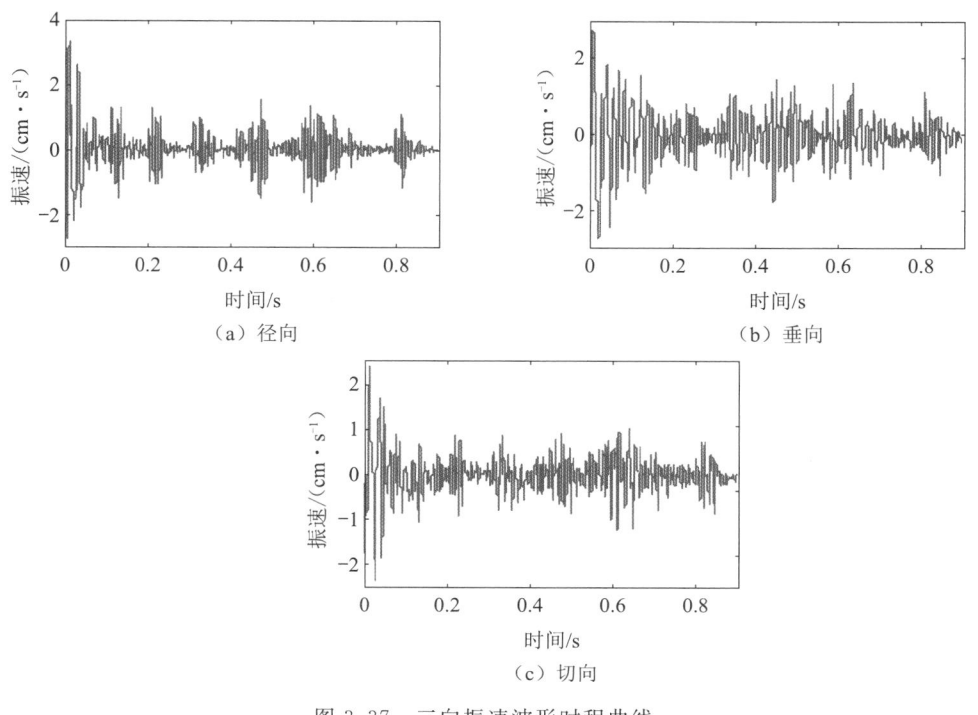

图 3.37　三向振速波形时程曲线

从监测到的隧道三方向的振速波形曲线可以看出:三向振速峰值的产生均由掏槽孔部分起爆产生,其中,水平径向正、负向振速峰值均大于其他两个方向,峰-峰值也呈现相同的规律,且其振动主频较低,反映了单自由面爆破能量释放的不均衡性。在水平切向和竖直垂向方向,振动主频有所提高,且正、负向峰值趋于接近,峰-峰值均较水平径向有所降低,体现了这两向爆破振动强度有一定的降低。同时,水平径向波形曲线中各雷管起爆产生的波形区分度明显,波形的聚集程度高,因此,选择该方向的波形曲线作为主分量判别的首选分析对象。

3.4.1　算法简介

1. EMD 分解

EMD 是 HHT 变换的核心,EMD 分解不需要任何先验知识,可直接将信号分解为若干个固有本征模态函数(instrinsic mode function,IMF)的形式,从而可确定并找出特定频率的函数分量。假定爆破振动非线性信号 $x(t)$ 是由多个固有本征模态函数组成,其经过 EMD 分解后得到若干个频率由高到低排列的本征模态函数。

IMF 需满足以下两个条件:① 数据序列的零点数 a 和极值点数 b 需满足 $|a-b| \leqslant 1$; ② 数据序列的上、下包络线关于时间轴对称,及均值为 0。其分解过程如下:

找出爆破信号 $x(t)$ 所有的极大值点,采用三次样条函数拟合得到信号的上包络线,同样,将信号所有的极小值点拟合得到信号的下包络线。计算极大值的上包络线和极小值的下包络线的均值记为 $m_1(t)$。则得到原始信号的第一个理论 IMF 分量为

$$h_1(t) = x(t) - m_1(t) \tag{3-21}$$

将上式得到的 $h_1(t)$ 作为新的原始信号 $x'(t)$ 重复上述过程进行 k 次分解得到符合条件的 $h_{1k}(t)$,此时得到的 $h_{1k}(t)$ 为第一个 *IMF* 分量,即

$$h_{1k} = h_{1(k-1)}(t) - m_{1k}(t) \tag{3-22}$$

将第一个 *IMF* 分量记为 $c_1(t)$,从原信号 x(t) 中将 $c_1(t)$ 去除,得到剩余分量 $r_1(t)$ 为

$$r_1(t) = x(t) - c_1(t) \tag{3-23}$$

重新将剩余分量作为原始信号,重复上述过程得到信号的其他分量。最终,原始信号 x(t) 被分解为若干频率由高到低排列的 *IMF* 分量和一个余项 $r_n(t)$ 的和,即

$$x(t) = \sum_{i=1}^{n} c_i(t) + r_n(t) \tag{3-24}$$

信号 x(t) 的 *EMD* 分解过程是自适应的,分解得到的各分量是满足完备性和正交性的。

2. 交叉小波变换

对于爆破信号这类能量有限的时间序列 x(t),若 $x(t) \in L^2(\mathbf{R})$,则其小波变换为

$$W_x(\alpha, \tau) = \frac{1}{\sqrt{\alpha}} \int_{-\infty}^{+\infty} x(t) \psi^* \left(\frac{t - \tau}{\alpha} \right) dt, \alpha > 0 \tag{3-25}$$

式中,α 为尺度因子;τ 为时移因子;* 表示共轭复数。

若存在两个能量有限信号 $x(t)$ 和 $y(t)$,则其交叉小波变换为

$$C_{x,y} = W_x(\alpha, \tau) W_y^*(\alpha, \tau) \tag{3-26}$$

实际应用过程中,往往采用交叉小波尺度谱对非线性信号进行分析,其定义为

$$S_{x,y}(\alpha, \tau) = C_{x,y}(\alpha, \tau) C_{x,y}^*(\alpha, \tau) = |C_{x,y}(\alpha, \tau)|^2 \tag{3-27}$$

小波变换在时域和频域上对爆破信号进行表述,从而突出了信号的局部细节特征。在此基础上可利用交叉小波变换获得任意两个信号的相关性在时频域中的分布状况,其变换系数体现了两个能量有限信号在时频空间中的相关度强弱,表示了两个信号的相关性大小。确定经 EMD 分解得到子信号与原始信号相关性密切的频率区间,有效获取每个子信号独立于其他信号的频谱继承特性。

在对两个信号进行交叉小波分析时,通常选用 Morlet 小波作为小波基函数,该小波基是 Gauss(高斯)小波包络下的单频复正弦函数,是最常用的复值小波。它具有 Gauss 窗函数的外形并且在时频域均具有较好的细节展现能力。Morlet 小波的表达式为

$$\psi(t) = \pi^{-1/4} (e^{-j\omega_0 t} - e^{-\omega_0^2/2}) e^{-t^2/2} \tag{3-28}$$

Morlet 小波的傅里叶变换形式为

$$\hat{\psi} = \pi^{-1/4} (e^{-(\omega - \omega_0)^2/2} - e^{-\omega_0^2/2} e^{-\omega^2/2}) \tag{3-29}$$

3.4.2 爆破信号主分量判别与毫秒延期识别

将图 3.38 中的水平径向原始信号序列进行 EMD 分解,得到 IMF1~IMF11 共 11 个分量,其中最后一个分量为周期趋于无穷的信号趋势项 r。图 3.38(a) 是分解得到的 IMF1~

IMF6 前 6 个分量,图 3.38(b)为 IMF7～IMF10 分量及趋势项 r。EMD 分解得到的各分量信号是按照频率由高到低分解的,分解过程是自适应的,同时从中可人工判别出信号的主要信息包含 IMF2～IMF5 分量范围。

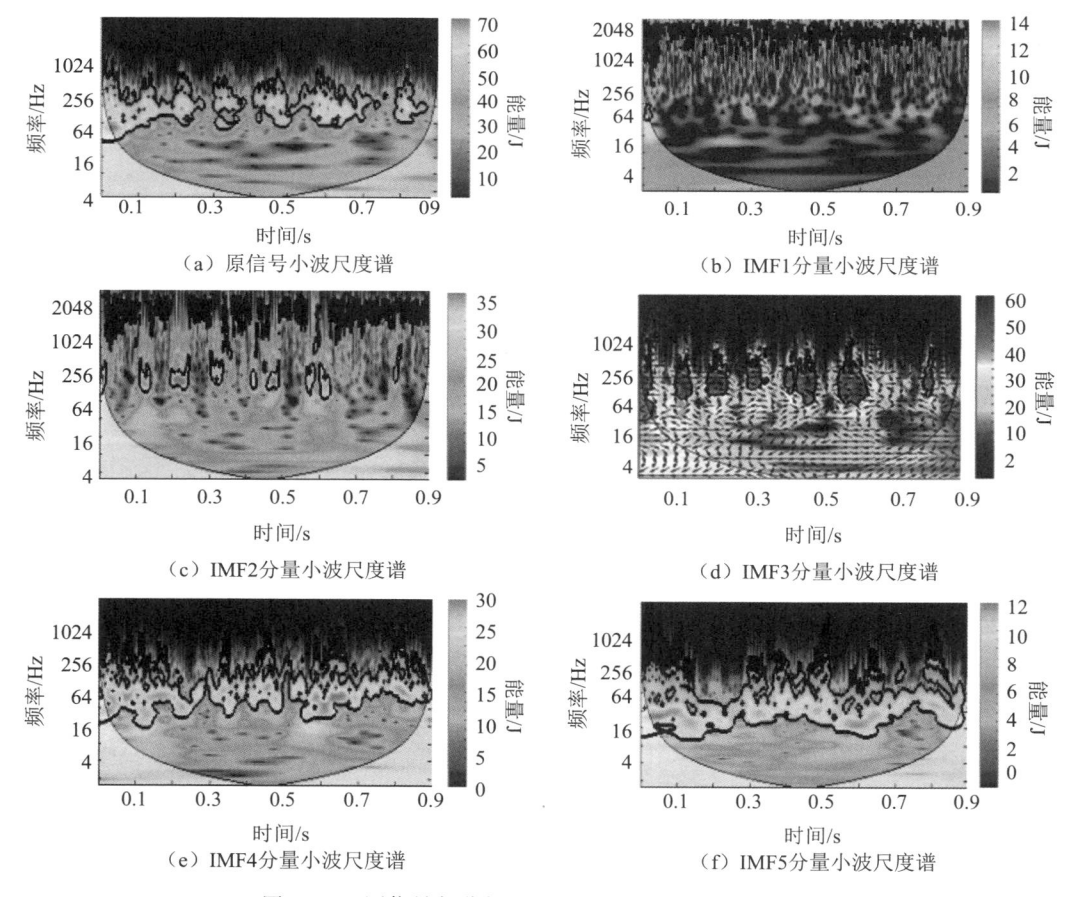

（a）爆破信号IMF分量（1～6）　　　　　（b）爆破信号IMF分量（7～10及r）

图 3.38　信号分解各分量波形

从分解得到的各分量波形曲线的形态可知:隧道爆破振动具有多峰值多振型的特点,并且频谱极为丰富。由于篇幅所限,这里仅给出前 5 个分量,即 IMF1～IMF5 的小波尺度谱,如图 3.39(a)～(f)所示。

（a）原信号小波尺度谱　　　　　（b）IMF1分量小波尺度谱

（c）IMF2分量小波尺度谱　　　　　（d）IMF3分量小波尺度谱

（e）IMF4分量小波尺度谱　　　　　（f）IMF5分量小波尺度谱

图 3.39　原信号与分解后的前 5 阶信号的小波尺度谱

从图中可以看出:除了第一个 IMF 子信号分量的小波尺度谱能量集中在 2000 Hz 左右的高频范围,其余子信号的能量主要集中在 1000 Hz 以下。从图 3.37 中径向振动信号原始波形可知:该隧道爆破振速最大峰值取决于 MS1 段雷管起爆,各分量能量色块颜色最深也位于 MS1 段。因此,选择 IMF2~IMF5 分量置信区间内 MS1 段雷管起爆色块最深处(能量最集中)所对应的频率作为优势频率,得到其能量集中的优势频率分别为 210.15 Hz、186.32 Hz、62.41 Hz 和 30.25 Hz。由此可知随着分解过程的进行,频率有往低频转移的趋势,这与 EMD 分解得到的频率由高到低的结果一致,其中 IMF3 分量的小波尺度谱各段别雷管起爆产生的波形清晰可辨,图 3.39(d)中的箭头体现了 IMF3 子信号在局部的相关性特征,尺度谱中的箭头在各段别起爆的局部尺度上出现了较为密集的分布且均为显著正相关(箭头向右),验证了交叉小波优良的局部细节特征分析和抗干扰能力。为了客观评价各固有模态分量与原始信号的相关度,提取小波相关性系数绘制得到图所示的相关度曲线,如图 3.40(a)所示。图中 IMF3 分量与原信号的相关性为 0.63,说明其包含了原始信号中的大部分有效信息,同时又不受杂波干扰,可确定为信号的主分量。其余分量以 IMF3 为突变点,呈现降低的趋势。其中,IMF1、IMF10 和 IMF11(信号趋势项)这 3 个分量,其与原始信号的相关度接近为 0,在信号分析时要首先剔除。

将相关度较高的几个分量进行信号重构,再从原始信号中进行分离,便得到信号中包含的噪声成分,如图 3.40(b)所示。分离得到的噪声幅值及形态说明爆破信号普遍存在干扰成分,单值较小,噪声中的相对低频主要集中在掏槽段起爆波形,高频部分主要集中在辅助孔和周边孔中雷管段别较高的炮孔区域产生的波形,这是因为辅助孔和掏槽孔段别通常较掏槽孔所用雷管段别高,雷管的延期范围广,由此导致产生的振动波的频域更宽,从而产生的杂波分量较多。

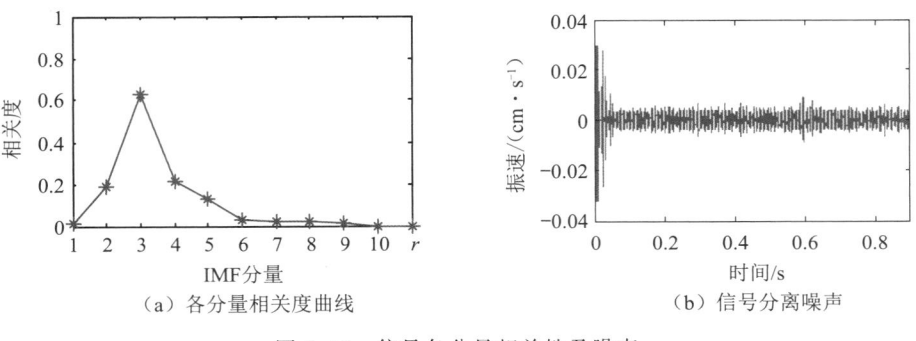

| (a)各分量相关度曲线 | (b)信号分离噪声 |

图 3.40　信号各分量相关性及噪声

工程实践中,隧道雷管往往跳段使用,可用的雷管段数有限。各段别雷管的精确起爆对爆破振速的叠加会产生严重的影响,因此,有必要了解隧道爆破各段别雷管的实际毫秒延期起爆时间。根据前述交叉小波分析的结果,确定 IMF3 分量为原始信号的主分量,从图 3.40(a)中也可看出 IMF2~IMF5 分量与原始信号的波形特征较为接近,能量分布相关度也较高。对相关度较高的 IMF2~IMF5 分量重组,得到滤波后的重组信号如图 3.41 所示。对图 3.41 中重组信号进行 Hilbert 变换并取模值,得到其 Hilbert 变换模值如图 3.42 所示。

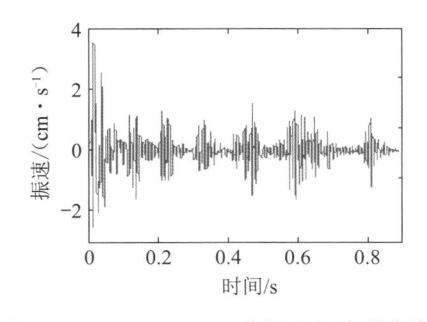

图 3.41　IMF2～IMF5 分量重组波形曲线

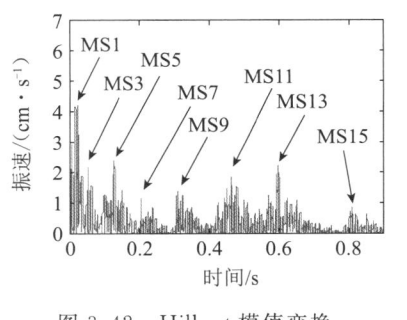

图 3.42　Hilbert 模值变换

图 3.42 中清晰展现了 8 个模极值点，极值点所对应的时间坐标点即为雷管的实际起爆时刻。通过 MATLAB 软件的数据游标功能可提取得到各段别雷管起爆的时刻，分别为 21.4 ms、51.6 ms、126.8 ms、204.8 ms、310.4 ms、461 ms、599.4 ms、807.4 ms。说明该隧道爆破信号是由 8 段雷管起爆波形叠加组合而成。由于雷管生产过程的影响，实践中各段别雷管均存在一定的误差范围。微差雷管的延期时间差定义为前、后两段雷管起爆的时间间隔。若将第一个模极大值点对应的时刻定为最低段雷管的起爆时刻（MS1），便得到段间的实际延期时间，分别为 0 ms、30.2 ms、75.2 ms、78 ms、105.6 ms、150.6 ms、138.4 ms、208 ms。隧道实际施工中掏槽段采用 MS1、MS3 段，辅助孔为 MS5、MS7、MS9、MS11 和 MS13 段，周边孔采用 MS15 段，厂家提供的各段别雷管理论间隔见表 3.7。

表 3.7　各段别雷管误差及延期时间对比

段别	误差范围/ms	理论延期间隔/ms	实际延期间隔/ms
MS1～MS3	±10	0～50	30.2
MS3～MS5	±15	35～85	75.2
MS5～MS7	±20	65～125	78.0
MS7～MS9	±30	60～160	105.6
MS9～MS11	±40	80～220	150.6
MS11～MS13	±50	100～280	138.4
MS13～MS15	±60	120～340	208.0

从表中可知：雷管段别越高，延期时间越长，且误差范围越大。识别结果表明：隧道所用雷管各段间延期时间均在设计范围内。对各段雷管毫秒延时的精确识别，便于爆破工程人员更好地把握该系列雷管的实际毫秒延时时间，以达到最佳的减振降损效果。值得注意的是，爆破设计网路中位于周边孔部分最大段起爆药量为 15.6 kg，而监测到的波形图中周边孔的振幅与药量并非简单的正比关系，一方面在于周边孔起爆存在两个临空面，另一方面在于周边孔采用的 MS15 段雷管的误差范围大，起爆时刻的精确度差，一定程度上也形成了干扰降振效应。在对爆破信号主分量进行有效识别的基础上，对相关分量重组并进行 Hilbert 变换取模值，可精确识别爆破实际毫秒延时，从而达到优化爆破网路和指导施工的目的。

通过对隧道爆破过程中产生的振动信号进行有效分析，得到了以下结论：

① 交叉小波尺度谱能很清晰地展现信号分量与原始信号的相关性程度。与原信号相关性程度最高的分量会在各段别雷管起爆时刻呈现独立的聚集现象，聚集程度通过箭头的

指向和密集度来表示,体现了该分量很好地继承了原始信号的频谱特征。信号分解得到的 IMF3 分量与原始信号为显著的正相关,可确定为信号的主分量。

② 通过对包含主分量的相关分量进行重组并进行 Hilbert 变换取模值,通过模极值点所处的时间轴进行差值计算,可得到实际的各段别雷管段间延期时间。识别结果说明该批次各段别雷管毫秒延期时间均在设计时间范围内,对雷管段别的毫秒延期精确识别有助于爆破工程技术人员准确把握雷管实际延时时间,从而优化爆破网路避免造成振速叠加而引起安全事故。

③ 本节对新建悬泉寺隧道爆破信号进行了特征分析,由于隧道爆破网路和装药参数的差异,对于雷管非跳段使用的复杂爆破网路条件下监测到信号的毫秒延时识别,还有待于进一步研究和探讨。

3.5 隧道爆破信号能量特征提取分析

随着我国山区铁路建设速度的加快,越来越多的新建隧道被开挖。传统的钻爆法施工过程中,爆破次生灾害如爆破振动、飞石等问题不可忽视,尤其以爆破振动效应最为突出。因此,开展持续有效的振动监测对于隧道安全高效施工起着举足轻重的作用。

隧道爆破振动信号包含着反映爆破施工参数等重要信息,对振动信号进行科学分析对于有效控制爆破振动效应、优化爆破网孔特征参数具有很好的工程应用价值。与隧道爆破振动有关的参数如振动幅值、主频和能量分布等都可以通过相关的分析方法获取,从而准确把握爆破孔网参数设计与采集波形之间的关联性。近几年,隧道爆破信号特征提取得到广泛的关注,如赵铁军等以新建铁路隧道为例,重点对隧道周边孔爆破产生的振动进行了分析,得到了振动信号的主频与能量分布特征。汪平等采用 HHT 方法以京张高铁工程为背景,分析了小间距隧道爆破掘进在紧邻既有隧道迎爆侧洞壁处的振动信号特征,确定了该隧道爆破振动主频和能量峰值时刻。魏新江等以实际隧道掘进工程为例,通过对隧道爆破信号进行分析,得到了该隧道不同爆心距处的能量衰减规律,研究了振速、主频和能量间的关系。基于上述成果,本节对山西古交新建悬泉寺隧道钻爆法施工产生的振动进行了监测,并采用可调品质因子小波变换(tunable Q-factor wavelet transform,TQWT)对爆破振动信号特征进行了分析,获取了信号在高、低品质小波下的能量分布特征。通过信号优化重组,得到了反映爆破参数的最佳特征信号,进一步分析得到了隧道所采用的雷管微差延时时差及各段别雷管起爆能量在时频谱上的分布形态及主频特征,对该地形下隧道的高效安全掘进具有一定的指导意义。

这里,仍以前述新悬泉寺隧道钻爆法施工为例进行分析,该隧道掘进采用复式楔形掏槽,为了尽可能降低爆破产生的振动,选用多段别雷管跳段使用,其具体爆破参数见表 3.8。

表 3.8 隧道爆破参数

炮孔名称	孔数/个	孔深/m	孔距/m	装药量		起爆顺序
				单孔药量/kg	总装药量/kg	
掏槽孔①	2	2.3	2.20	0.8	1.6	1
掏槽孔②	16	2.3	0.55	0.8	12.8	3

续表

炮孔名称	孔数/个	孔深/m	孔距/m	装药量		起爆顺序
				单孔药量/kg	总装药量/kg	
辅助孔①	8	2.1	1.10	0.6	4.8	5
辅助孔②	4	2.1	2.20	0.6	2.4	7
辅助孔③	9	2.1	1.10	0.6	5.4	9
辅助孔④	4	2.1	1.00	0.6	2.4	11
辅助孔⑤	5	2.1	0.90	0.6	3.0	13
周边孔①	31	2.1	0.60 1.10	0.4	12.4	15
底孔①	5	2.1	1.00	0.6	3.0	11
底孔②	6	2.1	0.90	0.6	3.6	13
底孔③	8	2.1	0.85	0.6	4.8	15
合计	98	—	—	—	56.2	

注:隧道设计进尺 2.1 m、断面积 49.3 m²、爆破方量 103.5 m³、单耗 0.54 kg/m³。

目前,爆破振速和主频仍是体现爆破振动效应的较为权威的评价标准,《爆破安全规程》(GB 6722—2014)规定:主频 $f \leqslant 15$ Hz,允许振速为 10～12 cm/s;10 Hz$\leqslant f \leqslant$50 Hz,允许振速为 12～15 cm/s;$f \geqslant 50$ Hz,允许振速为 15～20 cm/s。由于本隧道位于汾河二库国家水利风景区内,存在大型水利枢纽工程且游客较多,隧道距离文物保护区悬泉寺较近,综合考虑,业主方拟定新建隧道掘进安全振速允许值不超过 5 cm/s。通过监测发现该方案下的爆破振速偏于安全,同时沿着隧道掘进轴线方向(水平径向)的振速最大并且信号的辨识度最高。因此,选择水平径向的振速波形作为分析对象,该方向振动主频为 53.25 Hz,振速波峰值为 3.42 cm/s,波谷值为 2.68 cm/s,峰-峰值差为 6.1 cm/s,波形曲线如图 3.43 所示。

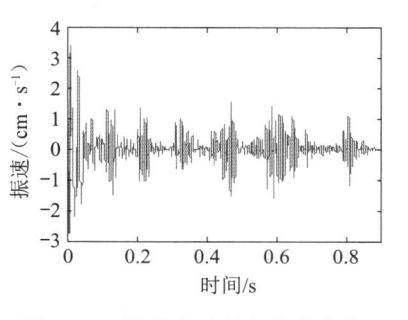

图 3.43　隧道水平径向波形曲线

从图 3.43 中隧道水平径向波形曲线可知:峰值振速均由隧道掏槽部分起爆引起,这是掏槽段起爆自由面单一,并未形成类似辅助孔、周边孔等附加的自由面,致使岩体夹制作用大引起的,体现了单自由面爆破炸药能量释放的不均衡性。爆破信号中包含着反映隧道爆破特征参数的信息,爆破信号分析对爆破孔网参数的优化具有极其重要的意义。通过可调品质因子小波变换精确优良的信号能量辨识能力,可准确提取隧道爆破信号的能量分布和波形特征。

3.5.1 TQWT 算法原理

有限长度的信号时间序列 x 的可调品质因子小波变换表述如下：

① 对信号 x 进行离散傅里叶变换，获得变换矩阵 $\boldsymbol{X}$。

② 采用滤波器组对信号矩阵 $\boldsymbol{X}$ 进行分解，分别得到高通小波子带 W 和低通小波子带 C，分别对应于信号包含的低频概貌和高频细节。$H_0(\omega)$ 与 $H_1(\omega)$ 分别为低通滤波器和高通滤波器的传递函数：

$$H_0(\omega)=\begin{cases} 1 & |\omega|<(1-\beta)\pi \\ \theta\left[\dfrac{\omega+(\beta-1)\pi}{\alpha+\beta-1}\right] & (1-\beta)\pi\leqslant|\omega|<\alpha\pi \\ 0 & \alpha\pi\leqslant|\omega|\leqslant\pi \end{cases} \tag{3-30}$$

$$H_1(\omega)=\begin{cases} 0 & |\omega|<(1-\beta)\pi \\ \theta\left(\dfrac{\alpha\pi-\omega}{\alpha+\beta-1}\right) & (1-\beta)\pi\leqslant|\omega|<\alpha\pi \\ 1 & \alpha\pi\leqslant|\omega|\leqslant\pi \end{cases} \tag{3-31}$$

式中，α、β 分别为低通和高通滤波器的尺度变换参数，$\theta(\omega)$ 具有二阶消失矩的频响函数。其表达式为

$$\theta(\omega)=0.5[1+\cos(\omega)]\sqrt{2-\cos(\omega)}\ |\omega|\leqslant\pi \tag{3-32}$$

TQWT 变换的三个重要参数为品质因子 Q、过采样率（冗余因子）r 和分解层数 J。这三个参数的选取对信号稀疏表示效果意义重大。

品质因子 Q 体现了非线性信号的振荡特性，定义为信号的中心频率与带宽的比值。它与高通滤波器的尺度变换因子 β 的关系为

$$Q=f_0/B=(2-\beta)/\beta \tag{3-33}$$

式中，f_0 为信号中心频率；B 为信号带宽。Q 值越大，信号的振荡特性越强烈；反之，信号的振荡特性越低。

过采样率 r 控制着小波的冗余度，当 $r\approx1$ 时，滤波器的过渡带变窄，时域响应受到很大限制，通常选取 r 值为 3。其与滤波器尺度参数 α 和 β 的关系为

$$r=\beta/(1+\alpha) \tag{3-34}$$

分解层数 J 表示双通道滤波器组的数目，J 级分解会得到 J 个高通子带，1 个低通子带。受滤波器带宽的限制，最大分解层数为

$$J_{\max}=\left\lceil\frac{\lg(\beta N/8)}{\lg(1/\alpha)}\right\rceil \tag{3-35}$$

式中，$\lceil\ \rceil$ 表示向下取整运算。

3.5.2 隧道爆破信号分析结果

相对于传统的小波分析方法，可调品质因子小波变换可不依赖小波基函数而根据波形特征变化需要设定其品质因子大小。图 3.44 中爆破信号的采样频率为 10 kHz，则其奈奎斯特频率为 5000 Hz，设定高品质因子 $Q=4$，冗余因子 $r=3$，信号数据长度为 8976，根据前式计算确定分解层数 $J=33$，这样便得到 $J+1=34$ 个子带。前 17 个子带和 33、34 子带能量占比均较小，因此这里重点输出 $18\sim32$ 子带波形，其特征如图 3.44(c) 所示。

隧道爆破信号 TQWT 高品质因子分解归一化频响曲线见图 3.44(a)，分解得到的 34

个子带及能量占比分布见图 3.44(b),信号的频带能量占比分布见图 3.44(d)。采用低品质因子 $Q=1$,冗余因子 $r=3$,确定分解层数 $J=13$,最终得到 14 个子带,由于 1～3 及 14 子带能量占比均较小,其余子带波形特征如图 3.45(c)所示。信号 TQWT 低品质因子分解归一化频响曲线见图 3.45(a),分解得到的 14 个子带及能量占比分布见图 3.45(b),信号的频带能量占比分布见图 3.45(d)。

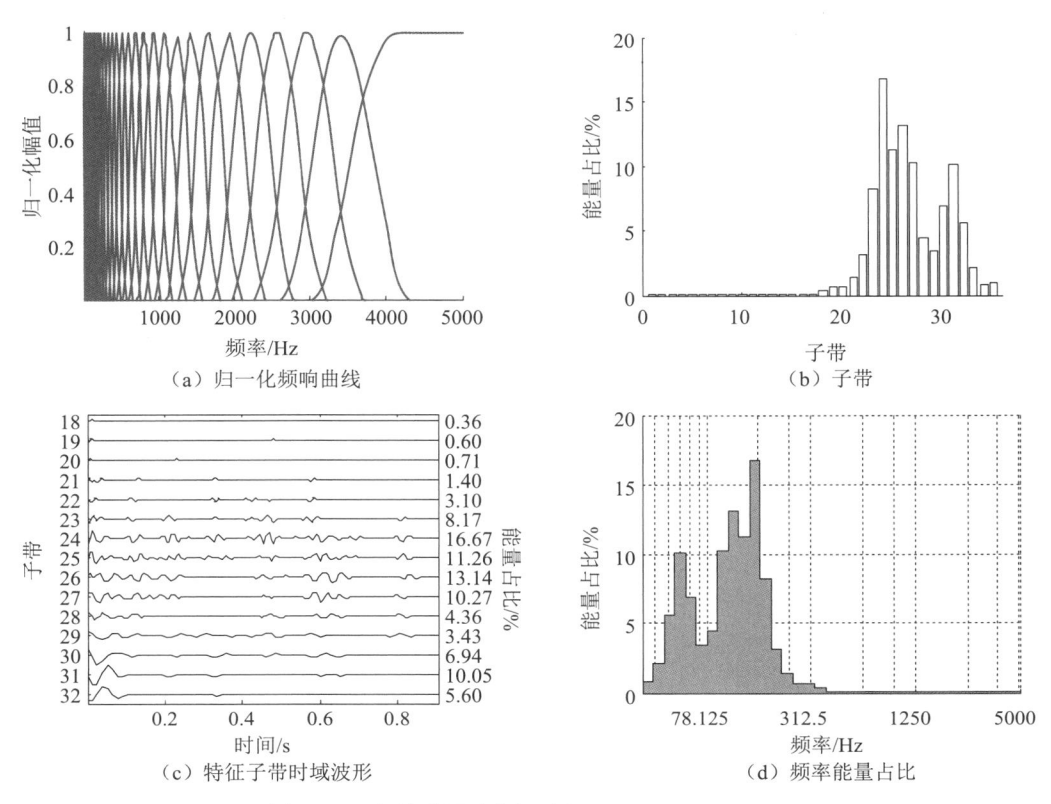

（a）归一化频响曲线　　　　（b）子带

（c）特征子带时域波形　　　（d）频率能量占比

图 3.44　高品质因子分解过程($Q=4,r=3,J=33$)

图 3.44(a)和图 3.45(a)中归一化频响曲线的形态表明频率响应为一组变带宽滤波器组,且相邻频带不正交。从高、低品质小波分解得到的子带波形可知:随着分解层数的增加,子带振动时间随之增加。图 3.44(d)和图 3.45(d)信号频带能量占比分布均呈正态分布,在置信区间内具有显著的统计学意义。低品质因子分解得到的频带能量比高品质因子分解得到的响应频带更广,频率响应范围更宽泛。

(a)归一化频响曲线　　　　(b)子带

图 3.45　低品质因子分解过程($Q=1,r=3,J=13$)

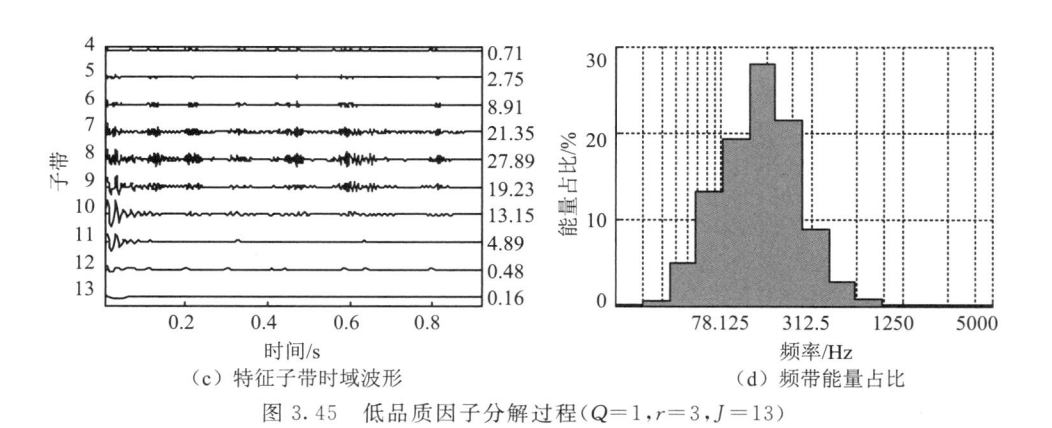

（c）特征子带时域波形　　　　　（d）频带能量占比

图 3.45　低品质因子分解过程（$Q=1,r=3,J=13$）

3.5.3　TQWT 优化分解过程实现

从前述分析可知,信号正则化分解过程中不可避免的是子带信号能量分配不均衡问题,通常会使得局部子带能量分配过多,而剩余子带能量不足的缺陷。为了优化能量分配过程,在分解过程中引入相对权重因子 $\theta(\theta\in[0,1])$,通过拉格朗日(Lagrange)收缩算法迭代运算,最终实现信号中高频分量和低频分量的有效分离。

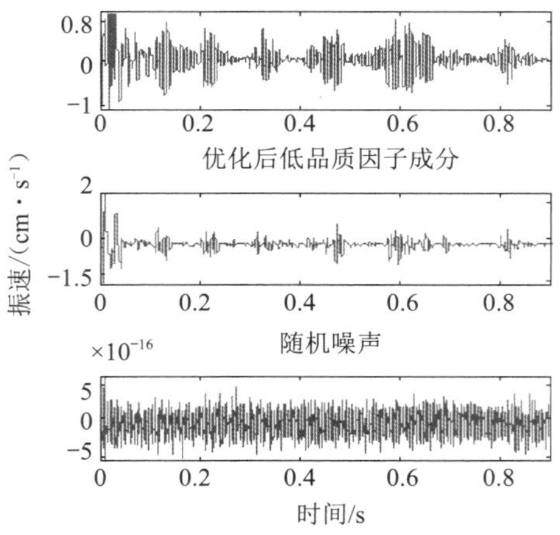

优化后高品质因子成分

优化后低品质因子成分

随机噪声

（a）优化分解结果

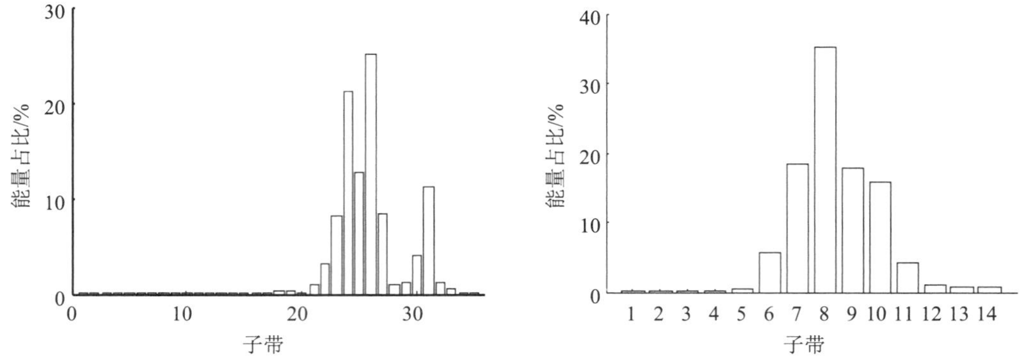

（b）优化高品质因子子带　　　　　（c）优化低品质因子子带

图 3.46　隧道信号优化分解及能量分布

通过有限次数的迭代计算,原始信号最终被分解为 3 个存在显著特征差异的子信号,如图 3.46(a)所示。其中,第 1 个分量为稀疏化的高品质因子成分,第 2 个分量为稀疏化的低品质因子成分,第 3 个分量为信号中包含的高频低幅随机噪声。优化后的高、低品质分量各自的子带能量占比如图 3.46(b)和 3.46(c)所示。

选取高、低品质因子优化分解得到的子带能量中符合正态分布特征的 21～28 子带及 5～12 子带进行信号重构,得到了最佳分析信号,如图 3.47(a)所示。对最佳信号进行 Hilbert 变换并取模值,得到了隧道爆破所使用雷管延期识别结果,如图 3.47(b)所示。

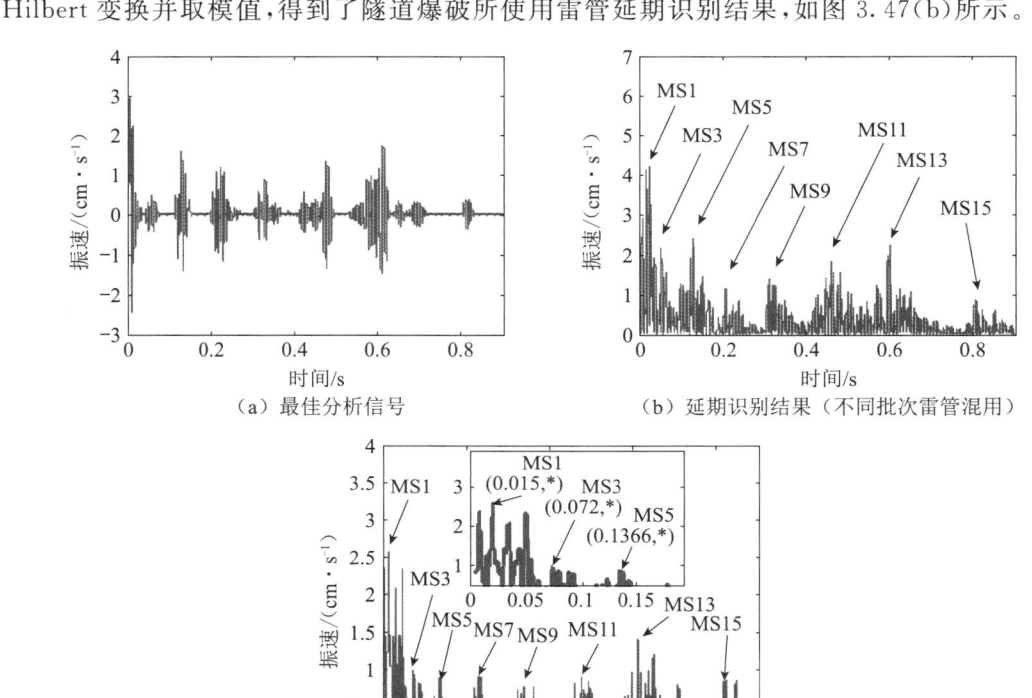

（a）最佳分析信号

（b）延期识别结果（不同批次雷管混用）

（c）延期识别结果（使用同批次雷管）

图 3.47　信号特征提取结果

图 3.47(b)中清晰展示了隧道爆破所用各段别雷管的实际起爆时刻,分别为 9.8 ms、32.6 ms、131.5 ms、209.8 ms、326.5 ms、471.8 ms、594.4 ms、814 ms,说明该隧道爆破信号是由 8 段雷管起爆波形叠加组合而成。由于雷管生产过程的影响,实践中各段别雷管均存在一定的误差范围,通过计算确定各段雷管延时时差分别为 0 ms、22.8 ms、98.9 ms、78.3 ms、116.7 ms、145.3 ms、122.6 ms、219.6 ms。

与表 3.9 和表 3.10 中厂家提供的雷管理论值进行比对发现,MS3～MS5 段实际起爆间隔超出了标准值,现场调查发现施工人员在装药过程中,使用的 MS5 段雷管与其他段别雷管属于不同批次,不同批次雷管混用导致实际 MS3～MS5 段间的延期误差过大,在使用过程中要引起足够的重视,避免不同批次雷管混用而导致的延时时差不精确,以防产生振速叠加现象和增加大块率。为了便于对比,这里采用同批次雷管爆破信号进行上述分析,得到延期识别如图 3.48 所示,提取 MS3～MS5 段之间的延时时差(为 64.6 ms),位于误差允许范围内,同时 MS5 段起爆波形振幅和模值也较低,体现了干扰降振效果。

表 3.9　厂方提供的雷管微差起爆延时时差数据 1

段别(MS)	设计间隔/ms	误差范围/ms
1	0	<13
3	50	±10
5	110	±15
7	200	±20
9	310	±30
11	460	±40
13	650	±50
15	880	±60

表 3.10　厂方提供的雷管微差起爆延时时差数据 2

段别(MS)	理论间隔/ms
1	0~13
1~3	27~60
3~5	35~85
5~7	55~125
7~9	60~160
9~11	80~220
11~13	100~280
13~15	120~340

图 3.48 中信号归一化短时傅里叶变换(normalized short-time Fourier transform,NSTFT)时频谱清晰展现了不同段别雷管起爆在时频空间上的能量分布形态,各段别雷管能量在时频平面上的聚集程度与各段雷管起爆时刻一一对应,除了掏槽段 MS1 段起爆波形能量中心频率为 21 Hz 外,其余段能量中心频率分别为 57 Hz、50 Hz、63 Hz、67 Hz、62 Hz、53 Hz 和 57 Hz,计算得到信号中心频率均值为 53 Hz 左右,与信号振动主频较为接近,体现了各段别雷管起爆波形中心频率对信号振动主频的贡献程度。

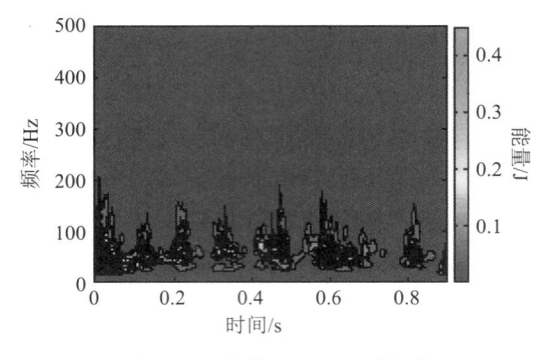

图 3.48　信号 NSTFT 时频谱

通过对隧道掘进过程中产生的振动进行分析,得到了以下结论:

① 隧道爆破振动信号具有多振型、多峰值的特点,振动强度最大值通常是掏槽段起爆引起的。其原因在于掏槽段起爆自由面较为单一,岩石的夹制作用强,起爆瞬间难以形成足够的补偿空间。

② TQWT 算法实现了隧道爆破信号非线性特征的精确提取,利用能量选择结合人工判别方式,可得到最佳特征信号,其 Hilbert 变换取模值的结果说明隧道此次爆破中不同批次雷管混用导致 MS3~MS5 段间延期时间超过了设计值,在实际施工中应避免不同批次雷管混用,防止安全事故的发生并减少大块率。

③ 隧道信号 TQWT 分解最佳特征信号的 NSTFT 分析可展现不同段别雷管起爆形成的波形在时频空间的分布形态,其中掏槽段起爆波形的中心频率最低,辅助孔和周边孔起爆波形的中心频率较高。隧道爆破信号的振动主频与各段别雷管起爆中心频率的均值较为接近,为振动主频的判别提供了科学依据。

3.6　地铁隧道爆破振动信号趋势项和噪声消除分析

工程振动测试过程中,受测试环境的影响及传感器标定频率的限定,导致测试信号波形往往会偏离基线中心,偏离在时间轴上随着振动波形变化而变化,这种偏离现象称为信号的趋势项。开展爆破振动监测,是目前城市隧道钻爆法施工振动危害控制和评价最直接有效的方法之一,趋势项的存在对信号特征的准确提取造成严重干扰,影响到爆破参数的调整和方案的优化,导致相关参数的反馈和调整不及时,甚至造成安全事故。因此,在信号分析前要对其进行预处理,将趋势项予以校正,避免产生严重后果。一方面,由于信号趋势项产生的机理较为复杂,目前仍未有行之有效的消除手段;另一方面,由于仪器本身的误差及施工现场机械等振动的影响,测试信号一定程度上会包含高频噪声,在信号微分、积分等变换分析过程中,噪声部分易影响计算精度。爆破信号中包含的趋势项和噪声会严重干扰信号特征的提取和振动衰减规律的分析研究,在信号预处理过程中必须予以消除。

近几年,对于爆破振动信号中趋势项消除方面的研究也取得丰硕的成果:如龙源等分别采用最小二乘法、小波法和经验模态分解三种方法对爆破信号中包含的趋势项进行了去除,并对三种方法的去除效果进行了对比分析,体现了经验模态分解算法自适应性特点在信号趋势项消除中的独特优势。张胜等采用以时域积分后的爆破振动速度信号构造自适应小波基的方法,对爆破振动加速度信号中的趋势项进行了成功去除,说明了该算法的有效性。在趋势项校正的同时,信号中含有的噪声成分不可忽视。韩亮等提出了固有模态分解和人工判别的方法,对露天深孔台阶爆破近区爆破信号中含有的趋势项进行了消除,并对信号中含有的噪声进行了小波阈值去除。但由于爆破类型的多样性、地质条件的复杂性,以及趋势项和噪声分量的随机性特征,至今仍未有普适性的消除方法。

本节中引入了一种基于局部均值分解(local mean decomposition,LMD)和基线估计及稀疏化去噪组合方法,能够有效校正爆破信号中含有的低频趋势项及高频噪声成分,还原其包含的真实信息,适用于批量信号的预处理过程。

3.6.1 基本算法

1. 局部均值分解

局部均值分解方法可自适应地将其分解为若干个调频和包络信号函数的乘积函数(product function,PF)。对于任意给定的复杂多分量的非平稳信号 $x(t)$,其局部均值分解步骤如下:

① 寻找信号所有局部极值点 n_i,确定相邻两个极值点 n_i 和 n_{i+1} 之间的局部均值、局部包络估计值 a_i。其分别为

$$m_i = \frac{n_i + n_{i+1}}{2} \tag{3-36}$$

$$a_i = \frac{|n_i + n_{i+1}|}{2} \tag{3-37}$$

② 依次连接所有局部均值 m_i 并采用滑动平均法进行平滑处理,从而获得局部均值函数 $m_{11}(t)$,同理,对局部包络值 $a_i(t)$ 进行同样的运算,得到局部包络函数 $a_{11}(t)$。从原信号 $x(t)$ 中除去局部均值函数 $m_{11}(t)$,得到剩余分量 $h_{11}(t)$,通过 $h_{11}(t)$ 除以局部包络函数 $a_{11}(t)$ 的商函数 $s_{11}(t)$ 实现信号解调:

$$h_{11}(t) = x(t) - m_{11}(t) \tag{3-38}$$

$$s_{11}(t) = \frac{h_{11}(t)}{a_{11}(t)} \tag{3-39}$$

③ 对商函数 $s_{11}(t)$ 是否为纯调频信号进行判断,即判定其包络函数 $a_{11}(t)$ 是否为恒定值 1,若不满足,则将上述运算得到的剩余分量信号 $h_{11}(t)$ 重复上述步骤,直至 $s_{1n}(t)$ 满足纯调频信号的要求。这里,定义变量 Δ,当 $a_{1n}(t) = 1$ 时,则存在以下关系:

$$1 - \Delta \leqslant a_{1n}(t) \leqslant 1 + \Delta \tag{3-40}$$

④ 上述迭代运算结束后,将迭代过程中所获取的全部包络估计函数相乘得到瞬时幅值函数 $a_1(t)$,将其与纯调频信号 $s_{1n}(t)$ 相乘便得到第一个 PF 分量为

$$a_1(t) = a_{11}(t) \cdot a_{12}(t) \cdots a_{1n}(t) = \prod_{q=1}^{n} a_{1q}(t) \tag{3-41}$$

$$\mathrm{PF}_1(t) = a_1(t) \cdot s_{1n}(t) \tag{3-42}$$

⑤ 由纯调频信号 $s_{1n}(t)$ 可求得瞬时频率 $f_1(t)$ 为

$$f_1(t) = \frac{1}{2\pi} \cdot \mathrm{d}\{\arccos[s_{1n}(t)]\}/\mathrm{d}t \tag{3-43}$$

用原信号 $x(t)$ 减去公式(3—42)中得到的 PF_1,得到信号 $u_1(t)$。将 $u_1(t)$ 作为新的信号重复上述步骤,直至 $u_n(t)$ 为单调函数或常数为止,最终信号 $x(t)$ 被分解为 n 个 PF 分量和 $u_n(t)$ 之和的形式:

$$x(t) = \sum_{i=1}^{n} \mathrm{PF}_i(t) + u_n(t) \tag{3-44}$$

2. 基线估计和稀疏化去噪算法

基线估计和稀疏化去噪(baseline estimation and denoising with sparsity, BEADS)算法的去噪原理为信号含有某些固定特征可视为其具有的稀疏成分,而噪声成分是微幅的随机杂波,并不能将其视为典型的稀疏成分。对于含有高频噪声的爆破信号 y,其真实信号 s 和噪声 w 之间关系可表示为

$$y = s + w \tag{3-45}$$

式中,s 为信号的真实成分;w 为其中包含的随机高频噪声。若真实成分中含有明显的趋势项,则可进一步表述为

$$y = s + f + w, y \in \mathbf{R}^n \tag{3-46}$$

式中,f 为信号中含有的趋势项(基线成分),其为低通信号。假定信号中干扰噪声方差为 σ^2,均值为 0,则信号的稀疏分解为

$$y = D\alpha + f + w, y \in \mathbf{R}^n \tag{3-47}$$

式中,$D\alpha$ 为信号 s 的稀疏化完备表示。对于如图 3.49(a)所示的仿真信号,经过 BEADS 运算后得到波形中含有的趋势项和高频噪声如图 3.49(b)和 3.49(c)所示。在分析过程中为了降低趋势项去除过程对信号分量幅值的影响,引入正则化系数(regularization parameter)λ 和具有非对称补偿罚值功能的损失函数(cost function)。通过 BEADS 算法得到淹没在低频基线成分和高频噪声成分中的真实信号,见图 3.49(d)。

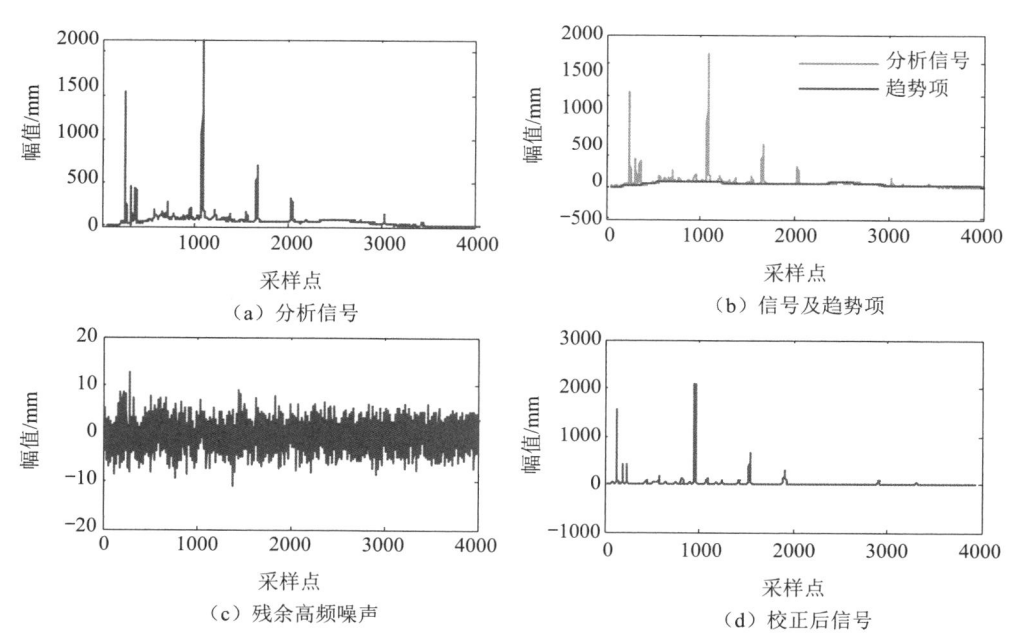

图 3.49　信号趋势项与噪声消除过程

从整个运算过程及结果可知:BEADS 算法可有效去除信号中含有的趋势项和噪声干扰,同时在迭代次数方面(<15 次)要优于传统的模态分解方法。

将分析信号读入 MATLAB 编程平台,实现 A/D 过程将其转换为可编译的数字信号。

信号经 LMD 分解，得到若干 PF 分量并对其进行趋势项去除和信号校正。将校正后的各分量重构得到重组信号并判定其是否含噪，若是，则采用小波熵去噪方法予以消噪，得到满足分析要求的真实信号，从而提高信号解析精度和完整性。具体流程见图 3.50。

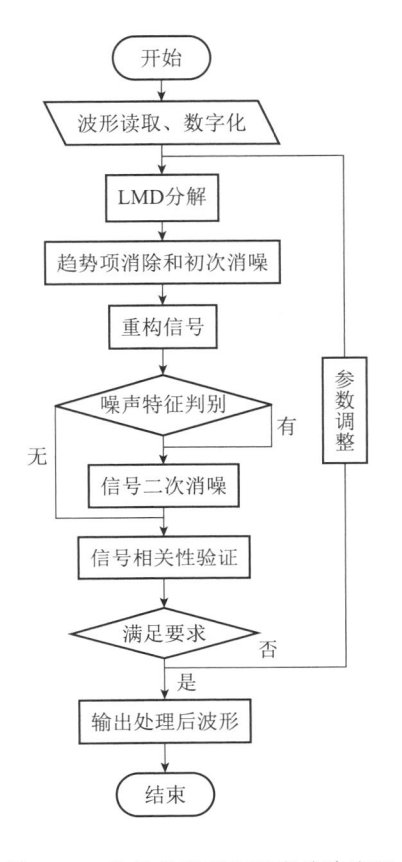

图 3.50　信号趋势项和噪声消除流程

3.6.2　工程概况

青岛地铁 3♯ 线隧道全长 25.93 km，采用钻爆法施工。开挖断面为马蹄形，掘进断面积为 30.8 m²，宽度为 5.8 m，高度为 6.1 m，测试段埋深为 22 m。施工中采用的雷管共 7 个段别，分别为 MS1～MS13 段雷管并跳段使用。具体炮孔布置如图 3.51 所示。

选择在青岛地铁 3♯ 试验区间（里程 K14+592.92～K15+950.72）开展爆破振动监测，该试验段地质条件具有代表性，隧道穿越地层岩性稳定，以中砂岩为主，围岩等级为 Ⅱ～Ⅵ 级，采取全断面爆破开挖的方式。选用 2♯ 岩石乳化炸药，布置如下：掏槽孔 24 个，为 MS1、MS3、MS5 三段起爆，起爆药量为 7.2 kg、7.2 kg 和 10.8 kg；辅助孔 40 个，为 MS5、MS7、MS9 三段起爆，起爆药量为 1.8 kg、10.2 kg 和 12 kg；周边孔 30 个，MS11 段起爆，起爆药量为 13.5 kg；底孔 7 个，MS13 段起爆，起爆药量为 4.2 kg。单循环总装药量为 66.9 kg。

考虑到测点布置的便利性，测点选择布置在掌子面上方，垂向距离为 22 m，水平距离为 2 m。测点布置如图 3.52 所示。

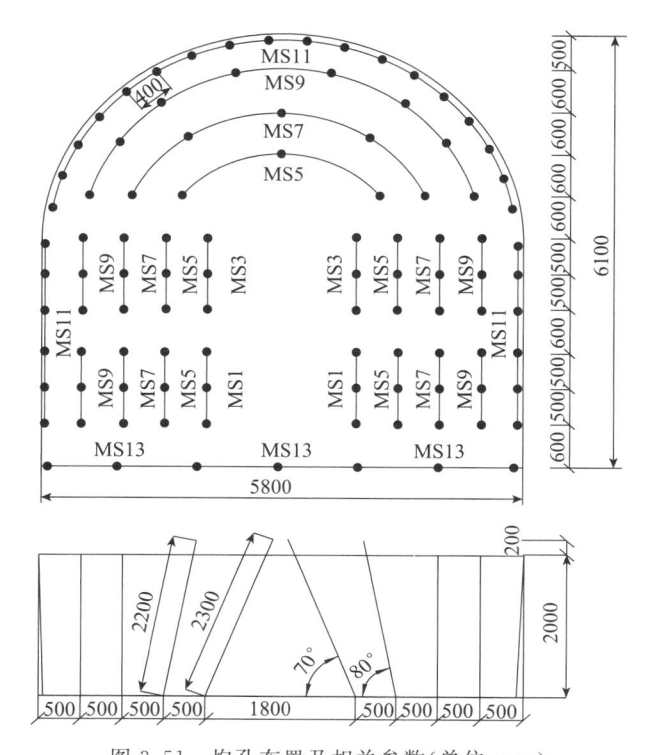

图 3.51 炮孔布置及相关参数(单位:mm)

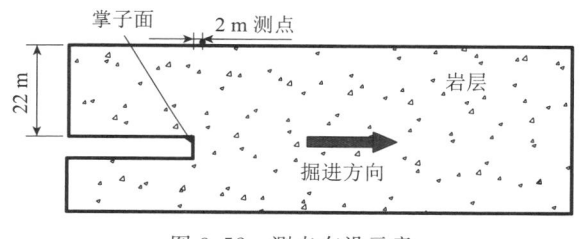

图 3.52 测点布设示意

测试选用中科测控 TC-4850 型爆破振动测试仪,设定采样频率为 8 kHz,采样时长为 2 s,监测到掌子面上方地面的三向振速波形如图 3.53 所示。

从图 3.53 可知:水平两向的振速峰值相当且均大于垂向,这与隧道单自由面爆破破碎岩体质点的运动方向有关。此外,掏槽孔起爆自由面单一,岩石夹制力大,导致装药量小却会产生强振,随着后续段别起爆,形成附加自由面,同时雷管误差增大(雷管段别越高,精度越差,误差范围越大),导致在装药量较大的周边孔部分振动强度极大减小,MS11 段雷管误差范围相对较大并在一定程度上形成了小型微差起爆网路,避免了周边孔各炮孔炸药起爆振速峰值的"叠加效应"。三向振速信号中均存在明显的偏离基线中心的漂零趋势项,尤其是垂向(y 向)信号,其所包含的信号特征完全淹没在高频噪声和趋势项干扰中,因此,这里选择垂向信号进行分析。

垂向信号波峰值为 1.07 cm/s,峰值时刻为 0.21 s 左右;波谷值为 0.68 cm/s,峰值时刻为 0.74 s 左右。主频为 0.5 Hz 左右,与其余两向的振速峰值点及主频信息差异均较大,可判定为趋势项和噪声导致信号出现失真现象。因此,如何在有限次的运算处理过程中,还原

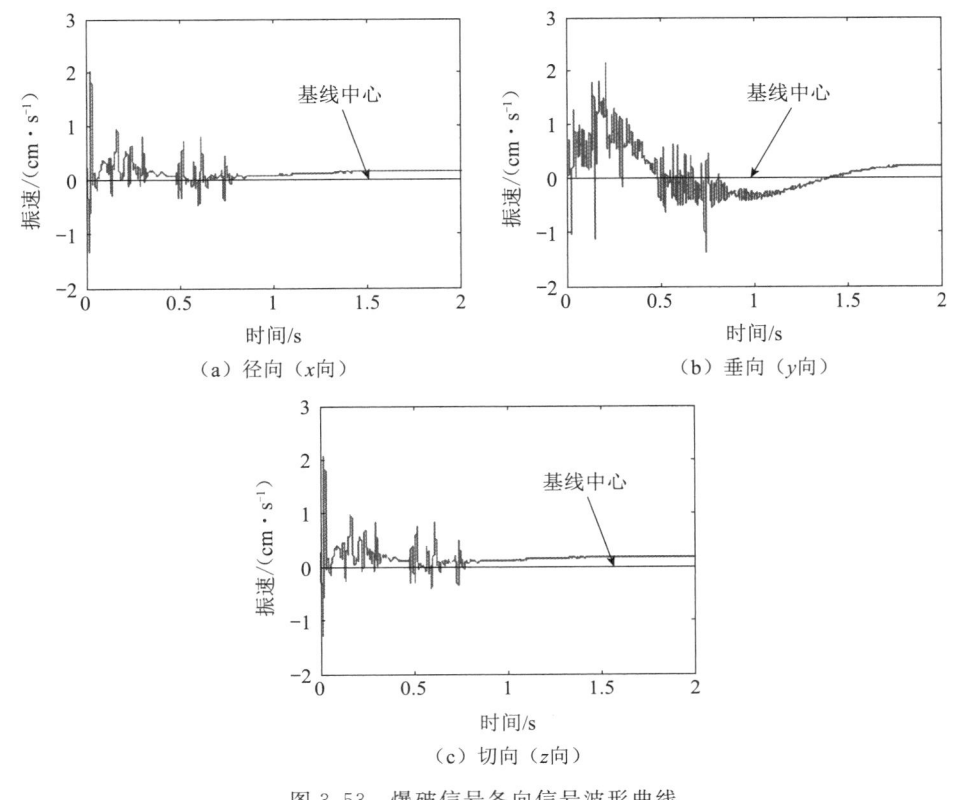

图 3.53　爆破信号各向信号波形曲线

出信号本质特征,是爆破信号处理面临的关键技术难题。

3.6.3　信号分析过程及结果

　　局部均值分解算法可自适应地将受污染信号分解为一系列具有实际物理意义的乘积函数 PF 分量。对图 3.53(b)中的信号进行 LMD 分解,最终得到 4 个 PF 分量和 1 个单调函数,为了便于分析,最后的单调函数定义为 PF_5 分量,如图 3.54 所示。

　　从图中可知:趋势项使得信号各个模态分量均在波形起始和截止时刻或多或少存在基线偏移,原因是在 LMD 分解过程中,首要问题是要寻找出信号的局部极值点,而对于信号的起始端和截止端位置,存在既非极大值又非极小值的可能性,这是导致产生端点效应的根源。这里对端点暂不做任何处理,可通过后续 BEADS 算法对其进行校正。

　　由于基线成分主要存在于信号低频分量,分

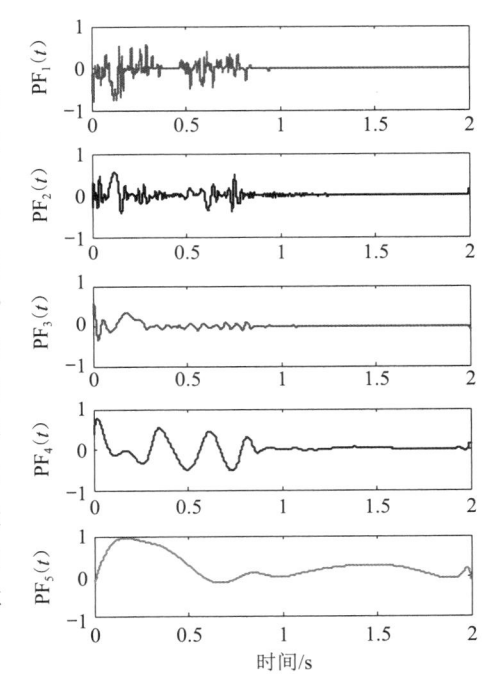

图 3.54　信号局部均值分解结果

析时设定截止频率 f_c 为 0.002 Hz,滤波器阶数 d 为 0～2,正则化参数基本幅值为 0.8,不同阶正则化参数 λ_0～λ_2 分别为 0.4、3.2 和 4。根据前述理论,各分量趋势项和校正后的信号曲线,见图 3.55(a)～(e)。

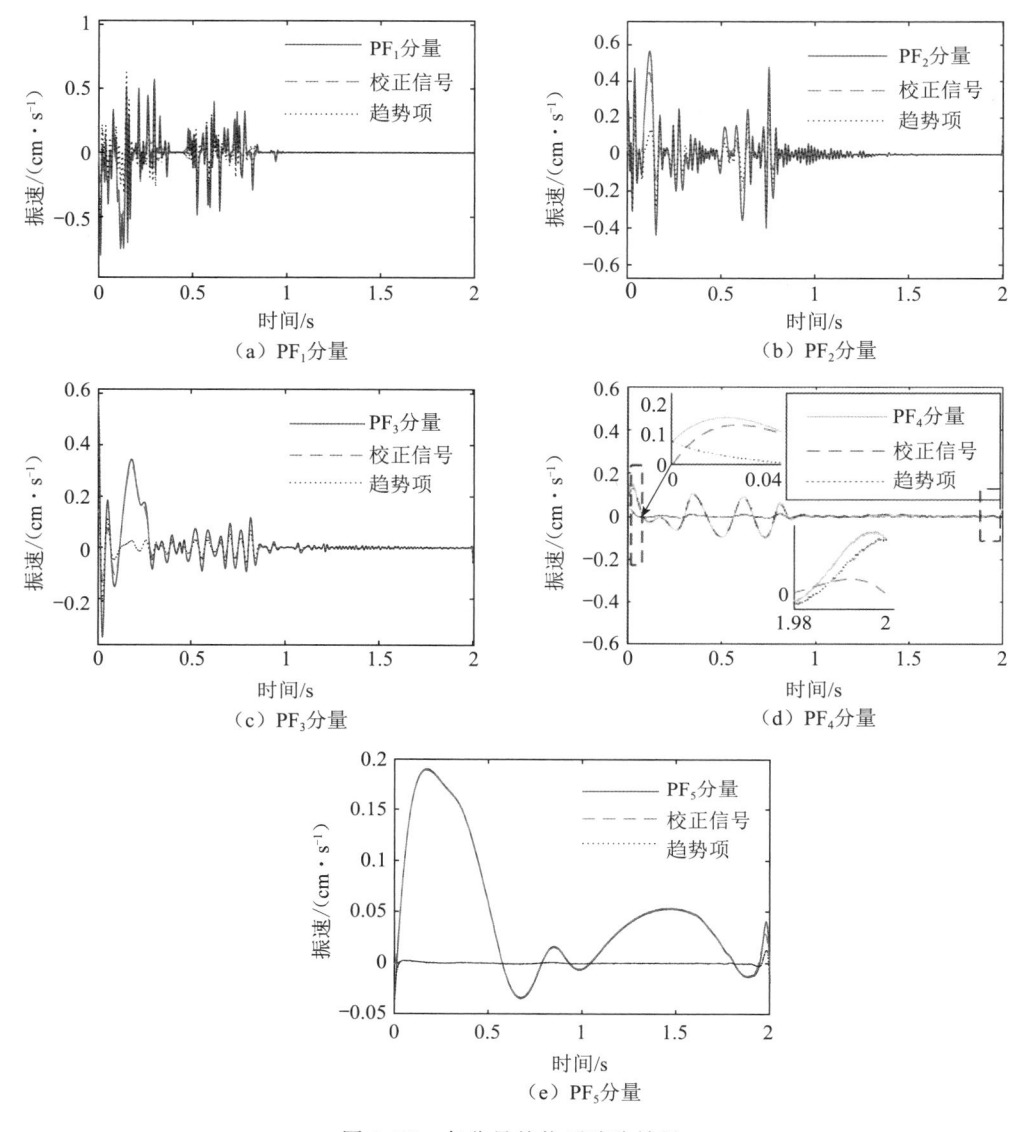

图 3.55　各分量趋势项消除效果

由图 3.55(d)可知:BEADS 算法使信号的端点效应有了很大改善,处理后信号端点均被校正并回归至信号基线中心点位置,克服了端点效应导致的对信号特征的误判。BEADS 算法剔除了信号中含有的低频趋势项和噪声的干扰,有效消除了信号中虚假成分的影响,从而提高了信息特征提取的准确性。

图 3.56 说明:罚函数峰值与各分量信号的复杂程度密切相关,信号越复杂,则其峰值越大;反之,峰值越小。经过有限迭代次数(<15 次),罚函数值便趋于稳定并收敛,证实了该算法的高效性。

BEADS算法可有效校正信号中包含的缓变低频趋势项及长周期非线性项成分,通过信号重构实现了低频趋势项与特征信号的分离。由于信号在线性组合重构过程中会重新引入噪声,这里采用小波熵去噪对剔除趋势项的特征信号进行二次消噪,根据信号特征选用db8小波基分解到第5层,获取各层小波系数并计算小波区间熵值,确定噪声区间并估算噪声标准差。根据小波熵值确定信号噪声能量的阈值,进而调整信号有用信息与噪声的比例,达到降噪目的。去噪后的真实信号波形见图3.57。

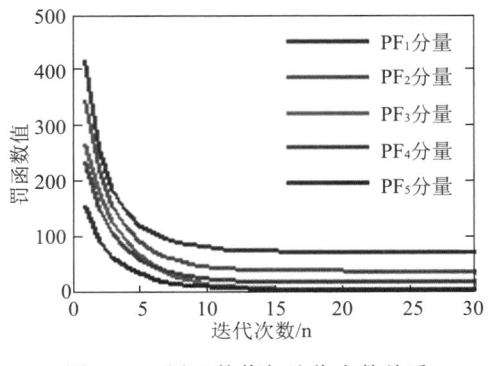

图3.56 罚函数值与迭代次数关系

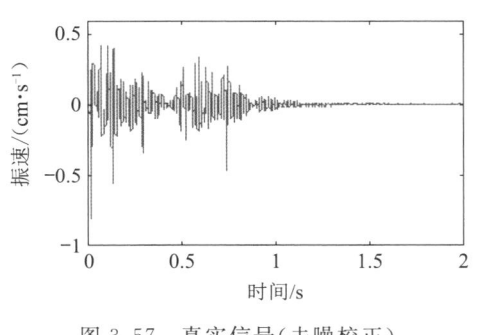

图3.57 真实信号(去噪校正)

从图3.57中可知,处理后获得的真实信号与其他两个方向振动信号呈现相同的振动形态。最大振速出现在掏槽段(MS1)起爆时刻,最大峰值为0.82 cm/s;辅助孔部分最大峰值出现在135 ms(MS5段起爆)时刻,为0.57 cm/s;周边孔振速最小,为0.47 cm/s。这与爆破设计方案和其他两个方向的衰减规律趋于一致,验证了信号处理结果的有效性和可靠度。

对图3.57所示信号进行时-能密度方法测试可准确识别雷管起爆时刻,识别结果见图3.58。图中表明地铁隧道所用各段别雷管均按设定延期时间起爆,同时注意到雷管段别越高,误差范围也越大,时-能谱宽度越大,在时间轴上的分布也更为均匀。分别求取原信号、趋势项剔除信号和真实信号三个信号的功率谱密度曲线,见图3.59。原信号中含有的缓变低频趋势项和直流分量致使信号频谱在0.48 Hz处出现0.215 dB/Hz突变峰值,直接影响到信号主频的判别。

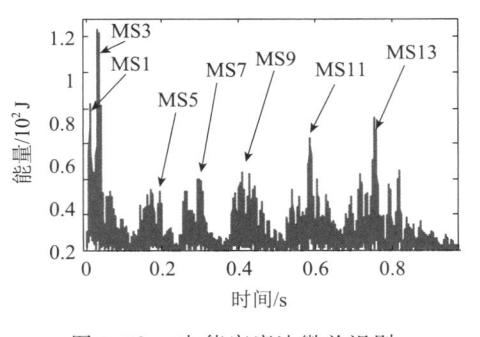

图3.58 时-能密度法微差识别

图3.59(b)处理后的信号频谱分布区间合理,在主振频带后逐渐衰减并趋于0值,但信号中的噪声干扰较为严重。图3.59(c)中趋势项和二次消噪后的真实信号其频谱主频为58.6 Hz,幅值为0.031 dB/Hz,符合隧道爆破振动主频特征,可见趋势项和噪声的存在会严重影响到信号主频、振幅等关键参数的准确判定。

为了客观评价处理后信号与原信号在时频空间上的关联性,分别求取信号Hilbert时频谱及相关谱,见图3.60。处理后的真实信号最大限度上继承了信号完整度和波形的时频相似性。相关谱清晰描述了图3.60(a)和(b)在时域和频域信号间的相关性,为了便于分析,这里对相关度进行归一化处理。

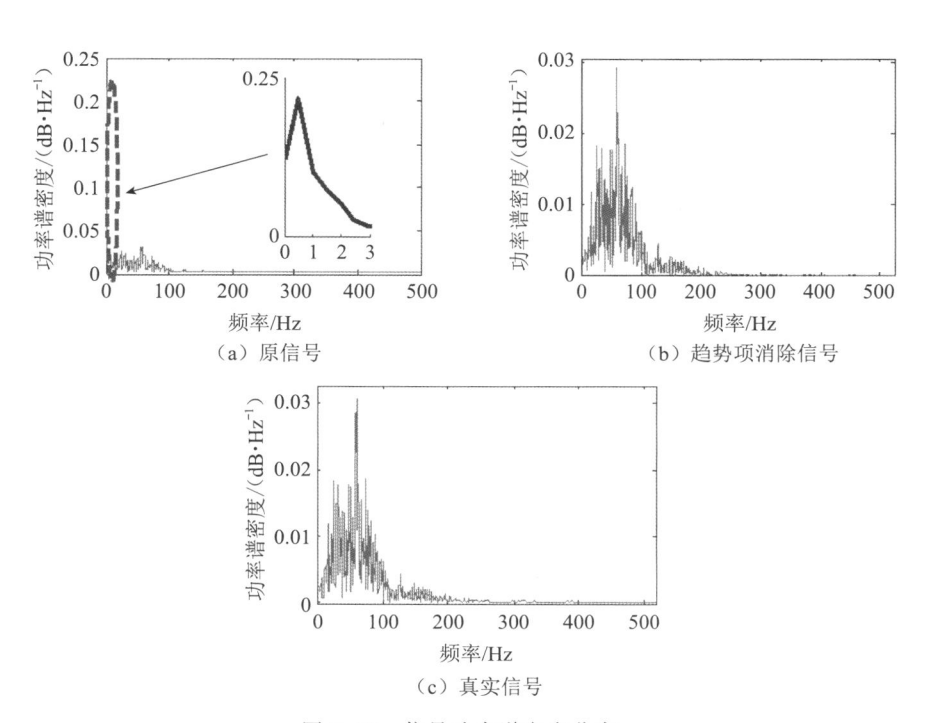

图 3.59 信号功率谱密度分布

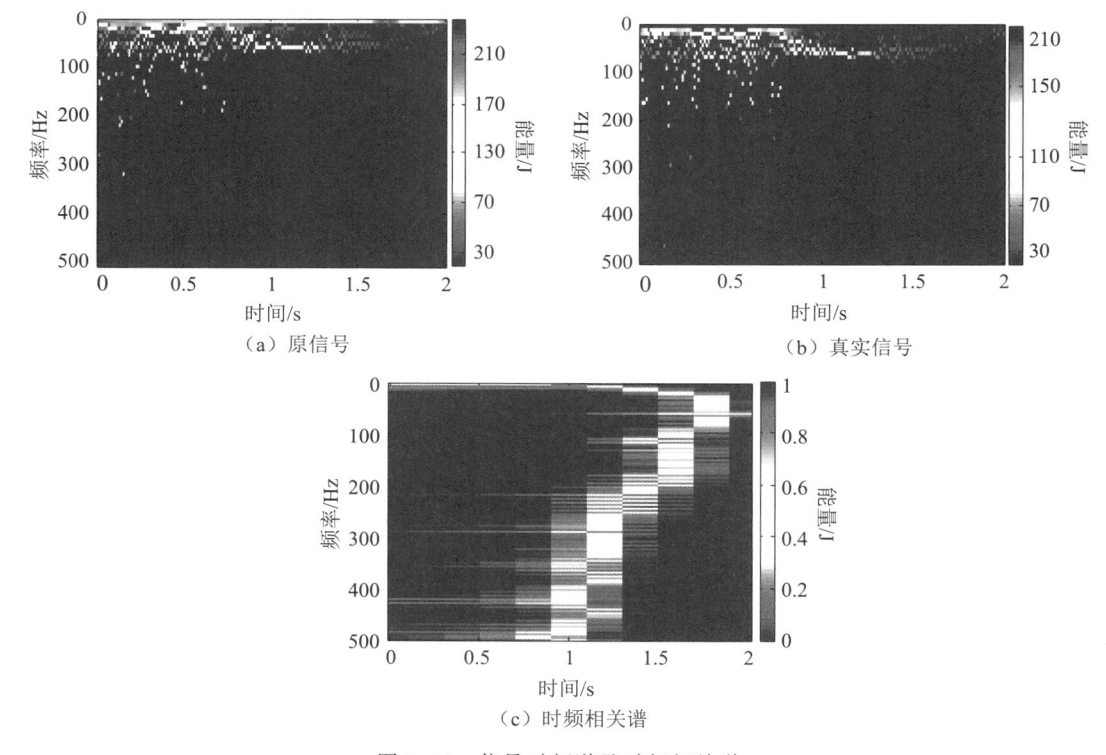

图 3.60 信号时频谱及时频相关谱

为了检验信号处理效果,编制下列相关性程序函数:

$$[FI\_final] = CCF(x, y, T) \tag{3-48}$$

式中,x、y分别为计算的两个时间序列信号;T为信号的采样时长;FI_final为计算得到的最终相关性系数值。计算得到两信号的相关性系数为0.916,与其在主振时域和频域空间相关性一致。

通过地铁爆破信号分析,得出以下结论:

① 地铁隧道爆破信号中包含的趋势项和噪声成分极易导致对信号峰值、主频等特性信息的误判,在信号预处理过程中必须予以消除。LMD-BEADS组合分析方法能够显著消除信号中的低频趋势项、随机噪声和重构引入噪声,有效去除趋势项和高频噪声后的真实信号更能够体现信号的本质特征属性。

② 趋势项导致信号在时频域空间的不确定性,通过时频谱及相关性分析,体现了二次消噪处理信号与原信号在时频空间上的相关程度和继承性,最大程度保留了信号特征信息的完整度。信号时-能密度分布可准确识别地铁隧道所用雷管段别,与设计方案有较好的一致性,验证了信号处理的有效性。

③ 信号趋势项和消噪效果与信号测试环境有密切关系,因此,在测试过程中应该尽可能排除可能产生不利影响的因素。同时,组合算法对于长信号(时程大于5 s)处理速度无明显优势,后续研究中需不断改进,以期达到更优化的分析效果。

3.7 隧道爆破振动信号畸变校正分析

城市隧道钻爆法施工过程中,产生的爆破振动对周围建(构)筑的负面影响不容忽视。开展爆破振动监测是现阶段爆破损伤评价最为重要的手段之一。隧道爆破振动测试过程中,由于爆破近区产生的瞬时能量输入过大,在较强的脉冲能量作用下测试仪器内的惯性器件发生强烈振荡,测试输出指标很难保持线性输出。选用的测振仪不匹配导致超量程、仪器未按时进行标定以及测试周围环境的干扰,均会导致隧道爆破监测信号出现不同程度的畸变。

现阶段对于时变信号多尺度自适应分解存在许多算法,如变分模态分解(variational mode decomposition,VMD)、经验模态分解、局部均值分解和希尔伯特-黄变换等,但对于不同信号的处理能力却有所差异。其中,变分模态分解由于其预设的尺度和非递归分解模型所具有的自适应能力,在克服模态混叠和增强滤波效果方面具有独特优势。得益于对上述问题的改善,变分模态分解是目前时变信号处理分析中的重要算法之一。同步挤压小波变换(synchrosqueezed wavelet transform,SWT)算法是由连续小波变换发展而来的高分辨率分析算法,具有良好的时频分辨和信号重构能力,在非线性信号分析中取得了许多的显著成果。

实践证明:爆破近区测试信号发生畸变的概率较远区高。以往对于隧道爆破近区受畸变影响的爆破信号通常直接舍弃,导致测试数据不完整,直接影响到分析结论的可靠性。因此,开展爆破振动信号畸变校正是信号预处理的关键环节。本节拟采用变分模态分解算法结合同步挤压小波变换,并辅以时频分析对隧道爆破振动信号能量特征进行了分析,探索并建立了隧道爆破振动信号畸变校正和特征提取方法。

3.7.1　基本理论

1. 变分模态分解

变分模态分解是将信号分解为 k 个中心频率为 ω_k 的模态函数 u_k，u_k 的具体形式为

$$u_k(t) = A_k(t)\cos[\varphi_k(t)] \tag{3-49}$$

式中，$A_k(t)$ 为瞬时幅值；$\varphi_k(t)$ 为瞬时相位，两者均为缓变过程。VMD 算法将信号分解过程转移到变分框架内进行处理，其算法核心包括变分问题的构造及其求解。

变分问题的构造过程如下：

① 对于单个模态分量 $u_k(t)$，利用 Hilbert 变换构造解析信号，通过混合指数解调各自估计中心频率的方法，将各个模态分量的频谱调制到相应的基频带上：

$$\left[\left(\delta(t) + \frac{\mathrm{j}}{\pi t}\right) * u_k(t)\right]\mathrm{e}^{-\mathrm{j}\omega_k t} \tag{3-50}$$

式中，j 表示虚数单位；$\delta(t)$ 为狄拉克函数；$\omega_k = \{\omega_1, \cdots, \omega_K\}$ 为经过 VMD 得到的若干个模态对应的中心频率；$u_k = \{u_1, \cdots, u_K\}$ 为分解得到的 K 个模态分量；* 为卷积运算。

② 通过解调信号的高斯平滑度，计算式(3-51)表示的信号梯度的平方 L2 范数，估计获得各模态分量的带宽，构造的变分问题可表述为如下的优化过程，即

$$\min_{\{u_k\},\{\omega_k\}}\left\{\sum_{k=1}^{K}\partial_t\left[\left(\delta(t) + \frac{\mathrm{j}}{\pi t}\right) * u_k(t)\right]\mathrm{e}^{-\mathrm{j}\omega_k t}\,\Big\|_2^2\right\} \tag{3-51}$$

$$\mathrm{s.\,t.}\ \sum_{k=1}^{K}u_k(t) = f(t) \tag{3-52}$$

变分问题的求解过程如下：

为求式(3-52)中的约束变分模型，此处引入二次惩罚因子 α 和 Lagrange（拉格朗日）乘法算子 $\lambda(t)$，其中因子 α 为较大的正数且在高斯噪声存在的情况下可保证信号的重构精度，算子 $\lambda(t)$ 使得约束条件保持严格性，构造的增广 Lagrange 表达式为

$$L(\{u_k\},\{\omega_k\},\lambda) = \alpha\sum_k\left\|\left[\left(\delta(t) + \frac{\mathrm{j}}{\pi t}\right) * u_k(t)\right]\mathrm{e}^{-\mathrm{j}\omega_k t}\right\|_2^2 +$$
$$\left\|f(t) - \sum_k u_k(t)\right\|_2^2 + \left\langle\lambda(t), f(t) - \sum_k u_k(t)\right\rangle \tag{3-53}$$

变分算法中采用了乘法算子交替方法用以解决上述问题，通过交替更新 u_k^{n+1}、ω_k^{n+1}、λ_k^{n+1} 寻求增广 Lagrange 函数的"鞍点"，此点即为变分模型的最优解。

2. 同步挤压小波变换

假定时变信号 $f(t)$ 的长度为 $n = 2^{L+1}$，采样间隔为 Δt。令 $n_v = 64$，取 $n_a = Ln_v$，则

$$\Delta w = \frac{1}{n_a - 1}\lg\left(\frac{n}{2}\right) \tag{3-54}$$

$$w_0 = \frac{1}{n\Delta t} \tag{3-55}$$

令 $w_l = 2^{l\Delta w}w_0$；$l = 0, 1, \cdots, n_a - 1$。将信号按照所关心的频率范围划分为不同的频带区间：$\Delta w_l = \left(\frac{w_{l-1} + w_l}{2}, \frac{w_l + w_{l+1}}{2}\right)$，对小波变换系数做同步挤压变换。定义阈值为

$$\gamma = \frac{\sqrt{2\lg n}\cdot\mathrm{median}[W_f(a,b)]}{0.675} \tag{3-56}$$

式中，median 为中值函数；$W_f(a,b)$ 为信号 $f(t)$ 连续小波变换得到的小波系数；a 为尺度因子；b 为平移因子。则在中心频率 w_l 上 SWT 值 $T_f(w_f,b)$ 为

$$T_l(w_l,b) = \sum_{\substack{a_i:|w_f(a,b)-w_l|\leqslant\frac{\Delta w}{2} \\ |W_f(a,b)|>\gamma}} W_f(a,b)a_i^{3/2}(\Delta a)_i \tag{3-57}$$

式中，$(\Delta a)_i = a_i - a_{i-1}$。同步挤压小波反变换为

$$f(t) = Re\left\{ C_\psi^{-1} \left[\int_0^{+\infty} W_f(a,b)a^{-3/2}\mathrm{d}a \right] \right\} = Re\left\{ C_\psi^{-1} \left[\sum_i W_f(a,b)a_i^{-3/2}(\Delta a)_i \right] \right\} =$$
$$Re\left\{ C_\psi^{-1} \left[\sum_i T_f(w_l,b)(\Delta w) \right] \right\} \qquad (3\text{-}58)$$

式中，$C_\psi^{-1} = \int_0^{+\infty} \psi^*(\xi)/\xi\mathrm{d}\xi$，$\psi^*(\xi)$ 为共轭小波函数的傅里叶变换；a_i 为离散尺度，i 为尺度个数。通过同步挤压小波反变换可重构任意频率区间信号分量，从而实现所关心的频率区间信号完全无损重构过程。

为了客观评价该爆破方案下产生的爆破振动效应，对隧道掘进过程中地表产生的振动进行了监测。为了避免隧道已开挖段产生的"空洞效应"对测试数据的影响，测点选择在隧道地表掌子面前方 2 m 处。

测试选用中科测控 TC-4850 型爆破振动测试仪，设定采样频率为 8 kHz，采样时长为 1.5 s。测试过程中将测振传感器的 x 向指向隧道开挖中轴线方向，z 向与 x 向垂直且两者位于水平面内，y 向与 x、z 向垂直并指向地表，传感器各方向按照笛卡尔坐标系布置，可同时获取三个方向的爆破信号波形曲线，三向振动波形曲线具体如图 3.61 所示。其中，x 向波峰值为 2.02 cm/s，波谷值为 -1.33 cm/s，峰-峰值差为 3.35 cm/s，主频为 32.26 Hz；y 向波峰值为 1.07 cm/s，波谷值为 -0.67 cm/s，峰-峰值差为 1.74 cm/s，主频为 3.49 Hz；z 向波峰值为 2.02 cm/s，波谷值为 -1.50 cm/s，峰-峰值差为 3.52 cm/s，主频为 38.84 Hz。水平 x、z 向波峰、波谷值及峰-峰值差较为接近且出现的时刻一致（30 ms 以内），主频值相当，而竖直 y 向波峰、波谷值出现的时刻在时间轴上明显离散，波峰值出现在 21.19 ms，而波谷值出现在 741 ms 左右，主频值出现较大偏差，与隧道爆破振动特征严重不符，出现了明显的失真。同时注意到，图 3.61 中三向信号波形均不同程度出现了偏离基线中心位置的漂零趋势项，尤其是竖直 y 向，信号的波动形态完全淹没在干扰成分中，信号失真导致其奇异性增强。因此，预处理过程中对畸变信号进行校正是极为必要的。

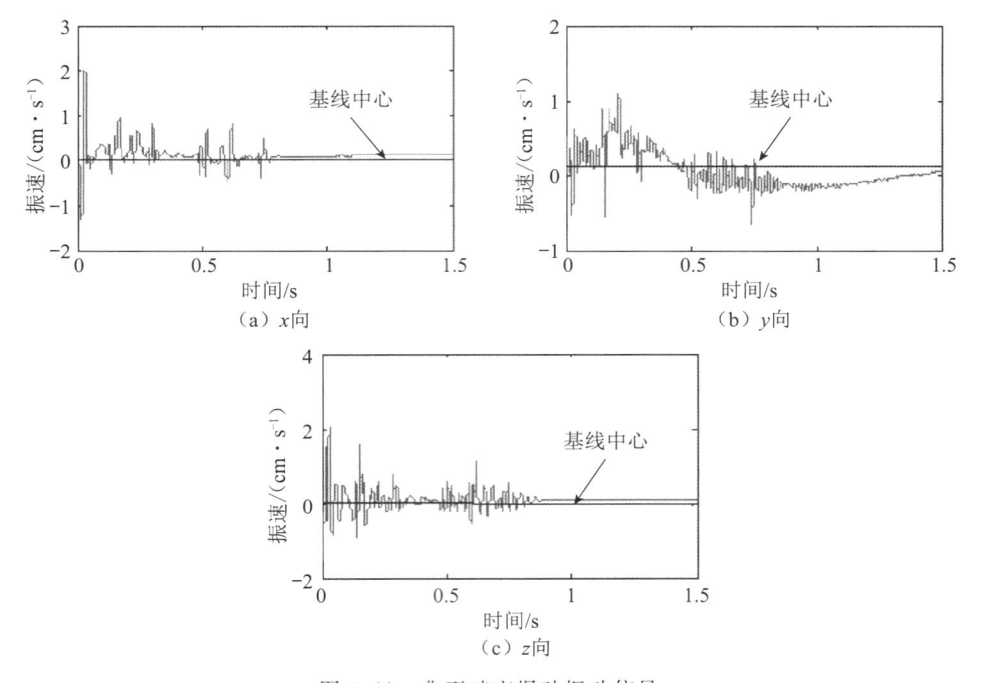

图 3.61　典型畸变爆破振动信号

3.7.2 爆破信号畸变校正

由于测试环境的复杂性及仪器自身的原因,隧道爆破监测信号通常会发生畸变,影响信号后续的特征提取及参数调整优化过程。本节针对隧道爆破振动畸变信号的奇异性,利用变分模态分解消除信号中的趋势项,通过同步挤压小波变换重构优势频段信号,彻底解决了信号扭曲引起的特征失真问题。具体实现步骤如下:

① 根据待分析信号采样频率和采样长度等参数,确定 VMD 分解中惩罚因子 α 的取值,分解层数 k 统一确定为 2。

② 信号 VMD 分解得到的第二阶模态分量便是消除趋势项后的校正信号 $f'(t)$。

③ 同步挤压小波对步骤②得到的校正信号 $f'(t)$ 进行时频分析,得到校正信号 $f'(t)$ 能量在时频域上的分布,从而确定信号的优势频率区间。

④ 根据校正信号时频谱中的优势频率区间范围,利用同步挤压小波变换优良的信号重构能力,重构得到反映信号特征的真实信号。

⑤ 重复上述步骤①~④,得到同一测点三向分量信号的优势频率重构子信号 $f''(t)$,并求取其三向矢量和。

⑥ 根据矢量和峰值点时刻,辨别雷管段别并提取瞬时、边际能量特征。

变分理论认为,当时变信号中趋势项的频谱中心频率位于 5 Hz 内时,则 VMD 分解得到的第一阶模态分量便为信号中的趋势项。变分模态分解中的两个重要参数分别为惩罚因子 α 和分解层数 k,其中 α 取值决定了信号分解精度,通常 α 取为待分析信号采样长度的 2 倍。同时,相关文献中也表明含有显著趋势项的时变信号经过 VMD 分解后得到的第一阶模态分量即为趋势项,与分解层数 k 无关。为了提高运行效率,设置分解层数 k 为 2。此处,设置 $\alpha=24001$(信号采样长度为 12001),对图中信号进行 VMD 分解,相应的信号分解结果及其功率谱如图 3.62 和图 3.63 所示。

从图 3.62 中可以看出,水平 x、z 两向监测信号的畸变程度均小于竖直 y 向,这与测振探头固定过程中未完全调整至水平有很大关系。信号畸变程度对趋势项提取有一定影响,信号畸变程度越高,则 VMD 提取效果越好。图 3.63 表明:三向信号中的趋势项均被较好地提取,趋势项频谱畸变主要位于 5 Hz 以下,在小于 5 Hz 频带以内出现了远超信号正常幅值的奇异值,该频率区间已明显超出了 TC-4850 型测振仪的测量范围(频率范围为 5~300 Hz),从而确定了引起爆破信号畸变的频率区间为 0~5 Hz,同时也验证了前述分析参数设置的合理性。

VMD 分解后得到的校正信号波形光滑,波峰波谷值沿基线中心近似对称分布。其中,x 向波峰值为 1.42 cm/s,波谷值为 -1.41 cm/s,主频为 52.78 Hz;y 向波峰值为 0.45 cm/s,波谷值为 -0.48 cm/s,主频为 58.59 Hz;z 向波峰值为 1.17 cm/s,波谷值为 -1.25 cm/s,主频为 57.61 Hz。趋势项和校正信号的功率谱在频率轴上实现了有效分离,说明通过变分模态算法进行爆破信号畸变校正是切实可行的。校正后的信号主频接近并保持相对稳定,同时应注意到三向振速从大到小依次为 x 向>z 向>y 向。频率从高到低依次为 y 向>z 向>x 向,与振速幅值变化趋势相反,说明隧道爆破振速越大,主频越低,揭示了隧道爆破

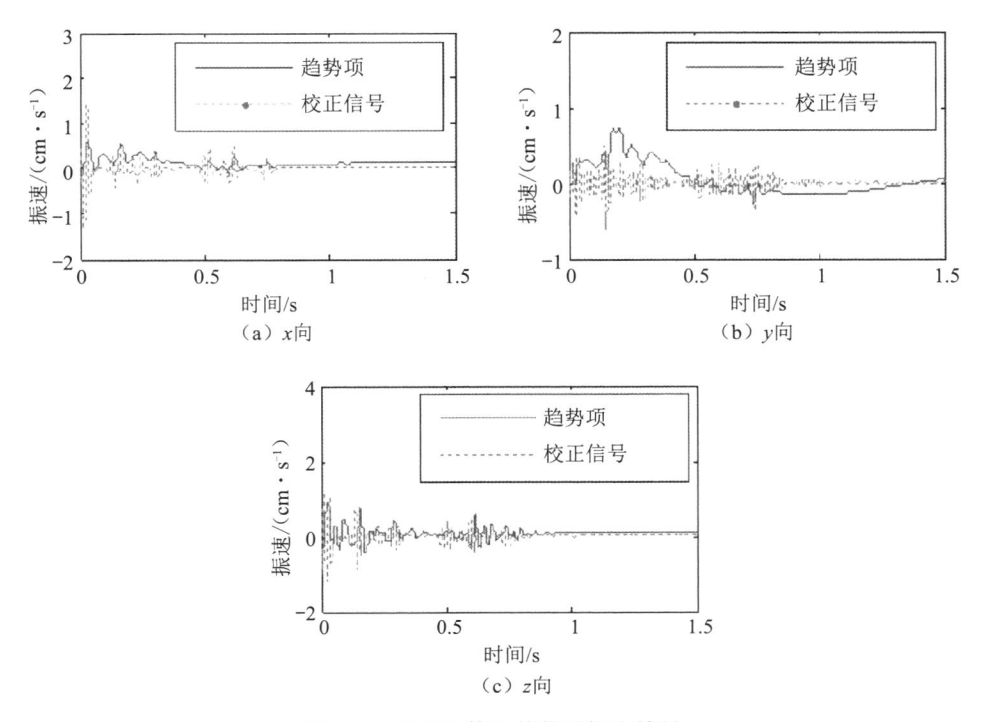

图 3.62　VMD算法趋势项提取结果

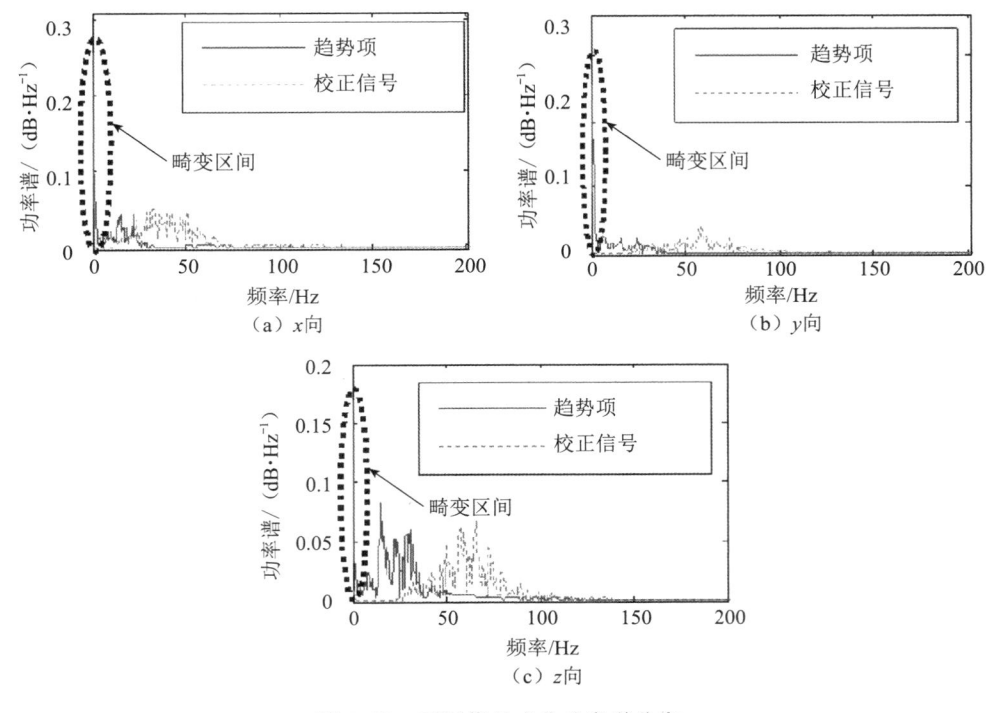

图 3.63　不同信号成分功率谱分布

振速峰值与主振频率之间的定性关系。此外,对同一信号进行多次重复校正易导致信号信息缺失,在工程实践中应以满足分析要求为原则来综合确定相关参数取值,避免过度校正引起的特征指标损失。

从图 3.64 校正信号的时频谱可以看出:三向信号均具有初始频带范围宽泛、高频衰减较快的特点。水平 x 向(径向)频率中心为 32 Hz,能量在 20～70 Hz 频率区间出现聚集;水平 z 向(切向)频率中心为 64 Hz,信号在 30～80 Hz 区间有能量聚集;垂直 y 向(竖向)频率中心为 64 Hz,信号能量主要集中在 30～80 Hz 频带范围。因此,对上述能量聚集频率区间内的信号进行重构,能够准确把握隧道爆破振动信号的特征信息。利用同步挤压小波变换可重构任意频率区间信号的优良特性,对上述各自所对应频带重构得到能够反映爆破特征信息的真实信号,如图 3.65 所示。

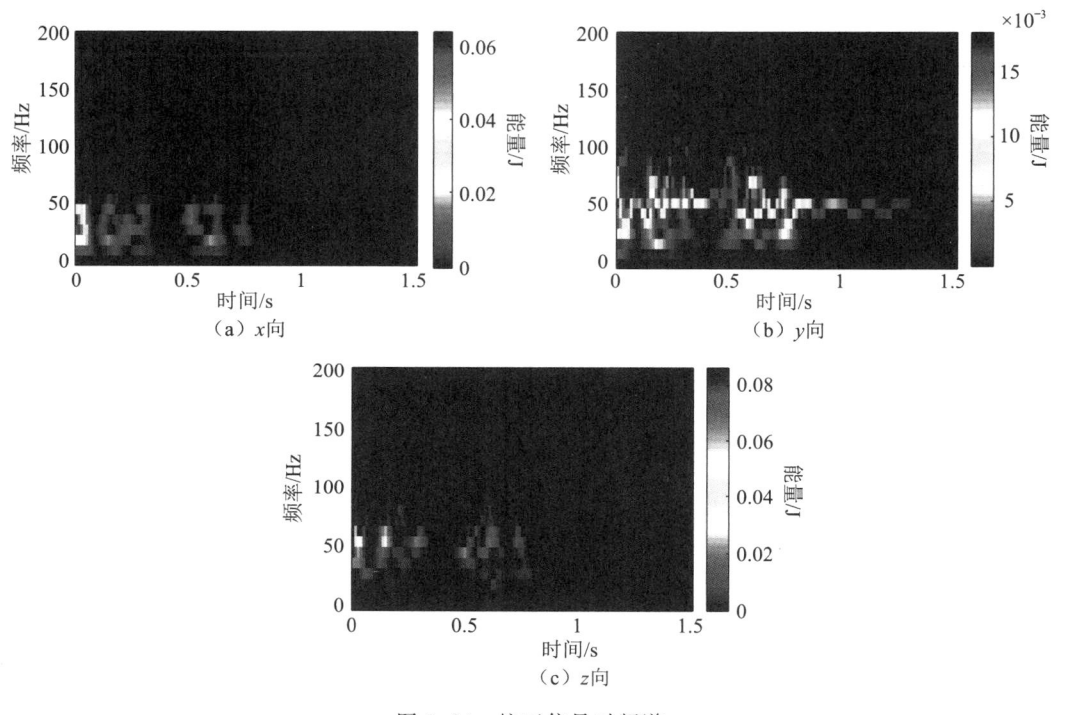

图 3.64　校正信号时频谱

通过同步挤压小波变换重构后的时域信号波动稳定,较好地继承了信号的主要变化特征,具有很好的细节保持能力。同时,在主振时域(0.8 s)后,信号波动迅速减缓并逐渐回归到基线零点附近,具有良好的去噪能力,信号重构效果优良,精度满足分析要求。

3.7.3　爆破信号特征提取

采用三向振速矢量合成速度作为指标对爆破振动进行评价,更能体现爆破对周围建(构)筑物损伤的综合作用。矢量合成振速 $V_矢$ 的具体表达式为

$$V_矢 = \sqrt{V_x^2 + V_y^2 + V_z^2} \tag{3-59}$$

式中,V_x 为 x 向振速,cm/s;V_y 为 y 向振速,cm/s;V_z 为 z 向振速,cm/s。对图 3.65 中三向振速进行矢量合成后的振速曲线及其时频面上的能量分布如图 3.66(b)和 3.66(c)

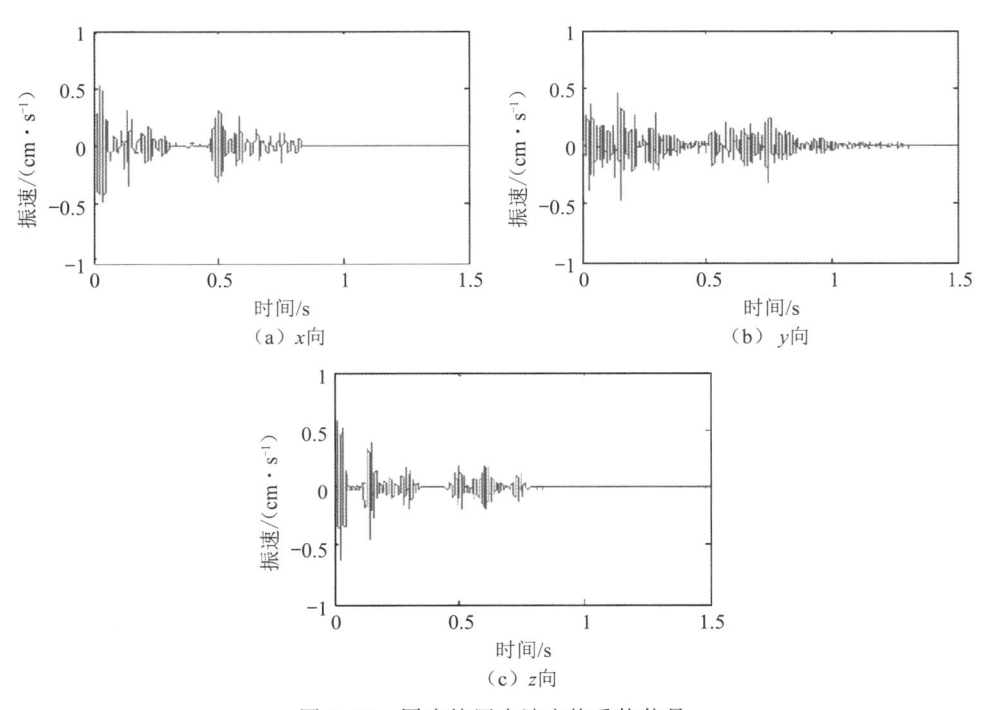

图 3.65　同步挤压小波变换重构信号

所示。

　　与图 3.66(a)中原始信号矢量合成曲线相较可知:由于原始信号存在畸变导致矢量合成振速受到污染,合成曲线出现虚假峰值,信号特征辨识度差。校正重构信号矢量合成的振速曲线连续光滑,信号噪声及干扰均得到了很好的抑制,所用雷管段别与爆破方案一致,时频谱上各段别雷管起爆时刻清晰可辨,验证了上述组合算法的可靠性。

　　对信号的时频分布函数进行频率轴上积分便得到了信号的瞬时能量谱,见图 3.67。由于不同方向采集到的爆破振动波的类型有所不同,x 和 y 方向构成的平面代表瑞利波(Rayleigh wave)的质点运动,x 和 z 方向代表勒夫波(Love wave)的质点运动。由瞬时能量分布可知,水平 x 向的振动能量幅值率先到达,竖直 y 向能量峰值到达时刻有一定的延迟,水平 z 向具有多个能量峰值。隧道爆破引起的振动中,Love wave 率先被探头接收,Rayleigh wave 相对有约 0.03 s 的时延。

　　对时频分布函数进行时间轴上积分便得到了信号的边际能量谱,见图 3.68。频率边际谱表征了信号不同频率成分在时间全局上的累加,与功率谱的不同在于边际谱可准确描述频率成分在整个振动过程中的能量占比权重。由图可知,垂直 y 向和水平 z 向能量频率中心均为 64 Hz,这与图 3.66(c)中其时频谱的能量聚集中心处的频率是一致的。水平 x 向由于同时受 Love Wave 和 Rayleigh Wave 的影响而具有多个频率中心,能量频率中心分别为 32 Hz 和 48 Hz。此外,在边际谱中 48 Hz 处有较强能量峰值而在时频谱中并未出现较强的能量聚集,说明 x 向能量在此频率处聚集但在时间上并不集中,这种频带窄但作用时间长的特殊能量加载形式也需高度重视,防止产生损伤累积效应。图 3.68 中边际能量分布表明:对于该地质地形条件下的隧道爆破振动效应的控制,应密切关注 20～80 Hz 范围内的能量分布变化,以防造成安全事故。

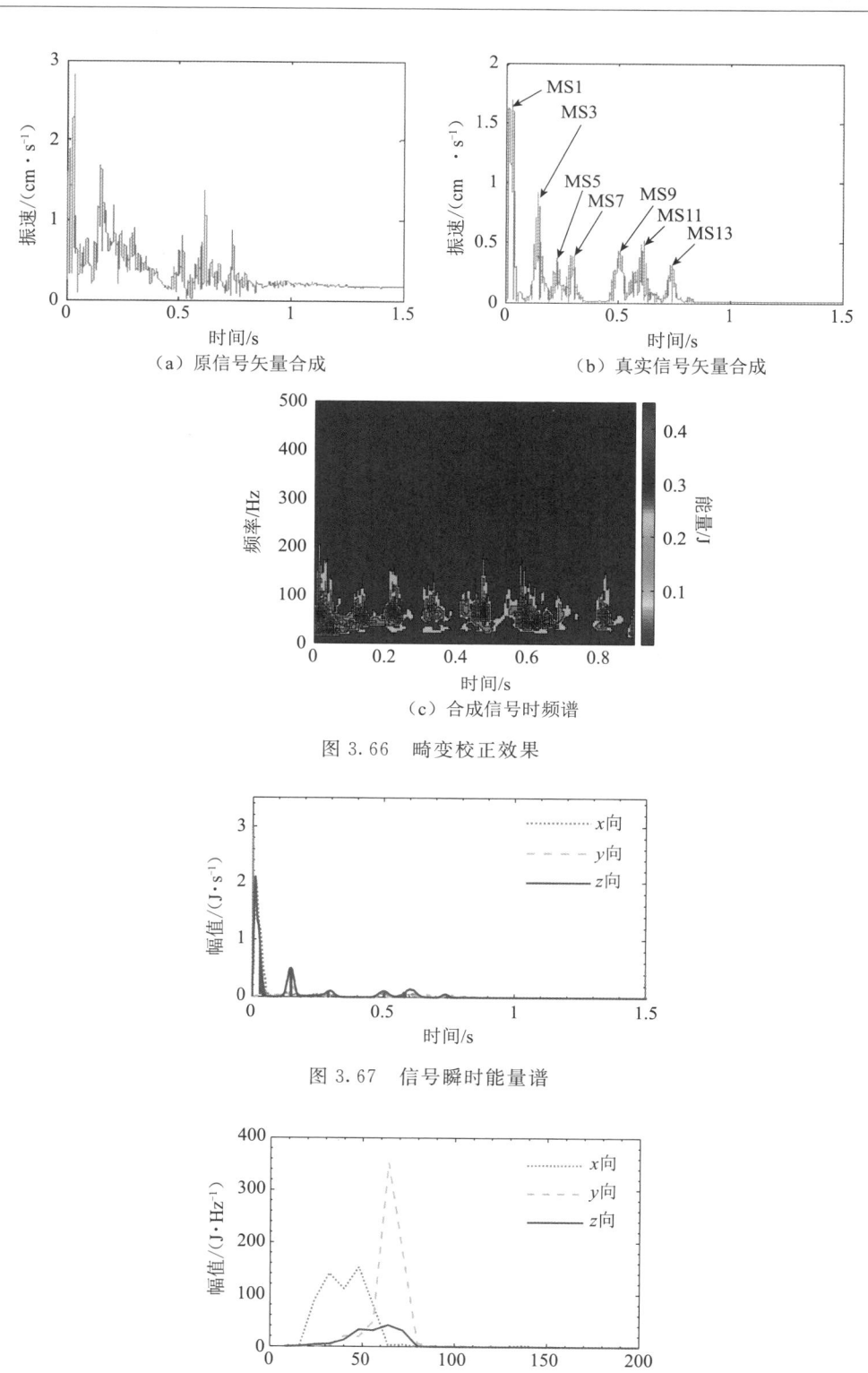

（a）原信号矢量合成

（b）真实信号矢量合成

（c）合成信号时频谱

图 3.66 畸变校正效果

图 3.67 信号瞬时能量谱

图 3.68 信号边际能量谱

通过上述分析,得出以下结论:

① 隧道爆破信号中趋势项是导致信号产生畸变的首要原因,隧道爆破测试过程中应选用高精度、宽频量程的测振仪并对仪器相关参数进行合理设置,尽可能采用无线网路传输形式进行信号采集和传输,避免测点频繁布置导致的位置偏差。长线隧道测试过程中,应缩短测试仪器的常规标定周期,提高信号测试精度,从根源上避免信号畸变的产生。

② 隧道爆破信号的低频畸变成分主要位于 5 Hz 以下,而现阶段广泛使用的测振仪的工作频率均大于 5 Hz,致使测试信号中低于 5 Hz 部分的信号波形难以保持线性输出,导致信号产生低频畸变。同时受测试环境复杂度影响,隧道监测信号中亦普遍包含高频噪声(200 Hz 以上),测试信号畸变引起的奇异性和噪声干扰对于信号特征提取会产生不利影响,在信号深入分析过程中必须预先进行校正和消噪。

③ 变分模态分解算法在设定合理参数前提下,可有效提取出信号中的畸变趋势项成分,从而得到校正后的特征信号。从特征信号时频谱确定其能量聚集频率区间,利用同步挤压小波变换可获得重构选定频带的真实信号。三向真实信号的矢量合成曲线峰值数量与选用的雷管段别有对应关系,组合算法对畸变信号的处理效果好,自适应性强,适合用于隧道爆破及类似工程畸变信号的批量预处理。

3.8 隧道爆破振动信号畸变校正与混沌多重分形特征

隧道钻爆法过程中,不可避免地会对周围环境产生负面影响,爆破振动监测作为爆破损伤评估、孔网参数调整优化的重要依据,对指导工程施工具有积极的现实意义。目前,隧道开挖仍普遍采用毫秒雷管进行振动控制,鉴于普通雷管起爆精度的不确定性和爆破振动控制的不稳定性,通过定性和直观分析无法准确对爆破效果进行科学评价,信号的深入分析成为必然趋势。由于测试环境的复杂性和仪器本身的原因,监测信号中均不同程度含有干扰成分,如噪声、趋势项等,上述不相干分量在信号预处理过程中必须准确辨识并有效分离,才能消除其对信号真实信息的干扰,这也是现阶段信号处理的关键问题。如王海龙等对隧道爆破信号中的噪声特征进行了分析,提出了适合隧道爆破信号去噪组合方法;贾贝等针对经典模态分解方法的缺陷,采用变分模态分解方法对隧道爆破信号趋势项进行了消除,并对相关影响因素进行了分析;张胜等通过构造自适应小波基有效去除了奇异信号中包含的趋势项,后续能量分析过程也验证了算法的精度;Liu 等采用小波阈值方法对不同装药结构信号进行了分析,提取得到不同结构下的信号特征。上述算法在爆破信号处理方面均显现出独特的优势,但对于噪声和趋势项同步联合处理分析还未见广泛报道。

近年来,爆破信号非线性特征亦为研究分析的热点。非线性特征蕴含着反映爆破本质和破岩机理的重要信息,如时频域、能量熵、分形和混沌特性等。如 Zhao 等采用时频分析方法分析了爆心距对信号频谱特征的影响,细化了爆心距对信号特征的关键作用;赵明生等采用二次型 RSPWVD 算法对不同微差间隔下的单段叠加信号的振速峰值和主频特征进行分析,提出了将能量作为建(构)筑物损伤影响的量化参数;单仁亮等采用小波包方法对隧道和立井模型实验监测信号进行了能量特征提取,总结得到了爆破能量衰减规律,为类似工程爆破安全评估提供依据;钟明寿等基于多重分形理论对碳酸盐岩爆破振动波的分形行为进行了研究,精确描述了爆破信号的局部奇异性和分形特征;付晓强等运用混沌理论揭示了冻结立井爆破信号不同频带子信号的混沌吸引子形态特征,研究结果表明混沌吸引子形态变化可作为信号主频判别和能量表征的指标。

　　本节依托青岛地铁 3♯线隧道掘进工程,对隧道掘进爆破振动进行了有效监测。采用 BEADS(baseline estimation and denoising with sparsity)算法实现了信号趋势项、噪声和真实信号的分离,利用多重分形去趋势波动分析(multi-fractal detrended fluctuation analysis, MF-DFA)方法分析了信号不同分量的多重分形和混沌特征,并基于交叉小波变换对不同成分信号的时频相关性进行了分析,深刻揭示了爆破信号的非线性行为特征,为信号不同成分的有效辨识和特征分类提供了探索性思路。

3.8.1　基本算法

　　将复杂信号分解为简单分量的线性组合是信号分析的重要途径。稀疏分解理论认为,信号分解结果越稀疏则越接近信号的本征或内在结构,信号稀疏表示可有效揭示非平稳信号的时频结构。对于任意稀疏化信号 $s(t)$,若其中含有 N 点随机成分,则该信号可表示为本征分量与缓变漂移信号的组合,即

$$s(t) = x(t) + f(t), s(t) \in \mathbf{R}^N \tag{3-60}$$

　　式中,$x(t)$ 为包含无数峰值的稀疏可微本征信号成分;$f(t)$ 为信号中含有的缓变基线偏移成分,其为低通分量。受外界环境影响,测试信号中通常亦会含有一定的随机噪声。因此,可将受基线偏移和噪声影响的信号 $y(t)$ 进一步表示为

$$y(t) = s(t) + w(t) = x(t) + f(t) + w(t), y(t) \in \mathbf{R}^N \tag{3-61}$$

　　式中,$w(t)$ 为奇异信号中含有的随机干扰噪声。上述分量信号的有效分离依赖于相关参数的精确选取。如截止频率 f_c,其决定了基线分量与剩余分量信号之间的界限;不对称系数 r,用于补偿运算过程中产生的频谱负值;正则化参数 $\lambda(\lambda_0 \sim \lambda_2)$,可控制分解信号 $x(t)$ 的稀疏性。另外一个重要的参数为幅值 A,其乘以正则化参数($A \times \lambda_i$)便可使得 λ_i 选取与信号幅值无关。

　　基线成分为信号中缓慢变化的趋势分量,为信号漂移、仪器漂零或测试环境引起的偏差,通过建立低通滤波器提取;白噪声为信号中包含的高频噪声,通过建立高通滤波器获取。将上述两个分量从初始信号中剔除,便得到能够反映信号信息特征的真实信号。

1. MF-DFA 算法

　　MF-DFA 方法是在传统去趋势波动分析(detrended fluctuation analysis,DFA)方法的基础上改进而提出的,其能够有效揭示爆破振动等这类非线性、非平稳信号的动力学行为。相较于传统的多重分形算法,其核心优势主要有:① 充分利用信号序列数据长度,正反双向对信号序列进行等时间长度划分;② 通过最小二乘法对各个分段进行多项式拟合,消除数据序列中非平稳趋势的影响;③ 利用不同阶次波动函数分析时间序列在不同层次上的标度行为,精细刻画数据序列的分形特征,揭示隐藏在非平稳时间序列的多重分形特征。

　　对于长度为 N 的爆破振动信号时间序列 $\{x(k), k=1,2,\cdots,N\}$,MF-DFA 求解过程如下:

计算 $\{x(k)\}$ 偏离均值的累计离差 $y(i)$：

$$y(i) = \sum_{i=1}^{n}(x_k - \bar{x}), n = 1, 2, \cdots, N \tag{3-62}$$

式中，x_k 为原始信号序列；$\bar{x}$ 为原始序列 x_k 的均值。

将 $y(i)$ 划分为 N_s 个等长度 s 的小区间序列，即

$$N_s = \text{int}(N/s) \tag{3-63}$$

由于在划分过程中 N 未必恰好是 s 的整数倍，则必定会存在除不尽的余值。为了保证数据序列不丢失信息，将这部分余值保留并从 $y(i)$ 尾部开始，逆向重复上述划分过程，便会得到 $2N_s$ 个子序列。

利用最小二乘法拟合各个子序列的局部趋势函数 $y_v(i)$ 为

$$y_v(i) = a_0 + a_1 i + a_2 i^2 + \cdots + a_k i^k \tag{3-64}$$

式中，a_i 为拟合多项式的系数，$i = 0, 1, \cdots, k$，k 为多项式拟合最高阶数。

对于奇异爆破信号，趋势项的消除是通过离差 $y(i)$ 减去拟合局部趋势函数 $y_v(i)$ 来实现的，因此不同拟合阶数 i 可体现趋势项被消除的程度。

$$F^2(v, s) = \begin{cases} \dfrac{1}{s}\sum\limits_{i=1}^{s}\{y[(v-1)s+i] - y_v(i)\}^2, v = 1, 2, \cdots, N_s \\ \dfrac{1}{s}\sum\limits_{i=1}^{s}\{y[N-(v-1)s+i] - y_v(i)\}^2, v = N_s+1, N_s+2, \cdots, 2N \end{cases} \tag{3-65}$$

确定 q 阶波动函数 $F_q(s)$：

$$F_q(s) = \left\{ \frac{1}{2N_s}\sum_{v=1}^{2N_s}\left[F^2(s, v)\right]^{q/2} \right\}^{1/q} \tag{3-66}$$

式中，阶数 q 的取值为非 0 实数，此外，当 q 取值为 2 时则退化为标准的 DFA 法。若序列 $\{x(k)\}$ 存在自相似特征，则其具有多重分形特征。则 q 阶波动函数 $F_q(s)$ 与 s 之间存在幂律关系：

$$F_q(s) \sim s^{h(q)} \tag{3-67}$$

式中，$h(q)$ 为广义赫斯特（Hurst）指数，表征原始序列的相关性，$h(q)$ 大小取决于 q 值的变化。当信号 $\{x(k)\}$ 为单分形时间序列，则 $F^2(s, v)$ 在所有小区间标度是恒定值，此时 $h(q)$ 为与 q 值无关的常数。

2. MF-DFA 和经典多重分形理论关系

通过 MF-DFA 方法得到的 $h(q)$ 和经典多重分形算法中由标准配分函数得到的标度指数 $\tau(q)$ 存在如下关系：

$$\tau(q) = qh(q) - 1 \tag{3-68}$$

结合勒让德（Legendre）变换对上式等号两边对 q 求导便得到多重分形谱 $f(a)$，奇异指数 α 和 $\tau(q)$ 三者之间满足以下关系：

$$\begin{cases} \alpha = \dfrac{\mathrm{d}\tau(q)}{\mathrm{d}q} = h(q) + qh'(q) \\ f(\alpha) = q\alpha - \tau(q) = q[\alpha - h(q)] + 1 \end{cases} \tag{3-69}$$

3.8.2 隧道爆破信号零偏校正

青岛地铁 3♯线隧道全长 25.93 km,采用钻爆法施工。开挖断面为马蹄形,掘进断面积为 30.8 m²,宽度为 5.8 m,高度为 6.1 m。隧道爆破选用 7 个段别电雷管,分别为 MS1～MS13 跳段使用,可以最大程度降低爆破产生的振动效应。选用 2♯岩石乳化炸药,布置如下:掏槽孔 24 个,分别采用 MS1、MS3、MS5 三段起爆,对应的各段别起爆药量为 7.2 kg、7.2 kg 和 10.8 kg;辅助孔 40 个,分别为 MS5、MS7、MS9 三段起爆,各段别起爆药量分别为 1.8 kg、10.2 kg 和 12 kg;周边孔 30 个,为 MS11 段起爆,起爆药量为 13.5 kg;底孔 7 个,为 MS13 段起爆,起爆药量为 4.2 kg。单循环总装药量为 66.9 kg,具体炮孔布置如图 3.51 所示。

为了准确评估和反映隧道爆破产生的振动效应,在隧道开挖掌子面上方 22 m 处布置测点。测试采用 TC-4850 型爆破测振仪,测振仪参数的准确设定是保证爆破信号测试精度的前提条件。为了保证测试波形的完整性及满足海森堡(Heisenberg)测不准原理的要求,将采样频率设定为 8 kHz,采样时长为 2 s。测振仪具体测试分析流程如图 3.69 所示。

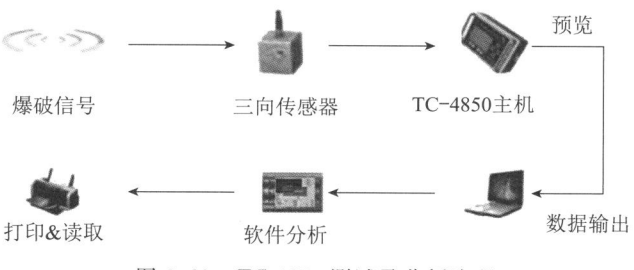

图 3.69 TC-4850 测试及分析流程

测试时建立笛卡尔坐标系,将测振传感器水平 x 向(径向)指向隧道掘进轴线方向,y 向(切向)指向与轴线垂直的水平方向,z 向(垂向)指向与 x、y 所构成的平面垂直的竖向,从而获取相互垂直三个方向上的振动信息。测振仪监测到的典型畸变振速波形如图 3.70 所示。

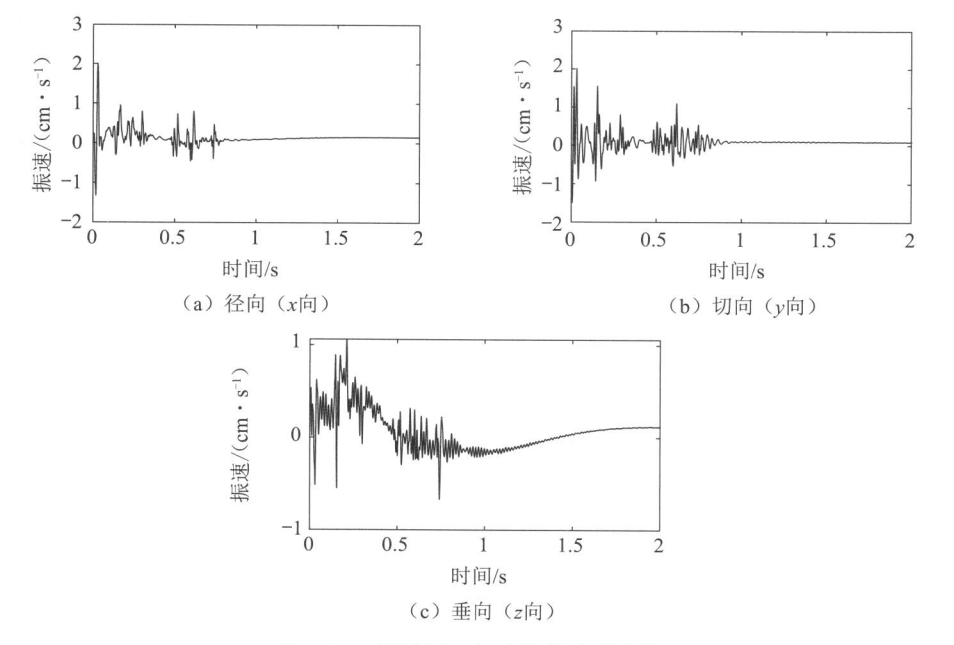

图 3.70 隧道爆破振动信号波形曲线

三向振速波形出现显著差异,其中与隧道轴线平行的 x 向振速最大,y 向次之,z 向最小。与常规露天爆破等多自由面爆破不同,一方面,隧道爆破掘进自由面单一,岩石夹制力较大,导致在装药量较小的低段别产生强振,伴随后续段别的顺利起爆,瞬间形成第二附加自由面,振速幅值有所降低;另一方面,雷管段别越高,雷管误差相对也越大,这也解释了为什么该隧道微差起爆周边孔的 MS11 段总装药量大反而产生的振动却较小。高段别雷管误差范围相对较大,再加上炮孔数量较多,一定程度上形成了独立的小型微差起爆网路,避免了周边孔各炮孔瞬时起爆产生的振速峰值"叠加效应"。从图 3.70 中可知:隧道爆破振动主振波形持续时间主要位于 $0 \sim 1$ s 范围内,在 0.8 s 后逐渐衰减直至基线零点附近,符合爆破方案中雷管起爆及延期误差时程分布区间规定(MS13 段雷管起爆时刻标定值为 650 mm,下限为 600 mm,上限为 705 mm)。此外,三向振速波形曲线均存在一定的基线偏移现象,尤其以 z 向最为显著,因此选取 z 向信号进行分析,其波形局部特征见图 3.71。

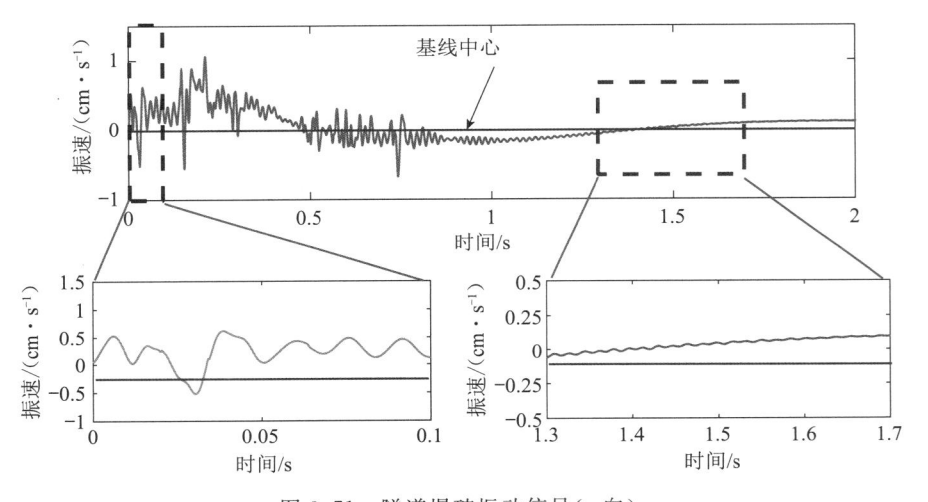

图 3.71   隧道爆破振动信号(z 向)

z 向信号在振动起始端部产生明显的"零漂",而在主振时程后具有明显的"甩尾"趋势项。引起这种现象的原因是多方面的,如仪器标定问题、爆破飞石、测试环境和测点布置等,若后续分析中将这类信号直接舍弃,会导致测试数据不完整,数据信息丢失甚至影响后期相关结论的科学性。因此,如何提高这类信号的可读性和辨识度,是目前技术人员面临的关键问题。信号分析过程中往往需要输入多个相关参数,以确保得到的真实信号具有明确的物理意义。采用前述 BEADS 算法对信号进行处理时,所选截止频率的微小变化会引起基线成分的较大波动,尤其在低于最佳频率的中心频率处体现得更为明显,此外,高于最佳频率的截止频率会使基线成分对信号峰值极为敏感。考虑到基线成分主要集中在信号低频区域,故设定分析截止频率 f_c 为 0.002 Hz。

在分析过程中为了降低基线校正过程对信号分量幅值的影响,引入正则化系数(regularization parameter)λ 和具有对称补偿罚值功能的损失函数(cost function)φ。为了从 y 中提取 x,问题转化为下述优化问题,也称为基追踪去噪(basic pursuit denoising,BPD)过程:

$$\underset{x}{\arg\min}\frac{1}{2}\left\|y-\Phi x\right\|_2^2+\lambda R(x) \tag{3-70}$$

$$R(v) = \sum_n \varphi(v_n) \tag{3-71}$$

式中，φ 为罚函数，参数 λ 决定了该过程中信号稀疏化程度。由于基线成分主要位于信号低频分量中，分析时设置滤波器阶数 d 为 0～2，损失函数非对称性系数 r 为 6。正则化参数基本幅值 λ 为 0.8，不同阶正则化参数 λ_0～λ_2 分别为 0.8、3.2 和 4。分析过程中干扰因素很大程度上可通过调整非对称系数 r 和正则化参数 λ 实现，信号分解提取结果及对应的信号频谱如图 3.72 和图 3.73 所示。BEADS 算法通过建立凸优化问题来封装上述分析过程中的非参数模型，引入类似正则化 l_1 范数的非对称损失函数，是一种具有鲁棒性、高效性且能快速收敛至最优唯一解的迭代算法。图 3.74 中损失函数值与迭代次数历史关系曲线表明，经过有限次数（<15 次）的迭代损失函数值趋于收敛，验证了算法运行效率。

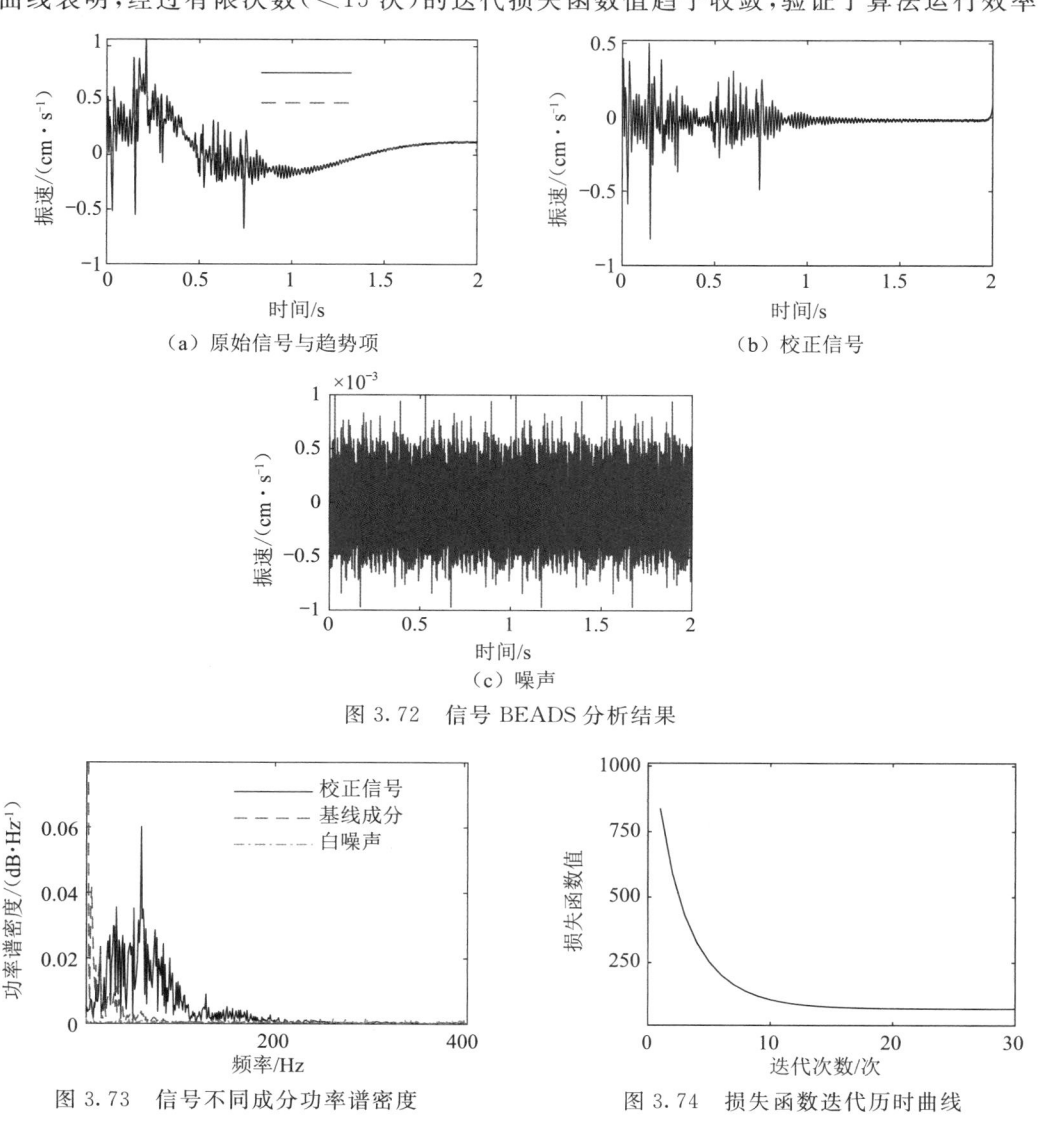

（a）原始信号与趋势项　　　　　　（b）校正信号

（c）噪声

图 3.72　信号 BEADS 分析结果

图 3.73　信号不同成分功率谱密度　　　　　图 3.74　损失函数迭代历时曲线

3.8.3　混沌多重分形特征分析

隧道微差起爆网路可视为复杂的非线性动力系统，爆破信号的非线性动力学特征具有对网路装药量、雷管段别选取等初始条件的敏感依赖性、起爆过程延期时间的不确定性以及能量时空分布的随机性。信号混沌运动轨迹称为混沌吸引子,混沌吸引子上的混沌行为是一种高级有序行为。为了便于观察不同分量信号相空间轨迹演化规律,将信号根据时间分成若干段,重构后投影到三维相空间中,绘制其吸引子演化过程,如图 3.75 所示。从图中可知:不同分量信号吸引子形态在三维相空间轨道的精细程度、相空间轨迹的收敛程度、信号不同成分所蕴含的信息量以及稳定程度具有显著差异。校正信号波形稳定规则:吸引子在相空间轨迹为长、短轴不等长的椭圆形平衡态,其在轨道之间表现为由密到疏的反复周期性波动过程,体现了微差爆破过程中低段别起爆能量的不断耗散和高段别起爆能量的相继补充作用;低频趋势项成分能量较小,吸引子在三维相空间收敛为近似直线,揭示了趋势项为大波动的长周期干扰特征;高频噪声振幅明显减小,吸引子在相空间周期性成分减弱,呈现为无明显轨道的杂乱无章状态,说明了噪声成分具有微幅随机性波动特征。

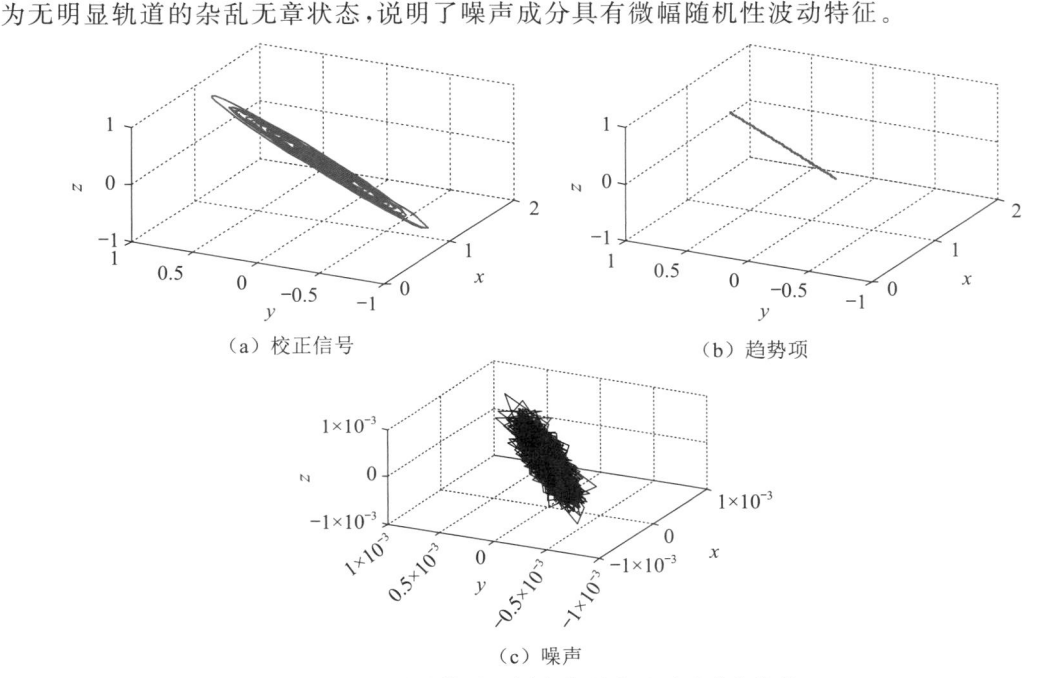

图 3.75 爆破信号不同成分混沌吸引子形态演化

针对非线性信号特征的分析,Eckmann 等提出了一种图形化的信号提取方法,即递归图(recurrence plot,RP)理论。递归图是一种能够深刻揭示信号不平稳并识别标量时间序列中隐含规律的图形方法,其从宏观角度分为均匀模式、周期模式、漂移模式和突变模式。这里,分别计算三个分量信号的递归图如图 3.76 所示。图中不同分量信号递归图模式特征明显不同,递归拓扑结构清晰可辨。校正信号的递归图在时间轴上表现为周期模式,属于典型的稳态分布,局部密度增大与信号波峰、波谷出现位置密切相关,具有强烈的非线性特征;低频趋势项成分的递归图呈对角线方向分布,分布走向大致平行于 45° 主对角线方向,表现为突变模式且对角线和孤立点并存,说明趋势项属于信号中的缓慢变化成分,其线性程度增强;而噪声成分递归孤立点随机分布,表现为漂移模式,表明高频低幅噪声引起的干扰由信号中突然的或急剧的变化所决定。递归模式和混沌特征为爆破信号不同成分的辨识提供了理论依据和参考。

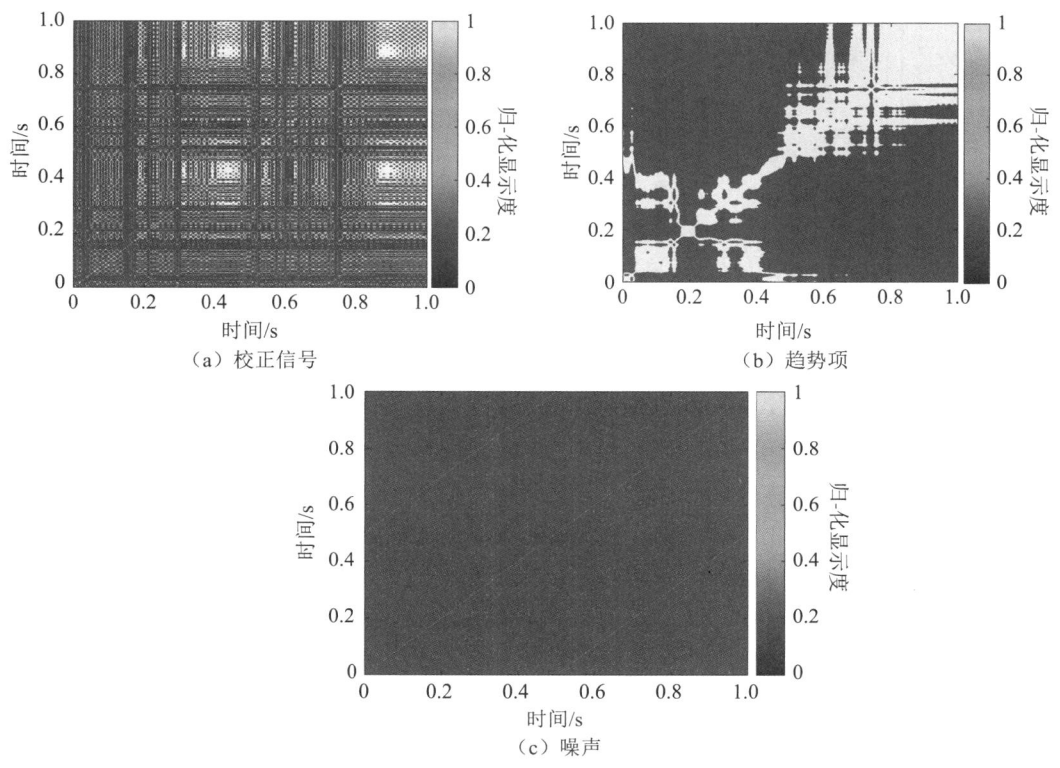

（a）校正信号　（b）趋势项

（c）噪声

图 3.76　爆破信号不同成分递归图演化

3.8.4　多重分形特征

应用 MF-DFA 对图 3.72 中隧道爆破信号不同分量进行分析,将尺度 s 区间取为 $16\sim$ 1024 并等间隔划分,共得到 19 个尺度值范围内的信号波动特性。计算时 k 值确定为 2,取阶数 q 分别为 $-1,0,1$,便得到校正信号、趋势项和噪声三个特征信号的双对数回归曲线,如图 3.77 所示。

图 3.77 中信号不同成分波动函数与尺度双对数拟合关系中,波动函数 $F(q)$ 均随着尺度 s 的变大而增大,$F(q)$ 对尺度 s 的对数回归线的斜率即为 Hurst 指数。图中不同信号在尺度 s 变化下的波动趋于一致,随着尺度 s 的增加,波动聚集性增强,$F(q)$ 值差异性降低。校正信号的波动趋势更为明显,体现了不同段别雷管起爆能量对信号总能量的补充过程,其频率成分相对复杂,具有典型的瞬态非线性大波动特征;趋势项信号呈现近似线性的波动状态,体现了趋势项的小波动形态;噪声信号在大、小不同尺度 s 下的波动形态无明显差异,反映了噪声信号弱波动行为。

Hurst 指数 $h(q)$ 反映了信号不同阶数 q 之间的关系,是衡量信号多重分形特性的重要指标。计算爆破信号三种成分在不同阶数 q 下的 Hurst 指数值见表 3.11。从表中可知:爆破信号中不同成分的 Hurst 指数均随着 q 值的增大而减小,体现了不同信号成分分形特征差异。

校正信号、趋势项和噪声在不同阶数下的 Hurst 指数呈现渐进式递减变化。通常 Hurst 指数取值介于 $[0,1]$ 范围内,$h(q)$ 值的变化可体现爆破信号的持续相关性。从表 3.11 中可知:噪声成分 $0<h(q)<0.5$,说明噪声序列具有反持续性,$h(q)$ 值越小则反持续相

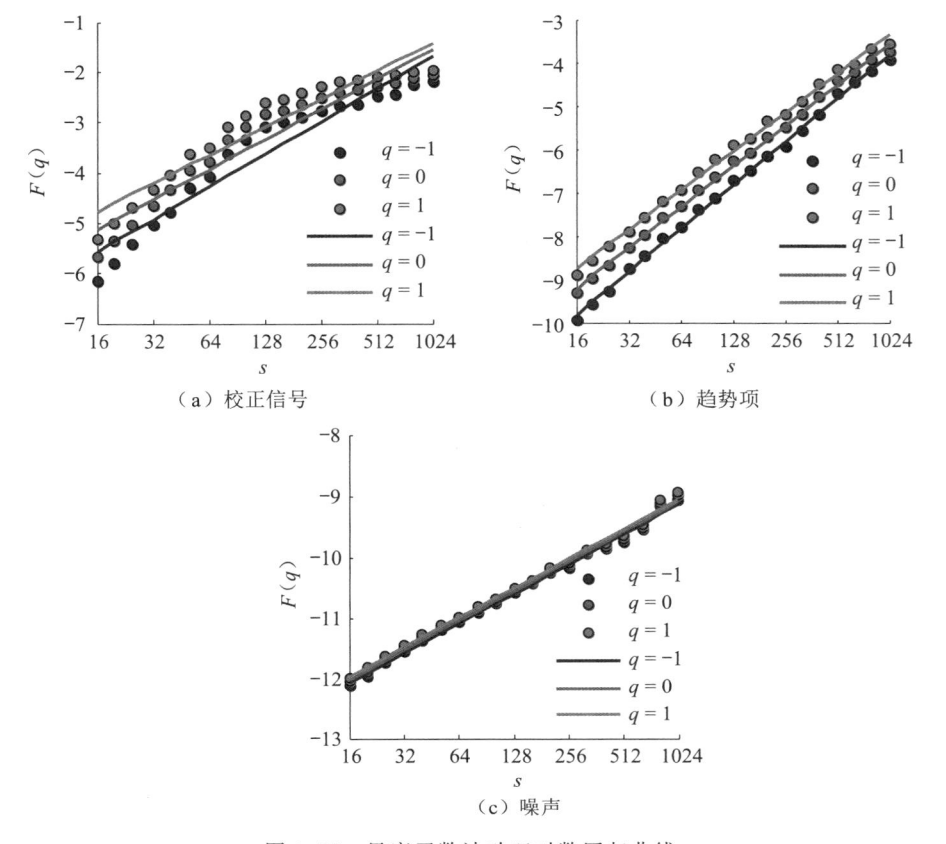

图 3.77　尺度函数波动双对数回归曲线

关性越强,即信号与之前的趋势相反,噪声信号具有的绝对的反持续相关性,体现了噪声成分的波动离散性。趋势项成分 $0.5<h(q)<1$,则趋势项序列具有持续相关性,即其保持之前的趋势,值越大持续性越强,持续性强弱与阶数 q 值的大小为反相关,阶数 q 值越小,持续性特征越显著。校正信号以阶数 $q=0$ 为分界,在 $q<0$ 条件下表现为持续相关性,而在 $q>0$ 条件下为反持续相关性。三类信号 Hurst 指数变化具有清晰的辨识度,可作为信号辨识和分类的依据。

表 3.11　爆破信号不同分量的 Hurst 指数

分量	$q=-5$	$q=-3$	$q=-1$	$q=0$	$q=1$	$q=3$	$q=5$
校正信号	0.531	0.521	0.519	0.500	0.459	0.399	0.384
趋势项	0.673	0.648	0.599	0.576	0.576	0.541	0.531
噪声	0.299	0.298	0.297	0.297	0.297	0.295	0.293

　　三种信号成分的多重分形谱及相关参数变化如图 3.78 所示。图 3.78(a)校正信号在幅值上介于低频趋势项和高频噪声之间,体现了校正信号宽频分布特征。图 3.78(b)三者中趋势项的非线性特征最强,噪声最弱,校正信号居中,反映了校正信号多幅值属性。图 3.78(c)表现出校正信号和趋势项分形谱对阶数 q 变化较为敏感,噪声却相反,这与表 3.11 得到的结论一致。图 3.78(d)校正信号、趋势项及噪声信号标度指数 τ_q 与 q 均为非线性关

系且校正信号非线性程度介于低频趋势项和高频噪声之间,在阶数 $q=0$ 时三者标度指数值接近并趋于一致。阶数为负值时,标度指数能敏感地捕捉信号不同成分小幅值变化;反之,则能敏感反映其大幅值变化。可以看出无论哪类信号成分,$q=0$ 时,$\tau_q=-1$,τ_q 是一个凸向纵轴的函数,τ_q 与 q 之间存在非线性关系且随着信号频率的增大非线性程度降低。

图 3.78(e) 中奇异谱 $f(\alpha)$ 是奇异指数 α 的分维分布函数。多重分形谱 $f(\alpha)$ 有三个特征点,即左、右端点和极值点。多重分形奇异谱曲线在左端点的斜率 $q \to +\infty$,因此左端点的横坐标 $\alpha_{+\infty}$ 对应着最大波动的奇异指数;在右端点处斜率 $q \to -\infty$,因此,右端点的横坐标 $\alpha_{-\infty}$ 对应着最小波动的奇异指数。多重分形谱的宽度 $\Delta\alpha=\alpha_{-\infty}-\alpha_{+\infty}$ 反映了时间序列在整个分形结构上概率测度分布的不均匀性程度,$\Delta\alpha$ 越大则概率测度分布越不均匀,多重分形越强烈。三种信号成分的多重分形谱及相关参数提取结果如表 3.12 所示。

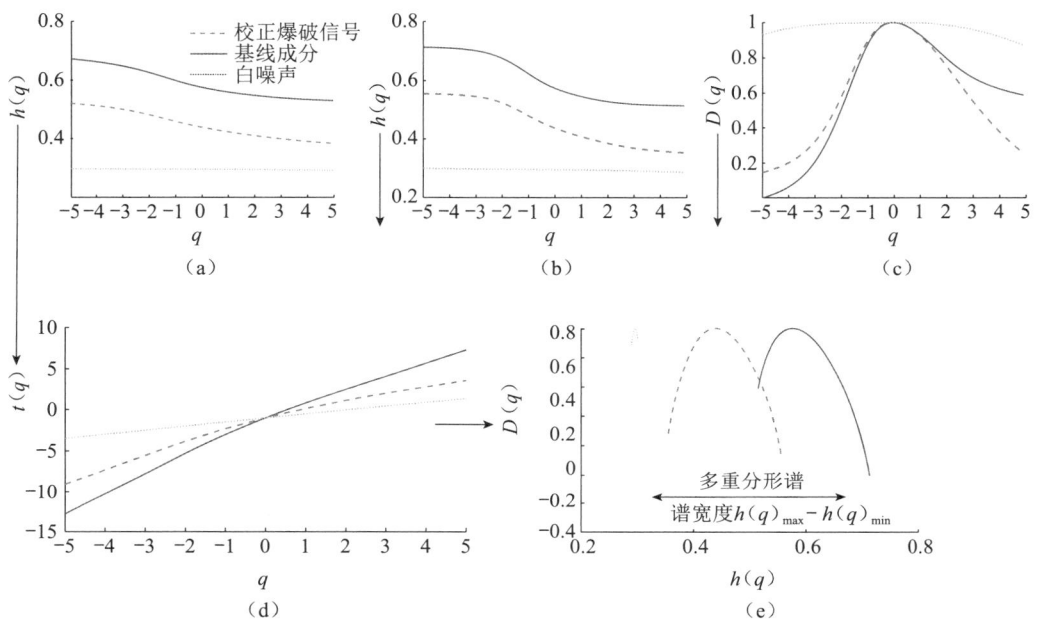

图 3.78　爆破信号不同成分 MF-DFA 分析结果

表 3.12　信号 MF-DFA 分形谱参数

参数	$\alpha_{f\max}$	$f_{\max}$	Δf	$\Delta\alpha$
校正信号	0.441	1	0.112	0.203
趋势项	0.574	1	0.584	0.184
噪声	0.297	1	-0.065	0.013

三类信号的奇异谱具有不同的形状、位置和谱宽,均为类似"钟形"曲线,表现为单峰拱形且峰值均为 1,这是多重分形谱的一个重要特征。三种信号多重分形谱都是以 α 值的某个范围为特征,分形谱对应的奇异指数 α 随着信号频率的增大而逐渐左移;校正信号和趋势项 Δf 均为正值,噪声信号为负值。爆破信号不同成分奇异谱沿峰值点近似轴对称分布且校正信号的多重分形强度最大,趋势项次之,噪声信号最小。正是由于三类信号内在动力学机制不同,产生了上述谱差异。

3.8.5　信号相关性分析

对于任意给定的两个信号 $x(t)$ 和 $y(t)$，在其连续小波变换的基础上建立两者之间的相关性关系：

$$C_{x,y}(a,b) = W_x(a,b)W_y^*(a,b), C_{x,y}(a,b) \in [0,1] \tag{3-72}$$

上述系数值变化可揭示信号在时频域不同尺度上的相关程度，其值越大则相关性越高，反之亦然。小波相关性凝聚谱综合反映了不同信号之间的相关性在时域和频域上的依赖关系，揭示不同信号成分与原始信号在时间和频率尺度上的相关程度。分析过程中，选用 Morlet 小波基函数可获得良好的时频域局部化特征，这里为了便于分析，对相关性进行归一化处理，如图 3.79 中颜色柱所示。图中黑色小箭头代表被分析信号间的位相关系：箭头向右（→）表示两信号之间为同位相，为显著正相关；箭头向左（←）表示两者之间为反相位，呈现显著负相关关系；箭头垂直向上或向下（↑或↓）表示位相出现滞后性，为非线性相关。由相关性对比可知：校正信号与原始信号在全时程和特征频段（16～128 Hz）范围内表现出强烈的同位相相关性。基线信号与原始信号仅在主振时程 0.7 s 内存在一定的反位相趋势，且相关性出现间断不连续特征。噪声信号与原始信号在时频域上的依赖性显著降低，几乎无关联性。分析实践也表明如果截止频率选取合理，从原始奇异信号中将校正信号和基线信号成分去除得到的残余噪声，在理论上其与原始奇异信号无相关性。交叉小波凝聚谱清晰刻画了信号不同分量对原始信号特征的继承性，为三类信号的辨识提供了客观依据。

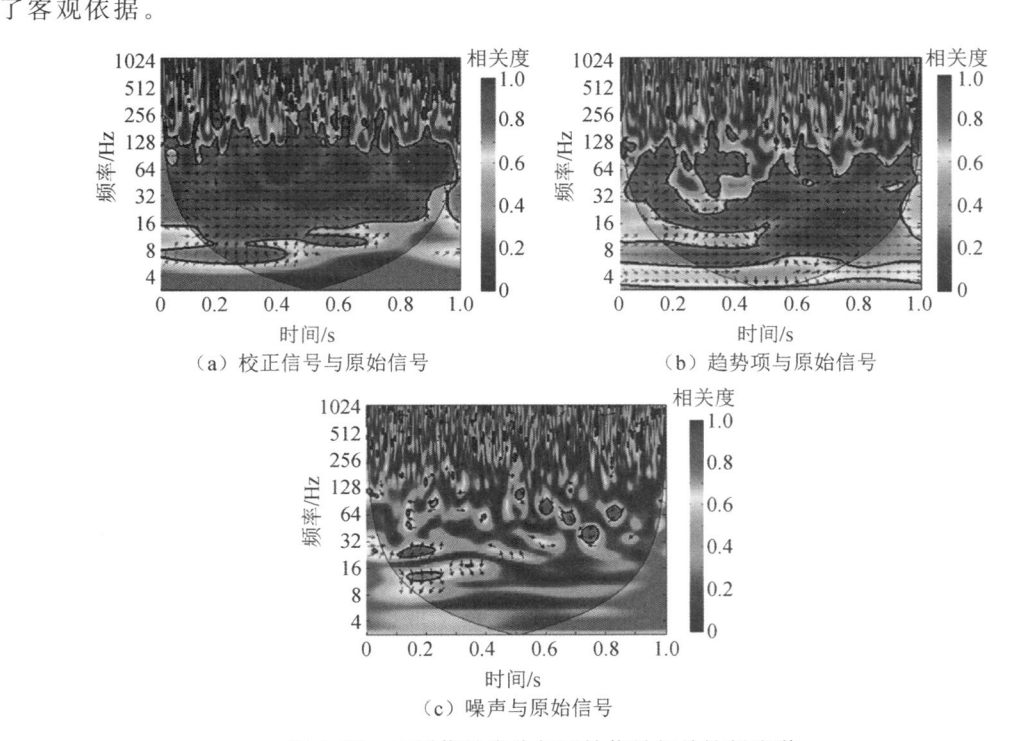

（a）校正信号与原始信号　　　　（b）趋势项与原始信号

（c）噪声与原始信号

图 3.79　不同信号成分与原始信号相关性凝聚谱

针对隧道爆破振动信号趋势项和噪声干扰识别难题,采用组合算法分离并提取信号的混沌分形特征,结论如下:

① BEADS算法可实现爆破校正信号、低频趋势项和高频噪声的有效分离,三者均具有多重分形特征且噪声具有绝对的反持续相关性,体现了其成分的波动离散性;趋势项具有持续相关性,持续性强弱与阶数 q 值大小为负相关,阶数 q 值越小,持续性特征越显著;校正信号以阶数 $q=0$ 为转折点,在 $q<0$ 条件下表现为持续相关性,而在 $q>0$ 条件下为反持续相关性。

② 高频噪声、低频趋势项和校正信号三者的混沌特征显著不同。校正信号吸引子轨迹形态为反复周期性有序波动,其递归图具有周期模式;趋势项吸引子表现为近似直线,其递归图具有对角线分布突变模式;噪声吸引子为杂乱无章随机波动,其递归图具有漂移模式。

③ 交叉小波变换凝聚谱可揭示信号在时域和频域变化的细部特征和共振位相差异,反映信号不同成分在时频域特征的相关程度,校正信号、趋势项和噪声分量与原始信号分别具有持续正相关、局部负相关和无相关性特征,为三类信号的分类识别和特征信息继承度判定提供了有效手段。

本章彩图详见二维码:

参考文献

[1] 高启栋,卢文波,杨招伟,等.水平光面爆破激发地震波的成分及衰减特征[J].爆炸与冲击,2019,39(8):170-182.

[2] 雷文杰,李金雨,云美厚.采动微地震波传播与衰减特性研究[J].岩土力学,2019,40(4):1491-1497.

[3] 凌同华,刘浩然,张亮,等.双正交小波基构造法及其在爆破振动信号分析中的应用[J].振动与冲击,2018,37(11):273-280.

[4] 关晓磊,颜景龙.爆破振动信号的 HHT 时频能量谱分析[J].爆炸与冲击,2012,32(5):535-541.

[5] 郭涛,方向,谢全民,等.频率切片小波变换在爆破振动信号时频特征精确提取中应用[J].振动与冲击,2013,32(22):73-78.

[6] 杨仁树,付晓强,张世平,等.基于EEMD分形与二次型SPWV分布的爆破振动信号分析[J].振动与冲击,2016,35(22):41-47.

[7] 龙源,谢全民,钟明寿,等.爆破震动测试信号预处理分析中趋势项去除方法研究[J].工程力学,2012,29(10):63-68.

[8] 钟明寿,周辉,刘影,等.基于改进匹配追踪算法的化爆地震波信号时频特征提取[J].爆炸与冲击,2017,37(6):931-938.

[9] 梅比,汪旭光,杨仁树.基于改进 MP-WVD 算法的核电厂建设爆破振动信号处理方法[J].爆炸与冲击,2019,39(4):152-162.

[10] 李振,李伟光,陈辉,等.基于匹配追踪的特征频率提取算法及其应用[J].振动与冲击,2019,38(19):7-13.

[11] 李晋,燕欢,汤井田,等.基于匹配追踪和遗传算法的大地电磁噪声压制[J].地球物理学报,2018,61(7):3086-3101.

[12] 李秀坤,吴玉双.多分量线性调频信号的 Wigner-Ville 分布交叉项去除[J].电子学报,2017,45(2):315-320.

[13] VERSHYNIN R. Uniform uncertainty principle and signal recovery via regularized orthogonal matching pursuit[J]. Foundations of Computational Mathematics,2009,9(3):317-334.

[14] 刘恒杰,段嗣昊,胡昌伦,等.基于改进正交匹配追踪算法的信号识别研究[J].电子设计工程,2017,25(7):161-164,169.

[15] FICKER J H,PENZEL T,GROTE L,et al. Detection of cardiovascular risk from aphotoplethysmographic signal using a matching pursuit algorithm[J]. Medical & Biological Engineering & Computing,2016,54(7):1111-1121.

[16] SHEN Y,HU R. Sparsity and incoherence in orthogonal matching pursuit[J]. Multidimensional Systems & Signal Processing,2018,30(11):1-18.

[17] 余建波,刘海强,郑小云,等.基于 ITD 与稀疏编码收缩的滚动轴承故障特征提取方法[J].振动与冲击,2018,37(19):23-29.

[18] LANG X,ZHANG Z,XIE L,et al. Time-frequency analysis of plant-wide oscillations using multivariate intrinsic time-scale decomposition[J]. Journal of Applied Physics,2017,111(11):4368-4373.

[19] GHADERPOUR E,INCE E S,PAGIATAKIS S. Least-squares cross-wavelet analysis and its applications in geophysical time series[J]. Journal of Geodesy,2018,92(10):1223-1236.

[20] 杨仁树,付晓强,杨立云,等.冻结立井爆破冻结壁成形控制与井壁减振研究[J].煤炭学报,2016,41(12):2975-2985.

[21] 杜峰,闫军,张学民,等.大跨度小净距隧道爆破振动影响数值模拟分析[J].铁道科学与工程学报,2017,14(3):150-156.

[22] 张胜,王智德,黎永索,等.基于模式自适应连续小波能量谱的爆破振动信号特征分析[J].爆破,2019,36(2):105-110,125.

[23] YAN Z,MIYAMOTO A,JIANG Z. Frequency slice wavelet transform for transient vibration response analysis[J]. Mechanical System sand Signal Processing,2009,23(5):1474-1489.

[24] 马朝永,盛志鹏,胥永刚,等.基于自适应频率切片小波变换的滚动轴承故障诊断[J].农业工程学报,2019,35(10):34-41.

[25] 蔡剑华,熊锐.基于频率切片小波变换的时频分析与 MT 信号去噪[J].石油物探,2016,55(6):904-912.

[26] 杨仁树,付晓强,杨国梁,等.EMD 和 FSWT 组合方法在爆破振动信号分析中的应用研究[J].振动与冲击,2017,36(2):58-64.

[27] 马飞,丁宗泽,沈龙元,等.褐飞虱发生的一维时间序列相空间重构及混沌吸引子维数的确定[J].生态学报,2001(9):1542-1548.

[28] 孙迪,李国宾,魏海军,等.磨合过程摩擦振动混沌吸引子演变规律[J].振动与冲击,2015,34(6):116-121.

[29] 何志坚,周志雄.基于 FSWT 细化时频谱 SVD 降噪的冲击特征分离方法[J].中国机械工程,2016,27(9):1184-1190.

[30] 尚雪义,李夕兵,彭康,等.FSWT-SVD 模型在岩体微震信号特征提取中的应用[J].振动与冲击,2017,36(14):52-60.

[31] 施式亮,宋译,何利文,等.矿井掘进工作面瓦斯涌出混沌特性判别研究[J].煤炭学报,2006,31(6):701-705.

[32] 胡瑜,陈涛.基于 C-C 算法的混沌吸引子的相空间重构技术[J].电子测量与仪器学报,2012,26(5):425-430.

[33] 禹言芳,熊强,孟辉波,等.竖直上升螺旋流内瞬态压力波动信号混沌吸引子形态特性[J].过程工程学报,2012,12(5):735-741.

[34] 马晋,江志农,高金吉.基于混沌分形理论的特征提取技术在气阀故障诊断中应用[J].振动与冲击,2012,31(19):26-30.

[35] 王超,周传波,路世伟,等.城市暗挖隧道爆破地震波传播规律研究[J].科学技术与工程,2017,17(6):158-162

[36] 张发财,王林台,刘春旭,等.地铁隧道掘进下穿 BRT 车站爆破振动效应研究[J].施工技术,2017,46(17):110-113.

[37] 王维富,梅竹.台阶法在超大断面浅埋偏压隧道中的应用研究[J].隧道建设(中英文),2017,37(12):1578-1584.

[38] 黄明利,孟小伟,谭忠盛,等.浅埋隧道下穿密集房屋爆破减震技术研究[J].地下空间与工程学报,2012,8(2):423-472.

[39] 周宜,王海亮,张祖远,等.城市浅埋隧道下穿建筑物的微振动爆破技术研究[J].隧道建设(中英文),2015,35(1):89-93.

[40] 张建波,杨新安,何知思.浅埋隧道下穿建筑物爆破振动规律及控制研究[J].华东交通大学学报,2014(1):17-22.

[41] 李立功,张亮亮,刘星.小净距双洞隧道下穿建筑物爆破振速控制技术研究[J].隧道建设(中英文),2016,36(5):592-599.

[42] 刘海,邓伟民.浅埋双洞隧道爆破振动安全技术研究[J].山西建筑,2018(1):152-153.

[43] 汤劲松,刘松玉,童立元.卵砾石土地层偏压地形大跨浅埋隧道的施工方法[J].科学技术与工程,2018,18(1):115-121.

[44] 郭得福,黄博,高文乐,等.浅埋隧洞爆破施工引起的振动效应[J].工程爆破,2017,23(1):71-76.

[45] 熊祖钊,胡从骄,蔡路军.V 级围岩大断面隧道爆破开挖技术[J].科学技术与工程,2018,18(17):279-284.

[46] 邹德臣,王海亮,王春慧,等.基于 HHT 分析的浅埋隧道爆破振动控制研究[J].隧道建设(中英文),2014,34(8):760.

[47] 江雅勤,刘殿书,武宇,等.兴延高速浇花峪隧道爆破振动测试分析研究[J].隧道建设(中英文),2018,38(2):224.

[48] 江伟华,童峰,王彬,等.采用主分量分析的非合作水声通信信号调制识别[J].兵工学报,2016,37(9):1670.

[49] MOURA E P D, SOUTO C R, SILVA A A, et al. Evaluation of principal component analysis and neural net work performance for bearing fault diagnosis from vibration signal processed by RS and DF analyses[J]. Mechanical Systems & Signal Processing, 2011, 25(5):1765.

[50] 何闯,尹冬梅,王海亮,等.自由面与最小抵抗线对爆破振动的影响分析[J].隧道建设(中英文),2018,38(1):50.

[51] YU H, LI F, WU T, et al. Functional brain abnormalities in major depressive disorder using the Hilbert-Huang transform[J]. Brain Imaging & Behavior, 2018(3):1.

[52] 郭云龙,孟海利,孙崔源,等.基于 HHT 方法对隧道施工爆破振动信号的分析[J].铁道建筑,2017,57(11):69.

[53] QU H, LI T, CHEN G. Synchro-squeezed adaptive wavelet transform with optimum parameters for arbitrary time series[J]. Mechanical Systems & Signal Processing, 2019, 114:366.

[54] 陈帅志,付晓强,陈程,等.隧道微差爆破雷管延时识别方法研究[J].工业安全与环保,2017,43(9):36.

[55] 龚敏,邱燚可可,孟祥栋,等.基于 HHT 的雷管实际延时识别法在城市环境微差爆破中的应用[J].振动与冲击,2015,34(10):206.

[56] 杨计先,马洁腾,陈帅志,等.基于 HHT 方法的煤矿深立井掘进爆破振动信号分析[J].煤矿安全,2018,49(4):201.

[57] 付晓强,雷振,刘幸,等.城市浅埋隧道下穿密集建筑群控制爆破技术[J].科学技术与工程,2019,19(2):223-227.

[58] 耿大新,陶彪,于洋,等.双向聚能光面爆破周边眼参数确定的新方法[J].铁道科学与工程学报,2019,16(2):435-442.

[59] LI X, LI C, CAO W, et al. Dynamic stress concentration and energy evolution of deep-buried tunnels under blasting loads[J]. International Journal of Rock Mechanics & Mining Sciences, 2018, 104:131-146.

[60] 赵铁军,姜殿科,周明,等.隧道周边孔爆破振动信号分析[J].工程爆破,2017,23(5):38-43.

[61] 汪平,孟海利.基于 HHT 方法对紧邻既有隧道爆破振动信号的分析[J].工程爆破,2018,24(6):70-74.

[62] 魏新江,谢超,丁玉琴.基于平均频率和 HHT 变换的隧道爆破震动信号研究[J].矿业研究与开发,2017,37(7):13-18.

[63] 王晓龙,唐贵基,周福成.自适应可调品质因子小波变换在轴承早期故障诊断中的应用[J].航空动力学报,2017,32(10):2467-2475.

[64] BHARATH I, DEVENDIRAN S, REDDY D M, et al. Bearing condition monitoring using tunable Q-factor wavelet transform, spectral features and classification algorithm[J]. Materials Today Proceedings, 2018, 5(5):11476 -11490.

[65] 高倩,陈晓英,孙丽颖.基于稀疏表示的 TQWT 在低频振荡信号去噪中应用[J].电力系统保护与控制,2016,44(13):55-60.

[66] KONG Y, WANG T Y, CHU F L. Adaptive TQWT filter based feature extraction method and its application to detection of repetitive transients[J]. Science China Technological Sciences, 2018, 61(10):1556-1574.

[67] 杨仁树,付晓强,杨国梁,等.基于 CEEMD 与 TQWT 组合方法的爆破振动信号精细化特征提取[J].振动与冲击,2017,36(3):38-45.

[68] 刘连生,蒋家卫,周子荣,等.几种信号去噪方法在爆破振动信号中的应用分析[J].有色金属科学与工程,2016,7(3):107-112.

[69] 张胜,凌同华,曹峰,等.模式自适应连续小波去除趋势项方法在爆破振动信号分析中的应用[J].爆炸与冲击,2017,37(2):255-261.

[70] 韩亮,刘殿书,辛崇伟,等.深孔台阶爆破近区振动信号趋势项去除方法[J].爆炸与冲击,2018,38(5):1006-1012.

[71] 林江刚,胡正新,李晶,等.低转速下基于 AE 信号与 LMD 的滚动轴承故障诊断[J].动力工程学报,2019,39(4):293-298.

[72] 徐振洋,陈占扬,郭连军,等.爆破振动信号的局部波分解方法[J].工程爆破,2016,22(5):18-23.

[73] 杨仁树,车玉龙,冯栋凯,等.切缝药包预裂爆破减振技术试验研究[J].振动与冲击,2014,33(12):7-14.

[74] 李春兰,高阁,张亚飞,等.基于局部均值分解(LMD)的单通道触电信号盲源分离算法[J].农业工程学报,2019,35(12):200-208.

[75] 丁闯,张兵志,冯辅周,等.局部均值分解和排列熵在行星齿轮箱故障诊断中的应用[J].振动与冲击,2017,36(17):55-60.

[76] LIU H, HAN M. A fault diagnosis method based on local mean decomposition and multi-scale entropy for roller bearings[J]. Mechanism & Machine Theory, 2014, 75(5):67-78.

[77] DROVER C, VILLAESCUSA E. A comparison of seismic response to conventional and face destress blasting during deep tunnel development[J]. Journal of Rock Mechanics and Geotechnical Engineering, 2019, 11(5):965-978.

[78] 贾海鹏,刘殿书,陈斌,等.相邻隧道爆破振速分布规律研究[J].矿业科学学报,2019,4(6):506-514.

[79] 张栋良,李帅位,黄昕宇,等.VMD 参数优化及其在轴承故障特征提取中的应用[J].北京理工大学学报,2019,39(8):846-851.

[80] 刘景良,郑锦仰,林友勤,等.变分模态分解和同步挤压小波变换识别时变结构瞬时频率[J].振动与冲击,2018,37(20):24-31.

[81] 沈微,陶新民,高珊,等.基于同步挤压小波变换的振动信号自适应降噪方法[J].振动与冲击,2018,37(14):239-247.

[82] 薛里,孙付峰,施炎龙,等.青岛地铁隧道爆破开挖振动控制研究[J].铁道工程学报,2011,28(5):98-101.

[83] 付晓强,陈程,陈帅志,等.隧道爆破振动与机车振动信号时频特征差异化分析[J].科学技术与工程,2017,17(15):191-195.

[84] 崔雪姣,周建敏,赵明生,等.延时间隔对爆破振动信号时频特征的影响[J].工程爆破,2020,26(3):85-88.

[85] 王松青,张全峰,汪海波,等.武汉地铁区间隧道下穿建筑物爆破振动控制技术研究[J].工程爆破,2020,26(1):85-90.

[86] 王海龙,赵岩,王海军,等.基于CEEMDAN-小波包分析的隧道爆破信号去噪方法[J].爆炸与冲击,2021,40(5):1-15.

[87] 贾贝,凌天龙,侯仕军,等.变分模态分解在爆破信号趋势项去除中的应用[J].爆炸与冲击,2020,40(4):123-131.

[88] ZHAO M S, WANG X G, CHI E A, et al. Influence of distance from blast center on time-frequency characteristics of blast vibration signals[J]. Advanced Materials Research,2014,1033/1034:444-448.

[89] 赵明生,张建华,易长平.基于单段波形叠加的爆破振动信号时频分析[J].煤炭学报,2010,35(8):1279-1282.

[90] 单仁亮,宋永威,白瑶,等.基于小波包变换的爆破信号能量衰减特征研究[J].矿业科学学报,2018,3(2):119-128.

[91] 单仁亮,白瑶,宋永威,等.冻结立井模型爆破振动信号的小波包分析[J].煤炭学报,2016,41(8):1923-1932.

[92] 钟明寿,谢全民,龙源,等.碳酸盐岩中爆破振动信号能量局部特征的多重分形分析[J].振动与冲击,2016,35(13):94-98.

[93] 付晓强,杨仁树,崔秀琴,等.冻结立井爆破振动信号多重分形去趋势波动分析[J].振动与冲击,2020,39(6):51-58.

[94] GRINSTED A, MOORE J C, JEVREJEVA S. Application of the cross wavelet transform and wavelet coherence to geophysical time series[J]. Nonlinear Processes in Geophysics,2004,11(5/6):561-566.

[95] 关山,庞弘阳,宋伟杰,等.基于MF-DFA特征和LS-SVM算法的刀具磨损状态识别[J].农业工程学报,2018,34(14):61-68.

[96] 田再克,李洪儒,孙健,等.基于改进MF-DFA的液压泵退化特征提取方法[J].振动、测试与诊断,2017,37(1):140-146,205.

[97] 李精明,魏海军,魏立队,等.摩擦振动信号的EEMD和多重分形去趋势波动分析[J].哈尔滨工程大学学报,2016,37(9):1204-1208,1214.

［98］ 李精明,魏海军,魏立队,等.摩擦振动信号的经验模式分解和多重分形研究[J].振动与冲击,2016,35(3):198-203.

［99］ 付晓强,雷振,崔秀琴,等.立井爆破振动信号混沌特征研究[J].煤矿安全,2019,50(11):63-66,71.

［100］张二华,单德山,李乔.基于多尺度递归图理论的桥梁微弱信号非线性非平稳检验[J].振动与冲击,2019,38(16):123-128.

［101］ ECKMANN J P,KAMPHORST S O,RUELLE D.Recurrence plots of dynamical system [J].Europhys Lett,1987,4(9):973-977.

第四章　露天矿山爆破信号分析
与边坡稳定性评价研究

  随着国家经济建设对能源需求量的加大和露天开采技术的不断发展,新建的以及改扩建的露天煤矿的开采规模和深度日益增大。许多大型露天矿山,由于开采的年限较长,有的开采深度已经达到 $400\sim500$ m,并且开采过程中随着采矿深度的加大,露天边坡的高度加大,其边坡角度增加,随之而来的便是边坡的稳定性变得很差,增加了边坡破坏的概率。而目前,露天开采应用最广泛的开采方法仍旧是传统的爆破法,其长期的累积爆破,导致边坡存在很大的安全隐患,稳定性越来越差。爆破质量的好坏直接制约着矿山的生产能力和效益,爆破产生的负面效应已经成为矿山建设中的公害。

  长期以来,科研人员对于露天爆破开采振动效应危害及其对边坡体影响的研究,主要的焦点集中在爆破时煤岩体等弹塑性受振介质在爆破载荷激励下的动态响应、运动规律以及爆破振动波衰减过程中对高陡边坡和周围建(构)筑物等结构体的破坏效应。对采集到的爆破振动信号,进行初步筛选和加工,在保证信号准确的前提下,可以采用不同的分析方法进行处理,因而可以从不同层面获取爆破振动信号所包含的时频信息特征。针对性地对分析结果进行综合,用以选择适当的爆破方案,优化爆破参量,在保证爆破效果最佳的条件下,将爆破振动强度降低到不危及人员安全、保证边坡稳定性和周围被保护建(构)筑物的安全的程度。

  伴随着软件开发技术的发展以及爆破振动信号分析计算理论的进步,对现场爆破采集到的模拟振动信号,通过数模(A/D)转换,转换成可以处理的数值参量,便可以运用MATLAB 软件强大的数据处理功能实现对信号的处理分析。目前众多的分析方法,包括最早提出的 FFT 和从天然地震分析中引用来的比较成熟的反应谱理论,理论计算依据不同,对爆破振动信号分析的角度不同,因而分析获得的结果的侧重点也有差异。各种分析手段和方法对爆破振动信号的分析各有其优点与弊端,正是爆破信号自身的复杂性和分析手段的局限性,使得对于爆破振动负面效应的控制和爆破振动危害的认识,仍然存在很大的盲目性。如何全面科学地对爆破振动危害进行控制,仍然是爆破领域研究的重大课题,爆破振动效应的控制和振动危害的研究,作为爆破施工质量好坏的重要评价指标,仍然是科研技术人员研究的重点,爆破振动效应控制研究仍然任重而道远。

  从大量的工程爆破导致的边坡事故可以看出:边坡体的主要破坏是在累积爆破荷载激励作用下的动态失稳导致的,岩质边坡体对爆破振动的响应是一个动态的过程,响应过程受到众多客观因素的影响,如仅仅单一地从力学理论计算模型的角度来衡量和评价边坡体的稳定程度,这显然是不科学的,其结果往往会出现较大的偏差,与实际情况存在极大不符。而数值模拟方法,以其独特的优势,弥补了理论分析和极限平衡法等经验分析方法的不足,可以通过建立边坡模型,还原边坡岩体的物理特性,同时施加爆破振动荷载波形,更好地体现边坡在爆破荷载下的动态性,与实际矿山边坡的状态更加接近。长期的工程实践证明:爆破作用下采用安全系数为度量指标,来评价岩质边坡的稳定性是行之有效的。

大量的爆破监测振动信号数据表明,爆破振动信号的结构包括频谱和能量等都是随着时间的推移而不断变化的。爆破振动信号的众多统计信息特征都是以时间为自变量的复杂函数关系。如何建立综合性的理论本构模型,对爆破振动这类复杂的随机复合波形进行分析尤为困难。正因为如此,对于爆破振动信号的监测及其监测信号的分析,显得极其重要。它是目前研究爆破振动效应最有效的手段。并且振动信号分析为振动波的作用机理、传播规律以及振动效应控制的研究打下了坚实的基础,同时也为爆破振动波预测和模拟提供了前提条件。爆破振动信号分析与处理,是对信号进行分析、变换、综合、识别等加工处理,以达到提取信号所包含的相关信息和便于利用的目的。

傅里叶变换,作为早期信号处理研究最为重要的科研成果之一,在爆破振动信号分析领域曾得到广泛的应用和推广。傅里叶变换是时域到频域互相转化的工具,可以在很短时间内作谱分析,因此在爆破振动信号谱分析中被广泛应用。宋熙太等用傅里叶谱对大型洞库爆破试验进行了分析,并且指出爆破远区振动波的各种成分波(P波、S波和R波等)可在时空上彼此分离。Siskind论述了频谱分析和响应谱在采矿爆破振动中的应用。短时傅里叶变换是比傅里叶变换更为先进的一种理论分析方法,其优势体现在对于时频局部化矛盾的处理上,通过窗函数的选取,它能很清晰地显现出局部时段上的频率信息。傅里叶变换,是一种纯频域的分析方法,要求数据具有严格意义上的周期性和平稳性,同时还要求系统具有线性特征,只适用于稳态信号的分析,不适用于非稳态信号的分析。

为了克服傅里叶变化的种种弊端,小波分析方法便应运而生,小波变换具有多分辨特性,可以由粗及精地逐步观察信号,只要选择适当的基本小波,就能够在时域和频域内同时得到较高的分辨率。小波包分析是一种更为精细的分析方法,通过对小波基的合理选取,对小波分析方法作了进一步的改进,可以实现对之前小波分析无法实现的爆破振动信号的高频部分信息特征进行分解。小波和小波包分析方法的提出,是爆破振动信号处理领域的一大突破,其分析结果的信号信息表征,凸显出了其在信号时-频处理方面的独特优势。何军等将小波理论应用到了爆破振动信号分析中。宋光明等对爆破振动信号波形进行了小波包分析。建立了预测单段、多段波形的小波包分析模型,有效预测了爆破振动波形衰减特征。

1998年,美国宇航局的美籍华人Huang等人提出了被称为希尔伯特-黄变换的信号处理方法,这是一种全新的分析方法。该方法从本质上讲是对信号进行平稳化处理,以得到信号的时频分布。HHT法与傅里叶变换和小波变换不同,它依据数据本身的时间尺度特性来对信号进行分解,爆破工程人员将其引入爆破振动信号分析领域,为后续的分析研究工作奠定了可靠的理论基础。李夕兵等以现场实测到爆破振动信号为例,分别应用小波分析和HHT从不同方面进行了分析对比,讨论了爆破振动信号的特征提取和时频分布。相关学者也运用HHT方法,并结合爆破工程实例,对爆破振动信号进行分析,识别出了各段雷管实际的起爆时刻,得到了实际微差爆破工程中的延期时间,为爆破延期参数设计提供了科学的分析手段。

在工程结构抗震方面应用较为成熟的反应谱理论方法,是从动力学的角度来研究建(构)筑物在爆破振动作用下的破坏趋势和动态响应过程。由于反应谱分析强大的动力分析功能,能从结构体爆破响应引起的位移、速度、内力、加速度等多角度全方面评价爆破振动效应,是一种重要的分析手段。在我国爆破工程界,运用反应谱方法研究爆破振动信号的振动速度和频率特征,提出爆破振动破坏效应的反应谱曲线积分值评估方法。结构设计人员利用反应谱理论,研究了在单段和多段微差爆破条件下,不同结构体对爆破振动的不同响应,得出了多段微差爆破在干扰降振的同时,不同结构体对爆破振动波的选择放大作用不同的结论。

边坡稳定性的评价是在边坡动力稳定性分析的基础上进行的,而边坡失稳判据和永久位移是动力稳定性研究的重点。经过多年的努力,相关领域科研工作者对于动载荷条件下边坡的稳定性和安全评估的理论体系的建立开展了大量的研究工作,并取得了一定的科研成果。但远远未能满足实际工程的需要。至今为止,对于边坡稳定性的研究还主要以极限平衡理论为主,以惯性失稳的拟静态法、Newmark 滑块分析法以及相关的理论分析方法为主要研究方法,其研究的重点仍然集中在对边坡对爆破荷载激励下所受到的应力进行分析,从而得到相应的边坡变形,以此来评估边坡的稳定程度。

在水利水电工程中,应用最广泛的是拟静态分析方法,其以分析的简单实用为主要优点,获得了工程人员的认可。拟静态法最主要的优势是其采用安全系数这一个关键性指标,来综合衡量边坡的稳定性状态,其不可避免的弱点在于该方法没有涉及与边坡破坏面相关的变形这一重要评价手段,因此在实际工程应用中受到了很大限制。在此基础上,更贴合实际的 Newmark 滑块分析法被提出,并在随后的一段时间内,受到了高度的重视,并得到了更加深入的研究。王思敬等将有限滑动位移法的思路引入岩体边坡动力稳定性分析中,提出了边坡块体滑动的动力学方法。科研人员利用有限滑动位移法,进行了爆破振动对边坡稳定性影响的研究,并提出了降低爆破振动对边坡稳定性影响的技术措施。

有限元方法以及随后出现的数值模拟软件和方法,为爆破振动效应影响下的边坡稳定性研究工作的开展,提供了一种极为有效的分析手段。实践证明,数值模拟方法成本低,分析效果基本接近实际情况,成为工程人员开展研究工作的有效辅助手段,得到了广泛的关注。中国科学院通用二维离散元法模拟了实测动载荷作用下,黄麦岭磷矿采场岩质边坡的动态响应特征,尝试从速度和位移矢量的角度,提出了一种新的确定安全速度阈值的方法,并根据数值模拟结果,探讨了爆破荷载作用下层状岩质边坡的渐进性破坏。赵宝云等结合实际工程利用拉格朗日有限差分法(fast Lagrangian analysis continua,FLAC)软件对爆破振动作用下某边坡进行了数值模拟。从位移场和速度场进行了详细的动力分析,获得了该边坡爆破振动特性的变化规律。水利工作者针对高陡边坡,利用有限元数值分析进行了爆破过程中边坡体的位移、速度、应力分布和边坡稳定性的动力分析,验证了该条件下爆破方案的可行性。

对于爆破振动,常采用质点的爆破振动物理量作为边坡动力稳定性的判据。该方法建立在实测的如位移、速度或加速度等最为主要的爆破振动物理指标上,以此来从实际角度出发,以从众多的实际工程中采集的大量的数据为依据,从而总结出符合实际的相应的安全评价标准。由于边坡稳定性的影响因素众多,至今尚未从理论上及实际应用中彻底解决这一基础问题。没有一个能反映主要因素的通用性、实践性都较强的评价标准。通常是通过大量的现场爆破监测资料,确定出振动波在岩体中传播和衰减规律,并结合岩质边坡的结构面特性,分析边坡的稳定性,提出相应的技术安全措施和安全控制标准,或者是采用有限元数值模拟方法,对边坡的各种结构面进行建模,并输入爆破振动监测信号,来动态地观察边坡的响应过程,国内外的学者在边坡稳定性研究方面进行了大量的尝试,提出了不同的安全评价标准和稳定性评价方法。例如,中国工程院院士郑颖人等利用有限元极限分析法原理,采用不同的德鲁克-普拉格(Drucker-Prager, D-P)准则条件下安全系数的转换,利用强度折减法,结合数值模拟软件,建立了多手段、动态、全过程的边坡稳定性评价及预警预报理论体系,并在实际中得到了验证,证明了有限元法在边坡稳定性评价中的强大实用价值。在此基础上,科研人员运用定性和定量分析方法,并结合可靠性分析法、灰色理论分析法等,研究了爆破振动对边坡稳定性的影响,并提出了切实可行的降振措施,来加强边坡的稳定性。

随着开采深度的进一步加大,边坡工程规模也越来越大,边坡工程地质的复杂性也逐渐凸显,边坡岩质体在爆破振动作用下的稳定性研究也越来越困难。因此,综合多学科,多手段的分析研究方法,成为边坡稳定性分析研究的必然趋势,并以此理论为依据,建立起边坡稳定性评价体系和对爆破振动作用下的边坡体稳定性的预测预报系统,都收到了良好的应用效果,体现出了客观的经济应用价值。但不同地质条件下,边坡工程的复杂性的认识,仍然存在很多的局限性,现阶段边坡工程的研究工作的开展,仍需要投入大量的人力、物力,研究工作的任务依然很重。

4.1 爆破振动安全及振动效应监测

目前在工程应用领域,对于主要依靠爆破为施工手段的各种岩体工程,如隧道、煤矿井巷、引水涵洞以及铁道路堑边坡和相关的工程建(构)筑物结构体的安全性评价,主要是以结构体受到爆破振动激励下的质点峰值振速,并结合其自身的振动频率这两个指标,来评价建(构)筑物的安全程度。

4.1.1 爆破振动强度经验公式

苏联科学家萨道夫斯基由实验归纳得出与传播介质相关的系数 K 和衰减系数 α,成为工程爆破普遍应用的爆破地面振动速度计算公式,也是我国爆破安全判别所采用的计算公式:

$$V = K\left(\frac{3\sqrt[3]{Q}}{R}\right)^{\alpha} \tag{4-1}$$

式中,V 为地面质点的振动速度峰值,cm・s^{-1};Q 为实际炸药量,若为齐发爆破,则 Q 代表齐发总药量,当为延迟爆破时,则 Q 代表其雷管最大段的单响总药量,kg;R 为监测(计算)点到爆源的距离,m;K、α 为与爆源至监测点间的地形和地质条件等有关的系数和衰减指数。

也可以建立一般的表达式:

$$A = KQ^m R^n \tag{4-2}$$

式中,A 代表反映其爆破振动强度的相关物理参量(主要为振动速度或振动加速度);Q 为炸药量,kg;R 为监测点到爆源的距离,m;m、n 为反映不同爆破方式、地质、场地条件因素的系数。

地形条件对爆破振动波的传播和衰减的影响不容忽视。长江科学院考虑边坡高差的影

响,提出了爆破振动速度预报的两个公式,即

$$V = K \left(\frac{3\sqrt[3]{Q}}{R} \right)^\alpha \left(\frac{3\sqrt[3]{Q}}{H} \right)^\beta \tag{4-3}$$

$$V = K \left(\frac{3\sqrt[3]{Q}}{R} \right)^\alpha e^{\beta H} \tag{4-4}$$

式中,V 为质点振动速度,$\mathrm{cm \cdot s^{-1}}$;Q 为最大单响药量,kg;R 为爆源至测点的水平距离,m;H 为爆源至测点的垂直距离,m;K、α 为与地形和地质条件有关的参数;β 为高程影响系数。

上述经验公式在水电工程中得到了广泛的应用,收到了良好的效果。

在实际的工程中,根据爆破类型的不同和具体的地质地形条件,对上述经验公式增加了修正系数,如铁道科学研究院对深圳安托山深孔台阶爆破振动传播规律进行了大量的监测资料分析,得出了当爆源的水平标高在测点以上时,超越的高度越高,测点爆破振动越小的结论。在此基础上,以测点高程为基数,对常规爆破振动公式中的 K 值和 α 值进行修正,修正系数分别为 K_1 和 α_1。即对高位爆破,考虑高程修正的爆破振动速度公式可表述为

$$V = K_1 K \left(\frac{\sqrt[3]{Q}}{R} \right)^{\alpha_1 \alpha} \tag{4-5}$$

式中,K_1、α_1 为随高程差变化,振动速度公式的修正系数。

对众多的实际爆破工程进行监测,从监测数据的分析可以得到:对于同一场次的爆破,其监测到的爆破三向(水平径向和切向,垂向)的振动强度,通常处于相同的数量级别。在爆破振动监测时,应同时测定相互垂直的三个分量,但在许多情况下,可以通过对比,选取三个分量中的最大值(通常为垂直分量)进行分析,确定爆破振动效应的影响程度。

爆破振动波在传播和衰减过程中,受到多种复杂因素的影响。前式中的 K 和 α 的取值,不仅与传播介质特性以及监测点的地形、地质条件有关,也与爆破类型、方式有关,往往由于 K 和 α 选取的差异,造成计算得到的地面质点峰值振动速度 V 与实测值存在较大差异。我国《爆破安全规程》(GB 6722—2014)列出了 K 和 α 的可供选择值(表 4.1),也可通过类似工程选取或现场试验确定。

表 4.1　爆区不同岩性 K 和 α 的选取值

岩性	K	α
坚硬岩石	50～150	1.3～1.5
中硬岩石	150～250	1.5～1.8
软岩石	250～350	1.8～2.0

对于涉及爆破振动安全的重要爆破工程,建议通过现场小型规模爆破试验和爆破振动效应的实际观测,来确定适合在该条件下爆破振动波传播规律的有关参数。对于(4-2)振动速度经验公式中 m 值的确定,通常认为:若为集中药包形式爆破,则 $m=1/3$;对于延长药包爆破,$m=1/2$。在《爆破安全规程》(GB 6722—2014)中,规定 $m=1/3$,即 $V = K(\sqrt[3]{Q}/R)^\alpha$。

4.1.2　爆破振动安全判据

现阶段,对于爆破振动下建筑物结构体的安全评价,主要参考《爆破安全规程》,并以此为依据,来了解建筑物的安全程度。表 4.2 为我国目前采用的《爆破安全规程》(GB 6722—

2014),其规定了各种不同形式的建筑物所允许的安全振动速度标准。

表 4.2　爆破振动安全允许标准

序号	保护对象类别	安全允许振速/(cm·s⁻¹)		
		<10 Hz	10~50 Hz	<50~100 Hz
1	土窑洞、土坯房、毛石房屋	0.5~1.0	0.7~1.2	1.1~1.5
2	一般砖房、非抗震的大型砌块建筑物	2.0~2.5	2.3~2.8	2.7~3.0
3	钢筋混凝土结构房屋	3.0~4.0	3.5~4.5	4.2~5.0
4	一般古建筑与古迹	0.1~0.3	0.2~0.4	0.3~0.5
5	水工隧道	7~15		
6	矿山巷道	10~20		
7	交通隧道	15~30		
8	水电站及发电厂中心控制室设备	0.5		
9	新浇筑大体积混凝土： 龄期:初凝~3 d 龄期:3~7 d 龄期:7~28 d	2.0~3.0 3.0~7.0 7.0~12.0		

　　表中规定了各种不同形式的建筑物和构筑物结构体所允许的安全振动速度范围,并考虑了不同自振频率的建(构)筑物的响应特征,能够比较全面地反映爆破振动的危害效应,其唯一不足之处在于,未将爆破振动持续时间作为一个重要的评价指标,显示出了一定的不合理性。我国矿山部门也制定了相关的边坡安全振速标准,如表 4.3 所示。

表 4.3　边坡安全振速标准

边坡稳定性级别	边坡特性	边坡的允许振动速度/(cm·s⁻¹)
Ⅰ 边坡稳定性较好	岩石整体性好,稳定系数在 1.4 以上	32~35
Ⅱ 边坡稳定性中等	除Ⅰ、Ⅲ类边坡以外	25~28
Ⅲ 边坡稳定性差	边坡岩体节理裂隙发育、风化较严重、有较大的构造弱面,稳定性系数在 1.08 以下	≤22

　　经过长期的探索,我国关于爆破振动安全体系的评估,越来越科学,也越来越贴合实际。通过建立相关的爆破振动安全评价模型,可以对目前存在的各种问题,进行有效的补充,建立比较科学的辅助评价系统理论体系,采用多要素作为模型建立的参数依据,对各种参数进行量化处理,使模型能够综合反映各种参数指标在爆破振动下的响应特征。最后根据多指标的综合作用进行评估,以达到控制振动危害的效果,提高爆破振动安全评估的准确性、全面性和合理性的目的。

4.2　爆破振动效应监测

4.2.1　本次爆破振动监测的选择

　　目前应用较多的是四川拓普测控科技有限公司研制开发的 UBOX-5016 型爆破振动记

录仪,这是国内研制开发的集测量、处理、输出为一体的先进测振仪。在满足爆破振动监测系统要求的前提下,该仪器的主要性能指标如下:

① 2/3/4 通道并行采样。

② 真正浮点放大功能,无须预先设置量程。根据输入信号大小自动切换量程,以获得最佳的采集效果。

③ 最多 128 段分段采集,实现多段振动信号的连续自动记录。

④ 内置时钟可定时触发,自动记录触发时刻。

⑤ 配套提供 BM View 爆破振动专用测试分析软件,功能包括:数据采集、数据回放和爆破振动分析。

该爆破振动智能监测仪是针对现场爆破振动、冲击、噪声等测试而专门设计的,用于信号记录和分析的小型仪器,完全能够满足露天野外测试的要求。图 4.1 为爆破振动仪器系统监测流程图。

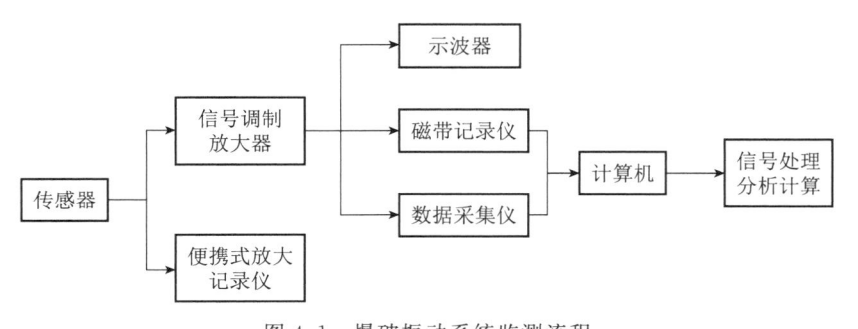

图 4.1 爆破振动系统监测流程

4.2.2 爆破监测方案和测点布置原则

对于爆破振动的监测,必须制订科学合理的监测方案。监测方案应依据爆破振动效应监测的目的和要求来设计,爆破振动监测一般有两种类型:一类是对重点防护对象在爆破施工作业中进行全程监测,监测数据用作评价防护对象的安全状况,也是为可能引起的诉讼或赔偿提供科学的数据资料;另一类是针对重大爆破工程在现场条件下进行的小型实爆试验,通过测试了解和掌握爆破振动波的特征、传播规律以及对建(构)筑物的影响等,比如测定现场爆破条件下的 K 值和 α 值,测试项目和取得的测试数据用以指导爆破设计方案和参数选择,也是对设计进行安全评估的重要依据。

测点的布置要根据测试目的和要求进行,如监测振动对建筑物的影响,则测点应布置在建筑物的基础或附近地标上,当监测对象为高层建(构)筑物时,为了了解建(构)筑物的振动反应,还应沿建(构)筑物不同高度布置监测点。如测试是为了研究爆破振动波的衰减规律,或为了求算该类型岩石条件下的 K 值和 α 值,则应沿爆源中心的径向布置一条或几条测线,由于爆破振动波的强度随距离的增加按指数规律衰减,为了处理数据时测点在坐标上均匀分布,测点的距离分布也应按照近密远疏对数关系布置,一条观测线上的测点,一般不能少于 5 个,每一测点一般宜布置竖直向、水平径向和水平切向三个方向的传感器;在监测或测试时,一些必须取得数据的重要测点,应布置重复点。在不同的地貌、地质和地形条件下,监测点的布置也应区别对待,对于复杂地质条件下监测点的布置,应采用多台监测仪器,以便把握该地形条件下,岩质体的响应特征。在布置测点时,还要考虑到传感器和测振仪的安全,防止岩石堆积体或个别飞石将测点覆盖或使仪器损坏,必要时可采取一些保护措施。

4.2.3 爆破振动监测现场工作

1. 传感器的安装

为了真实地反映被监测对象的振动特性,传感器的安装极为重要。测试基岩振动时,要清除表土和风化破碎层;对于土质介质,振动监测必须借助有效的辅助平台,鉴于土质介质与岩质介质的不同特点,通常将监测传感器安装在一个浇筑的混凝土平台上;对于砂土等比较松软的介质,为了防止传感器安装的松动,在操作时应将传感器尾部的长螺栓在指定的安装部位一次性插入介质体中固定,避免多次固定导致传感器安装松动,导致监测数据的不准确性。采用螺钉固定时,螺钉要固定牢靠,避免因松动带来的二次振动。图 4.2 为露天爆破振动监测仪和传感器的布置图。

图 4.2 爆破振动监测仪和传感器的布置

鉴于爆破振动较为频繁,为了便于拆卸和收集振动信号,本次全程监测采用石膏粉作为黏结剂,将其拌水调制糊状,清除岩质体风化破碎层,擦拭传感器表面后,调整传感器上水平仪至水平位置,用适量黏结剂将其固定于岩体表面。值得注意的是,传感器的安装,必须在爆破工作进行前 10~20 min 内布置,以保证传感器与岩石的紧密黏结。

2. 抗干扰措施

采用电测法进行爆破振动测试,要防止电、磁噪声干扰。振动监测点的合理选择,另一个重要的因素便是监测点要防止周围矿区交通及施工设备产生的电磁干扰。导致监测数据误差及不准确的原因在于监测点周围施工机械设备产生的工频、高频以及射频等电磁干扰,甚至天气影响如雷雨天气产生的雷电噪声,都会导致监测信号的失真,这一点要尤其注意。

因此,为了减少电、磁噪声干扰,测试系统应尽可能避开矿区大型电气设备和钻孔机械等,必要时,可对拾振器和测振仪采取屏蔽措施或用滤波器抗干扰。

3. 现场测试注意事项

在爆破振动监测时,为了准确分析振动波形,必须合理选择自触发设定值,设置的量程、记录时间及采样频率等应满足被测物理量的要求,还应收集爆破规模、爆破方式、孔网参数及起爆网路等爆破参数,以便于爆破振动波形对照,评估爆破效果和振动危害。

4.2.4 爆破振动监测数据处理分析

对于爆破振动信号的分析,首先是建立在对爆破监测信号的直观分析的基础上,通过直观分析,可以得到信号的基本特征量,如质点振速峰值、主振频率等。爆破振动响应信号属于随机信号,在记录到的波形曲线上,其频率、幅值都是随时间不规则变化的。数据处理和信号分析就是去伪存真的过程。

实际监测到的爆破振动波形,往往很不规则,会出现多峰值、多频段的信号特征。监测仪器监测到的振动参量 V 通常是将监测到的振动波形图上的最大幅值 A 作为基本参量,乘以一个指定的常系数 K,K 为所采用的监测仪标定的灵敏度参数,从而便得到了 V 的表达式,即

$$V = AK \tag{4-6}$$

式中,A 为记录波形的最大幅值;K 为测试系统灵敏度标定值,若为速度则 K 的单位为 $cm \cdot s^{-1} \cdot mm^{-1}$。

此处,有必要对爆破振动参量的一个主要概念,即爆破振动持续时间做详细的阐述。对于实际监测到的爆破振动波形曲线,进行必要的数模转换处理加工,从而直观得到波形图上记录的最大振幅,也就是上述公式中的 A。为了建立统一的标准,规定从波形振幅 A/e 开始直到其衰减至相同的幅值水平,即 A/e 为止,将这一段时间定义为该场次爆破振动持续时间值,其中 e 为数学中的自然对数,经验取值为 2.7。

进行波形分析和处理时,应保证分析的原始波形正确,否则将会造成错误的结果。爆破振动波形是复杂的,尤其是现场测试中会受到各种干扰的影响。如测试系统的漂零、漏电、干扰等种种原因,会造成实测记录波形的基线漂移,这将给分析结果造成误差,这种情况下首先应对波形的基线进行处理,其次按照修正后的波形进行波形分析和数据处理;还有可能在爆破振动波形上叠加有高频振荡的复合波形,为此对波形要进行平滑处理,去掉高频干扰;量程挡位选取不合理时,会使波形溢出,此时要考虑对波形的延拓;涉及时间量时,必须注意记录装置给出的时标及波形记录速度;当记录的测点较多时,必须搞清各个波形之间的关系,逐个测点去进行波形分析。

一般的爆破振动记录分析仪,都配有测试分析软件,有频谱、功率谱、微积分、插值、数字滤波、传递函数、三矢量合成等各种算法,实现采集过程自动存盘和磁盘数据文件动态回放,并可采用 excel 表格等常用软件,方便有关信息和数据输入、储存和导入进相关分析软件中,以满足算法编程对其进一步分析的要求。随着对爆破振动监测的要求越来越严格,爆破工程人员及科研人员需要对关心的问题进行深入研究,需要提取波形信息,编制 MATLAB程序,如 HHT 程序和反应谱程序等,实现爆破振动信号多角度、全方位的分析,以便更深入地研究爆破机理和振动效应。

4.3　露天爆破信号傅里叶分析

信号处理方法中最基础最成熟的理论是傅里叶变换。1822 年,傅里叶提出"热传导解析理论",此后傅里叶变换一直是信号处理领域中应用最广泛的一种分析方法,它是信号分析的基础和处理中的经典技术,可将时域中采样的时间序列数据转换到频域中的谱。

4.3.1　傅里叶分析理论

函数 $f(t) \in L^2(\mathbf{R})$ 的连续傅里叶变换定义为

$$F(\omega) = \int_{-\infty}^{\infty} e^{-i\omega t} f(t) dt \tag{4-7}$$

傅里叶变换方法的实现,涉及数学转换中的基本计算过程——数值积分理论。数值积

分方法不能在无限自变量范围内求解,这样做是没有任何物理意义的。因此,在傅里叶变换计算中,首先应将信号在时-频域内进行离散化,目的在于使信号函数 $f(t)$ 在实数域 **R** 上的信号长度区域有限。实际应用中常用离散傅里叶变换。离散时间序列 $\{f_n\}$ 的 DTFT 定义为

$$X(k) = F(f_n) = \sum_{n=0}^{N-1} f_n \mathrm{e}^{-\mathrm{i}\frac{2\pi k}{N}n}, k = 0,1,\cdots,N-1 \tag{4-8}$$

傅里叶变换理论为爆破振动信号的频谱分析奠定了重要的数学基础。对信号进行离散傅里叶变换的前提,便是要求信号具有一定的频率分辨率,此处规定为 F,F 也可以理解为进行傅里叶变换时,频率分量间的基本增量。但在实际处理过程中,频率分辨率 F 往往存在很大的局限性,并不总能满足信号分析的要求。经过大量的实验设计处理发现:只有当残余计算的信号数据序列长度 N 达到一定的要求时,才能正常分解,达到信号频率分辨率 F 的要求。如果信号的最高频率为 f_L,序列长度 N 必须满足

$$N = \frac{2f_L}{F} \tag{4-9}$$

才能满足频率分辨率的要求。

4.3.2　傅里叶变换在爆破振动信号中的应用

以露天矿山 5 标段某次爆破监测数据为实例,对采集到的信号波形进行傅里叶变换分析。本次爆破采用低爆速、高威力的多孔粒状铵油乳化炸药,网路均采用双回路,孔内采用 MS9 段毫秒延期雷管延期,孔外排与排间采用 MS3 段毫秒延期雷管延期。爆破均在同一水平面,高差在 ±0.3 m 内,分Ⅰ、Ⅱ区,整个爆破一次完成。Ⅰ、Ⅱ区炮孔深度均为 9.5 m;Ⅰ区间排距为 7×5,Ⅱ区间排距为 8×5。此次爆破炮孔总数 58 个,每孔装药 67 kg,单排单段装药总量最大值为 938 kg(Ⅱ区第一排),爆破共用炸药 4 t。以爆区的几何中心为爆源中心:沿着爆区走向切向布置 3 个测点,编号为 1♯、2♯、3♯,其与爆区边缘的水平距离分别为 88 m、98 m、108 m,高程距离分别为 1 m、3 m、6 m;爆区走向垂向布置 3 个测点,编号分别为 4♯、5♯、6♯,其与爆区边缘的距离分别为 32 m、43 m、56 m,高程距离分别为 2 m、11 m、15 m。图 4.3 为此次爆破现场炮孔和测点的布置图。

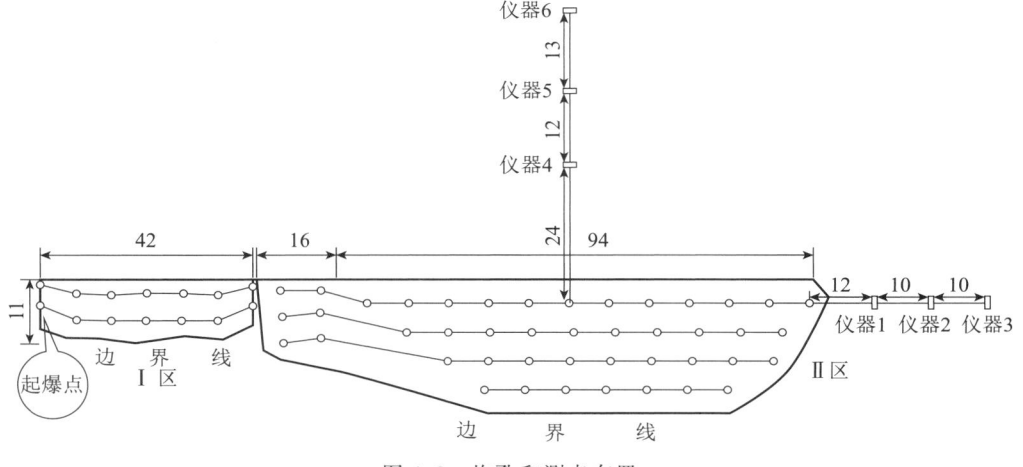

图 4.3　炮孔和测点布置

爆破振动波形的复杂性,一方面是爆源,包括炸药种类、装药结构形式,以及爆破网路参数的多样化导致的;另一方面,也与爆区的岩质体传播介质的物理力学特性和该爆区的地形地貌的复杂性有着密不可分的关系。矿区现场采用四川拓普测控科技有限公司生产的UBOX-5016 三向振动监测仪,该监测仪具有分段存储、多次触发、自动记录功能,无须人工干预,适用于较低速动态信号的实时记录采集,符合《爆破安全规程》(GB 6722—2014)的行业规范,能够完全适应此次爆破信号采集的要求。通过数据采集设备控制,可以得到爆破振动径向、垂直、切向三个方向的数据,能更全面地反映爆破振动信号的特征。

该次爆破监测共布置 6 个监测点,除了 3♯ 和 6♯ 的仪器因为该矿区岩质体物理力学特征对振动波衰减特性在监测之前未知,仪器的量程设置过大或过小而导致未采集到振动信息外,其余 4 个监测点都完整记录了爆破振动波形,各测点径向的波形图如图 4.4～图 4.7所示。

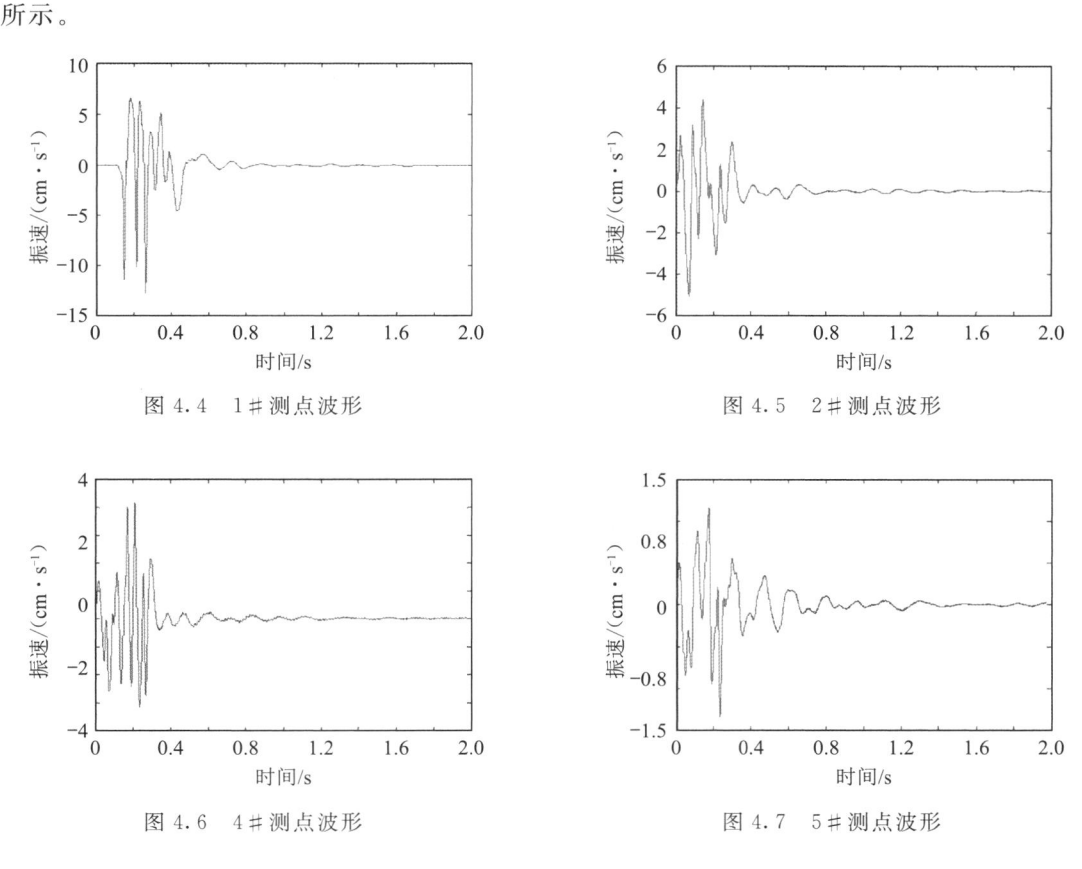

图 4.4　1♯ 测点波形

图 4.5　2♯ 测点波形

图 4.6　4♯ 测点波形

图 4.7　5♯ 测点波形

从各测点波形图上可以直观地看出:露天爆破振动速度较大,时间也较短,与天然地震的振速幅值和持续时间有明显的区别。天然地震与爆破振动存在明显的区别,其持续时间往往能够达到几秒甚至几十秒。其破坏机理是地震产生的集中应力达到了介质体的弹性破坏极限,导致岩石受到破坏,进一步造成不同物理特性的岩层体频繁受到不同应力的作用而最终错动形成的。爆破过程是瞬时发生的,所以作用时间很短,同时由于爆源区域小,因此爆破振动波的周期比天然地震周期小得多,具有振幅小、衰减慢、破坏范围小的特点,并随着爆源距离的增加,各测点振动速度幅值显现一定程度的下降。我们对各测点相对应的波形进行傅里叶变化,得到其傅里叶谱图如图 4.8～图 4.11 所示。

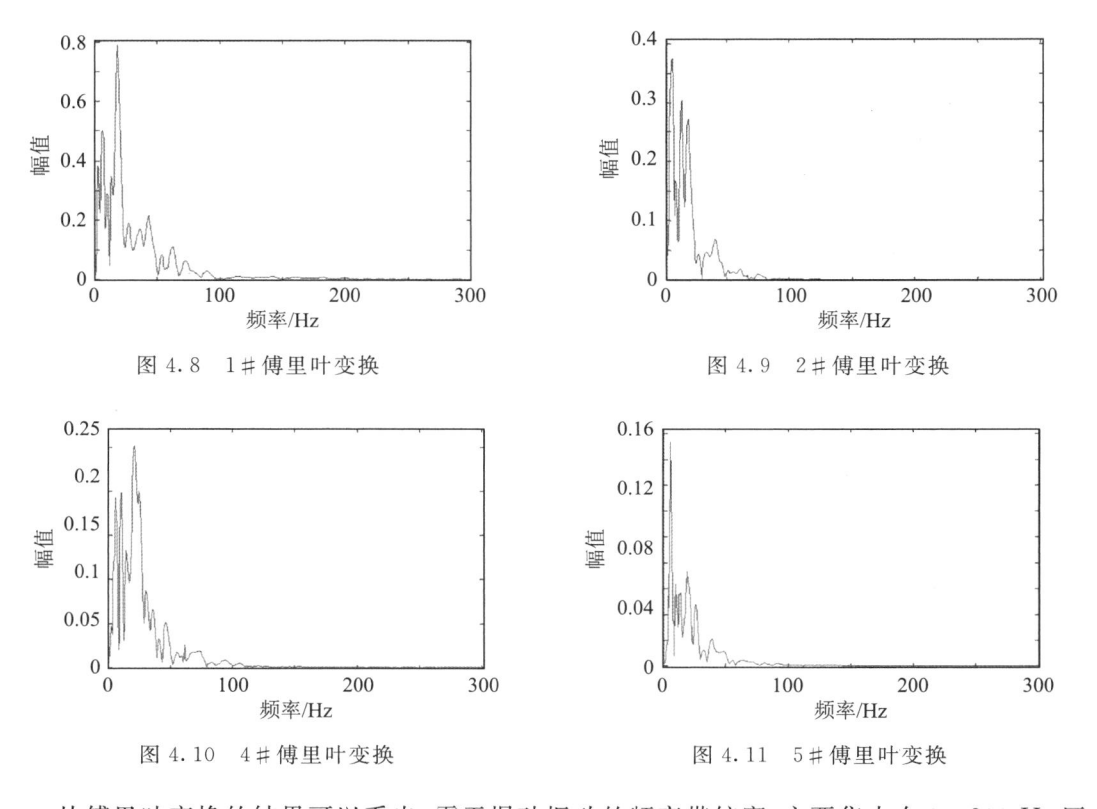

图 4.8　1♯傅里叶变换　　　　　　　图 4.9　2♯傅里叶变换

图 4.10　4♯傅里叶变换　　　　　　　图 4.11　5♯傅里叶变换

从傅里叶变换的结果可以看出:露天爆破振动的频率带较宽,主要集中在 $0\sim200\ \text{Hz}$ 区间,与天然地震相比,频率要高得多,一般振动主频在 $5\sim500\ \text{Hz}$。由于矿区地质结构中又包含众多的子结构,具有多模态、多振型的特点,爆破振动信号出现了多个优势频率的现象,其主优势频带介于 $6\sim50\ \text{Hz}$ 频率段。建筑物一般民房和露天高大边坡的自振频率大多在 $4\sim12\ \text{Hz}$ 之间,对矿区建筑物及采场多雨季节的边坡维护不利,在开采过程中应采取相应的措施对破损建筑物进行加固并重点加强对边坡的维护。

对于爆破振动信号的特征参量,导致建筑物被破坏的最主要的一个指标便是振动波形的主振频率,其对爆破作用破坏机理起着较大的作用。利用傅里叶变换,我们可以很容易得到各个测点波形中所包含的信号的优势频率,即傅里叶谱中最大谱值对应的频率,工程领域常用它来分析不同条件下爆破振动的频谱特性。各测点监测到的三向波形数据的优势频率统计如表 4.4。

表 4.4　爆破振动实测数据及傅里叶变换结果

监测点	监测方向	实测峰值振动速度/(cm·s⁻¹)	实测振动持续时间/s	爆源中心水平距离/m	爆源中心高程距离/m	优势频率/Hz
1♯	径向	12.832	1.960	88	1	18.310
	垂向	10.810	1.973	88	1	6.714
	切向	5.399	1.969	88	1	3.662
2♯	径向	5.094	1.920	98	3	7.324
	垂向	2.966	1.731	98	3	3.662
	切向	1.919	1.952	98	3	4.974

监测点	监测方向	实测峰值振动速度/(cm·s⁻¹)	实测振动持续时间/s	爆源中心水平距离/m	爆源中心高程距离/m	优势频率/Hz
4#	径向	4.153	1.968	32	2	21.362
	垂向	7.593	1.942	32	2	7.324
	切向	8.516	1.974	32	2	6.104
5#	径向	1.345	1.745	43	11	6.104
	垂向	9.634	1.808	43	11	6.104
	切向	10.420	1.974	43	11	6.104

从表中数据可以看出，在爆区走向水平方向，随着爆区距离和高程的变化，1#和2#测点监测到的爆破振动三个特征参量（振速幅值、振动持续时间、振动优势频率）都发生了变化。2#测点相对于#1测点，振动三向参量中径向都有降低的趋势，振速降幅很大，振动持续时间没有明显变化，振动优势频率降低到与建筑物的自振频率相接近。这就解释了通常我们所看到的，在同一场次的爆破中，往往远处的建筑物较近处的建筑物的破坏程度反而更严重的现象，这主要是随着距离的增加，振动优势频率降低至与远处的建筑物自振频率相同或接近，发生共振现象所导致的。

在爆区走向垂直方向，沿着台阶布置的4#和5#测点，切向的振速幅值、振动持续时间和振动优势频率都明显降低，说明在一定的高度范围内，岩石介质体在切向无明显的选择放大作用。而垂向和切向，在振速和优势频率微量变化的趋势下，振速却有明显的增大，这说明台阶的高度对振速幅值具有一定的放大作用，这对于一定高度建筑物的抗震是很不利的。

目前，在露天矿山爆破振动效应的控制措施上仍存在一定的局限性，总体上是处于被动的防护和控制局面。因此，在保证爆破效果的前提下，在波形分析中应结合爆破振动三个特征参量的变化来综合评价爆破振动的强度，采取相应的措施降低和控制爆破振动效应。应该根据爆破场地条件，有针对性地合理选择和安排矿区的建（构）筑物的位置，避免造成大的经济损失，并保证人员安全。

4.3.3　傅里叶变换分析的局限性

傅里叶变换分析的局限性在于，其对爆破信号的分析主要是在频域范围内进行的，对于信号时域信息这一重要衡量指标，却显得无能为力。这对于准确把握爆破振动信号的信息特征是欠缺的，也是很不科学的。对于处理平稳信号，傅里叶变换是适合的，但对于爆破振动信号这类非平稳信号，需要明确区分各种频率成分，而且需要各个时刻附近的频率成分，此时傅里叶变换就无能为力了，同时傅里叶变换要求数据具有严格意义上的周期性和平稳性，还要求系统具有线性特征，给爆破信号的处理和分析带来了很大的局限性，工程技术人员针对传统的傅里叶变换的不足，发展出一门新型的应用数学分支，那就是小波和小波包分析方法。

4.4　露天爆破信号小波和小波包分析

作为应用数学分支的一个重要领域，小波变换方法（wavelet transform method，WTM）

在信号分析方面,起着不可替代的作用。相对于傅里叶变换,小波分析技术在时域和频域同时都具有良好的局部化性质,时间窗和频率窗都可以根据信号的具体形态动态调整,并能对不同的频率成分提供不同的分析分辨率,具有多分辨率分析的特点。小波分析方法的优点在于它能准确识别出信号中所包含的瞬态信息,并能清晰展示出信号中包含的频率成分。近几年,小波分析技术在爆破振动信号时频分析、重构信号、雷管微差延期时间的识别等方面的应用都具有良好的效果。

4.4.1　小波分析理论

小波变换具有多尺度特性,可以由粗及精地逐步观察信号,可以看成是采用滤波器对信号做滤波。通过适当地选择尺度因子和平移因子,可以得到一个伸缩窗,伸缩的结果就是可以在不同的分辨率下分解信号,平移的结果就是可以把这组信号作为窗,来观察自己关心的部分。小波分析核心是由满足一定条件的函数充当,这一函数必须具有紧支集(在有限的区域内迅速衰减到 0)的特性,这样的函数我们称为母小波。其定义为

如果 $\Psi(t) \in L^2(\mathbf{R})$ 满足允许性条件

$$C_\Psi = \int_{\mathbf{R}} \frac{|\varphi(\omega)|^2}{|\omega|} \mathrm{d}\omega < \infty \tag{4-10}$$

那么称 $\Psi(t)$ 为一个基本小波,或称之为母小波。对基本小波函数 $\Psi(t)$ 进行简单的平移和伸缩处理后,可以得到小波函数族,函数族为一组正交基,其正交性是小波函数的重要特性。对于连续小波变换的情况,小波函数为

$$\Psi_{a,b}(t) = |a|^{-\frac{1}{2}} \Psi\left(\frac{t-b}{a}\right), a, b \in \mathbf{R}; a \neq 0 \tag{4-11}$$

式中,a 为伸缩因子;b 为平移因子。

对于离散小波变换的情况,小波函数为

$$\Psi_{j,k}(t) = 2^{-j/2} \Psi(2^{-j}t - k) \tag{4-12}$$

对于任意函数 $f(t) \in L^2(\mathbf{R})$,其连续小波变换可表达为

$$W_f(a,b) = \langle f, \Psi_{a,b} \rangle = |a|^{-\frac{1}{2}} \int_{\mathbf{R}} f(t) \overline{\Psi\left(\frac{t-b}{a}\right)} \mathrm{d}t \tag{4-13}$$

式中,$\langle f, \Psi_{a,b} \rangle$ 表示 $f(t)$ 与 $\Psi(a,b)$ 之内积;$\overline{\Psi\left(\frac{t-b}{a}\right)}$ 为 $\Psi\left(\frac{t-b}{a}\right)$ 的共轭函数。

对于连续小波变换,其逆变换为

$$f(t) = \frac{1}{C_\Psi} \int_{\mathbf{R}^+} \int_{\mathbf{R}} \frac{1}{a^2} W_f(a,b) \Psi\left(\frac{t-b}{a}\right) \mathrm{d}a\mathrm{d}b \tag{4-14}$$

相对于短时傅里叶变换而言,小波变换的时频窗函数更加精细准确,其函数窗口形状为典型的矩形,其公式形式为 $[b - a\Delta\Psi, b + a\Delta\Psi] \times [(\pm\omega_0 - \Delta\Psi)/a, (\pm\omega_0 + \Delta\Psi)/a]$,根据窗口的形式和区域,可以假定其窗口的中心位于 $(b, \pm\omega_0/a)$,从时-频角度分析,小波函数的时窗为 $a\Delta\Psi$,频窗为 $\Delta\Psi/a$。

为了准确得到爆破振动信号的时频特征,获得良好的分析结果。小波基的选取就显得尤为重要。小波基的选择建立在对信号波形特征的准确把握的基础上。从图 4.12 可以清楚地看到小波分解的过程(以三层分解为例):若设被分析信号的最低频率为 0,最高频率为 ω(即信号频带为 $[0, \omega]$),则其经一层分解后被分成两个信号,这两个信号的频带宽分别为

$[0,\omega/2]$和$[\omega/2,\omega]$两部分,每个部分都经过一次降采样;再下一层的小波分解则是对频率成分$[0,\omega/2]$进行进一步分解,同样得到两个子信号,其频带分别为$[0,\omega/2^2]$和$[\omega/2^2,\omega/2]$,依此类推分解N次,便可得到第N层(尺度N)的小波分解结果。

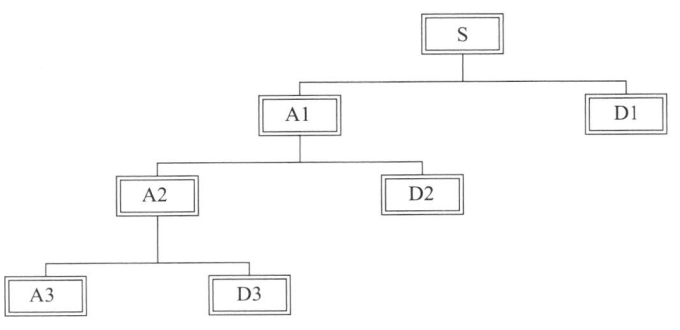

图 4.12　小波三层分解结构示意

从图上可以清晰地看出:小波分解方法具有辩证的分解特性,分辨率较差的频段位于高频部分,时间分辨率较差的频段位于低频部分。因此,可以根据需要,选择关心的频段进行针对性分析。为了解决这一问题,小波包分析技术便应运而生。

4.4.2　小波包分析理论

小波包分析方法是比小波分析更为精细的分析方法,在数学方法上做了更为严密的计算推导。其比小波方法的进步之处在于它对小波分析的不足进行了很有效的补充。它在对信号低频进行分解的同时,也对信号的高频进行了相应的分解,这是小波分析方法无法实现的。

可以看出,小波包变换对信号高频部分进行了更为精细的分解,是比小波分析方法更为先进的分析理论。图 4.13 为小波包分解结构示意图(以三层为例)。

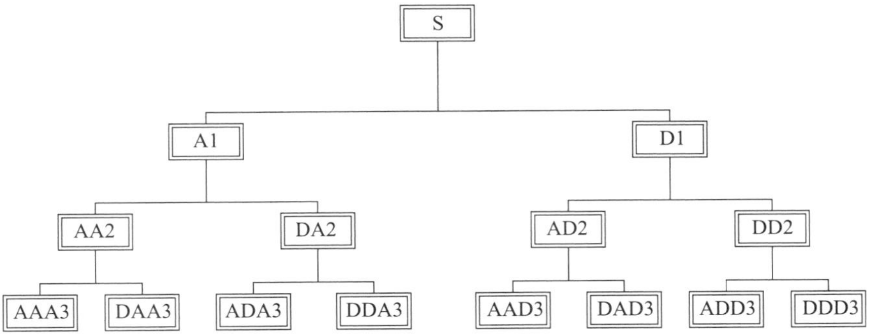

图 4.13　小波包三层分解结构示意

对于给定的爆破振动信号,如进行n层分解,则得到$j=2^n$个子频带。在理想状态下,若假定该分析信号的最低频率为0,最高频率为ω,也就是说信号的频带位于$[0,\omega]$范围内,因而可以得到分解后的每一个子频率带带宽为$\omega/2^n$。

对信号小波包分解的层数应视信号及采用测振仪的工作频带而定,若将信号分解至第n层,设$s_{n,j}$对应能量为$E_{n,j}$,则

$$E_{n,j} = \int |s_{n,j}|^2 \mathrm{d}t = \sum_{k=1}^{m} |x_{j,k}|^2 \tag{4-15}$$

式中，$x_{j,k}[(j=0,1,\cdots,2^n-1;k=1,\cdots,m)$，$m$ 为其离散点数] 为重构信号 $s_{n,j}$ 的离散点幅值。假定信号的总能量为 E_0，则

$$E_0 = \sum_{j=0}^{2n-1} E_{n,j} \tag{4-16}$$

各频带能量所占被分解信号总能量的百分比为 E_j

$$E_j = \frac{E_{n,j}}{E_0} \times 100\% \tag{4-17}$$

由此可得到信号小波分解后不同频带上能量的百分比。

4.4.3　小波变换在微差爆破延时间隔识别中的应用

爆破过程中各测点监测到的爆破振动信号波形是各分段振动波叠加后的结果，在实际的微差爆破中，每一段别的雷管起爆就意味着一次能量的突然加载，同时便会引起监测到爆破振动信号在时程曲线上的一次突变。采用合理的小波基，对振动信号进行小波尺度分解，并取模极大值点，可以准确监测信号中所包含的奇异点，从而能精确识别出实际爆破中的雷管微差延时时间。

以三标段某次爆破为例，图 4.14 为炮孔和测点布置，此次爆破共分两个台阶，其中 Ⅰ 区比 Ⅱ 区高 1.5 m，Ⅰ 区、Ⅱ 区连线时不分开，起爆一次完成。Ⅰ 区、Ⅱ 区炮孔深度均为 6.5 m，为典型的深孔爆破。此次爆破网路设计均采用双回路，其中，炮孔外排与排间炮孔采用 MS3 段别毫秒微差延期雷管，而孔内均采用 MS9 段别毫秒微差延期雷管，这样便在一定程度上保证了爆破网路的安全可靠性。炮孔总数 95 个，露天爆破使用多孔粒状铵油炸药，单孔装药 35 kg。从自由面从前往后布置四排孔，孔距为 8 m，排距为 5 m，单排单段装药总量最大值为 875 kg（第四排），爆破一次用炸药 3.4 t 左右。

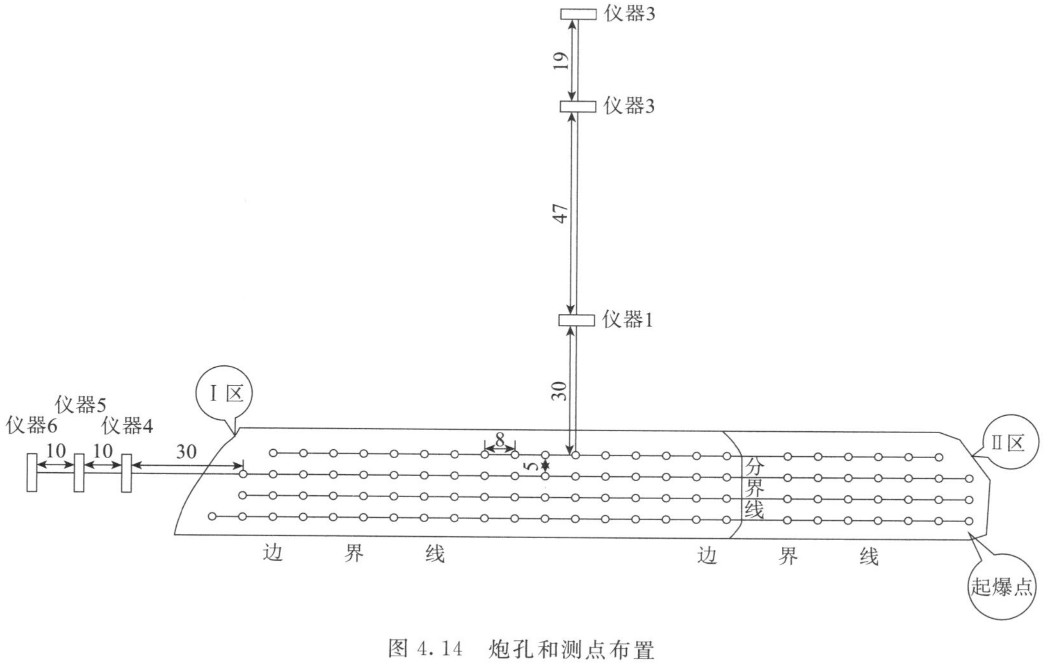

图 4.14　炮孔和测点布置

从图 4.14 中可以看出:爆区布置比较规整,呈近似四边形,以爆区的几何中心作为爆源中心,炮区垂向的 3 个测点编号为 1♯、2♯、3♯,其与爆区的水平距离分别为 30 m、77 m、96 m,高程差分别为 1.5 m、13 m、4 m,水平切向呈直线排列布置的 3 个测点,编号为 4♯、5♯、6♯,与爆区的水平距离分别为 30 m、40 m、50 m。

各测点监测到的振动波形如图 4.15~图 4.20 所示,从各监测点的信号波形图上,可以直观得到爆破振动所包含的信息特征。

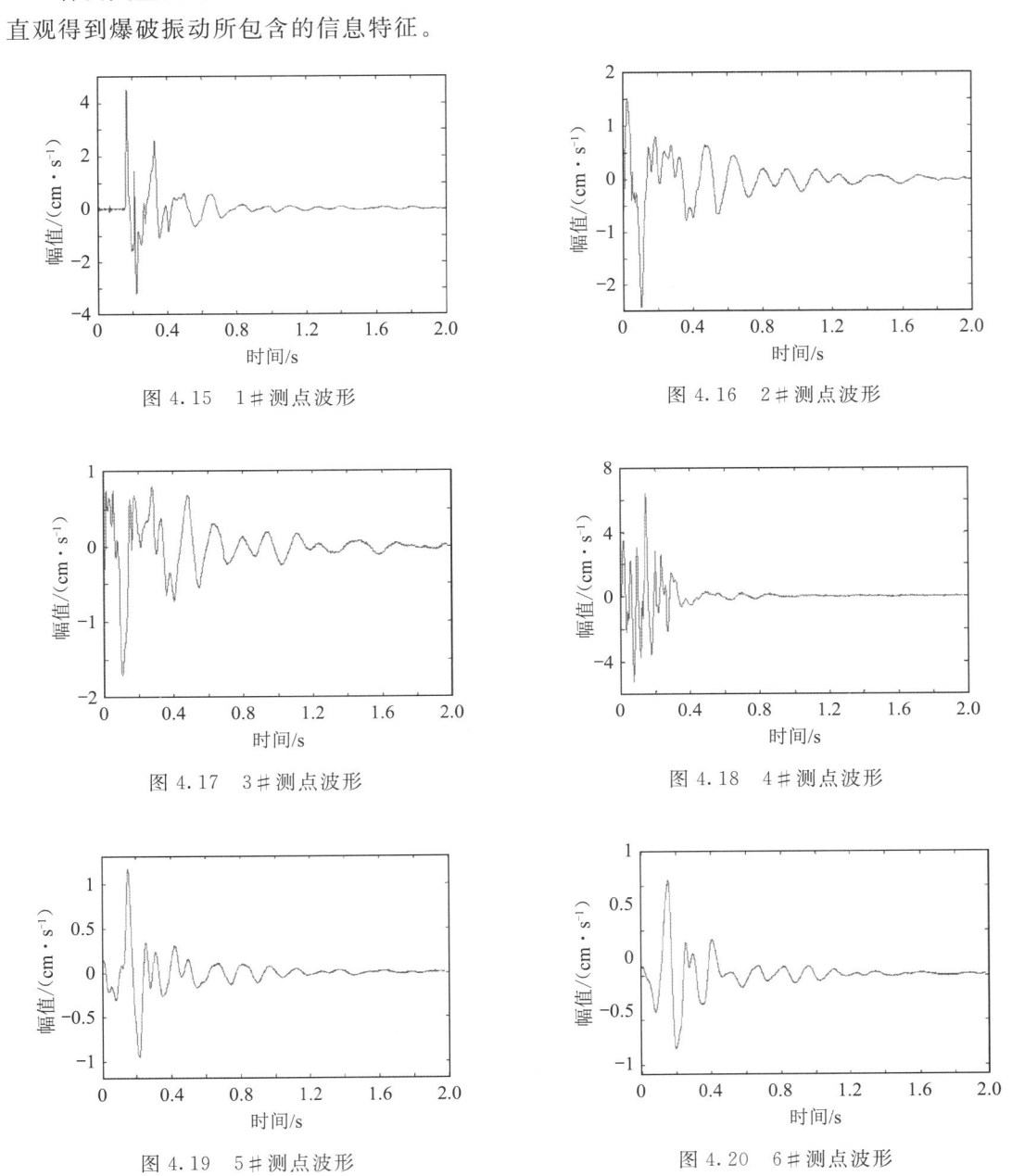

图 4.15　1♯测点波形　　　　　　　　图 4.16　2♯测点波形

图 4.17　3♯测点波形　　　　　　　　图 4.18　4♯测点波形

图 4.19　5♯测点波形　　　　　　　　图 4.20　6♯测点波形

对信号进行小波模极大值法分析,关键问题是小波基的选取。对于同一个信号,选用不同的小波基分析,会产生不同的结果。小波基的选取,主要取决于采用该小波基分析信号后,处理结果的误差大小。通过比较各个小波基的分析误差大小,来最终确定小波基函数。

几种常见的小波函数系列的波形如图 4.21 所示。

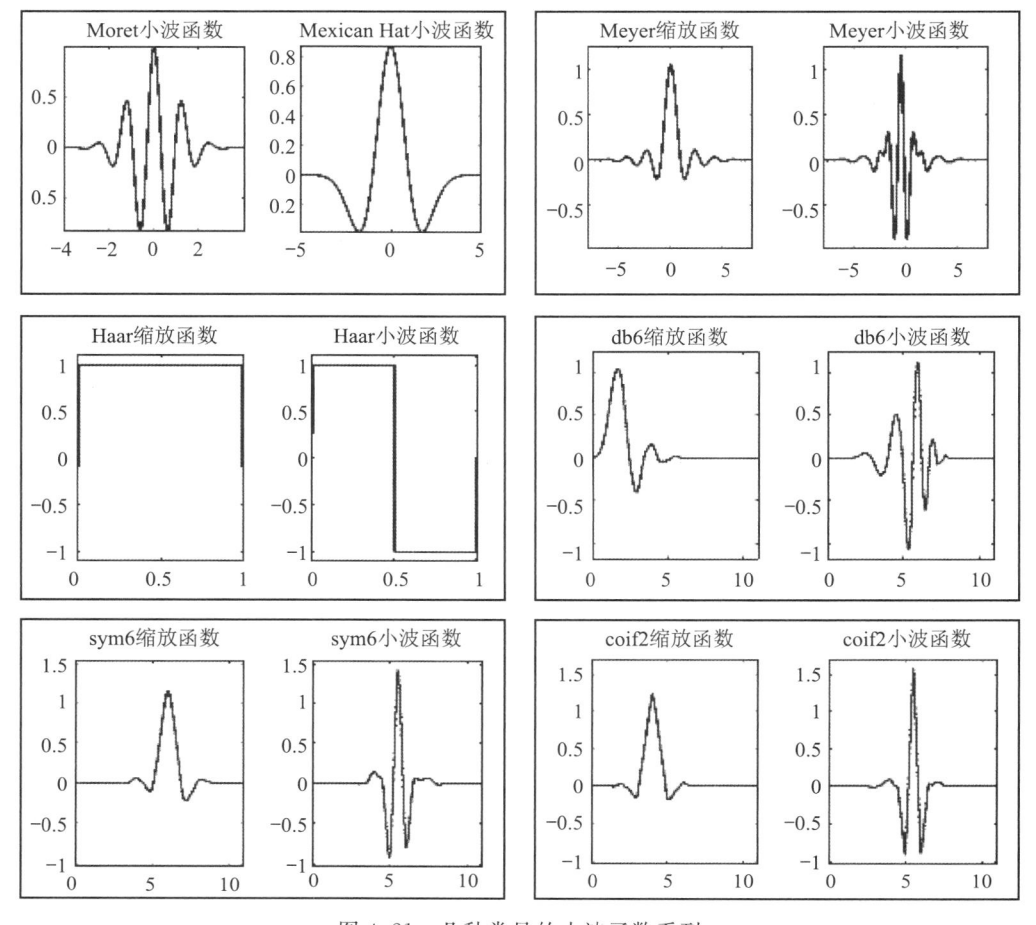

图 4.21　几种常见的小波函数系列

常用小波函数基的相关指标见表 4.5。

表 4.5　常用小波基的相关指标

属性	Haar	dbN	symN	coifN	Meyer
正交性	有	有	有	有	有
紧支集长度	1	$2N-1$	$2N-1$	$6N-1$	$2N-1$
滤波器长度	2	$2N$	$2N+2$	$6N$	$2N$
对称性	对称	近似对称	不对称	近似对称	近似对称
消失矩	1	N	$N-1$	$2N$	$2N$

选择小波基时,除要求该小波基函数具有紧支撑性(即函数从一个有限值收敛到 0 的速度)和一定正则性(对信号的重构获得较好的平滑效果有很大影响)外,还要求其曲线外形与被分析信号有较好的相似性。在实际爆破振动信号分析中,通常选用 db 小波系列。该小波函数系列具有优良的特性,如较好的紧支特性、小波基波形光滑性以及波形近似对称等。正

是因为该小波系列具有良好的非平稳处理能力,使得其在爆破振动信号领域得到了最为广泛的应用。该小波函数中 db8 小波基已被成功地应用到了爆破振动信号分析中,根据经验此处亦选择 db8 作为分析的基函数。

4.4.4 爆破微差延时间隔识别

确定合理的微差延时是成功实施微差爆破的关键。在实际的爆破振动信号处理过程中,通常认为各个监测点监测到的信号波形是多段雷管起爆产生的振动波形的相互叠加造成的。在信号分析领域利用小波变换模极大值方法,可以有效地识别信号突变点出现的位置,进而便可以确定微差延时爆破时,每段雷管的实际起爆时刻,识别出爆破中的实际微差延时时间。图 4.22 为运用小波分析模极大值来识别微差爆破中的延时间隔。此次爆破微差识别中,采用的分析信号是位于爆源近区的 1♯测点所采集到的信号波形。利用 db8 小波基,选择尺度为 16,并对信号波形进行连续小波变换取模值。图中的横坐标为爆破振动信号时间历程,纵坐标便为对所选信号进行小波变换后取模值后的幅值大小。可以看出:振动信号经过连续小波变换取模后,清晰地出现了 4 个模极值点,出现的时刻分别为 0.0027 s、0.0717 s、0.146 s、0.2158 s。由前述分析可知,这 4 个模极值点即是爆破中各段雷管的实际起爆时刻,进而可以得到段间微差延期时间分别为 69 ms、74.3 ms、69.8 ms。实际工程中采用的雷管由于种种原因,往往存在一定的误差。利用前述的分析得到的实际延时结果,再与雷管的理论设计延时时差进行对照,便能准确地分析出雷管的实际起爆延时时间,从而把握爆破网路雷管的精度。

小波变换实现微差延时时间的识别,是通过模极大值来检测信号产生突变的地方,通过模极大值来有效地识别信号发生突变的时刻。为了验证模极大值方法的有效性和准确性,对 2♯测点采集到的信号,同样进行连续变换后取模,得到图 4.23 为 2♯测点爆破振动信号的连续小波变换模值图。从图可以看出:2♯测点波形经过连续小波变换后,清晰地出现了 4 个模极值点,出现的时刻分别为 0.0037 s、0.0709 s、0.1452 s、0.2152 s。由前述分析可以得出,图中出现的 4 个模极值点,便是爆破过程中所用各段别雷管的实际起爆时刻。通过相邻模值点间在横坐标出现的时间点的差值,便可以获得该场次爆破中各段别雷管的实际微差延时时间,时间分别为 67.2 ms、74.3 ms、70 ms。

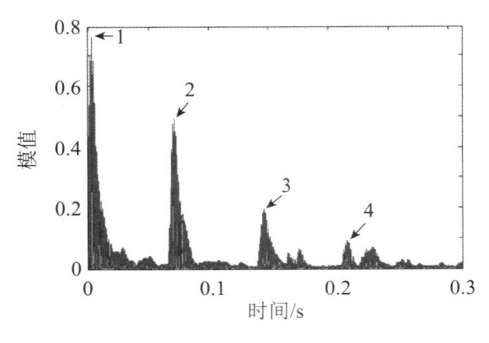

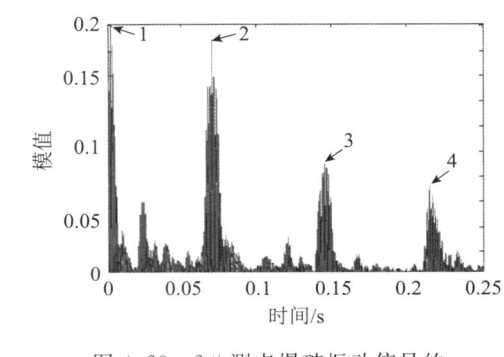

图 4.22　1♯测点爆破振动信号的
连续小波变换模值

图 4.23　2♯测点爆破振动信号的
连续小波变换模值

表 4.6 为采用统一的小波分析方法,对不同的监测点监测到的振动信号进行连续小波

变换并取模值后,识别得到的雷管实际微差延时与雷管厂家规定的设计时间间隔的对比统计。

表 4.6　两测点得到的实际延时间隔与设计的雷管延时间隔比较

段次	设计间隔/ms	实际分析间隔/ms	
		1♯测点	2♯测点
3	50	69.0	67.2
3	50	74.3	74.3
3	50	69.8	70.0

从表 4.6 可以看出:两个监测点的实际分析间隔出现了微小的波动,但总体上是接近的,说明了基于小波模极大值分析法,能够较准确识别出爆破振动信号中所包含的奇异点,识别出爆破中所用雷管的实际延时时间间隔,不会因为测点位置的变化,而出现分析较大的误差,为微差延时间的识别提供了一种有效的分析手段,具有很强的实际应用价值。同时,实际分析得到微差间隔与设计的间隔,出现了一定程度的偏离,导致这种偏离的原因有可能是雷管自身精度的问题,还可能是在爆破施工中采用了不同厂家或是同一厂家不同批次的雷管。因此,在实际爆破作业中,应优先选用满足工程需要的高精度的雷管,并且保证在同一场次的爆破中,必须使用同一厂家同一批号的雷管,避免出现安全隐患。应在保证爆破效果的前提下,根据爆破设计方案,将爆破的负面效应降至最低。

4.4.5　露天爆破能量衰减特征

爆破振动是露天矿日常爆破生产作业带来的必然结果。因此,掌握不同场地爆破振动能量衰减特征,合理预测爆破振动的衰减规律是使爆破振动危害得到有效控制的基础和前提。本节从能量的角度,重点探讨了爆破振动波的波形特征和传播机理。利用小波包分析方法,对现场采集到的爆破振动信号进行特征分析,可以得到爆破振动波形能量的分布特性。

图 4.24 为此次爆破炮孔和测点布置,爆破共一个台阶,共 4 个区,分别为Ⅰ、Ⅱ、Ⅲ、Ⅳ。起爆一次完成;Ⅰ区炮孔深度为 4 m(96 个),Ⅱ区炮孔深度为 6 m(99 个),Ⅲ区炮孔深度为 8 m(180 个),Ⅳ区炮孔深度为 12 m(45 个);炮孔间排距均为 5×4;爆破均采用双回路,孔内 9 段毫秒延期雷管延期,孔外排与排间采用 3 段毫秒延期雷管延期,爆破一次起爆完成;爆破炮孔总数 420 个;Ⅰ区单孔装药 15 kg,Ⅱ区单孔装药 30 kg,Ⅲ区单孔装药 50 kg,Ⅳ区单孔装药 90 kg;单排单段装药总量最大值为 1945 kg(第一、二、三、四、五、六排);此次爆破一次用炸药 17.5 t 左右。

爆区布置比较规整,呈近似四边形,共分为 4 个区,以爆区的几何中心为爆源中心,沿炮区自由面垂向台阶布置 6 个测点,编号为 1♯、2♯、3♯、4♯、5♯、6♯,其与炮区爆源几何中心的水平距离分别为 34 m、76 m、116 m、153 m、173 m、191 m,各台阶距爆区高程分别为 2 m、11 m、11 m、11 m、7 m、11 m。从自由面从前往后布置九排孔,孔距为 5 m,排距为 4 m。

根据上述爆区布孔形式和双回路爆破网路方案,便得到了炮区边坡台阶所不知的各监测点拾振仪采集到的振动速度时程波形图,如图 4.25～图 4.29 所示。

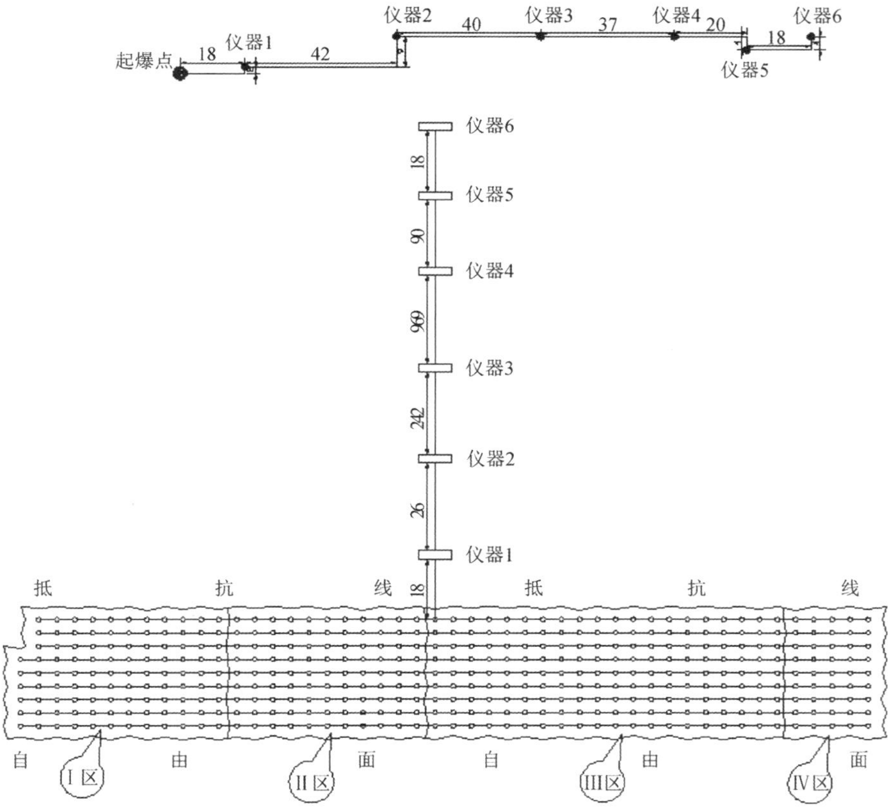

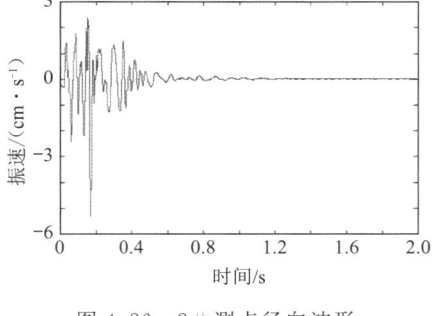

图 4.24 炮孔和测点布置

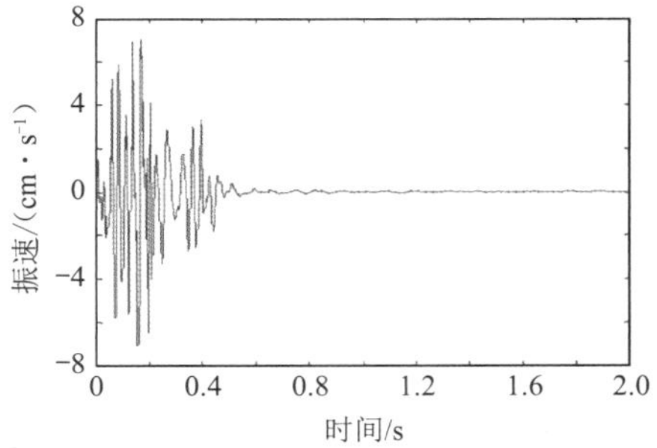

图 4.25 1♯测点径向波形

图 4.26 2♯测点径向波形

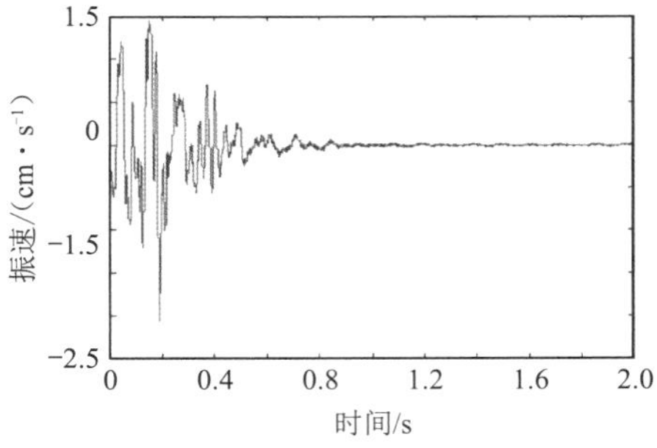

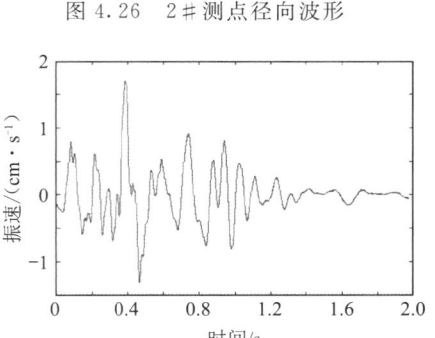

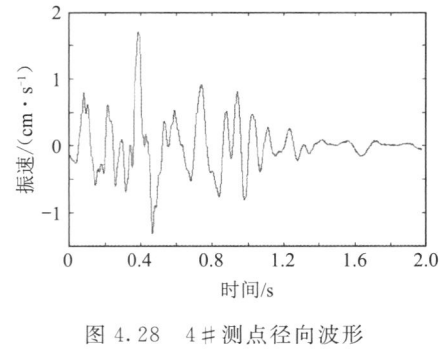

图 4.27 3♯测点径向波形

图 4.28 4♯测点径向波形

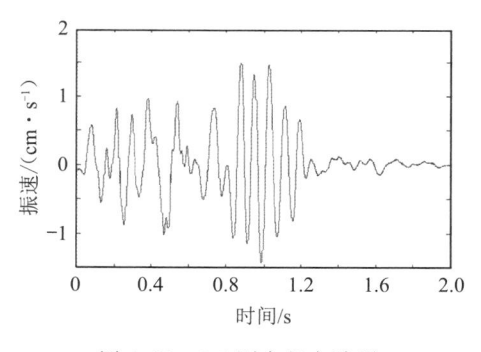

图 4.29　5♯测点径向波形

利用小波包方法分析爆破振动信号时,与小波分析方法相同,通常也选取 db 小波系列中的 db8 和 db5 作为小波基。根据前述理论,用 db8 对信号进行小波包分解,首先必须确定小波包分解的深度,本次测试设置的信号的采样频率为 2500 Hz,根据香农定理,其奈奎斯特频率为 1250 Hz,根据所关心的方面,在小波包分解原理的基础上,可以将信号分解到第 9 层,共有 $2^8=256$ 个小波包。每个子频带宽为 4.883(1250/256),对应的最低频带为 $0\sim4.883$,对应的最高频带为 $1245.117\sim1250$。表 4.7～表 4.9 为各测点爆破振动信号三向信号小波包频带能量分布。

表 4.7　爆破振动信号径向小波包频带能量分布

频带/Hz	各测点爆破振动信号频带能量分布/%					
	1♯	2♯	3♯	4♯	5♯	6♯
$0\sim4.883$	45.74	61.45	64.04	73.58	72.62	64.55
$4.883\sim9.766$	15.81	21.44	15.58	11.37	11.96	17.34
$9.766\sim14.648$	4.98	7.03	5.46	5.00	3.50	2.21
$14.648\sim19.53$	3.73	2.60	2.42	0.92	0.50	0.37
$19.53\sim24.414$	2.74	1.26	1.54	0.60	0.25	0.14
$24.414\sim29.297$	1.88	0.33	0.82	0.28	0.28	0.11
$29.297\sim34.18$	1.25	0.12	0.19	0.19	0.14	0.05
$34.18\sim39.063$	0.39	0.07	0.09	0.05	0.20	0.07
$39.063\sim43.945$	0.44	0.04	0.04	0.03	0.17	0.05
$43.945\sim48.828$	0.87	0.04	0.04	0.03	0.16	0.05
$48.828\sim53.711$	0.60	0.05	0.04	0.03	0.24	0.05
$53.711\sim58.594$	1.16	0.04	0.04	0.04	0.19	0.05
$58.594\sim63.477$	0.83	0.14	0.09	0.05	0.31	0.06
$63.477\sim68.359$	0.63	0.12	0.10	0.04	0.30	0.05
$68.359\sim73.242$	0.76	0.05	0.07	0.03	0.12	0.05
$73.242\sim78.125$	0.25	0.08	0.11	0.04	0.19	0.05
$78.125\sim83.008$	0.23	0.02	0.04	0.04	0.10	0.06

频带/Hz	各测点爆破振动信号频带能量分布/%					
	1#	2#	3#	4#	5#	6#
83.008~87.891	0.33	0.03	0.03	0.03	0.14	0.06
87.891~92.773	0.24	0.03	0.04	0.03	0.09	0.07
92.773~97.657	0.28	0.02	0.03	0.04	0.11	0.06
97.657~102.54	0.25	0.03	0.04	0.03	0.09	0.09
102.54~107.42	0.26	0.03	0.04	0.04	0.06	0.11
107.42~112.30	0.32	0.03	0.03	0.03	0.13	0.08
112.30~117.19	0.38	0.02	0.04	0.04	0.14	0.11
117.19~122.07	0.46	0.03	0.04	0.03	0.21	0.05
122.07~126.95	0.40	0.03	0.04	0.03	0.22	0.06
126.95~131.84	0.39	0.03	0.04	0.03	0.22	0.06
131.84~136.72	0.31	0.04	0.04	0.03	0.16	0.06
136.72~141.60	0.32	0.03	0.03	0.03	0.18	0.07
141.60~146.48	0.47	0.03	0.04	0.04	0.17	0.07
146.48~151.37	0.32	0.04	0.05	0.03	0.10	0.06
151.37~156.25	0.17	0.07	0.11	0.04	0.18	0.12
156.25~161.13	0.17	0.03	0.04	0.04	0.02	0.05
161.13~166.02	0.11	0.02	0.03	0.03	0.02	0.05
166.02~170.90	0.14	0.02	0.03	0.03	0.02	0.07
170.90~175.78	0.16	0.02	0.04	0.04	0.02	0.06
175.78~180.66	0.18	0.02	0.04	0.03	0.03	0.06
180.66~185.55	0.16	0.02	0.04	0.03	0.03	0.06
185.55~190.43	0.12	0.02	0.03	0.03	0.03	0.07
190.43~195.31	0.12	0.02	0.03	0.03	0.03	0.07
195.31~200.20	0.13	0.03	0.03	0.03	0.02	0.06
200.20~1250.0	16.03	4.95	8.34	6.9	6.35	13.01

表 4.8　爆破振动信号垂向小波包频带能量分布

频带/Hz	各测点爆破振动信号频带能量分布/%					
	1#	2#	3#	4#	5#	6#
0~4.883	29.26	64.51	46.79	60.94	52.93	57.93
4.883~9.766	13.05	18.28	27.77	20.15	28.31	13.77
9.766~14.648	10.39	6.30	11.36	5.85	7.34	3.39
14.648~19.53	5.52	1.69	2.22	1.12	0.53	0.61
19.53~24.414	2.53	1.47	1.20	0.41	0.19	0.18
24.414~29.297	3.51	0.90	0.84	0.31	0.23	0.18
29.297~34.18	0.78	0.10	0.09	0.08	0.04	0.08

频带/Hz	各测点爆破振动信号频带能量分布/%					
	1#	2#	3#	4#	5#	6#
34.18~39.063	1.78	0.34	0.18	0.16	0.10	0.11
39.063~43.945	0.25	0.05	0.05	0.03	0.04	0.08
43.945~48.828	0.53	0.05	0.07	0.04	0.03	0.08
48.828~53.711	0.76	0.07	0.11	0.03	0.03	0.07
53.711~58.594	0.65	0.05	0.09	0.04	0.04	0.08
58.594~63.477	1.80	0.13	0.09	0.07	0.04	0.07
63.477~68.359	2.04	0.09	0.09	0.07	0.04	0.08
68.359~73.242	0.89	0.10	0.10	0.04	0.04	0.07
73.242~78.125	0.92	0.12	0.09	0.06	0.04	0.08
78.125~83.008	0.15	0.03	0.03	0.04	0.04	0.09
83.008~87.891	0.13	0.03	0.03	0.04	0.04	0.10
87.891~92.773	0.29	0.03	0.03	0.05	0.04	0.11
92.773~97.657	0.23	0.04	0.03	0.04	0.04	0.09
97.657~102.54	0.35	0.04	0.03	0.05	0.04	0.13
102.54~107.42	0.39	0.04	0.03	0.05	0.05	0.19
107.42~112.30	0.14	0.03	0.04	0.04	0.04	0.12
112.30~117.19	0.21	0.03	0.04	0.04	0.05	0.17
117.19~122.07	0.75	0.07	0.06	0.04	0.04	0.09
122.07~126.95	1.08	0.05	0.06	0.03	0.04	0.09
126.95~131.84	0.57	0.04	0.04	0.03	0.05	0.10
131.84~136.72	0.41	0.04	0.05	0.04	0.04	0.10
136.72~141.60	0.25	0.02	0.03	0.05	0.05	0.11
141.60~146.48	0.40	0.03	0.03	0.04	0.05	0.12
146.48~151.37	0.65	0.05	0.04	0.03	0.05	0.09
151.37~156.25	0.51	0.08	0.05	0.04	0.06	0.14
156.25~161.13	0.24	0.03	0.03	0.05	0.04	0.08
161.13~166.02	0.18	0.02	0.03	0.05	0.04	0.08
166.02~170.90	0.08	0.02	0.03	0.04	0.04	0.11
170.90~175.78	0.26	0.03	0.04	0.04	0.05	0.09
175.78~180.66	0.16	0.02	0.04	0.04	0.04	0.10
180.66~185.55	0.18	0.03	0.04	0.04	0.03	0.09
185.55~190.43	0.31	0.02	0.03	0.03	0.04	0.12
190.43~195.31	0.25	0.02	0.03	0.04	0.05	0.12
195.31~200.20	0.15	0.04	0.03	0.04	0.04	0.09
200.20~1250.0	17.02	4.88	7.95	9.56	8.95	20.42

表 4.9　爆破振动信号切向小波包频带能量分布

频带/Hz	各测点爆破振动信号频带能量分布/%					
	1#	2#	3#	4#	5#	6#
0～4.883	41.52	66.57	64.04	77.81	73.02	56.07
4.883～9.766	18.19	20.01	15.58	11.50	13.0	21.24
9.766～14.648	8.58	3.57	5.46	3.90	5.12	2.56
14.648～19.53	2.79	2.48	2.42	0.53	0.53	0.48
19.53～24.414	1.57	1.53	1.54	0.26	0.41	0.18
24.414～29.297	1.28	0.44	0.82	0.19	0.18	0.15
29.297～34.18	1.13	0.05	0.19	0.09	0.24	0.13
34.18～39.063	1.05	0.23	0.09	0.03	0.15	0.10
39.063～43.945	0.40	0.03	0.04	0.02	0.09	0.09
43.945～48.828	0.42	0.03	0.04	0.02	0.10	0.09
48.828～53.711	0.60	0.04	0.04	0.02	0.09	0.09
53.711～58.594	0.53	0.03	0.04	0.02	0.10	0.08
58.594～63.477	0.77	0.08	0.09	0.03	0.09	0.10
63.477～68.359	0.80	0.06	0.10	0.03	0.12	0.11
68.359～73.242	0.67	0.06	0.07	0.03	0.09	0.09
73.242～78.125	0.90	0.09	0.11	0.02	0.07	0.09
78.125～83.008	0.30	0.00	0.04	0.02	0.05	0.07
83.008～87.891	0.17	0.02	0.03	0.02	0.06	0.07
87.891～92.773	0.22	0.02	0.04	0.02	0.06	0.09
92.773～97.657	0.25	0.02	0.03	0.02	0.04	0.08
97.657～102.54	0.25	0.02	0.04	0.02	0.06	0.11
102.54～107.42	0.31	0.02	0.04	0.03	0.07	0.17
107.42～112.30	0.26	0.02	0.03	0.02	0.06	0.11
112.30～117.19	0.20	0.02	0.04	0.03	0.05	0.14
117.19～122.07	0.46	0.03	0.04	0.02	0.07	0.08
122.07～126.95	0.61	0.03	0.04	0.02	0.08	0.08
126.95～131.84	0.49	0.02	0.04	0.02	0.07	0.08
131.84～136.72	0.35	0.04	0.04	0.02	0.04	0.08
136.72～141.60	0.41	0.02	0.03	0.02	0.05	0.09
141.60～146.48	0.37	0.02	0.04	0.03	0.06	0.11
146.48～151.37	0.49	0.04	0.05	0.03	0.06	0.09
151.37～156.25	0.48	0.12	0.11	0.06	0.07	0.12

续表

频带/Hz	各测点爆破振动信号频带能量分布/%					
	1#	2#	3#	4#	5#	6#
156.25～161.13	0.15	0.02	0.04	0.03	0.03	0.06
161.13～166.02	0.13	0.02	0.03	0.02	0.03	0.07
166.02～170.90	0.13	0.02	0.04	0.02	0.03	0.09
170.90～175.78	0.14	0.02	0.04	0.03	0.04	0.06
175.78～180.66	0.12	0.02	0.04	0.02	0.03	0.08
180.66～185.55	0.13	0.02	0.03	0.02	0.03	0.08
185.55～190.43	0.16	0.02	0.03	0.02	0.03	0.10
190.43～195.31	0.15	0.02	0.03	0.02	0.03	0.09
195.31～200.20	0.14	0.03	0.03	0.02	0.03	0.07
200.20～1250.0	11.93	4.03	8.34	4.90	5.37	16.08

从上表我们可以看出:径向、垂向和切向信号能量随距离变化各频带的衰减趋于一致,随着距爆源距离的增大,高频带能量所占能量有急速降低的趋势,以 40 Hz 以下范围内低频段所占的能量为主,其中又以 0～15 Hz 频段为主,由于此频率区间段接近于建(构)筑物以及边坡固有频率。所以对于爆破振动的控制应以低频部分为主。

在同一场次的爆破中,由于各段药量一定,爆破能量的衰减满足

$$E_T = K_E R^{-\alpha_E} \tag{4-18}$$

式中,E_T 为爆破总能量;K_E 为初始能量;R 为爆心距;α_E 为爆破振动能量随距离的衰减系数。

将上式两边取自然对数,使其变为线性方程

$$\ln E_T = \ln K_E - \alpha_E \ln R \tag{4-19}$$

令 $y = \ln E_T$,$x = \ln R$,$b = \ln K_E$,$a = -\alpha_E$ 则

$$y = ax + b \tag{4-20}$$

对于小波包分解得到的各个监测点的数据,代入上式,为确定线性方程的系数 a、b 通常采用最小二乘法,图 4.30～图 4.32 为采用最小二乘法得出的三向拟合曲线。

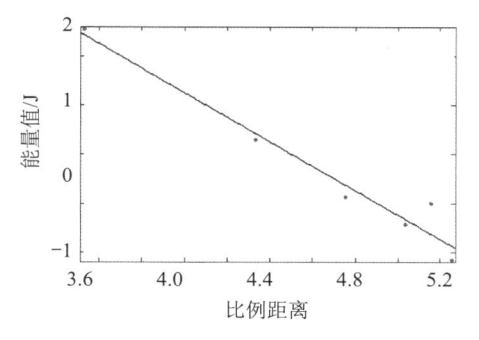

图 4.30　径向能量 y 随比例距离 x 变化拟合曲线

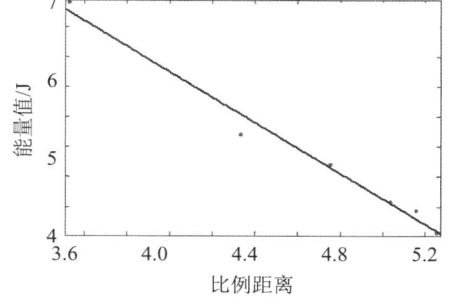

图 4.31　垂向能量 y 随比例距离 x 变化拟合曲线

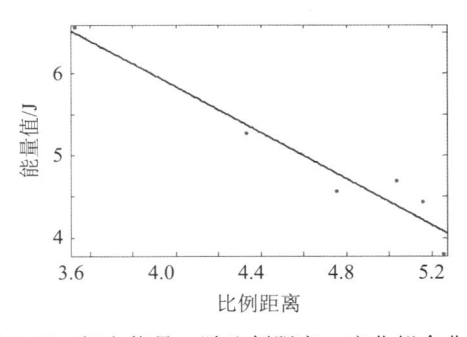

图 4.32　切向能量 y 随比例距离 x 变化拟合曲线

通过对表中的数据进行拟合分析,便可以回归得到在该场次爆破所包含的三向振速中各向能量随爆源距离的衰减特征规律。径向能量随距离的衰减规律为

$$E_{T径} = 4.0538 \times 10^4 R^{-1.246} \qquad (4-21)$$

垂向能量随距离的衰减规律为

$$E_{T垂} = 2.4461 \times 10^6 R^{-2.114} \qquad (4-22)$$

切向能量随距离的衰减规律为

$$E_{T切} = 9.2041 \times 10^4 R^{-1.399} \qquad (4-23)$$

其拟合的相关度系数 R_i 的平方分别为 0.9598、0.9831、0.9386,说明此次拟合具有很好的贴合度,可以高精准地体现出随着距离的变化能量的衰减特性。爆破振动能量的衰减,从数量值大小上其变化趋势为总能量＞垂向能量＞水平切向能量＞水平径向能量。

能量衰减折线清楚地显现出三个衰减区域:能量急速衰减区域、能量趋于恒定区域、能量缓慢衰减区。其对应的水平距离和垂直距离分别为能量急速衰减区域水平方向距离在 0～90 m;能量趋于恒定区域水平方向距离在 90～150 m;随着距离和高程的进一步加大,能量衰减趋于平缓。在爆破近区,高频段能量所占比率大,随着距离的增加,高频段能量不断衰减,呈现与低频段相反的变化趋势。6♯高频段(200.20～1250.0 Hz)较 5♯高频段高程对能量的放大作用强弱为水平切向＞垂向＞水平径向,说明三个方向对爆破振动的选择放大响应程度是不同的。从回归方程可以看出,爆破振动的能量随着水平距离和高程的变化衰减得非常快,特别是在近区,衰减得更快。通过对各频带的能量分析,获得较准确的频率特性,可以得到原始信号的局部特征,并可以更准确把握能量衰减规律。

4.5　露天爆破信号 HHT 分析

由前述可知,傅里叶变换不适合分析非平稳振动信号,小波和小波包分析使用具有局部性的基本量和借助小波基函数作为分析的工具,对非平稳信号能进行比较直观、有效的分析,但对于小波基的选择,则具有很高的要求,自适应性不强。对于传统的爆破信号分析方法理论,HHT 分析方法是一种更为全新的分析手段,其独特的信号时频分析能力,特别能适应爆破振动这类非平稳信号的分析要求。其与傅里叶变换方法的区别在于它不必采用复杂的谐波分量来揭示信号所包含的信息特征。它与小波和小波包方法的不同体现在其不依赖于小波基的选取,自适应性更好。

4.5.1　HHT 分析理论

HHT 分析方法主要由 EMD 和 Hilbert 变换两部分组成。为了研究瞬态与非平稳现象,频率必须是时间的函数,瞬时频率是 HHT 法中一个直观的、基本的物理概念。N. E. Huang 等人提出了在物理上定义一个有意义的瞬时频率的必要条件:函数对称于局部零均值,且有相同的极值点与过零点。在此基础上提出了 EMD,EMD 分解是 HHT 法的核心,EMD 算法的具体步骤如下:

最重要的是,要寻找出指定的分析信号波形 $X(t)$ 上的所有正向极值点,利用三次样条曲线对正向极大值点进行插值解析,并拟合获取振动信号波形 $X(t)$ 上的上包络线 $X_{max}(t)$。采用同样的方法,拟合得到波形曲线的下包络线 $X_{min}(t)$。依次连接上、下包络线均值,便得到一条均值线 $m_1(t)$:

$$m_1(t) = [X_{max}(t) + X_{min}(t)]/2 \qquad (4\text{-}24)$$

再用 $X(t)$ 剪掉 $m_1(t)$ 得到 $h_1(t)$:

$$h_1(t) = X(t) - m_1(t) \qquad (4\text{-}25)$$

由于信号特征不同,$h_1(t)$ 可能不是一个 IMF 分量,其可能并不满足 IMF 所需条件,此时将 $h_1(t)$ 作为原信号,重复以上步骤,即得

$$h_{11}(t) = h_1(t) - m_{11}(t) \qquad (4\text{-}26)$$

式中,$m_{11}(t)$ 是 $h_1(t)$ 的上、下包络线均值。若 $h_{11}(t)$ 并不是所需要的 IMF 分解分量的话,必须重复上述分解方法,继续不断筛选 k 次,直到得到所需要的 $h_{1k}(t)$:

$$h_{1k}(t) = h_{1(k-1)}(t) - m_{1(k-1)}(t) \qquad (4\text{-}27)$$

$h_{1k}(t)$ 是否为 IMF 分量,可依据两个连续处理结果的标准差 SD 值来判断:

$$SD = \sum_{t=0}^{T} \left| \frac{|h_{1(k-1)}(t) - h_{1k}(t)|^2}{h_{1(k-1)}^2(t)} \right| \qquad (4\text{-}28)$$

SD 取值一定要谨慎,在实际处理中,可以对信号进行反复筛选而取不同的 SD 值确定,经验表明,SD 值位于 $0.2 \sim 0.3$ 区间时,便可保证所获取的 IMF 分量的线性特征和相应的稳定性,才能保证分解得到的各分量具有明确的物理意义。

当 $h_{1k}(t)$ 满足 SD 值的要求,则 $h_{1k}(t)$ 为第一阶 IMF,记为 $c_1(t)$,即

$$c_1(t) = h_{1k}(t) \qquad (4\text{-}29)$$

从 $X(t)$ 中减去 $c_1(t)$ 得剩余信号,即残差 $r_1(t)$:

$$r_1(t) = X(t) - c_1(t) \qquad (4\text{-}30)$$

将 $r_1(t)$ 看作一组新信号重复分解经多次运算,得到残差 $r_i(t)$:

$$r_{i-1}(t) - c_i(t) = r_i(t), i = 2, 3, \cdots, n \qquad (4\text{-}31)$$

至此,原始信号 $X(t)$ 可由 n 阶 IMF 分量及残差 $r_n(t)$ 构成:

$$X(t) = \sum_{i-1}^{n} c_i(t) + r_n(t) \qquad (4\text{-}32)$$

图 4.33 为 EMD 分解得到信号 IMF 分量的算法程序流程图。

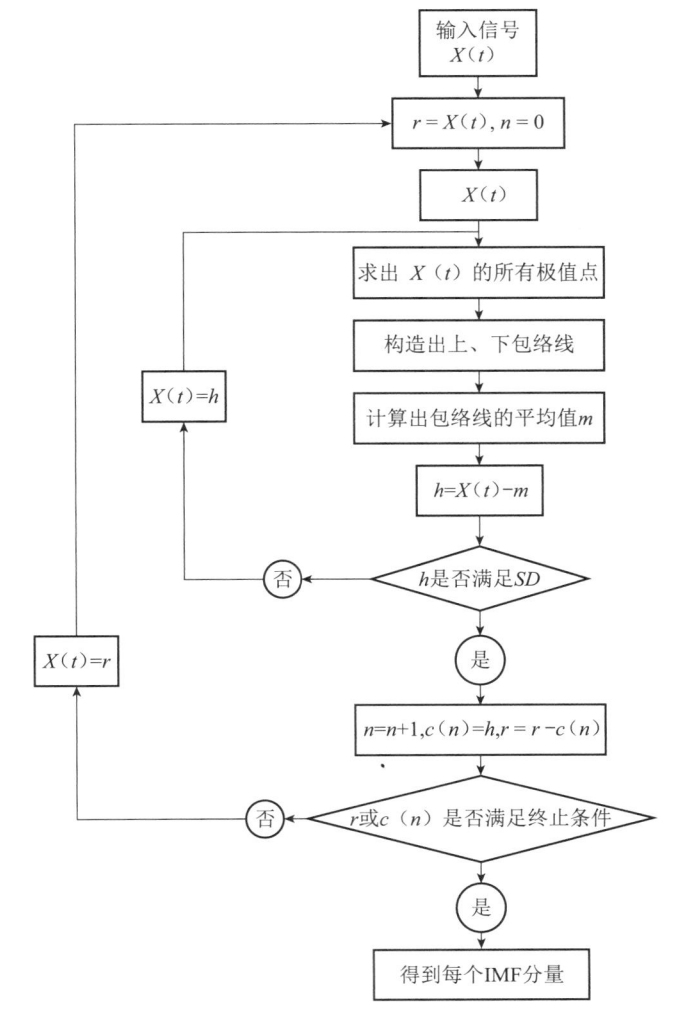

图 4.33 EMD 分解信号得到 IMF 分量算法程序流程

　　信号可表示为时间-频率平面上的等高线。这种经过处理的时间频率平面上的幅度分布称为 Hilbert 时频谱,即 Hilbert 谱,其表达式为

$$H(\omega,t) = Re \sum_{i=1}^{n} a_i(t) e^{\int \omega_i(t) dt} \tag{4-33}$$

如果 $H(\omega,t)$ 对 t 积分,就得到 Hilbert 边际谱:

$$h(\omega) = \int_0^T H(\omega,t) dt \tag{4-34}$$

　　边际谱可以从另一层面反映某一频段在信号特征分量中存在的可能性,并在统计意义上体现了信号的全部累加幅度。可以定义 Hilbert 瞬时能量为

$$IE(t) = \int_\omega H^2(\omega,t) d\omega \tag{4-35}$$

瞬时能量体现了信号能量的变化趋势。Hilbert 能量谱是通过在对信号进行数学积分所获得的,将信号波形曲线函数 $X(t)$ 对时间点 t 进行积分,其计算公式表达如下:

$$ES(\omega) = \int_0^T H^2(\omega,t)\mathrm{d}t \tag{4-36}$$

Hilbert 能量谱确定了每个频率在整个 t 长度内累积的能量。N. E. Huang 在能量谱的基础上,定义 $E(\omega)$,即

$$E(\omega) = \int_0^T H^2(\omega,t)\mathrm{d}t \tag{4-37}$$

在此,$E(\omega)$ 称为 Hilbert 边际能量谱,它表征了信号能量随频率不同的变化趋势。相关的算法流程见图 4.34。

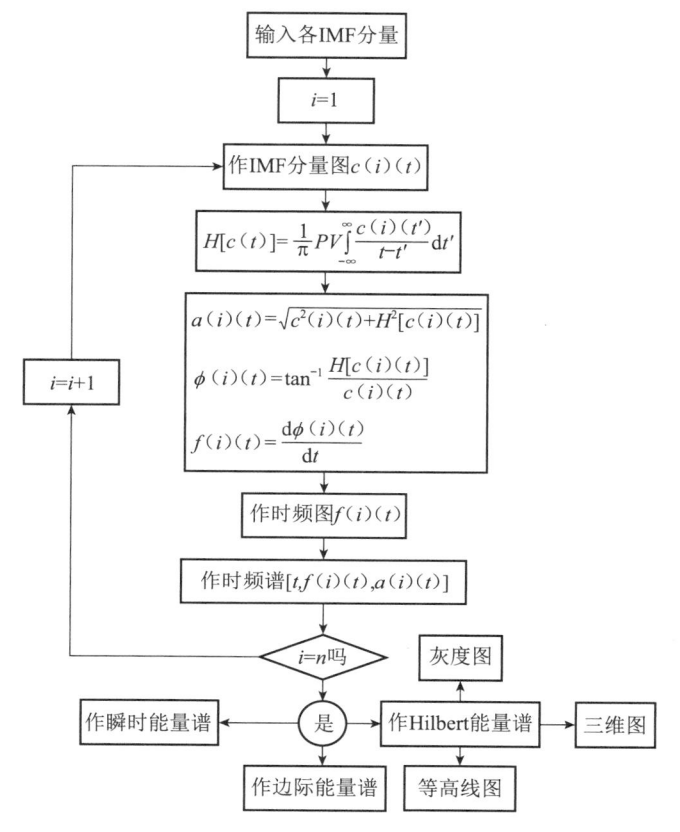

图 4.34　Hilbert 能量谱、瞬时能量谱和边际能量谱算法流程

4.5.2　基于 HHT 的爆破振动信号分析

由于 HHT 分析在处理非平稳随机信号方面具有十分突出的特点,爆破科研人员将其应用到了实际工程信号分析中,不但有效地识别出了爆破振动信号所包含的频谱特性,而且揭示了分析信号所含频谱随时间的变化。HHT 分析方法的优越之处在于:利用 HHT 分析方法能精确地实现爆破振动信号能量随着时间和频率的变化,并能通过三维图的形式,直观地给出相应的分析图形,使分析结果更加详细形象。这是包括小波分析方法在内的众多信号分析手段所无法实现的。图 4.35 为炮孔和监测测振仪在矿区现场的布置。

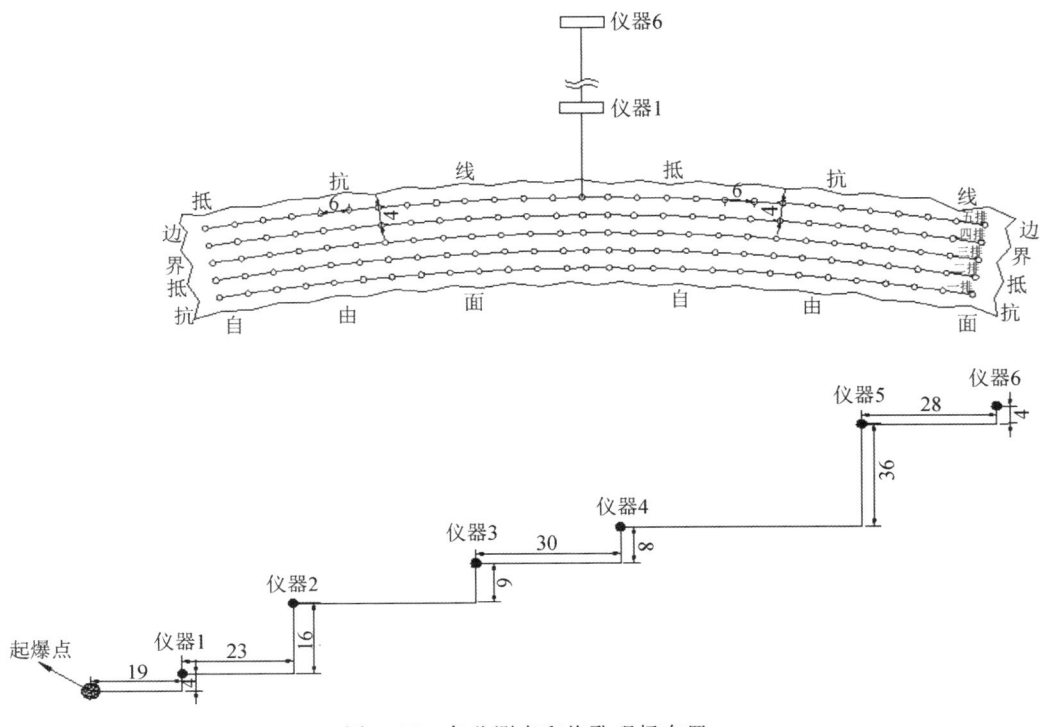

图 4.35　各监测点和炮孔现场布置

　　根据煤层赋存条件,采用松动爆破,共一个台阶,爆区一、二排炮孔深度为 6 m,三、四排炮孔深度为 8 m,第五排炮孔深度为 10 m,爆破均采用双回路,孔内 9 段毫秒延期雷管延期,孔外排与排间采用 3 段毫秒延期雷管延期,炮孔总数 140 个,孔径 120 mm,一、二排单孔装药 30 kg,三、四排单孔装药 50 kg,第五排单孔装药 70 kg;单排单段装药总量最大值为 1960 kg(第五排),一次起爆完成,用炸药 6.5 t 左右。从图 4.35 可以看出:爆区炮孔布置比较规整,呈近似四边形,以爆区的几何中心为爆源中心,沿炮区自由面垂向台阶布置 6 个测点,编号为 1♯、2♯、3♯、4♯、5♯、6♯。其与爆区爆源几何中心的水平距离分别为 27 m、50 m、88 m、118 m、168 m、196 m,各台阶高程差分别为 4 m、20 m、26 m、34 m、57 m、61 m。从自由面从前往后布置五排孔,孔距为 6 m,排距为 4 m。图 4.36～图 4.41 为各监测点垂向振动速度时程波形曲线。

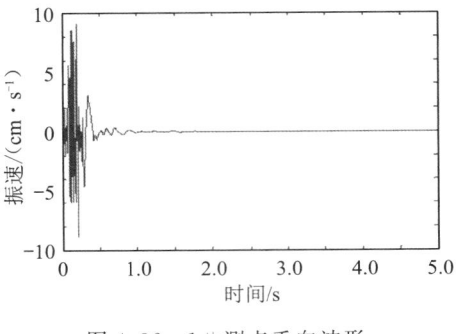

图 4.36　1♯测点垂向波形

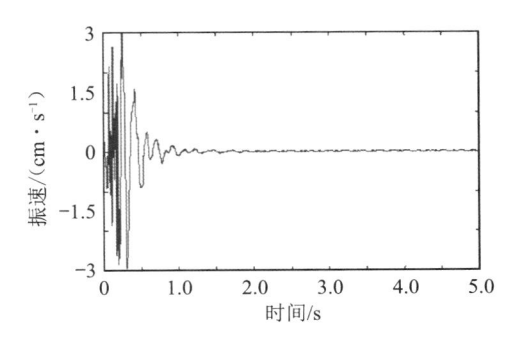

图 4.37　2♯测点垂向波形

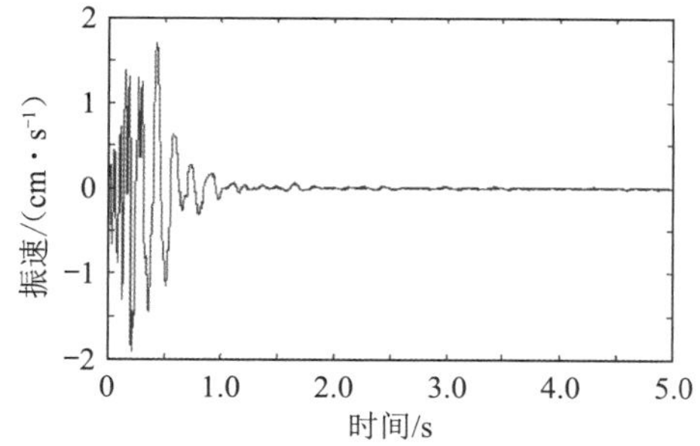

图 4.38　3♯测点垂向波形

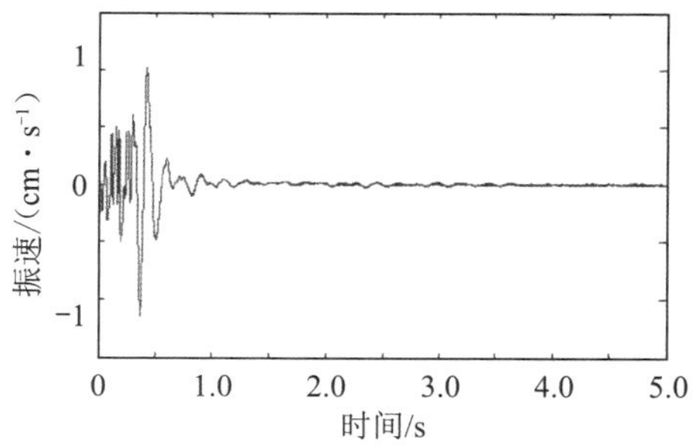

图 4.39　4♯测点垂向波形

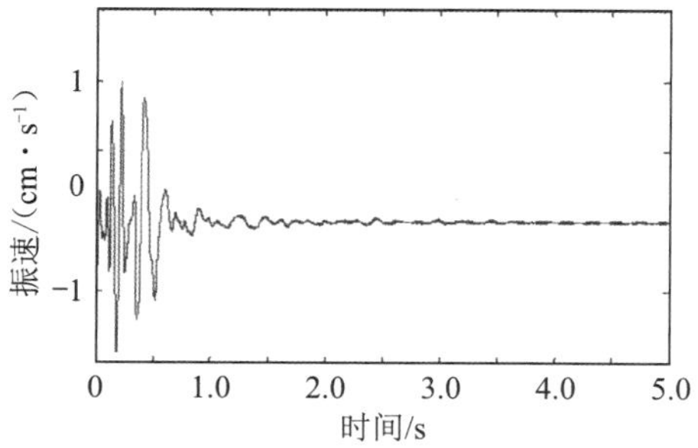

图 4.40　5♯测点垂向波形

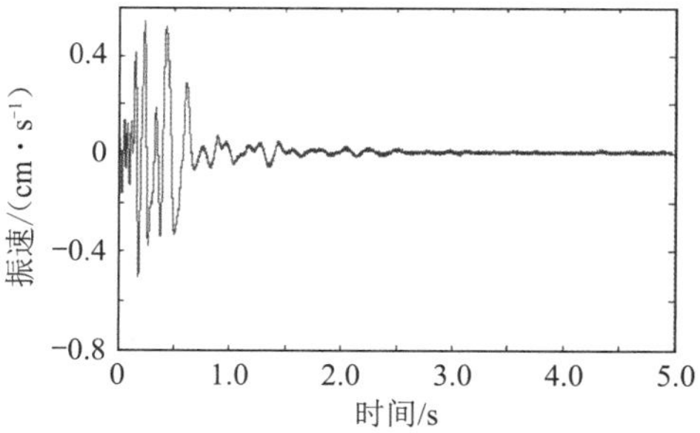

图 4.41　6♯测点垂向波形

4.5.3　爆破振动信号经验模态分解

运用 HHT 分析方法对爆破振动信号进行分析时,最关键的技术在于其自身所包含的经验模态分解过程(EMD decomposition process),它可以对振动信号自身所包含的附加信息,如信号的高频噪声和趋势项进行有效的过滤,实现对信号的有效筛选。经过筛选的振动信号,其所包含的信息量更加真实,主要原因在于筛选过程使得信号波形信息量更加集中,在波形上体现为波形更加对称,这样更便于分析和处理。图 4.42~图 4.47 为各监测点信号波形的 EMD 分解得到的各 IMF 分量和趋势项 r。

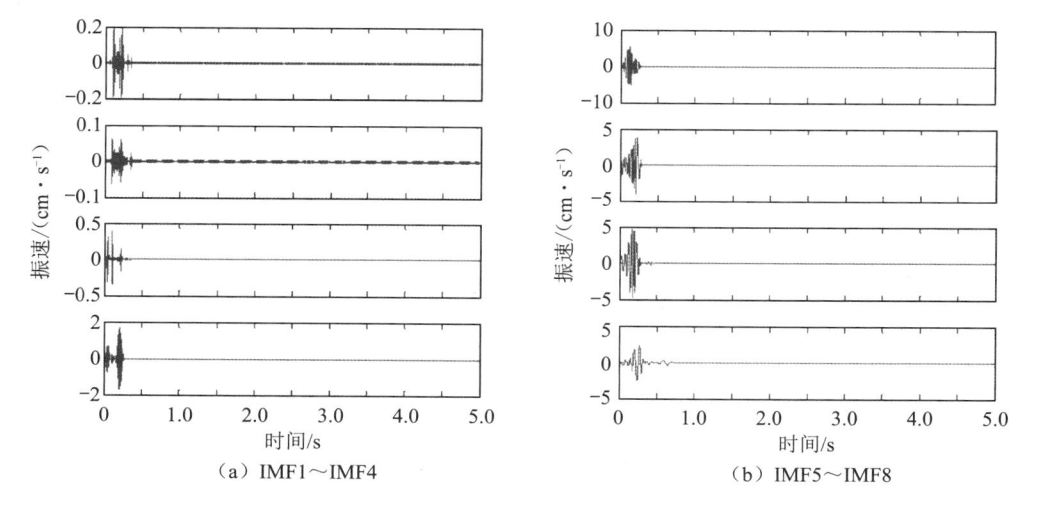

（a）IMF1~IMF4　　　　　　　　　　　（b）IMF5~IMF8

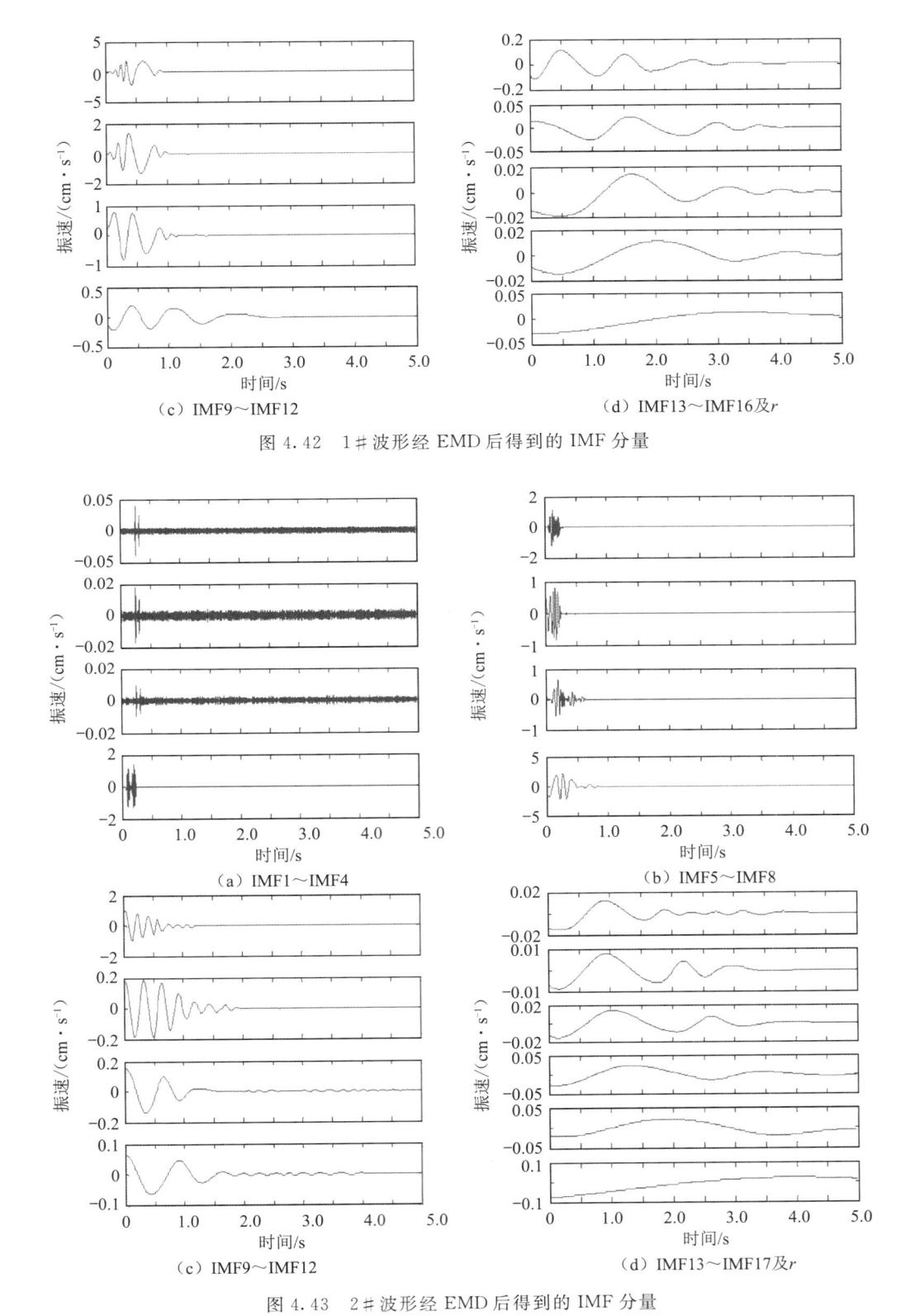

（c）IMF9～IMF12

（d）IMF13～IMF16及r

图 4.42　1♯ 波形经 EMD 后得到的 IMF 分量

（a）IMF1～IMF4

（b）IMF5～IMF8

（c）IMF9～IMF12

（d）IMF13～IMF17及r

图 4.43　2♯ 波形经 EMD 后得到的 IMF 分量

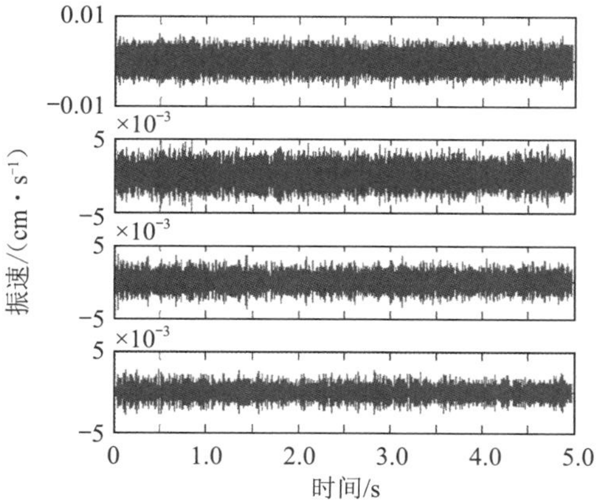

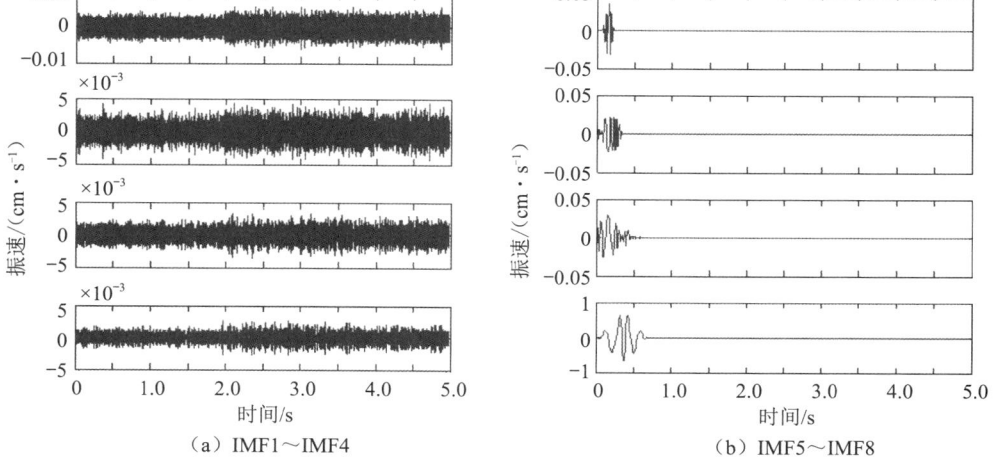

（a）IMF1～IMF4 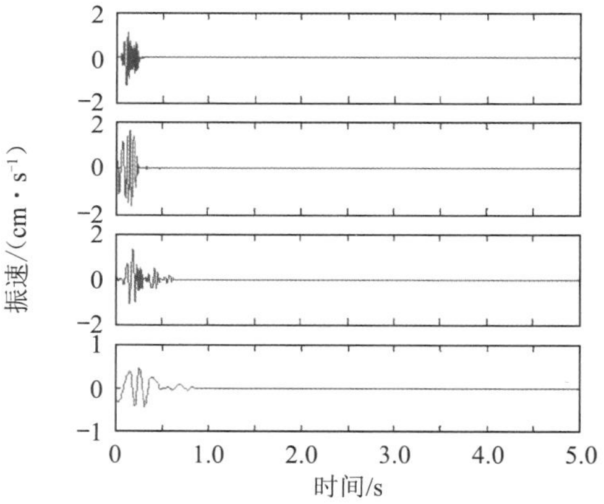　　　　　　　　　（b）IMF5～IMF8

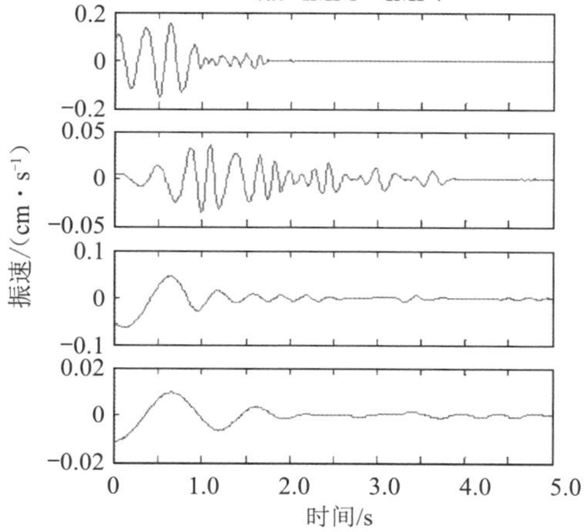

（c）IMF9～IMF12 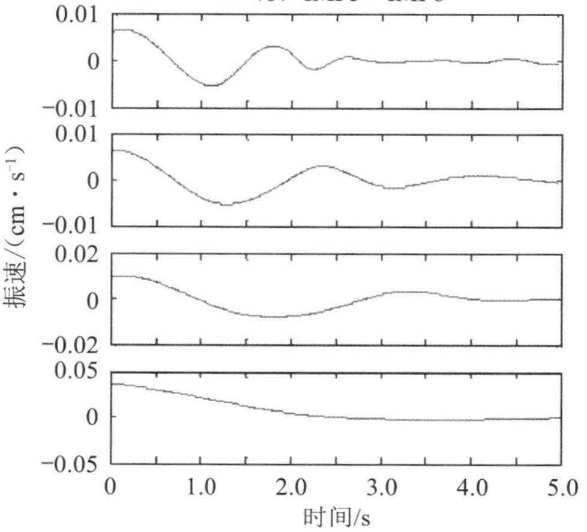　　　　　　　　（d）IMF13～IMF15及r

图 4.44　3♯波形经 EMD 后得到的 IMF 分量

（a）IMF1～IMF4　　　　　　　　　（b）IMF5～IMF8

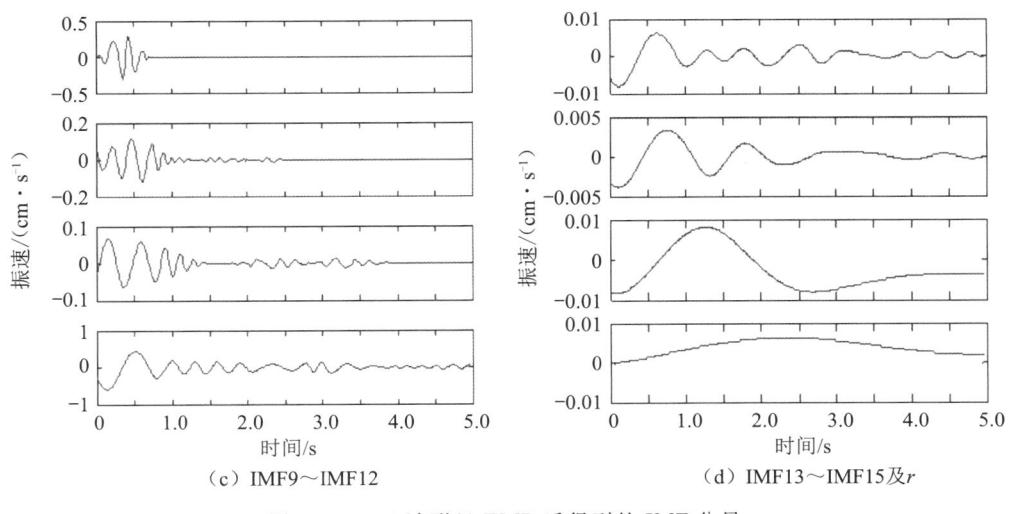

（c）IMF9～IMF12　　　　　　　　（d）IMF13～IMF15及r

图 4.45　4#波形经 EMD 后得到的 IMF 分量

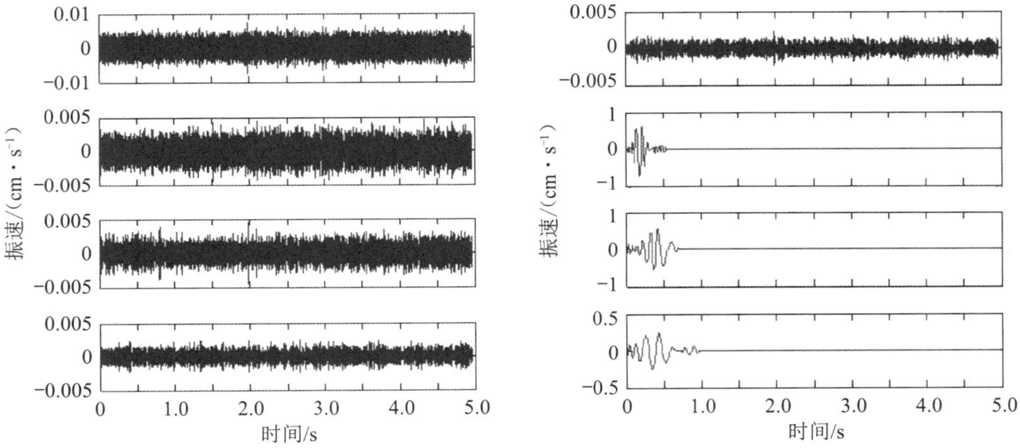

（a）IMF1～IMF4　　　　　　　　　（b）IMF5～IMF8

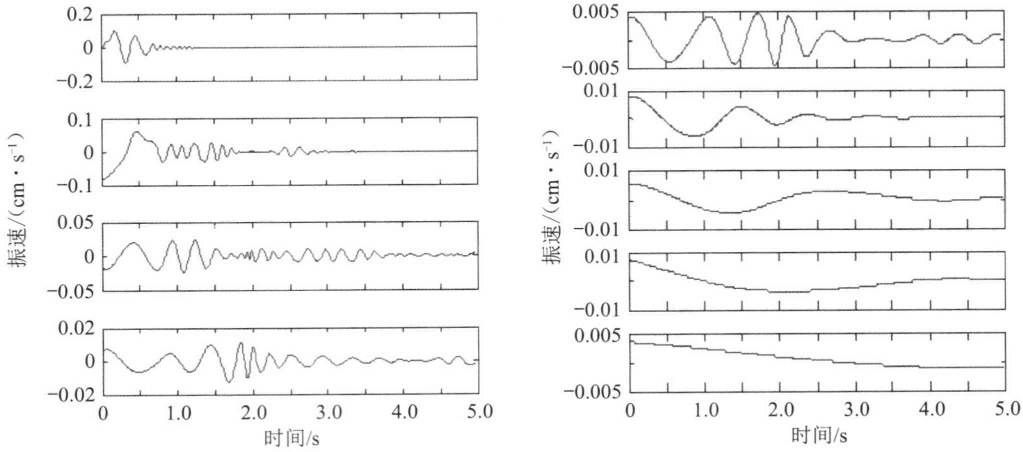

（c）IMF9～IMF12　　　　　　　　（d）IMF13～IMF16及r

图 4.46　5#波形经 EMD 后得到的 IMF 分量

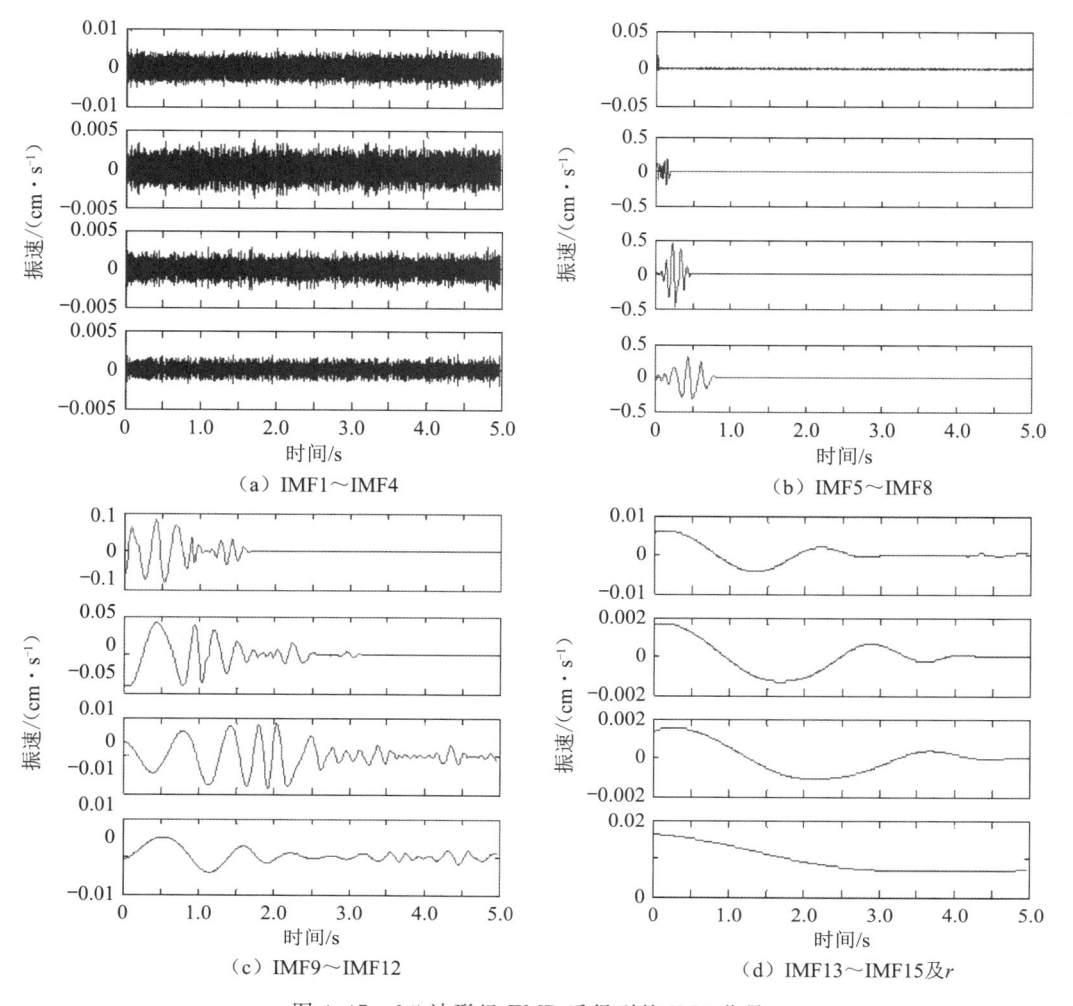

图 4.47　6♯波形经 EMD 后得到的 IMF 分量

　　从图中可以看出：在同一场次的爆破中,地形、地质和测点位置的差异导致了各测点信号分解后所包含的 IMF 分量数目不同。通常,IMF1 为信号中分解出的频率最高、波长最短的波动。它代表信号中的白噪声或高频分量,随着测点与爆源距离的加大,噪声分量增多,但其振幅并非最大,表明其所占能量比例很小。依次分解出各 IMF 分量,可以看出分解的变化趋势：随着分解的进行,所得 IMF 分量频率变低,波长变长,最后得到频率很低的一个 IMF 分量和趋势项 r,其中分量 r 为变化幅值很小的序列,它具有明确的物理意义,由于爆破振动信号的平均趋势为 0,那么它表示采集设备不会引起漂零现象,且 EMD 分量中低频成分较多,有利于爆破振动信号的分析。信号的中低频段包含了信号的大部分能量,属于原始信号的优势频率段,建(构)筑物的受震破坏,主要是由这些分量所造成的,应重点考虑分析。与小波分析方法相比,该方法不用选择基函数,按照频率从高到低的顺序进行分解,分解后的 IMF 分量都有不同的振幅和频率,并且所获得的 IMF 分量大都具有明确的物理意义,不同 IMF 分量对建(构)筑物的危害不同,通过综合考虑可以更好地分析爆破振动的危害。

4.5.4　HHT 法微差雷管早爆识别

运用 HHT 法对爆破振动波形进行分析是目前比较常用的爆破振动效应评定手段,并且应用最为广泛。值得注意的是,爆破振动相对天然地震有其显著的特征:首先,爆破初始振动波呈现上升较快的变化趋势。由于炮孔中雷管起爆炸药,爆炸能量较高,产生强烈的冲击波,体现在振动波形上为波形快速向正方向上升的特征。其次,爆破产生的振动波衰减较快,冲击波在岩土等弹塑性介质中传播,伴随着距离的加大,振动幅值不断衰减,波形很快衰减为弹性波。在爆破振动信号的分析中,对于雷管早爆现象的识别,要先选择合适的分析信号,这样更能提高分析的准确性。因此,在选取信号时,应着重选取那些波形上能与炮孔起爆顺序相关性较大的波形信号进行分析,如选取波形的上升直观上与炮孔的起爆有对应关系的信号等进行分析。

传统的探寻爆破过程中,判断是否存在雷管早爆现象,主要是依靠爆破工程人员的经验。通过对爆破后岩石被破碎的程度,对岩石块度大小的目测,来判断雷管是否存在早爆现象。这种经验判断方法,存在很多弊端,随机性很大,识别精度差,完全不能满足对爆破过程进行科学监测的要求。在实际的爆破工程中,可以利用 HHT 分析方法并结合其分解后的 IMF 分量来分析炮孔起爆的确切时间,并与设计延时比较,判断所有的炮孔是否都按照设计延时准确起爆。分析从 IMF 分量波形中识别出的各排炮孔的实际起爆时间与设计延时是否相符,就可以判断出所有炮孔是否准时起爆,从而断定是否有早爆、拒爆现象存在,提早预防爆破事故的发生。

对 1♯ 监测点的信号波形进行 EMD 分解后得到的 IMF 分量中的主要分量 c3 作 Hilbert 变换,提取得到的包络曲线图,如图 4.48 所示。包络曲线上很清晰出现了 5 个极值点,与极值点相对应的时刻点,在时间轴上分别出现在 0.0445 s、0.1043 s、0.1775 s、0.1958 s、0.2357 s 这5 个时刻。这说明该次爆破振动信号是由 5 个段别的雷管逐段起爆,由此产生的振动波形在时间上相互叠加导致的。定义前后两个相邻极值点出现的时刻差为微差爆破雷管的实际延时时间。由此可以获得该次爆破雷管的实际延期时间分别为 0 ms、59.8 ms、73.2 ms、18.3 ms、39.9 ms。由前述所知,实际爆破中设计的各排炮孔之间的理论微差间隔均为 50 ms。在雷管允许的误差范围内,通过与理论间隔比较表明:第四排炮孔排间 3 段雷管的起爆微差时间与设计理论微差间隔出现了较大偏差,可以判定出第四排排间雷管出现异常,发生了早爆现象。

图 4.49 为与分析结果相应的早爆信号波形图,早爆特征在该信号波形图上的直观反映,便是在 0.2 s 附近出现幅度为 9.043 cm/s 波峰和 7.859 cm/s 波谷质点峰值振速,这与前述早爆点时刻是相对应的。这是第三、第四两排炮孔起爆时间差较小,其振速幅值在一定程度上出现了叠加所造成的。

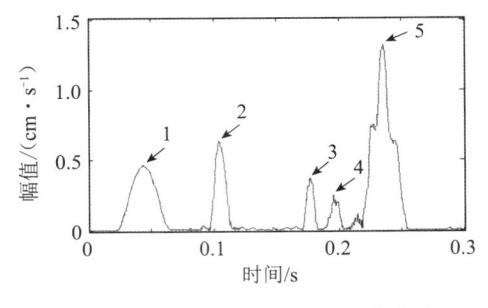

图 4.48　1♯ 波形 c3 分量的包络曲线

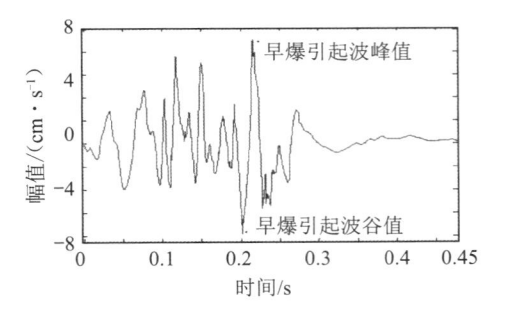

图 4.49　早爆信号波形峰值

实践证明,基于 HHT 法识别爆破过程中的雷管早爆事故是可行的、有效的。它使得爆破施工人员对于微差爆破延期时间的准确把握以及对爆破器材的科学使用和管理,变得易于实现,并提供了一种便捷的手段。雷管爆破的精确识别,对于爆破设计人员也具有极其重要的意义,它使得爆破网路的连接和优化更加容易掌控。大量的工程实际和实验表明,采用 HHT 分析方法来识别雷管早爆现象,具有准确性高和易于实现的优点,具有很高的推广价值。

原始爆破振动信号的 Hilbert 能量谱能清晰描绘由 EMD 得到的各 IMF 分量以频率-时间-振幅的分布,表明了信号能量随时间-频率变化的分布情况。图 4.50～图 4.55 为各监测点原始信号波形的 Hilbert 能量谱,体现了该分析方法良好的局部化分析特性,很清晰地描述了爆破振动非平稳信号的时频分布特征。

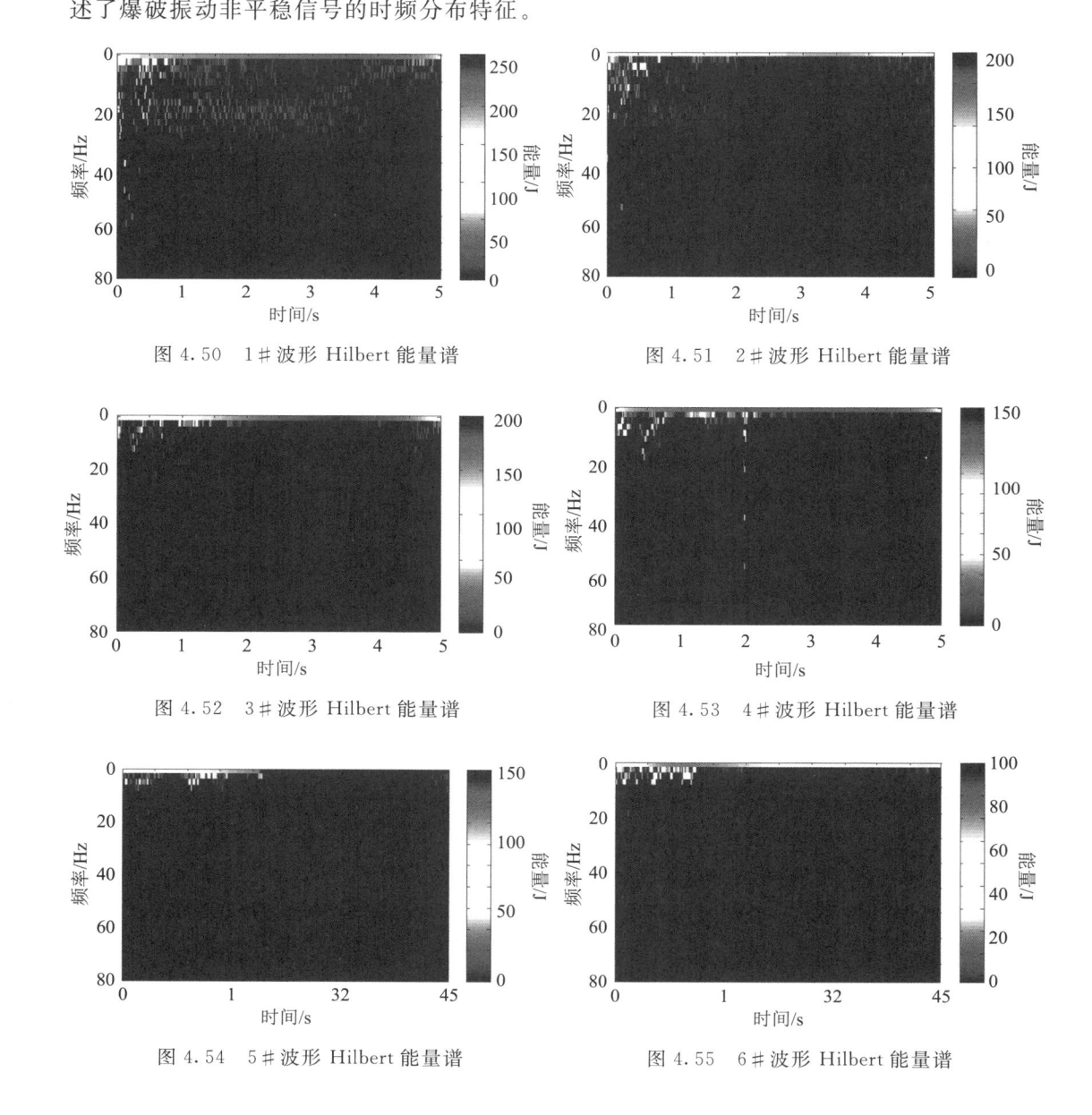

图 4.50　1♯波形 Hilbert 能量谱　　　　图 4.51　2♯波形 Hilbert 能量谱

图 4.52　3♯波形 Hilbert 能量谱　　　　图 4.53　4♯波形 Hilbert 能量谱

图 4.54　5♯波形 Hilbert 能量谱　　　　图 4.55　6♯波形 Hilbert 能量谱

图上清晰地显示出 Hilbert 能量谱良好的局部化特征和时频聚集能力,它能很好地表达信号能量随着时间和频率的分布特征。需要说明的是,4♯～6♯波形的 Hilbert 能量幅值为负值,图中所示的能量并不是真正的能量,它只是间接地反映了能量随时间-频率参量的变化趋势,Hilbert 能量图中采用色标表示能量,色标颜色越深,代表能量越高,反之,能量越低。图 4.50 所示 1♯测点信号能量分布于整个时域上,主要能量位于时域 0～1 s,频域在 0～40 Hz 频带范围内,1～5 s 时间区间和 40 Hz 以外的高频带,能量较小,且在时间上均匀分布。随着距爆源距离的增大,能量集中程度有所提高,频率段也更加单一化,1♯～2♯测点主要以 20 Hz 以下的低频段为主,能量分布在 0～1 s 时间区间内,3♯～6♯测点主要以 10 Hz 以下的低频段为主,能量在时间上的分布区域更广,主要在 0～1.5 s 时间区间内,但能量的幅值逐渐降低。

从各测点 Hilbert 能量图上的变化可以看出:对于深孔大区微差爆破,由于产生的爆破强度大,传播距离远,主振频率一般位于 40 Hz 以下,持续时间接近数秒,并随着距离和高程的变化,高频段所占的能量衰减很快,尤其在爆破近区,以低频段所占的能量为主,这与之前小波包分解表征的能量衰减规律是一致的。此外,远离爆破区域的信号虽然能量幅值有所降低,但在时间上的分布更广,在合适的条件下其破坏效应可能更大,对露天矿高台阶边坡的累积损伤破坏效应会加大,对边坡稳定性的影响会日益突出,特别是在多雨季节,由于边坡岩质饱和水特性的变化,这对边坡稳定性的维护是很不利的。

对于爆破振动这类非线性非平稳信号,基于 HHT 法的 Hilbert 谱能够精准和清晰地揭示振动记录的时-频-能量分布。Hilbert 时间-频率-幅值(能量)图谱的能量大部分集中于一段时间的特定频段内,真实地反映了非线性非平稳信号的本质特性。HHT 方法能很好地刻画爆破振动信号的非线性动态变化特征。每时段都有各自的频率特性、能量差异,而用其他方法难以揭示出这些细微性变化,这种变换特征为地下介质的研究提供了一种新的思路。

4.5.5 爆破振动信号瞬时能量谱

对于微差爆破来说,每段雷管的起爆瞬间都会引起其内能量密度的突变,即爆破振动能量的一次突然加载和之后能量不断衰减的过程。根据前式计算信号的瞬时能量,得到爆破振动信号能量随时间的分布情况,它能够清晰地表征能量随时间变化的快慢。图 4.56～图 4.61 为计算得到的各监测点信号的瞬时能量谱图,图中提取了各瞬时能量谱中优势曲线部分进行重点剖析。

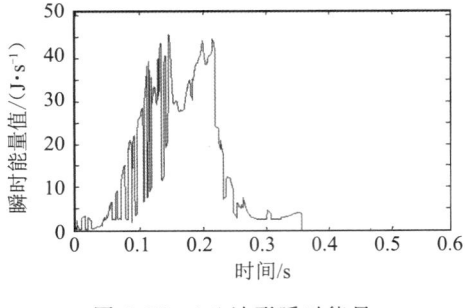

图 4.56 1♯波形瞬时能量

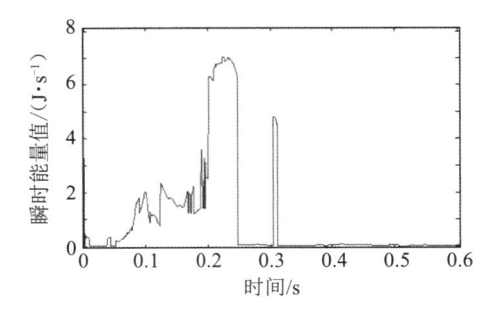

图 4.57 2♯波形瞬时能量

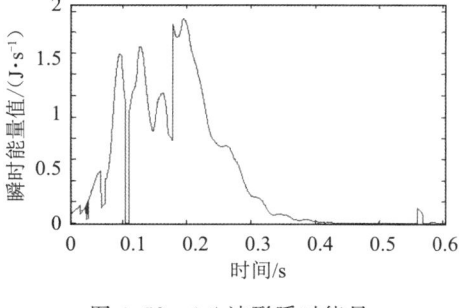

图 4.58　3♯波形瞬时能量

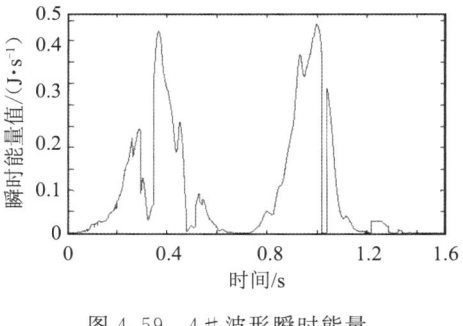

图 4.59　4♯波形瞬时能量

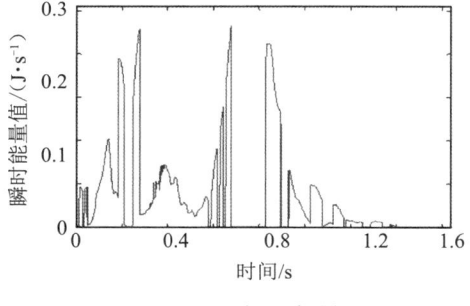

图 4.60　♯5波形瞬时能量

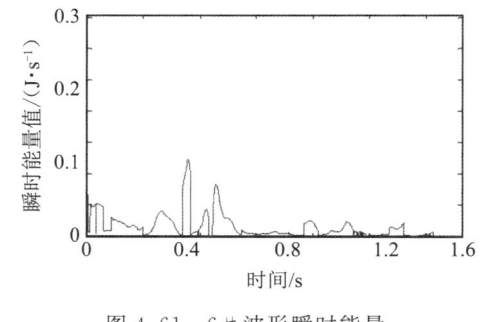

图 4.61　6♯波形瞬时能量

从能量层面可以看出,最终决定建(构)筑物的破坏程度的,是建筑物结构体受到的瞬时能量输入,最大瞬时输入能量以能量脉冲的形式作用于建筑物结构体上,最终导致建筑介质形态的变化,由稳定阶段转入弹性受损变形破坏阶段。建(构)筑物的最终破坏,便是由爆破振动作用下结构体受到的总能量大小决定的。因此,建(构)筑物受爆破振动破坏的程度,主要视建(构)筑物本身所受瞬时输入能量的多少而定,而瞬时输入能量又能很好地体现爆破振动信号的三要素,通过总输入能量与临界总输入能量的比较,就可评判建(构)筑物的受损状况。各监测点信号的瞬时能量谱清晰地显示了信号能量随时间的变化趋势,更直观地表明了能量的集中区间,从图上可以看出,1♯～3♯各监测点的能量主要集中在 0.1～0.3 s的时间区域内,其最大瞬时能量与质点最大振幅值是相对应的,随着距爆源距离的增大,4♯和5♯监测点能量集中区域出现了明显的两个阶段,分别位于 0.2～0.6 s 和 0.8～1.2 s 时间段。说明在一定范围内,随着测点距离和高程的增大,能量集中程度有所降低,出现了能量分散现象,并且能量幅值也出现了较大幅度的降低。超过一定的距离和高程,能量的集中程度恢复,如 6♯测点的能量主要集中在 0.2～0.6 s 区间。信号的瞬时能量很清晰地表明了信号能量随时间变化的情况。

Hilbert 边际能量谱描述了信号的能量随频率的分布情况。通过计算可以获得各个监测点的边际能量谱图,分别如图 4.62～图 4.67 所示。

图中各信号的边际能量谱反映了每个频率在整个时间长度内能量幅值的累加,它清楚地表明露天大爆破振动以 0～15 Hz 低频段为主,其主频带在 3～8 Hz 范围内,同时在爆源近区,主频带又由多个子振频段组成,随着距离的增大,主频带逐渐单一,并趋于稳定状态。

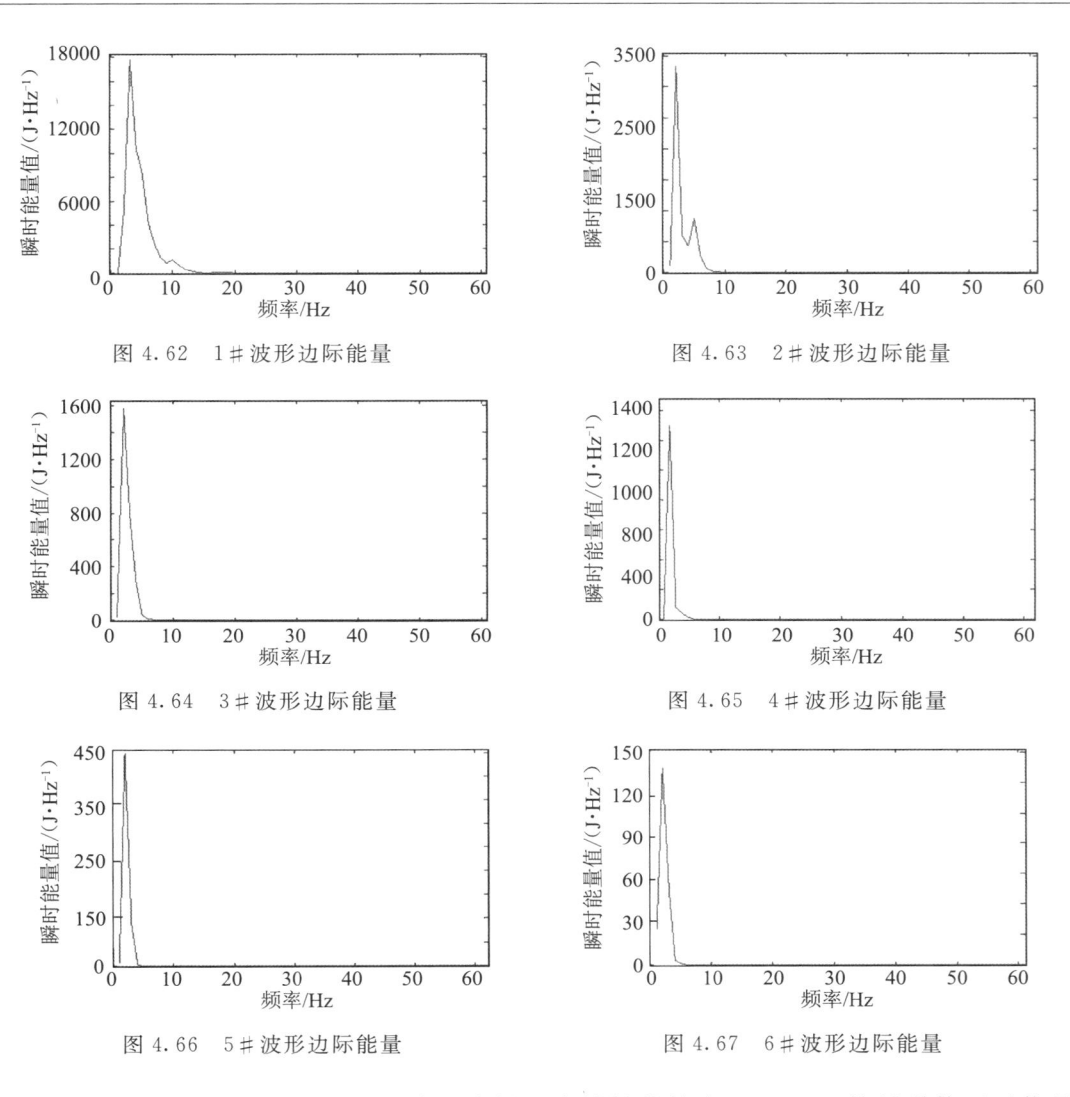

图 4.62　1♯波形边际能量　　　　　图 4.63　2♯波形边际能量

图 4.64　3♯波形边际能量　　　　　图 4.65　4♯波形边际能量

图 4.66　5♯波形边际能量　　　　　图 4.67　6♯波形边际能量

　　从上述分析可知：HHT 法具有自适应性和高效性的特点。Hilbert 能量谱体现了信号能量随时间-频率的变化情况；Hilbert 瞬时能量谱和边际能量谱，确定了爆破振动信号特征，为该矿区下阶段安全生产提供了依据。HHT 分析方法能够很好地适应爆破振动等非平稳随机信号的分析要求，这对于爆破振动波的传播特征的深入研究，提供了一种新的研究途径，为爆破振动效应评估体系的建立提供了有效的评价手段。

4.6　露天爆破振动信号的反应谱响应特征分析

　　在露天爆破振动灾害的研究中发现，因露天场地地质条件的不同而显著加大或减小了矿区建（构）筑物破坏程度的现象时有发生，使得露天矿区建（构）筑物（包括边坡）对爆破振动的响应，以及爆破振动对复杂场地条件下对结构体的影响，成为当今爆破振动效应研究中一个活跃的研究内容。本节建立在大量实测爆破振动信号的基础上，采用结构抗震设计中采用的反应谱分析理论，对建筑物在爆破载荷下的响应特征进行了较为深入的研究，得到了许多重要的结论，为全面研究爆破振动危害提供了一定的理论参考依据。

4.6.1　反应谱理论

反应谱分析方法作为结构抗震的主要依据,最早由美国的相关学者提出,并在实际工程中得到了广泛的应用,在信号分析领域中体现出了其独特的分析性能。工程人员利用反应谱分析来评价建筑物的受损程度,收到了良好的效果。反应谱理论是以单自由度(single degree of freedom)黏性阻尼体系(即一个阻尼谐和振子)在实际地震过程中的反应为基础来进行结构反应分析,最早由美国的 Biot 提出,现已成为结构抗震设计的基础理论之一。应用反应谱理论分析方法,可以客观衡量建筑物在爆破作用力下的受损程度,并且可以得到结构体随其自振周期或频率的动态响应特征。

利用反应谱分析方法,对于给定的爆破振动加速度时程曲线,通过不同的数学计算方法,可以实现加速度、速度、位移反应谱的求解曲线。反应谱曲线分析涉及对建筑物结构体自振周期和频率的准确了解,以此用作计算地震作用下结构的内力和变形。对爆破振动反应谱分析的目的在于揭示建筑物结构体的动态响应特征,并重点获得矿区常见建筑物自振周期及阻尼的不同和其响应程度的差异,从而把握其动态响应规律。反应谱是以单质点黏性阻尼系统为研究对象,分析其在爆破作用下动力响应过程中的最大值随结构自振周期(或频率)的变化规律。

根据达朗贝尔原理,可以建立有阻尼弹性单质点体系在振动作用下的微分方程:

$$\ddot{x} + 2\xi\omega\dot{x} + \omega^2 x = -\ddot{u}(t) \tag{4-38}$$

式中,$\ddot{x}$、$\dot{x}$、x 分别为单自由度系统相对加速度、速度和位移;ξ、ω 分别为阻尼比系数和自振圆频率;$\ddot{u}(t)$ 表示振动产生的加速度时程函数。

令 $\omega^2 = \dfrac{K}{m}$,$\xi = \dfrac{c}{2\omega m}$,对非齐次微分方程式(4-38)进行杜哈梅积分求解,得到单质点位移响应过程:

$$x(t) = -\frac{1}{\omega_d}\int_0^t \ddot{u}(\tau)e^{-\xi\omega(t-\tau)}\sin\omega_d(t-\tau)d\tau \tag{4-39}$$

式(4-39)对时间变量 t 求一阶导数、二阶导数可获得速度、加速度响应时程:

$$\dot{x}(t) = -\int_0^t \ddot{u}(\tau)e^{-\xi\omega(t-\tau)}\left[\cos\omega_d(t-\tau) - \frac{\xi}{\sqrt{1-\xi^2}}\sin\omega_d(t-\tau)\right]d\tau \tag{4-40}$$

$$\ddot{x}(t) = -\ddot{u}(t) + \omega_d\int_0^t \ddot{u}(\tau)e^{-\xi\omega(t-\tau)}\left[\frac{2\xi}{\sqrt{1-\xi^2}}\cos\omega_d(t-\tau) + \frac{1-2\xi^2}{1-\xi^2}\sin\omega_d(t-\tau)\right]d\tau$$
$$\tag{4-41}$$

式中,$\omega_d = \sqrt{1-\xi^2}\,\omega$。

利用振动速度记录时程计算反应谱的公式推导如下:对式(4-39)～式(4-41)分别进行分部积分,其中 $\ddot{u}(\tau)d\tau = d\dot{u}(\tau)$,并将地震初始时刻的速度位移定为 0,即 $\dot{u}(0) = u(0) = 0$ 代入,经过一次分部积分后可得以速度时程表示的振动响应:

$$x(t) = -\int_0^t \dot{u}(\tau)e^{-\xi\omega(t-\tau)}\left[\cos\omega_d(t-\tau) - \frac{\xi}{\sqrt{1-\xi^2}}\sin\omega_d(t-\tau)\right]d\tau \tag{4-42}$$

$$\dot{x}(t) = -\dot{u}(t) + \omega_d\int_0^t \dot{u}(\tau)e^{-\xi\omega(t-\tau)}\left[\frac{2\xi}{\sqrt{1-\xi^2}}\cos\omega_d(t-\tau) + \frac{1-2\xi^2}{1-\xi^2}\sin\omega_d(t-\tau)\right]d\tau$$
$$\tag{4-43}$$

$$\ddot{x}(t) = -\ddot{u}(t) + 2\xi\omega\dot{u}(t) - \omega_d^2\int_0^t \dot{u}(\tau)e^{-\xi\omega(t-\tau)}\left[\frac{4\xi^2-1}{\sqrt{1-\xi^2}}\cos\omega_d(t-\tau) + \frac{(3-4\xi^2)\xi}{(1-\xi^2)^{3/2}}\sin\omega_d(t-\tau)\right]d\tau$$
$$\tag{4-44}$$

对式(4-42)～式(4-44)再进行一次分部积分可得以位移时程表示的振动响应：

$$x(t) = -u(t) + \omega_d \int_0^t u(\tau) e^{-\xi\omega(t-\tau)} \left[\frac{2\xi^2}{\sqrt{1-\xi^2}} \cos\omega_d(t-\tau) + \frac{1-2\xi^2}{1-\xi^2} \sin\omega_d(t-\tau) \right] d\tau$$

(4-45)

$$\dot{x}(t) = -\dot{u}(t) + 2\xi\omega u(t) - \omega_d^2 \int_0^t u(\tau) e^{-\xi\omega(t-\tau)} \left[\frac{4\xi^2-1}{1-\xi^2} \cos\omega_d(t-\tau) + \frac{(3-4\xi^2)\xi}{(1-\xi^2)^{3/2}} \sin\omega_d(t-\tau) \right] d\tau$$

(4-46)

$$\ddot{x}(t) = -\ddot{u}(t) + 2\xi\omega\dot{u}(t) + (1-4\xi^2)\omega^2 u(t) - \omega_d^3 \int_0^t \dot{u}(\tau) e^{-\xi\omega(t-\tau)} \left[\frac{3+\xi-4\xi^2-4\xi^3}{(1-\xi^2)^{3/2}} \times \right.$$

$$\left. \cos\omega_d(t-\tau) + \frac{1-3\xi-5\xi^2+4\xi^3+4\xi^4}{(1-\xi^2)^2} \sin\omega_d(t-\tau) \right] d\tau$$

(4-47)

实际应用中，为研究问题的方便，人们定义了一类无量纲反应谱，称为"标准反应谱"，有时也称"动力放大系数"。加速度、速度和位移的标准反应谱可用下式表示：

$$\begin{cases} \beta_{ja} = \dfrac{|\dot{u}_0 + \dot{U}(t)|_{max}}{|\ddot{u}_0(t)|_{max}} = \dfrac{S_a(n_j)}{|\dot{u}_0(t)|_{max}} \\[3mm] \beta_{jv} = \dfrac{|\dot{U}(t)|_{max}}{|\dot{u}_0(t)|_{max}} = \dfrac{S_v(n_j)}{|\dot{u}_0(t)|_{max}} \\[3mm] \beta_{jd} = \dfrac{|U(t)|_{max}}{|u_0(t)|_{amx}} = \dfrac{S_d(n_j)}{|u_0(t)|_{max}} \end{cases}$$

(4-48)

4.6.2 监测信号波形采集

选取露天采场二标段某场次的爆破信号进行分析，各监测点和炮孔的布置如图4.68所示。

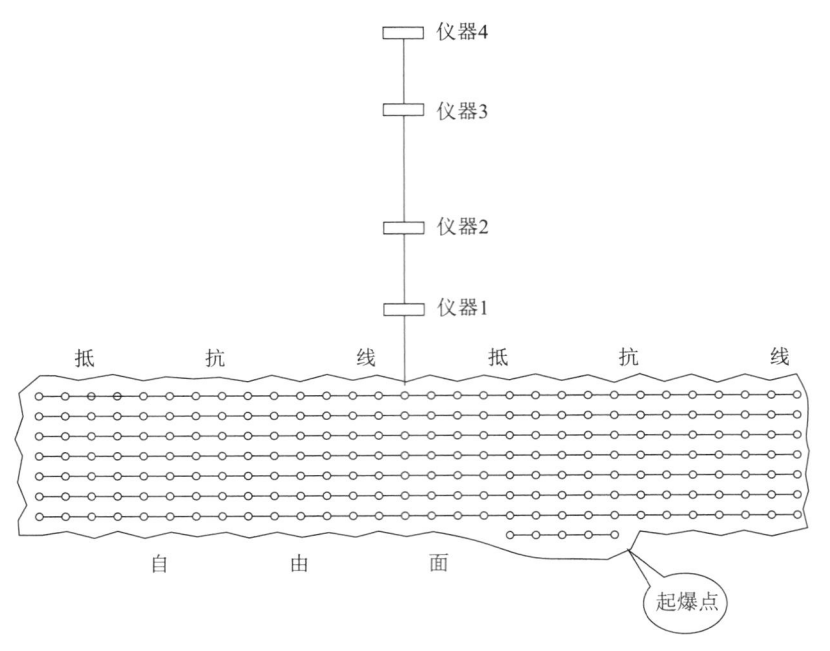

图 4.68 炮孔和测点布置

此次爆破共一个台阶，起爆一次完成；爆区炮孔均深 7 m，炮孔间排距为 6 m×4.5 m；

此次爆破网路设计均采用双回路,其中,炮孔外排与排间炮孔采用 MS3 段别毫秒微差延期雷管,而孔内均采用 MS9 段别毫秒微差延期雷管,这样便更加保证了爆破网路的安全可靠性。爆破炮孔总数 215 个,单孔装药 40 kg,单排单段装药总量最大值为 1200 kg(第二、三、四、五、六、七、八排);使用炸药 8.6 t 左右。

本次爆破振动监测共沿边坡走向布置 4 台振动监测仪,各监测点爆心距水平距离为18 m、34 m、58 m、73 m;高度距离为 6 m、14 m、18 m、27 m。各监测点监测到的爆破垂向振动速度时程曲线如图 4.69～图 4.72 所示。

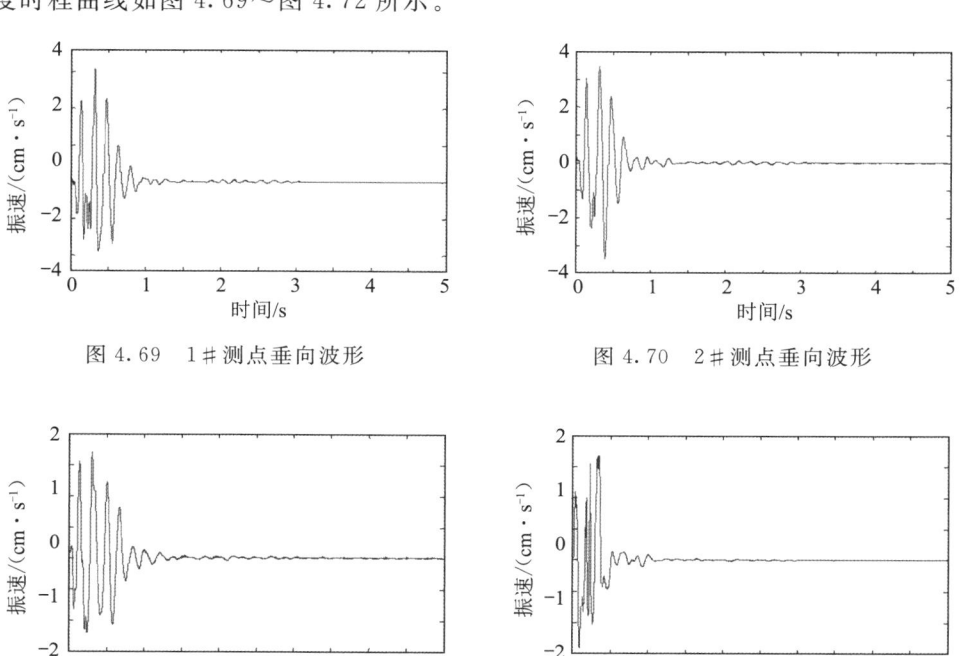

图 4.69　1♯测点垂向波形　　　　　　　图 4.70　2♯测点垂向波形

图 4.71　3♯测点垂向波形　　　　　　　图 4.72　4♯测点垂向波形

对于给定的理想单自由度振动力学模型,通过施加动力响应载荷函数,从而获得其相应的动态响应方程组。定义如下:

$$\begin{cases} mv - F\Delta t \\ v = \dfrac{F\Delta t}{m} \\ y = \dfrac{1}{2}v\Delta t = \dfrac{F}{2m}\Delta t^2 \end{cases} \tag{4-49}$$

式中,v 为初速度,初始位移为 0。求解上式得

$$\mathrm{d}y(t) = \mathrm{e}^{-\xi\omega(t-\tau)} \cdot \frac{F(\tau)\mathrm{d}\tau}{m\omega_d}\sin\omega_d(t-\tau), t > \tau \tag{4-50}$$

$$y(t) = \frac{1}{m\omega_d}\int_0^t F(\tau)\mathrm{e}^{-\xi\omega(t-\tau)}\sin\omega_d(t-\tau)\mathrm{d}\tau \tag{4-51}$$

上式称为杜哈梅积分,也可写成卷积积分:

$$y(t) = \int_0^t F(t)h(t-\tau)\mathrm{d}\tau \tag{4-52}$$

式中，$h(t-\tau)=\dfrac{1}{m\omega_d}\cdot \mathrm{e}^{-\xi\omega(t-\tau)}\sin\omega_d(t-\tau)$，称为单位脉冲响应函数，简称脉冲响应函数。如果初始条件不为 0，在计算时还需要加上初始条件产生的自由振动。图 4.73 为任意一般载荷单自由度自由振动力学模型。

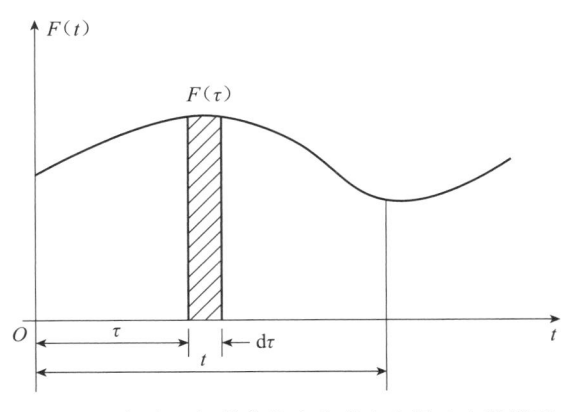

图 4.73　任意一般载荷单自由度自由振动力学模型

反应谱分析的理论计算涉及多学科的综合，常用的数值计算方法有很多，包括典型的中点加速度法、直接积分法等。从实际的精度要求来看，采用杜哈梅积分卷积法，能够满足反应谱计算要求，而且计算速度快。在以往的反应谱计算程序中，采用 C 语言和 Fortan 语言编制的最多，所有这些程序计算前都须进行严格的编译，并且不易理解和修改。MATLAB除具有强大的计算功能和图形表达功能外，还具有强大的扩展功能，图 4.74 为利用杜哈梅积分卷积法计算程序的流程图。

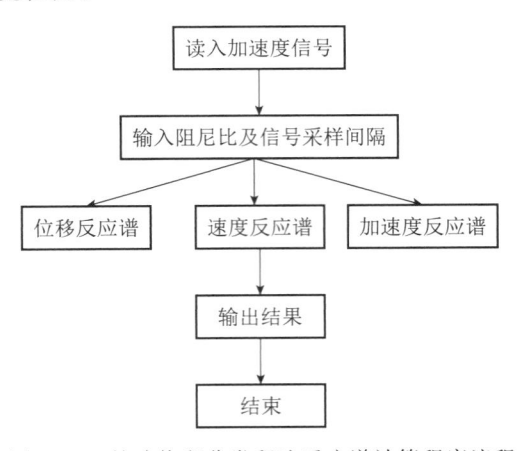

图 4.74　杜哈梅积分卷积法反应谱计算程序流程

4.6.3　露天爆破反应谱特征分析

反应谱计算的基础是要获得准确的爆破振动加速度时程曲线，以此来作为模型函数的激励。在实际爆破工程中，现场采集到的爆破振动信号通常是岩质体介质的质点振速时程波形曲线。因此，这就涉及速度与加速度时程转换的问题，对于采集到的振动速度时程曲线波形，可以通过编写程序对速度曲线求导的数学方法将其转换，也可以采用现场测振仪自带的波形分析功能实现这一过程。解决这一问题,便可以计算并获得准确的反应谱曲线。

对于采场实际的建(构)筑物,其阻尼比 ξ 一般为 $0.02\sim0.05$,而在工程抗震计算中常取结构震动阻尼比 $\xi=0.05$。阻尼对结构的动态响应有很大的影响,阻尼比系数在结构体系中提供运动的阻力,耗减运动能量,从而达到减振的作用。根据反应谱的定义,单质点体系结构的阻尼可以取不同的值,为了观察阻尼比系数对反应谱曲线的影响,这里分别取 $\xi=0.02$、0.05 和 0.08 三种结构阻尼比系数,结合露天矿建(构)筑物及边坡的自振频率一般为 $2\sim15\text{ Hz}$,确定频率上限为 15 Hz。根据运动方程(4-38),采用杜哈梅积分卷积法对前述所示信号分别进行反应谱数值计算,各信号对应的位移反应谱曲线见图 4.75~图 4.78。

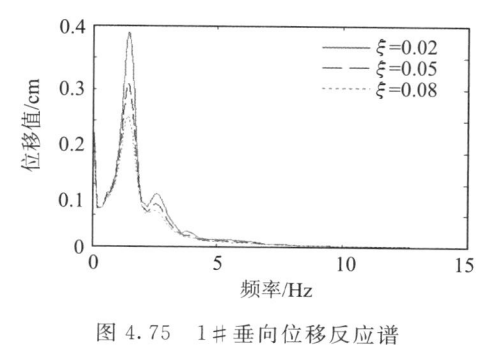

图 4.75 1♯垂向位移反应谱

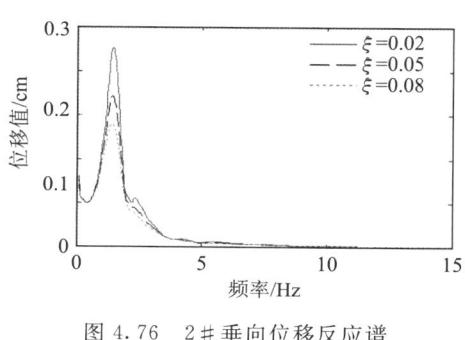

图 4.76 2♯垂向位移反应谱

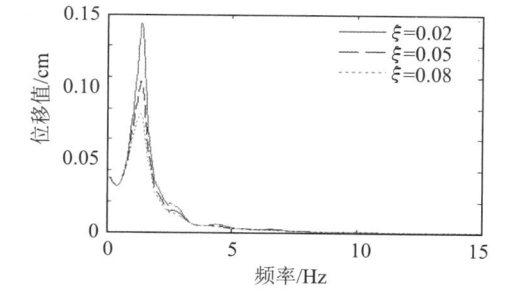

图 4.77 3♯垂向位移反应谱

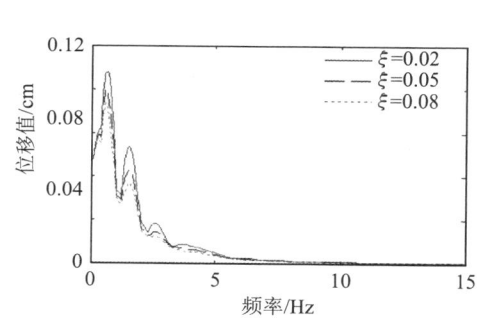

图 4.78 4♯垂向位移反应谱

通过对图进行分析,露天爆破开采爆破结构体系的动力响应具有如下特征:

① 随着阻尼比 ξ 的增大,位移反应谱曲线最大峰值有所降低,由于爆心距和高程的影响,不同测点随着 ξ 的变化反应谱幅值降低趋势有所差异,峰值变化逐渐趋于平稳。当频率接近 15 Hz 时,位移反应谱幅值趋近于 0,表明爆破振动波的衰减比天然地震的衰减更快,似乎更接近于指数衰减。

② 从不同水平标高的测振仪传感器采集到的波形的反应谱曲线可以看出:爆破振动信号反应谱曲线,有其明显的特点,如反应谱曲线波峰数量较少,并且曲线形态光滑,分析特征简单。表明露天爆破产生的振动成分相对天然地震较单一,爆破振动随着时间的延长其衰减是很快的,具有脉冲的性质,因此单一的几个峰值并不能使建筑物破坏,这与天然地震对建筑物的破坏是不同的。

③ 4♯和3♯测点反应谱曲线峰值对比可以看出4♯测点高程对爆破振动位移响应具

有放大作用,而且频率带增多。说明在一定的距离和高程的条件下,信号的放大效应不仅体现在质点位移幅值上,而且体现在对频率带的扩展上,使得频率带数增多,呈现出多频带放大效应。相关研究也证实,当边坡岩质体受采动影响较小,整体性很好时,高程的放大效应就很突出,反之,放大效应则不太明显。也就是说,放大效应也与边坡结构体的整体性程度有关。

4.6.4 爆破振动速度反应谱的特征分析

根据杜哈梅积分卷积法,用 MATLAB 编写反应谱程序,对 4 个监测点的振动加速度信号进行计算,得到了各监测点信号的速度反应谱曲线如图 4.79~图 4.82 所示。

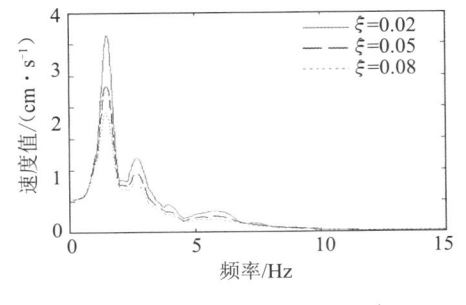

图 4.79 1♯垂向速度反应谱

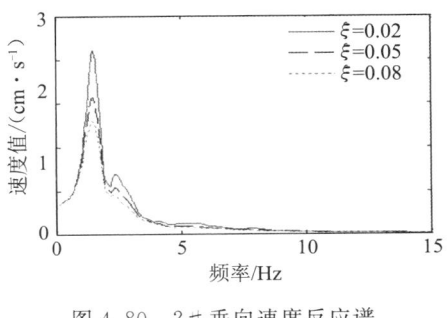

图 4.80 2♯垂向速度反应谱

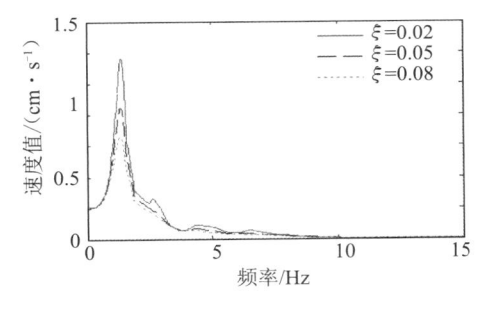

图 4.81 3♯垂向速度反应谱

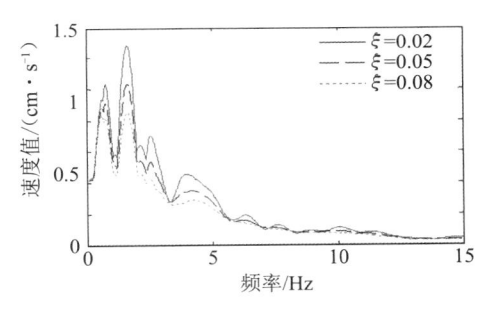

图 4.82 4♯垂向速度反应谱

从速度反应谱曲线可以得到:

① 速度反应谱的总趋势为随着频率的增大趋于平稳,从低频率迅速增加到最大值后随着频率的增加而逐渐减小,最后不论阻尼比系数为多少,幅值逐渐降低趋向于 0。

② 4♯和 3♯测点反应谱曲线峰值对比,表明 4♯测点高程相对 3♯测点而言,对爆破振动速度响应幅值具有选择放大作用,主要表现在爆破振动波与结构体系自振频率相近的 10 Hz 以下的谐波分量放大较多,使该频率段引起的结构体系的振动最为激烈,同样使频率带数增多,频带变宽。随着阻尼比的增大,削平谱峰值点的放大作用越来越小。

③ 随着爆心距的增加,速度反应谱峰值所对应的频率有降低的趋势(周期增大),表明爆破振动波在传播过程中,虽然其振动强度不断衰减,但结构体系对其响应的振动主频有往低频发展的趋势。而一般建筑物的自振频率一般位于低频段,这就是在实际的爆破施工中,往往会出现离爆源很远的建筑物结构体容易被破坏,而爆源近处的构筑物反而没有出现明

显损伤迹象的原因。

在原始信号的基础上,根据前式计算并利用 MATLAB 编制程序,同样可以获得各监测点在三种不同结构体系阻尼比系数条件下的加速度反应谱曲线图,如图 4.83～图 4.86 所示。

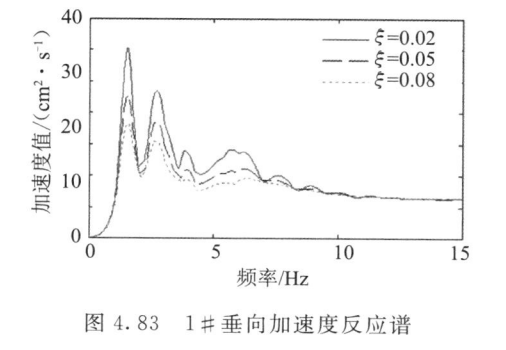

图 4.83　1♯垂向加速度反应谱

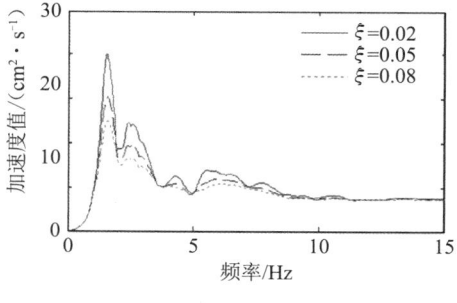

图 4.84　2♯垂向加速度反应谱

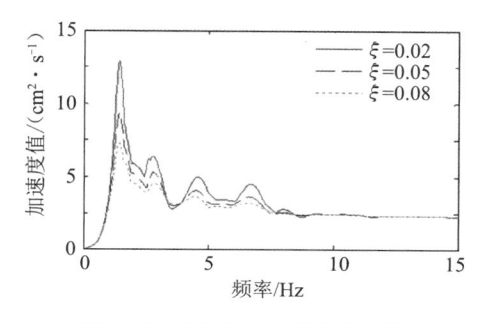

图 4.85　3♯垂向加速度反应谱

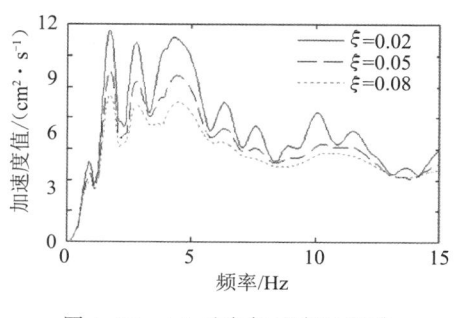

图 4.86　4♯垂向加速度反应谱

从图中的加速度反应谱曲线的变化趋势,可以得出以下结论:

① 加速度反应谱的主峰大都集中在低频率段区间,阻尼比越大的加速度反应谱曲线越平滑,峰值点越少。加速度反应谱曲线波形可能会出现很多峰值,但通常会有两个主峰值,过了主峰值随后出现的峰值接近单支双曲线,建筑物的反应峰值会随其自振频率的增大(自振周期偏低)而出现明显的减小,基本成反比递减趋势。

② 从 4♯测点的加速度反应谱中可以看出不但加速度幅值增大,而且频率最为复杂。对比 4♯位移和速度的反应谱曲线,可以得出距离和高程的放大作用,在加速度反应谱曲线上体现得最为明显。因此,分析建筑物一定水平高度的加速度响应反应谱峰值点的频率,对结构体的抗震分析显得尤为重要。

③ 对于给定自振频率和阻尼比的任意理想单自由度弹性体系模型,通过加速度反应谱曲线波形,就可以获得该体系在特定激励下的响应幅值,从而了解建筑物的响应程度。最大加速度与质量的乘积就是结构体系在振动中产生的最大剪应力。

由于加速度反应谱曲线较位移、速度反应谱曲线特征表达更为明显,更能反映结构体系的动态响应特性,因此,本节重点对加速度标准反应谱的特征进行分析。加速度标准反应谱最大的意义在于它综合反映了爆破振动激励下的建筑物的动态响应程度,并体现了结构体一定高程对某些频率段成分的响应增强,体现出了建筑物高度的选择放大效应。图 4.87～图 4.90 为各测点信号的加速度标准反应谱曲线。

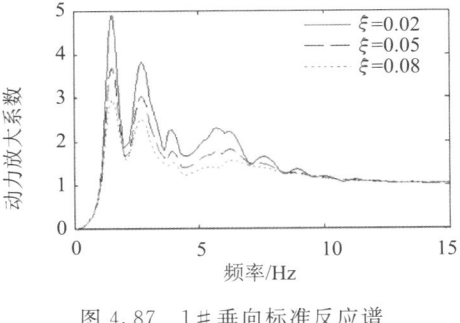

图 4.87 1♯垂向标准反应谱

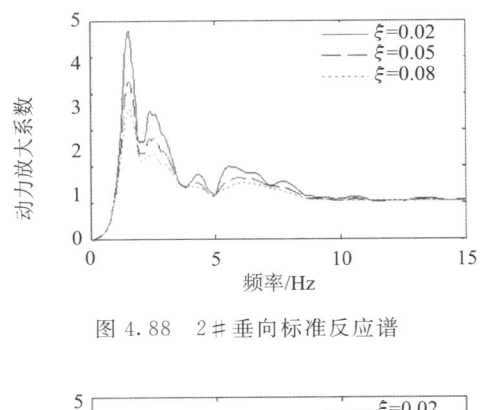

图 4.88 2♯垂向标准反应谱

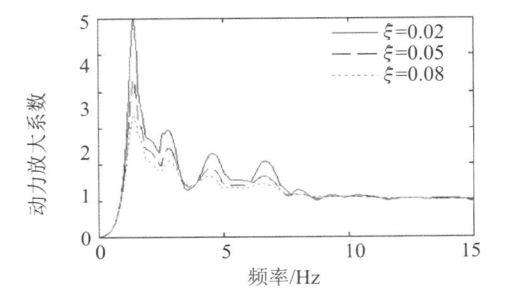

图 4.89 3♯垂向标准反应谱

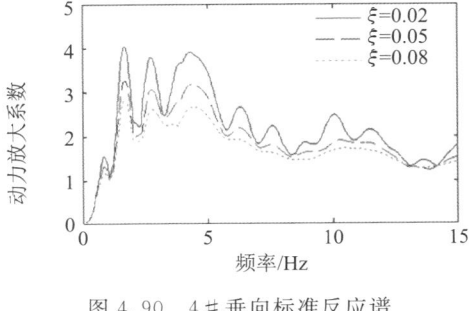

图 4.90 4♯垂向标准反应谱

从图上可以看出：

① 加速度标准反应谱曲线在频率段 2～10 Hz 具有多峰值的特点，露天爆破振动对低频段影响显著。10 Hz 以上的频率段高频成分较少，在加速度标准反应谱曲线中表现为低频段比高频段对结构的响应峰值多，且峰值大。

② 对于露天开采爆破振动，虽然不同的加速度时程的标准反应谱曲线存在差别，但对于同一场次的开挖爆破振动而言，其反应谱曲线有很多相似之处，反应谱峰值点主峰的位置及锐度相近，反应谱的主峰位置和峰顶锐度反映了场地岩土的刚柔程度即声阻抗的大小，声阻抗越小，主峰位置就愈向频率数值减小的方向移动。

③ 在标准反应谱中，当动力响应放大倍数 $\beta = 1$ 时，最容易引起建筑物的共振现象，从而导致建筑物的损伤破坏，这一点也要引起足够的重视。

综上所述，反应谱曲线能更准确地反应结构的动力响应规律及特性。为了更加科学地判断和评估建筑物的受振损伤程度，除建立在反应谱曲线分析的基础上外，同时还应结合不同建(构)筑物的爆破振动响应特性以及其自振特性(周期或频率)的差异来综合考虑，这样更加科学合理，也可以此作为结构体抗震和加固修复的根据。

4.7 露天矿爆破开采边坡稳定性分析

对于我国而言，露天煤矿开采比例一直在 5% 左右。近年来，随着神华、神东矿区一些大型露天矿的开采，表明未来露天开采的发展潜力巨大。边坡岩质体的稳定和安全对露天矿山的生产起着至关重要的作用。尤其是对于开采年限较长的大型露天矿山，高陡边坡的维护一直是开采要解决的首要问题。

图 4.91 为山西平朔特大型露天煤矿 Google(谷歌)地图全貌,图上很清晰地显示出该矿区高陡多边坡的表观形态。爆破影响下露天矿边坡的稳定性及边坡的变形是一个动态变化过程。目前为止,在工程中应用较为成熟的边坡稳定性分析方法是极限平衡法,它是一种早期出现的定量分析方法,除此之外应用较多的是数值分析方法,它为边坡体稳定性的预测预报提供了一种可能。因此,本节建立在极限平衡法的基础上,采用国际先进的边坡稳定性分析软件 SLOPE/W 来模拟在爆破动载荷作用下,边坡动态响应和多参量随时间的动态变化过程,同时得到边坡的安全系数随时间的动态变化曲线,来客观评价爆破动载荷作用下边坡的稳定性。

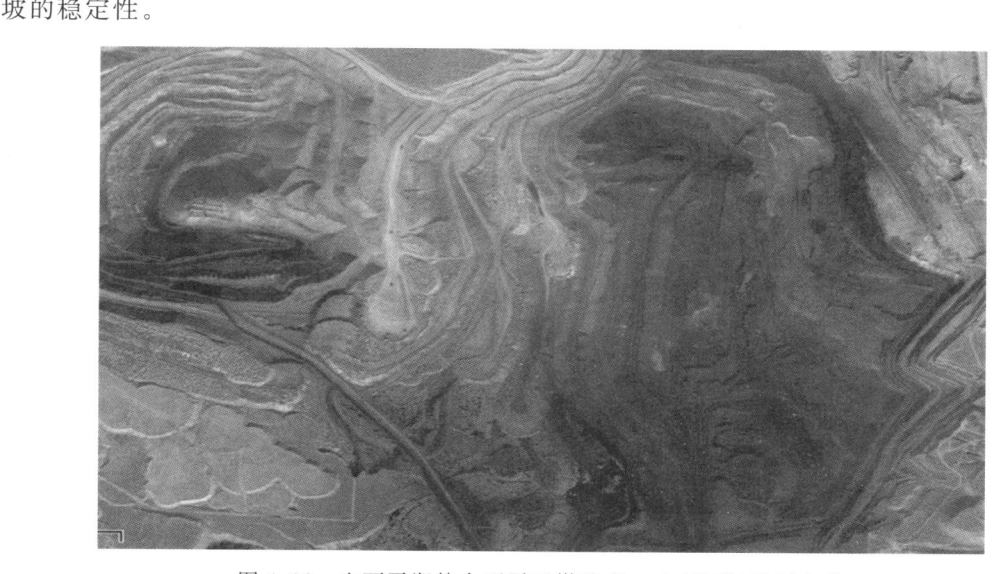

图 4.91   山西平朔特大型露天煤矿 Google(谷歌)地图全貌

4.7.1   安全系数法理论

SLOPE/W 是 Geo Studio 系列软件中边坡稳定性计算方面的专业分析软件。该软件在边坡稳定性评价,即边坡安全系数的分析计算方面,具有很突出的优势。SLOPE/W 软件包含多种计算安全系数法的方法,如通用极限平衡(general limit equilibrium,GLE)法、Fellenius 法、Bishop 法等。现将各种方法定义的安全系数的基本理论介绍如下。

1. 通用极限平衡法

建立在条间剪力-法向力的一系列假设基础上,GLE 法给出了两个重要的安全系数计算方法,其中包括弯矩平衡理论的安全系数计算方法和水平力平衡理论的安全系数计算方法。在 GLE 法中,建立是通过 Morgenstern Price 给出的方程来处理的,方程如下:

$$X = E\lambda f(x) \tag{4-53}$$

式中,$f(x)$ 为函数;λ 为函数的权重,默认值在 $-1.25 \sim 1.25$ 之间;E 为条件作用的法向力;X 为条件作用剪力。

GLE 法向力矩平衡的安全系数方程为

$$F_m = \frac{\sum (c'\beta R + (N - u\beta)R\tan\varphi')}{\sum Wx - \sum Nf \pm \sum Dd} \tag{4-54}$$

力平衡的安全系数方程为

$$F_f = \frac{\sum(c'\beta\cos\alpha + (N - u\beta)\tan\varphi'\cos\alpha)}{\sum N\sin\alpha - \sum D\cos\omega} \tag{4-55}$$

式中，c' 为有效黏聚力；φ' 为有效摩擦角；u 为孔隙水压力；N 为条间土条底部的法向力；W 为土条自重；D 为集中点载荷；β、R、x、f、d、ω 为几何参数；α 为土条底部倾角。

GLE 法定义的安全系数适用于运动学上允许的任意滑面形状，可以很好地解释边坡的滑动现象，它不一定是实践中惯用的方法，但是一种验证方法选择的手段和其他通用的方法的有效补充。

2. Bishop 法

Bishop 法基于垂向静力平衡在条块底部建立法向力方程，只考虑了条块间的法向力这一因素建立计算体系，而并未考虑条块间剪切力影响作用。因此条块底部法向力便可定义为安全系数的函数，使得该系数方程为非线性方程（方程的两边均有 FS 存在），求解时必须采用迭代运算求解。

在无孔隙水应力存在的前提下，Bishop 法求解土坡安全系数的公式为

$$FS = \frac{1}{\sum W\sin\alpha}\sum\left[\frac{c\beta + W\tan\varphi - \dfrac{c\beta}{FS}\sin\alpha\tan\varphi}{m_a}\right] \tag{4-56}$$

方程的两边均存在 FS，除了 m_a 项公式外，安全系数求解计算公式和瑞典条分法相似，m_a 为

$$m_a = \cos\alpha + \frac{\sin\alpha\tan\varphi}{FS} \tag{4-57}$$

为了利用简化 Bishop 法求解得到安全系数，必须先猜想一个 FS 初始值。在 SLOPE/W 中，取瑞典条分法计算的安全系数作为初始值，利用这个初始值来计算 m_a，然后求得新的 FS 值，再由这个值求出新的 m_a 和 FS 值。当前后两次计算得到的 FS 值差值达到容许的计算精度时，计算停止，否则必须不断反复迭代，直至达到计算要求。Bishop 法计算的安全系数位于 $\lambda = 0(FS = 1.36)$ 的力矩平衡曲线上，也可表示为

$$X = E\lambda f(x) \tag{4-58}$$

$\lambda = 0$，即没有考虑条块间剪切力。简化 Bishop 法在满足其他力矩平衡方程条件的前提下，却并未完全满足水平力平衡方程条件要求。

除了上述的安全系数计算方法外，还存在很多的其他计算方法，其计算方法的理论基础有所不同，因此分析的结果也存在一定的差异。主要有 Lowe-Karafiath 法、Spencer 法、Sarma 法以及基于有限元应力的方法等。不同方法计算的边坡安全系数余裕不同，主要跟沿滑面的正应力分布有关。

4.7.2 评价模型的建立

1. 模型的建立及边界条件的确定

SLOPE/W 使用区域定义几何形状，来建立边坡的几何模型，定义边坡岩质体的物理特性。依据现场实际情况和对边坡的初步分析，本研究数值模拟模型如图 4.92 所示，模型参数为长（距离方向）40 m，高（高程方向）16 m，边坡坡度 26.6°，边坡宽度方向忽略，从而建立

二维单边坡模型。将模型划分成两个区域,由于每个区域只能设定一种类型的岩石类型,故分别定义岩石类型为矿区最常见的页岩和砂岩,定义好模型岩性属性后,必须对边坡模型进行网格划分,SLOPE/W 对网格的划分是自适应的,图 4.92 为单边坡离散有限元网格模型。

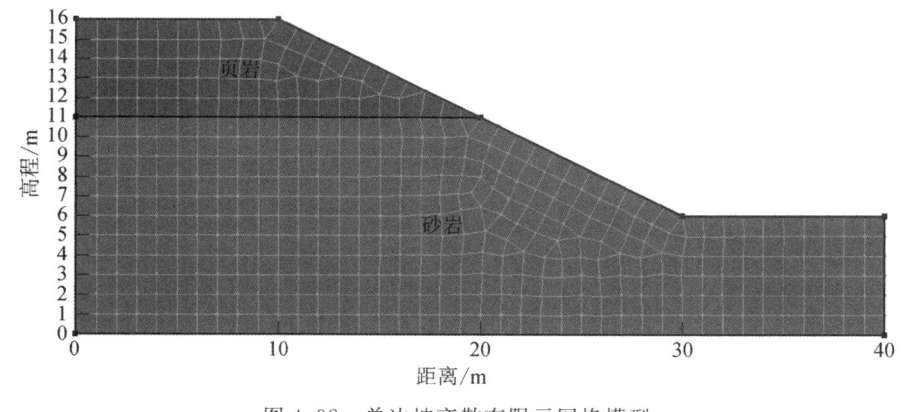

图 4.92 单边坡离散有限元网格模型

使用过去的圆心网格和半径搜索方法存在的一个难题是很难观察搜索滑面的范围。这种局限可以通过指定搜索滑面可能的入口和出口来克服。这种技术在 SLOPE/W 被称为"entry and exit 法"。在图 4.93 中,沿边坡面有两条粗线(2、3 点和 8、9 点之间),这就是潜在滑面将剪入和剪出的区域。在指定入口和出口后,SLOPE/W 入口线上的一点和出口线上的一点连成一条直线。在这条直线的中点,SLOPE/W 画一条垂线,在这条垂线上建一个半径点,这样就形成了搜索滑移面画一个圆所需要的三点。这个半径和入口、出口点用以形成圆的方程。SLOPE/W 中控制这些半径点的位置,以使得形成的圆不是一条直线(无限半径),并且滑面圆弧的剪入角不大于 90°。这样一个圆就得到了圆心和半径。用水位线确定孔隙水压力是最常用的方法,图中间断线为孔隙水压力水位线。

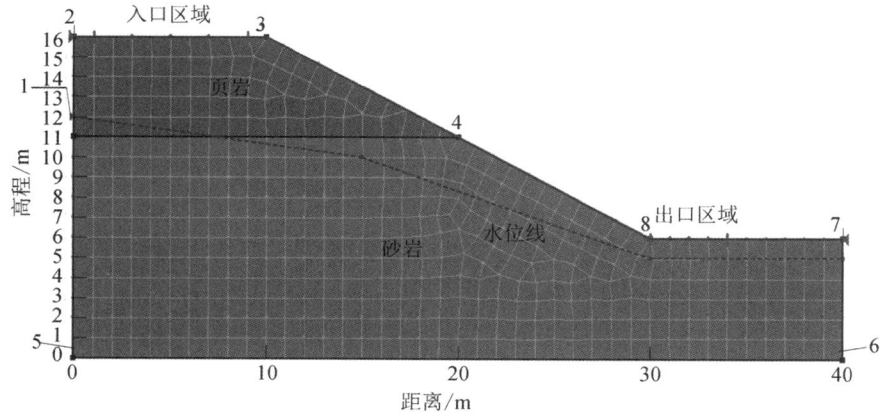

图 4.93 岩质体边坡剪入、剪出区域及水位压力线

2. 模型材料参数的选取

当试图寻找最危险滑动面时,另一个关键的问题就是岩层力学参数的选择,不同的岩层力学参数可以导致最危险滑动面的计算位置不同。表 4.10 为灵石露天矿常见岩石的物理力学参数。

表 4.10　矿区常见岩石物理力学参数

岩石类型	岩石容重/ （kN·m⁻³）	摩擦角 φ/(°)	黏聚力 C/MPa	孔隙率/ %	弹性模量 E/MPa	泊松比 μ
页岩	25.0	14.4	15	35	0.33	0.23
砂岩	26.0	35	30	25	0.57	0.20
粉质砂岩	26.5	45	25	30	0.36	0.24

按照表中岩石的物理力学参数，确定边坡体两种岩类的物理特性，对建立的边坡模型进行爆破动载荷分析，从而更真实准确地评价边坡体的破坏损伤效应和潜在滑移面，为采取边坡加固方案提供科学依据。

3. 模型激励的输入

SLOPE/W 可以在模型内部节点施加动载荷来模拟材料受到外部或内部动力作用下的反应，程序允许的动力载荷输入可以是：① 速度时程；② 位移时程；③ 加速度时程。

本次数值分析采用爆破现场实际监测到的振动信号作为模型的激励，图 4.94～图 4.96 为采用的模型输入激励信号的速度、位移、加速度时程曲线。

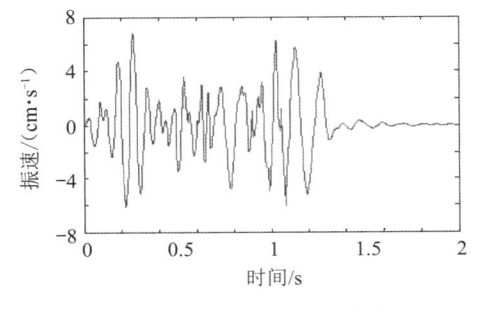

图 4.94　激励信号速度波形

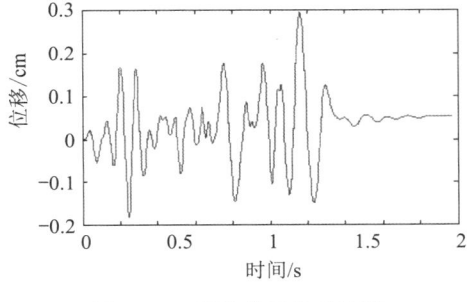

图 4.95　激励信号位移波形

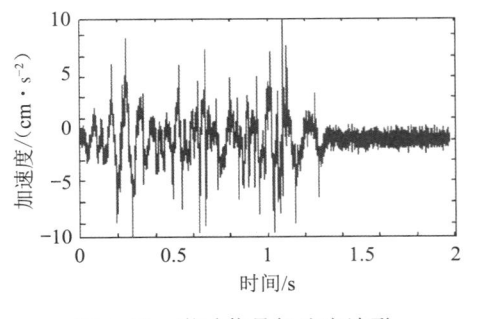

图 4.96　激励信号加速度波形

将爆破振动加速度信号作为激励，导入 SLOPE/W 自带的 QUAKE/W 程序可以模拟边坡在整个爆破持续时间过程内的运动。

4.7.3　爆破后单边坡稳定性分析

图 4.97 为施加爆破载荷激励后，边坡水位线瞬态变化图，从图上可以看出爆破动载荷完全破坏了原水位线的形态，导致水位线发生重大变化。由于砂岩的非饱和性比页岩高，孔

隙水在爆破载荷下,有向砂岩层聚集的趋势。砂岩层中孔隙水压力出现局部的水位压力集中的现象,边坡面附近水位压力集中现象比较明显,呈现出多局部现象,甚至会出现孔隙水渗出,致使边坡面上的不稳定岩石体因地下水的侵入而饱和度较高,会沿着边坡面滑落,甚至出现局部垮塌,造成边坡失稳。

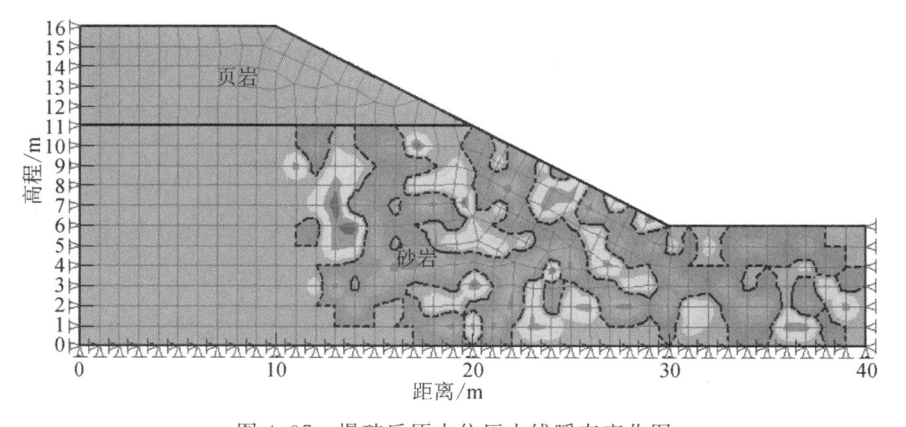

图 4.97　爆破后原水位压力线瞬态变化图

确定最小安全系数的危险滑移面位置仍然是稳定性分析中的关键问题。众所周知,寻找最危险滑移面涉及一个试算的过程。一个潜在的滑移面对应着一个相应的安全系数。对于很多潜在的滑移面来讲,这是一个重复的过程。最终,具有最小安全系数的试算滑动面就是需控制的或最危险的滑移面。在露天矿边坡稳定体系中,应该根据边坡体的具体存在部位和存在状态,区别对待来分析。总之,并非所有的边坡潜在破坏方式在依次分析中都能清晰地调查清楚。图 4.98 为单边坡滑移面分析结果图,关键滑面是红色区域,图中将边坡滑移面条块离散化,定义条块数为 30,SLOPE/W 自动计算滑动面出入口之间的水平距离并用这个距离除以指定的条块数,就给出了每一个条块的平均宽度。通过计算,可以看到该边坡在爆破信号激励作用下,最小安全系数为 2.645,表明边坡在爆破动载荷作用下是趋于稳定的。

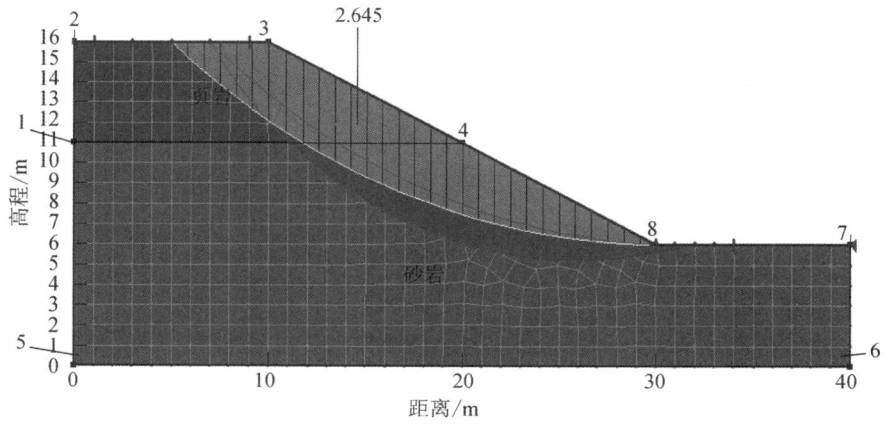

图 4.98　滑移面分析结果图

边坡经历爆破动载荷后,边坡不同部位应力和应变会发生巨大的变化。图 4.99～图 4.119 为边坡坡顶 3♯、坡中 4♯、坡底 8♯ 三个不同部位 X、Y、Z 向总应力及 XY 向剪应力随时间的变化曲线图。

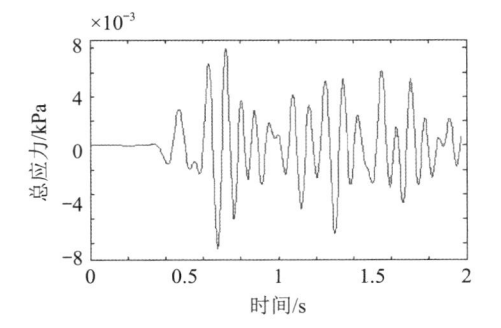

图 4.99　3♯坡顶 X 向总应力

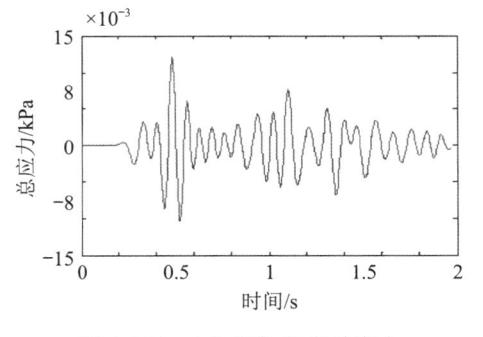

图 4.100　4♯坡中 X 向总应力

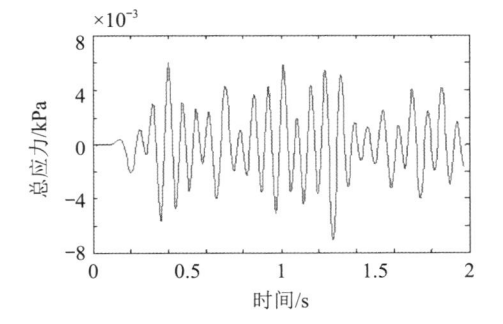

图 4.101　8♯坡底 X 向总应力

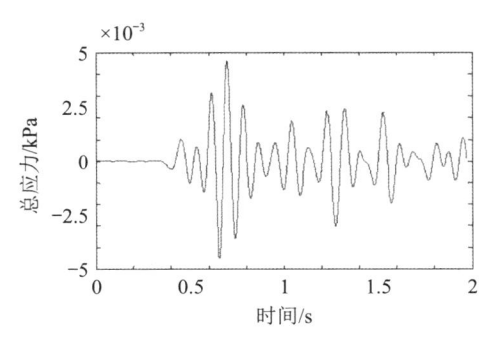

图 4.102　3♯坡顶 Y 向总应力

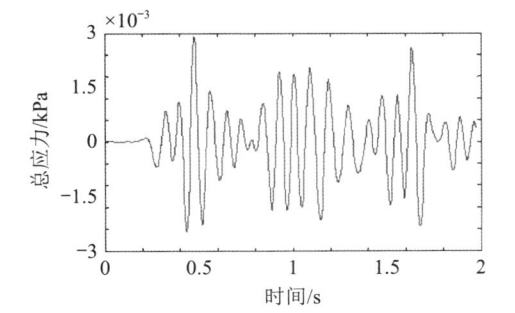

图 4.103　4♯坡中 Y 向总应力

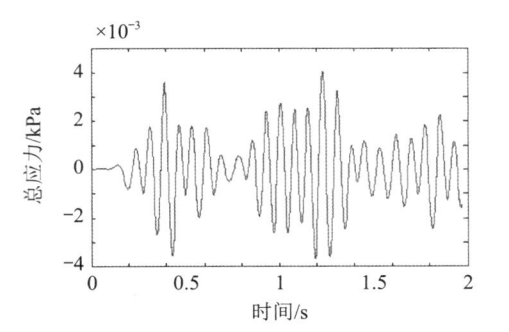

图 4.104　8♯坡底 Y 向总应力

从边坡体三个不同部位的 X 向和 Y 向总应力的比较可以看出:边坡顶部 X 向的应力峰值最大为 8.2 Pa,出现在 0.7 s 时间点附近,边坡中部 X 向的应力峰值最小为 0.013 Pa,出现在 0.5 s 时间点附近,边坡底部 X 向的应力峰值为 7.3 Pa,位于 1.3 s 时间点附近;边坡顶部 Y 向的应力峰值最大为 4.8 Pa,出现在 0.7 s 时间点附近;边坡中部 Y 向的应力峰值最小为 2.4 Pa,出现在 0.5 s 时间点附近;边坡底部 Y 向的应力峰值

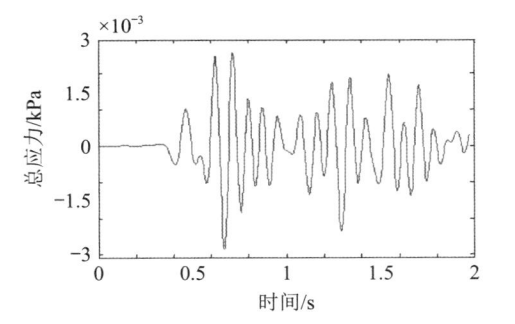

图 4.105　3♯坡顶 Z 向总应力

为 4 Pa,位于 1.3 s 时间点附近。分别对应激励速度时程信号的波峰值,但并不是最大峰值。说明边坡的不同部位的应力对爆破振动的响应,X 向和 Y 向的响应趋于一致,但应力响应程度有所不同。总体上而言 X 向>Y 向,在同一方向,坡顶>坡底>坡中,说明在 X 向和 Y 向,坡顶处和坡脚处的应力集中程度较高。

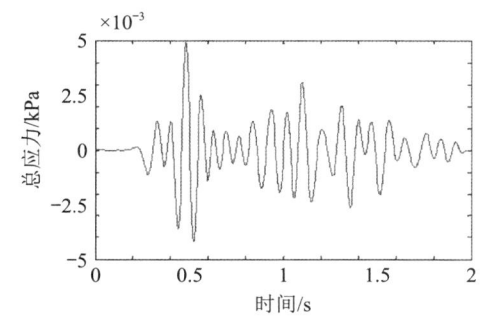

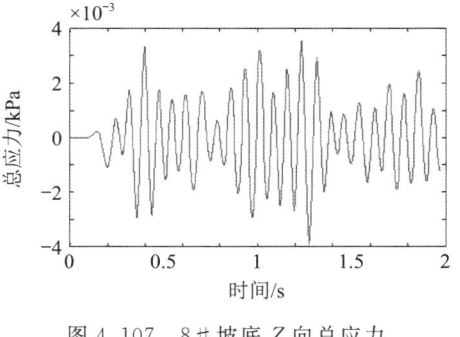

图 4.106 4♯坡中 Z 向总应力　　　　图 4.107 8♯坡底 Z 向总应力

对于应力而言,不同方向边坡体受到的应力状况有所差异,与 X 向和 Y 向相比,在 Z 向边坡体的不同部位出现了不同的响应趋势。其中位于边坡中部应力峰值最大为 4.9 Pa,出现在 0.5 s 时间点附近;边坡顶部 X 向的应力峰值最小为 2.8 Pa,出现在 0.7 s 时间点附近;边坡底部 Z 向的应力峰值为 3.9 Pa,位于 1.3 s 时间点附近。说明在 Z 向,坡中>坡底>坡顶,边坡中部应力集中程度较高。

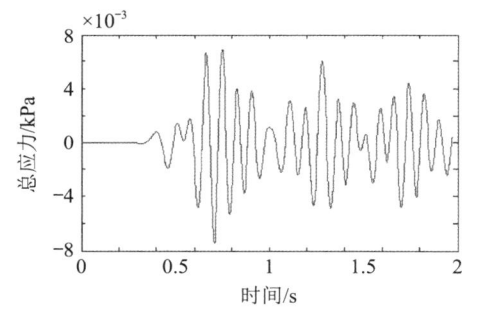

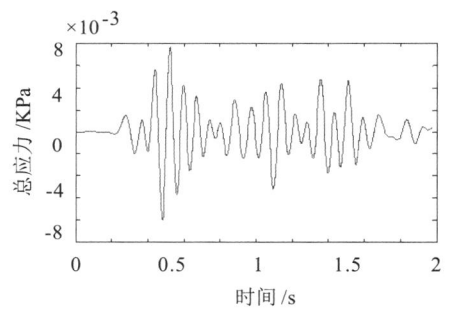

图 4.108 3♯坡顶 XY 向剪应力　　　　图 4.109 4♯坡中 XY 向剪应力

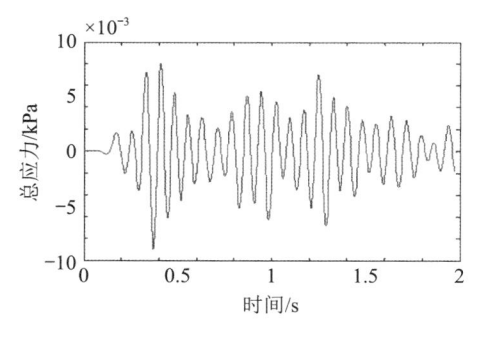

图 4.110 8♯坡底 XY 向剪应力

在 XY 向,爆破动载荷对于剪应力来说,边坡顶部和中部的最大应力峰值接近一致,为 7.8 Pa 左右,分别出现在 0.7 s 和 0.5 s 时间点附近,边坡底部的应力峰值最小为 0.009 Pa,

出现在 0.4 s 时间点附近,表明 XY 向的剪应力,坡中＞坡顶＞坡底,在时间上并没有与之前 X、Y、Z 向相一致的关系。

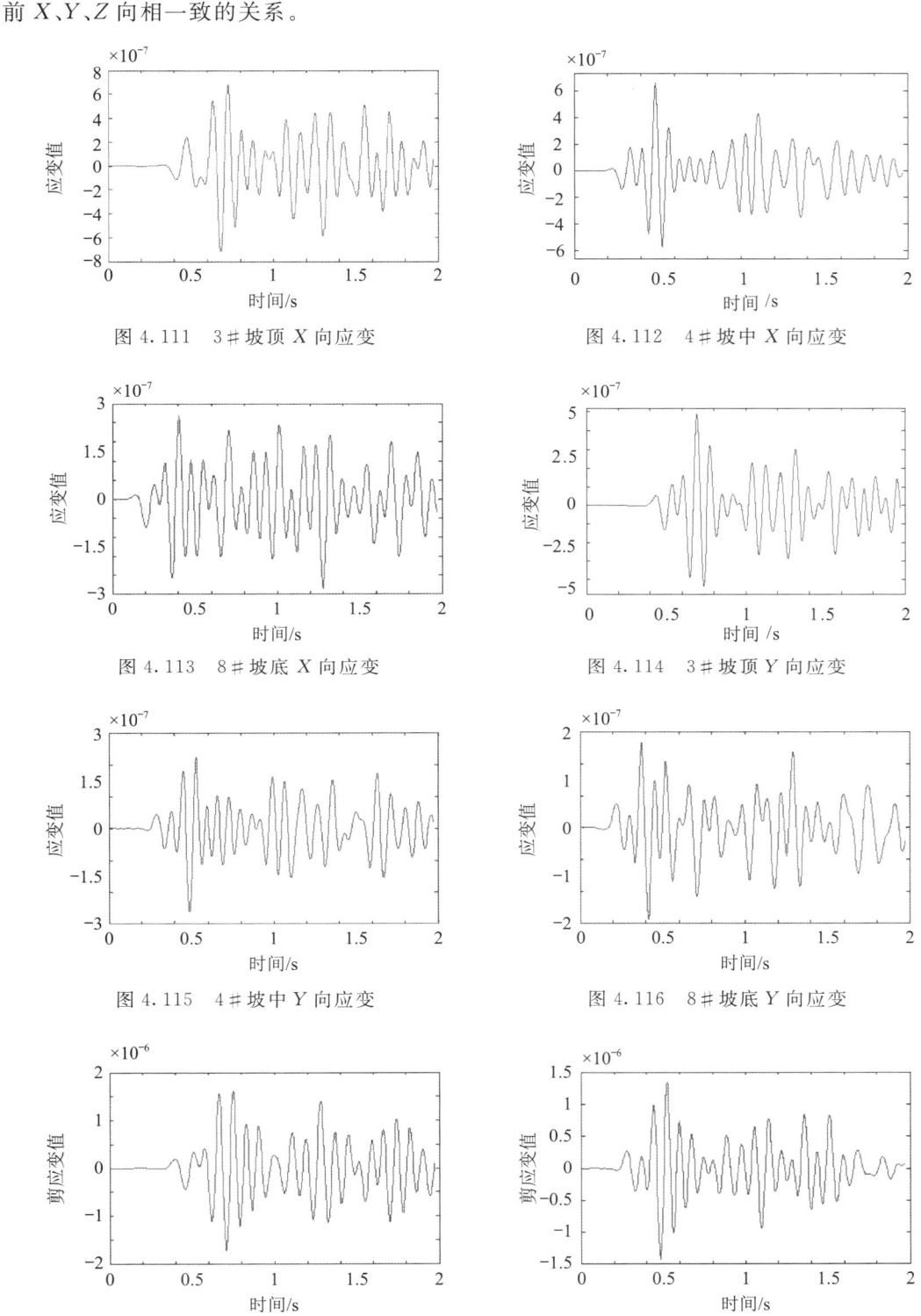

图 4.111　3♯坡顶 X 向应变　　　　　　图 4.112　4♯坡中 X 向应变

图 4.113　8♯坡底 X 向应变　　　　　　图 4.114　3♯坡顶 Y 向应变

图 4.115　4♯坡中 Y 向应变　　　　　　图 4.116　8♯坡底 Y 向应变

图 4.117　3♯坡顶 XY 向剪应变　　　　　图 4.118　4♯坡中 XY 向剪应变

从边坡体三个不同部位的 X 向应变、Y 向应变、XY 向剪应变的对比可以看出:边坡3♯顶部 X 向的应变峰值为 7.6×10^{-7},出现在 0.7 s 时间点附近;边坡 4♯ 中部 X 向的应变峰值为 6.6×10^{-7},出现在 0.5 s 时间点附近;边坡 8♯ 底部 X 向的应变峰值为 -2.4×10^{-7},位于 1.3 s 时间点附近;边坡3♯顶部 Y 向的应变峰值为 5×10^{-7},出现在 0.7 s 时间点附近;边坡 4♯ 中部 Y 向的应变峰值为 -2.7×10^{-7},出现在 0.5 s 时间点附近;边坡 8♯ 底部 Y 向的应变峰值为 1.9×10^{-7},位于 0.4 s 时间点附近;边坡 3♯ 顶部 XY 向的剪应变峰值为 1.7×10^{-6},出现在 0.7 s 时间点附近;边坡 4♯ 中部 XY 向的剪应变峰值为 1.4×10^{-6},出现在 0.5 s 时间点附近。说明边坡的不同部位的应变对爆破振动的响应,X 向和 Y 向趋于一致,总体上幅值大小为 X 向应变>Y 向应变>XY 向剪应变,在同一方向,坡顶>坡中>坡底,但应变响应程度有所不同,坡顶处的应变响应最大,坡底处的应变最小,Y 向的应变和 XY 向的剪应变峰值出现的时间点与速度振动波形峰值没有之前的对应关系。

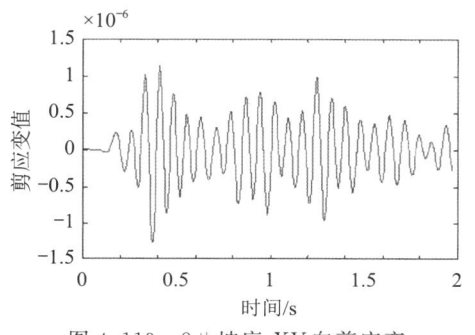
图 4.119　8♯坡底 XY 向剪应变

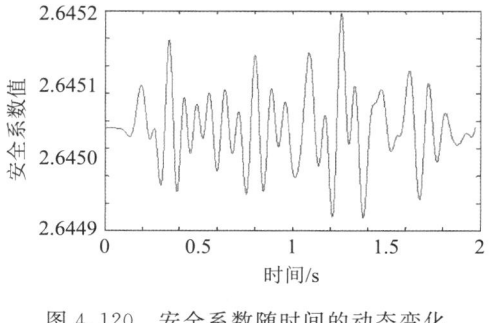
图 4.120　安全系数随时间的动态变化

对于安全系数的计算,首先基于初始原位静应力,求得沿着条块滑面的抗剪强度,其次令其在爆破振动时保持不变,SLOPE/W 程序对数据存盘并进行安全系数计算,本模型计算出了 2000 个安全系数,这些安全系数可以绘制出随时间变化的曲线,如图 4.120 所示,它生动地展示了安全系数随时间的振荡情况,这对实践中经常用的拟静态法来说是一个很大的进步。

从安全系数随时间推移的变化来看,安全系数的上下起伏振荡区域比较集中,表明爆破作用下边坡体的响应比较稳定,主要围绕 2.645 上下出现微小波动,表明边坡体在爆破作用下的全时程动态稳定性是趋于一致的。

4.7.4　爆破对多边坡的影响分析

爆破对多边坡的影响,与单边坡有很大不同。一方面,随着边坡高度的不断加大,边坡一定高度对爆破振动动态响应放大现象越来越明显,这对于边坡体稳定是很不利的。另一方面,随着边坡的增高加陡,岩石体重力作用导致边坡面上潜在的不稳定滑移面增多,在理想状态下,可能处于极限平衡状态。一旦有外载荷施加,便会很快失稳,导致边坡滑坡和垮塌。因此,本节对爆破载荷下多边坡的稳定性进行了分析研究。

多边坡研究数值模拟模型的建立如图 4.121 所示,模型参数为长(距离方向)90 m,高

（高程方向）30 m，分为两个台阶，边坡坡度分别为 21.8°、45°，边坡宽度方向忽略，从而建立二维单边坡模型。将模型划分成三个区域，由于每个区域只能设定一种类型的岩石类型，故分别定义岩石类型为矿区最常见的砂岩、粉砂岩和泥质页岩，定义好模型岩性属性后，必须对边坡模型进行网格划分，SLOPE/W 对网格的划分是自适应的，完全能够满足实际分析的需要。

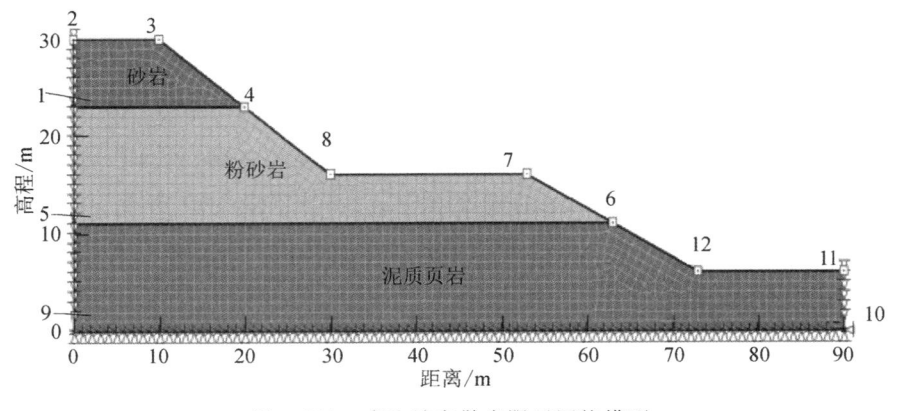

图 4.121　多边坡离散有限元网格模型

在爆破条件下，可以认为动力载荷施加是瞬间的，以致岩体强度处于一种不排水状态。图 4.122 所示为爆破瞬间孔隙水压力线的变化和岩体速度矢量的运动方向，显而易见，爆破过程中，动应力剧烈振荡，图中边坡体有向自由面运动的趋势，这种情形可使安全系数降低，若边坡体出现相反的运动趋势，则安全系数增加。为了使表现更直观，图中的运动趋势是放大 9.438×10^4 倍后的变形，在实际的爆破采动中不会出现这么明显的运动变化。

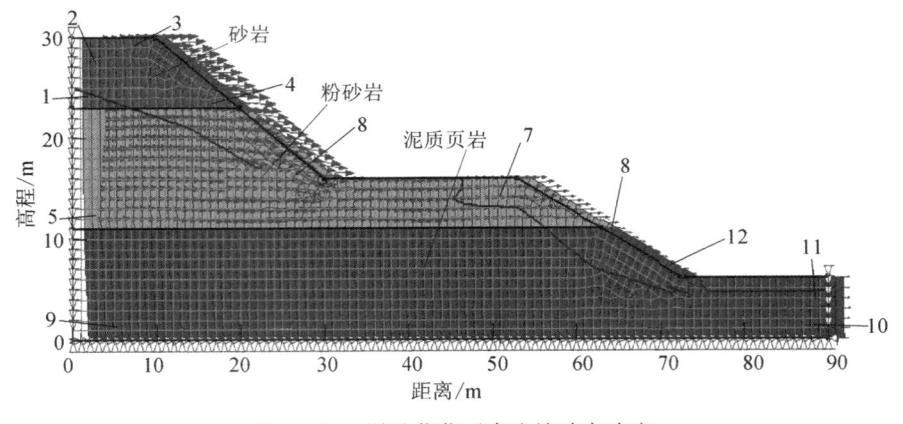

图 4.122　爆破载荷下多边坡动态响应

边坡在爆破振动载荷作用下，可能不会完全倒塌，但可能存在一些不能接受的永久变形，如图 4.123 所示，爆破振动导致了在不同岩性区域的结合处，出现了永久裂纹破坏。因此，应特别对岩层的交界处采取相应的加固措施。

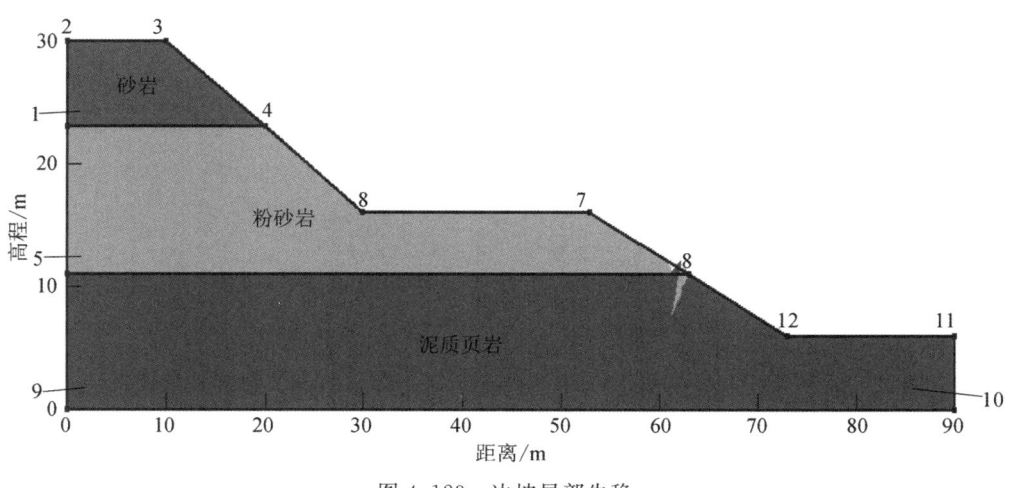

图 4.123　边坡局部失稳

图 4.124 为采用 Sarma 法计算得到的多边坡爆破振动稳定安全系数随时间的变化规律,它反映了多边坡稳定安全系数在爆破过程中的演变过程和动态响应。

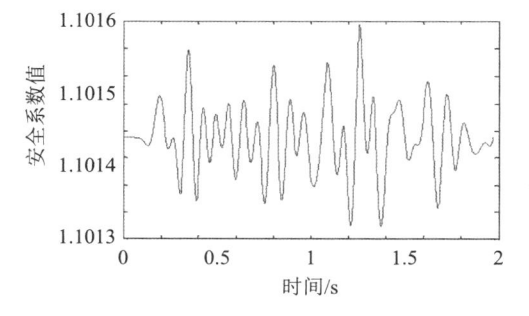

图 4.124　安全系数随时间的动态变化

从图中可以看到:在爆破载荷作用下,边坡的稳定安全系数均大于 1,总体上是趋于安全的,局部的失稳不影响边坡岩体的稳定性。安全系数随时间的动态演化规律,为爆破设计的完善和优化提供了条件。

4.7.5　影响边坡稳定性的其他因素分析

影响边坡稳定性的因素很多,除了爆破造成的影响以外,还包括边坡的排水率、岩石容重、底滑面黏聚力、底滑面摩擦角、侧滑面黏聚力、侧滑面摩擦角等。本节建立在采用 Sarma 法边坡稳定分析的基础上,对这些影响因素进行重点分析。

1. 排水率对边坡稳定性的影响

依据饱和土力学理论,降雨入渗使边坡体内潜水面或者饱和带地下水压力升高,导致边坡稳定性降低,产生滑坡。图 4.125 为采用 Sarma 法对边坡划分条块,得到的边坡稳态随着边坡排水率的变化曲线。

从图中可以看出:随着边坡排水率的加大,边坡稳态会逐渐提高,呈现出线性关系。边坡排水率低于 40%,此时边坡稳态低于 1,边坡失稳概率较大,会出现滑坡现象。

2. 岩石容重对边坡稳定性的影响

边坡的排水率较低,特别是对于渗透系数较高、非饱和度较高的岩质体,岩石的容重对边坡稳态的影响有着不可忽略的影响。图 4.126 为假定边坡岩体的排水率 $DR=10\%$ 时，基于 Sarma 法计算得到的岩石容重对边坡稳态的影响曲线。

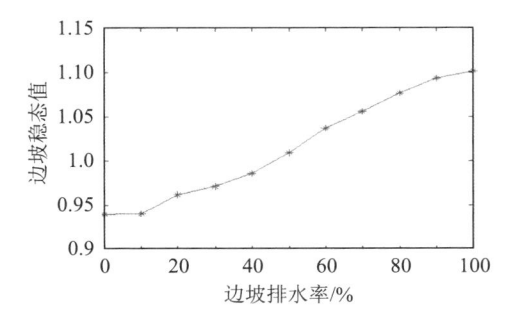
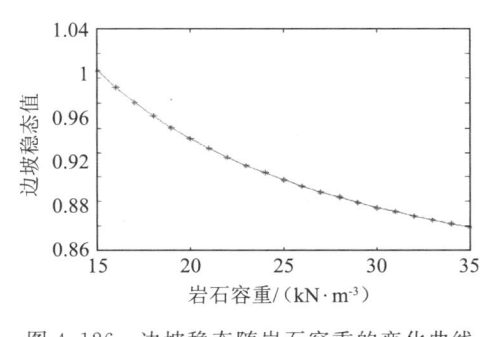

图 4.125　边坡稳态随边坡排水率的变化曲线　　　图 4.126　边坡稳态随岩石容重的变化曲线

　　随着岩石渗透系数的提高，岩石饱和度提高，降水的不断入渗使岩体内孔隙水位上升，岩石抗剪强度下降，引发滑坡。从图中可以看出：随着岩石容重的增大，边坡的稳态呈指数关系下降，因此在分析时，应该对该区域的岩石容重进行详细调查研究。

3. 底滑面黏聚力和摩擦角对边坡稳定性的影响

　　图 4.127 和图 4.128 为假定边坡岩体的排水率 $DR=10\%$ 时，基于 Sarma 法计算得到的底滑面黏聚力和底滑面摩擦角对边坡稳态的影响曲线。

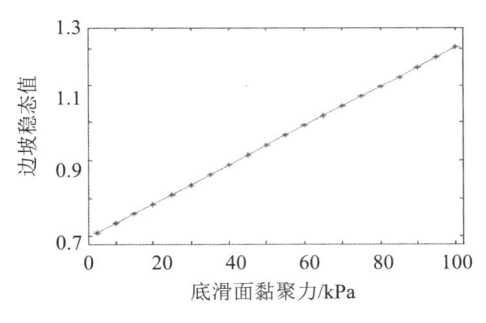
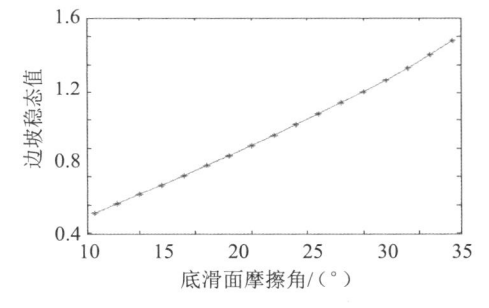

图 4.127　边坡稳态随底滑面黏聚力的变化曲线　　图 4.128　边坡稳态随底滑面摩擦角的变化曲线

4. 侧滑面黏聚力和摩擦角对边坡稳定性的影响

　　图 4.129 和图 4.130 为假定边坡岩体的排水率 $DR=10\%$ 时，基于 Sarma 法计算得到的侧滑面黏聚力和摩擦角对边坡稳态的影响曲线。

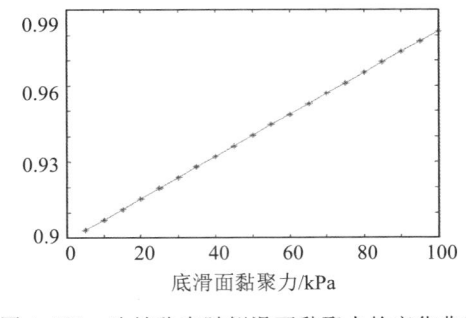
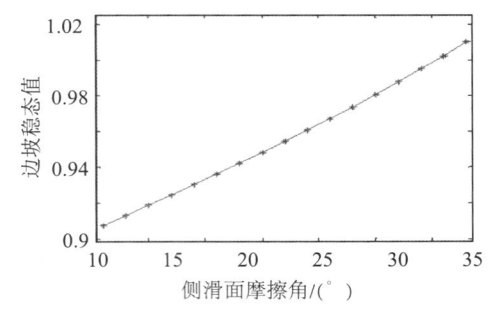

图 4.129　边坡稳态随侧滑面黏聚力的变化曲线　图 4.130　边坡稳态随侧滑面摩擦角的变化曲线

　　在排水率一定的前提下，边坡稳态随滑面黏聚力和摩擦角基本呈线性变化趋势。

5. 边坡加固角对边坡稳定性的影响

图 4.131 为假定边坡的排水率 $DR = 10\%$，地震系数 kc 为 Ⅶ $= 0.075$ 地震烈度下（对应的最大振速为 6~12 cm/s），不同的边坡加固力下，边坡稳态随着边坡加固角的变化曲线。

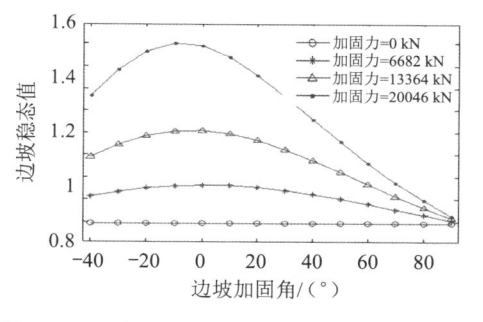

从图中可以清楚地看出：在加固角相同的条件下，随着边坡加固力的增大，边坡的稳定性提高；在加固力为 0 kN 时，边坡稳态 FS 为固定值 0.8，在加固力相同的条件下，随着边坡加固角的增大，边坡稳态以边坡加固角 0° 为分界线，呈现先升后降的趋势；边坡角为正值时，边坡加固角的加大对边坡稳态不利，此时加大加固力，在边坡稳态提高的同时，随着边坡加固角的加大，边坡稳态的下降速度加快。因此，在边坡治理的过程中，不能盲目加大边坡的加固力，应在选取合理加固角的前提下，选择合适的加固力，提高边坡的稳定性。

图 4.131 边坡稳态随边坡加固角的变化曲线

本章彩图详见二维码：

参考文献

［1］ 宋熙太，任建民.爆炸波分析及其波谱［J］.爆炸与冲击，1982，2(4)：33-35.

［2］ SISKIND E D. Frequency analysis and use of response spectra for blast vibration assessments in mining［C］. Proceedings of the 22th Annual Conference on Explosives and Blasting Technique（Volume Ⅱ）. New Jersey，USA，1996(4)：176-183.

［3］ 何军，于亚伦，梁文基.爆破震动信号的小波分析［J］.岩土工程学报，1998，20(1)：47-50.

［4］ 宋光明，曾新吾，陈寿如，等.爆破振动小波包时频特征提取与发展规律［J］.有色金属，2003，55(1)：116-120.

［5］ HUANG N E，SHEN Z，LONG S R，et al. The empirical mode decomposition and the Hilbert spectrum for nonlinear and non-stationary time series analysis［J］. The Royal society，1998，454(1971)：903-995.

［6］ 李夕兵，张义平，刘志祥，等.爆破震动信号的小波分析与 HHT 变换［J］.爆炸与冲击，2005，25(6)：528-530.

［7］ 王思敬.岩石边坡动态稳定性的初步探讨［J］.地质科学，1977(4)：372-375.

［8］ 赵宝云，刘保县，万贻平.爆破震动对某边坡稳定性影响的数值模拟［J］.工程地质学报，2008，16(1)：59-62.

［9］ 张正宇，刘美山，吴从清.高陡边坡开挖中的爆破及其控制技术［M］.北京：冶金工业出版社，2004：98-101.

［10］ 顾毅成，史雅语，金骥良.工程爆破安全［M］.北京：中国科学技术大学出版社，2009：427-430.

［11］ 郑颖人，赵尚毅.有限元强度折减法在土坡与岩坡中的应用［J］.岩石力学与工程学报，2004，23(19)：3381-3388.

[12] 马瑞恒,钱汉明,娄建武,等.时频分布在爆破振动信号处理中的应用[J].工程爆破,2004,10(2):8-12.

[13] 胡昌华,张军波,夏军,等.基于 MATLAB 的系统分析与设计:小波分析[M].西安:西安电子科技大学出版社,2008:15-32.

[14] 凌同华.爆破震动效应及其灾害的主动控制[D].长沙:中南大学,2004:20-30.

[15] 叶海旺,石文杰,王二猛,等.金堆城露天矿生产爆破合理微差时间的探讨[J].爆破,2010,27(1):97-98.

[16] 李洪涛,杨兴国,舒大强,等.不同爆源形式的爆破地震能量分布特征[J].四川大学学报(工程科学版),2010,42(1):31-34.

[17] 张义平,李夕兵,赵国彦.基于 HHT 方法的爆破地震信号分析[J].工程爆破,2005,11(1):2-5.

[18] 李宝山,张义平,王锐瑞.基于 HHT 方法在英坪矿 Ⅱ 号坑的爆破振动分析[J].工程爆破,2010,16(2):7-9.

[19] 颜景龙,张乐.电子雷管爆破振动波分析识别盲炮的方法[J].工程爆破,2011,17(1):75-76.

[20] 付晓强,张世平,张昌锁.复线隧道爆破振动信号的 HHT 分析[J].工程爆破,2012,18(3):6-8.

[21] 钱守一,李启月.微差爆破实际延迟时间的 HHT 瞬时能量识别法[J].矿业研究与开发,2012,32(2):114-116.

[22] 陈银鲁.爆破震动信号的能量分析方法及其应用研究[D].杭州:浙江大学,2010:31-39.

[23] 李夕兵,凌同华.单段与多段微差爆破地震的反应谱特征分析[J].岩石力学与工程学报,2005,24(14):2409-2413.

[24] 李夕兵,凌同华,张义平.爆破震动信号分析理论与技术[M].北京:科学出版社,2009:215-217.

[25] 赵明生,张亚文,徐海波,等.不同微差间隔下爆破振动信号的反应谱分析[J].爆破,2011,28(1):29-31.

[26] 荣立爽.水下岩塞爆破地震反应谱特性及结构的模态分析研究[D].太原:太原理工大学,2008:22-26.

[27] 言志信,王永和,江平,等.爆破地震测试及建筑结构安全标准研究[J].岩石力学与工程学报,2003,22(11):1908-1911.

[28] 杨溢.爆破荷载对蠕动边坡的累积效应及稳定性影响研究[D].昆明:昆明理工大学,2010:74-80.

[29] CEO-SLOPE International Ltd.边坡稳定性分析软件 SLOPE/W 用户指南[M].中仿科技(Cn Tech)公司,译.北京:冶金工业出版社,2011:21-25.

[30] 范军富,宋子岭,王东.白音华一号露天煤矿合理帮坡角的确定及边坡稳定性评价[J].科技导报,2011,29(28):57-60.

[31] 陈佳,唐开元,周雪斐.基于数值模拟的露天边坡强度折减法稳定性分析[J].金属矿山,2012(6):26-28.

[32] 郭爱斌,万智.考虑降雨入渗的非饱和边坡稳定分析[J].公路工程,2010,35(3):119-121.

第五章 斜井爆破振动监测分析
及对建(构)筑物的影响研究

众所周知,爆破灾害对周围建筑结构体的影响与安全评估,一直以来是爆破工程界所关注和研究的一项重要课题。对于爆破振动负面效应的研究,建(构)物在爆破振动产生的振动波作用下的破坏程度,除了爆破振动强度的影响外,还和其自身的结构特性和建筑材料的强度有关。总而言之,现阶段对于建筑物爆破振动响应研究工作的重点,主要围绕两方面开展工作:一方面是建筑物受振时,质点在爆破振动下的运动规律;另一方面就是爆破振动产生的负面效应(振动强度)对建(构)筑物结构体受振动介质的影响程度。而爆破振动监测,是评价爆破振动强度的最直接的方式。对于采集到的爆破振动信号,通过不同的分析方法,可以从不同层面获得爆破信号所包含的信息特征,从而选择适当的爆破方案,优化爆破参量,在保证爆破效果最佳的条件下,将爆破振动强度降低到不危及人员安全、保证建筑物稳定性和保护周围特殊构筑物的安全的程度。

目前,爆破减振研究一方面主要集中在对爆破振动波的传播和衰减规律的研究上,另一方面便是对爆区周围建筑物在爆破振动激励下的动态响应研究。爆破作业后,在爆破产生的各种破坏效应中,对建筑物影响最大的是爆破振动波。振动波的各种波形成分(包括体波和面波等)会首先导致地表的持续振动响应,振动波通过建筑物的基础会不断向其高层传递。由于高层的质点介质对其爆破强度的响应不同,当然,这也与建筑物的结构形式有很大的关系,因此,振动监测的最终目的,就是对不同建筑物在爆破条件下的响应过程进行评估,对采集到的振动信号进行处理分析,从而对建筑物受振动破坏过程和破坏机理进行研究,建立建筑物的安全评估体系,为建筑物的加固和抗震设计提供理论依据。在保证建筑物安全的前提下,最大程度提高施工的质量和进度。综上所述,在爆破振动波激励下,采用动力学分析方法研究周围建筑物的动力响应已成为爆破灾害控制的重要手段。

本章以斜井实际工程施工为研究课题,首先建立在爆破振动监测基本理论和振动安全判据的基础上,介绍了工程的基本概况、各阶段的不同施工方案,以及不同方案下监测到的实际数据,并以监测到的原始数据为分析的主要目标,通过在爆区建筑物结构体地表布设监测点,并对现场采集得到的实测信号数据进行定量和定性分析研究。结合爆破振动特征和安全判据采用反应谱动力响应研究手段,对不同施工阶段建筑物结构体对爆破振动的响应过程进行了解析,得到了不同施工阶段、不同阻尼比系数的建筑物加速度、速度、位移反应随结构体系自身频率和周期的动态随机响应趋势,得到建筑结构三方面的响应特征。并结合分析结果,建立典型建筑物结构体模型,将反应谱数据作为模型的激励,并结合反应谱分析法和平方和开方法(quare root of the sum of squares,SRSS),研究了建筑物不同楼层的动态响应过程,重点对建筑物的不同部位的响应差异进行了分析,完善了爆区建筑结构体的抗震设计和爆破振动下的结构体安全评估体系,可为今后同类工程施工和相关理论研究提供参考。

开展爆破振动波对周围附近结构体影响的研究,一方面是掌握爆破振动波的传播特性及衰减规律,另一方面是获取具体的结构物在爆破振动波作用下动力响应的过程和程度。本章以阳泉煤矿集团榆树坡斜井爆破掘进施工工程为背景,主要从以下几方面开展研究工作:

① 在了解工程地质地形和水文条件的基础上,选取合理的监测方案,对爆破掘进施工的各个阶段,进行不间断监测,并根据监测结果,不断优化和调整爆破参数,保证工程顺利施工和安全。

② 对各阶段监测数据进行处理,对由于仪器自身原因和周围环境影响所导致的不准确数据进行剔除,在保证数据真实可靠的基础上,回归分析该条件下爆破振动波形特征和衰减规律,便于对爆破振动参量进行预测,同时也便于针对不同的建筑结构体系进行结构响应特征分析,采取相应的减振或预防振动破坏措施。

③ 利用反应谱动力学分析方法,对施工四个阶段的数据进行分析处理,客观了解不同工程阶段建筑物的动态响应历程,从位移、加速度、速度参量随着建筑物自振频率和周期的变化所呈现的不同响应的特性曲线,区别不同结构建筑物在爆破振动影响下的响应过程,验证结构体的安全等级,便于根据阻尼的变化,采取相应的防护措施,保证爆区建筑结构的安全。

④ 利用实际分析得到的位移反应谱值,通过 ANSYS 软件建立三层理想建筑物结构体模型,将位移反应谱值作为模型的激励,得到模型在激励作用下的矢量运动和水平应变,动态再现建筑物的振动响应趋势,为矿区建筑物结构抗震设计提供依据。

5.1 爆破振动监测和反应谱理论

5.1.1 爆破振动监测及安全判据

在评估和预测爆破振动的破坏效应时,首先要有能综合反映爆破振动效应各影响因素和危害实质的安全判据。虽然振动位移、速度、加速度都是衡量爆破振动强度最基本的物理量,但是大量工程实践表明,结构的动态响应与特性有关,仅用振动强度因子(振动位移、速度、加速度)作为爆破振动的安全评判标准具有很大的局限性,因此受到了众多研究者的质疑。尽快提出能体现爆破振动各影响因素的综合安全判据已被提上各国制定新的爆破安全规程的议事日程,并得到了众多研究者的关注。

爆破振动监测的最直接原因就是要最终达到主动控制爆破危害效应的目的。同时,重点了解和掌握爆轰波的传播机制、衰减特性以及破坏效应等,从而把握建筑物的受振响应特征,为科学认识爆破危害效应提供理论依据。此外,爆破振动监测和数据分析,也能够为施工过程中可能出现的民事纠纷提供依据。

5.1.2 爆破监测的核心内容及基本原理

在实际爆破工程中,要想准确预测并控制爆破振动,必须采用现场监测的手段来解决。爆破振动监测的主要内容包括以下两个方面:

① 研究振动波的传播及衰减规律与爆破方式、地形及地质之间的关系。

② 探讨建(构)筑物结构不同部位在爆破振动波激励下的响应特征,以此来研究建(构)筑物所产生的结构响应特征,以及所产生的振动响应特征与爆破方式之间的关系。

爆破振动测试主要有两条途径。第一条途径就是采用先进的仪器直接采集并测出分析所需要的各种变量,第二条途径就是针对不同介质在不同激励下的响应,获取介质的"响应谱",通过对爆破载荷的作用特征的研究总结规律,最终分析得出需要的结果。但由于第二条途径根据载荷的作用有时会出现偏差,因此通常采用第一条途径。总而言之,爆破测试的全过程,可以看作是信号的流程,即信号的获取、调制、传输、变换、显示、记录和输出的处理过程。得出的图 5.1 为爆破振动测试系统监测流程图。电动式传感器受到介质传递来的振动,通过增益放大器的放大作用,随后经过仪器自带的 A/D 转换功能,将模拟信号转变为可处理的数字信号,最终存储在仪器 CPU 的内存储器中,数据的保存会占用一定的存储空间,通过与电脑 USB 接口连接,可以实现数据的可视化处理,输出振动波波形曲线,借助 MATLAB 强大的数据处理能力,可以很简单快捷地实现数据的处理与分析。

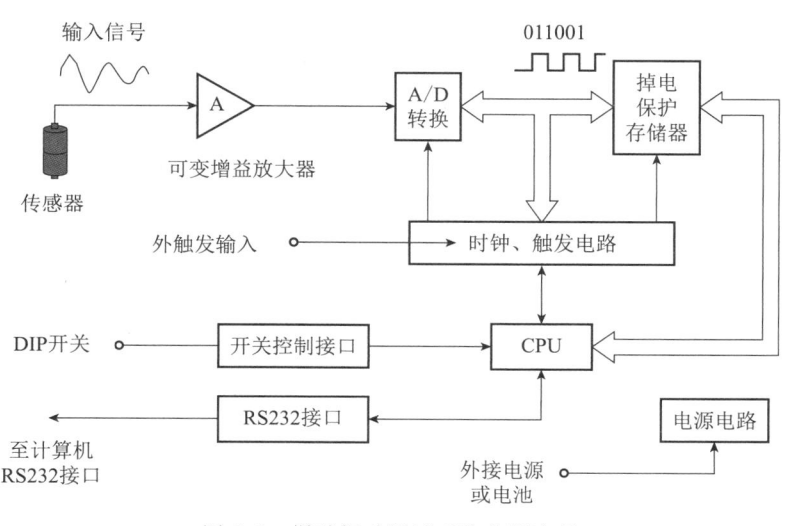

图 5.1 爆破振动测试系统监测流程

5.1.3 仪器的特性和参数设置

爆破监测的成败取决于所采用的监测系统是否可靠和能否完全满足爆破振动监测的要求。因此,在对爆破振动进行监测前,应该预先估计和把握被监测信号大致的频率范围和幅值范围,从而选择能够满足要求的测振仪,并设置准确的监测参数。本次测试选用四川拓普测控科技有限公司生产的 BMVIEW 系列 UBOX-5016 采集,通过数据采集设备控制,可以得到爆破振动径向、垂直、切向三个方向的数据,能更全面地反映爆破振动信号的特征。图 5.2 为 UBOX-5016 分析软件界面。

UBOX-5016 振动信号自记仪主要技术性能指标如下:

- 输入通道:2 通道/台,BNC 单端电压信号输入
- 最高采样频率:可同时达到 200 kSps/CH(浮点模式下 50 kSps/CH),向下程控分档
- 测振范围:±300 mm/s;浮点放大功能,自适应信号大小

- 信噪比≥75 dB;输入信号带宽 0 Hz~40 kHz
- 数据记录方式:单次、多次分段触发,最多 128 段分段存储、自动记录
- 存储的采集数据、设置参数掉电不丢失
- 供电方式:锂电池、USB 供电、外部＋5VDC
- 电源(电池电量、充电状态)及采集状态 LED 显示
- 内置 CMOS 时钟可定时触发,记录触发时刻
- 可以联机和脱机两种工作模式
- 全金属外壳,适合户外使用;带配套金属仪器箱
- 外部尺寸:125 mm(长)×55 mm(高)×155 mm(深)
- 功耗小于 1 W;重量 0.9 kg(带可充电锂电池)

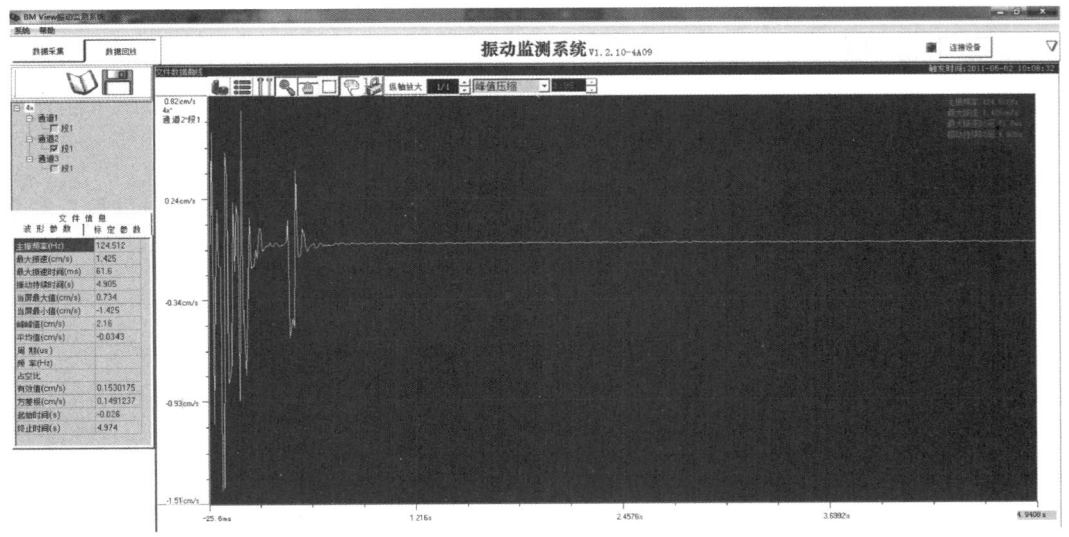

图 5.2　UBOX-5016 分析软件界面

　　利用该数据处理软件,还可以对监测数据结果进行更深入的分析,实现多方面的分析目的,这些主要的分析方法和功能包括:波形跟踪、波形矢量叠加、数字滤波、FFT 幅度谱和相位谱、功率谱等。图 5.3 为利用该软件实现数字滤波分析功能。

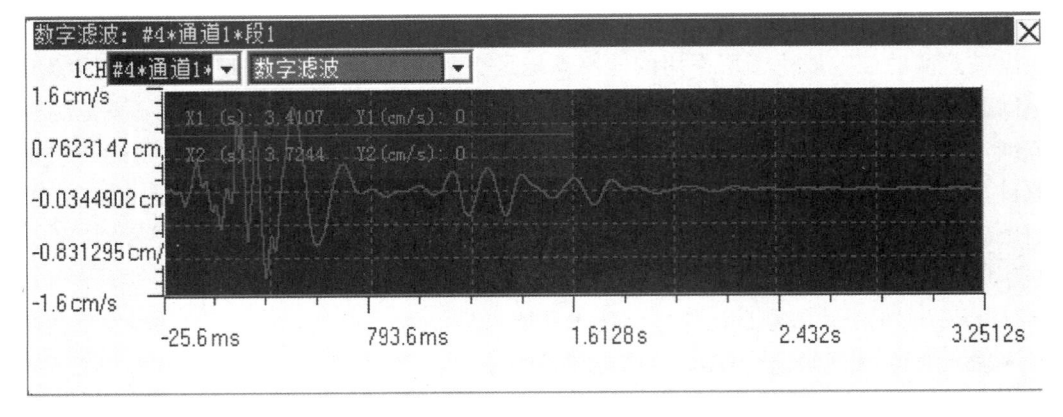

图 5.3　数字滤波分析功能

5.2 爆破振动安全

目前在工程应用领域,对于主要依靠爆破为施工手段的各种岩体工程,如隧道、煤矿井巷、引水涵洞以及铁道路堑边坡和相关的工程建(构)筑物结构体的安全性评价,主要是以结构体受到爆破振动激励下的质点峰值振速并结合其自身的振动频率来客观评价建(构)筑物的安全程度。

5.2.1 爆破振动强度经验公式

上章中式(4-3)～式(4-5)反映了爆破振动的物理参量与炸药量、距爆源的距离、岩土性质及场地条件等因素的关系。但是,具体表达式各国却有所不同,本节介绍若干国外关于爆破振动波速度经验公式。

① 美国矿务局工程师 Devine,通过对相关的建设工地爆破开挖和 20 个露天采石场爆破开采进行监测,对监测获得的数据进行相关统计分析,在此基础上,于 1966 年提出了相应的振速经验公式。其公式为

$$V = K \left(\frac{R}{\sqrt{Q}} \right)^{-\alpha} \tag{5-1}$$

式中,K 和 α 分别为现场的特征系数和指数,其他符号与前式相同。

② 通过对欧洲特大采石场开采监测到的爆破振动信号数据进行整理统计和回归分析,得到了相关理论公式,并于 1955 年提出经验振速公式。公式表达为

$$V = K \left(\frac{R}{Q^2} \right)^{\alpha} \tag{5-2}$$

式中符号与前式相同。

③ 日本化药株式会社总结获得的经验公式为

$$V = K \sqrt[4]{Q^3} \cdot R^{-\alpha} \tag{5-3}$$

式中,K 为地质条件、爆破条件相关系数,其变化范围很大,掏槽爆破取 $K = 500 \sim 1000$,台阶爆破取 $K = 200 \sim 500$,大孔径台阶爆破取 $100 \sim 300$,坑道掘进爆破取 $200 \sim 900$;α 为指数,介质体为黏土层时,$\alpha = 2.5 \sim 3.0$,介质体为岩石时,$\alpha = 2.0$;Q 为药量,$10 \text{ kg} < Q < 3\,000 \text{ kg}$;$R$ 为爆源距离,$30 \text{ m} < R < 1500 \text{ m}$。

对众多的实际爆破工程进行监测,分析监测数据可以得到:对于同一场次的爆破,其监测到的爆破(水平径向和切向、垂向)的振动强度,通常处于相同的数量级别。在爆破振动监测时,应同时测定相互垂直的三个分量,但在许多情况下,可以通过对比,选取三个分量中的最大值(通常为垂直分量)进行分析,确定爆破振动效应的影响程度。

5.2.2 爆破对周围建(构)筑物的安全影响

爆破施工所产生的振动效应,在爆源近区主要是以应力波的形式传播的。建筑物和介质直接受到带有冲击和高频特性的爆破应力波的作用。由于一般建筑物的自振周期与爆破振动波的主振频率有很大差别,同时,介质对爆破振动波的传播,具有一定的约束作用,导致结构物不能做自由振动,也就是结构阻尼比系数 ξ 不为 0,因而结构对其动力响应不大。与

天然地震相比,爆破振动衰减很迅速,作用时间也很短,因此,爆破振动对于体积和质量相对较大的建筑物结构产生的破坏往往是局部的。采用理想的一维应力波模型,根据应力波参量,就可以直接核算结构或介质受到的最大应力和应变,从而可以根据结构或介质材料的强度理论模型来判断建筑物的受损程度。

对于爆破中远区而言,高频振动分量衰减很快,导致爆破振动波的优势频率段相对较低,振动波半波长会大于建筑物的结构特征尺寸,在这种情况下,结构体系将受到整体振动影响。当振动波在传播衰减过程中,若干频率段接近建筑物的自振频率时,将会引起建筑物结构体系内部的自振,也就是共振现象的产生。此时,建筑物的破坏机理主要是由于爆破引起的建筑物整体振动时动力反应的放大作用,对于某些地基不均衡下沉或是施工质量差的薄弱建筑物,常常会导致建筑物的整体致命破坏,如整体垮塌或倾斜等。

采用动力分析手段对爆破振动波响应分析,从实践中证明是切实可行的。动力分析法是建立在爆破振动反应、振动波由岩体传递到结构物的基础上,而后由基础将振动效应传递到整个结构上,引起建筑物的振动响应,从而造成建筑物的变形和破坏。动力分析法分析爆破振动波响应时,常用的计算模型有以下三种。

① 假定建筑物基础是刚性体,且基础和地基土层共同做水平或竖直方向的运动,反应谱理论便是采用这种计算模型。具体模型如图 5.4 和图 5.5 所示。

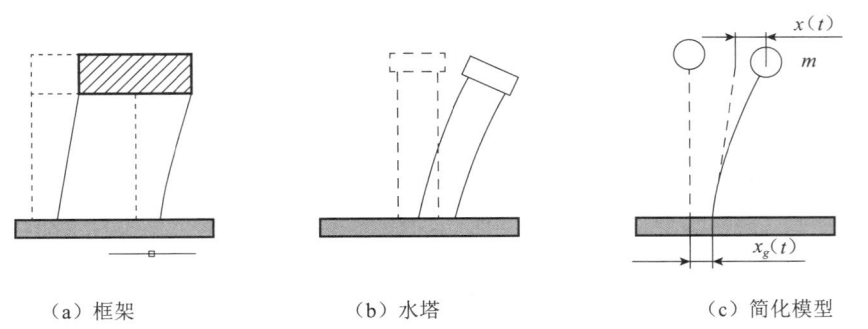

（a）框架　　　　　（b）水塔　　　　　（c）简化模型

图 5.4　爆破振动作用下建筑物基础水平运动及其简化模型

② 假定建筑物基础是刚体,但刚体的运动除了水平移动外,还有转动,如图 5.4(b)所示。在爆破振动波作用下,建筑物的基础发生振动时,基础上各点的振动轨迹趋于一致,于是建筑物基础水平方向不产生相对位移,建筑物各构件的变形也是相似的。

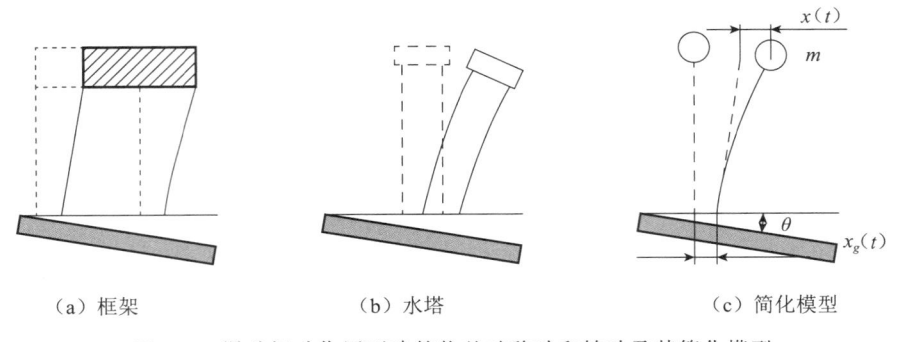

（a）框架　　　　　（b）水塔　　　　　（c）简化模型

图 5.5　爆破振动作用下建筑物基础移动和转动及其简化模型

③ 假定建筑物基础是可以变形的,建立在这种前提下,建筑物基础上各个点在爆破振动作用下的运动趋势可以是不同的,但是它也随着振动波质点一起共同运动。其具体运动模型如图 5.6 所示。

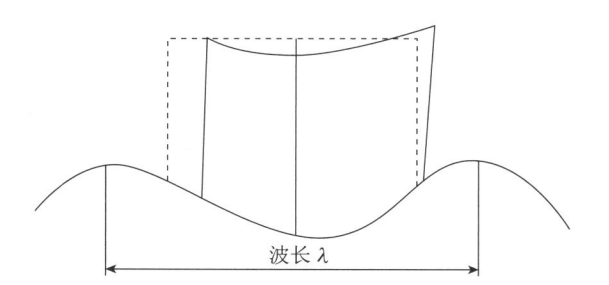

图 5.6　建筑物基础变形随爆破振动波运动模型

理想弹性体系振动运动方程的建立,对于单质点体系的振动响应研究,具有重要意义。上图中的力学简化模型表示了弹性体系在地面水平运动分量作用下的运动状态。其中,由爆破振动引起的地表水平位移用 $x_g(t)$ 表示,它是时间 t 的函数,并且可以从爆破振动时地面运动实测记录得到水平位移的变化规律;而由爆破振动引起的地表相对位移响应,此处用 $x(t)$ 表示,它也是随着自变量 t 的变换而出现不同的响应值,建立理论模型进行求解可以得到一系列的响应值,从而建立反应响应曲线。建立在这种前提下,可以得到爆破振动下单质点自由度体系响应求解运动微分方程。其表达式为

$$\frac{\mathrm{d}^2 x}{\mathrm{d} t^2} + 2\xi\omega_0\,\frac{\mathrm{d} x}{\mathrm{d} t} + \omega_0^2 x = \frac{F_g(t)}{m} \tag{5-4}$$

或者也可以改写为

$$\frac{\mathrm{d}^2 x}{\mathrm{d} t^2} + 2\xi\omega_0\,\frac{\mathrm{d} x}{\mathrm{d} t} + \omega_0^2 x = -\ddot{x}_g(t) \tag{5-5}$$

式中,$\ddot{x}_g(t)$ 为地面振动加速度,m/s^{-2};$x_g(t)$ 为质点相对于地面的位移,m;ω_0 为弹性体系的固有频率,$\omega_0^2 = k/m$,Hz;ξ 为阻尼比系数,$\xi = c/c_r = c/(2\sqrt{km}) = c/(2\omega_0 m)$,其中 c_r 为临界阻尼系数,$c_r = 2\sqrt{km}$。

根据爆破振动地面所获得加速度 $\ddot{x}_g(t)$,可以计算求得与该体系系统相应的一个最大加速度反应。对不同自振周期和阻尼比的单自由度弹性体系力学模型,采用统一的爆破振动波进行计算求解,便可以得到一系列的最大加速度与周期的关系曲线,这种曲线称为质点加速度反应谱,同理也可以得到位移反应谱和速度反应谱曲线。

反应谱分析理论以及动力分析方法,是爆破工程分析中最为常用的两种分析手段。通过采用这两种理论分析方法,获取在爆破振动影响下,建筑物的频谱和反应谱特征。从而可计算得到建筑物在爆破振动下的动力反应过程以及随之产生的应力与应变响应关系。根据计算结果,来对爆破振动下重要的建筑物进行安全校核。采用动力方法是未来爆破振动危害评价的发展趋势。

5.2.3　建筑物安全允许标准

旧的安全评价标准在现实中的弊端逐渐显现,很多不合理的安全允许标准导致了一些安全评价错误,从而造成了不可挽回的后果。我国的爆破界科研人员在总结和参考国外爆破安全标准的基础上,不断探索和寻求新的评价体系。爆破振动安全评判标准的编制,具有极为重要的意义,它为工程爆破安全提供了统一的标准,并结合爆破振动频率,严格规定了不同的建筑物对爆破振动的允许值,为爆破振动监测提供了理论参考,也为爆破施工安全提供了依据。详见《爆破安全规程》(GB 6722—2014)中的相关规定。

该规程更加科学合理,涉及的面较之前更广,内容也相对完善,它首次将建筑物的频率引入爆破振动危害的评价体系,作为爆破振动破坏效应的一个重要参数之一。该安全规程虽然在爆破振动安全方面起到了重要的指导作用,但对于全面评价爆破振动危害,还有很多不足之处。它仅仅给出了在爆破振动条件下一般建筑物和构筑物结构体的振速安全允许值,而并未结合爆破振动三个变量:振动速度峰值、主振频率、振动持续时间来综合考虑对建筑结构共同作用机制。缺少振动持续时间的影响,评价体系也是很不完善的,这还需要进一步地努力探讨,合理的安全判别标准应将爆破振动持续时间也纳入评价体系中,使其综合性更强,判断更加准确。

5.3　爆破施工振动监测方案及监测数据理论分析

为了验证和检验反应谱理论分析方法及爆破振动波的传播特性和随频率、周期的传播衰减规律,本节依托麻家梁煤矿斜井的爆破掘进开挖,以斜井施工过程中监测到的真实爆破振动测试数据为本节研究和分析的资料,并通过反应谱分析方法对数据的处理,探索和掌握该地形条件下爆破振动波的特征。

5.3.1　工程概况

新建榆树坡煤矿位于山西省忻州市宁武县,主斜井井筒穿越岩石地段的掘进方式采用钻爆法。井筒掘进到 312 m 时要从宁武县污水处理厂下部穿过,掘进爆破产生的振动必然对地面污水处理厂建(构)筑物造成影响。当井筒爆破施工到 260 m 时污水处理厂已有明显震感。为确保污水处理厂的生产及安全,同时保证主斜井施工工程效率。我们对主斜井掘进爆破振动强度进行了现场监测,其目的一是分析爆破振动对污水处理厂的影响,确保污水处理厂的安全及正常运营,二是通过爆破振动的测试,优化爆破掘进方案,控制爆破震害,保证工程进度。

榆树坡煤矿主斜井井筒井口标高＋1339.5 m,倾角 13°。斜长 1598.1 m,断面形状为拱形,开挖断面高为 4.13 m,宽度为 5.3 m,断面积 19 m²。井筒穿越的围岩岩性以泥质砂岩为主。岩石的韧性较大,抗压强度 41.4～50.0 MPa,抗拉强度 1.0～1.5 MPa,内摩擦角34°～43°,黏聚力 3.67,属中等坚硬顶板。岩层为单斜构造,岩层倾角为 10°～25°。井筒下穿宁武县污水处理厂厂区斜长为 150 m。宁武县污水厂系忻州市重点工程,厂区内主要建筑为办公楼、沉淀池 2 个、污水处理池 2 个。

鉴于斜井下穿地表同时有少许民房,均为砖混结构,为了了解斜井施工过程中对地表民房实际影响程度,矿方委托相关科研院所专家,对斜井爆破掘进全程进行监控,以便根据监测结果及时调整爆破方案,以免造成较大的经济损失。图 5.7 为矿区斜井下穿地表典型三层楼房结构简图,其中剪力墙为砖混结构,承重梁柱为钢筋混凝土结构。

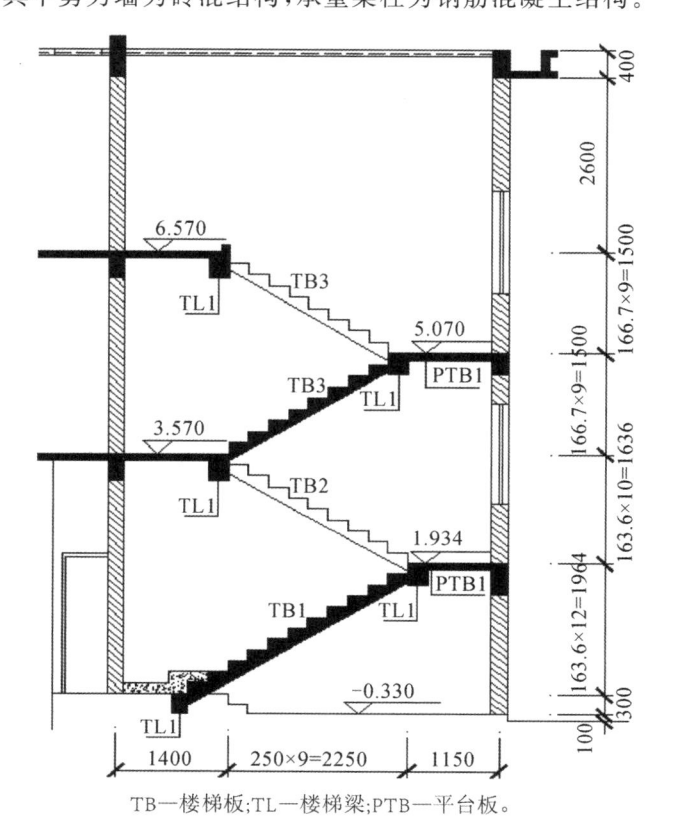

TB—楼梯板;TL—楼梯梁;PTB—平台板。

图 5.7 矿区典型三层砖混结构建筑结构体剖面

5.3.2 监测点的布置方案

测点的布置要根据测试目的和要求进行,如监测振动对建筑物的影响,则测点应布置在建筑物的基础或附近地标上,当监测对象为高层建(构)筑物时,为了了解建(构)筑物的振动反应,还应沿建(构)筑物不同高度布置监测点。如测试是为了研究爆破振动波的衰减规律,或为了求算该种岩石条件下的 K 值和 α 值,则应沿爆源中心的径向布置一条或几条测线,由于爆破振动波的强度随距离的增加按指数规律衰减,为了处理数据时测点在坐标上均匀分布,测点的距离分布也应按照近密远疏对数关系布置,一条观测线上的测点,一般不能少于 5 个,每一测点一般宜布置竖直向、水平径向和水平切向三个方向的传感器;在监测或测试时,一些必须取得数据的重要测点,应布置重复点。尤其在地形地质条件以及地貌特征比较复杂的情况下,应布置多测点,以便全面了解该地质构造条件下,爆破振动效应与常规爆破施工的区别和特征。在布置测点时,还要考虑到传感器和测振仪的安全,防止岩石堆积体或个别飞石将测点覆盖或使仪器损坏,必要时可采取一些保护措施。为了科学监测煤矿斜井掘进爆破所引起的地表建筑物的动态效应,现场监测中以掘进掌子面(爆区)为中心,对应地表沿斜井中轴线对称布置振动测点,测点间距为 10 m。本次振动监测共采用 7 台振动测振仪,采用等间距布置方案,其中 1 个监测点布置在位于爆破掘进掌子面正上方,其余的 6 个监测点位于掌子面的对称方向分别布置 3 个监测点,监测点布控范围为 60 m。其布置形式如图 5.8 所示。

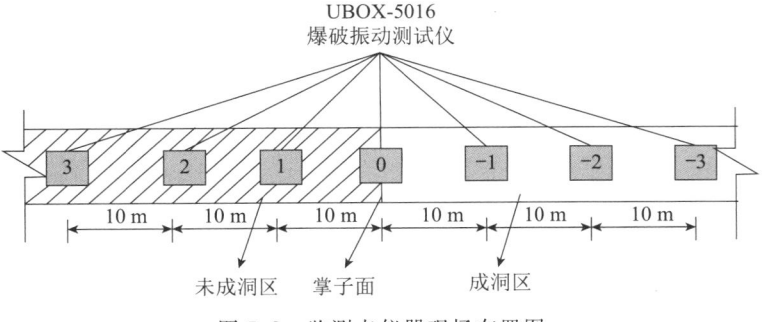

图 5.8　监测点仪器现场布置图

为了真实地反映被监测对象的振动特性,传感器的安装、定位尤为重要。传感器与被测对象的连接要牢固,避免在接受振动过程中由于传感器连接不好发生摆动或产生寄生振动,造成振动信号失真。一般,传感器可采用黏接法、螺钉固定法和埋入法安装。安装测振仪之前,要将所固定测点处岩体表面的浮土清除干净,以免由于测振仪器安装不牢靠导致数据失真,同时要保证仪器三方向传感器与所测质点的运动分量一致。另外,黏结剂的用量要合适,过多或者过少都不能保证传感器与介质体的可靠黏结,这样便会避免黏结剂的衰减滤波的作用对振动波形频率特性的干扰。对于土质介质,振动监测必须借助有效的辅助平台,鉴于土体介质与岩体介质的不同特点,通常将监测传感器安装在一个浇筑的混凝土平台上;对于砂土等比较松软的介质,为了防止传感器安装的松动,在操作时应将传感器尾部的长螺栓在指定的安装部位一次性插入介质体中固定,避免多次固定导致传感器安装松动,导致监测数据的不准确性。采用螺钉固定时,螺钉要固定牢靠,避免因松动带来的二次振动。本次测试采用石灰粉配比一定的水作为仪器固定的黏结剂,作为测试仪器地面固定的黏结剂,在每次爆破连线作业完成前 10~20 min 安装固定仪器。

5.3.3　监测信息反馈及预报

对于爆破振动,及时进行监测数据处理,做好监测信息反馈和加强施工管理,采取相应的应对和补救措施,是爆破信息化施工的主要技术因素。

为了加快反馈速度,确保监测结果准确,及时有效地指导施工,有必要制定严格的监测反馈系统和灾害预案。对监测到的振动信号及时进行处理,根据时程曲线回归处理,并针对一些对爆破振动比较敏感的建筑物,加强重点监控,对监测结果采用正分析法和反分析法进行预测和评价,用来准确预测该结构体或地面建筑物可能出现的最大位移和沉降响应值,综合判断和分析位移、速度的变化,预测结构及建筑物的安全状况,科学指导施工。图 5.9 为本次监测所采用的监测-预报反馈系统框图。

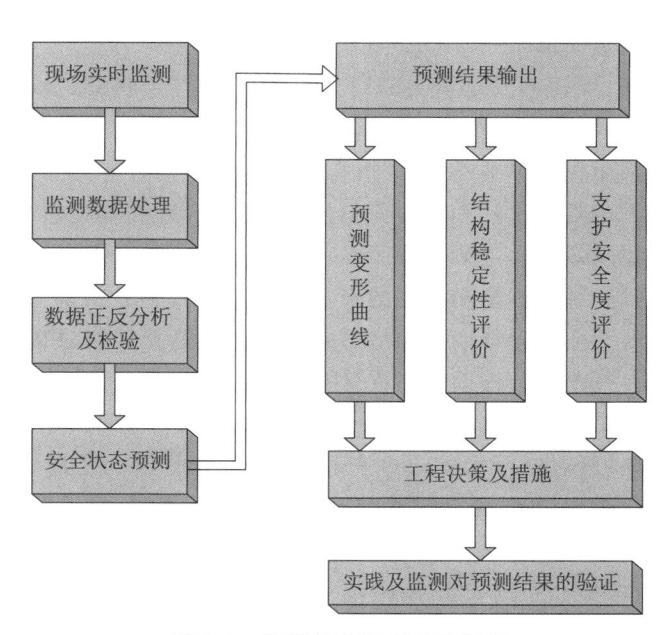

图 5.9 监测-预报反馈系统框图

5.4 各阶段监测数据及典型波形

在爆破施工过程中,为了保证爆破影响范围内建(构)筑物的安全及防止爆破振动强度超过安全临界值,最有效的办法是进行全程分阶段跟踪监测。根据现场地质和周围环境,以及掘进不同深度岩层的变化,斜井掘进过程分为四个不同阶段,各阶段采用不同的掏槽布孔方式和药量。

5.4.1 第一阶段爆破方案

为了将斜井爆破施工所产生的爆破振动效应对建筑物结构体的影响降到最低,对于第一阶段施工,研究决定采用台阶分部开挖、浅孔控制爆破方法。也就是先对斜井断面拱中心基线以下的半断面进行开挖施工,在后续清渣处理工作完成后,紧接着对剩余断面部分进行爆破开挖,即在施工中运用"打浅孔、少装药、多段位"毫秒微差控制爆破技术。

由于第一阶段处于爆破开挖初期,地质地形、水文条件对爆破效果以及地表振动的影响还处于探索阶段。故按照岩石爆破理论和施工经验,选取场地系数 $K=250$,$\alpha=1.8$。参考我国《爆破安全规程》(GB 6722—2014)中规定的爆破振速的经验公式,计算得到爆破初始条件下振速为

$$V=K\left(\frac{\sqrt[3]{Q}}{R}\right)^{\alpha}=250\left(\frac{\sqrt[3]{Q}}{R}\right)^{1.8}=0.14 \text{ cm/s}<2.7 \text{ cm/s} \tag{5-6}$$

式中,V 为爆破振动速度,cm/s;R 代表爆破振动波所产生的危害半径,也就是斜井爆破掌子面上,地表建筑物的最小安全允许距离,$R=68.1$ m;K 代表与振动波传播地段、岩体介质性质及与爆源距离有关的计算系数,根据经验,试计算取 $K=250$;α 为爆破性质系数,$\alpha=1.8$;Q 为最大单响装药量,$Q=8.0$ kg。

浅孔爆破时主振频率为 $50\sim100$ Hz,故地表建筑物安全振动速度取 $V=2.7$ cm/s。根

据上述公式,可反推出最大单响药量 Q_{max}:

$$Q_{max} = R^3 (V/K)^{3/\alpha} = 68.1^3 (2.7/250)^{3/1.8} = 166.4 \ \text{kg} \tag{5-7}$$

按照上述参数设计爆破炮孔布置,为了获得较好的斜井开挖平整度并减少爆破作业对周围围岩的扰动,故采用光面爆破技术,周边孔采用导爆索结合导爆管的起爆方式,在巷道掘进爆破中,掏槽爆破一直是比较关键的一项技术,采用合理的掏槽形式,优化掏槽孔的爆破参数,是降低爆破振动效应的主要手段。本节各个阶段爆破参数的调整,主要是根据围岩的岩性及稳定性的情况不同,围绕掏槽孔的布置和孔数来调整。为了避免爆破产生的振动波的叠加,雷管间隔时间的合理选取,既要保证爆破效果,又要能将爆破各分段的振相的相位错分开。实验表明,掏槽孔与辅助孔的雷管时差为 $50 \sim 100$ ms 时,掏槽效果会比较理想,因此,本次掘进使用的雷管采用跳段选取,分别为 MS1、MS3、MS5、MS7、MS9 等依次类推,来保证掏槽孔各段毫秒延时时间为 50 ms 左右,其他各炮孔段别毫秒延时时间应大于 100 ms。鉴于斜井斜度的原因,大型机械设备施工具有一定的困难,钻孔均采用气腿钻机人工钻孔,因此钻孔质量的好坏完全取决于工人经验和技术水平的高低,一定程度上影响了施工效率的提高。第一阶段炮孔布置如图 5.10 所示。

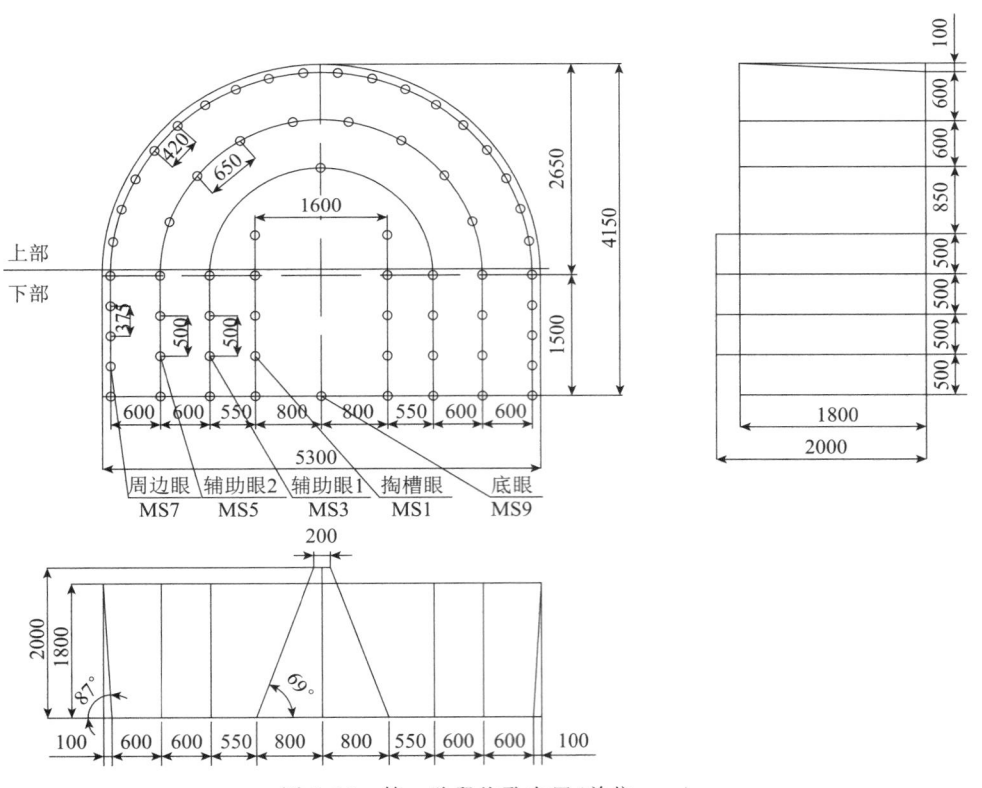

图 5.10　第一阶段炮孔布置(单位:mm)

5.4.2　分部开挖爆破参数及预期效果

依照上述炮孔布置方案,编写爆破说明书和预期爆破效果,如表 5.1～表 5.4 所示。在实际施工过程中,应严格按照爆破说明书规定的参数进行炸药装填和起爆网路连线,以保证经济安全地完成各阶段施工任务。

表5.1　斜井下部爆破说明书

炮孔名称	孔号	孔数/个	孔深/m	炮孔角度/(°)		装药量			起爆顺序	炸药型号	雷管型号	连接方式
				水平	竖直	每孔药卷数/个	小计					
							卷数/个	药量/kg				
掏槽孔	1～8	8	2	69	90	5	40	8.0	1	煤矿许用乳化炸药	煤矿许用毫秒电雷管	串联
辅助孔	8～14	6	1.8	90	90	3	18	3.6	2			
辅助孔	14～20	6	1.8	90	90	4	24	4.8	3			
周边孔	20～28	8	1.8	87	90	2.5	20	4.0	4			
底孔	28～35	7	1.8	90	90	4	28	5.6	5			
合计	—	35	—	—	—	—		26.0				—

表5.2　预期爆破效果

序号	名称	单位	数量	序号	名称	单位	数量
1	巷道掘进断面	m²	7.95	9	炮孔利用率	%	90
2	岩石硬度系数	f	4～6	10	每循环进尺	m	1.6
3	炮孔深度	m	1.8～2.0	11	每循环爆破岩石	m³	12.73
4	炮孔个数	个	35	12	炸药消耗量	kg/m³	2.04
5	工作面瓦斯	—	低瓦斯	13	每米炸药消耗	kg/m	16.25
6	循环炸药消耗	块	138	14	雷管消耗量	个/m³	2.74
7	循环雷管消耗	个	35	15	每米雷管消耗	个/m	22
8	装药量	kg	25.2	16			

表5.3　斜井上部爆破说明书

炮孔名称	孔号	孔数/个	孔深/m	炮孔角度/(°)		装药量			起爆顺序	炸药型号	雷管型号	连接方式
				水平	竖直	每孔药卷数/个	小计					
							卷数/个	药量/kg				
辅助孔	1～3	3	1.8	90	90	5	15	3	1	乳化炸药	毫秒电雷管	串联
辅助孔	4～11	8	1.8	87	90	2.5	25	5	2			
周边孔	12～30	18	1.8	87	90	2.5	25	5	3			
合计	—	29	—	—	—	—		13				—

表5.4　预期爆破效果

序号	名称	单位	数量	序号	名称	单位	数量
1	巷道掘进断面	m²	11.02	9	炮孔利用率	%	85
2	岩石硬度系数	f	4～6	10	每循环进尺	m	1.6
3	炮孔深度	m	1.8～2.0	11	每循环爆破岩石	m³	17.6
4	炮孔个数	个	29	12	炸药消耗量	kg/m³	0.7
5	工作面瓦斯	—	低瓦斯	13	每米炸药消耗	kg/m	7.8

序号	名称	单位	数量	序号	名称	单位	数量
6	循环炸药消耗	块	55	14	雷管消耗量	个/m³	2
7	循环雷管消耗	个	21	15	每米雷管消耗	个/m	13
8	装药量	kg	12.5	16			

5.4.3 第一阶段地表监测数据及典型爆破波形

按照上述爆破方案施工,实施爆破后爆堆集中,巷道断面成形规整,超、欠挖得到了有效控制,围岩损伤程度较小,从而保持了围岩的完整和自身承载能力。各测点监测到的爆破振动参量汇总如表5.5所示。

表5.5　第一阶段地表监测点振动数据

测点	最大段药量/kg	测点距爆心距离/m	振动速度/(cm·s⁻¹) 径向	垂向	切向	比例药量 ρ	lgρ	lgV	主频/Hz
−3		71.77	0.348	1.625	0.158	0.027	−1.570	0.211	65.18
−2		68.20	0.475	1.958	0.368	0.028	−1.548	0.292	61.59
−1		65.96	1.087	2.923	0.879	0.029	−1.534	0.466	57.37
0	7.2	65.20	0.439	2.547	0.500	0.030	−1.528	0.406	63.78
1		65.96	0.425	2.659	0.352	0.029	−1.534	0.425	103.24
2		68.20	0.247	1.958	0.281	0.028	−1.548	0.292	59.65
3		71.77	0.158	1.485	0.354	0.027	−1.570	0.172	36.48
−3		72.25	0.687	1.952	0.398	0.027	−1.573	0.290	91.34
−2		68.70	0.487	3.169	0.958	0.028	−1.551	0.501	46.58
−1		66.48	0.654	3.536	1.258	0.029	−1.537	0.549	58.67
0	7.2	65.72	1.061	2.925	1.463	0.029	−1.532	0.466	60.73
1		66.48	0.878	3.322	0.57	0.029	−1.537	0.521	103.46
2		68.70	0.220	2.017	0.465	0.028	−1.551	0.305	47.30
3		72.25	1.089	1.672	0.254	0.027	−1.573	0.223	52.49
−3		72.78	0.158	1.589	0.358	0.027	−1.576	0.201	66.59
−2		69.26	0.298	2.195	0.269	0.028	−1.555	0.341	34.39
−1		67.06	0.425	2.958	0.158	0.029	−1.541	0.471	49.35
0	7.2	66.31	0.503	2.616	1.078	0.029	−1.536	0.418	66.83
1		67.06	0.551	2.799	0.481	0.029	−1.541	0.447	106.51
2		69.26	0.218	1.296	0.164	0.028	−1.555	0.113	48.22
3		72.78	0.681	1.222	0.105	0.027	−1.576	0.087	48.22

测点	最大段药量/kg	测点距爆心距离/m	振动速度/(cm·s⁻¹)			比例药量 ρ	lgρ	lgV	主频/Hz
			径向	垂向	切向				
−3		73.21	0.269	0.958	0.358	0.026	−1.579	−0.019	53.68
−2		69.71	0.284	1.158	0.158	0.028	−1.558	0.064	105.68
−1		67.52	0.195	2.123	0.354	0.029	−1.544	2.123	78.35
0	7.2	66.78	0.293	1.589	0.727	0.029	−1.539	1.589	117.49
1		67.52	0.355	1.754	0.226	0.029	−1.544	1.754	105.28
2		69.71	0.442	0.597	0.126	0.028	−1.558	−0.224	62.56
3		73.21	0.14	0.548	0.074	0.026	−1.579	−0.261	86.06
−3		73.68	0.189	0.965	0.147	0.026	−1.582	−0.015	36.48
−2		70.21	0.367	1.258	0.158	0.028	−1.561	0.100	45.25
−1		68.04	0.485	1.958	0.369	0.028	−1.547	0.292	53.21
0	7.2	67.30	0.264	1.425	0.142	0.029	−1.542	0.154	124.51
1		68.04	0.329	1.535	0.605	0.028	−1.547	0.186	74.16
2		70.21	0.219	0.69	0.105	0.028	−1.561	−0.161	60.73
3		73.68	0.528	0.798	0.127	0.026	−1.582	−0.098	74.16
−3		76.26	0.358	0.958	0.185	0.025	−1.597	−0.733	53.68
−2		72.91	0.158	1.358	0.258	0.026	−1.577	−0.588	48.62
−1		70.82	0.359	2.698	0.358	0.027	−1.564	−0.446	48.67
0	7.2	70.11	0.546	1.862	0.310	0.028	−1.560	0.270	47.91
1		70.82	0.777	2.481	0.358	0.027	−1.564	0.395	32.65
2		72.91	0.297	1.525	0.239	0.026	−1.577	0.183	47.61
3		76.26	0.573	1.24	0.884	0.025	−1.597	0.093	29.60

　　根据表中所汇总的数据,可以看出在爆破振动三个方向分量中,垂向分量在幅值上最大,水平径向和切向没有明显的规律,但都处于相同的数量级。

　　由图5.11可知,第一阶段爆破施工振动主频基本上位于30~120 Hz范围内,其中以30~70 Hz频率段为主,说明在较小一次同段别起爆药量条件下的主振频率,与建筑物的自振周期虽然有一定差距,但一般不会引起结构体的共振破坏。但由于第一阶段施工属于浅埋段施工,距地表距离比较小,爆破质点振动速度幅值较大,对建筑物的影响也不容忽视。

　　根据上述振动监测结果,带入萨道夫斯基经

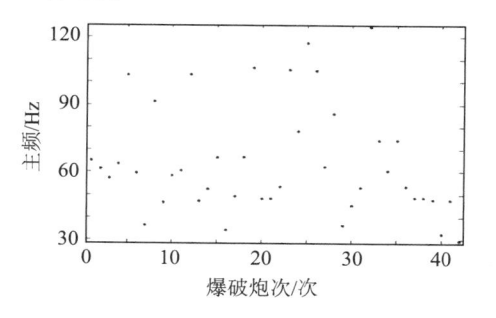

图5.11　第一阶段爆破振动波主频分布

验公式,通过最小二乘法拟合,可以得到准确的场地系数 K 和衰减指数 α,具体回归拟合过程如下:

对等式 $V = K\left(\dfrac{\sqrt[3]{Q}}{R}\right)^{\alpha}$ 左右两边分别取对数,得到该公式的变形形式为

$$\ln V = \ln K + \alpha \ln \frac{\sqrt[3]{Q}}{R} \tag{5-8}$$

为了分析计算的方便,此处可以令 $\dfrac{\sqrt[3]{Q}}{R} = \rho$,于是上式改写为

$$\ln V = \ln K + \alpha \ln \rho \tag{5-9}$$

简化式(5-9),便于转化成线性方程,设 $Y = \ln V$,$b = \ln K$,$X = \ln \rho$,此时原公式变为线性方程:$Y = \alpha X + b$。

对于每一组监测爆破振动速度数据,R、Q、V 都是确定的,利用最小二乘法可以得出 α、b 的估算值 $\hat{\alpha}$、$\hat{b}$:

$$\hat{\alpha} = \frac{\sum\limits_{i=1}^{n}(x_i - \bar{x})(y_i - \bar{y})}{\sum\limits_{i=1}^{n}(x_i - \bar{x})^2} \tag{5-10}$$

$$\hat{b} = \bar{y} - \hat{\alpha}\bar{x} \tag{5-11}$$

$$K = e^{\hat{b}} \tag{5-12}$$

式中,$\bar{x} = \dfrac{1}{n}\sum\limits_{i=1}^{n}x_i$,$\bar{y} = \dfrac{1}{n}\sum\limits_{i=1}^{n}y_i$。

于是,可以计算出 $K = 253.1$,$\alpha = 1.76$,证明了上述爆破方案和布孔方式的科学合理。第一阶段监测到的典型振速时程曲线如图 5.12 所示。

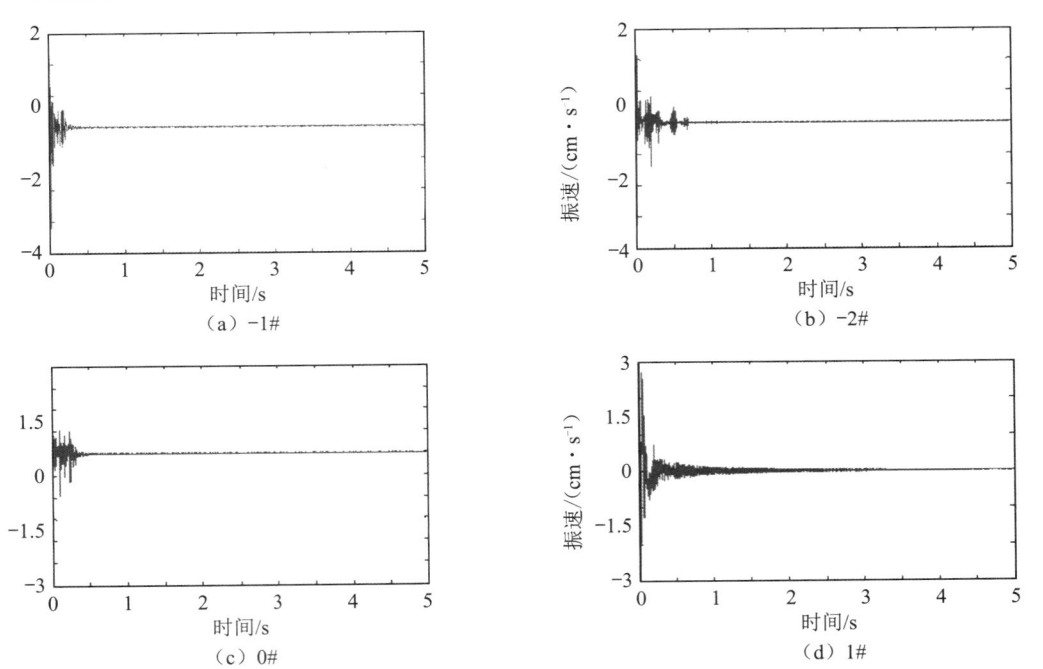

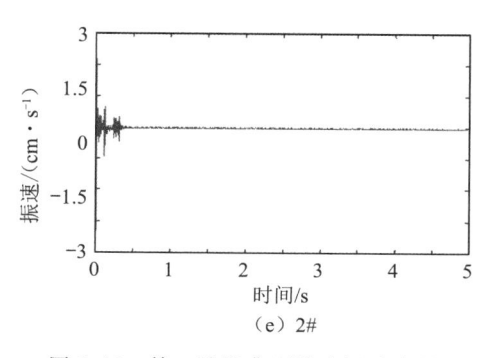

(e) 2#

图 5.12 第一阶段典型爆破振动波形

从地表监测到的爆破振动速度时程曲线可知,爆破振动速度出现了一定程度的超标,因此在后阶段的施工中,应该严格控制周边孔的密度和钻孔角度、深度,严格控制装药量。在必要的情况下,采用不耦合装药,并采取水炮泥堵孔,加强对起爆顺序和起爆时差的控制,并根据岩石构造、破碎程度等不同情况,适当减少药量,及时根据围岩变化调整爆破参数。第一阶段爆破前后,对附近民房进行逐户调查和观测,发现爆破后未发生结构性破坏,有些许旧民房房顶瓦片发生错动,未造成附近民房的破坏。

5.4.4 第二阶段监测数据及典型波形

在掘进爆破施工中,掏槽孔的合理布置,对于减少辅助作业时间、提高单循环进尺,起着举足轻重的作用。因此,长期以来,改变掏槽方式也是加快掘进速度的技术手段之一。因第一阶段监测到的爆破时程曲线 PPV 均在 2.5 cm/s 左右,振动幅值较大,超过了建筑物的安全许用标准值,故爆破方案采用复式楔形掏槽爆破。其爆破布置方案如图 5.13 所示。

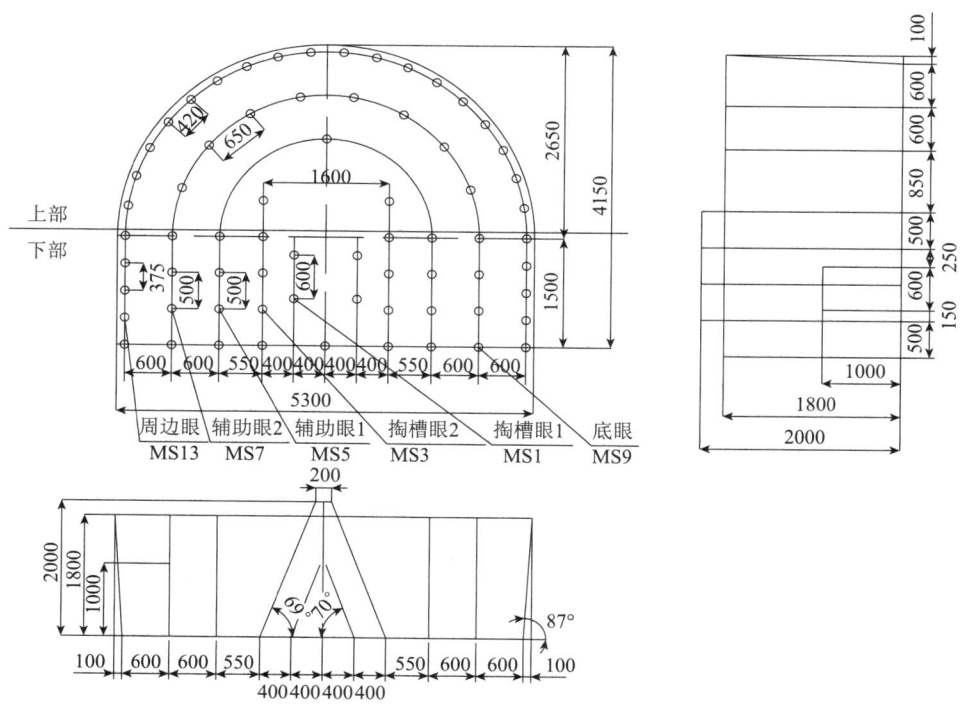

图 5.13 第二阶段复式掏槽炮孔布置(单位:mm)

5.4.5 复式掏槽爆破参数及预期效果

复式掏槽爆破参数及预期爆破效果见表5.6～表5.9。

表 5.6 主斜井基岩段下部爆破说明书

炮孔名称	孔号	孔数/个	孔深/m	炮孔角度/(°)		装药量			起爆顺序	炸药型号	雷管型号	连接方式
				水平	竖直	每孔药卷数/个	小计					
							卷数/个	药量/kg				
掏槽孔1	1～4	4	1.0	70	90	3	12	1.80	1	煤矿许用乳化炸药	煤矿许用毫秒电雷管	串联
掏槽孔2	4～10	6	2.0	69	90	5	30	4.50	2			
辅助孔	10～16	6	1.8	90	90	4	24	3.60	3			
辅助孔	16～22	6	1.8	90	90	5	30	4.50	4			
周边孔	22～30	8	1.8	87	90	3	24	3.60	5			
底孔	30～39	9	1.8	90	90	5	45	6.75	6			
合计	—	39	—	—	—	—	—	24.75	—	—	—	—

表 5.7 预期爆破效果

序号	名称	单位	数量	序号	名称	单位	数量
1	巷道掘进断面	m^2	7.95	9	炮孔利用率	%	90
2	岩石硬度系数	f	4～6	10	每循环进尺	m	1.6
3	炮孔深度	m	1.8～2.0	11	每循环爆破岩石	m^3	12.73
4	炮孔个数	个	39	12	炸药消耗量	kg/m^3	3.11
5	工作面瓦斯	—	低瓦斯	13	每米炸药消耗	kg/m	15.47
6	循环炸药消耗	块	165	14	雷管消耗量	个/m^3	3.06
7	循环雷管消耗	个	39	15	每米雷管消耗	个/m	24
8	装药量	kg	24.75	16			

注:爆破参数要根据工程实际地形地质条件下,通过对岩石介质体的硬度进行试验,来确定合理的装药量,并根据实际爆破效果对设计参数进行不断调整。

表 5.8 主斜井基岩段上部爆破说明书

炮孔名称	孔号	孔数/个	孔深/m	炮孔角度/(°)		装药量			起爆顺序	炸药型号	雷管型号	连接方式
				水平	竖直	每孔药卷数/个	小计					
							卷数/个	药量/kg				
辅助孔	1	1	1.8	90	90	5	5	0.75	1	煤矿许用乳化炸药	煤矿许用毫秒电雷管	串联
周边孔	2～10	8	1.8	87	90	5	40	6.00	2			
周边孔	10～28	18	1.8	87	90	2.5	45	6.75	3			
合计	—	27	—	—	—	—	—	13.50				

表 5.9　预期爆破效果

序号	名称	单位	数量	序号	名称	单位	数量
1	巷道掘进断面	m²	11.02	9	炮孔利用率	%	85
2	岩石硬度系数	f	4~6	10	每循环进尺	m	1.6
3	炮孔深度	m	1.8~2.0	11	每循环爆破岩石	m³	17.6
4	炮孔个数	个	27	12	炸药消耗量	kg/m³	0.77
5	工作面瓦斯	—	低瓦斯	13	每米炸药消耗	kg/m	8.4
6	循环炸药消耗	块	90	14	雷管消耗量	个/m³	1.53
7	循环雷管消耗	个	27	15	每米雷管消耗	个/m	16.9
8	装药量	kg	13.5	16			

根据上述炮孔布置方案进行爆破施工,通过施工监测,获得第二阶段地表监测点振动数据如表 5.10 所示。

表 5.10　第二阶段地表监测点振动数据

测点	最大段药量/kg	爆心距/m	振动速度/(cm·s⁻¹) 径向	垂向	切向	比例药量 ρ	lgρ	lgV	主频/Hz
−3		77.98	0.258	0.953	0.385	0.022	−1.648	0.953	29.54
−2		74.70	0.358	1.11	0.684	0.023	−1.629	1.110	79.35
−1		72.67	1.589	1.754	0.951	0.024	−1.617	1.754	69.48
0	5.4	71.98	0.556	1.536	0.51	0.024	−1.613	1.536	32.39
1		72.67	0.443	1.865	0.292	0.024	−1.617	1.865	41.20
2		74.70	0.908	1.341	0.323	0.023	−1.629	1.341	48.22
3		77.98	1.056	1.105	0.769	0.022	−1.648	1.105	73.55
−3		77.98	0.284	0.615	0.185	0.022	−1.648	−0.211	34.58
−2		74.70	0.295	0.865	0.351	0.023	−1.629	−0.063	59.36
−1		72.96	0.358	1.245	0.415	0.024	−1.619	0.095	53.14
0	5.4	72.27	0.238	0.841	0.139	0.024	−1.615	−0.075	38.15
1		72.96	0.188	0.582	0.117	0.024	−1.619	−0.235	50.35
2		74.70	0.274	0.563	0.226	0.023	−1.629	−0.249	133.97
3		77.98	0.137	0.499	0.088	0.022	−1.648	−0.302	74.16
−3		79.81	0.247	0.348	0.185	0.022	−1.658	−0.458	29.65
−2		76.61	0.185	0.468	0.254	0.023	−1.640	−0.330	46.38
−1		74.63	0.172	0.579	0.196	0.024	−1.629	−0.237	37.23
0	5.4	73.96	0.211	0.562	0.101	0.024	−1.625	−0.250	60.42
1		74.63	0.295	0.465	0.348	0.024	−1.629	−0.333	91.68
2		76.61	0.214	0.395	0.257	0.023	−1.640	−0.403	59.68
3		79.81	0.185	0.372	0.358	0.022	−1.658	−0.429	48.67

| 测点 | 最大段药量/kg | 爆心距/m | 振动速度/(cm·s⁻¹) | | | 比例药量 ρ | lgρ | lgV | 主频/Hz |
			径向	垂向	切向				
−3		80.35	0.485	0.845	0.158	0.022	−1.661	−0.073	49.64
−2		77.18	0.421	0.964	0.368	0.023	−1.643	−0.016	34.25
−1		75.21	0.354	1.259	0.265	0.023	−1.632	0.100	72.68
0	5.4	74.54	0.207	1.055	0.132	0.024	−1.628	0.023	38.15
1		75.21	0.256	0.627	0.367	0.023	−1.632	−0.203	68.05
2		77.18	0.159	0.611	0.169	0.023	−1.643	−0.214	79.65
3		80.35	0.222	0.464	0.082	0.022	−1.661	−0.333	38.15

根据第二阶段的数据回归,可以计算得出该阶段场地影响系数 $K=187.3$,$\alpha=1.65$,属于中等坚硬程度岩石段,以往通常采用爆破质点振动速度作为爆破振动波对建筑物的影响评价标准,通过多年反复的工程实践探索和检验,得到仅仅采用质点振速来反映这一客观事实是不全面的,因为对于爆破振动波的研究,仅仅从波形记录上了解爆破振动特性是无法实现的,特别是那些对建筑结构有重要影响的振动波特性,从波形上直观分析,是不科学准确的,于是又将振动主频作为另一评价标准。

图 5.14 为该阶段爆破振动主频分布范围。从该阶段频率段分布可以看出,相对第一阶段而言,该阶段爆破振动频率有所降低,位于 30～90 Hz 范围内,主要优势频率位于 30～60 Hz 频率段,频率分布越来越趋于低频段,并且频率分布也更加集中。

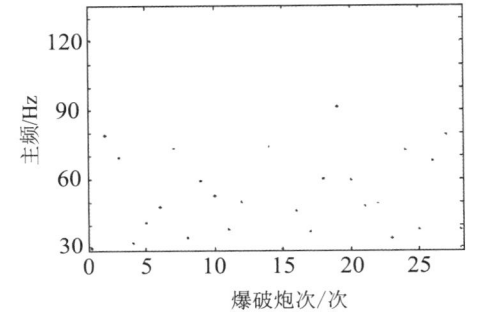

图 5.14 第二阶段爆破振动波主频分布

第二阶段采集获得的典型爆破振动波形图如图 5.15 所示。

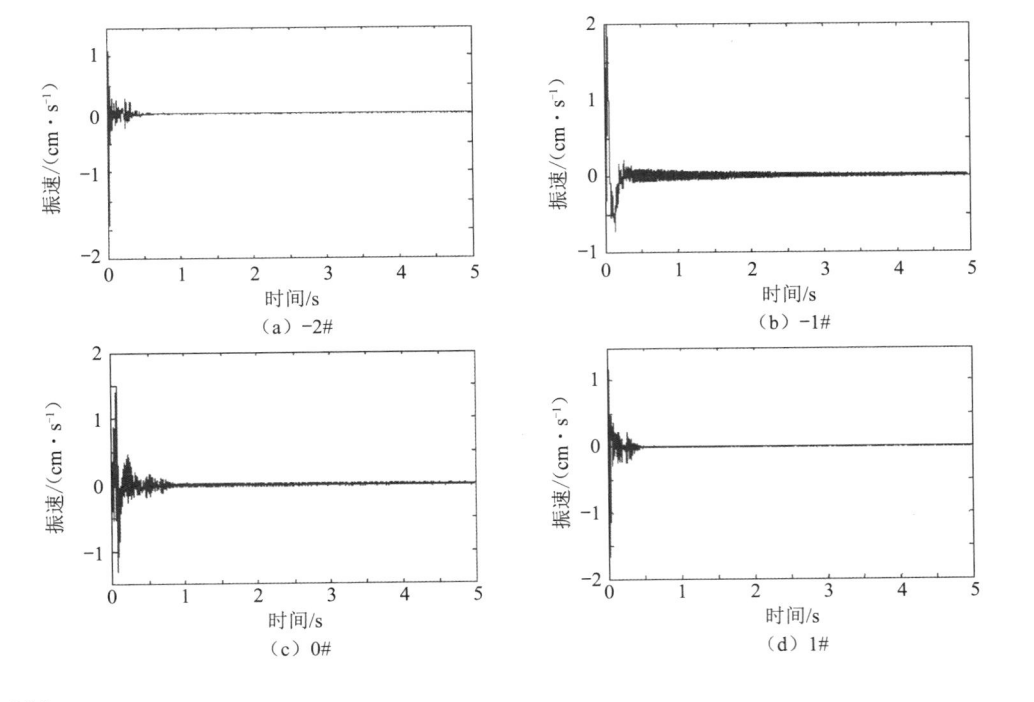

(a) −2#　　　　　(b) −1#

(c) 0#　　　　　(d) 1#

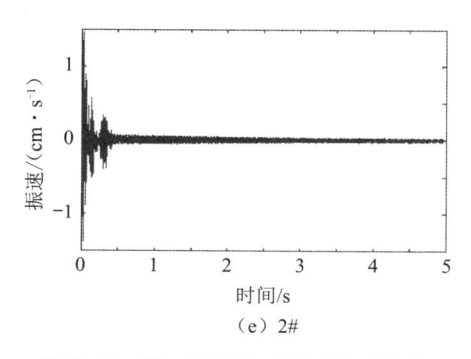

（e）2#

图 5.15　第二阶段典型爆破振动波形

从监测数据典型波形图上可以看出：相对于第一阶段施工，第二阶段爆破地表振动强度有所下降，一方面，随着斜井的掘进，监测点离爆源的距离有所增加；另一方面，掏槽孔形式及药量的改变，收到了显著的降振效果。

5.4.6　第三阶段监测数据及典型波形

因该阶段施工遇到强度和块度都较大的砂岩，采用原有爆破参数，岩石爆破效果很差，针对斜井中存在的中硬岩爆破效果差的现实问题，优化爆破设计，调整下部掏槽为三级斜孔楔形复式掏槽方案，并采用连续不耦合装药形式，其炮孔布置见图 5.16。掏槽孔最大单响药量增加到 9.2 kg，因爆破振动幅值超出规定值，药量再调整为 7.2 kg。

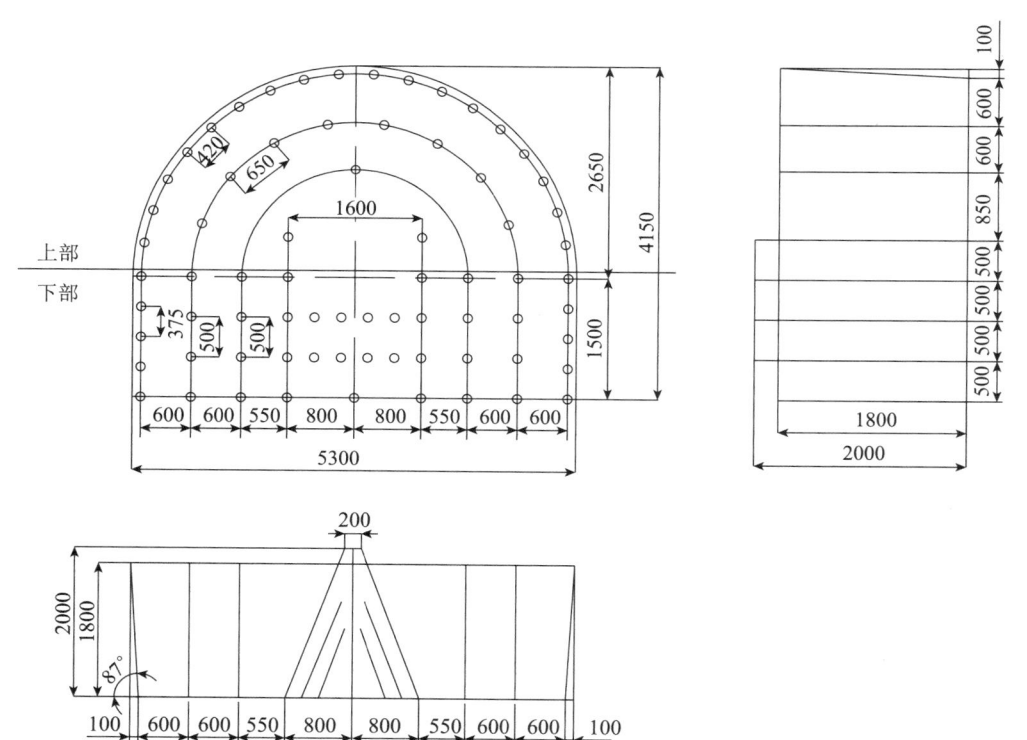

图 5.16　第三阶段爆破炮孔布置（单位：mm）

三级复式掏槽爆破说明书和爆破参数的设计如表 5.11 和表 5.12 所示。

表 5.11 主斜井基岩段上部爆破说明书

炮孔名称	孔数/个	孔深/m	炮孔角度/(°)		装药量			雷管段数	炸药型号	雷管型号	连接方式
			水平	竖直	每孔药卷数/个	小计					
						卷数/个	药量/kg				
辅助孔	5	1.8	90	90	4	20	3.0	1,3	煤矿许用乳化炸药	煤矿许用毫秒电雷管	串联
周边孔	13	1.8	87	90	2	26	3.9	7			
合计	18	—	—	—	—	—	6.9	—			

表 5.12 主斜井基岩段下部爆破说明书

炮孔名称	孔数/个	孔深/m	炮孔角度/(°)		装药量			雷管段数	炸药型号	雷管型号	连接方式
			水平	竖直	每孔药卷数/个	小计					
						卷数/个	药量/kg				
掏槽孔	6	2.0	69	90	8	48	7.2	1	煤矿许用乳化炸药	煤矿许用毫秒电雷管	串联
辅助孔	6	1.8	90	90	6	36	5.4	3			
辅助孔	6	1.8	90	90	6	36	5.4	5			
周边孔	8	1.8	87	90	3	24	3.6	7			
底孔	6	1.8	90	90	10	60	9.0	9			
合计	32	—	—	—	—	—	30.6	—			

第三阶段监测数据汇总如表 5.13 所示。

表 5.13 第三阶段地表监测点振动数据

测点	最大段药量/kg	爆心距/m	振动速度/(cm·s⁻¹)			比例药量 ρ	$\lg\rho$	$\lg V$	频率/Hz
			径向	垂向	切向				
−3	7.2	81.36	0.368	1.259	0.478	0.024	−1.625	0.100	63.48
−2		78.22	0.365	2.487	0.245	0.025	−1.608	0.396	36.54
−1		76.28	0.687	2.958	0.354	0.025	−1.597	0.471	68.24
0		75.62	0.908	2.476	0.152	0.026	−1.593	0.394	28.64
1		76.28	0.543	2.738	0.285	0.025	−1.597	0.437	43.58
2		78.22	0.844	1.478	0.237	0.025	−1.608	0.170	47.00
3		81.36	0.998	1.476	0.779	0.024	−1.625	0.169	63.48
−3	7.2	81.90	0.452	1.958	0.658	0.024	−1.628	0.292	63.91
−2		78.79	0.284	2.169	0.394	0.025	−1.611	0.336	59.46
−1		76.86	0.297	2.958	0.347	0.025	−1.600	0.471	39.54
0		76.21	0.834	2.713	0.256	0.025	−1.596	0.433	41.50
1		76.86	0.719	2.878	0.52	0.025	−1.600	0.459	26.25
2		78.79	1.042	2.051	0.836	0.025	−1.611	0.312	68.36
3		81.90	0.547	1.742	0.288	0.024	−1.628	0.241	47.61

续表

测点	最大段药量/kg	爆心距/m	振动速度/(cm·s⁻¹)			比例药量 ρ	lgρ	lgV	频率/Hz
			径向	垂向	切向				
−3		82.78	0.347	0.965	0.364	0.023	−1.632	−0.015	76.91
−2		79.70	0.647	1.687	0.387	0.024	−1.616	0.227	103.64
−1		77.80	0.297	2.148	0.497	0.025	−1.605	0.332	89.34
0	7.2	77.15	0.624	2.056	0.284	0.025	−1.602	0.313	70.19
1		77.80	0.901	2.546	0.815	0.025	−1.605	0.406	26.25
2		79.70	0.436	2.052	0.186	0.024	−1.616	0.312	42.11
3		82.78	0.563	1.198	0.236	0.023	−1.632	0.078	47.00
−3		83.87	0.547	1.347	0.348	0.023	−1.638	0.129	43.65
−2		80.84	0.487	2.647	0.341	0.024	−1.622	0.423	67.51
−1		78.96	0.398	3.258	0.248	0.024	−1.612	0.513	64.48
0	7.2	78.32	0.381	1.953	0.733	0.025	−1.608	0.291	34.18
1		78.96	0.506	2.824	0.219	0.024	−1.612	0.451	48.26
2		80.84	0.248	1.580	0.190	0.024	−1.622	0.199	23.19
3		83.87	0.454	0.952	0.262	0.023	−1.638	−0.021	56.76
−3		85.45	0.154	0.865	0.369	0.023	−1.646	−0.063	59.64
−2		82.47	0.354	1.398	0.287	0.023	−1.631	0.146	49.67
−1		80.63	0.648	2.958	0.648	0.024	−1.621	0.471	49.67
0	7.2	80.01	1.180	2.484	0.494	0.024	−1.617	0.395	67.14
1		80.63	1.287	2.805	1.127	0.024	−1.621	0.448	67.14
2		82.47	1.277	1.774	1.417	0.023	−1.631	0.249	73.24
3		85.45	0.315	1.561	0.221	0.023	−1.646	0.193	67.14
−3		86.00	0.384	0.854	0.364	0.022	−1.649	−0.069	31.12
−2		83.04	0.247	0.958	0.547	0.023	−1.634	−0.019	106.54
−1		81.21	0.357	1.356	0.614	0.024	−1.624	0.132	46.52
0	7.2	80.60	0.509	0.859	0.359	0.024	−1.621	−0.066	81.18
1		81.21	0.282	0.938	0.137	0.024	−1.624	−0.028	78.74
2		83.04	0.201	0.857	0.075	0.023	−1.634	−0.067	126.95
3		86.00	0.148	0.410	0.103	0.022	−1.649	−0.387	41.50
−3		87.88	0.258	0.735	0.347	0.022	−1.658	−0.134	59.49
−2		84.98	0.654	0.957	0.348	0.023	−1.644	−0.019	56.18
−1		83.20	0.487	1.650	0.648	0.023	−1.634	0.217	71.45
0	7.2	82.60	0.277	0.970	0.153	0.023	−1.631	−0.013	73.24
1		83.20	0.355	1.420	0.257	0.023	−1.634	0.152	73.24
2		84.98	0.508	0.802	0.477	0.023	−1.644	−0.096	82.40
3		87.88	0.150	0.587	0.084	0.022	−1.658	−0.231	43.33

从上述数据回归可以得到第三阶段施工场地影响系数 $K=156.8$，$\alpha=1.95$，本次回归得到的 K 值较小而 α 值较大，是因为本次爆破破碎岩石的坚固性系数 f 介于 $10\sim12$ 之间，同时岩石受累积爆破影响，整体性差，其吸收爆破振动波的能力很强，该阶段应重点加强支护方面的监测与控制。

图 5.17 为该阶段爆破振动主频分布范围，横坐标为仪器监测场次，纵坐标为监测到的振动主频。第三阶段的数据表明，采用三级复式楔形掏槽方式，爆破质点振动速度峰值有所下降，爆破振动频率位于 $25\sim80$ Hz 范围内，并且爆破振动频率有所扩展，呈现多频带多振型的特征，优势频率段主要集中在 $30\sim70$ Hz 频率段内，频率带出现 $40\sim50$ Hz 与 $60\sim70$ Hz 两个频段。

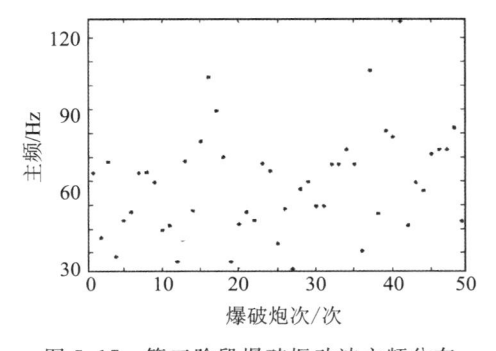

图 5.17 第三阶段爆破振动波主频分布

5.4.7 第三阶段典型波形

从上述数据可以看出：采用三级复式掏槽形式，地表监测到的振动速度明显降低，同时掏槽孔反向起爆进行掘进，一方面可以优化掏槽效果，另一方面也在一定程度上提高了爆破网路的安全性。第三阶段监测典型波形如图 5.18 所示。

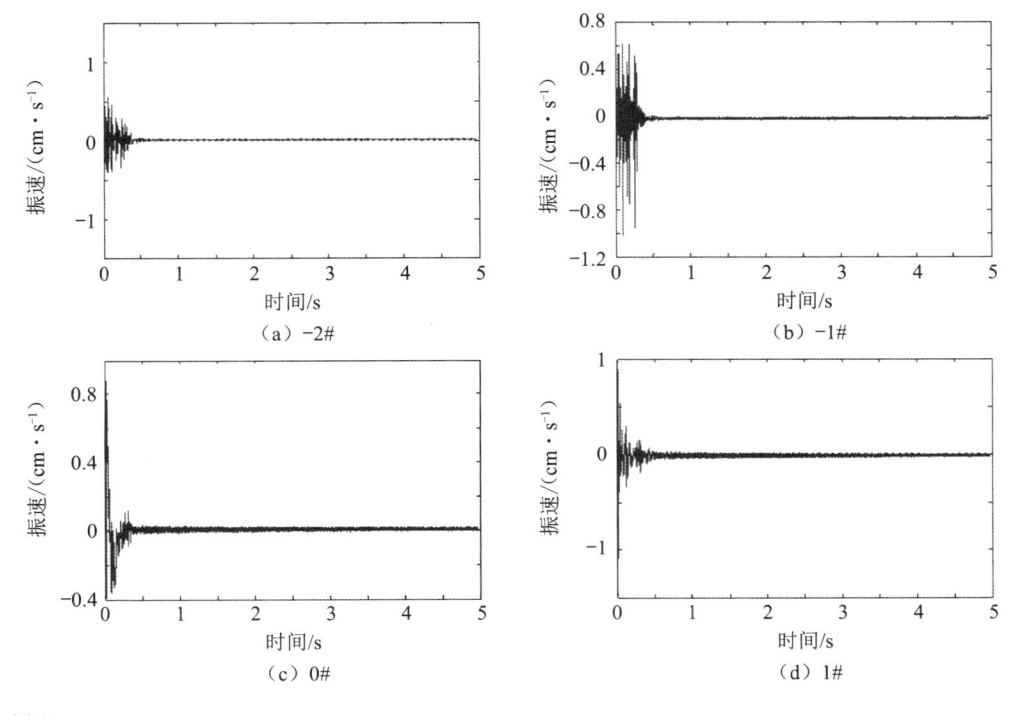

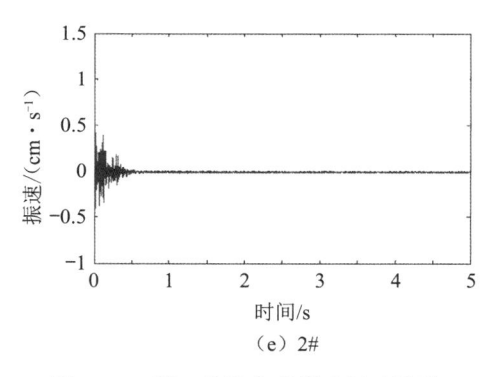

（e）2#

图 5.18　第三阶段典型爆破振动波形

从第三阶段典型爆破振动波形图上可以得出:在质点速度峰值降低的基础上,振动主频增大得很快,即使处于低频段的振动其振动强度也在建筑物安全允许的范围内。同时,经过三个阶段的不间断监测,可以很清楚地看到,爆破振动波与天然地震波存在显著差异,在位移、速度、加速度等的幅值、频率以及主振频率持续时间三方面具有自己独特的特点:首先,振动幅值较大,并且衰减快,基本上在 2 s 内,振动波就会衰减接近于 0,一次爆破破坏范围也较小;其次,从振动频率方面,爆破振动的频率较高,与建筑物的自振频率 3～15 Hz 的固有频率相比高很多,天然地震一般振动主频在 0.5～5 Hz,更接近建筑物的固有频率,因此破坏性很强,很可能引起建筑物的共振,而爆破振动频率较高,与建筑物发生共振的可能性小,破坏能力相对较弱;最后,从持续时间上也可以看出爆破振动持续时间很短,基本在秒的量级内,天然地震振动时间很长,通常持续几秒至数十秒,而且还会伴随后续的余震,因此天然地震破坏能量比爆破振动大很多。同时,因爆破产生的地表振动以及天然地震都是能量释放的过程,因此它们也有众多相似的地方。建筑物的失稳破坏,便是爆破以及地震衍生出的振动波从爆源并通过介质向外传播释放能量所导致的。两者的振动强度都会随着爆源能量的增大而加强对地表结构体的破坏,正因如此,将反应谱理论引入爆破效应的分析中,理论上也是很合理的,同样可以用来分析爆破振动下结构体的受力状况。

5.4.8　第四阶段监测数据及典型波形

在监测保证爆破振动幅值不大的前提下,根据合同规定的工期要求,决定采用加大装药量的方法。经过计算试爆,将掏槽孔的最大单响药量调整为 10.8 kg。爆破参数见表 5.14 和表 5.15。

表 5.14　主斜井基岩段上部爆破说明书

炮孔名称	孔数/个	孔深/m	炮孔角度/(°)		装药量			雷管段数	炸药型号	雷管型号	连接方式
			水平	竖直	每孔药卷数/个	小计					
						卷数/个	药量/kg				
上辅助孔	1	2	90	90	3	3	0.45	3	煤矿许用乳化炸药	煤矿许用毫秒电雷管	串联
周边孔	13	2	90	90	4	52	7.80	11			
下辅助孔	2	2	90	90	3	6	0.90	1			
合计	16	—	—	—	—	—	9.15	—			

表 5.15　主斜井基岩段下部爆破说明书

| 炮孔名称 | 孔数/个 | 孔深/m | 炮孔角度/(°) | | 装药量 | | | 雷管段数 | 炸药型号 | 雷管型号 | 连接方式 |
			水平	竖直	每孔药卷数/个	卷数/个	药量/kg				
掏槽孔 1	4	2	69	90	3	12	1.8	1	煤矿许用乳化炸药	煤矿许用毫秒电雷管	串联
掏槽孔 2	12	2	70	90	6	72	10.8	3,5			
辅助孔	6	2	90	90	8	48	7.2	7			
周边孔	6	2	87	90	8	48	7.2	9			
底孔	6	2	90	90	10	60	9.0	11			
合计	34	—	—	—	—	—	36.0	—			

第四阶段监测到的地表振动数据如表 5.16 所示。

表 5.16　第四阶段地表监测点振动数据

测点	最大段药量/kg	爆心距/m	振动速度/(cm·s⁻¹) 径向	垂向	切向	比例药量 ρ	$\lg\rho$	$\lg V$	频率/Hz
−3		88.74	0.254	0.842	0.184	0.023	−1.630	−0.075	62.35
−2		85.88	0.648	1.624	0.345	0.024	−1.616	0.211	49.34
−1		84.12	0.346	1.832	0.247	0.025	−1.607	0.263	93.18
0	7.2	83.52	0.222	0.834	0.142	0.025	−1.604	−0.079	25.64
1		84.12	0.598	1.415	0.392	0.025	−1.607	0.151	26.86
2		85.88	0.396	0.807	0.352	0.024	−1.616	−0.093	26.86
3		88.74	0.118	0.752	0.250	0.023	−1.630	−0.124	53.10
−3		90.91	0.315	0.658	0.154	0.023	−1.641	−0.182	63.48
−2		88.11	0.384	1.354	0.354	0.024	−1.627	0.132	48.49
−1		86.40	0.220	1.131	0.137	0.024	−1.618	0.053	26.25
0	10.8	85.82	0.219	0.943	0.106	0.024	−1.615	−0.025	26.25
1		86.40	0.181	1.069	0.125	0.024	−1.618	0.029	26.86
2		88.11	0.148	0.656	0.111	0.024	−1.627	−0.183	25.64
3		90.91	0.211	0.016	0.091	0.023	−1.641	−1.796	16.79
−3		91.50	0.114	0.354	0.211	0.023	−1.643	−0.451	102.85
−2		88.73	0.252	0.828	0.110	0.023	−1.630	−0.082	62.26
−1		87.02	0.195	0.843	0.135	0.024	−1.622	−0.074	62.26
0	10.8	86.45	0.187	0.586	0.093	0.024	−1.619	−0.232	112.96
1		87.02	0.103	0.729	0.086	0.024	−1.622	−0.137	62.26
2		88.73	0.162	0.584	0.112	0.023	−1.630	−0.234	32.96
3		91.50	0.111	0.388	0.102	0.023	−1.643	−0.411	43.95

续表

测点	最大段药量/kg	爆心距/m	振动速度/(cm·s⁻¹) 径向	垂向	切向	比例药量 ρ	lgρ	lgV	频率/Hz
−3		92.44	0.247	0.347	0.184	0.023	−1.648	−0.460	45.48
−2		89.69	0.265	0.458	0.141	0.023	−1.635	−0.339	36.48
−1		88.00	0.246	0.633	0.211	0.024	−1.626	−0.199	93.99
0	10.8	87.44	0.087	0.307	0.174	0.024	−1.624	−0.513	75.07
1		88.00	0.262	0.367	0.263	0.024	−1.626	−0.435	25.64
2		89.69	0.065	0.113	0.035	0.023	−1.635	−0.947	63.47
3		92.44	0.047	0.068	0.032	0.023	−1.648	−1.167	69.60
−3		95.36	0.274	1.345	0.374	0.022	−1.661	0.129	49.15
−2		92.70	0.541	2.014	0.245	0.022	−1.649	0.304	62.15
−1		91.07	0.758	1.805	0.418	0.023	−1.641	0.256	83.01
0	10.8	90.52	0.266	1.050	0.178	0.023	−1.639	0.0210	64.70
1		91.07	0.616	1.180	0.615	0.023	−1.641	0.0720	64.70
2		92.70	0.253	0.552	0.440	0.022	−1.649	−0.258	43.95
3		95.36	0.147	0.258	0.214	0.022	−1.661	−0.588	26.45
−3		96.02	0.248	1.325	0.354	0.022	−1.664	0.122	79.68
−2		93.38	0.354	1.687	0.148	0.022	−1.652	0.227	102.35
−1		91.76	0.648	2.154	0.951	0.023	−1.645	0.333	69.54
0	10.8	91.22	0.954	1.415	0.543	0.023	−1.642	0.151	65.31
1		91.76	0.303	1.929	0.173	0.023	−1.645	0.285	83.62
2		93.38	0.267	1.315	0.38	0.022	−1.652	0.119	44.56
3		96.02	0.678	0.956	0.367	0.022	−1.664	−0.020	46.85
−3		100.50	0.547	0.868	0.487	0.021	−1.684	−0.061	102.67
−2		97.98	0.626	1.29	0.49	0.021	−1.673	0.111	114.75
−1		96.44	0.334	1.489	0.082	0.022	−1.666	0.173	115.36
0	10.8	95.92	0.342	1.214	0.424	0.022	−1.664	0.084	41.50
1		96.44	0.235	1.161	0.294	0.022	−1.666	0.065	115.36
2		97.98	0.205	0.813	0.161	0.021	−1.673	−0.090	30.52
3		100.50	0.547	0.687	0.354	0.021	−1.684	−0.163	46.48
−3		100.93	0.654	0.968	0.624	0.021	−1.686	−0.014	86.54
−2		98.42	0.357	1.598	0.745	0.021	−1.675	0.204	46.45
−1		96.88	0.605	1.191	0.49	0.021	−1.668	0.076	112.31
0	10.8	96.37	0.231	1.151	0.321	0.022	−1.666	0.061	67.75
1		96.88	0.3	1.034	0.26	0.021	−1.668	0.015	112.31
2		98.42	0.122	0.496	0.199	0.021	−1.675	−0.305	32.35
3		100.93	0.254	0.013	0.311	0.021	−1.686	−0.507	2.814

测点	最大段药量/kg	爆心距/m	振动速度/(cm·s⁻¹)			比例药量 ρ	lgρ	lgV	频率/Hz
			径向	垂向	切向				
−3		101.53	0.547	0.984	0.365	0.020	−1.689	−0.007	63.68
−2		99.04	0.39	1.194	0.342	0.021	−1.678	0.077	117.80
−1		97.51	0.696	1.31	0.552	0.021	−1.671	0.117	111.70
0	10.8	97.00	0.216	1.14	0.226	0.021	−1.669	0.057	56.15
1		97.51	0.323	0.965	0.373	0.021	−1.671	−0.015	68.36
2		99.04	0.168	0.596	0.22	0.021	−1.678	−0.225	31.13
3		101.53	0.198	0.354	0.254	0.020	−1.689	−0.451	102.35
−3		102.22	0.458	1.165	0.657	0.020	−1.691	0.066	39.65
−2		99.74	0.378	1.578	0.547	0.021	−1.681	0.198	49.65
−1		98.23	0.706	1.184	0.514	0.021	−1.674	0.073	115.97
0	10.8	97.72	0.291	1.154	0.304	0.021	−1.672	0.062	66.53
1		98.23	0.352	1.015	0.288	0.021	−1.674	0.006	109.86
2		99.74	0.311	0.887	0.392	0.021	−1.681	−0.052	66.53
3		102.22	0.192	0.011	0.011	0.020	−1.691	−0.717	49.44

对第四阶段的爆破振动主频进行统计如图 5.19 所示,横坐标为仪器监测场次,纵坐标为监测到的振动主频。从图上可以清晰看到:第四阶段施工爆破振动主频有往高频发展的趋势,对建筑物影响较大的 5～20 Hz 频率段存在的概率降低,这对于建筑结构的整体安全是有利的。同时,优势频率带呈现多频带特征,主要集中在 20～30 Hz、60～70 Hz、110～120 Hz 三个频率带范围内,这在后续的反应谱分析曲线中,表现得最为明显。

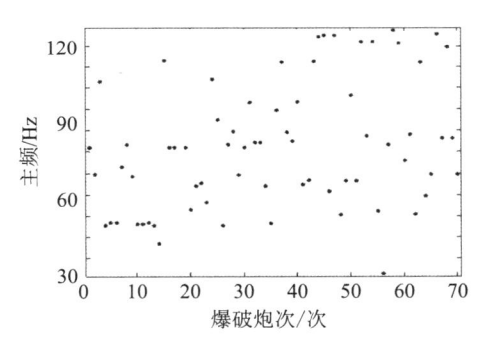

图 5.19 第四阶段爆破振动波主频分布

第四阶段监测到的爆破振动典型波形图如图 5.20 所示。

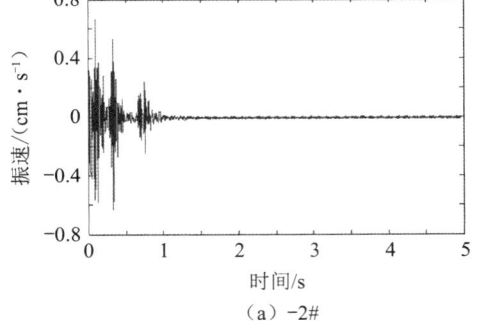

（a）-2#

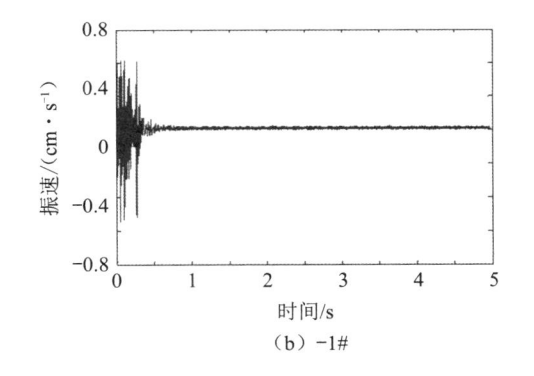

（b）-1#

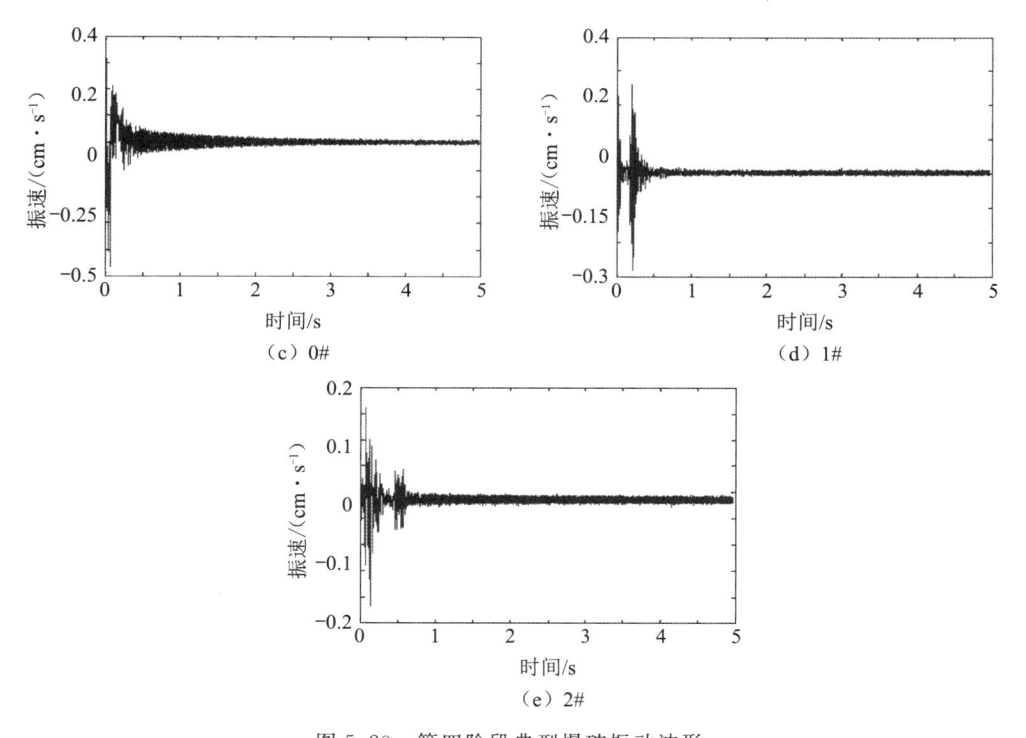

图 5.20　第四阶段典型爆破振动波形

　　爆破振动波由于产生的机理不同,不同的爆破形式其振动幅值和主振频率都是不同的,但都会随着时间的不断推移出现不规则的变化,这类随机信号的模糊性也就导致了分析的复杂性。爆破振动持续时间、振动频率和质点振动速度是造成爆破振动危害的三个主要因素,与仅仅用单一的质点振动速度作为判据相比,将三个主要影响因素综合起来考虑,更为科学和严谨。

　　经过长期系统的研究和分析,已经证明:当结构固有频率小于爆破振动谐波频率时,在共振区域之外,结构振动位移幅值随着频比系数的增大而增大。当结构固有频率大于爆破振动谐波频率时,在共振区域之外,结构振动位移幅值随着频比系数的增大而减小,并且随着频比系数的增大,频比系数变化对结构振动响应的影响逐渐减小。

　　此外还可知,爆破振动波的频谱为一连续频谱,且频域较宽,在一个爆破振动的频谱中,必然包含有结构的固有频率,也必然有谐波与结构产生共振。由于结构在爆破振动谐波作用下的振动响应与谐波幅值和频比系数有关,与结构产生共振的谐波的幅值如果较小,其引起的结构振动响应不一定是最大的;另外,虽然主频所对应的谐波的振幅最大,但由于受频比系数的影响,其引起的结构振动响应也不一定是最剧烈的。例如某一结构的自振频率为 10 Hz,阻尼为 0.05,作用于结构的爆破振动波的主频为 40 Hz,主频对应的振速谐波幅值为 5.0 cm/s,在爆破振动波中,与结构产生共振的振速谐波幅值为 0.1 cm/s,频率为 9.97 Hz,另外,爆破振动波中频率为 15 Hz 的振速谐波幅值为 2.5 cm/s。结构分别在这 3 个谐波作用下的位移响应可以通过下式计算:

$$As = v_g / \left[2\pi f (1-\lambda^2)^2 + 4\xi^2\lambda^2 \right] \tag{5-13}$$

　　式中,As 为结构振动位移幅值;v_g 为地质点振速幅值;f 为爆破振动谐波频率。通过计算发现,频率为 9.97 Hz、15 Hz、40 Hz 的谐波引起的结构振动位移响应分别为 0.16 mm、

0.21 mm 和 0.013 mm。可见,频率为 15 Hz 的谐波引起的结构振动响应比使结构产生共振的谐波和主频对应的谐波引起的结构振动响应要大。

在所有的爆破谐波当中,将引起结构振动响应最大的爆破振动谐波称为"结构振动敏感谐波"。故结构振动响应的主频与其爆破敏感谐波的频率相同,而不一定与爆破振动主频相同,工程实测结果的频谱分析也表明了这一点。在爆破谐波当中,如果结构振动敏感谐波是属于显著频率段(振幅较高)的谐波,这对结构在爆破振动作用下的安全是极为不利的。特别是如果爆破振动主频所对应的谐波为结构振动敏感谐波,且其频率与结构自振频率相同,则是最不利的状况。因而在对爆破振动效应进行控制时,考虑到频比系数对结构振动响应的影响,强调爆破振动波显著频率段和主频要远离结构固有频率,爆破振动的显著频率段和主频离结构固有频率越远,结构产生较大振动响应的概率就越低。

这就不难理解,在实际工程中不仅要求显著频率段和主频要远离结构固有频率,而且还应尽可能使显著频率段的谐波频率和主频高于结构固有频率。

5.5　建(构)筑物随频率变化动力响应分析

5.5.1　反应谱解析理论和动力响应分析理论

爆破振动破坏效应是一个结构体动态破坏问题,应作为一个动力响应过程来分析。结构受爆破振动影响的主要因素是振动波的质点振动速度、频率以及作用时间等。在动力分析过程中,可以综合考虑这三个因素在结构破坏中的作用。质点振动速度和作用时间在实际工程中比较容易得到,关键是爆破振动波的频率特性比较复杂,因为爆破振动波是一种含有多种频率成分的随机振动波。本节主要采用反应谱理论和动力响应分析理论研究频率对结构造成的动力影响。

反应谱的概念是在 20 世纪 40 年代由 Housner 和 Biot 提出的。它通过理想简化的单质点体系的最大地震反应来描述地震动的特性,明确而又简单地反映了地震动特性和结构响应特性双重含义。利用反应谱理论进行结构的抗震设计可以方便地将动力设计问题简化为静力设计问题。由于应用反应谱理论计算得到的建筑物的地震响应与实际观测的地震响应相差较小,因而该理论在世界范围内得到认可。

反应谱理论是以单自由度黏性阻尼体系(即一个阻尼谐和振子)在实际振动过程中的反应为基础来进行结构反应分析,最早由美国的 Biot 提出,现已成为结构抗震设计的基础理论之一。根据反应谱计算理论方法,可以得到建筑物结构体在一定振动载荷作用条件下的动力响应过程,这样便可以通过反应谱曲线来衡量振动强度的大小。反应谱是用单自由度黏性阻尼体系来模拟真实建筑物,通过考察此黏性阻尼体系承受振动的反应(加速度、速度、位移)特性,把实际监测到的振动加速度波形曲线作为确定反应谱的输入,对某一个自振频率阻尼的组合情况求出振动加速度曲线的最大反应,这一最大反应就是反应谱曲线的一个点。

总而言之,反应谱曲线的绘制是通过众多的具有不同动力特性的单质点对于振动时程响应的最大反应值按照时间序列而最终确定的。反应谱在振动特性研究和结构动力响应分析之间架起了一座桥梁,反应谱上的每个对应点的分析,便可从对振动特性的认识的层面过渡到动力反应分析的深度上,由于爆破振动波和天然地震对结构体的破坏机制是相同的,因此,将反应谱理论推广用于计算结构体在爆破振动作用下的反应,在理论上也是非常可靠的。反应谱分析中的重要参数之一就是反应特征频率,它是建筑物抗震设计的依据,也为爆破振动频谱特性的研究提供了重要根据。反应谱理论方法是通过对理想单质点体系的简化以及其对爆破振动的最大响应程度,来客观表征爆破振动特性。它准确而又简练地体现出爆破振动特性和建筑物结构体响应程度的双重含义。

在反应谱理论中,有三个基本假设:

① 假定建(构)筑物地基相当于刚性平面,各点的运动完全一致。

② 假定地面的运动可以用观测仪器来记录和显示。

③ 假定结构是弹性的。

如果干扰力的函数是一个非周期的且比较复杂的函数关系,则不可能用解析的方法求出解答,这时就必须求助于数值解。爆破振动产生的地面运动,就是一种随机的过程,根本不可能用任何确定函数来描述,因此数值积分法是一个有效的解决方法。现在已有的直接积分法很多,主要有线性加速度法等。除线性加速度法外,其他几种方法都是无限稳定的。

对于爆破施工而言,以上三个假设一般都是成立的,因此可以利用反应谱理论进行爆破振动分析。计算实际建筑物在振动载荷作用下可能发生的不同响应,在满足以上三个假设的前提下还须对结构进行简化。在振动载荷作用下,决定结构物行为的最简单的特征是主要部件的质量、主要部件的刚度以及因破裂、接缝和连接部件的不均匀运动消耗的能量。

5.5.2　反应谱常用计算方法

反应谱的数值计算方法有许多种,如直接积分法、褶积计算法、杜哈梅积分卷积法、杜哈梅积分 FFT 法、纽马克线性加速度法等。

在众多的分析方法中,目前应用最成熟的是杜哈梅积分法。爆破载荷作用下的动力响应,对于任意一般载荷单自由度自由振动力学模型,杜哈梅积分可以定义为

$$\begin{cases} mv = F\Delta t \\ v = \dfrac{F\Delta t}{m} \\ y' = \dfrac{1}{2}v\Delta t = \dfrac{F}{2m}\Delta t^2 \end{cases} \tag{5-14}$$

式中,v 为初速度,初始位移为 0。求解上式得

$$\mathrm{d}y(t) = \mathrm{e}^{-\xi\omega(t-\tau)} \cdot \frac{F(\tau)\mathrm{d}\tau}{m\omega_d}\sin\omega_d(t-\tau), t > \tau \tag{5-15}$$

$$y(t) = \frac{1}{m\omega_d}\int_0^t F(\tau)\mathrm{e}^{-\xi\omega(t-\tau)}\sin\omega_d(t-\tau)\mathrm{d}\tau \tag{5-16}$$

上式称为杜哈梅积分,也可写成卷积积分:

$$y(t) = \int_0^t F(t)h(t-\tau)\mathrm{d}\tau \tag{5-17}$$

式中,$h(t-\tau) = \dfrac{1}{m\omega_d} \cdot \mathrm{e}^{-\xi\omega(t-\tau)}\sin\omega_d(t-\tau)$,称为单位脉冲响应函数,简称脉冲响应函数。如果初始条件不为 0,在计算时还需要加上初始条件产生的自由振动。

图 5.21 为采用杜哈梅积分卷积法求解反应谱的计算流程图。将现场采集到的爆破振动信号采用小波和其他方法消噪,在去除干扰的基础上,确定所分析结构体的阻尼比系数。为了减少计算量,采样间隔不应过短,不然会占用较大的物理内存,影响计算结果的精度。当上述重要的参数确定后,就可以进行反应谱的求解,求解结束后,利用 MATLAB 软件强

大的图形可视化功能,输出爆破振动信号反应谱曲线。

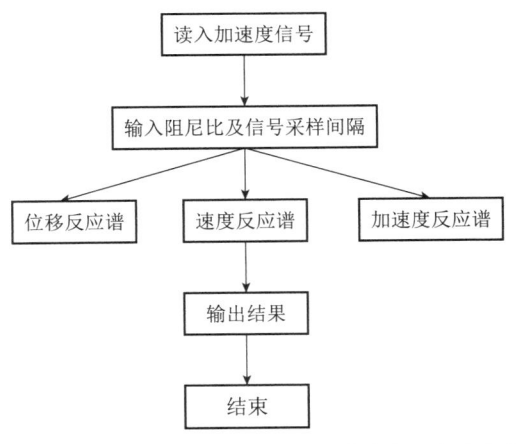

图 5.21　杜哈梅积分卷积法反应谱计算程序流程图

对于不同阻尼比系数的建筑物,其受到爆破振动影响的强度有所差异。图 5.22 所示为爆破振动影响系数曲线。

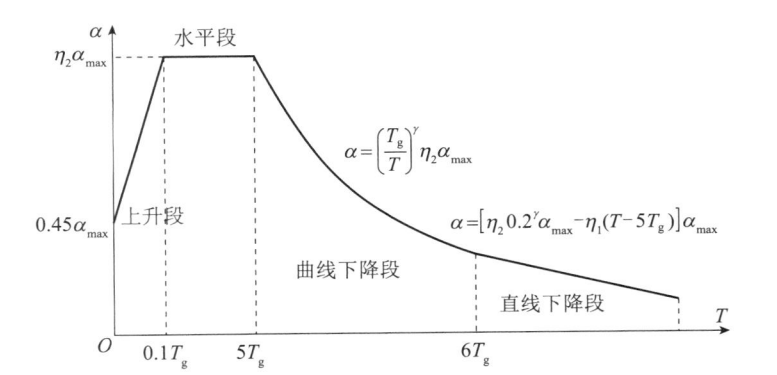

α—地震影响系数;$\alpha_{\max}$—地震影响系数最大值;T—结构周期;

T_g—场地相关反应谱特征周期,按《建筑抗震设计规范》(GB 50011—2016)确定;

γ—曲线下降衰减指数;η_1—直线下降斜率;η_2—阻尼调整系数。

图 5.22　振动影响系数曲线

在结构阻尼比不为 0.05 的条件下,水平振动对建筑物的影响系数 α 曲线仍按图 5.22 确定,但曲线形状参数应做相应的调整:

① 曲线下降衰减指数,应当按照式(5-18)确定:

$$\gamma = 0.9 + \frac{0.05 - \xi}{0.5 + 5\xi} \tag{5-18}$$

式中,γ 为曲线下降衰减指数;ξ 为阻尼比。

② 直线下降斜率,应当按照式(5-19)确定:

$$\eta_1 = 0.02 + \frac{0.05 - \xi}{8} \tag{5-19}$$

式中,η_1 为直线下降斜率。

计算隔震房屋地震作用时,应符合下列规定:当结构体的阻尼比为 0.05 时,房屋结构的水平影响系数最大值应按表 5.17 采用。

表 5.17　水平地震影响系数最大值 α_{max}(阻尼比 0.05)及设计基本地震加速度值

设防烈度		6	7	8	9
地震影响	多遇地震	0.04	0.08(0.15g)	0.16(0.30g)	0.32
	罕遇地震	0.28	0.50(0.15g)	0.90(0.30g)	1.40
设计基本地震加速度值		0.05g	0.10g(0.15g)	0.20g(0.30g)	0.40g

注:地震影响栏中设防烈度 7、8 度括号内的数值分别用于设计基本地震加速度为 0.15g 和 0.30g 的地区,g 为重力加速度。

阻尼比不等于 0.05 时,表 5.17 中的数值应乘以下列阻尼调整系数:

$$\eta_2 = 1 + \frac{0.05 - \xi}{0.06 + 1.7\xi} \tag{5-20}$$

式中,η_2 为阻尼调整系数,当其小于 0.55 时,应取 0.55。

5.5.3　反应谱和反应谱曲线

根据达朗贝尔原理,可以建立有阻尼弹性单质点体系在地震动作用下的微分方程。其表达式为

$$\ddot{x} = 2\xi\omega\dot{x} + \omega^2 x = -\ddot{u}(t) \tag{5-21}$$

式中,$\ddot{x}$ 表示振动产生的地表相对加速度(单自由度体系),$\dot{x}$ 表示振动产生的地表相对速度(单自由度体系),x 表示振动产生的地表相对位移(单自由度体系),这三者均为时间的函数;ξ、ω 分别为系统的阻尼比系数和自振圆频率;$\ddot{u}(t)$ 为地震运动加速度。令 $\omega^2 = \dfrac{K}{m}$,$\xi = \dfrac{c}{2\omega m}$,通过对上述非齐次微分方程式采用变异系数法进行杜哈梅积分求解,可以获得单质点系统从理想的静止状态开始,所产生的振动位移响应过程:

$$x(t) = -\frac{1}{\omega_d} \int_0^t \ddot{u}(\tau) e^{-\xi\omega(t-\tau)} \sin\omega_d(t-\tau) d\tau \tag{5-22}$$

式(5-21)对时间变量 t 求一阶导数、二阶导数并代入地面震动初始时刻的加速度 $\ddot{u}(0) = 0$ 可分别得到速度、加速度响应时程:

$$\dot{x}(t) = -\int_0^t \ddot{u}(\tau) e^{-\xi\omega(t-\tau)} \left[\cos\omega_d(t-\tau) - \frac{\xi}{\sqrt{1-\xi^2}} \sin\omega_d(t-\tau) \right] d\tau \tag{5-23}$$

$$\ddot{x}(t) = -\ddot{u}(t) + \omega_d \int_0^t \ddot{u}(\tau) e^{-\xi\omega(t-\tau)} \left[\frac{2\xi}{\sqrt{1-\xi^2}} \cos\omega_d(t-\tau) + \frac{1-2\xi^2}{1-\xi^2} \sin\omega_d(t-\tau) \right] d\tau \tag{5-24}$$

式中,$\omega_d = \sqrt{1-\xi^2}\,\omega$。

利用地震速度记录时程计算反应谱的公式推导如下:

对式(5-22)~式(5-24)分别进行分部积分,其中 $\ddot{u}(\tau)d\tau = d\dot{u}(\tau)$,并将地震初始时刻的速度位移定为 0,即 $\dot{u}(0) = u(0) = 0$ 代入,经过一次分部积分后可得以速度时程表示的振动响应:

$$x(t) = -\int_0^t \dot{u}(\tau) e^{-\xi\omega(t-\tau)} \left[\cos\omega_d(t-\tau) - \frac{\xi}{\sqrt{1-\xi^2}} \sin\omega_d(t-\tau) \right] d\tau \tag{5-25}$$

$$\dot{x}(t) = -\dot{u}(t) + \omega_d \int_0^t \dot{u}(\tau) \mathrm{e}^{-\xi\omega(t-\tau)} \left[\frac{2\xi}{\sqrt{1-\xi^2}} \cos\omega_d(t-\tau) + \frac{1-2\xi^2}{1-\xi^2} \sin\omega_d(t-\tau) \right] \mathrm{d}\tau \tag{5-26}$$

$$\ddot{x}(t) = -\ddot{u}(t) + 2\xi\omega\dot{u}(t) - \omega_d^2 \int_0^t \dot{u}(\tau) \mathrm{e}^{-\xi\omega(t-\tau)} \left[\frac{4\xi^2-1}{\sqrt{1-\xi^2}} \cos\omega_d(t-\tau) + \frac{(3-4\xi^2)\xi}{(1-\xi^2)^{3/2}} \sin\omega_d(t-\tau) \right] \mathrm{d}\tau \tag{5-27}$$

对式(5-25)~式(5-27)再进行一次分部积分可得以位移时程表示的振动响应:

$$x(t) = -u(t) + \omega_d \int_0^t u(\tau) \mathrm{e}^{-\xi\omega(t-\tau)} \left[\frac{2\xi}{\sqrt{1-\xi^2}} \cos\omega_d(t-\tau) + \frac{1-2\xi^2}{1-\xi^2} \sin\omega_d(t-\tau) \right] \mathrm{d}\tau \tag{5-28}$$

$$\dot{x}(t) = -\dot{u}(t) + 2\xi\omega u(t) - \omega_d^2 \int_0^t u(\tau) \mathrm{e}^{-\xi\omega(t-\tau)} \left[\frac{4\xi^2-1}{1-\xi^2} \cos\omega_d(t-\tau) + \frac{(3-4\xi^2)\xi}{(1-\xi^2)^{3/2}} \sin\omega_d(t-\tau) \right] \mathrm{d}\tau \tag{5-29}$$

$$\ddot{x}(t) = -\ddot{u}(t) + 2\xi\omega\dot{u}(t) + (1-4\xi^2)\omega^2 u(t) - \omega_d^3 \int_0^t \dot{u}(\tau) \mathrm{e}^{-\xi\omega(t-\tau)} \left[\frac{3+\xi-4\xi^2-4\xi^3}{(1-\xi^2)^{3/2}} \times \right.$$
$$\left. \cos\omega_d(t-\tau) + \frac{1-3\xi-5\xi^2+4\xi^3+4\xi^4}{(1-\xi^2)^2} \sin\omega_d(t-\tau) \right] \mathrm{d}\tau \tag{5-30}$$

根据反应谱的定义,若用 S_d、S_v 和 S_a 分别代表相对位移反应谱、相对速度反应谱和相对加速度反应谱,则选取建筑物结构阻尼比,反应谱曲线可用下式描述:

$$\begin{cases} S_d(\omega_j) = |U(t)|_{\max} \\ S_v(\omega_j) = |\dot{U}(t)|_{\max} \\ S_a(\omega_j) = |\ddot{U}_0(t) + \ddot{U}(t)|_{\max} \end{cases} \tag{5-31}$$

实际应用中,为研究问题的方便,人们定义了一类无量纲反应谱,称为"标准反应谱",有时也称"动力放大系数"。加速度、速度和位移的标准反应谱可用下式表示:

$$\begin{cases} \beta_{ja} = \dfrac{|\ddot{u}_0 + \ddot{U}(t)|_{\max}}{|\ddot{u}_0(t)|_{\max}} = \dfrac{S_a(n_j)}{|\ddot{u}_0(t)|_{\max}} \\[2mm] \beta_{jv} = \dfrac{|\dot{U}(t)|_{\max}}{|\dot{u}_0(t)|_{\max}} = \dfrac{S_v(n_j)}{|\dot{u}_0(t)|_{\max}} \\[2mm] \beta_{jd} = \dfrac{|U(t)|_{\max}}{|u_0(t)|_{a\,mx}} = \dfrac{S_d(n_j)}{|u_0(t)|_{\max}} \end{cases} \tag{5-32}$$

标准反应谱能反映出建筑物结构体对爆破振动响应的动态效应,并能集中体现建(构)筑物结构体对爆破产生的振动的选择放大作用,这正是标准反应谱分析的意义所在。

反应谱曲线的物理意义为

① 绝对加速度反应谱揭示了地震动过程结构的惯性力响应随自振频率的变化规律。

② 绝对速度反应谱揭示了地震动过程结构的振动能量随自振频率的变化规律。

③ 相对速度反应谱揭示了地震动过程结构的黏性阻尼力随自振频率的变化规律。

④ 相对位移反应谱揭示了地震动过程结构的变形随自振频率的变化规律。

5.5.4 建(构)筑物阻尼比系数

尽管在爆破安全评价体系中也对不同结构类型的建筑物(如土坯结构、砖混结构、混凝土结构)作了严格的规定,但该判据没有考虑结构体本身的固有特性,尤其是固有频率和阻尼比等对爆破振动效应起主要影响作用的因素。在反应谱数据分析以前,有必要确定所采用的阻尼比系数。众所周知,爆破振动波的传播及其衰减规律,都要受到介质系统的影响,同时,这个系统是很复杂的,包括岩石性质的变化,内含节理、裂隙的情况等。

在自由振动中,振动的振幅是不变的,振动将无限延续下去。在建(构)筑物结构体抗震设计中,一个最重要的概念是阻尼。所谓阻尼产生条件,就是在爆破振动波的传播过程中,建筑物除了受到振动波的影响以外,还受到其自身阻力的作用。这就揭示了通常所监测到的振动波在结构体中的传播,与自由振动有明显区别的原因。自由振动过程在介质体中是无限传播的,通常,爆破振动波振动幅值会逐渐衰减,直至趋于 0。按照阻尼的大小将其分为无阻尼、过阻尼、欠阻尼三种情况。对于无阻尼以及过阻尼条件,通常不会出现振动的逐渐衰减,而爆破施工产生的振动波的衰减阻尼会很小,属于欠阻尼的情况。欠阻尼的存在,会使爆破振动波衰减趋于平缓,这样便会使其周期加大,而且振动幅度也会随着时间的推移,呈现指数规律变化的趋势。对于实际的建(构)筑物,其阻尼比 $\xi=0.05$。阻尼对结构的动态响应有很大的影响作用,阻尼比系数在结构体系中提供运动的阻力,耗散运动能量,从而达到减振的作用。根据反应谱的定义,单质点体系结构的阻尼可以取不同的值,通常也可经实测确定。也可以根据以往的经验公式: $\xi=0.008+0.55A/F$ 确定。其中 ξ 代表阻尼比, A 为各层剪力墙净截面积之和, F 为建筑物各层面积之和。为了观察阻尼比系数对反应谱曲线的影响,这里分别取 $\xi=0.025$、0.05 和 0.075 三种结构阻尼比系数,由于结构体阻尼的存在影响,爆破振动波必然呈现一种逐渐衰减的趋势,振动持续时间必定是有限的。

建筑物在爆破振动下的破坏判据,与建筑物的振动周期有着密不可分的关系,根据反应谱的理论,反应谱曲线横轴是结构的自振频率或固有周期,纵轴为对应固有周期质点结构在爆破振动激励下的最大反应值。爆破振动波频谱和反应谱分析,对于爆破振动信息量的提取,有着重要的意义。爆破振动给予建筑物结构体的最大能量,是通过爆破加速度反应谱来体现的。而与结构体动力响应关系最为密切的是位移反应谱曲线值。

5.6　各阶段监测数据加速度和标准反应谱分析

相关研究发现,爆破振动的频率和周期与结构体响应之间存在着很大的联系。爆破振动激励下结构体的反应谱动力响应过程,可以科学而定性地分析爆破振动对建筑结构体的破坏效应。通过反应谱曲线峰值和波峰波谷的动态起伏变化过程随建筑自振周期和频率的动态响应趋势,可以重点区分不同建筑结构体对爆破振动响应及破坏的差别,并体现不同结构体对爆破振动作用响应的最大序列值。爆破工程中,在给定振动激励条件下,不同自振周期和频率的建筑结构体对振动响应产生位移、速度和加速度反应值,这些连续序列值曲线,可以将其定义为"振动反应谱"。这种振动反应谱以测振仪记录到的速度时程曲线为对象,成为进行反应谱分析的依据。与爆破振动不同,地震工程却通常以加速度时程记录曲线为对象,来研究反应谱。本节采用杜哈梅分部积分方法,对速度时程记录曲线进行推导,这样可以避免计算时出现较大的误差,同时得到施工第一阶段典型的位移、速度、加速度和标准反应谱曲线。本节重点对加速度、速度和位移随着频率变化的反应关系进行重点分析。图5.23～图 5.26 为各阶段典型加速度和标准反应谱曲线图。

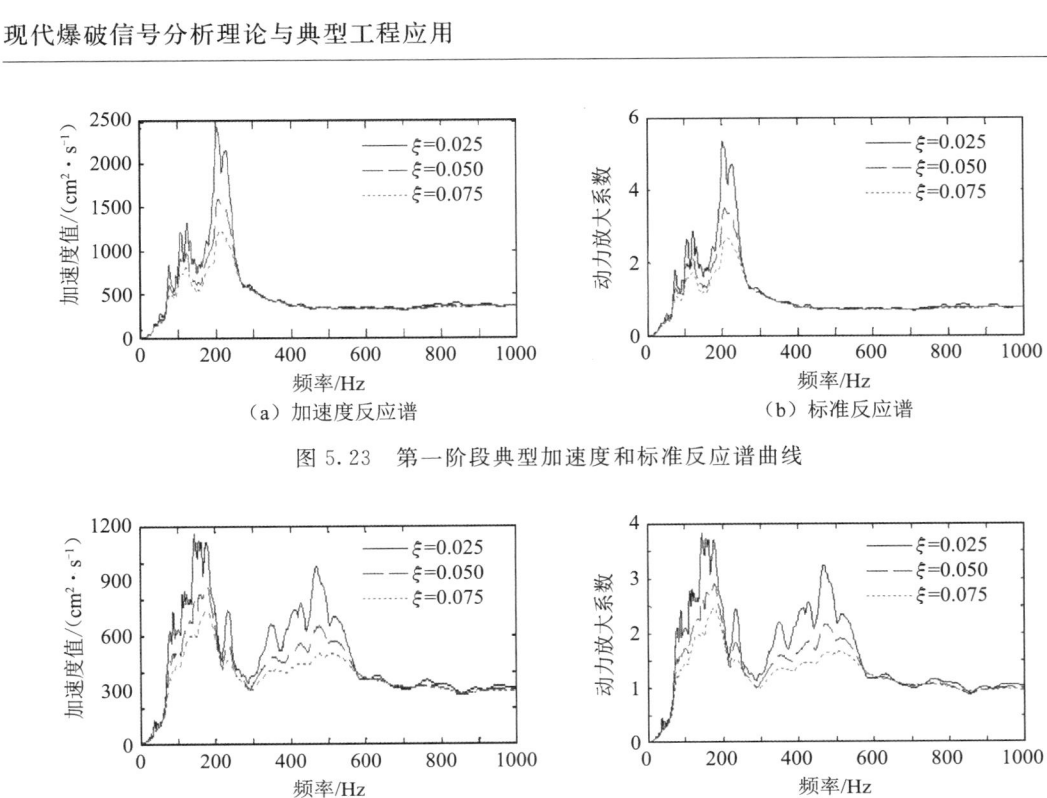

（a）加速度反应谱　　　　　（b）标准反应谱

图 5.23　第一阶段典型加速度和标准反应谱曲线

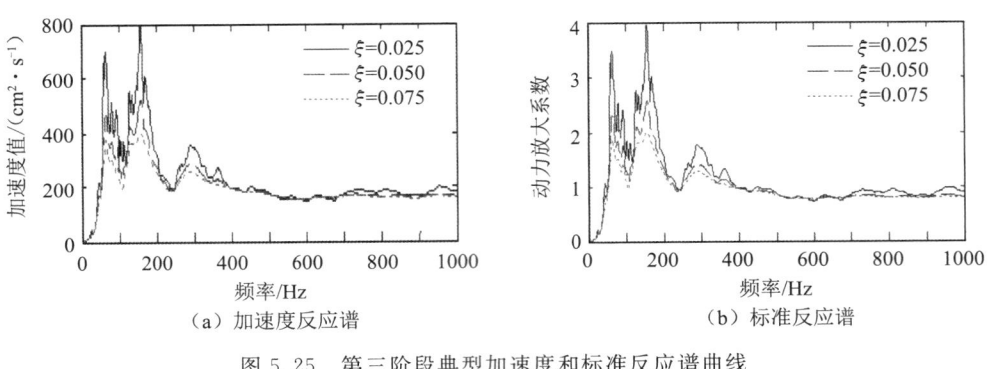

（a）加速度反应谱　　　　　（b）标准反应谱

图 5.24　第二阶段典型加速度和标准反应谱曲线

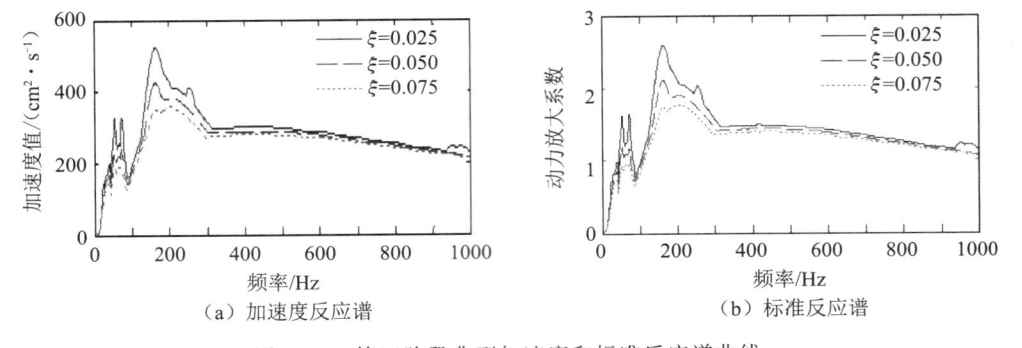

（a）加速度反应谱　　　　　（b）标准反应谱

图 5.25　第三阶段典型加速度和标准反应谱曲线

（a）加速度反应谱　　　　　（b）标准反应谱

图 5.26　第四阶段典型加速度和标准反应谱曲线

　　从图上可以得到:加速度反应谱的主峰大都集中在低频率段区间,阻尼比越大的加速度反应谱曲线越平滑,峰值点越少。加速度反应谱曲线波形可能会出现很多峰值,但通常会有两个主峰值,过了主峰值随后出现的峰值接近单支双曲线,建筑物的反应峰值会随其自振频率的增大(自振周期偏低)而出现明显的减小,基本呈现反比递减趋势。从第二阶段加速度反应谱上看出,不但加速度幅值增大,而且频率最为复杂。对比第一阶段位移和速度的反应谱曲线,可以得出随着斜井斜距的推进,斜井已开挖面上方监测到的数据因空洞效应的存在而出现了对频率的选择放大作用,在加速度反应谱曲线上表现得最为明显。

　　从反应谱的定义计算和以往的研究可知,最大反应谱值可以用来表征爆破振动引起的某一对应频率的建筑物可能发生的最大响应程度。从上述分析可知,阻尼比系数对放大系数的影响还是很大的,随着阻尼比系数的增加,放大系数会逐渐下降,但放大趋势趋于一致。相对于第三阶段的分析而言,在施工的第四阶段,从反应谱曲线的变化趋势可以得到随着斜井深度的不断加大,虽然爆破最大段药量有所增加,但加速度和标准反应动力响应峰值有一定程度的降低且响应分布更加均匀。

5.6.1　各阶段监测数据速度反应谱分析

　　对于爆破工程,广泛采用爆破振动速度来评价爆破振动效应和对周围环境的影响,因此大多数工程监测的都是爆破振动的速度时程曲线。采用振动作为激励,应用比较方便,更符合爆破工程的习惯。理论上讲,可以将记录到的地振动速度微分一次求得加速度,但是由于实际振速不可能用确定的函数来描述,无法实现准确微分运算,数值微分会产生严重失真,获得的结果可能具有较大的误差。利用速度时程曲线得出位移、速度、加速度响应过程的公式,可以直接求解系统反应谱。利用前述反应谱的计算公式,采用杜哈梅积分法,编写MATLAB 程序,求解得到各个不同阶段典型反应谱曲线如图 5.27～图 5.30 所示。

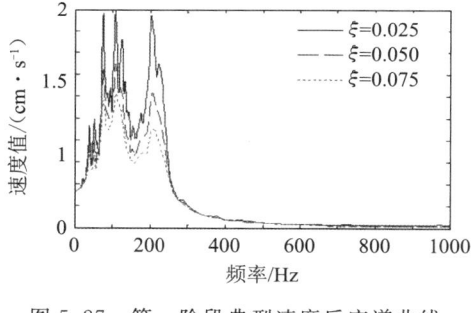

图 5.27　第一阶段典型速度反应谱曲线

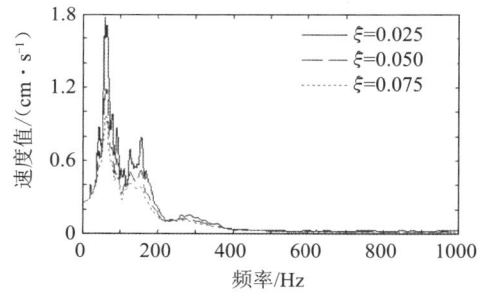

图 5.28　第二阶段典型速度反应谱曲线

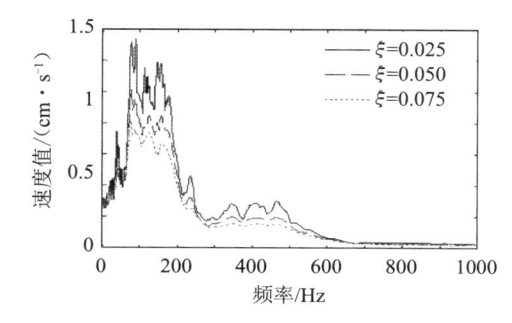

图 5.29　第三阶段典型速度反应谱曲线

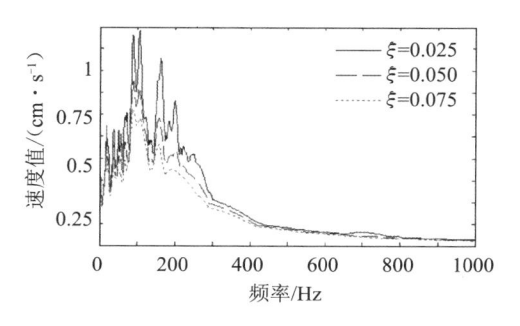

图 5.30　第四阶段典型速度反应谱曲线

从各阶段典型速度反应谱曲线可以看出:振动速度随建筑频率的变化趋势与建筑结构体自身的阻尼比系数有很大关系,阻尼比系数越大,则速度响应值越低,整体趋势接近一致。由于建筑物受爆破振动的影响,与建筑物平面几何尺寸、建筑材料和布局类型有关,当建筑物结构体系的自振频率与爆破振动频率接近时,建筑物对爆破振动速度响应就会得到加强。建筑物的自振频率,对其爆破振动响应有重要的作用。一方面,若爆破产生振动波频率比建筑物的自振频率高很多时,其相应的建筑物振动响应就很微弱。另一方面,导致爆破振动下建筑物响应较弱的原因,还与建筑物的建造形式有关。当建筑物建造长度尺寸远远超过爆破振动波波长周期时,响应就会很弱。由于矿区建筑群受地形的影响,结构体尺寸普遍不大,因此,离爆源较远的建筑物相对于近区的建筑物,从理论上讲更容易发生共振破坏现象,这就解释了通常发生的爆源近区的建筑物未遭到振动破坏,远处的建筑物反而遭到严重损坏的现象。

5.6.2　各阶段监测数据位移反应谱分析

爆破对建筑结构体的破坏作用,主要体现在建筑结构体质点产生位移,导致不同质点间产生错位,从而影响其整体稳定性。图 5.31～图 5.34 为各阶段爆破典型位移反应谱曲线图。

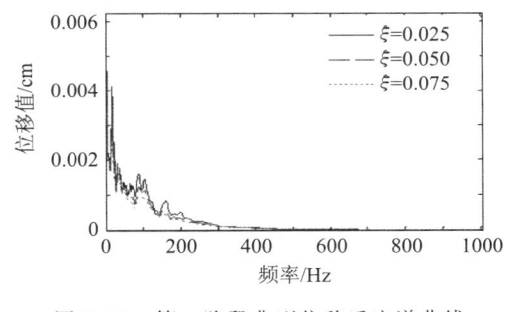

图 5.31　第一阶段典型位移反应谱曲线

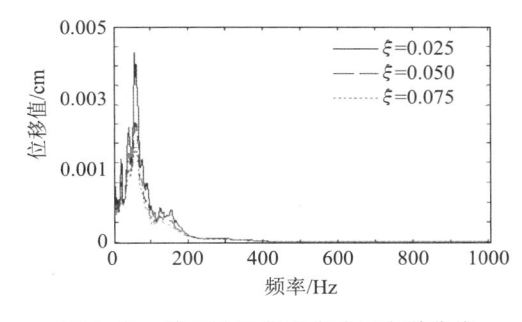

图 5.32　第二阶段典型位移反应谱曲线

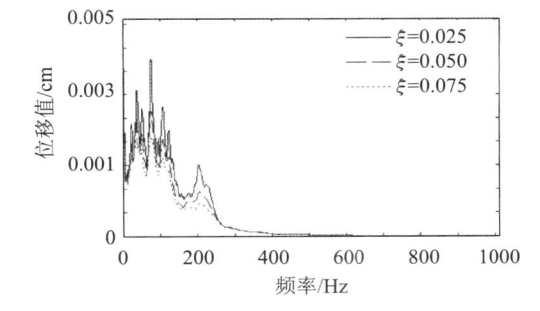

图 5.33　第三阶段典型位移反应谱曲线

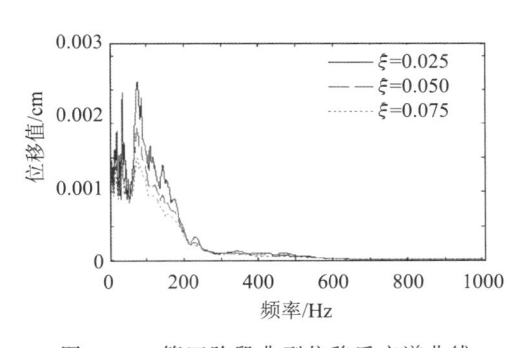

图 5.34　第四阶段典型位移反应谱曲线

从原始记录信号的位移、速度、加速度时程曲线上,很难了解到振动波的特性变化,尤其是对建筑物自身结构具有重要影响的频率段的振动波成分。随着建筑物阻尼比系数的增加,结构体对爆破振动的动力响应程度有明显的减弱。反应谱图曲线体现了反应谱的有效周期范围,从而获得了不同建筑体在爆破效应下的有效自振周期范围,同时可以获得建筑体结构对爆破振动的平均动力放大系数(或称为"标准反应谱"),它反映了单质点系在爆破振动作用下的最大响应对爆破振动峰值的放大情况。标准反应谱分析的意义在于消除爆破振动强度对反应谱曲线纵轴坐标值的影响。建立在反应谱研究分析的基础上,可以了解不同自振频率建筑物的响应特征,其中自振频率较低的建筑物,其破坏主要由爆破振动最大位移决定。对于自振频率位于中频的建筑物,其破坏形式主要取决于爆破振动产生的最大速度。而高频建筑破坏主要由爆破振动最大加速度引起。

对于任意的单自由度弹性体系,通过实验获得该体系的自振频率和阻尼比,便可以根据分析获得位移反应谱曲线,进而从反应谱曲线上准确查找出该建筑体系在特定的爆破振动强度下的最大相对位移值。由此,便能够得到相应的最大相对位移和弹性常系数乘积这一参量所体现出的建筑结构体的最大剪力值。

同理,对于任意的单自由度弹性体系,通过实验获得该体系的自振频率和阻尼比,便可以在分析获得的速度反应谱曲线上准确查找出该建筑体系在特定的爆破振动强度下的最大相对速度值。由此,便能够得到相应建筑结构体的最大能量值。

加速度反应谱仍然是目前结构体抗震设计的主要依据。利用加速度反应谱分析曲线,可以获得任意的单自由度弹性结构体系,在已知结构体自振周期和阻尼比的前提下,就能够从反应谱对应的曲线中查找到该体系在特定的爆破振动强度下的最大加速度,最大绝对加速度与结构体质量的乘积,便是结构在振动中产生的最大响应剪应力。

5.6.3　相似案例分析

某国有煤矿,建成后年产值可达千万吨。在施工中需采用爆破方法来挖掘斜巷,因爆破地点离最近的民房水平距离约为 300 m,与爆心高差在 300 m 左右,受施工单位委托,进行了爆破振动强度测试,其主频率为 9.5 Hz,为了对比,同时还测了另一隧洞工程爆破的 5 个波形,主频率等见表 5.18。

表 5.18　不同主频率的爆破振动振速峰值

主频率/Hz	振速峰值/(mm·s⁻¹)
9.5	1.0
10.0	1.0
17.1	1.0
30.0	1.0
57.0	1.0
64.0	1.0

阻尼的影响,前面已谈到,在爆破振动作用下,其阻尼比系数的变化在 0.02~0.10 之间,在计算中取 0.05。其相应的速度谱和位移谱数据分别见表 5-19 及表 5-20。而爆破振动的主频率,在实际工程中又有很大的差异,有关资料指出:频率可按硐室爆破 <20 Hz,深孔爆破 10~60 Hz,浅孔爆破 40~100 Hz 选用。对于爆破振动的主频率,许多人进行了深入研究,并得出了许多成果,前面已经提到过。为此,在实际工程应用中,可以结合有关的研究成果及以往的工程经验,特别是在爆破试验的基础上进行爆破振动测试,这样既可对振速峰值进行回归分析,又可对其主频率进行分析总结,更为重要的是可在实测波波形上进行反应

谱分析,这样,可以按照反应谱对爆破振动进行评价,由此得出较为合理的爆破振动安全控制标准,从而为工程服务。速度谱和位移谱见图 5.35 及图 5.36。

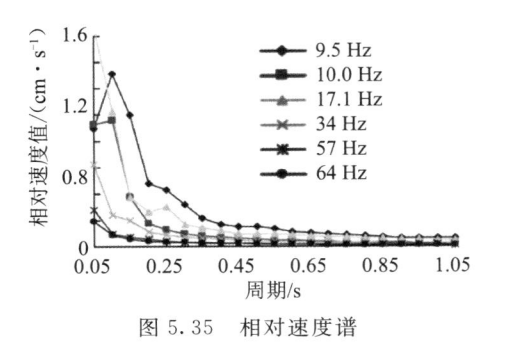

图 5.35 相对速度谱

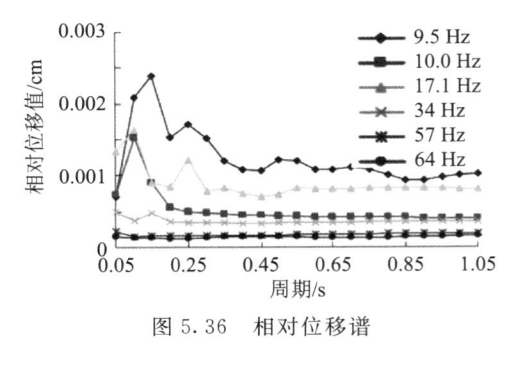

图 5.36 相对位移谱

表 5.19 速度谱

周期/	相对速度/(mm · s⁻¹)					
s	1	2	3	4	5	6
0.05	17.89100	18.49900	33.73400	12.42600	5.66240	3.88620
0.10	26.28100	19.17100	20.49000	4.77450	1.90800	1.71310
0.15	20.0220	7.55680	7.51390	3.97820	1.36630	1.08550
0.20	9.59630	3.51690	5.27420	2.28800	1.06050	0.79566
0.25	8.58670	2.50860	6.10500	1.76150	0.83305	0.61094
0.30	6.36300	1.98010	3.29620	1.43320	0.67720	0.56615
0.35	4.33240	1.64700	2.93830	1.21260	0.57762	0.53483
0.40	3.41480	1.40720	2.33900	1.05710	0.51159	0.48940
0.45	2.97160	1.24800	1.98000	0.94236	0.46430	0.43571
0.50	3.03680	1.09630	1.85360	0.85383	0.42782	0.38170
0.55	2.74640	0.98079	1.88710	0.78286	0.39803	0.33194
0.60	2.27570	0.88387	1.68690	0.72417	0.37271	0.28820
0.65	2.09580	0.81003	0.75073	0.67447	0.35066	0.25066
0.70	1.99690	0.75073	1.46470	0.63160	0.33112	0.23768
0.75	1.80960	0.70107	1.37950	0.59409	0.31361	0.22913
0.80	0.80890	0.75073	1.46400	0.67447	0.37271	0.33194
0.85	1.36580	0.61223	1.22240	0.53129	0.28344	0.21663
0.90	1.30600	0.57236	1.15140	0.50466	0.27033	0.27033
0.95	0.53562	1.29400	1.08570	0.48057	0.25831	0.20738
1.00	1.26110	0.50358	1.02500	0.45866	0.24727	0.20253
1.05	1.21390	0.48442	0.96960	0.43864	0.23708	0.19762

注:表中序号表示主频率从低到高排列。

表 5.20　位移谱

周期/s	相对位移/mm					
	1	2	3	4	5	6
0.05	0.007 119	0.007 361	0.013 422	0.004 944	0.002 25	0.001 546
0.10	0.020 914	0.015 256	0.016 305	0.003 799	0.001 51	0.001 363
0.15	0.023 899	0.009 020	0.008 969	0.004 749	0.001 63	0.001 296
0.20	0.015 273	0.005 597	0.008 394	0.003 642	0.001 68	0.001 266
0.25	0.017 083	0.004 991	0.012 145	0.003 504	0.001 65	0.001 215
0.30	0.015 190	0.004 727	0.007 869	0.003 421	0.001 61	0.001 352
0.35	0.012 067	0.004 587	0.008 184	0.003 377	0.001 60	0.001 490
0.40	0.010 870	0.004 479	0.007 445	0.003 365	0.001 62	0.001 558
0.45	0.010 641	0.004 469	0.007 090	0.003 375	0.001 66	0.001 560
0.50	0.012 083	0.004 362	0.007 375	0.003 397	0.001 70	0.001 519
0.55	0.012 020	0.004 293	0.008 260	0.003 426	0.001 74	0.001 453
0.60	0.010 866	0.004 220	0.008 055	0.003 458	0.001 78	0.001 376
0.65	0.010 841	0.004 190	0.008 034	0.003 489	0.001 81	0.001 297
0.70	0.011 124	0.004 182	0.008 159	0.003 518	0.001 84	0.001 324
0.75	0.010 800	0.004 184	0.008 233	0.003 546	0.001 87	0.001 368
0.80	0.010 104	0.004 171	0.008 267	0.003 571	0.001 89	0.001 406
0.85	0.009 238	0.004 141	0.008 269	0.003 594	0.001 91	0.001 465
0.90	0.009 354	0.004 099	0.008 247	0.003 614	0.001 93	0.001 519
1.00	0.010 035	0.004 007	0.008 157	0.003 650	0.001 96	0.001 612
1.05	0.010 143	0.004 048	0.008 098	0.003 665	0.001 98	0.001 651

注:表中序号表示主频率从低到高排列。

汪旭光等认为建筑物的自振频率在 5 Hz 以下,因此建筑物的自振频率较低。对不同主频的爆破振动速度反应谱作进一步分析,可以得出以下一些结论:

① 从速度谱来看,在峰值速度相同的情况下,随着爆破主频的降低,其爆破振动增大,因此峰值相同时主频率越低的爆破振动对建筑物的动力效应会更大。

② 主频率在 50 Hz 以上时,当周期大于 0.1 s 时,其反应谱值越来越小,因此,高频爆破振动作用与低频爆破振动引起的建筑物动力响应会有差别,建筑物爆破振动安全标准应计入频率因素。

③ 多层砖混结构的自振周期在 0.1~0.3 s,多层框架结构自振周期一般大于 0.3 s,从反应谱值来看,0.1~0.3 s 段内谱值大于 0.3 s 以后的周期段谱值,所以多层砖混结构是保护的重点,砖混结构比框架结构易被破坏,但也不能一概而论,应结合工程实际具体分析。

④ 主频率 $f=17.1$ Hz 的爆破振动与主频率 $f=10.0$ Hz 的爆破振动,在长周期段,前者谱值略大于后者,这表明应对爆破地震作进一步频谱分析,以主频率分段来制定安全标

准。在同一工程中的同一测点爆破振动,由于爆破振动的能量较为集中,可以不考虑此因素。

⑤ 多层建筑物一般自振周期在 0.1 s 左右,自振频率较低,但当爆破振动频率更低时,可能会使自振周期较长的建筑物的反应谱值变大,此时谱峰值会右移,应进一步对其频谱进行分析,确保建筑物安全。

速度反应谱的周期的取值,结合爆破振动的特性和前面谈到的主要保护建筑物的自振周期的特点,取 0.1~1.5 s 为好。速度反应谱应根据本工程爆破振动的衰减特性、近区、远区(有的还划为稍远区,相当于抗震的中震)和主频率等分别作出。

为此,对于某一类型的工程爆破,在同一位置进行测试时,只要爆破参数等物理量没有显著变化,其主频率和峰值还是有较好的稳定性。

爆破振动长周期分量影响小,因为在大于 1.0 s 时,反应谱走向比较平坦,故一般只需研究自振周期在 0.2~1.0 s 段内的建筑物。

现有的标准把主频率划成三段,即小于 10 Hz、10~50 Hz 及 50~100 Hz,如果要得出平均反应谱,则又会回到单一阈值理论,因此应考虑按小于 10 Hz、10 Hz、30 Hz 及 50 Hz 作出 4 条反应谱,研究多层建筑物的安全标准。

在进行爆破振动测试及爆破实验时,可以借鉴已有的工程经验和合适的安全标准,尤其是有代表性的波形可作为标准,但在选取标准波形时,应严格考虑测试的爆破振动的三要素,即振动幅值、振动优势频率和持续时间,由此可得出适合具体工程的爆破振动安全标准。选取代表波形的主要原则如下:

① 按需保护建筑物的自振第一周期和爆破振动主频选波。

② 最危险的爆破振动为峰值大、频率低及持续时间较长的振动。同时应对爆破振动的频谱作进一步分析,确保保护对象的安全。

5.7 建(构)筑物随周期变化动力响应分析

长期以来,科研人员通过大量的实验研究,总结提炼形成了一系列的安全振动评价标准。这些标准编制的依据便是爆破振动产生的地面质点振动速度对周围建筑结构影响和破坏的程度。但爆区周围建筑物存在的年代不一,甚至包括一些结构相对松散的名胜古迹,建筑物施工手段和结构的差别,导致对爆破振动的响应程度出现了明显的分化,不能笼统地以地面振动速度标准为安全控制的准绳。基于这个原因,科研人员对不同建筑物进行抗震试验,重点研究结构体自振周期对反应谱曲线的影响。如北京工业大学相关学者通过采用等效线性化法并结合速度时程曲线,对 4 个不同自振周期的 10 层隔震结构体进行了分析,通过对比其产生的加速度反应谱曲线变化趋势,提出了复杂隔震结构体长周期段反应谱修正公式,同时采用 5 层钢框架隔震结构模型进行了实验,从实际角度证明了其分析结果的合理性。实践证明,通过反应谱曲线,可以很清晰地得到对建筑物结构体影响较大的振动波形周期。它综合体现了爆破振动效应和建筑结构动力响应特性的共同破坏作用。本节重点从建筑物自振频率的角度,来了解反应谱曲线特征关系,为工程设计和施工提供理论参考。

5.7.1 各阶段监测数据加速度和标准反应谱分析

建筑结构体的响应是否会造成建筑物的整体破坏,主要取决于建筑物的结构自振周期是否处于振动波加速度反应谱的加速度敏感区范围内。研究发现,加速度反应谱区域较宽会使建筑物更多的结构处于刚性状态,因此会产生较为强烈的振动作用力。相应地,如果反应谱周期的响应区域较窄,建筑物的响应程度就很低。随着建筑物高度的增加,其结构的自振周期会明显变长,从图 5.37~图 5.40 振动加速度反应谱看出:随着建筑周期的增长,其响应程度会降低,但反应谱覆盖的区域会加大,导致越来越多结构体的反应处于加速度的敏感区域内,因此高层建筑物引起的位移会增大。标准反应谱动力响应系数与加速度反应谱曲线的响应趋势一致,并且对于建筑物有明显放大效应,所对应的建筑物的自振周期也比较窄。

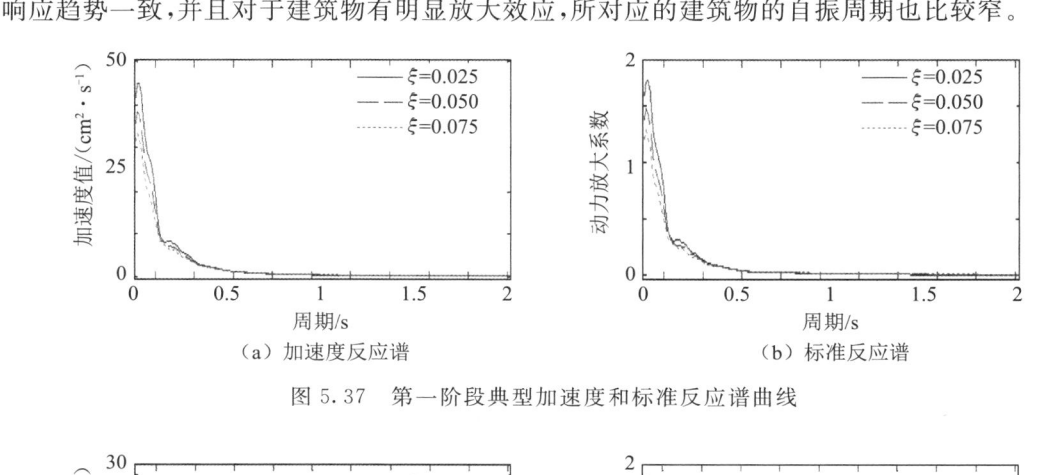

图 5.37 第一阶段典型加速度和标准反应谱曲线

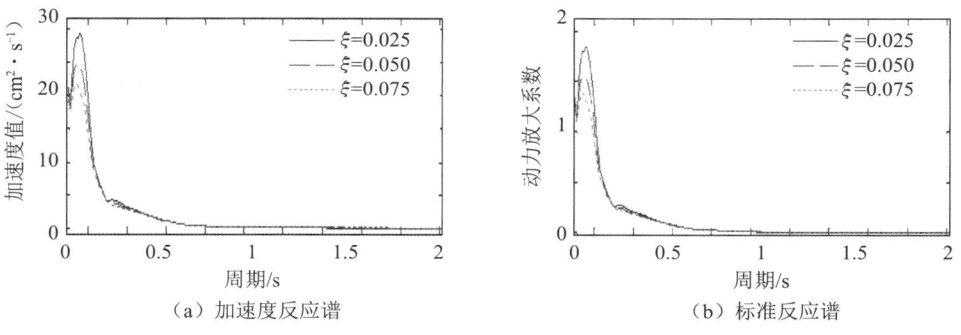

图 5.38 第二阶段典型加速度和标准反应谱曲线

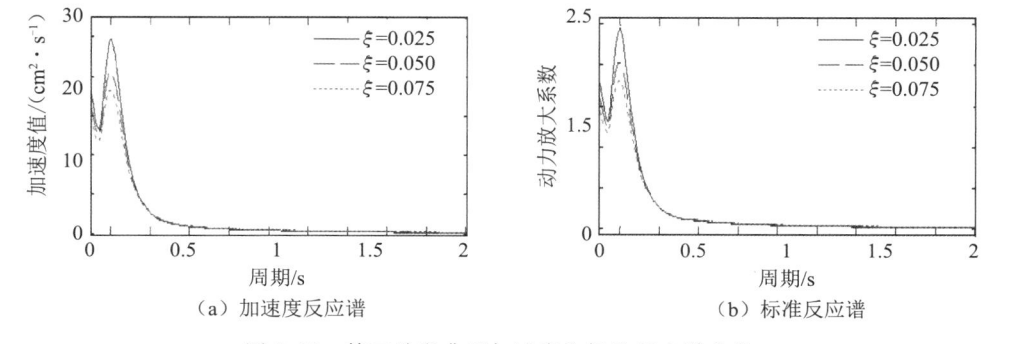

图 5.39 第三阶段典型加速度和标准反应谱曲线

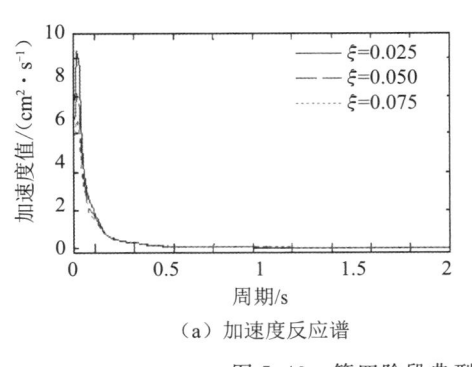

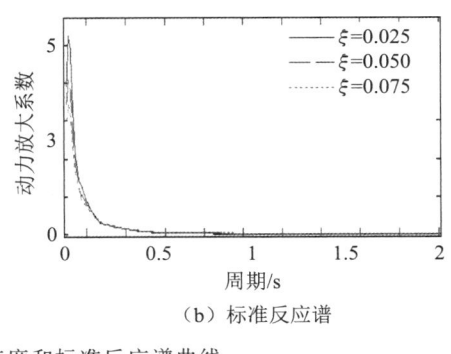

（a）加速度反应谱　　　　　　　　　（b）标准反应谱

图 5.40　第四阶段典型加速度和标准反应谱曲线

从第一、二阶段加速度和标准反应谱曲线可以看出：随着单段药量的降低，虽然加速度反应谱的峰值强度降低，但其对应的标准反应谱曲线峰值却没出现类似的规律，这说明爆破振动波在介质中传播时，动力放大系数 β 主要取决于结构体自身，不同建造形式的结构体（自振周期不同）对振动波的选择放大作用不同。从不同施工阶段的加速度和标准反应谱中可以看出：建筑体在不同施工阶段的加速度响应程度有显著差异，但爆破振动加速度和标准反应谱曲线所表达的特征形态和趋势规律却基本一致，具有多峰值特性，随着斜井掘进向前推进，多峰值逐渐过渡为单峰值，同时峰值降低。图中的反应谱变化趋势，充分说明爆破对不同阻尼比建筑物的响应程度不同。随着建筑物结构体阻尼比的逐渐增大，其反应谱响应峰值会逐渐减小。尤其当反应谱曲线周期大于 0.4 s 后，响应峰值快速衰减并趋向于平稳阶段，最后都趋近于 0。从各阶段得到的加速度分析曲线上可知：爆破振动加速度反应谱的峰值偏于高频（小周期），对高频建筑结构体的影响较大，一般的低频建筑物受到的影响较弱，这对于建筑物的结构稳定是有利的，主峰周期位于 0.005～0.2 s 范围内，也就是主振频率位于 5～200 Hz 频段范围。从标准反应谱曲线的变化，对反应谱放大系数随周期的不同进行了区分，分析结果表明：反应谱放大系数与最大段药量并无对应的响应关系，随着斜井掘进阶段的不同，其并未出现与加速度反应谱曲线峰值一致的趋势，加速度响应会随着掘进深度的加大而降低，而标准反应谱中的动力放大系数，在第四阶段反而有增大的趋势，这是场地条件 K 和 α 的不同所导致的对建筑物的破坏差异；振动波由爆区基岩段不断向地表方向传播，经过不同场地系数的岩石传播，出现不同的放大作用。

5.7.2　各阶段监测数据速度反应谱分析

采用自行编写的 MATLAB 程序，对阻尼比系数分别为 0.025、0.050、0.075 的各阶段振动信号进行反应谱分析，求解得到各个不同阶段速度反应谱曲线随结构体自振周期的变化趋势，如图 5.41～图 5.44 所示。

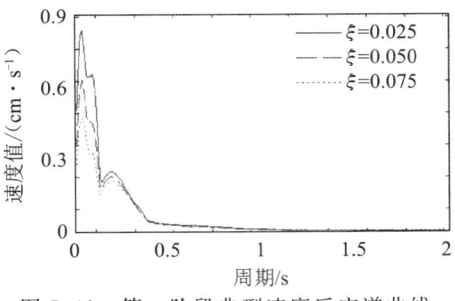

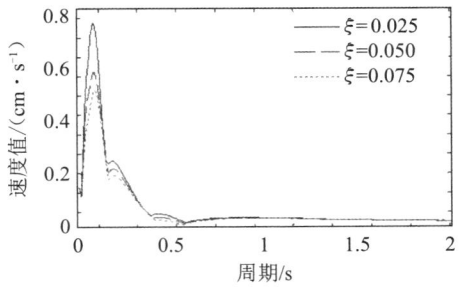

图 5.41　第一阶段典型速度反应谱曲线　　　　图 5.42　第二阶段典型速度反应谱曲线

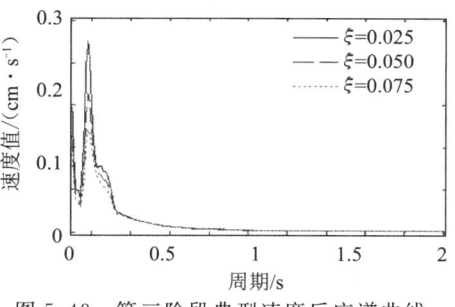

图 5.43　第三阶段典型速度反应谱曲线

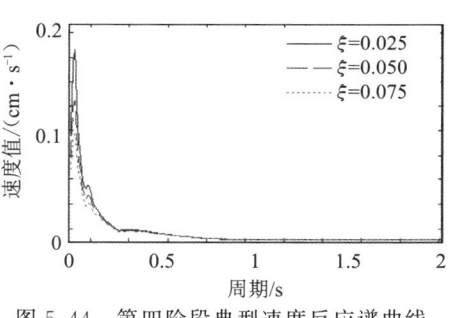

图 5.44　第四阶段典型速度反应谱曲线

从各阶段速度反应谱曲线可以看出:与加速度反应谱曲线相比,速度反应谱曲线的特征形态和趋势规律与其基本相似,同样随着结构体阻尼比系数的增大,响应值减小,且具有多峰值的特点。同时,各个阶段反应谱曲线的形态都比较简单,施工后期,曲线峰值数量变得较少。随着斜井掘进工作面的推进,速度反应谱的最大主峰值平缓周期较窄,频带较宽,当周期不断增大时,其响应值趋于稳定,但一般不为 0。从速度响应方面,主峰周期位于 $0.005\sim0.8$ s 范围内,即位于 $1.25\sim200$ Hz 频段内,从速度响应上体现出对结构体较大的影响和破坏。从图上也可以看出:第一、二阶段,随着段药量的减少,速度反应峰值亦相应地减小;第三、四阶段虽然段药量增大,但由于建筑物距爆源的距离加大,反应谱峰值并未出现较大的增加,反而峰值有所降低,这说明离爆源的距离对建筑物响应有较大影响。

5.7.3　各阶段监测数据位移反应谱分析

图 5.45～图 5.48 为各阶段振动信号的位移反应谱分析曲线,直观上可以看出:虽然建筑物阻尼比系数不同,但反应谱的响应趋势相近。从幅值来看,随着阻尼比系数的增大,反应谱曲线峰值有所降低。当周期达到一定的程度后,响应值趋于统一,为一较小的固定值。

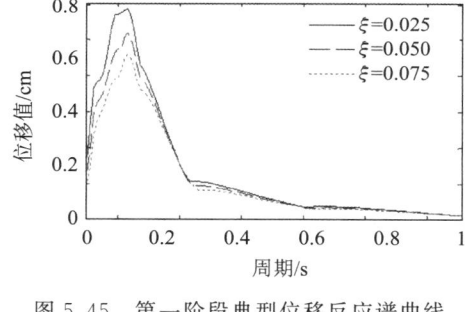

图 5.45　第一阶段典型位移反应谱曲线

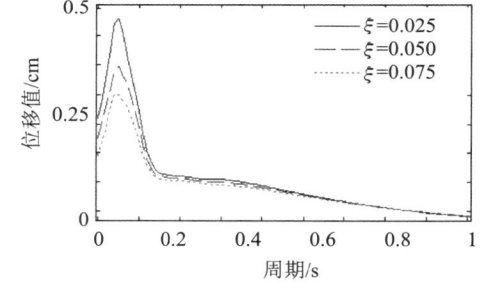

图 5.46　第二阶段典型位移反应谱曲线

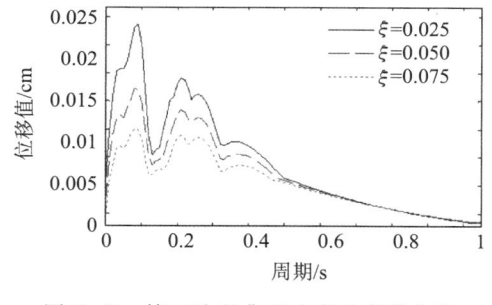

图 5.47　第三阶段典型速度反应谱曲线

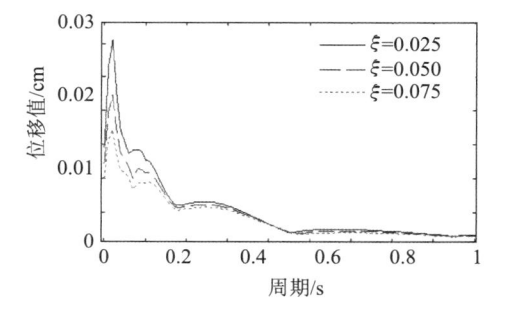

图 5.48　第四阶段典型位移反应谱曲线

从各阶段位移反应谱响应曲线上可以看出,相对于加速度和速度响应,位移响应反应谱曲线有其独特的特点:位移反应谱最大主峰值频带较宽,反映出结构体周期差异导致的响应变化,随着周期的加大,反应谱响应值趋于稳定,最后趋于某一值。并且随着阻尼比系数的增加,削平谱峰值点的作用体现得越来越微弱,阻尼比系数较大时,阻尼在结构中提供的抵抗破坏的阻力也越来越大,对爆破振动能量的耗散也越多。各阶段反应谱曲线峰值通常会出现一个明显的峰值点,峰值点所对应的反应周期主要集中在几毫秒至几十毫秒的范围内,随着施工的不断进行,反应谱曲线响应峰值逐渐平缓,并且显现出多振型的特点。

通过对爆破振动激励下的加速度、速度和位移响应随着建筑物自振周期的反应谱曲线进行分析,可以总结出结构体系对爆破振动的响应规律,科学评价爆破振动的危害等级,为矿区建筑物的抗震设计和损伤类型提供一定的参考,同时为有可能引起的民事纠纷提供法律依据。

5.8　建(构)筑物爆破响应结构稳定性数值模拟

综合前面的分析,足以说明仅仅以爆破振动速度和距离来评价爆破对建(构)筑物的破坏是不科学的,合理的爆破振动安全判据标准应在不同的爆破振动频带范围内,制定适当的爆破振动安全标准。在实际的理论分析中,分析结果和实际应用往往受到很多条件限制,因此应根据动力谱分析,采用合理的结构模型和参数进行数值模拟分析和试验研究,从而总结出爆破振动效应的特征。本节采用大型通用的有限元软件 ANSYS 中强大的谱分析模块,来对结构体的动力响应进行准确分析,对结构体在爆破振动作用下的破坏进行讨论。

ANSYS 是功能齐全的非线性显式分析程序包,可以求解各种几何非线性、材料非线性和接触非线性问题。其显示算法特别适合于分析各种非线性结构冲击动力学问题,如爆炸、结构碰撞、金属加工成形等高度非线性的问题,同时还可以求解传热、流体以及流固耦合问题。其算法特点是:以 Lagrange 为主,兼有 ALE 和 Euler 算法;以显示求解为主,兼有隐式求解功能;以结构分析为主,兼有热分析、流固耦合功能;以非线性动力分析为主,兼有静力分析功能(如预应力结构动力分析前的预应力计算以及金属板材冲压成形后的回弹分析)。其算法是军用和民用相结合的通用结构分析非线性有限元程序。

在材料模型方面,ANSYS 目前拥有近 150 种金属和非金属材料模型,涵盖了弹性、弹塑性、超弹性、泡沫、玻璃、地质、土壤、混凝土、流体、复合材料、炸药、刚体等各种材料模型以及多种气体状态方程,可以考虑材料的失效、损失、黏性、蠕变、应变率等材料性质。此外,程序还支持用户自定义材料功能。

与一般的 CAE 辅助分析程序操作过程相似,一个完整的 ANSYS 显示动力分析包括前处理、求解以及后处理三个基本操作环节。

下面对各个环节进行简单的介绍:

① 前处理——建立分析模型。

指定分析所用的单元类型并定义实常数(如梁单元的截面积),指定材料模型。建立几何模型,进行网格划分,形成有限单元模型,定义与分析有关的接触信息、边界条件与荷载等。利用 ANSYS 的前处理器 PREP7 完成。

②分析选项设置及求解。

指定分析的结束时间以及各种求解控制参数,形成关键字文件(ANSYS 计算程序的数据输入文件),递交 ANSYS 求解器进行计算。

③结果后处理与分析。

对计算的结果数据进行可视化处理和相关分析,可以利用 ANSYS 的通用后处理器 POST1 和时间历程处理器 POST26 完成,必要时也可调用 LS-POST 后处理程序进行结果后处理。

5.8.1　模型的建立

ANSYS 的谱分析包括下面三种类型:

1. 响应谱分析

一个响应谱就代表单自由度体系对一个时间历程载荷函数的响应,是一个响应与频率的关系曲线。其中响应可以是位移、速度、加速度、力等。响应谱又可以分为以下两种形式:

单点响应谱:在模型的一个点集上定义一条(或一簇)响应谱曲线。

多点响应谱:在模型的不同点集上定义不同的响应谱曲线。

2. 动力设计分析方法

这是一种用于分析船用装备抗震性的技术,所使用的反应谱是从美国海军研究实验室报告(NRL-1396)中的一系列经验公式和振动设计表得来的。

3. 随机振动分析(功率谱密度)

功率谱密度是结构对随机动力荷载响应的概率统计,用于随机振动分析,是功率谱密度-频率的关系曲线。功率谱密度有位移功率谱密度、速度功率谱密度、加速度功率谱密度、力功率谱密度等形式。与响应谱分析类似,随机振动分析也可以是单点的或多点的。

ANSYS 谱分析是将模态分析结果作为模型的激励,来计算振型的位移和应力的分析方法,主要目的在于确定结构体对随机振动载荷或随时间变化载荷的动力响应情况。所谓的谱分析,就是谱值与频率的关系。所建立的理想分析结构体模型框架具体参数陈列如表5.21 所示。

表 5.21　结构体模型参数

板厚度 T/mm	梁宽度 B/mm	梁高度 H/mm	梁截面面积 S/mm²	梁惯性矩 Iz/mm⁴	梁惯性矩 Iy/mm⁴	弹性模量 E/GPa	泊松比 v	结构体密度/ (kg·m⁻³)
2	3	4	24	26	9	250	0.3	7800

建筑物几何模型建立过程中,楼层层板采用 SHELL163 壳单元,楼房梁柱采用 BEAM4梁单元,按照上述参数,采用图形用户界面(graphics user interface,GUI)方式建立模型,并进行有限元映射网格划分方式,根据已知的载荷条件和问题的实际情况对简化模型进行数学求解得到振动结构上所产生的位移、应力和应变等,建立的三层混凝土有限元结构体模型,如图 5.49 所示。

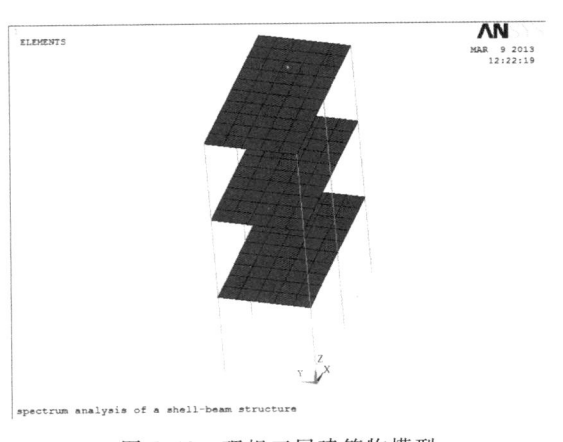

图 5.49 理想三层建筑物模型

模型建立后,将爆破振动波作为简谐荷载加载在模型体上。在载荷施加之前,首先要定义模型体的约束。在此次分析中,将建筑体基底的 6 个自由度(三个方向的移动和转动)进行限制,约束建筑物基底的活动,图 5.50 为施加约束后的建筑物模型体。

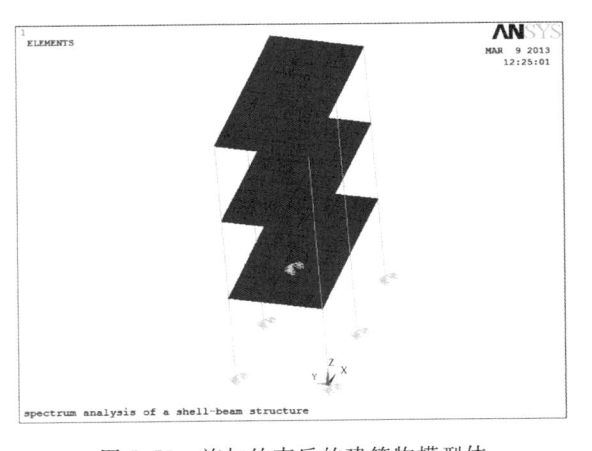

图 5.50 施加约束后的建筑物模型体

5.8.2 建筑物位移响应

爆破施工后,由爆破产生的地表振动效应,首先会通过建筑物的结构基础传递到建筑物的不同高度体系中,造成不同的响应趋势。因此,从实质上讲,爆破振动效应对建筑物结构体的破坏,可以归结为结构体的振动响应问题。当结构体构建的节点振动应力达到构建材料的强度极限时,就会导致结构体的构件及整个结构的振动甚至破坏。由于建筑物模型的破坏频率往往处于低频段,因此选取对建筑结构体影响较大的低频段进行分析,从可能发生共振的角度,建立爆破振动激励位移反应响应谱值如图 5.22 所示。

表 5.22 爆破振动位移反应谱

频率/Hz	位移量/mm	频率/Hz	位移量/mm
2	1.20	10	1.10
4	0.60	12	0.60

频率/Hz	位移量/mm	频率/Hz	位移量/mm
6	0.90	14	0.75
8	0.70	16	0.30

图 5.51 为单质点反应谱运算环境变量设置,设定反应谱值的尺度因子为 1,反应谱类型选择为振动位移,其他采用默认设置。

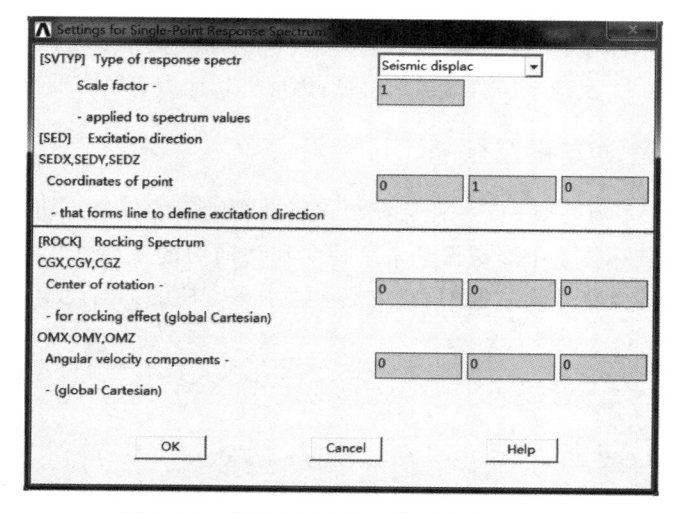

图 5.51　单质点反应谱运算环境变量设置

　　ANSYS 分析相对于反应谱理论分析,其分析结果更加可视化,能够更直观地表述结构体的动力响应程度。在分析过程中,通过合理输入结构体参数和参数的确定,就能保证分析结果的精确可靠。当分析计算过程结束后,计算结果会以彩色等值以及梯度图的形式体现在分析图上。从图上可以通过不同颜色标明的数值大小,直观了解建筑物响应程度的大小,从而客观准确地判定结构体的破坏程度和动力响应状态特征。利用 ANSYS 软件强大的数据运算处理功能,通过谱分析插值计算,得到频率为 2.33 Hz 低频段建筑物的动态位移响应趋势如图 5.52 所示。

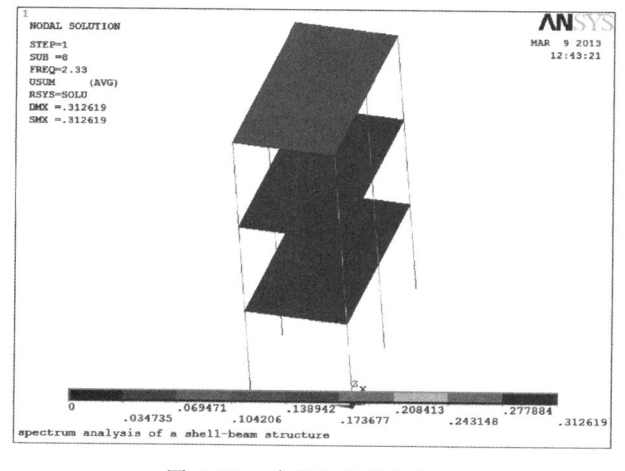

图 5.52　建筑结构体位移云

　　通过对结构模型进行模态和谱分析后,从分析图上可以看出:结构体的最大偏移发生在建筑物的最高层,结构体的偏移从低到高的顺序基本上是逐步增大的,但不呈明显的线性比例关系,出现这种结果的主要原因在于楼盖和楼板的惯性以及柱的刚性作用。建筑结构对爆破振动波的响应与自身构造特点不同而有所差异。对于底部为1~3层的框架砌体建筑结构体,1~2层振动响应程度趋于一致,每层的承重梁不因所处高度的改变而有所区别,所受剪切力处于相同的屈服状态。随着建筑物高度的增加,剪切应力呈现相反趋势,剪切强度有所降低,但根据以往的经验,高层建筑物对爆破振动质点振速有一定的放大作用。这主要是由于高层建筑物整体周期的影响,从前述位移、速度和加速度反应谱曲线关系上可以很清楚地发现,随着建筑物自振周期的加大,反应响应程度有所降低,因此剪切应力有所降低。

5.8.3　建筑物运动方程及解析

　　图5.53~图5.54为采用SRSS计算模型在振动激励下的矢量运动趋势图,从图上可以清楚看到在建筑物破坏体系中爆破振动水平径向和切向力的主要作用,但在垂向方向上几乎不产生竖向力。因此在结构防振中,应重点注意水平方向的力对建筑物的剪切和拉断。

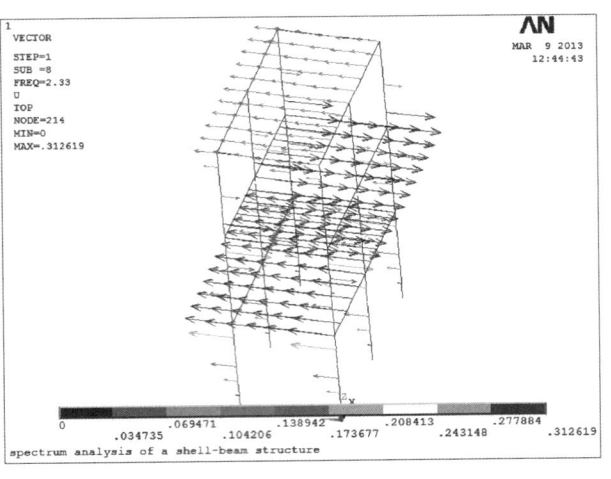

图5.53　建筑物水平径向响应矢量运动

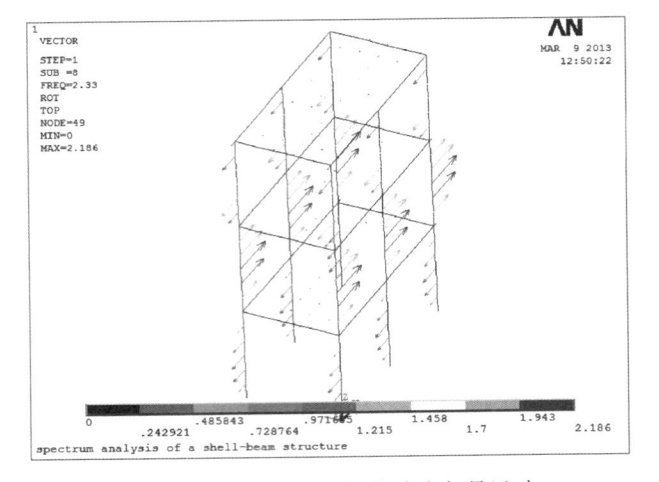

图5.54　建筑物水平切向响应矢量运动

　　从建筑物矢量运动趋势上,可以了解到建筑物不同高度楼层与下层建筑呈现"S"形扭转和剪切,其中,在长度方向的应力明显小于宽度方向,并且宽度方向应力主要集中在梁和边墙,这说明对于长度方向较长的板状楼层体,应重点对宽度方向的破坏进行控制,同时,在结构体抗震设计时,应适当加大长宽比例,可以显著提高建筑物的抗震性能。从速度运动矢量图上也可以看出水平径向和切向的运动响应,其随着楼层变化和结构体高度的不断增加并无明显的变化规律可遵循,通常认为建筑物楼层越高,质点响应值应越大。而研究表明运动矢量峰值与常规所认定的建筑物的高程放大效应不符,基本上呈现无规律变化甚至在某些方向上出现相反的现象,建筑物的矢量运动趋势与其质点速度响应出现相悖的趋势,高层的破坏主要因楼层高度的影响,结构体受到频繁、瞬时的剪切力所致。

　　为简化问题的研究,将建筑物作为一个整体分析,结构体质量与地基之间采用弹簧连接,弹簧按一定规律沿水平方向布置,如图 5.55 所示。

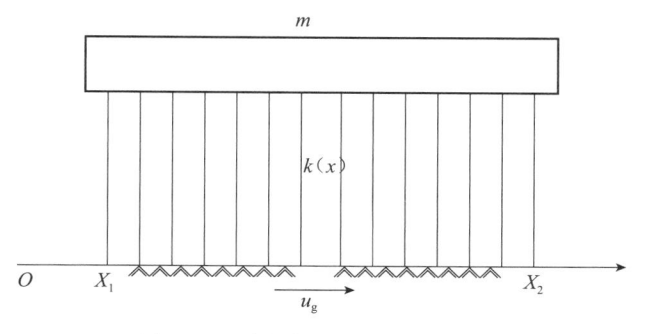

图 5.55　建筑物结构整体简化模型

　　将爆破振动波作为简谐波,它沿着地表以固定波速从结构体的一端传向另一端,如果忽略地表的竖向振动,即可用下式表示其运动规律:

$$u_g\left(t-\frac{x}{c}\right)=A\sin\theta\left(t-\frac{x}{c}\right) \tag{5-33}$$

　　建筑物在爆破振动波作用下的运动规律为

$$\frac{\mathrm{d}^2u}{\mathrm{d}t^2}+2\xi\omega\frac{\mathrm{d}u}{\mathrm{d}t}+\omega^2u=\frac{1}{m}\int_{x_1}^{x_2}k(x)u_g\left(t-\frac{x}{c}\right)\mathrm{d}x \tag{5-34}$$

　　式中,u 为集中质量的水平方向运动位移;$u_g(t-x/c)$ 为振动波引起的地表水平方向运动位移;c 为振动波传播速度;ω 为结构体自振圆频率;$k(x)$ 为质量块体与基础之间连接弹簧的分布刚度;ξ 为阻尼比系数。

　　若进一步假设建筑物结构体与地基基础之间连接弹簧的分布刚度 $k(x)$ 为均匀布置的,初始时建筑物处于静止状态,则有

$$k(x)=K/(x_2-x_1)=K/L \tag{5-35}$$
$$u\big|_{t=0}=0\,\mathrm{d}u/\mathrm{d}t\big|_{t=0}=0$$

　　式中,K 为总刚度;L 为建筑物长度。

　　把式(5-33)、式(5-35)代入式(5-34),设振动波持续时间足够长,可以略去随时间按指数规律衰减项,求解得到式(5-34)的稳态解:

$$u=A\frac{\sin b}{b}\frac{1}{\sqrt{(1-\theta^2/\omega^2)^2+(2\xi\theta/\omega)^2}}\sin(\theta t-\varphi) \tag{5-36}$$

式中，$b = \dfrac{\theta L}{2C} = \dfrac{L}{\lambda}\pi$；$\tan\varphi = \dfrac{2\xi\theta/\omega}{1-\theta^2/\omega^2}$；$\lambda$ 为波长。

相应的集中质量块振动速度 v 为

$$v = A\frac{\sin b}{b}\frac{\theta}{\sqrt{(1-\theta^2/\omega^2)^2+(2\xi\theta/\omega)^2}}\cos(\theta t-\varphi) \tag{5-37}$$

与其相应的振动波引起地面质点速度为

$$v_g = \frac{\mathrm{d}s}{\mathrm{d}t} = A\theta\sin(\theta t-x/c+\pi/2) \tag{5-38}$$

建筑物受到的振动剪力计算式如下：

$$Q_x = \frac{AK}{l}\left\{\frac{\sin b}{b}\frac{1}{\sqrt{\left(1-\dfrac{\theta^2}{\omega^2}\right)^2+4\varepsilon^2\dfrac{\theta^2}{\omega^2}}}\sin(\theta t-\mu)-\sin\left(\theta t-2b\frac{x}{l}\right)\right\} \tag{5-39}$$

若以 $\overline{Q}_x$ 表示 Q_x 幅值，则可以由此推导出剪力计算公式如下：

$$\overline{Q}_x = \frac{AK}{l}\sqrt{\left[\frac{\sin b}{b}\frac{2\varepsilon\dfrac{\theta}{\omega}}{\left(1-\dfrac{\theta^2}{\omega^2}\right)^2+4\varepsilon^2\dfrac{\theta^2}{\omega^2}}-\sin\left(2b\frac{x}{l}\right)\right]^2+\left[\frac{\sin b}{b}\frac{1-\dfrac{\theta^2}{\omega^2}}{\left(1-\dfrac{\theta^2}{\omega^2}\right)^2+4\varepsilon^2\dfrac{\theta^2}{\omega^2}}-\cos\left(2b\frac{x}{l}\right)\right]^2}$$

$$\tag{5-40}$$

爆破振动特征在墙面和墙角处体现得最为明显，墙角处响应能较好地反映出这一作用，当墙角受到的压力和应力超过其承载能力时，就会产生明显的裂缝，由于砌体结构抗剪切破坏能力较弱，在水平振动下最易遭到破坏，产生破坏主要是由爆破作用引起的裂缝是由整个结构体在挤压和扭转中共同作用产生的剪切力导致的。图 5.56 为爆破反应作用下结构模型的剪切应力图，从图中可以看出墙间、墙与其附属结构的接合处、墙与屋盖等处最易受到剪切破坏而产生裂缝。

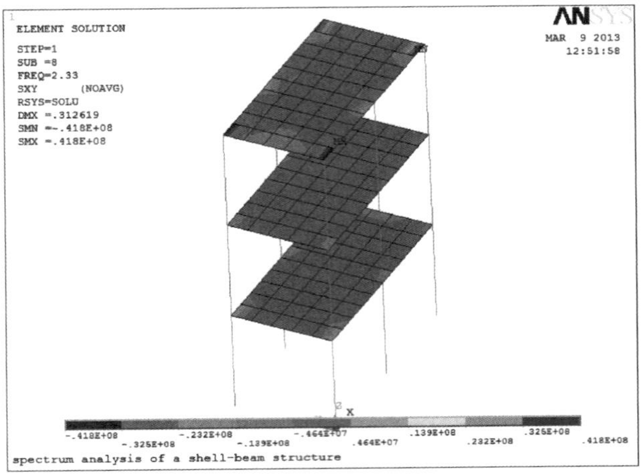

图 5.56　水平力作用下建筑物结构不同部位应力云

从抗震性能角度分析：砌体建筑物主要以砌体为主要的承重部件，同时承重墙体的脆性较大，抗剪切破坏能力较弱，尤其在受到水平径向和切向振动作用下，最容易受到剪切失稳。对于某些建筑地基埋深较浅的建筑物，其地基对振动的响应尤为严重。

爆破振动波在建筑结构材料的传播及其对传播介质的破坏,往往会引起结构体不同部位的损伤,甚至会出现结构整体的破坏。对于同一建筑物,结构的不同部位因为爆破振动波入射方向的不同,其抵抗破坏的能力也不同。众多的工程实际表明,对于同一场次的爆破作业所产生的振动,建筑物不同部位的响应程度有所差异,有的部位严重受损,而有的部位无丝毫被破坏的迹象。

从图中可以看出:建筑结构不同部位对爆破振动的响应是有差异的,爆破振动波在结构体介质内传播的过程中,首先碰撞到地基基础上,再由基础传到建筑物的整个结构体上,从而引起结构体的响应和变形。导致结构变形的应力的产生,一方面仅仅是结构体质量运动所产生的惯性力所致,另一方面便是结构体惯性力和不同构件在爆破振动波作用下产生的相对位移所引起的。图中清晰地体现出梁和板在爆破振动下的受力情况及变形情况。通过分析可以发现,高层建筑物最容易受到破坏的部位,便是楼板和梁的连接处,因此应重点对这些部位进行抗震加固。在梁的抗震设计方面,由于梁受力时的破坏变形主要集中在中间两层,所以在建筑物设计施工时应充分考虑所用建筑材料的直径等尺寸大小,以便采取合理的建筑形式。

从图 5.57 可以看出:随着建筑物层数的增多,结构体对爆破振动的响应越来越强烈,尤其是梁或柱与墙体的接合处,更应该采取合理的抗震结构。

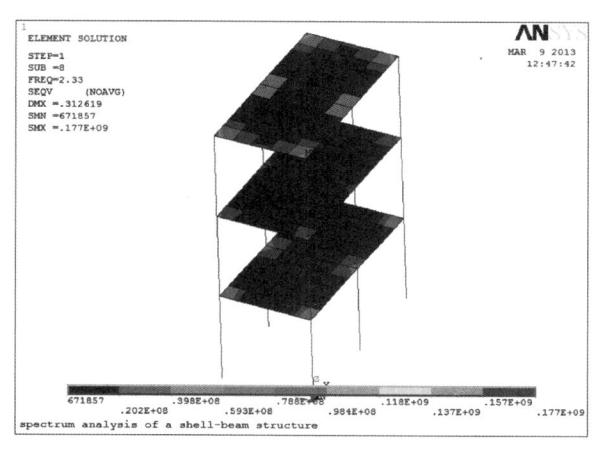

图 5.57　竖向力作用下建筑结构体不同部位受力云

爆破振动对建筑物的影响和破坏作用的研究,不能仅仅局限于对爆破振动参量的监测和控制上,还应该结合建筑物的尺寸和建造形式等。因此,对爆破振动效应以及结构体响应进行分析时,不能只考虑爆破振动强度的大小,还要结合建筑物与爆源的位置、角度,以及振动波的入射方向、波速、频率、持续时间、结构体传播介质特性、结构的形状尺寸等因素来综合考虑。

引起建筑物结构体振动破坏效应的主要原因是爆破振动作用下建筑物结构体产生的累积损伤破坏现象。当结构体的不同构件所承受的应力和应变超过构件材料的强度极限时,就会造成建筑物的首次位移超越破坏。从爆炸力学的角度分析,累积效应表征了在爆破振动作用下,建筑物介质构件材料物理参数的持续关联变化。其体现的重点在于长时间爆破振动循环力作用下,建筑物结构介质材料的状态与特性的累积变化趋势,并非是其作用力次数的简单累积或是与力作用的简单重复。许多建筑物并非是构件所承受的载荷超越了其极限强度值而被破坏,而是基于其构件所受到的累积能量损伤,导致结构丧失承载能力,最终破坏甚至垮塌。图5.58为模型在多次反应值激励下的最终累积破坏形式。

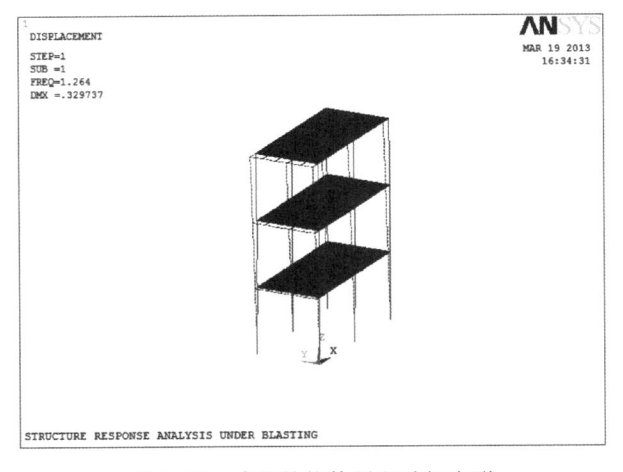

图5.58　建筑结构体累积破坏变形

总而言之,爆破振动及结构体响应研究,涉及多学科,是比较复杂的系统研究课题。目前仅仅从理论角度研究,而不考虑实际情况的差异,导致研究结果往往与现实结构体的受损状态存在较大出入,远远不能满足实践发展的需要。爆破振动响应和破坏的研究仍然任重而道远。

本章彩图详见二维码:

参考文献

[1] 李夕兵,凌同华.爆炸参量对爆破地震反应谱的影响[J].爆炸与冲击,2004,24(5):443-447.

[2] 赵明生,张亚文,徐海波,等.不同微差间隔下爆破振动信号的反应谱分析[J].爆破,2011,28(1):28-32.

[3] 陈兴泽,杨兴国,李洪涛,等.地下厂房开挖爆破地震反应谱特征研究[J].工程爆破,2012,18(1):44-47.

[4] 陈勇,赵凤新,胡聿贤,等.不同阻尼比反应谱的转换关系[J].地震工程与工程振动,2010,30(4):17-23.

[5] 郭锋,吴东明,许国富,等.场地条件对抗震设计反应谱最大值的影响[J].土木工程与管理学报,2011,28(1):69-72.

[6] 熊辉,李正良,晏致涛,等.地震反应谱、功率谱以及傅立叶谱关系探讨[J].四川建筑科学研究,2011,37(2):171-179.

[7] 唐鸿卿,吴新霞.频率对爆破地震反应谱的影响[J].爆破,2008,25(4):17-19.

[8] 董娣,桑向国,刘锐,等.震源机制对近场地震动反应谱的影响[J].西北地震学报,2008,30(1):6-10.

[9] 孙新建.爆破地震速度激励下反应谱特性与震动损伤研究[D].太原:太原理工大学,2008.

[10] 范磊,龙源,郭涛,等.基于反应谱理论的爆破振动破坏评估标准分析[J].爆破,2010,27 (1):5-10.

[11] 包辉.爆破震动反应谱的特征分析[J].铁道建筑,2010(9):143-145.

[12] 胡维平,杜明辉.信号采样率对经验模态分解的影响研究[J].信号处理,2007,23(4): 637-640.

[13] 安永丽,高雪飞,高艳东,等.一种特殊的带通信号采样率选取的研究[J].山西电子技术, 2007(3):58-60.

[14] 付晓强,张世平,张昌锁,等.复线隧道爆破振动信号的 HHT 分析[J].工程爆破,2012,18 (3):5-8,16.

[15] 王俊平.爆破地震波对周围建筑物影响的分析[D].武汉:武汉理工大学,2005.

[16] 石崇.爆破地震效应分析与安全评价[D].青岛:山东科技大学,2005.

[17] 王祥厚,李明勇.爆破地震效应强度与爆破地震荷载的探讨[J].贵州工业大学学报(自然科 学版),2000,29(2):18-22.

[18] 张正宇,赵根,吴新霞,等.三峡三期碾压混凝土围堰拆除爆破研究[J].工程爆破,2003,9 (1):1-8.

[19] 顾毅成,史雅语,金骥良.工程爆破安全[M].合肥:中国科学技术大学出版社,2009: 537-540.

[20] 李德林,方向,齐世福,等.爆破震动效应对建筑物的影响[J].工程爆破,2004,10(2): 66-69.

[21] 李洪涛,卢文波,舒大强,等.不同类型钻孔爆破的地震反应谱特征研究[C]//中国兵工学 会.第九届全国爆炸与安全技术学术会议论文集.沈阳:东北大学出版社,2006:10-14.

[22] 章涛.城市隧道开挖爆破震动对地表建筑物的影响及安全评价[D].青岛:青岛理工大 学,2010.

[23] 李夕兵,凌同华.单段与多段微差爆破地震的反应谱特征分析[J].岩石力学与工程学报, 2005,24(14):2409-2413.

[24] 孟祥煜,杨慧,李会恩,等.爆炸冲击波在建筑群中传播规律的数值模拟[J].四川建筑科学 研究,2011,37(1):161-163.

[25] 苏贺.砌体结构建筑物对爆破地震波动力响应研究[D].淮南:安徽理工大学,2009.

[26] 付朝辉,李谦,赵玉成,等.岩石基坑开挖爆破时周围建筑物动力响应分析[J].山西建筑, 2012,38(36):56-58.

[27] 王斌,梁开水,赵伏军,等.爆炸荷载下高耸建筑物过早断裂的数值模拟[J].煤炭科学技术, 2007,35(4):59-62.

[28] 何文福,霍达,刘文光,等.长周期隔震结构的地震反应分析[J].北京工业大学学报,2008, 34(4):391-397.

第六章 冻结立井爆破信号分析与精细化特征提取

6.1 立井爆破雷管微差延时识别

在煤矿爆破施工中,对雷管质量问题以及起爆过程中可能发生的雷管重段现象引起的振速叠加的研究,对控制和减小爆破振动效应具有重要的现实意义。对此,相关学者开展了大量的研究,如凌同华等基于小波变换理论,通过获取爆破振动信号不同频带能量随时间的分布,有效地识别出了微差爆破中各段雷管的起爆时刻;张胜等采用微差爆破振动子信号构造出模式自适应小波基,提出了模式自适应小波时-能密度法,对多段微差爆破信号进行了分析,收到了良好的效果;龚敏等以隧道实际工程为例,对比分析了瞬时能量法与 EMD 识别法识别雷管实际延时时间的差异和适用条件。由于小波方法分析的精确性很大程度上依赖于小波基的选取,EMD 分解存在明显的端部效应,上述方法的使用具有一定的局限性。同时,对于冻结立井爆破中雷管延期时间的准确识别,还未见有相关报道。

本节以兖矿集团万福矿主立井掘进工程为依托,对井筒掘进中井壁监测振动信号进行了分析。采用 ITD 与小波抑制方法相结合,准确识别出了爆破过程中各段别雷管实际延期时间。为井筒爆破掘进振动监测和爆破参数优化,以及控制爆破振动对冻结壁、冻结管、井壁的扰动和破坏提供了重要理论参考。

6.1.1 工程概况

兖矿集团菏泽能化有限公司万福矿位于山东菏泽市巨野县,矿井设计生产能力 1.8 Mt/a,采用立井开拓方式,布设主、副、风三个立井井筒,考虑各井筒施工进度,本次现场调研及试验选择在主立井井筒内进行。

掘进试验段位于主井井筒基岩段 816 m 深度,该段井壁为单层井壁结构,井筒净直径 8.5 m,支护方式为钢筋砼 1500 mm,砼强度等级 CF90。竖筋规格 $\phi20$ mm,间距 250 mm,环筋规格 $\phi25$ mm,间距 250 mm。井筒冻结基岩采用钻爆法掘进,光面爆破。采用 T220 型 1 号岩石抗冻水胶炸药,每循环总装药量 324 kg,MS1~MS5 段毫秒延期电雷管,掘进段高 3.7 m。图 6.1 为现场爆破炮孔布置图。

本次试验选用成都中科测控有限公司生产的 TC-4850 型爆破测振仪来记录立井爆破施工过程中测点的振动信息。该测振仪信号采样频率为 1 kHz~50 kHz,多挡可调,可在同一监测点并行采集三个方向的(径向、切向、轴向)振动信号,可以记录在 0~35 cm/s 范围内的峰值振速以及 1~500 Hz 频率范围内任意时长振动信号,记录精度完全满足工程要求。

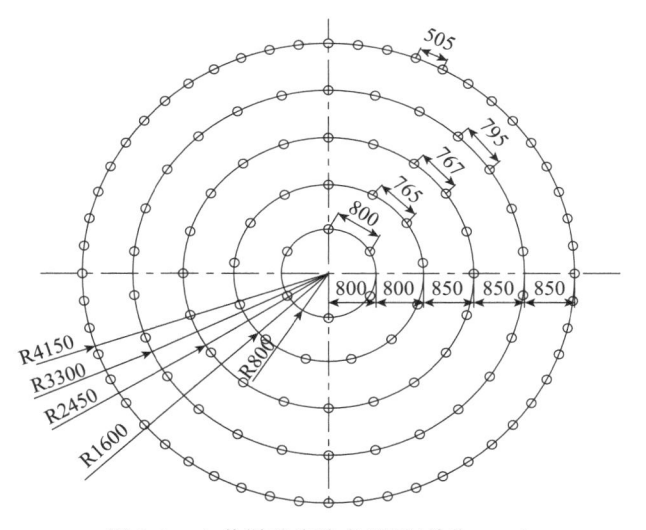

图 6.1　立井爆破炮孔布置图(单位:mm)

实际立井工程井筒施工中存在作业空间有限、干扰因素多的局限性。综合考虑以上因素,决定将测振仪布置在井壁保护盒中,将保护箱及配套传感器采集头固定在井壁钢筋上,浇筑于井壁内,最大程度保证井壁完整性和测试的可行性。这样还可避免现场测试导线敷设、检查和回收等大量工作。图 6.2 为测振仪传感器和仪器主机防护箱的现场安装固定。

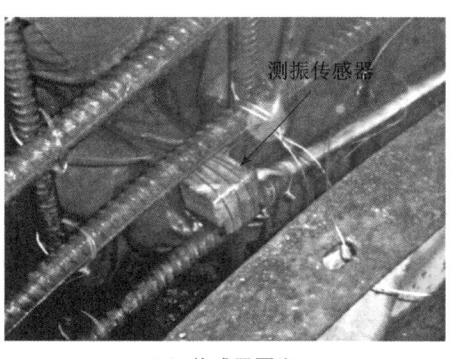

（a）传感器固定

（b）仪器主机防护箱固定

图 6.2　测振仪传感器和主机防护箱固定

6.1.2　微差识别原理

1. 固有时间尺度分解

Frei 等针对具有时变谱的非平稳信号分析提出的固有时间尺度分解算法,能将信号分解成保持精确暂态的瞬时频率和瞬时幅值的固有转动分量,克服了傅里叶和小波分析等方法分析结果受选用小波基函数形态好坏影响的缺点。

给定分析信号 X_t,定义算子 L,该算子从信号 X_t 中提取基线信号 L_t,使残差信号 H_t 为固有转动分量,这样 X_t 被分解,表示为

$$X_t = LX_t + (1-L)X_t = L_t + H_t \tag{6-1}$$

假设实值信号 $\{X_t, t \geqslant 0\}$，令 $\{\tau_k, k=1,2,\cdots\}$ 表示 X_t 的局部极值，为方便，定义 $\tau_0=0$，令 X_k 和 L_k 分别表示 $X(\tau_k)$ 和 $L(\tau_k)$。假设 L_t 和 H_t 在区间 $[0,\tau_k]$ 有定义，X_t 在区间 $t \in [0,\tau_{k+2}]$ 有值。在连续极值区间 (τ_k,τ_{k+1}) 内定义分段线性基线提取算子 L 为

$$LX_t = L_k + \left(\frac{L_{k+1}-L_k}{X_{k+1}-X_k}\right)(X_t-X_k), t \in (\tau_k,\tau_{k+1}) \tag{6-2}$$

$$L_{k+1} = \alpha \left[X_k + \left(\frac{\tau_{k+1}-\tau_k}{\tau_{k+2}-\tau_k}\right)(X_{k+2}-X_k)\right] + (1-\alpha)X_{k+1} \tag{6-3}$$

则固有转动压缩算子 H_t 为

$$HX_t = (1-L)X_t = H_t = X_t - L_t \tag{6-4}$$

参数 α 用于控制提取固有转动分量幅度的线性缩放，取 $\alpha=0.5$。上述定义的基线信号 L_t 是由原始信号的线性收缩变换构造而成，极值间的值与输入信号 X_t 有同样的可微和平滑能力。固有转动压缩算子 H_t 则代表输入信号的相对高频分量，这样完成一次分解。算子 L 能够保证固有转动压缩算子 H_t 在极值之间的单调性，并使原始信号 X_t 的固有信息（如极值位置）传递到基线和残差部分，故称为固有时间尺度分解。

2. 小波信号抑制

利用小波方法对信号进行抑制是小波分析的一个重要应用。对于任意信号可将其转化为一个次数为 k 的多项式来逼近。因此，小波对信号的抑制实质上是对该多项式幅值的抑制，其抑制能力取决于小波本身的一个重要数学特征，该特征称为过零点。若一个小波均值为 0，则其至少有一个过零点。

如果信号 s 是一个只在 $[\alpha,\beta]$ 区间段的次数为 k 的多项式，只要函数 $(1/\sqrt{a})\psi[(x-b)/a]$ 在区间 $[\alpha,\beta]$ 内成立，则系数 $C(a,b)=0$ 也成立，这样小波分析就可以对信号进行抑制，但在信号段的边界部分有衰减作用。所以，可以假定在区间 $[\alpha,\beta]$ 中，信号 s 可以展开成

$$s(x) = s(0) + xs(0) + x^2 s^2(0) + \cdots + x^k s^k(0) + g(x) \tag{6-5}$$

则 s 与 g 有相同的小波系数。这里可以用相位的观点来理解：小波值只抑制信号 s 中的多项式部分，而对信号 s 的"不规则"部分信号 g 不起作用。小波分析是通过对规则信号抑制而达到不规则信号分析的目的。

抑制信号中某些成分的另一种方法是强制性地使小波分解系数中的某些系数 $C(a,b)$ 等于 0，对于一个系数索引组成的集合 $\mathbf{E}$，有 $\forall (a,b) \in \mathbf{E}$，令 $C(a,b)=0$，然后将修改后的小波分解系数进行小波重构，即可实现对信号某些部分的抑制。由于爆破振动信号能量主要集中在低频（250 Hz 以内），因此通过小波抑制方法对爆破振动信号的高频部分系数全置为 0，使信号低频段信息凸显，从而得到更为清晰的信号特征。

6.1.3 应用分析

图 6.3 为立井基岩段砂岩条件下监测到的轴向爆破振速时程曲线，设定测振仪采样频率为 8 kHz。由于该监测点位于爆破远区，信号高频分量已得到大部分衰减，信号辨识度高。因此，选择该测点信号作为分析信号。图 6.4 中信号频谱三维瀑布图表明：信号的频率主要分布在 0~1000 Hz 频率范围内，时间上包含矿用 5 个段别雷管起爆时间（<130 ms）范围，在 150 ms 后已完全衰减，证明了测试数据的有效性。

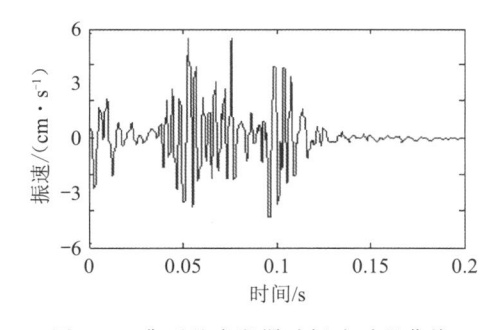

图 6.3　典型基岩段爆破振速时程曲线

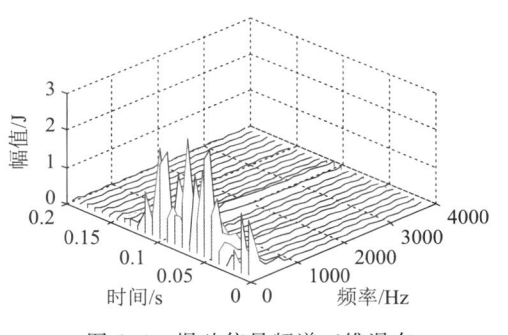

图 6.4　爆破信号频谱三维瀑布

对图 6.3 中典型爆破振动信号进行 IDT 分解,得到 5 个固定旋转分量(proper rotation component,PRC)和一个周期趋于无穷的趋势项 r。图 6.5 为图 6.3 原始信号采用 ITD 算法分解得到的各分量时程曲线,将原信号按照频率由高到低、振动幅值从大到小的顺序依次分解得到。

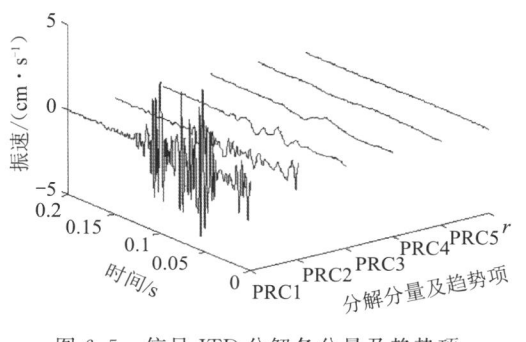

图 6.5　信号 ITD 分解各分量及趋势项

从图 6.5 可以看出:ITD 分解算法按照频率高低将原始信号分解为不同振动频率特征的子信号分量。为了确定该信号的优势分量,采用互相关性指标来客观评价 PRC 与原信号的相关度。互相关性系数 $F = CCF(s, x_i, t)$,其中 s 为原始信号,$x_i (i = 1, 2, \cdots, n)$ 为信号 EMD 分解后各 IMF 分量,t 为信号采样时间。计算得到各分量及趋势项与原信号的相关性系数如表 6.1 所示。

表 6.1　各分量与原信号的相关性系数

分解各分量和趋势项	与原信号的相关性系数
PRC1	0.9518
PRC2	0.5347
PRC3	0.3168
PRC4	0.0554
PRC5	0.0532
r	0.0237

从表 6.1 可知:PRC1～PRC3 分量与原信号的相关性系数远大于其余高阶和低阶 PRC 分量的相关性系数,可确定为信号的优势分量。因此,这里选择这 3 阶分量作为优势 IMF

分量,将其合成得到图 6.6 中的爆破振动特征信号。

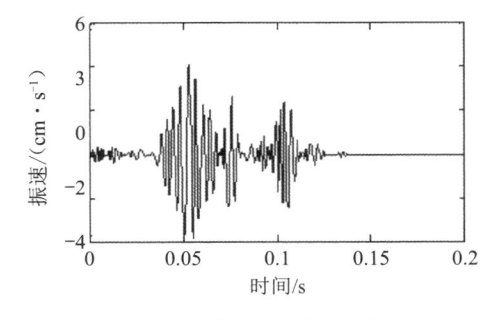

图 6.6　爆破振动特征信号

从图 6.6 中可以看出:优势 PRC 分量重构得到的特征信号幅值显著减小,去噪后的爆破振动信号相对光滑,且局部奇异性更易辨识。

对特征信号进行小波噪声抑制,抑制后的信号噪声分量得到了有效剔除,更能真实反映爆破振动信号包含的真实信息,图 6.7 为特征信号小波抑制过程。

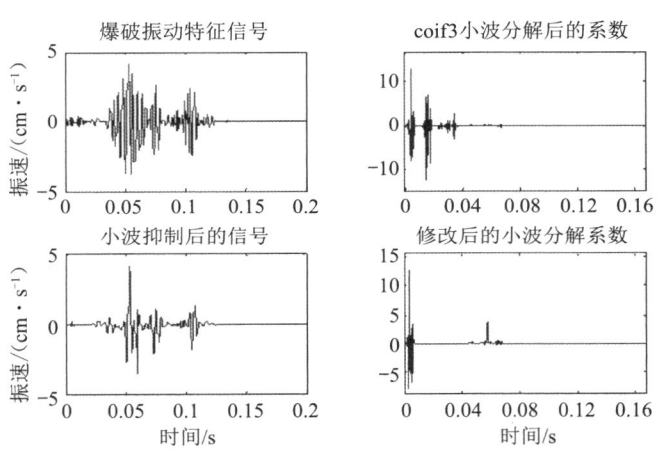

图 6.7　特征信号小波抑制过程

对小波抑制后的信号进行连续小波变换(尺度 $\alpha=16$)取模值并求取包络线,得到图 6.8 所示抑制信号模值及包络曲线。

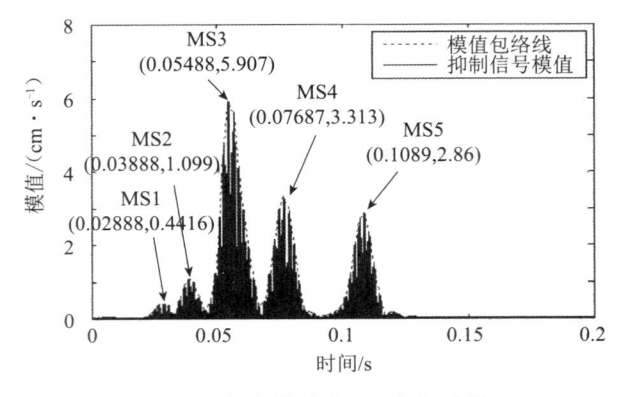

图 6.8　抑制信号模值及包络曲线

由模值包络曲线中可以分辨出 5 个明显波峰,对应的时刻分别为 0.02888 s、0.03888 s、0.05488 s、0.07687 s、0.1089 s。由前述分析可知,这 5 个模值点即是立井爆破中所使用的各段别雷管的实际起爆时刻,则该次爆破中所采用的毫秒微差电雷管 MS1、MS2、MS3、MS4、MS5 段的实际起爆时间分别为 28.88 ms、38.88 ms、54.88 ms、76.87 ms、108.9 ms。由此得到段间微差延期时间分别为 10 ms、16 ms、21.99 ms、32.03 ms。表 6.2 为厂方提供的该批次雷管标定延迟间隔及误差范围,表 6.3 为用文中上述分析方法得到的雷管设计延迟间隔与实际延迟间隔时间的对比。

表 6.2　雷管标定延迟间隔及误差范围

段次	MS1	MS2	MS3	MS4	MS5
延迟间隔/ms	0	25	50	75	110
误差范围/ms	0～13	±10	±10	±15	±15

表 6.3　雷管设计延迟间隔与实际延迟间隔比较

段次	MS1～MS2	MS2～MS3	MS3～MS4	MS4～MS5
设计间隔/ms	2～35	5～45	0～50	5～65
实际间隔/ms	10.00	16.00	21.99	32.03

由表 6.3 可知:雷管段别越高,设计间隔范围变大,实际间隔相应也越长。MS1～MS2 段、MS2～MS3 段、MS3～MS4 段、MS4～MS5 段雷管的实际段间起爆微差时间间隔均位于设计的精度范围内,但 MS1～MS2 段、MS2～MS3 段的段间微差间隔接近设计间隔的下限,延期时间过短。在爆破振动特征信号波形曲线上的直观反映,便是在 0.053 s 附近处出现幅度为 4.108 cm/s 波峰值和 0.055 s 附近处出现幅度为 3.832 cm/s 波谷值。这是由于 MS1～MS2、MS2～MS3 段雷管起爆时间差较小,微差间隔接近设计间隔下限,导致在 MS3 段雷管起爆时,单段雷管起爆振速峰值在一定程度上出现了幅值叠加。在直孔掏槽条件下,普通电雷管起爆误差往往会导致质点振速峰值出现在 MS3 段雷管起爆时刻(0.05 s 左右),这一点在相关文献中也得到证实,相关文献中立井模型试验振动波形能量在 0.05 s 达到峰值。马芹永等也通过立井直孔微差爆破模型试验,得到了起爆延期 25 ms 时 MS1 段、MS2 段爆破振动波形彼此叠加,测点形成干扰降振效应,爆破峰值振动速度较小的结论。因此,提高 MS1、MS2 段雷管的精度并适当延长其起爆时差以防止振动波的叠加,对优化立井微差爆破效果和井壁减振具有重要现实意义。

通过本节的分析,得出以下结论:

① 由于立井井筒作业空间有限且干扰因素多等工程特点的限制,井筒内振动测试难度很大。将保护箱及配套传感器采集头固定在井壁钢筋上,浇筑于井壁内的井壁爆破振动方案实践证明是可行的。

② 基于固有时间尺度分解和小波抑制组合方法,能够精确识别出立井爆破中所用各段别雷管的实际起爆时刻,从而准确判断出各段别雷管的实际延期时间间隔。对爆破网路可靠性分析和控制爆破振动效应危害具有积极作用。

③ 立井爆破过程中,普通电子雷管 MS1、MS2 段精度偏设计误差下限,延期时间不足。

导致在 MS3 段雷管起爆时,单段雷管起爆振速峰值在一定程度上出现了幅值叠加。因此,提高 MS1、MS2 段雷管的精度并适当延长其起爆时差,可以防止振动波的叠加,真正起到微差干扰降振效果。

6.2　立井爆破井壁振动与围岩损伤控制分析

采用冻结法特殊凿井时,井壁作为立井主要支护结构体系,其强度和耐久性直接关系到建井期和服役期的安全。建井期,新浇混凝土井壁强度较低,同时承受冻结低温、高地压的作用,及受后续大药量多频次爆破累积损伤,势必对井壁、冻结壁及冻结管产生扰动,易诱发井壁变形过大、冻结壁片帮、冻结管破断等安全事故。井壁结构一旦破坏,就会阻断与地面的连通,轻则导致停工停产,重则发生透水淹井事故。因此,研究爆破施工对井壁振动的破坏特征,控制爆破对围岩的损伤,对保障井筒安全具有重要意义。

针对上述问题,许多学者开展了相关研究,如杨仁树等采用定向断裂爆破技术,开展立井爆破试验,验证了切缝药包爆破减振降损的效果;马芹永等研究了立井不同延期条件下微差爆破振速峰值与信号频谱特征,确定了最有利于立井爆破减振的段间毫秒延时时间;单仁亮等分析了大药量爆破对新浇混凝土井壁的损伤情况和爆破振动累积作用下的井壁变形情况,为低温早龄期高强混凝土井壁的损伤判别提供了依据;贾晓芬等构建了去除井壁图像噪声的卷积神经网路模型,该模型能自动检测井壁缺陷。

由于冻结立井爆破参数和地质条件的差异,对于立井爆破减振和围岩损伤控制仍存在诸多问题,如不同岩性周边孔装药参数合理确定等问题都会影响爆破效果。鉴于此,笔者将以山东万福煤矿主立井为对象,开展现场爆破参数优化和井壁振动监测,分析不同岩性冻结壁围岩的损伤情况,将爆破效果分类,以期为立井井壁振动灾害源辨识和损伤控制提供依据。

现场试验选择在山东兖矿集团万福煤矿主井。针对测试过程中存在的问题,现场实施采用传感器预埋法,同时配备煤矿需用防爆电源组供电和专用定制防护箱等,开发了煤矿井筒爆破监测系统,减少了仪器导线布设及回收等繁重工作,克服了施工对测试环节干扰难题,可长期、稳定和实时监测冻结立井爆破井壁振动信号。

6.2.1　爆破参数优化

爆破掘进速度关键在掏槽孔,质量的关键在周边孔。因此,调整优化掏槽孔和周边孔装药形式和参数,对减小振动强度及降低围岩损伤起着至关重要的作用。原方案中主井掘进荒径为 8.3 m,直孔掏槽形式,炮孔总数为 135 个,总装药量为 339.9 kg;MS1 段掏槽孔 9 个,孔深 4.2 m,孔距 550 mm,单孔装药量 3 kg;MS5 段周边孔 49 个,孔深 4 m,孔距 600 mm,单孔装药量 2.1 kg。通过现场多次试爆,确定了最为合理的掏槽孔和周边孔装药参数。

1. 掏槽孔优化

虽然在立井掘进中采用斜孔锥形掏槽孔底处装药使得药相对集中,能较好克服炮孔底部的夹制力,但受布孔方式的影响,掘进效率低、破碎岩石抛掷过高,易崩坏凿井设备。同时,掏槽孔角度对工人打孔技术水平要求高,现场实践效果不理想。为了解决直孔掏槽部分自由面单一而引起的强振难题,采用直孔分阶分段掏槽方法,即孔内分段、孔间分阶,形成梯度爆破效果,从而减少单段别起爆最大段药量,降低掏槽部分爆破振动强度。

2. 周边孔优化

由于周边孔沿井筒开挖轮廓线布置,对冻结壁成形质量的影响最为突出,也是消除超欠挖、控制冻结壁成形质量的关键。借鉴类似工程经验,本节提出在周边孔部分采用自行研发的切缝药包定向断裂控制爆破方式。在优化装药形式的基础上,减少单孔起爆药量(0.3 kg),将炮孔间距由图 6.9(a)原方案中的 600 mm 增大至 800 mm,炮孔数量由 49 个减少到 36 个,最终将周边孔总装药量由 103 kg 减少到 64.8 kg。优化后的炮孔布置如图6.9(b)所示。

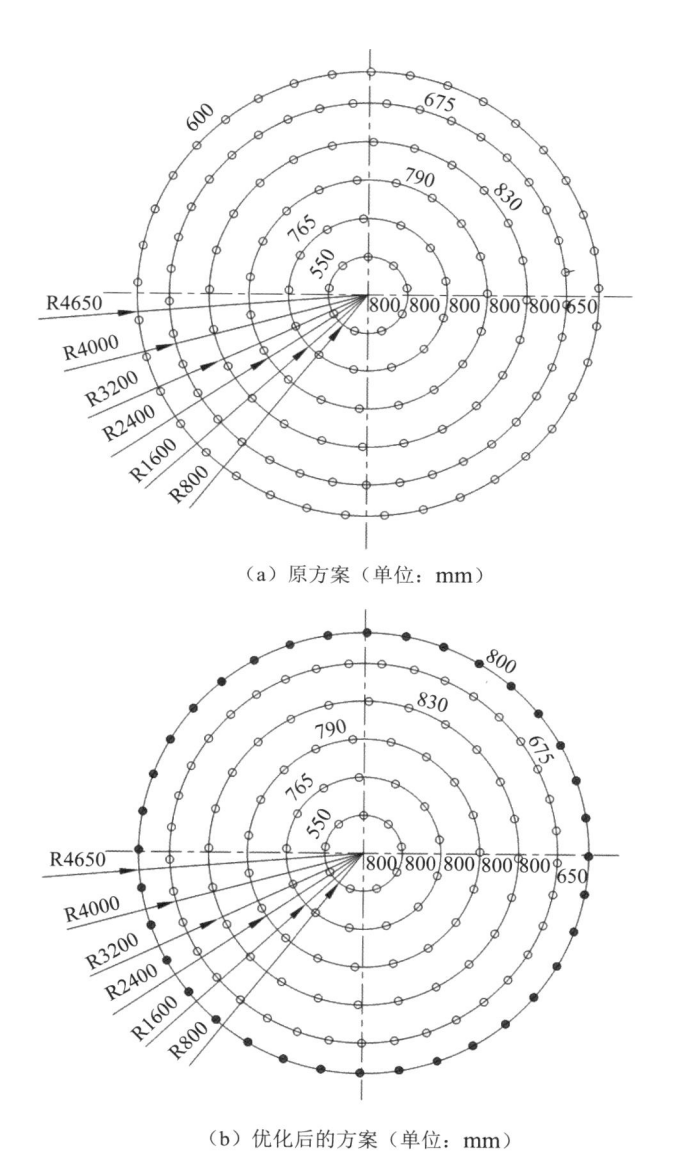

（a）原方案（单位：mm）

（b）优化后的方案（单位：mm）

图 6.9　不同方案炮孔布置形式

方案优化后监测得到的井壁结构振速时程曲线如图 6.10 所示。该信号主频为 246 Hz,峰值振速为 3.86 cm/s,信号波形在时间轴上均匀分布且聚集程度更低,说明通过改变装药结构及装药量,可显著降低井壁振动强度。同时,减少了炮孔数量,节约了单循环作业时间。

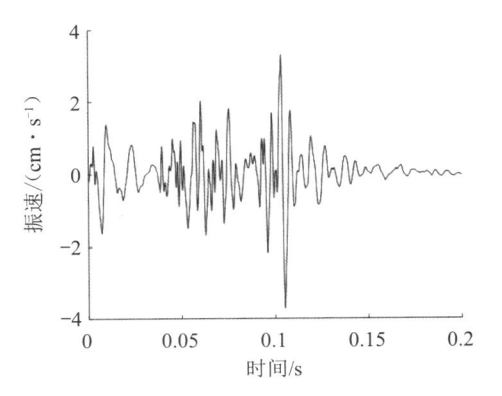

图 6.10 方案优化后井壁振动信号

6.2.2 基本算法

1. TQWT 算法

可调品质因子小波变换是品质因子易连续调节的小波变换。任意时间序列 x 可调品质因子小波变换过程如下:

① 信号 x 经离散傅里叶变换后,获得变换矩阵 $\boldsymbol{X}$。

② 变换矩阵 $\boldsymbol{X}$ 经滤波器组分解后,分别获取高通小波子带 W 及低通小波子带 C,其与信号低频概貌和高频细节一一对应。$H_0(\omega)$ 与 $H_1(\omega)$ 为低通、高通滤波器中的传递函数。

$$H_0(\omega)=\begin{cases}1 & |\omega|<(1-\beta)\pi \\ \theta\left[\dfrac{\omega+(\beta-1)\pi}{\alpha+\beta-1}\right] & (1-\beta)\pi\leqslant|\omega|<\alpha\pi \\ 0 & \alpha\pi\leqslant|\omega|\leqslant\pi\end{cases} \tag{6-6}$$

$$H_1(\omega)=\begin{cases}0 & |\omega|<(1-\beta)\pi \\ \theta\left(\dfrac{\alpha\pi-\omega}{\alpha+\beta-1}\right) & (1-\beta)\pi\leqslant|\omega|<\alpha\pi \\ 1 & \alpha\pi\leqslant|\omega|\leqslant\pi\end{cases} \tag{6-7}$$

式中,α、β 为低通和高通滤波器的尺度变换参数;$\theta(\omega)$ 为具有二阶消失矩的频响函数。

TQWT 中 3 个重要参数为品质因子 Q、过采样率 r 和分解层数 J,上述参数的确定对于信号稀疏表示结果极为关键。其中,r 控制着小波的冗余度,通常 r 取值为 3。特别地,当 $r\approx1$ 时,滤波器的过渡带变窄,时域响应受到很大限制。

分解层数 J 表示双通道滤波器组的数目,信号分解结果中通常包含 J 个高通子带,1 个低通子带,共计 $J+1$ 个子带。受滤波器带宽的限制,最大分解层数为

$$J_{\max}=\left[\frac{\lg\{N/4(Q+1)\}}{\lg((Q+1)/Q+1-2/r)}\right] \tag{6-8}$$

式中,N 为信号长度;$[\,]$ 表示向下取整运算。

2. 主动轮廓模型算法

主动轮廓模型(active contour model,ACM)算法的核心在于对图片通过能量最小化方法达到目标识别的目的。在 ACM 中,根据曲线形状和图像位置可计算其所含有的能量,该能量的局部极小值是与待识别图像的属性极其相关的。ACM 算法具有的主动特性表现在总是倾向于最小化其能量函数,该能量函数是外力和内力的加权和。内力取决于边界形状,而外力则是从图像中获取。参数化的轮廓边界可定义为

$$v(s)=[x(s),y(s)] \tag{6-9}$$

式中,$x(s)$ 和 $y(s)$ 为图像中局部轮廓点 x 和 y 的坐标值,其中,$s\in[0,1]$。因能量作用而产生的力可表述为

$$E_s^*=\int_0^1 E_s(v(s))\mathrm{d}s=\int_0^1[\{E_i[v(s)]\}+\{E_j[v(s)]\}+\{E_c[v(s)]\}]\mathrm{d}s \tag{6-10}$$

式中,E_s 为坐标区间范围作用力;E_i 为曲线弯曲所形成的内部作用力;E_j 为图像中获得的力;E_c 为外部产生的约束力。其中,内部作用力可表示为

$$E_i=\alpha(s)\left|\frac{\mathrm{d}v}{\mathrm{d}s}\right|^2+\beta(s)\left|\frac{\mathrm{d}^2v}{\mathrm{d}s^2}\right|^2 \tag{6-11}$$

若在某点 s_k 处 $\beta(s_k)=0$,则允许在该点二阶不连续,此时会在该点出现拐点。考虑到目标轮廓为边缘的情况,可得到基于边缘的图像力:

$$E_j=\omega_e E_e=\omega_e[-|\mathrm{grad}f(x,y)|^2] \tag{6-12}$$

式中,$|\mathrm{grad}f(x,y)|$ 为能量梯度绝对值。该函数项将分离边界吸引到分析图像中具有较大梯度值的边缘处。式(6-10)中的第 3 项来自外部约束,它既可用户指定,亦可经更高层次的处理而决定。被识别的轮廓被定义为图像局部达到能量极小的位置。因此,求解具有特定属性的曲线轮廓便转化为积分函数最小值问题。

6.2.3　井壁振动信号分析

1. 高、低品质因子分解

井壁振动监测时,设定仪器采样频率为 8000 Hz,则其奈奎斯特频率为 4000 Hz。分析井壁信号时确定高品质因子 $Q_H=4$,冗余因子 $r_H=3$,信号 TQWT 高品质因子分解带通滤波器的归一化频响曲线如图 6.11(a)所示。根据信号采集到的数据点长度为 3201,从而确定分解层数 $j_H\approx31$,得到 $j_H+1=32$ 个分解子带信号。因 1～12 子带及 29～34 子带所占能量较小,所以重点输出 13～28 子带波形及能量占比,如图 6.11(b)所示。

选择低品质因子 $Q_L=1$,冗余因子 $r_L=3$,计算得到 $j_L\approx13$,最终获得 $j_L+1=14$ 个分解子带信号。低品质因子信号分解所采用的归一化频响曲线如图 6.12(a)所示,最终得到的 14 个子带及其能量分布,如图 6.12(b)所示。

信号高品质因子分解结果可有效揭示爆破信号中含有的平滑特征,如能量贡献率较高的各主振分量;而低品质因子分解结果可展现出信号中所包含的振荡特征,如信号中含有的低频趋势项。从图 6.11(a)和图 6.12(a)中可以看出:除最后一个子带外,信号高、低品质因子过程中归一化带通滤波器频响曲线为一组变带宽滤波器组,且相邻频带不正交,均是以交叉但不重合的不同中心频率为对称轴的正态分布曲线。

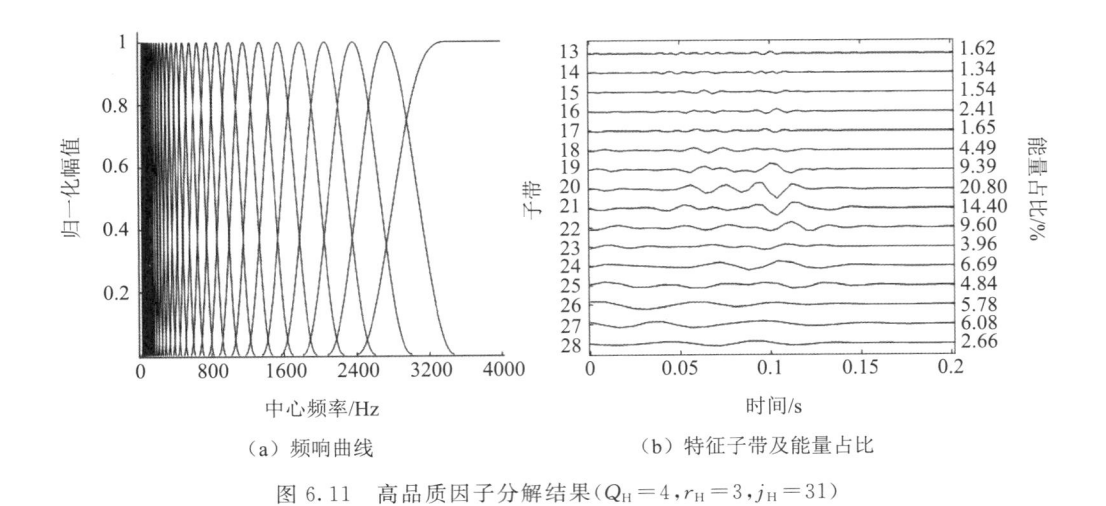

（a）频响曲线　　　　　　　（b）特征子带及能量占比

图 6.11　高品质因子分解结果（$Q_H = 4, r_H = 3, j_H = 31$）

相对于低品质因子分解,高品质因子带通滤波器宽度较窄,因此需要更多的滤波器来覆盖信号频谱。图 6.11(b)和图 6.12(b)表明随着分解层数的增加,子带振动周期增加。值得注意的是,信号低品质因子分解得到的频带范围与高品质因子分解得到的频带范围接近,频响范围较为统一,明确了立井爆破信号的特征频率区间。

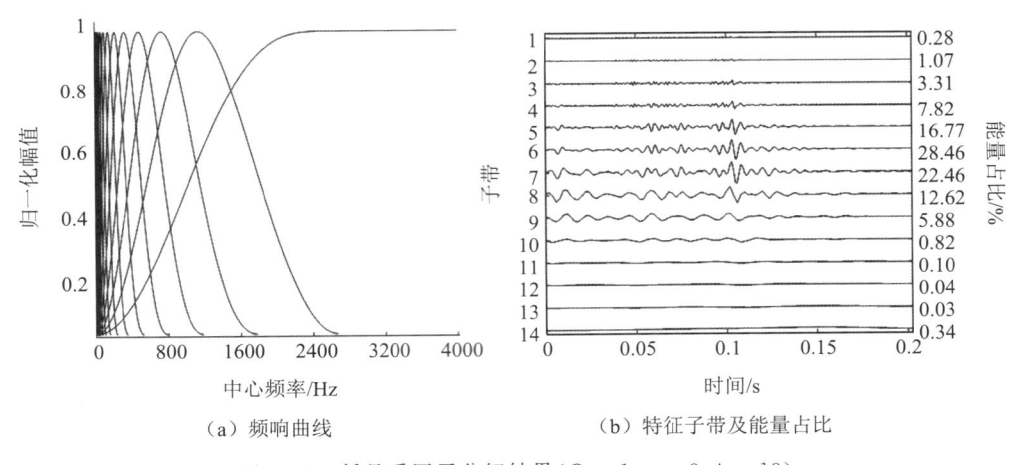

（a）频响曲线　　　　　　　（b）特征子带及能量占比

图 6.12　低品质因子分解结果（$Q_L = 1, r_L = 3, j_L = 13$）

2. 优化分解过程实现

信号 TQWT 分解以最简洁的形式实现了爆破信号的稀疏表示,精确获取了信号中包含的信息特征。但上述过程中难免存在子带能量分配不均衡,即个别子带能量分配过多,而部分能量不足的现象。针对上述问题,引入相对权重因子 $\theta(\theta \in [0,1])$,通过拉格朗日收缩算法迭代运算,优化能量分配过程。通过迭代运算,最终将信号分解为具有显著差异的 3 个子信号。优化后高、低品质因子分量和高频噪声如图 6.13(a)～图 6.13(c)所示。通过能量优化分配,实现信号中高频分量和低频分量的有效分离。分别选取高、低品质因子分解后具有统计意义的 18～28 及 3～9 子带重构,得到最佳分析信号如图 6.14 所示。它最大程度上保留了信号的有效特征信息。

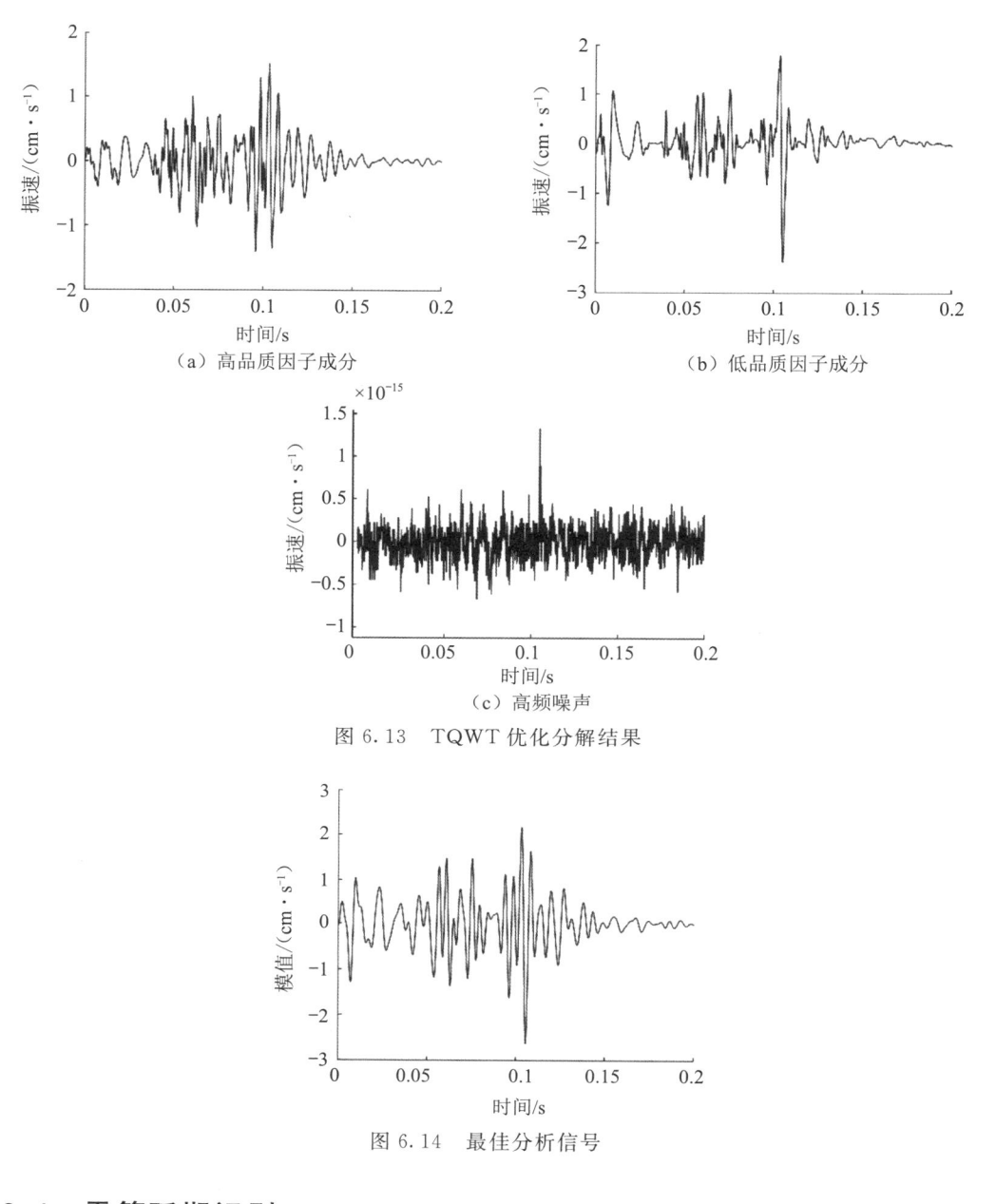

（a）高品质因子成分

（b）低品质因子成分

（c）高频噪声

图 6.13 TQWT 优化分解结果

图 6.14 最佳分析信号

6.2.4 雷管延期识别

雷管精确起爆是爆破振动控制的前提和保证。由于生产工艺及批次的不同,工程实践中雷管早爆、拒爆现象时有发生,给安全生产带来极大威胁。鉴于此,雷管延期时间识别问题是工程爆破研究人员关注的热点。相关文献中均采用相关分析方法对不同类型和使用条件下的雷管起爆时间进行了精准识别。煤矿立井爆破受瓦斯问题的制约,雷管段别的选择较为有限,通常选取 MS1～MS5 段(延期时间为 110 ms)毫秒雷管,爆破信号具有时间轴上聚集度高、雷管精度难以辨识等特征。同时,立井作业环境恶劣也在一定程度上增大了诱发雷管事故的概率。根据工程应用实践,本节参照相关文献中的方法,微差延期识别图 6.14 中的信号,结果如图 6.15 所示。

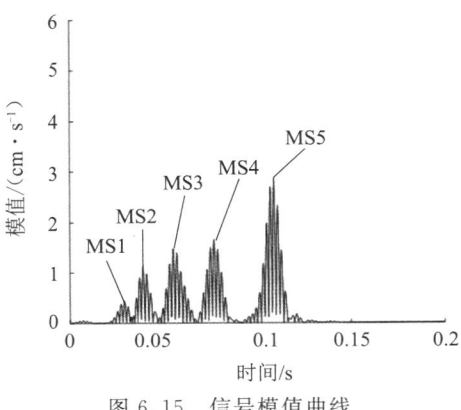

图 6.15　信号模值曲线

图 6.15 中模值曲线清晰凸显出 5 个峰值,其对应的时间节点分别为 28.86 ms、38.86 ms、54.88 ms、76.89 ms 和 108.9 ms。上述 5 个峰值为所选用的 5 个段别雷管的实际起爆时刻。可见雷管起爆时间均位于合理间隔范围,且模值曲线峰值与最佳分析信号振速峰值变化相统一。

6.2.5　冻结壁图像能量及半孔痕识别

近年来,切缝药包爆破技术被广泛应用于隧道、边坡等岩土工程领域,降低了爆破对保留围岩体的损伤效应,但在煤矿立井现场的应用却鲜见报道。以万福煤矿为实践基地,在立井掘进中采用课题组自行研发的切缝药包装药形式。选用的切缝管为高强防静电阻燃材料,其外径为 40 mm,内径为 37 mm,切缝宽度为 3 mm,切缝管通过管端的扣环相连接从而达到炮孔的装药长度。现场试验选择在岩性稳定的岩层开展,分别在泥岩(普氏系数 $f=4$)、砂岩(普氏系数 $f=6$)条件下共进行 32 次爆破循环作业,不同岩性下常规与切缝药包爆破后围岩体成形状态如图 6.16 和图 6.17 所示。

　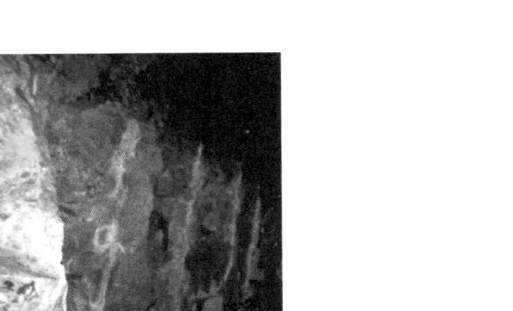

　　（a）常规爆破　　　　　　　（b）切缝药包爆破

图 6.16　泥岩爆破效果

由图 6.16 和图 6.17 可知:常规爆破后围岩体超欠挖问题严重,局部达 500 mm,爆破对围岩的扰动作用强烈。采用切缝药包爆破技术可显著降低对围岩的损伤效应,爆破后围岩轮廓面呈平、直、齐均匀分布且成形规整。以往采用半孔痕数量作为爆破效果评价指标不能准确反映围岩损伤的细节特征,本节采用基于能量算法的主动轮廓识别,可识别出在不同岩性下的爆破效果。

（a）常规爆破　　　　　　　（b）切缝药包爆破

图 6.17　砂岩爆破效果

　　对半孔痕进行轮廓识别时，由于冻结壁成形目标轮廓（切缝区域）梯度变化较为明显，因此，可将梯度场看作能量场，而具有最大梯度的图像点却具有最小势能。计算过程中为了突出切缝爆破的纹理特征，计算图像中各像素点梯度，进而构建梯度能量场，过程中将较小能量赋值给梯度值大的像素点，使在切缝区域边沿上的点获得的能量最小，从而确定出切缝区域明显的分界线，实现切缝区域与非切缝区域有效的分割，可定性体现不同岩性下切缝药包应用效果。采用前述算法分析不同岩性下的切缝药包，结果如图 6.18 所示。

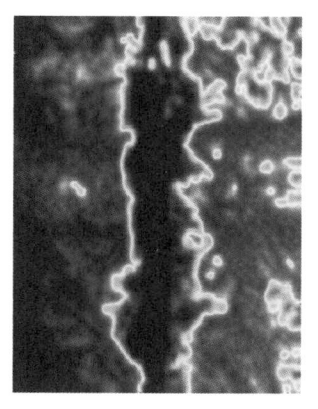

（a）爆破岩面半孔痕识别（泥岩）

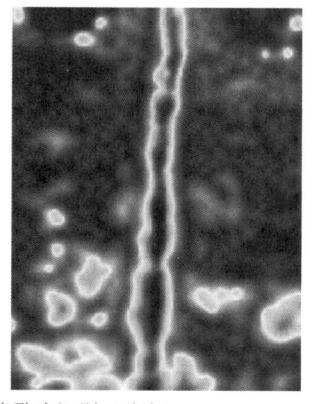

（b）爆破岩面半孔痕识别（砂岩）

图 6.18　不同岩性条件下半孔痕识别结果

ACM 算法实现了爆破后炮孔区域与非炮孔区域的有效辨识。分析表明:不同岩性半孔痕轮廓细观形态存在明显差异。炮孔区域外能量分布有弥散特征,砂岩炮孔区域的完整度较泥岩好,证实了切缝药包在爆破作用下围岩随机损伤演化导致的破坏可能带有突变性,但总体趋势不变,即岩性越好,切缝药包的应用效果越优。在炮孔孔径相同的条件下,爆破后,泥岩的炮孔半孔痕扩展宽度为砂岩岩性的 3 倍左右,裂隙分布范围更大。说明岩石普氏系数越高,切缝药包的应用效果越优。切缝药包护壁效果显著,对围岩损伤程度小,炸药能量的利用率高。基于能量的 ACM 算法能在一定程度上加强边缘检测的效果,并且不受图像噪声的影响,识别精度高。

6.2.6 冻结壁成形状态分类

为了提高切缝药包爆破效果的辨识度,这里采用随机森林算法(random forest algorithm,RFA)对井下能见度低、干扰因素多等不利条件下采集到的冻结壁高维样本图像进行分类。该算法本质上是以决策树为基础学习器的算法的变体,其优势在于可直接处理高维样本图像而不需要对其进行降维。

随机选取 80 组典型冻结壁图像开展轮廓识别,将识别后的图像作为样本,确定其中的 48 组样本作为训练样本组,剩余的 32 组样本作为测试样本组,每个图像沿着 8 个方向分别提取 5 个特征。设定随机森林树分裂时特征个数为 6,将训练组中的样本作为输入训练模型,将测试组样本分类,结果如图 6.19 所示。

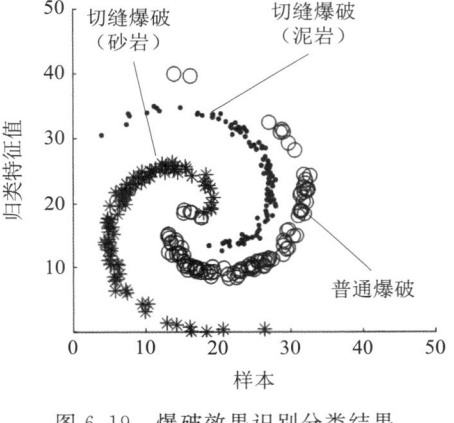

图 6.19 爆破效果识别分类结果

从图中可以看到 RFA 实现了不同岩性和爆破方案下的冻结壁围岩质量的科学分类,识别和分类精度达到了 90% 以上,仅有个别样本图像出现了偏差,这与冻结壁图像的采集拍摄角度偏差有一定的关系。RFA 算法精度高、建模时间短,对冻结壁围岩批量高维图像处理有明显优势,对冻结壁爆后形态科学分类提供了新的途径,对爆破效果判定及参数优化具有重要意义。

通过本节分析,可以得出以下结论:

① 通过井壁传感器预埋爆破振动监测系统,准确获取井壁振动信号,TQWT 算法实现了特征信号与趋势项、高频杂波分量的有效分离,精确识别出立井爆破雷管毫秒延期时间,为雷管早爆、拒爆等安全事故提供判别依据。

② 切缝药包控制爆破效果明显优于常规光面爆破,且岩性越好的其应用效果越优,现场实践中应根据井筒特征调整切缝管相关参数,以达到最优化的爆破效果。ACM 可根据冻结壁围岩的裂隙特征对不同区域分配能量,从而有效识别半孔痕区域。

③ 切缝药包在减振降损方面效果显著,削弱了爆破对井壁的振动破坏作用,并降低了冻结壁围岩损伤,能有效控制冻结立井爆破振动灾害,保障了爆破施工安全。

6.3　立井爆破振动信号 Hilbert 谱分析

煤矿立井爆破施工过程中,爆破振动引起的次生灾害不可避免会对冻结管、井壁产生负面影响,如冻结管破断、井壁变形开裂等。因此,在井筒掘进中对爆破振动进行监测与分析是保证井筒安全施工的重要保证。国内外相关科研院所对此也开展了大量的研究:如马芹永等对冻结井筒掘进过程中的爆破振动进行了监测,并采用 HHT 方法对同一测点三向振速进行了时频分析,揭示了冻结井筒爆破振动多频带特征;单仁亮等建立实验室立井冻结模型,通过超动态测试系统综合分析估计了多次爆破井壁的累积损伤效应。但由于爆破机理的复杂性,对爆破动载荷特性的认识和研究还未有统一的结论。

本节以兖矿集团万福矿主立井掘进工程为依托,在井筒掘进中分别采用周边孔普通光面爆破与切缝药包爆破两种方案,对高强混凝土井壁振动进行了监测。利用小波分解和Hilbert 谱理论,对比了不同方案下爆破振动信号各频带能量响应特征,验证了切缝药包的显著的"减振""削峰""吸能"和"移频"效应。

本次爆破振动监测试验选用 TC-4850 型爆破测振仪,该测振仪可在同一监测点并行采集三个方向(径向、切向、轴向)振动信号,并可记录在 0~35 cm/s 范围内的峰值振速以及在1~500 Hz 频率范围内的任意时长振动信号,记录精度完全满足工程要求。实际立井工程井筒施工中存在作业空间有限、干扰因素多的局限性,综合考虑以上因素,决定将测振仪布置在井壁保护盒中,将传感器采集头浇筑于井壁内,最大程度保证井壁的完整性和测试的可行性。这样还可避免现场测试导线敷设、检查和回收等大量工作。

6.3.1　爆破振动信号及频谱

为了说明不同方案下信号的 Hilbert 谱特征,决定选取同一爆心距条件下的两组信号进行分析比较,如图 6.20 和图 6.21 所示。

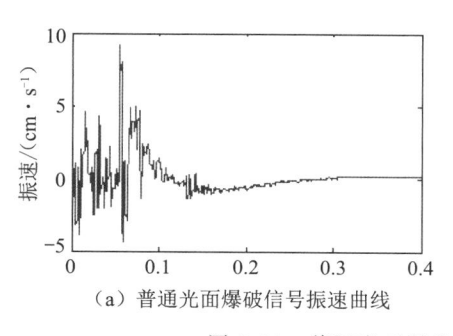

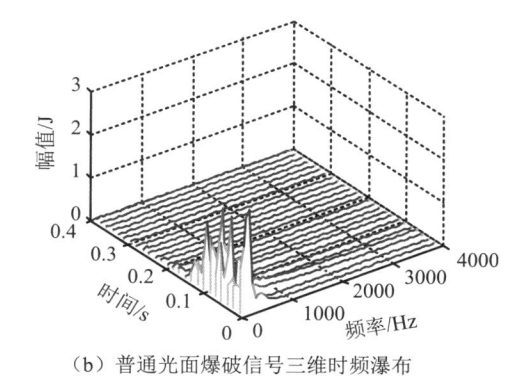

（a）普通光面爆破信号振速曲线　　　（b）普通光面爆破信号三维时频瀑布

图 6.20　普通光面爆破信号振速曲线及三维时频瀑布

图 6.20(a)为方案 1:周边普通光面在爆破条件下采集到的井壁爆破振速时程曲线。该信号峰值为 9.20 cm/s,主振频率为 137.93 Hz,峰值时刻为 0.056 s。

图 6.21(a)为方案 2:周边孔在切缝药包形式下采集到的井壁爆破振速时程曲线,其信号峰值为 5.99 cm/s,主振频率为 190 Hz,峰值时刻为 0.003 s。切缝药包爆破振速峰值为

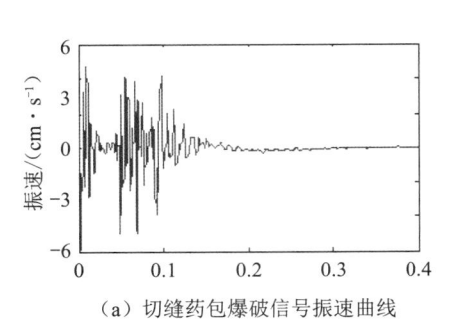

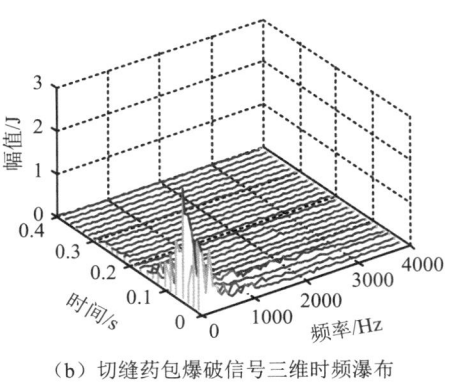

（a）切缝药包爆破信号振速曲线 　　　　　（b）切缝药包爆破信号三维时频瀑布

图 6.21　切缝药包爆破信号振速曲线及三维时频瀑布

普通光面爆破的 0.65 倍,说明切缝药包具有明显的"减振"作用。

图 6.20(b)和 6.21(b)分别为各信号对应的三维时频瀑布图。从中可以看出冻结立井爆破振动信号的振动频率比地面爆破振动信号高,主振频率通常位于 150 Hz 左右。频域分布范围较广,大体位于 0~1000 Hz 范围内,并且能量分布呈现"多频带、多峰值"以及"区域集中"的特点。

两种方案下爆破振动信号三维时频瀑布图能量峰值相当,说明能量的峰值取决于最大段药量。不同方案各段别雷管的装药量不变,导致能量峰值接近。对比图 6.20(b)和图 6.21(b)可以发现:在切缝药包条件下,能量峰值总体上有所减少和降低,高频段能量有波动现象,说明切缝药包具有明显的"消峰"作用。

6.3.2　小波分解与 Hilbert 谱分析

1. 小波分解

小波变换的特性满足了对爆破振动信号这种多刻度特征信号进行时频定位的要求,适合爆破振动信号的分析。

小波基的选取对爆破振动信号的分析结果具有重要影响。相关文献表明:db5 和 db8 小波基与爆破振动信号具有较高的相似度,已经被成功引入爆破振动信号分析领域。这里,选用 db5 小波基对爆破信号进行 7 层分解,由于本次设定测振仪的采样频率为 8 kHz,则其对应的奈奎斯特频率为 4 kHz,得到的 8 个子频带分别为 a7、d7、d6、d5、d4、d3、d2、d1。对应的子频带区间分别为 0~31.25 Hz、31.25~62.5 Hz、62.5~125 Hz、125~250 Hz、250~500 Hz、500~1000 Hz、1000~2000 Hz、2000~4000 Hz 的分解系数,再将不同频带的分解系数进行重构。不同方案下爆破振动信号各层重构信号如图 6.22 和图 6.23 所示。

2. Hilbert 谱分析

对任意时变信号 $x(t)$ 进行 Hilbert 变换,得到解析信号 $q(t)$:

$$q(t) = x(t) + ih(t) \tag{6-13}$$

式中,$h(t)$ 为 $x(t)$ 的 Hilbert 变换。

$x(t)$ 在时间-频率平面内的 Hilbert 谱 $H(t,f)$ 为式(6-14)。

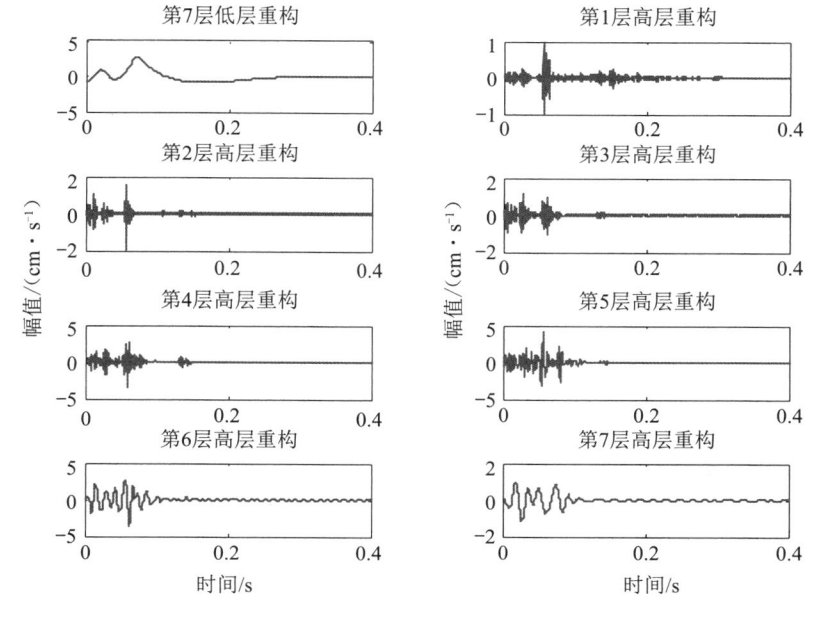

图 6.22　普通光面爆破振动信号小波重构

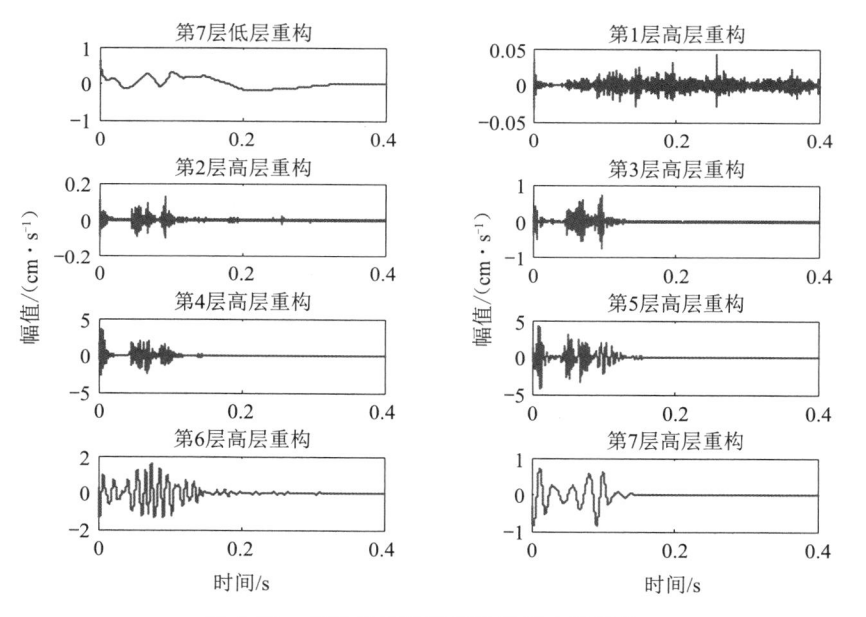

图 6.23　切缝药包爆破振动信号小波重构

$$H(t,f)=\begin{cases}a(t), & f=f(t)\\0, & f\neq f(t)\end{cases}\tag{6-14}$$

式中，$a(t)$ 为信号 $x(t)$ 的瞬时振幅；$f(t)$ 为信号 $x(t)$ 的瞬时频率。

将小波分解重构后的子信号进行分析得到 Hilbert 时频谱。普通光面爆破振动信号的各个重构子信号 Hilbert 时频谱如图 6.24 所示。

从图中可以清晰看出：Hilbert 谱能够客观表征各重构子频带信号能量在时频域上的分布形态。时频分布越密集，表明能量集中程度越高；反之，能量集中程度越低。各频带重构

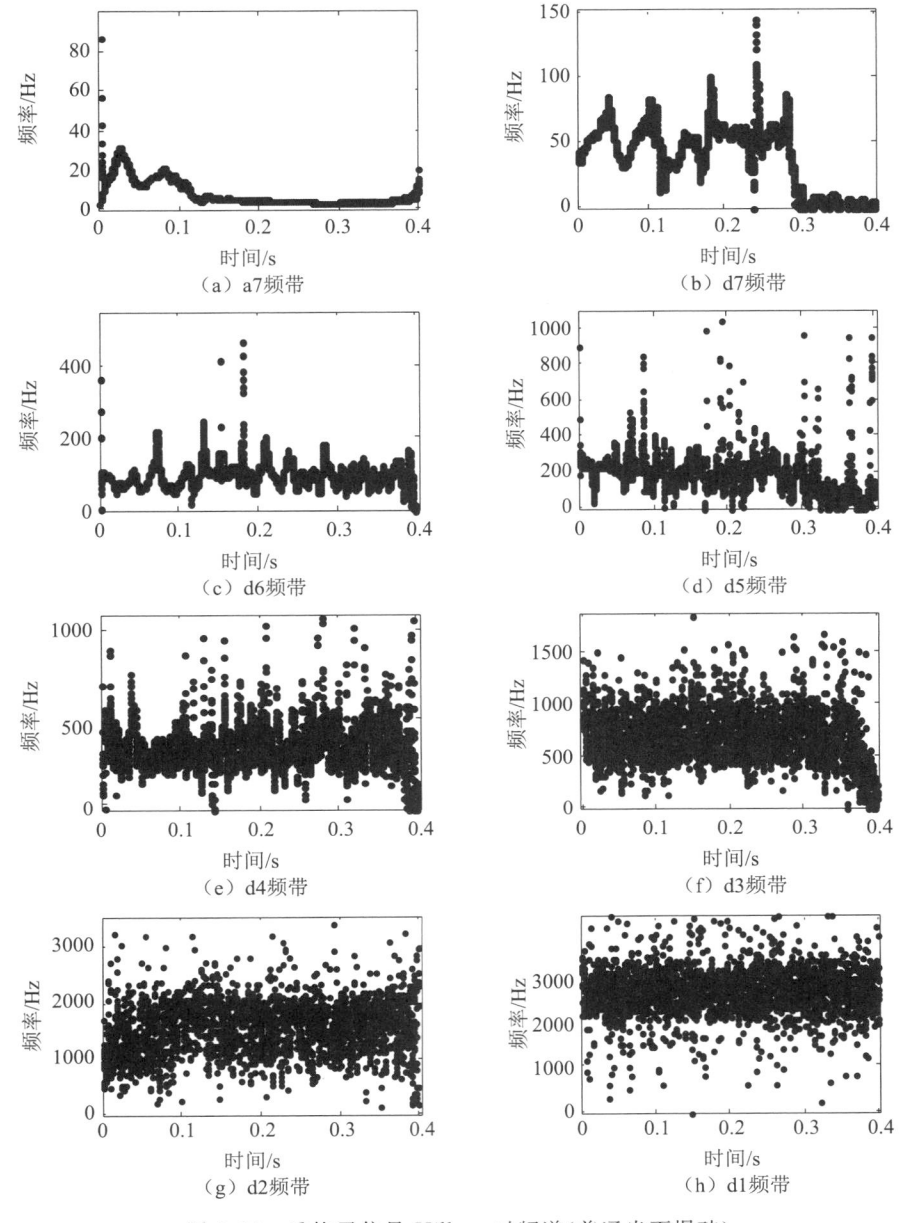

图 6.24　重构子信号 Hilbert 时频谱（普通光面爆破）

信号能量在时频域轴上出现"区域集中"现象，在时域轴上均匀分布，在频域轴上与小波分解得到的各频带有相互对应关系。此外，Hilbert 谱分析存在"端部效应"，导致能量存在一定的泄漏，这是许多时频谱算法的共同缺陷。

6.3.3　信号能量分布特征

为了客观说明各重构子频带能量与原信号能量的关系，定义任意子频带的能量为

$$E_{i,j} = \int_{T_1}^{T_n} f(t)\,\mathrm{d}t = \sum_{k=1}^{n} |x_k|^2 \tag{6-15}$$

式中，$E_{i,j}$ 表示信号在频率范围为 $[i,j]$ Hz 的能量；$x_k(k=1,2,\cdots,n)$ 为相应频带各个采样点的幅值。

相应的信号总能量为

$$E = \int_T f(t)\mathrm{d}t = \sum_{k=1}^{n} |x_k|^2 \tag{6-16}$$

各个频带的能量占总能量的百分比为

$$P_{i,j} = \frac{E_{i,j}}{E} \times 100\% \tag{6-17}$$

由此便可计算得到各频带的能量百分比。为了便于统计两种爆破形式下重构信号的时频特性，将其 Hilbert 时频谱能量分布进行表征如图 6.25 所示。

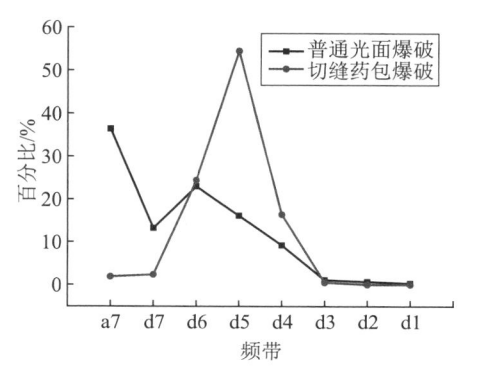

图 6.25　两种爆破振动信号能量分布特征

注：普通光面爆破信号总能量值为 4.40×10^3 J，切缝药包爆破信号总能量值为 2.83×10^3 J。

通过求取不同爆破方案下振动信号的总能量，普通光面爆破信号能量为切缝药包爆破信号能量的 1.6 倍。说明在总装药量相等的条件下，切缝药包由于围岩体一侧切缝管的存在，间接调控了炸药爆炸能量的释放方向，降低了向井壁介质传播的能量。具有显著的"吸能"作用。

从图中可知：在同等条件下可以使爆破振动信号的主频由低频为主转变为高频占优势，由多振型多频带逐渐发展为 125～250 Hz 频带为主，能量分布也更为优化。在 0～250 Hz 范围内，普通光面爆破能量占 88.78%，切缝药包爆破能量占 83.08%。其中，在 0～31.25 Hz 范围内普通光面爆破能量为切缝药包爆破的 30 倍，约为 1.6×10^3 J；在 0～250 Hz 范围内为 8.79 倍，约为 0.58×10^3 J；在 62.5～125 Hz 范围内为 1.5 倍，约为 1.01×10^3 J；在 125～250 Hz 范围内为 2 倍，约为 1.54×10^3 J，在此条件下，切缝药包具有显著的"移频"效应。

本节通过现场试验，得出结论如下：

① 煤矿冻结立井爆破振动信号主振频率比地面常规爆破高，通常为 150 Hz 左右。其频域分布范围广，大体位于 0～1000 Hz 范围内，并且能量分布呈现"多频带、多峰值"以及"区域集中"的特点。

② 信号小波分解后的重构信号具有不同的 Hilbert 谱特征，Hilbert 谱能清晰表征小波重构信号在不同时频域上的能量特征。

③ 切缝药包爆破振速峰值为普通光面爆破的 0.65 倍，具有明显的"减振"作用；两种方案下的爆破信号三维时频瀑布图对比说明了切缝药包具有显著的"消峰"作用；普通光面爆

破信号能量为切缝药包爆破信号能量的 1.6 倍,验证了切缝药包的"吸能"作用;采用切缝药包装药形式,使爆破振动信号的主频由低频为主转变为高频占优势,能量分布更为优化,证明了切缝药包具有"移频"效应。

6.4 立井爆破信号时频特征精细化提取

随着我国煤炭浅部资源的日益枯竭,煤矿开采逐渐转向赋存条件更为复杂的深部煤层发展。在煤矿深立井施工过程中,基岩段爆破产生的振动对施工安全和井壁结构体稳定都会产生负面危害。因此,开展爆破动载荷下井壁振动响应监测和分析,对立井井筒施工具有重要的现实意义。

爆破振动波形特征是爆破振动危害最直观的体现形式,目前针对爆破振动信号特征分析,爆破行业及相关科研院所开展了大量的研究。其中,马芹永等对矸石立井爆破振动进行了监测和分析,利用萨道夫斯基公式回归得到了立井爆破振动衰减规律;韩博等对煤矿岩巷掘进爆破振动进行了监测分析,客观评价了爆破振动对周边围岩及附近既有巷道结构的影响;冀楷欣等采用 HHT 方法对露天矿爆破振动信号进行分析,准确识别了起爆网路排间微差延期时间。本节以山东兖矿集团万福煤矿冻结主立井掘进工程为背景,对高强混凝土井壁振动进行了监测,采用频率切片小波变换对监测到的典型爆破振动信号进行了分析,准确获取了冻结立井爆破振动信号特征,为煤矿立井爆破施工安全提供理论参考和借鉴。

本次试验选用成都中科测控有限公司生产的 TC-4850 型爆破测振仪来记录爆破振动信息。该测振仪信号采样频率为 1 kHz～50 kHz,可并行采集三个方向振动信号,记录 0～35 cm/s 范围内的峰值振速以及 1～500 Hz 频率范围内任意时长振动信号,记录精度完全满足工程要求。

爆破振动传感器在井壁施工中浇筑在井壁内,测振仪主机放置在井壁保护层专用保护箱内。将传感器 X 正向指向井筒中心,即径向;Y 轴与 X 轴垂直且沿顺时针方向为正,即切向;Z 轴向上为正,即轴向。设定测振仪采样频率为 8 kHz,选取典型爆破振动信号进行分析,其时程曲线如图 6.26 所示。信号振动主频为 137.91 Hz,振速峰值出现的时间点为 56 ms,时间上包含矿用 5 个段别雷管起爆时间(<130 ms)范围,在 150 ms 后已完全衰减,证明了测试数据的有效性。图 6.27 中典型爆破振动信号频谱三维瀑布图表明:信号的频率主要分布在 0～1000 Hz 频率范围内,在更高频出现能量的波动现象。

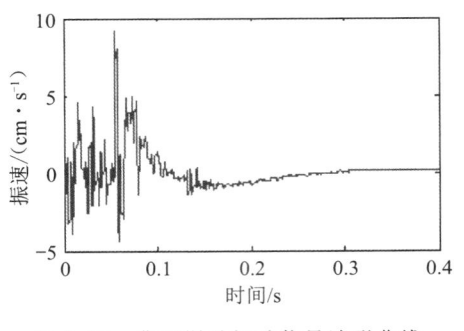

图 6.26 典型爆破振动信号波形曲线

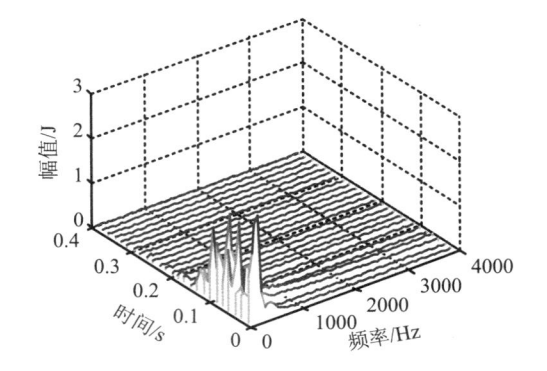

图 6.27 典型爆破振动信号频谱三维瀑布

6.4.1　FSWT 时频分析方法

1. FSWT 时频分析

令 $L^2(\mathbf{R})$ 为有限向量空间（$\mathbf{R}$ 为实数集合），对于任意信号 $f(t) \in L^2(\mathbf{R})$，为获得均衡的时间和频率分辨率，对分析信号引入 2 个评价参数，一个是频率分辨比率 η，

$$\eta = \frac{\Delta\omega}{\omega} \tag{6-18}$$

另一个是幅值期望响应比率 $v(0 < v \leqslant 1)$，通常 v 取值为 $\sqrt{2}/2$、0.5 或 0.25 等。

基于 FSWT 的时频分析主要步骤：① 选取合适的频率切片函数，并估算 η、v，初步确定时频分辨系数；② 按 Nyquist 频带对信号作 FSWT 变换，分析信号全频带的时频分布特征；③ 选取需要的时频切片区间，对其进行 FSWT 变换，细化分析该频带的时频分布特征；④ 通过 FSWT 逆变换，对上述特征切片区间进行信号重构、分析。

2. 能量分布特征

FSWT 能重构任意频带内的信号，并不受小波基函数的限制。利用该特点，可通过构造合理的子频带，对信号进行更加详细具体的分析，进而获取信号细节特性。定义任意频带的能量为

$$E_{i,j} = \int_{T_1}^{T_n} f(t)\,\mathrm{d}t = \sum_{k=1}^{n} |x_k|^2 \tag{6-19}$$

式中，$E_{i,j}$ 表示信号在频率范围为 $[i, j]$ Hz 的能量；$x_k(k=1,2,\cdots,n)$ 为相应频带各个采样点的幅值。

相应的总能量为

$$E = \int_T f(t)\,\mathrm{d}t = \sum_{k=1}^{n} |x_k|^2 \tag{6-20}$$

各个频带的能量占总能量的百分比为

$$P_{i,j} = \frac{E_{i,j}}{E} \times 100\% \tag{6-21}$$

6.4.2　爆破振动信号 FSWT 分析

1. 信号 FSWT 时频特征

分别对图 6.26 中的原始信号进行 FSWT 变换，得到的时频能量谱如图 6.28 所示。从图中的 FSWT 信号分解结果可知：FSWT 具有良好的时频聚集性。爆破振动信号的频率响应范围相对较宽，频率成分也更为丰富。爆破振动信号的频率在时频域上表现为短时、间断并且具有明显的瞬态冲击特点。

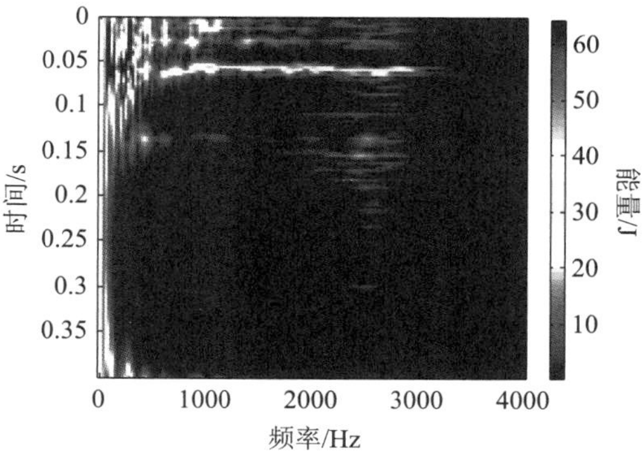

在能量聚集上，爆破振动信号最大的能量色块依次为 $50 \sim 80$ Hz、$170 \sim 240$ Hz、

图 6.28　信号 FSWT 时频能量谱

$270 \sim 300$ Hz 频带范围。由此可见，FSWT 时频分析方法不仅能观察到同一时间不同频率

的分布和同一频率下不同的时间分布情况,亦能获得振幅随时间频率的变化规律。若进一步对某个频率区间做细化分解,可获得更为精细的局部时频特征。

2. 子频带信号重构

选取 500 Hz 以下的子频带进行重构,每 100 Hz 间隔取为一个频率切片区间,500 Hz 以上单独作为一个切片区间,这样便可将信号划分为 6 个子频带,每个子频带的重构信号,如图 6.29 所示。

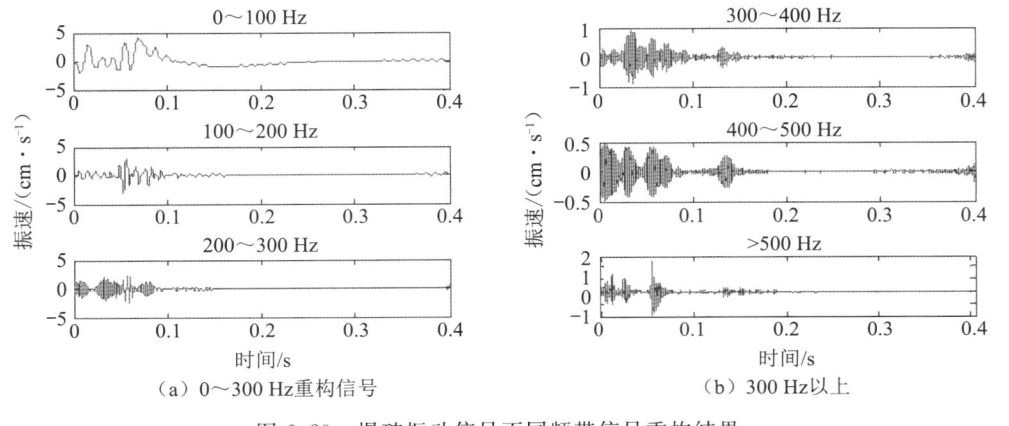

图 6.29　爆破振动信号不同频带信号重构结果

振动峰值速度可客观反映振动强度大小,通常作为评价振动危害的重要指标。对于 500 Hz 内的各个子频带重构信号,其振速峰值依次为 4.174 cm/s、3.151 cm/s、2.452 cm/s、0.897 cm/s、0.481 cm/s。这说明对于爆破振动信号而言,其重构子频带信号振动强度均随着频率的升高而不断降低。

6.4.3　能量分布特征提取

由前式计算得到爆破振动信号每个频带重构信号占原信号能量分布百分比,同时计算得到其与原信号的相关系数,如图 6.30 所示。

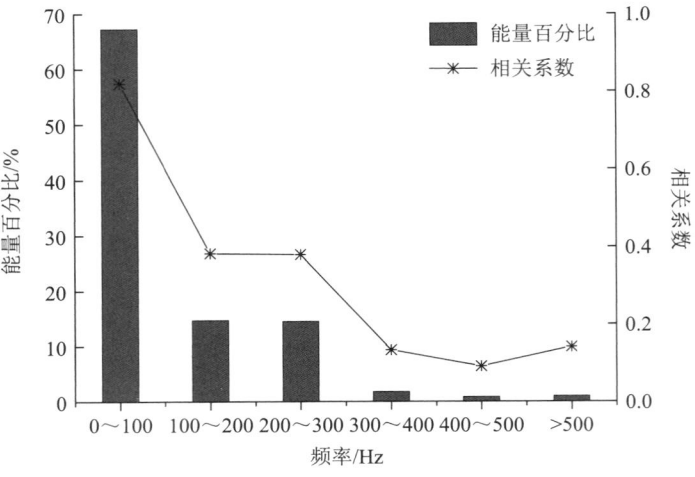

图 6.30　不同频带内能量分布与相关系数

注:信号总能量为 $4.40×10^3$ J。

由图 6.30 可知,爆破振动信号能量在各个频带内所占的比例总体上呈递减趋势,主要能量集中在 0~500 Hz 范围内,其中 0~100 Hz、100~200 Hz、200~300 Hz、300~400 Hz 和 400~500 Hz 频率区域的能量分别达到总能量的 67.24%、14.69%、14.49%、1.77% 和 0.83%,分别约为 2.96×10^3 J、6.46×10^2 J、6.37×10^2 J、0.78×10^2 J 和 0.36×10^2 J。爆破振动信号在高于 500 Hz 时,爆破振动信号的能量百分比已非常小,几乎可以忽略不计。随着频率的升高,能量百分比不断降低,信号子频带能量百分比与其相关系数呈正相关。

以兖矿集团菏泽能化万福矿主立井掘进为工程背景,通过分析得出结论如下:

① 煤矿冻结立井爆破振动信号主振频率相对于地面爆破普遍较高,振动主频通常在 130 Hz 左右。振动信号能量主要位于 500 Hz 频带以内,不同子频带能量分布呈现出明显差异。

② FSWT 时频分析方法可以精确获得振幅随时间频率的变化规律。冻结立井爆破振动信号重构子频带信号振动强度均随着频率的升高而不断降低。

③ 随着频率的升高,各重构子频带信号能量占原信号百分比不断降低,信号子频带能量百分比与其相关系数呈正相关。

6.5　冻结立井爆破振动信号去噪研究

对爆破工程进行有效的振动监测是保证工程安全施工的有效手段,也是相关建(构)筑体进行结构抗震设计的重要依据。同时,由于爆破地质水文条件以及周围环境的复杂性,实际采集到的爆破振动信号往往包含不相干的干扰成分,直接对其进行分析会产生较大的误差,导致结果并不能揭示爆破信号中的真实信息,因此有必要对信号进行科学的去噪。针对爆破振动这类非平稳信号,常见的去噪方法包括小波阈值法去噪、经验模态分解去噪、集合经验模态分解去噪、平移不变量小波去噪等方法。由于小波方法对参数设置的依赖性较大,而经验模态分解具有明显的端部效应,其应用受到了很大的限制。

近几年,相关学者对爆破信号降噪方法进行了深入的研究。如熊正明等针对小波阈值去噪对爆破振动信号去噪产生的"振荡"现象,提出了通过多次平移-消噪-平移的循环平移过程,有效地消除了小波基的平移依赖性和去噪均方误差,验证了该方法的去噪效果;夏晨曦等通过台阶爆破试验对比了基于 Shannon 熵准则的最优小波包基和小波变换两种方法的去噪峰值信噪比,体现出最优小波包基去噪方法的自适应性;谢全民将爆破信号进行最优提升小波包分解并阈值去噪,成功将二代小波引入爆破振动效应分析领域;刘莹等改进了传统 EMD 分解得到的 IMF 分量消噪阈值函数,有效解决了信噪分量分界点的判定问题;邓青林等提出基于集合经验模态分解和小波变换结合的爆破信号去噪方法,收到了良好的效果;陈正拜等对实际工程监测到的爆破振动进行小波熵去噪,在此基础上准确识别出多段别微差爆破实际延期时间间隔,为后期爆破参数优化提供了依据。

本节针对不同去噪方法的优缺点,提出了 EMD-DFA 组合去噪方法,并对冻结立井微差爆破振动信号进行分析。采用平均绝对误差、峰值信噪比等参量客观评价了几种方法的综合去噪效果,验证了 EMD-DFA 组合方法的有效性,进一步完善了爆破振动非线性信号分析方法。

6.5.1　EMD-DFA 算法

1. EMD 分解

经验模态分解是将非平稳信号分解成若干个固有本征模态函数,其中任意一个 IMF 满足:

① 在整个被分析的数据长度范围内,极值点(极大值和极小值)的个数与过零点的个数必须相等或相差最多不能超过 1 个。

② 在任意点,由局部极大值点形成的上包络线和由局部极小值点形成的下包络线的平均值为 0,即上下包络线关于时间轴局部对称。

$$s(t) = \sum_{j=1}^{n} c_j + r_n \tag{6-22}$$

式中,分量 $c_1, c_2, \cdots, c_n$ 分别包含了信号 c_j 中的某个局部的频率比和 c_{j+1} 中相同局部的频率从高到低不同频段、不等带宽的成分,且随信号的变化而变化;残余项 r_n 为经分解筛除得到 n 个 IMF 后的残余分量,表示信号直流分量或中心趋势。

2. DFA

DFA 方法能够在消除时间序列局部趋势的基础上,研究时间序列的长程幂律相关性,从而避免非平稳性造成的虚假相关性。

① 假设待研究的时间序列为 $x(t)$,其长度为 N,均值为 x,对 $x(t)$ 进行积分,得到去均值后的积分信号:

$$y(k) = \sum_{i=1}^{k} \left[x(t) - \bar{x} \right], k = 1, 2, \cdots, N \tag{6-23}$$

② 将 $y(k)$ 分成长度为 N,且无重叠的若干段,在每段内部采用最小二乘法对数据进行拟合,拟合得到局部线性趋势 $y_n(k)$,则 $y_n(k)$ 的均方根波动为

$$F_n = \sqrt{\frac{1}{N} \sum_{k=1}^{N} \left[y(k) - y_n(k) \right]^2} \tag{6-24}$$

③ 若 $x(t)$ 存在长程幂律相关性,则有

$$F_n \propto n^{\alpha} \tag{6-25}$$

式中,α 为描述时间序列长程相关性的标度指数。在双对数坐标中将 F_n 看作 α 的函数,该函数的斜率即为标度指数 α。

3. Hurst 指数

若改变时间序列标度,时间序列概率分布保持不变,这种序列称为"具有标度不变性"。数学描述为

对于任意 $\lambda > 0$,若存在某个常数 b,使得时间序列 $\xi(t) = \{\xi(t) | t = 0, 1, 2, \cdots, N\}$,满足 $\xi(\lambda t) \overset{d}{=} \lambda^b \xi(t)$,式中的"$\overset{d}{=}$"是统计分布相同,常数 b 称为"自相似标度因子"。

给定序列从 $-t$ 到 0 的过去增量 $\xi(0) - \xi(-t)$ 与 0 到 t 的未来增量 $\xi(t) - \xi(0)$ 的相关函数为

$$C(t) = \frac{E\left[\xi(0) - \xi(-t) \right]\left[\xi(t) - \xi(0) \right]}{E\left[\xi(t) - \xi(-t) \right]^2} \tag{6-26}$$

式中,$E(\cdot)$表示期望。当时间序列为分形序列时,相关函数$C(t)$可表示为$C(t)=2^{2H-1}-1$。指数H称为Hurst指数。可以看到相关函数$C(t)$与t无关,只与H有关,因此H值对过程发展趋势有着直接的影响。如果$H=0.5$,则该时间序列为独立同分布的随机序列,对应于随机游走,序列所服从的分布为高斯分布;反之,如果$H\neq0.5$,则可判定该时间序列为非完全随机序列。

6.5.2 EMD 和 DFA 的爆破信号去噪

本节提出的上述组合方法,其去噪流程如图 6.31 所示。

其去噪过程大致分为四步:

第一步:将采集到原始爆破振动波形进行 EMD 分解,得到若干个 IMF 分量,且自适应地按照频率从高到低排列。

第二步:建立与 IMF 分量数量一致的空矩阵,求取分解得到的 IMF$(:,i)$分量的 Hurst 指数,并将其存储在之前建立好的矩阵中。

第三步:建立 Hurst 指数筛选准则,对 IMF$(:,i)$分量的 Hurst 指数进行判断和评估。

第四步:将 Hurst 指数值<0.5的 IMF 分量从原始信号中去除,将其余分量进行信号重构,这样便得到了去噪后的信号。

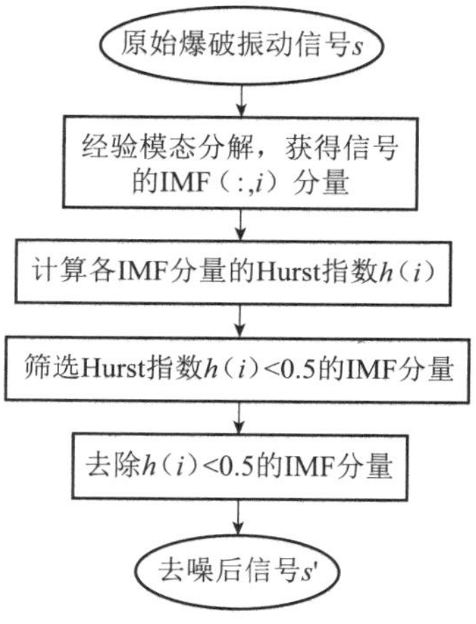

```
原始爆破振动信号 s
        ↓
经验模态分解,获得信号
的 IMF(:,i) 分量
        ↓
计算各 IMF 分量的 Hurst 指数 h(i)
        ↓
筛选 Hurst 指数 h(i)<0.5 的 IMF 分量
        ↓
去除 h(i)<0.5 的 IMF 分量
        ↓
去噪后信号 s'
```

图 6.31　EMD -DFA 去噪过程流程

6.5.3 应用实例

兖矿集团菏泽能化有限公司万福矿位于山东菏泽市巨野县,矿井设计生产能力为 1.8 Mt/a,采用立井开拓方式,布设主、副、风三个立井井筒,考虑各井筒施工进度,本次现场调研及试验选择在主立井井筒内进行。掘进试验段位于主井井筒基岩段 816 m 深度,采用 T220 型 1 号岩石抗冻水胶炸药,每循环总装药量 324 kg,MS1~MS5 段毫秒延期电雷管,掘进段高 3.7 m。

图 6.32 为立井微差爆破振动信号波形曲线,设置测振仪采样频率为 8000 Hz,峰值振速为 9.20 cm/s,主振频率为 163 Hz。图 6.33 为其对应的信号时频谱。

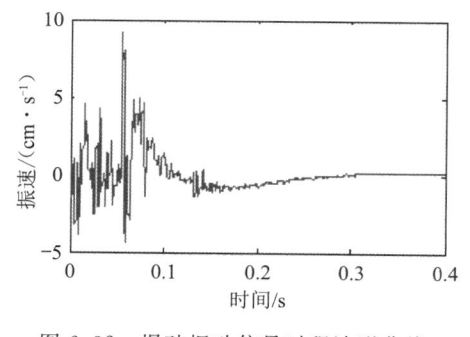

图 6.32　爆破振动信号时程波形曲线

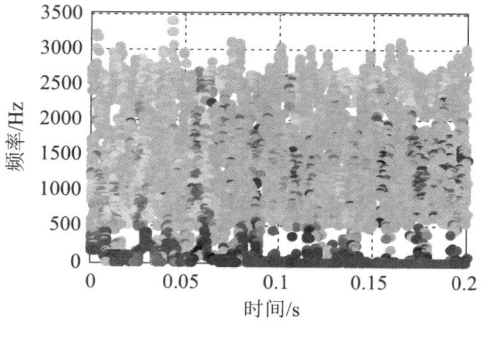

图 6.33　爆破信号时频谱

由图 6.32 和图 6.33 可知:原始爆破振动信号波形含有大量的噪声,光滑度很差,现分别采用 EMD 去噪法、EEMD 去噪法、小波阈值去噪法、小波熵去噪法以及本节提出的 EMD-DFA 组合法对上述爆破振动信号进行去噪处理。各方法去噪后的信号波形如图 6.34 所示。

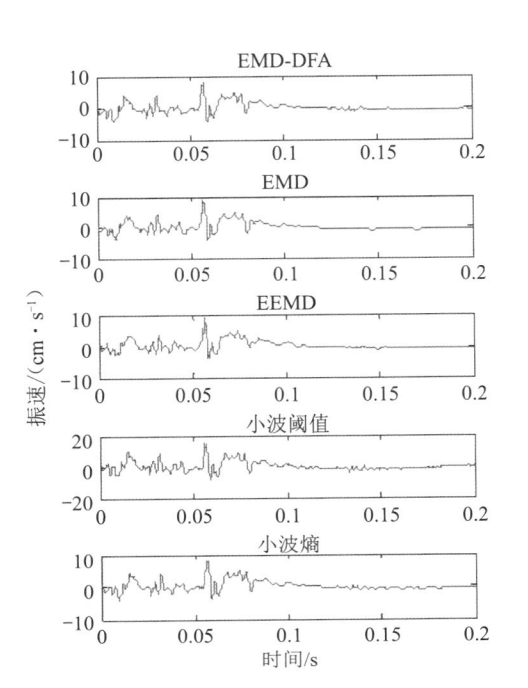

图 6.34 去噪后爆破信号波形曲线

EMD-DFA 组合方法去噪的理论过程如上所述;小波阈值去噪和小波熵去噪选用在爆破振动信号分析中应用最为广泛的 db8 小波基,分解层次为 5 层;EMD 与 EEMD 去噪是对信号进行经验模态分解和集合经验模态分解从而滤去信号中的高频分量,将剩余保留的 IMF 分量重构,获得去噪后爆破振动信号。

6.5.4 去噪效果评价

为了客观评价各方法的有效性,这里选用平均绝对误差、信噪比、峰值信噪比、互相关系数共四项指标来综合评价各个去噪方法的去噪效果。各去噪方法的各项去噪指标如表 6.4 所示。

表 6.4 不同去噪方法评价指标参数

去噪方法	平均绝对误差	信噪比/dB	峰值信噪比/dB	互相关系数
EMD-DFA	0.022	14.06	28.68	0.98
EMD	0.16	9.20	14.74	0.81
EEMD	0.025	11.50	26.04	0.96
小波阈值	0.032	10.76	23.09	0.92
小波熵	0.036	11.13	28.60	0.95

表 6.4 中各评价指标值说明：EMD-DFA 方法去噪后的信号与原信号的相关度最高，信噪比和峰值信噪比最大，而平均绝对误差最小，体现出组合方法去噪的综合优势。其中小波熵去噪仍摆脱不了对小波基和分解层数选取的依赖性，不同的小波基和分解层数对去噪结果影响很大；小波阈值去噪方法中若阈值选取过大，则会误去除有用成分，若阈值选取过小，则去噪效果不理想，上述小波方法去噪不具有自适应性；传统的 EMD 和 EE-MD 去噪方法通过将信号进行分解，对噪声起主导作用的高频分量采用"一刀切"的方式，往往会将信号包含的有效信息丢失，缺乏相应的筛选准则。组合方法去噪后信号的时频谱如图 6.35 所示。

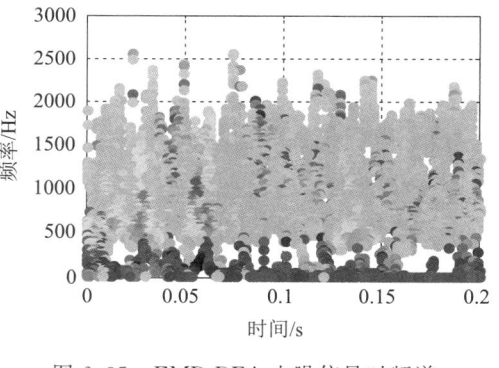

图 6.35　EMD-DFA 去噪信号时频谱

通过对比去噪前后时频谱可以发现：本节提出的 EMD-DFA 组合算法去噪具有显著优势，能够有效滤除爆破振动信号中包含的噪声分量（大于 2000 Hz），去噪效果最优。

通过本节分析，得到的结论如下：

① 分别使用 EMD-DFA 组合法、EMD 去噪法、EEMD 去噪法、小波阈值去噪法、小波熵去噪法对多段微差爆破振动信号进行去噪处理，通过对比相关评价参数发现 EMD-DFA 组合法去噪效果最优，在非平稳信号分析方面有独特的优势。

② 小波熵去噪法和小波阈值去噪法受小波基选取和分解层数的影响较大，同时阈值的设定也会在一定程度上干扰信号降噪的准确性，EMD 去噪法和 EEMD 去噪法由于算法本身原因导致分解的各 IMF 会产生不同程度的"端部效应"，导致重组信号杂波分量放大，去噪效果不理想。

③ EMD-DFA 组合法融合了经验模态分解和去趋势波动分析的优点，对冻结立井爆破振动非线性、非平稳信号具有很强的自适应性，能够有效滤除信号中包含的杂波成分，峰值信噪比和相关度指标均较其他方法高，去噪效果显著。

6.6　立井爆破振动信号混沌特征研究

爆破信号属于典型的非线性信号，识别和量化非线性时间序列中包含的信息特征，是许多领域研究的重点。常见的用于非线性评估的几种方法主要包括估计分形维数、非线性预测、估计熵和估计 Lyapunov 指数等。在上述方法中，估计分形维数是最简单的，它提供了一个关于系统的有限维度的测试方法。但是，维度估计对数据中的测量误差高度敏感，当信号中含有动态噪声时，分析结果不理想，信号熵估计也同样存在缺陷。实际上，非线性预测包括周期信号的确定性和随机信号的非线性，无法严格区分信号中包含的混沌特征和随机特征。混沌理论可以准确提取出非线性信号中包含的看似混乱却遵循特定规则的有序体特征。

自 Yan 提出频率切片小波变换时频分析技术以来，FSWT 分析法优良的时频特性和重构能力使其在信号处理领域得到了广泛的应用。其中,郭涛等利用 FSWT 方法对爆破振动信号进行了分析,获取了信号全频带下的时频分布特征,通过细化频率切片区间并重构子信号,实现了爆破振动时频特征分离与提取;赵国彦等采用频率切片小波变换对比分析了典型矿山微震信号和爆破振动信号重构子频带时频特征和能量分布差异,为两类信号的定量区分提供了行之有效的方法;杨仁树等采用 EMD 和 FSWT 组合方法对隧道爆破振动信号进行了分析,得到了更为精细化的爆破振动信号的时-频-能量特征信息。

对非线性信号建立物理模型进行分析是复杂的,混沌理论为非线性信号的特征提取提供了十分有效的手段。胡瑜等通过 C-C 方法获取了最优的时间延迟参数,并对洛仑兹吸引子和实测心电信号进行了相空间重构,探讨了非线性信号的混沌特征。孙迪等应用混沌理论研究了摩擦副磨合磨损过程中摩擦振动吸引子的演化规律,根据吸引子在相空间的体积变化表征了磨合不同阶段的振动特征。

本节对冻结立井爆破振动信号进行了分析,进行频率切片小波变换实现了不同频带子信号的重构,得到了信号在不同频带内动态变化的混沌特征,为研究应力波在高强混凝土井壁中传播、衰减和爆破下井壁结构动态响应提供了新思路。

6.6.1　立井爆破信号采集与重构

爆破试验选择在兖矿集团万福煤矿主立井井筒内进行。井筒冻结基岩段采用钻爆法掘进,采用 T220 型岩石抗冻水胶炸药,单循环总装药量为 324 kg,MS1~MS5 段毫秒延期电雷管起爆。选用成都中科测控生产的 TC-4850 型爆破测振仪记录立井爆破过程中井壁振动信息,设定仪器采样频率为 8 kHz,根据采样定理,其 Nyquist 频率为 4000 Hz。

现场测试时将测振仪布置在保护箱中,将保护箱及配套传感器绑扎在井壁钢筋上并浇筑于井壁内,这样既保证了测试数据的准确性,又使得测试过程对正常施工的影响降至最低。

图 6.36 为距工作面 6 m 处采集到的爆破振动信号时程曲线,其振速峰值为 5.50 cm/s,峰值时刻为 0.076 s,主振频率为 224.30 Hz。信号时程曲线位于煤矿许用雷管标定的起爆时间(130 ms)内,随后逐渐衰减至 0,保证了测试数据的准确性。

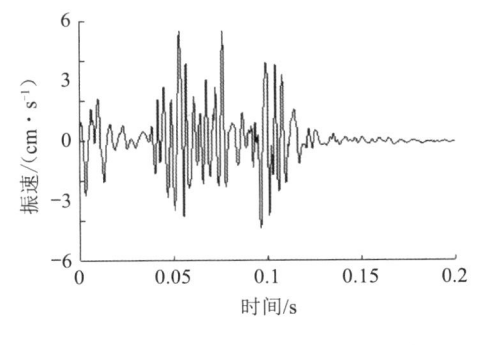

图 6.36　测点布置及信号波形曲线

6.6.2　信号重构及频谱特征

由于爆破振动信号的能量主要集中在低频段(500 Hz 以下),因此在子频带重构时细化 500 Hz 以内的频带。为了具有显著统计意义,以每 100 Hz 间隔为一个频率切片区间,500~1000 Hz、1000~4000 Hz 频率段分别作为一个独立切片区间,这样便可将信号划分为 7 个子频带。

采用 FSWT 算法获取每个子频带的重构信号,如图 6.37 所示。

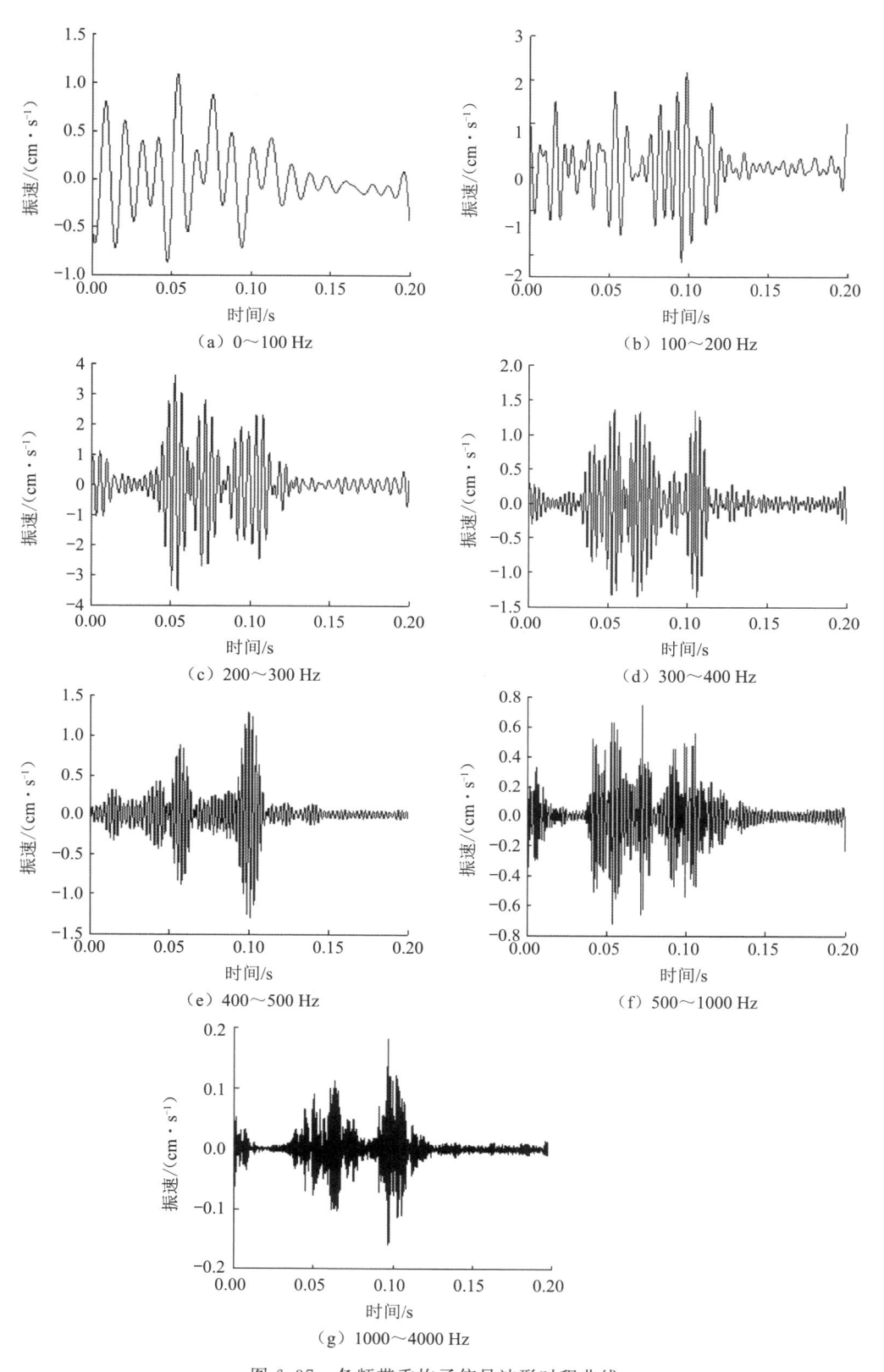

图 6.37　各频带重构子信号波形时程曲线

从各频带重构子信号的时频分布特征可以看出：子信号能量在其时频空间内，从低于主振频率的发散突变模式到主振频带的紧凑密实的稳态模式再到高于主振频带的发散突变模式。信号经 FSWT 分解逆变换重构后在一定程度上起到了滤波作用，得到的各频带子信号波形光滑度提高，有效抑制了噪声并较好恢复了各频带子信号的波动形态，体现了信号重构的有效性。

6.6.3 爆破振动吸引子混沌特征

1. 嵌入维数的确定

这里采用虚假临近点法选取嵌入维数 m。选取不同的嵌入维数 m，计算并绘制出 $\ln C(r)$ 与 $\ln r$ 的双对数曲线见图 6.38。

图 6.38 表明：当 m 由小变大时，D 也具有相同的变化趋势。当 m 增大到 10 时，双对数曲线趋于平行，即 D 趋于饱和，此时的关联维数可确定为信号吸引子的分形维数，从而确定嵌入维数 m 为 10。此时，根据图 6.39 中关联维数 D 与嵌入维数 m 的关系可确定关联维数 D 为 1.67。

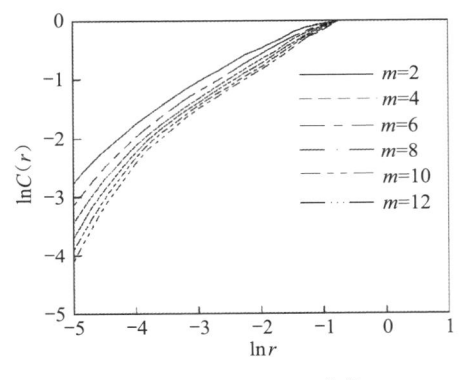

图 6.38　$\ln C(r)$-$\ln r$ 曲线

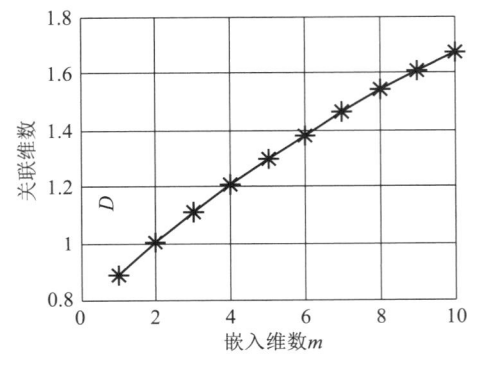

图 6.39　关联维数与嵌入维数的关系

由此可见，爆破信号系统是高维的动力学系统，蕴含着复杂的特征信息，需重构到高维空间才能解析。

2. 延迟时间的确定

延迟时间 τ 通常采用自相关函数法求取，设 $\{x(i)\}$ 为一组实测时间序列，定义自相关函数为

$$C(\tau) = \frac{\dfrac{1}{N-\tau}\sum\limits_{i=1}^{N-\tau}\left[x(i+\tau)-\bar{x}\right]\left[x(i)-\bar{x}\right]}{\dfrac{1}{N-\tau}\sum\limits_{i=1}^{N-\tau}\left[x(i)-\bar{x}\right]^2} \tag{6-27}$$

$$\bar{x} = \frac{1}{N}\sum_{i=1}^{N}x(i) \tag{6-28}$$

根据上式可构造 τ 与 $C(\tau)$ 的函数，当 $C(\tau)$ 下降至 $(1-1/e)C(0)$ 值以下时，所对应的 τ 为最佳延迟时间。根据自相关函数法确定最佳延迟时间 τ 为 3。

3. 相轨迹图变化规律

常用的判别信号混沌特性的方法有吸引子轨迹法、功率谱法及 Lyapunov 指数法。这里选用吸引子轨迹状态来表征爆破信号时间序列的混沌特征。将前述频率划分区间重构子信号分别进行相空间重构，运用主矢量法将其投影到三维坐标系中，通过相空间轨迹图的变

化可直观清晰地展现各频率子信号系统状态的演变过程，如图 6.40 所示。

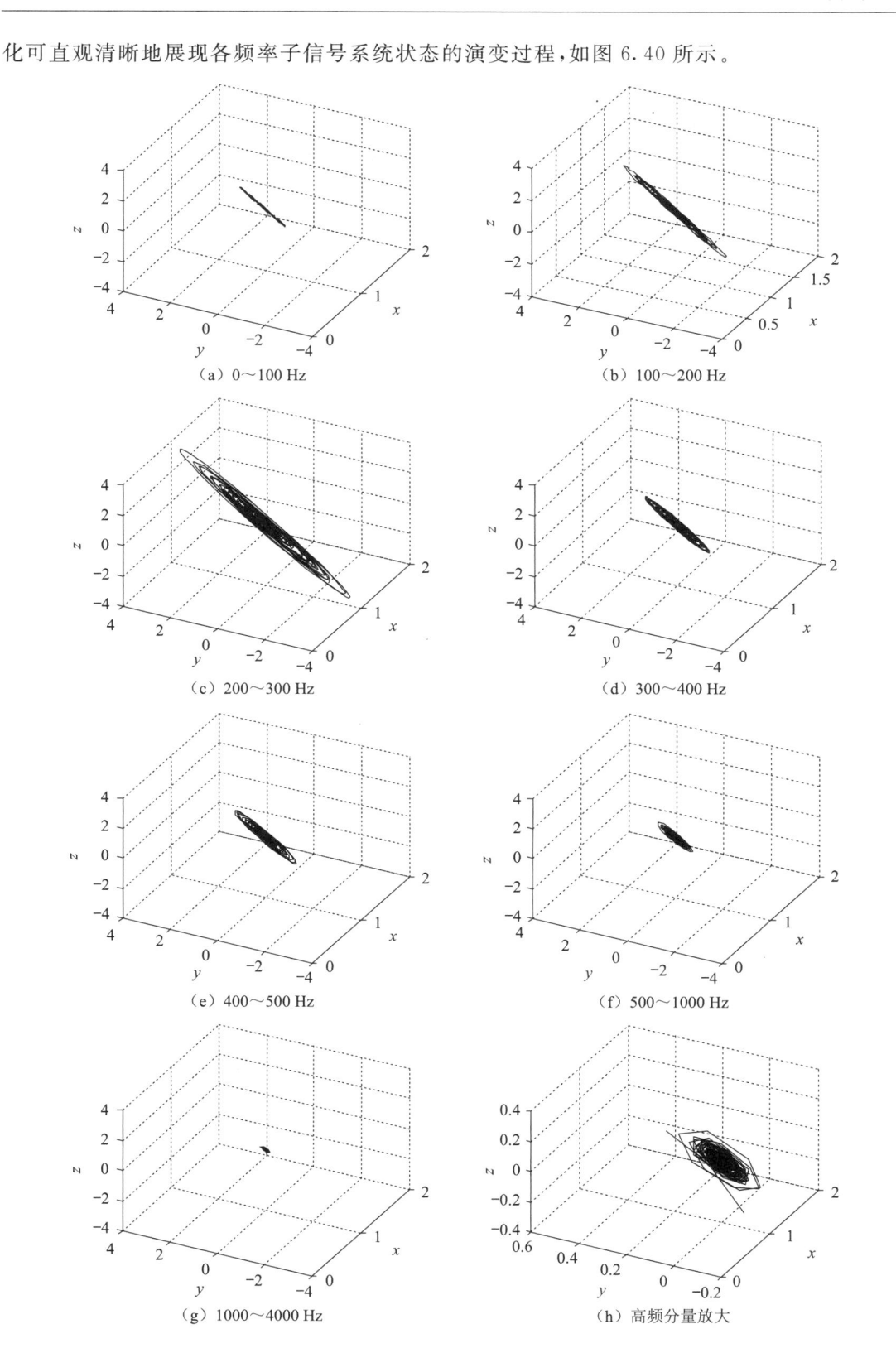

（a）0～100 Hz　　　　　　　　　　　（b）100～200 Hz

（c）200～300 Hz　　　　　　　　　　（d）300～400 Hz

（e）400～500 Hz　　　　　　　　　　（f）500～1000 Hz

（g）1000～4000 Hz　　　　　　　　　（h）高频分量放大

图 6.40　不同频率段重构子信号混沌吸引子演化

各频带重构子信号的混沌吸引子聚集在相空间的有限区域内,随着频率的变化各频带信号的混沌吸引子状态呈现显著差异,其形态由具有无穷嵌套自相似结构的不相交环面组成,每个环面吸引子反映了不同频率信号混沌弥散状态。混沌吸引子在重构三维相空间中的覆盖体积反映了重构信号本身的复杂程度,也体现出信号能量的聚集和耗散状态。各频带重构子信号振速最大波峰和波谷值与吸引子长轴端在相空间 z 轴的投影值一一对应,表现出良好的局部化混沌特征,突出了有效信号的细节,反映了爆破信号混沌系统的初值敏感性,体现了对信号总能量的贡献率。

从图中的 1000～4000 Hz 频带重构子信号吸引子形态特征可以看出:高频信号混沌吸引子形态与 1000 Hz 以下的吸引子形态发生逆转突变,不再具有低频段展开过程中的拓扑形态,反映出爆破信号混沌系统的有界性。对应的吸引子状态出现相互排斥的奇异性,表现为折线形式,体现了不稳定的高频振荡特性,反映了爆破信号混沌系统在高频分量中的随机性。

通过本节分析,得出结论如下:

① 传感器井壁预埋法在立井爆破振动监测过程中,可有效避免飞石、空气冲击波等对测振结果的影响,最大程度上保证了井壁测试的可靠性,又能使测试过程受正常施工的影响降至最小。与井壁表面监测方法相比还可避免现场测振仪导线敷设、检查和回收等大量工作,并可实现井壁结构长时间不间断监测。

② 频率切片小波变换不受小波基选取的局限,自适应性强。重构信号具有很好的去噪、信号特征提取和细节保持能力,重构子信号对原始信号能量的贡献率与相关系数具有一致性,可用于子信号波形特征的定量描述和分类识别。

③ 通过分析信号吸引子动力学相轨迹图,可以直观体现立井爆破不同频带信号在相空间的混沌特征演化规律。爆破重构信号以主振频带为界限,两侧频率区间内各子信号的吸引子在相空间的精细程度和收敛程度均出现明显差异,立井爆破混沌系统具有初值敏感性、有界性和随机性的内在特征。混沌吸引子的演化规律体现了立井爆破混沌动力学特性,揭示了其非线性动态变化的混沌机制,为立井爆破信号主振频带的判别提供依据。

6.7 井筒爆破信号趋势项消除分析

煤矿井筒钻爆法在掘进过程中,受测试周围环境和仪器参数设置及自身原因影响,爆破近区测试信号中通常会含有不正常的趋势项成分。趋势项的存在,会使信号奇异性增强,且其时频谱上会产生不具有明确物理意义的干扰,从而使得对时频分布的解释产生困难。目前仪器自带的简单分析功能对该问题的处理效果差,对这类奇异信号的预处理仍未有行之有效的方法。

爆破信号特征信息的提取对于爆破参数调整具有积极的现实意义。趋势项剔除作为信号预处理过程中最为重要的环节,对于提高信号分析精度起着至关重要的作用。目前常用的趋势项消除方法有最小二乘法、小波方法和经验模态分解方法。但上述方法都存在一定的局限性,如小波方法在分析过程中小波基的选取需要一定的先验性,其小波基的选取和分解层数确定得不合理会使分析结果差异显著。而经验模态分解算法由于在信号端点处存在"边界效应"和"模态混叠"现象,使得分解得到的个别分量失去物理意义。

随着研究的深入,更多具有自适应的方法被提出,进一步丰富和完善了信号预处理理论的发展。如张胜等通过自行设计小波基并添加至小波工具箱,有效剔除了信号中的趋势项成分;付晓强等利用总体平均经验模态分解和自相关分析,借助人工判别方法对爆破信号中包含的趋势项进行了消除,收到了良好的效果;韩亮等采用经验模态分解,对露天台阶爆破振动信号中的趋势项分析进行了实践与应用,体现了趋势项剔除对信号分析的重要性。

　　本节采用变分模态分解方法对井筒掘进过程中爆破近区的井壁振动信号进行了分析,剔除了信号中包含的趋势项成分,获得了能够反映信号特征信息的真实信号,并通过两类信号的频谱和时频谱特征,验证了信号提取的精度和高效性。

6.7.1　变分模态分解算法

　　变分模态分解是将待分析信号分解为多个本征模态函数,且将上述本征模态函数重新表述为如下形式:

$$f(t) = \sum_{k=1}^{K} u_k(t) = A_k(t)\cos[\varphi_k(t)] \tag{6-29}$$

　　式中,t 为采样时间;$u_k(t)$ 为分解得到的 k 个本征模态函数,$A_k(t)$ 和 $\varphi_k(t)$ 分别为瞬时幅值和瞬时频率,两者均为大于等于 0 的实常数。

　　与传统的经验模态分解对比,VMD 采用变分求解过程,将分解过程转化到变分框架内处理,通过寻找变分模型的最优解获取各本征模态函数,其核心包括变分问题的构造及其求解。

1. 变分问题的构造

　　变分模态分解算法中变分问题的核心为以输入的待分解信号 $f(t)$ 等于各模态分量的叠加为前提,寻求最优化的各模态分量的预估带宽之和,具体过程如下:

　　对各个 $u(t)$ 分量进行 Hilbert 变换构造解析信号,利用混合指数调谐各自估计中心频率的方法,从而将各个分量的频谱调制到相应的基频带范围内:

$$\left[\left(\delta(t) + \frac{\mathrm{j}}{\pi t}\right) * u_k(t)\right]\mathrm{e}^{-\mathrm{j}\omega_k t} \tag{6-30}$$

　　式中,$u_k = \{u_1, \cdots, u_K\}$ 为分解得到的 K 个模态分量;$\omega_k = \{\omega_1, \cdots, \omega_K\}$ 为经过 VMD 得到的若干个模态对应的中心频率;$*$ 为卷积运算。通过解调信号的高斯平滑度,计算式 (6-30) 表示的信号梯度的平方 L2 范数,估计获得各模态分量的带宽,构造的变分问题可表述为如下的优化过程,即

$$\min_{\{u_k\},\{\omega_k\}} \left\{ \sum_{k=1}^{K} \partial_t \left[\left(\delta(t) + \frac{\mathrm{j}}{\pi t}\right) * u_k(t)\right]\mathrm{e}^{-\mathrm{j}\omega_k t} \|_2^2 \right\} \tag{6-31}$$

$$\mathrm{s.\,t.} \sum_{k=1}^{K} u_k(t) = f(t) \tag{6-32}$$

2. 变分问题的求解

　　为求式 (6-31) 中的约束变分模型,此处引入二次惩罚因子 α 和 Lagrange 乘法算子 $\lambda(t)$,其中因子 α 为较大的正数且在高斯噪声存在的情况下可保证信号的重构精度,算子 $\lambda(t)$ 使得约束条件保持严格性,构造的增广 Lagrange 表达式为

$$L(\{u_k\}, \{\omega_k\}, \lambda) = \alpha \sum_k \left\|\left[\left(\delta(t) + \frac{\mathrm{j}}{\pi t}\right) * u_k(t)\right]\mathrm{e}^{-\mathrm{j}\omega_k t}\right\|_2^2 +$$
$$\left\|f(t) - \sum_k u_k(t)\right\|_2^2 + \langle\lambda(t), f(t) - \sum_k u_k(t)\rangle \tag{6-33}$$

变分算法中采用了乘法算子交替方向法用以解决上述问题,通过交替更新 u_k^{n+1}、ω_k^{n+1}、λ_k^{n+1} 寻求增广 Lagrange 函数的"鞍点",此点即为变分模型的最优解。

6.7.2 爆破信号趋势项消除分析

1. 相关参数确定

由前述可知,变分模态分解算法的核心为 u_k^{n+1} 和 ω_k^{n+1} 的计算获取。变分理论表明,若信号中的趋势项的频谱中心频率 ω_r 位于 5 Hz 以下,则 VMD 分解得到的第一阶模态分量变为信号中的趋势项。引入的惩罚因子 α 及分解层数 K 会严重影响分解精度,此处确定 α 值为 2 倍的信号采样长度。试验分析表明,当信号中含有明显的低频(<5 Hz)趋势项时,VMD 分解得到的第一个模态分量必然为趋势项,K 的取值与信号分解结果之间无必然联系,因此,为了提高分解效率,这里取 $K=2$。相关重要参数确定后,便可以进行爆破信号的趋势项提取,详细过程为:① 依据输入爆破信号时长和采样频率,确定信号的惩罚因素 α 的值,分解层数 K 确定为 2;② 对信号进行变分模态分解,获得信号的两阶分量信号,则第一阶分量信号便是信号中的趋势项;③ 将趋势项从原始信号中剔除,剩余分量便是待求取的真实信号。

2. 井筒爆破信号趋势项消除

爆破信号分析是爆破振动效应和爆破效果评价的最为有效的手段之一,越来越受到工程技术人员的重视。对于超深大直径井筒,大药量多频次的重复爆破会对井壁、冻结壁及围岩产生强烈的扰动作用,因此,通过爆破信号分析进行爆破参数优化和选取,对于井筒掘进期和后续服役期的安全都具有积极的现实意义。由于受井下瓦斯等有害气体的约束,竖井爆破雷管段别的选取受到限制,段间延期时间过短致使信号波形在时间轴上过于集中,各段起爆产生的子波不能被有效地区分,这进一步增大了信号特征提取的难度。因此,如何有效提取含有趋势项干扰信号中的有效信息,是爆破网路设计人员面临的关键性难题。以往对于含有趋势项信号的直接舍弃,导致回归数据缺失,得到的规律缺乏一定的科学性,使得对于爆破参数的调整具有很大的盲目性,实践证明是不可取的。

本次实验选择在山东兖矿集团万福煤矿主井井筒内进行。该井筒采用冻结法和钻爆法联合施工,其中表土段采用机械开挖方式,基岩段采用钻爆法开挖,采用 MS1~MS5 段别毫秒延期电雷管、T220 型抗冻水胶炸药,采用直孔掏槽形式,炮孔深度 4.2 m,其余炮孔深度 4.0 m,总装药量 340 kg,单循环进尺 3.8 m。现场测试选用中科测控生产的 TC-4850 型测振仪,设置采样时长 0.5 s,采样频率为 8000 Hz,触发模式为外触发,触发阈值为 0.1 cm/s。为了避免爆破飞石对仪器的破坏和对采集信号的干扰,采用相关文献中的井壁预埋法对上述爆破方案下的井壁结构的振动响应进行采集,获取爆破振动信号如图 6.41 所示。

图 6.41 中原始信号的主振频率为 160 Hz,波峰值为 6.08 cm/s,波谷值为 −3.17 cm/s。从图中可知:由于爆破近区测试环境复杂,波峰值所在的信号位置中含有显著的趋势项干扰。信号在

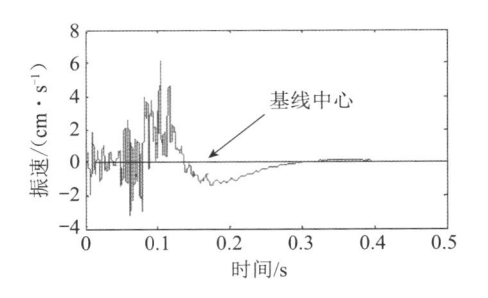

图 6.41 原始信号

0.08 s 后产生明显的干扰,体现在信号不正常的波动,且出现明显的偏离基线中心的"漂零"和"甩尾"现象。使得信号的奇异性增强,导致信号特征的辨识度降低,增加了信号处理难度。

采用变分模态分解对图中信号进行分解,同样根据信号的采样点为 4000 Hz 确定惩罚因子 $\alpha=8000$、$K=2$,分解得到的两阶分量如图 6.42 所示。

图 6.42 中分解结果表明:在爆破近区采集信号极易产生趋势项干扰成分,变分模态分解得到的趋势项幅值较爆破振动信号的峰值大、波动强烈,具有高幅值的特点。获得的真实信号在主振时间 0.15 s 后逐渐衰减并回归到基线中心位置,各段雷管起爆波形稳定,曲线光滑过渡,验证了分解的有效性。为了把握上述两类信号的频率分布,计算得到其功率谱,见图 6.43。

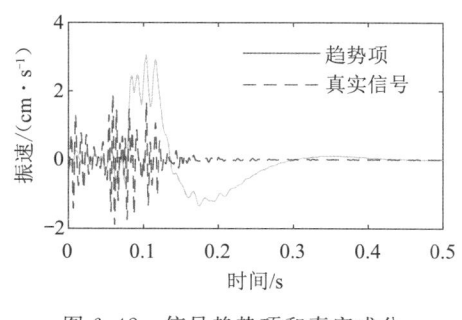

图 6.42　信号趋势项和真实成分

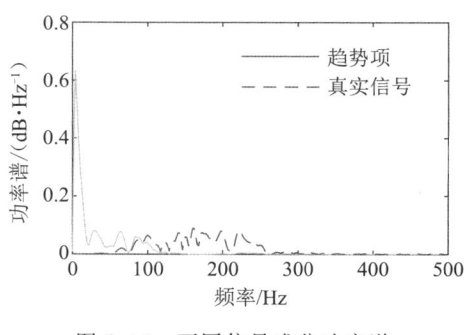
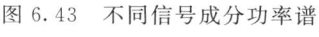

图 6.43　不同信号成分功率谱

功率谱表明:趋势项成分与真实信号频谱特征具有显著差异。其中,趋势项成分的中心频率为 3.904 Hz,幅值为 0.6345,具有典型的奇异波动特征;而真实信号成分的中心频率为 160.1 Hz,与原始信号的主频一致,且在频率轴上分布更为广泛,主要集中在 $70\sim250$ Hz 范围,波形波动过渡更为平滑稳定。这里,标定真实信号和趋势项信号分别为 x_1、x_2,采用相关性系数来客观表征两类信号与原始信号的相关性程度:

$$[\mathrm{MC}_i]=\mathrm{CCF}(x_i,y,T) \tag{6-34}$$

式中,x_i 为待比较信号;y 为原始信号,T 为信号采样时间序列。通过计算得到两类信号与原信号的相关性系数分别为 0.8812、0.1208,说明虽然趋势项的幅值较大,但与原始信号的相关性却较低,真实信号呈现相反的规律,两者具有很好的辨识性。这一点在图 6.4 和图 6.45 的时频分布中体现得尤为明显,图中趋势项成分时频能量具有在时间轴分布广而频率轴较集中的特点,而真实信号能量主要分布在主振时域范围,具有频率范围更为宽泛的特征。

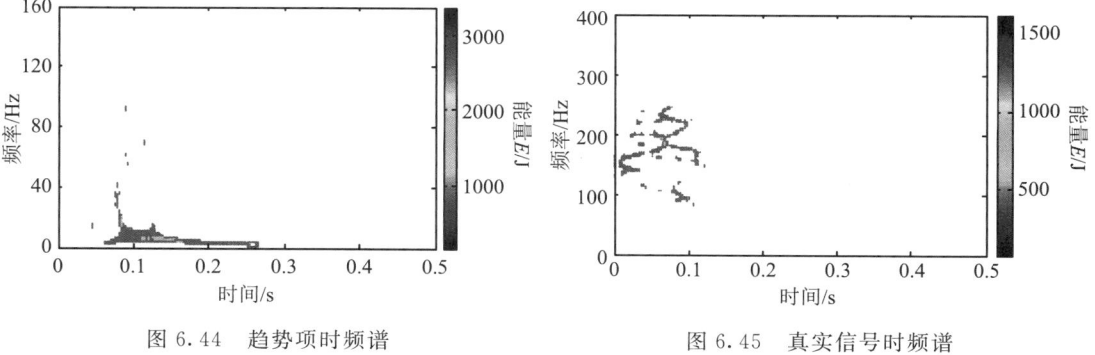

图 6.44　趋势项时频谱　　　　　　　　　图 6.45　真实信号时频谱

6.7.3 爆破信号特征提取

煤矿立井爆破受瓦斯问题的制约，雷管段别的选择较为有限，采集到的爆破信号在时间轴上聚集度高，雷管精度采用常规的方法难以辨识。同时，立井井下温度低、湿度大，恶劣环境也增大了发生雷管事故的概率。采用相关文献中的建立方法对图 6.42 中的真实信号进行谱包络分析，结果如图 6.46 所示。

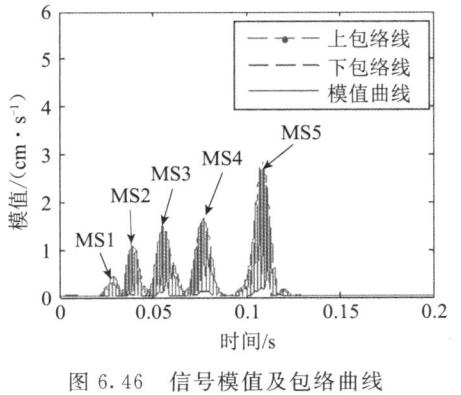

图 6.46　信号模值及包络曲线

图中模值上、下包络曲线可清晰分辨出 5 个峰值，在时间轴上对应的时刻分别为 28.86 s、38.86 s、54.88 s、76.89 s 和 108.9 s。模值曲线包络曲线中的 5 个峰值为立井爆破所用 5 个雷管段别的实际起爆时刻，由此得到雷管实际延期时间间隔与设计值对比见表 6.5。

表 6.5　雷管实际延期值与设计值对比

段次	MS1～MS2	MS2～MS3	MS3～MS4	MS4～MS5
设计间隔/ms	2～35	5～45	3～53	2～68
实际间隔/ms	10.00	16.02	22.01	32.01

从表 6.5 中可知：各段别雷管段间延期时间均位于设计间隔范围内，且包络曲线对应的模值与最佳分析信号振速幅值具有较好的一致性，验证了上述真实信号获取的精确性。

变分模态分解方法适用于爆破信号趋势项的剔除过程，其在抗模态混叠和噪声干扰方面具有明显优势。通过分解得到两阶分量信号的功率谱和时频谱的频率范围和分布特征，仿真信号和现场测试信号分析结果都验证了信号处理的有效性和可行性。

爆破信号的趋势项具有高幅值、低频率的特点，频率集中程度高且与原始信号的相关性较低。真实振动信号的幅值较低，频率范围更广且中心频率与信号主频一致。趋势项成分时频能量具有在时间轴分布广而频率轴较集中的特点，而真实信号能量主要分布在主振时域范围，具有频率范围更为宽泛的特征，真实信号的相关性系数值远大于趋势项。两类分量信号的特征差异对信号后续深入分析具有实际物理意义。

6.8　立井爆破信号趋势项和噪声消除研究

在冻结立井爆破振动监测过程中，井下低温环境往往会使测试仪器的工作性能劣化。测振仪主机中放大器随着温度的变化产生零点漂移，传感器有效频率范围外低频性能的不稳定性以及受传感器周围环境因素的影响，信号中通常会含有低频直流分量和高频噪声干扰。信号数据中包含的低频趋势项和高频噪声对其信息的精确提取造成很大影响，尤其对于信号积分、微分等后续运算，趋势项的存在对分析结果的影响更为突出。

在立井钻爆法施工过程中，由于测点通常布置在近区，单循环大药量起爆产生的振动信号的趋势项往往来自信号的低频部分，近区信号的能量也主要集中在频率较低的区段。如何在保证信号信息完整度的前提下消除低频趋势项，是信号分析和预处理面临的主要难题。

立井爆破信号分析的首要问题便是消除由于趋势项而产生的零点漂移，信号分析领域常用的小波分析方法、经验模态分解法等,由于这些方法具有独特的信号解析能力,所以被广泛应用于非线性信号趋势项分析领域。龙源等采用最小二乘法、小波方法及 EMD 方法对爆破信号趋势项去除的效果进行了对比,明确了 EMD 分解的自适应性在信号趋势项消除中的优势。张胜等采用时域梯形数值积分后的振动速度信号构造自适应小波基函数,并揭示了去除趋势项后信号的能量特征,验证了该方法的有效性。韩亮等分析了深孔台阶爆破近区采集信号趋势项显著的现象,采用固有本征模态函数和人工判别组合方法对趋势项进行去除分析,取得了良好的效果。

小波变换存在小波基选取难题,而经验模态分解又避免不了模态混叠现象。于是,改进和组合算法被提出。陈亮等采用集合经验模态分解(emsemble empirical mode decomposition,EEMD)-奇异值分解(singular value decomposition,SVD)-排列熵(permutation entropy,PE)组合方法对钢轨波磨信号趋势项进行了消除,与小波方法、EMD 方法相比,准确率提高了 30%。组合方法的优越性在于其使各方法的优势得到集中体现,从而克服了单一分析方法的局限性。

本节采用互补集合经验模态分解(complementary ensemble empirical mode decomposilion,CEEMD)-交流电流(alternating current,AC)-快速独立成分分析(fast independent component analysis,fast ICA)组合分析方法,通过 CEEMD 消除信号趋势项中的低频分量,采用 AC 分析法确定信号的高频分量并利用 fast ICA 方法剔除信号趋势项中高频分量的成分,通过原始振动信号和去除趋势项信号的频谱对比验证了该方法的有效性。

6.8.1　相关算法

1. CEEMD 分解算法

CEEMD 算法以 EMD 分解为基础,主要有以下 3 个步骤:

① 向原始信号 S 中加入 N 组正、负成对出现的辅助白噪声,进而生成 2 套 IMF 集合,即

$$\begin{bmatrix} M_1 \\ M_2 \end{bmatrix} = \begin{bmatrix} 1 & 1 \\ 1 & -1 \end{bmatrix} \begin{bmatrix} S \\ N \end{bmatrix} \tag{6-35}$$

式中,M_1、M_2 分别为添加正、负成对白噪声后的信号,这样得到的集合信号个数为 $2n$。

② 对集合中的各个信号进行 EMD 分解,每个信号得到 1 组 IMF 分量,其中第 i 个信号的第 j 个 IMF 分量表示为 c_{ij}。

③ 通过人工判别剔除具有典型低频特征的信号分量,然后将信号中剩余多组分量组合得到分解结果,即

$$c_j = \frac{1}{2n} \sum_{i=1}^{2n} c_{ij} \tag{6-36}$$

式中,c_j 为 CEEMD 分解最终得到的第 j 个 IMF 分量。

这样,便将各个信号中包含的低频趋势项予以消除,将去除趋势项的各个信号线性叠加,得到重组信号 S'。

2. 自相关分析

自相关函数可以反映非线性信号随机变量在时间域的相互依赖关系。自相关函数可表述为如下形式,即

$$R_x(t,t_i) = E[x(t) \cdot x_i(t)] = \frac{1}{N-1} \sum_{i=1}^{n} [x(t) \cdot x_i(t)] \tag{6-37}$$

式中，$x(t)$ 为原始振动信号；$x_i(t)$ 为 $x(t)$ 经 CEEMD 分解得到的任意分量；N 为信号采样点数；i 为分解分量数目；n 为分解数目的最大值；t 为信号不同时刻。

信号中含有的高频白噪声其自相关曲线最大值通常集中在坐标零点，其余各点值近似为 0。

3. fast ICA 算法

fast ICA 算法是盲源信号识别的一种快速寻优迭代算法。其识别是按照原始振动信号的统计特征，从 m 个观测信号 $x(t) = (x_1, x_2, \cdots, x_m)$ 中分离出 n 个原始振动信号 $s = (s_1, s_2, s_3, \cdots, s_n)$ 中含有的各独立成分，即通过确定分离矩阵 W，获取原信号 s 的合理估计为

$$\bar{s}(t) = Wx(t) \tag{6-38}$$

采用 fast ICA 算法对分离矩阵 W 及分离信号 $\bar{s}(t)$ 的求解，实质是对实际获得的信号数据进行某种线性分解，将混合信号分解成各频率互不交叉的独立成分，实现组合信号高频消噪过程。

6.8.2　趋势项消除流程

由于信号中含有的趋势项成分复杂，因此对原始信号进行 CEEMD 自适应分解，采用自相关分析选取高频噪声分量，利用 fast ICA 算法分别对其进行噪声抑制。对处理后的信号再经过 ICA 逆运算获得真正的 IMF 分量。将这些 IMF 分量进行 CEEMD 分量重组，便得到消除趋势项后的信号。爆破振动信号趋势项消除流程如图 6.47 所示。

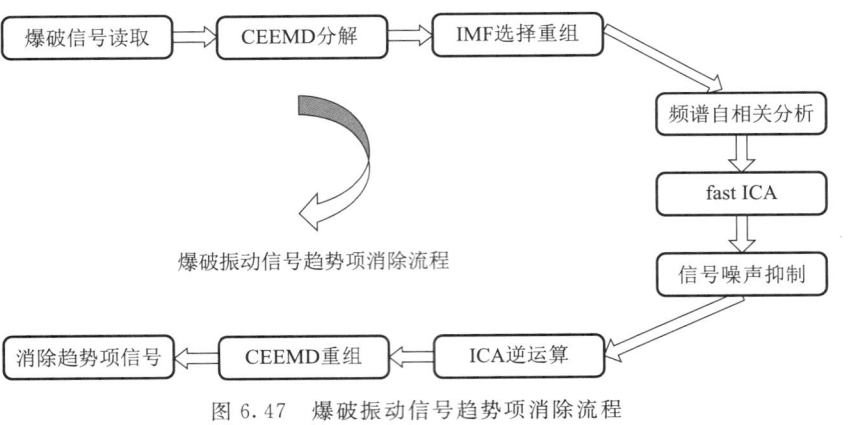

图 6.47　爆破振动信号趋势项消除流程

6.8.3　应用实例

1. 信号采集与获取

现场井壁振动监测选择在山东兖矿集团万福煤矿主井进行，该井筒深度为 886 m，表土层厚度为 754 m，采用冻结特殊凿井法施工。考虑到立井井筒施工作业空间有限、干扰因素多等缺陷，为最大程度保证井壁结构的完整性和测试的可靠性，测试时预先将测振仪及传感器绑扎在钢筋上并浇筑于井壁内，这样在很大程度上保证了测试数据的准确性，同时又使得测试过程对施工的影响降至最低。万福煤矿立井爆破单循环总装药量 340 kg，其中掏槽孔装药为 27 kg（Ⅰ 段雷管），第 1～2 圈辅助孔总装药量为 96 kg（Ⅱ 段雷管），第 3 圈辅助孔总装药量为 54 kg（Ⅲ 段雷管），第 4 圈辅助孔总装药量为 60 kg（Ⅳ 段雷管），周边孔总装药量为 102.9 kg。

图 6.48 为距井筒工作面 6 m 处采集到的爆破振动信号时程曲线，其振速峰值为

6.35 cm/s，峰值时刻为 0.033 s，主振频率为 199.30 Hz。信号时程曲线持续时间位于煤矿许用雷管标定的起爆上限时间（130 ms）范围内，随后逐渐衰减至 0，保证了测试数据的准确性。图中爆破近区实测波形曲线存在明显的零点漂移（甩尾）现象，信号偏离基线的程度随信号时间轴不断变化。

原始振动信号频谱曲线如图 6.49 所示，从图中可以看出：立井爆破振动信号的频率主要位于 0～500 Hz 范围内，对频谱曲线进行局部放大，可以清楚地观察到 0～10 Hz 范围内存在幅值较大的低频直流分量的干扰。由此产生的趋势项会导致对振动信号主振频率的误判，严重影响了信号波动特征提取的准确性和频谱分析的分辨率，进而会污染信号的整个时频空间，在预处理时必须予以剔除。

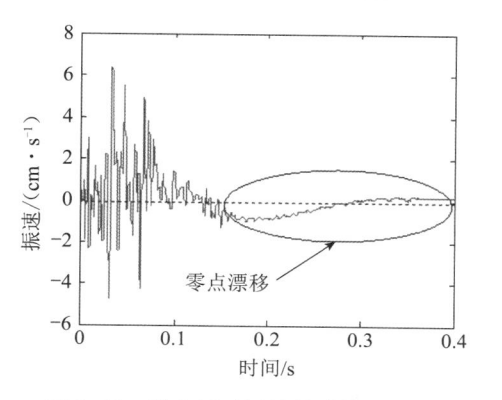

图 6.48　爆破近区原始振动信号波形

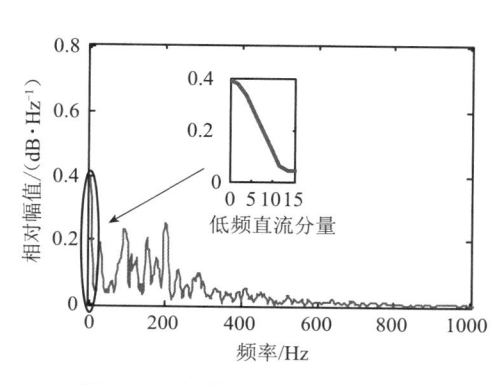

图 6.49　原始振动信号频谱曲线

2. 趋势项消除

在对信号进行 CEEMD 分解时，设置白噪声标准差为 0.2，最大筛分次数为 100，集成次数为 5。将图 6.49 中原始振动信号进行 CEEMD 分解，得到 10 个 IMF 分量及 1 个残余分量 r（初始趋势项），如图 6.50 所示。

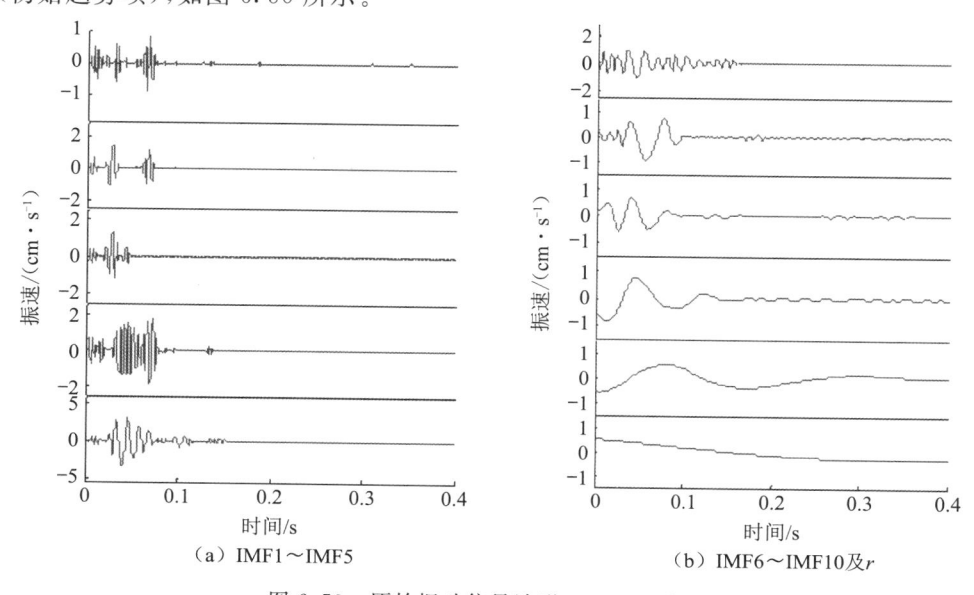

（a）IMF1～IMF5　　　　　　　　（b）IMF6～IMF10 及 r

图 6.50　原始振动信号波形 CEEMD 分解

从图中可以看出:分解得到的 IMF1～IMF7 分量频段较高,频带较宽;IMF8～IMF10 分量频段较低,频带较窄;同时,IMF8～IMF10 分量已具备典型的趋势项特征(曲线波形偏离基线)。上述低频分量对引起信号产生趋势项的贡献最大,因此应预先将低频分量剔除。

3. 自相关分析

对上述分析中保留的 IMF1～IMF7 分量求取自相关曲线,如图 6.51 所示,从图中可以看出:信号分量的自相关曲线均关于坐标纵轴对称;7 个 IMF 分量中,IMF1～IMF3 分量的功率谱及自相关曲线满足高斯白噪声特征(最大值集中在坐标零点,随着时间轴的变化其余各点逐渐衰减趋近于 0)。因此主要对这 3 个分量进行 fast ICA 噪声抑制和信噪分离。

4. fast ICA 盲源分离

IMF1～IMF3 分量信号作为 fast ICA 的输入矩阵,经 fast ICA 运算进行盲源分离获得其主分量。将 IMF1～IMF3 子信号主分量进行逆运算,得到盲源分离后的信号波形如图 6.52 所示。

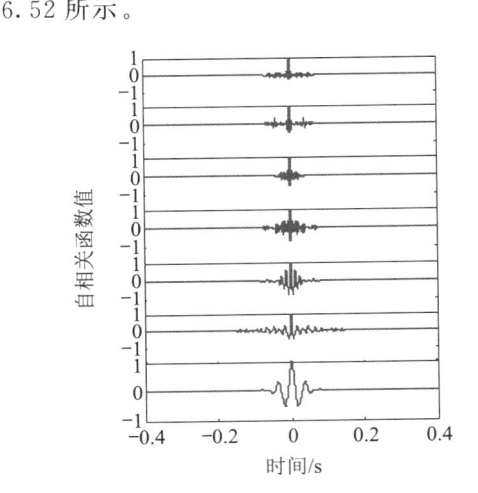

图 6.51 IM1～IMF7 分量自相关曲线

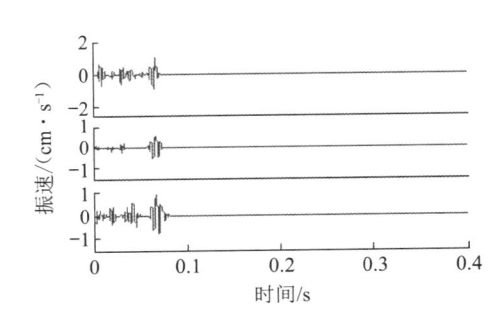

图 6.52 IMF1～IMF3 盲源分离后的信号

将盲源分离后的 3 个信号与保留的 IMF4～IMF7 分量进行重组,得到去除趋势项后的真实信号,如图 6.53 所示。对消除趋势项的信号进行频谱分析得到去除趋势项后的频谱,如图 6.54 所示。

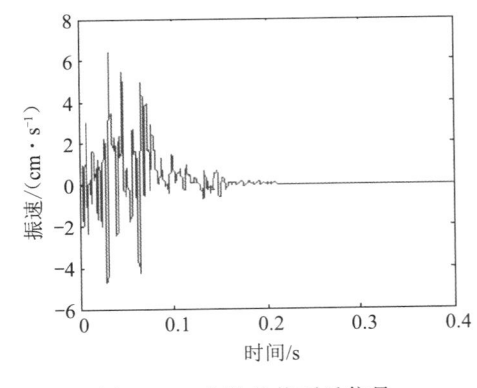

图 6.53 去除趋势项后信号

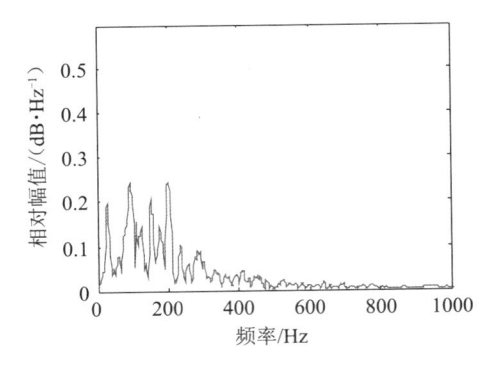

图 6.54 去除趋势项信号频谱

由图中可以看出:去除趋势项后的信号信噪比得到很大程度的提升,原信号频谱中包含的低频直流分量得到了有效去除,滤波和去除趋势项效果显著。

6.8.4 效果验证

为了检验信号经过组合分析方法去除趋势项在高频杂波滤除方面的效果,将原始信号和去除趋势项后信号分别求取希尔伯特时频能量谱,如图 6.55~图 6.56 所示。

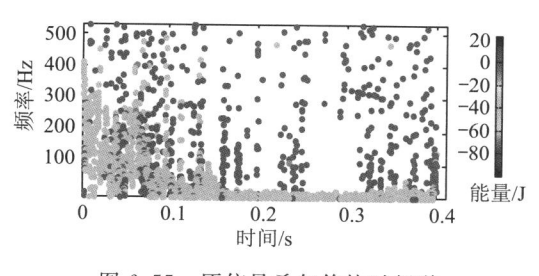

图 6.55 原信号希尔伯特时频谱

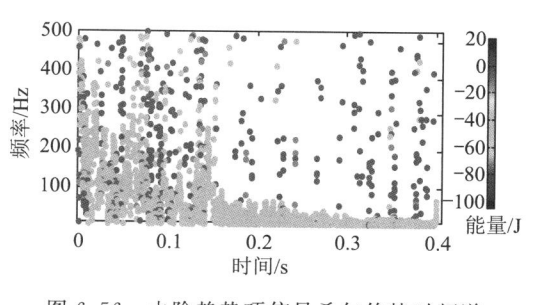

图 6.56 去除趋势项信号希尔伯特时频谱

由图中可以看出:消除趋势项后的信号完整地保留了能量在主振时域内的信息特征,且与原信号能量峰值相当,体现了其对信号幅值的保留程度,是相对保幅的处理方法。同时,去除趋势项后的信号高频噪声得到了有效的滤除,使得信号信息特征得到凸显,受不相关分量干扰程度降低,验证了组合方法在信号预处理中的优势。

在冻结立井井壁预埋法爆破振动监测过程中,由于仪器性能和低温不利环境的影响,近区测试信号中会包含明显的趋势项。趋势项的存在会导致对信号主频的误判,严重影响信号波动特征提取的准确性和频谱分析的分辨率,进而会污染信号的整个时频空间,在预处理时必须予以剔除。

采用组合分析方法较有效地去除了信号中包含的趋势项,消除了立井爆破近区振动瞬时能量输入过大产生的信号非线性失真现象,通过信号处理前后时频谱分析对比,验证了该方法是切实可行的。针对立井爆破振动信号短时非平稳特征,组合方法能有效去除信号中的基线偏移成分,从而提高爆破信号频谱分析的分辨率和时程特性的准确率,在批量信号的预处理方面具有重要应用价值。

本章彩图详见二维码:

参考文献

[1] 郭学彬,蒲传金,冯德润,等.岩溶发育区微差爆破孔间殉爆引起拒爆的分析[J].中国矿业,2005,14(11):76-78.

[2] 徐振洋,杨军,陈占扬.高精度雷管逐孔起爆地震信号的精确时频分析[J].煤炭学报,2013,38(S2):331-336.

[3] 韩博,马芹永.煤矿岩巷爆破振动信号能量分布特征的小波包分析[J].中国矿业,2013,22(6):110-113,120.

[4] 凌同华,李夕兵.基于小波变换的时-能分布确定微差爆破的实际延迟时间[J].岩石力学与工程学报,2004,23(13):2266-2270.

[5] 张胜,凌同华,刘浩然,等.模式自适应小波时能密度法及其在微差爆破振动信号分析中的应用[J].煤炭学报,2014,39(10):2007-2013.

[6] 龚敏,邱燚可可,孟祥栋,等.基于 HHT 的雷管实际延时识别法在城市环境微差爆破中的应用[J].振动与冲击,2015,34(10):206-212.

[7] 张瑞红,齐宏伟,林大超,等.基于固有时间尺度分解算法的微震信号去噪[J].煤矿安全,2012,43(3):164-168..

[8] FREI M G,OSORIO I. Intrinsic time-scale decomposition: time-frequency-energy analysis and real-time filtering of non-stationary signals[J]. Proceedings Mathematica Physical & Engineering Sciences,2007,436(2078):321-342.

[9] 向玲,鄢小安.基于集成固有时间尺度分解和谱峭度的滚动轴承故障检测[J].中南大学学报(自然科学版),2016,47(7):2273-2280.

[10] 张德丰.MATLAB 小波分析[M].北京:机械工业出版社,2012.

[11] 付晓强.露天矿山爆破振动信号分析与边坡稳定性数值模拟研究[D].太原:太原理工大学,2013.

[12] 潘涛,陈辉峻,赵明生,等.数码电子雷管延时精度误差影响因素及改进措施研究[J].爆破,2014,31(2):135-138.

[13] 单仁亮,白瑶,宋永威,等.冻结立井模型爆破振动信号的小波包分析[J].煤炭学报,2016,41(8),1923-1932.

[14] 马芹永,袁璞,张经双,等.立井直眼微差爆破模型试验振动测试与分析[J].振动与冲击,2015,34(6):172-176.

[15] 石彦平,陈书雅,彭扬东,等.电性抑制与中性润湿协同增强煤系地层井壁稳定性的实验研究[J].煤炭学报,2018,43(6):1701-1708.

[16] 骆浩浩,李祥龙,王建国,等.井下大爆破直通巷道冲击波超压的预测研究[J].中国安全科学学报,2019,29(3):57-62.

[17] 杨仁树,付晓强,杨立云,等.冻结立井爆破冻结壁成形控制与井壁减振研究[J].煤炭学报,2016,41(12):2975-2985..

[18] 单仁亮,王二成,李慧,等.西北冻结立井砼井壁爆破损伤模型[J].煤炭学报,2015,40(3):522-527.

[19] 贾晓芬,郭永存,柴华荣,等.深立井井壁图像的卷积神经网络去噪方法[J].西安交通大学学报,2019,53(6):117-124.

[20] 杨仁树,付晓强,杨国梁,等.基于 CEEMD 与 TQWT 组合方法的爆破振动信号精细化特征提取[J].振动与冲击,2017,36(3):38-45.

[21] 付晓强,刘纪峰,崔秀琴,等.基于 TQWT 能量选择算法隧道爆破信号特征提取分析[J].铁道科学与工程学报,2020,17(2):405-412.

[22] 汤志勇,杨晨晖,叶步才.主动轮廓模型在车牌识别算法中的应用研究[J].微机发展,2005,15(9):53-55,74.

[23] 汤志勇,杨晨晖,王炳波.车牌识别系统中智能算法应用研究[J].交通与计算机,2005,23(2):30-33.

[24] 张志雄,叶雪云,殷志强,等.基于FAHP法的连续多跨渡槽拆除爆破安全评价[J].中国安全科学学报,2020,30(11):67-74.

[25] 付晓强,杨立云,陈程,等.煤矿冻结立井爆破雷管微差延时识别研究[J].煤矿安全,2017,48(4):55-58.

[26] 宗琦,罗吉,刘宁.立井冻结坚硬基岩段深孔爆破技术应用试验研究[J].爆破,2014,31(3):72-75.

[27] 张贵,李翔.立井冻结基岩段深孔爆破施工分析[J].建井技术,2014,35(S1):34-35.

[28] 马芹永,袁璞,张经双,等.立井冻结基岩段爆破振动信号时频分析[J].建井技术,2015,36(4):34-39.

[29] 赵建平,徐国元,李永刚.基于小波变换的爆破振动信号分解与重构[J].有色金属科学与工程,2007,21(2):11-14.

[30] 张先武,高云泽,方广有.Hilbert谱分析在探地雷达薄层识别中的应用[J].地球物理学报,2013,56(8):2790-2798.

[31] 宋志伟,胡龙飞,蒋跃飞,等.基于HHT法的爆破震动衰减规律研究[J].矿业研究与开发,2015,35(5):56-60.

[32] 冀楷欣,张世平.基于HHT方法的露天矿山爆破振动信号分析[J].煤矿安全,2016,47(3):140-143.

[33] 池恩安,梁开水,赵明生,等.小波分解下单段爆破振动信号RSPWVD时频分析[J].武汉理工大学学报,2010,32(13):106-109.

[34] 马芹永,韩博,卢小雨.立井井筒基岩段深孔爆破振动测试与分析[J].煤炭科学技术,2012,40(1):23-25.

[35] 郭涛,方向,谢全民,等.频率切片小波变换在爆破振动信号时频特征精确提取中应用[J].振动与冲击,2013,32(22):73-78.

[36] 赵国彦,邓青林,马举.基于FSWT时频分析的矿山微震信号分析与识别[J].岩土工程学报,2015,37(2):306-312.

[37] 徐振洋,杨军,陈占扬,等.爆破地震波能量分布研究[J].振动与冲击,2014,33(11):38-42.

[38] 唐旭,邹飞,方正峰.基于希尔伯特-黄变换的远区爆破振动信号能量演化及分布规律[J].科学技术与工程,2016,16(30):47-51,91.

[39] 熊正明,中国生,徐国元.基于平移不变小波爆破振动信号去噪的应用研究[J].金属矿山,2006(2):12-14.

[40] 夏晨曦,杨军,李顺波,等.最优小波包基算法在爆破振动信号去噪中的应用[J].爆破,2011,28(3):4-7

[41] 谢全民.二代小波包变换在爆破振动信号去噪分析中的应用[J].工程爆破,2011,17(3):21-24.

[42] 刘莹,韩焱,郭亚丽,等.基于CEEMD的爆破振动信号自适应去噪[J].科学技术与工程,2015,35(32):54-58.

[43] 邓青林,赵国彦.基于EEMD和小波的爆破振动信号去噪[J].爆破,2015,32(4):33-38.

[44] 陈正拜,付晓强,林天舒,等.小波熵去噪在微差爆破延时精确识别中的应用[J].工业安全与环保,2016,42(12):1-3.

[45] 冷军发,荆双喜,禹建功,等.EMD与能量算子解调在提升机齿轮箱故障诊断中的应用[J].

煤炭学报,2013,38(S2):530-535.

[46] 曾超,王文军,陈朝阳,等.驾驶员疲劳状态生理信号的 DFA[J].传感器与微系统,2016,35 (1):7-10.

[47] 万丽,邓小成,王庆飞,等.基于 Hurst 指数的矿化强度识别:以山东大尹格庄金矿为例[J]. 吉林大学学报(地球科学版),2013,43(1):87-92.

[48] 刘连生,蒋家卫,周子荣,等.几种信号去噪方法在爆破振动信号中的应用分析[J].有色金 属科学与工程,2016,7(3):107-112.

[49] YAN Z,MIYAMOTO A,JIANG Z. Frequency slice wavelet transform for transirent vibra- tion response analysis [J]. Mechanical System and Signal Processing, 2009, 23 (5): 1474-1489.

[50] 杨仁树,付晓强,杨国梁,等.EMD 和 FSWT 组合方法在爆破振动信号分析中的应用研究 [J].振动与冲击,2017,36(2):58-64.

[51] 胡瑜,陈涛.基于 C-C 算法的混沌吸引子的相空间重构技术[J].电子测量与仪器学报, 2012,26(5):425-430.

[52] 何志坚,周志雄.基于 FSWT 细化时频谱 SVD 降噪的冲击特征分离方法[J].中国机械工 程,2016,27(9):1184-1190.

[53] 尚雪义,李夕兵,彭康,等.FSWT-SVD 模型在岩体微震信号特征提取中的应用[J].振动与 冲击,2017,36(14):52-60.

[54] 孙迪,李国宾,魏海军,等.磨合过程摩擦振动混沌吸引子演变规律[J].振动与冲击,2015, 34(6):116-121.

[55] 施式亮,宋译,何利文,等.矿井掘进工作面瓦斯涌出混沌特性判别研究[J].煤炭学报, 2006,31(6):701-705.

[56] 陶慧,马小平,乔美英.基于微震时间序列的冲击地压混沌特性分析[J].煤矿安全,2012,43 (2):140-143.

[57] 吕垒,张教福,朱权洁,等.矿山微震时间序列的相空间构建与混沌吸引子维数确立[J].中 国安全生产科学技术,2016,12(2):27-32.

[58] 李学龙,李忠辉,王恩元,等.矿山爆破地震波混沌特征[J].辽宁工程技术大学学报(自然科 学版),2016,35(2):119-123.

[59] 付晓强,雷振,崔秀琴,等.立井爆破振动信号混沌特征研究[J].煤矿安全,2019,50(11): 63-66,71.

[60] 龙源,谢全民,钟明寿,等.爆破震动测试信号预处理分析中趋势项去除方法研究[J].工程 力学,2012,29(10):63-68.

[61] 张胜,凌同华,曹峰,等.模式自适应连续小波去除趋势项方法在爆破振动信号分析中的应 用[J].爆炸与冲击,2017,37(2):255-261.

[62] 付晓强,张仁巍,雷振,等.煤矿立井爆破信号趋势项和噪声消除方法[J].兰州工业学院学 报,2020,27(1):57-62.

[63] 韩亮,刘殿书,辛崇伟,等.深孔台阶爆破近区振动信号趋势项去除方法[J].爆炸与冲击, 2018,38(5):1006-1012.

[64] 秦喜文,郭佳静,史磊,等.基于变分模态分解与随机森林的滚动轴承故障诊断[J].制造业 自动化,2020,42(1):1-6.

［65］胡伟鹏，邹孝，刘备，等.基于多迭代变分模态分解与复合多尺度散布熵的生物组织变性识别方法［J］.传感技术学报，2019，32(12)：1856-1863.

［66］沈健，赵文涛，丁建明.基于变分模态分解和奇异值分解的结构模态参数识别方法［J］.交通运输工程学报，2019，19(6)：77-90.

［67］许子非，岳敏楠，李春.优化递归变分模态分解及其在非线性信号处理中的应用［J］.物理学报，2019，68(23)：292-305.

［68］张军，牛宝良，黄含军，等.爆炸分离冲击数据的零漂校正［J］.装备环境工程，2018，15(5)：12-15.

［69］刘小鸣，陈士海，胡帅伟.爆破振动震源荷载函数的确定［J］.华侨大学学报(自然科学版)，2019，40(2)：172-178.

［70］武宇，刘殿书，谢烽，等.浇花峪隧道爆破底板振动规律试验研究［J］.河南理工大学学报(自然科学版)，2018，37(2)：138-144.

［71］王万金，张志国，徐洪洲.含零漂的遥测加速度振动信号时域积分方法研究［J］.计算机测量与控制，2018，26(9)：255-258.

［72］汪海波，彭恒，宗琦.某煤矿岩巷不同爆破方式振动特性研究［J］.地下空间与工程学报，2018，14(2)：546-551.

［73］陈亮，刘宏立，郑倩，等.基于EEMD-SVD-PE的轨道波磨趋势项提取［J］.哈尔滨工业大学学报，2019，51(5)：171-177.

［74］张友鹏，张玉.基于CEEMD的无绝缘轨道电路调谐区故障特征提取［J］.铁道科学与工程学报，2018，15(9)：2385-2393.

［75］张慧娟，李冬.相关系数判决的EMD在振动数据趋势项提取中的应用［J］.舰船电子工程，2018，38(5)：164-168.

［76］余路，曲建岭，高峰，等.基于改进字典学习的单通道振动信号盲源分离算法［J］.振动与冲击，2019，38(1)：96-102.

［77］邱玥，孙成禹，唐杰.基于优化fast ICA盲源分离算法的地震属性融合方法研究［J］.石油物探，2018，57(5)：733-743.

［78］杨计先，马洁腾，陈帅志，等.基于HHT方法的煤矿深立井掘进爆破振动信号分析［J］.煤矿安全，2018，49(4)：201-204.

［79］付晓强，杨立云，陈程，等.小波分解下煤矿立井爆破振动信号Hilbert谱分析［J］.煤矿安全，2017，48(5)：217-220.

附录 部分程序

%程序 1:均匀正态分布白噪声和粉红噪声

```
Yu=rand(1000,1);Yn=randn(1000,1);
subplot(211)
plot(Yn), hold on, plot(Yu,'r')
subplot(223), hist(Yu,200)
title('均匀噪声分布')
subplot(224), hist(Yn,200)
title('随机噪声分布')
wn =randn(10000,1);              % wn 为白噪声
wnX =fft(wn);
pn=real(ifft( wnX . * …
linspace(−1,1,length(wnX))'.^2 )) * 2;
subplot(221)
plot(wn), hold on
plot(pn,'r')
xlabel('时间 (a. u. )')
ylabel('幅值 (a. u. )')
legend({'white','pink'})
subplot(222)
plot(wn,pn,'. ')
xlabel('白噪声幅值')
ylabel('粉红噪声幅值')
subplot(212)
plot(abs(fft(wn))), hold on
plot(abs(fft(pn)),'r')
legend({'white';'pink'})
xlabel('频率 (a. u. )'), ylabel('幅值')
```

%程序 2:正弦波

```
t =0:.001:5;             % 时间坐标范围以 1 ms 步长递进至 5 s
a =10;                   % 幅值
f =3;                    % 频率, Hz
p =pi/2;                 % 相角
y =a * sin(2 * pi * f * t+p);
```

```
plot(t,y)
xlabel('时间 (s)'), ylabel('幅值')
t =0:.001:5;                    % 采样频率为 1000 Hz
n =length(t);
a =[10 2 5 8];
f =[3 1 6 12];
p =[0 pi/4 -pi pi/2];
swave =zeros(size(t));
for i=1:length(a)swave =swave +a(i) * sin(2 * pi * f(i) * t+p(i));
end
plot(t,swave)
xlabel('时间 (s)'), ylabel('幅值')
swave =swave +mean(a) * randn(size(t));
plot(t,swave)
a =[10 2 5 8];
f =[3 1 6 12];
% 非重叠时间段
tchunks =round(linspace(1,n,length(a)+1));
swave =0;
for i=1:length(a)
swave =cat(2,swave,a(i) * ...
sin(2 * pi * f(i) * t(tchunks(i):tchunks(i+1)-1)));
end
plot(t,swave)
f =[2 10];                      % 频率，Hz
ff =linspace(f(1),f(2) * mean(f)/f(2),n);
swave =sin(2 * pi. * ff. * t);
plot(t,swave)
a =linspace(1,10,n);            % 时变幅值
f =3; % frequency in Hz
y =a. * sin(2 * pi * f * t);
plot(t,y)
```

%程序 3:高斯

```
t =-1:.001:5;
s =[.5 .1];                     % 带宽
a =[4 5];                       % 幅值
g1 =a(1) * exp( (-(t).^2) /(2 * s(1)^2) );
g2 =a(2) * exp( (-(t-2).^2) /(2 * s(2)^2) );
plot(t,g1), hold on
plot(t,g2,'r')
```

%程序 4：方波

```
t =0:.01:11;
plot(t,mod(t,2)>1), hold on
plot(t,.02+(mod(.25+t,2)>1.5),'r')
set(gca,'ylim',[-.1 1.1])
t =0:.01:11;
plot(t,abs(mod(t,2)-1.25)), hold on
plot(t,abs(mod(t,2)-1),'r')
```

%程序 5：其他时域函数

```
t =1:.01:11;
subplot(221), plot(t,sin(exp(t-5)))
subplot(222), plot(t,log(t)./t.^2)
subplot(223), plot(t,sin(t).*exp((-(t-3).^2)))
subplot(224), plot(t,abs(mod(t,2)-.66).*sin(2*pi*10*t))
```

%程序 6：稳态和非稳态时间序列

```
t=0:50; a=randn(size(t));
a(3:end)=a(3:end)+.2*a(2:end-1)-.4*a(1:end-2);
b1=rand;
for i=2:length(a)
b1(i) =1.05*b1(i-1)+randn/3;
end
subplot(221), plot(t,a)
subplot(222), plot(t,b1)
subplot(223), plot(t,detrend(b1))
b1deriv=diff(b1);
b1deriv(end+1)=b1deriv(end);
subplot(224), plot(t,b1deriv)
```

%程序 7：精度 vs 分辨率

```
srates =[100 1000];
t1=0:1/srates(1):2; t2=0:1/srates(2):2;
sine1=sin(2*pi*t1); % f implicitly set to 1
sine2=sin(2*pi*t2);
plot(t1,sine1,'bo'), hold on
plot(t2,sine2,'r.')
srates =[100 3];
t1=0:1/srates(1):2; t2=0:1/srates(2):2;
sine1=sin(2*pi*t1);
sine2=sin(2*pi*t2);
plot(t1,sine1,'bo'), hold on
plot(t2,sine2,'r.-')
```

%程序 8:时间序列开始和结束时的缓冲时间

```
t=0:.01:10;
x =sin(t). * exp((-(t-3).^2));
xflip =x(end:-1:1);
reflectedX =[xflip x xflip];
subplot(211), plot(x)
subplot(212), plot(reflectedX)
```

%程序 9：生成多元时间序列

```
% 协方差矩阵
v =[1.50;.510;001];
% 半正定协方差 Cholesky 分解
c =chol(v * v');
% n 采样点
n =10000;
d =randn(n,size(v,1)) * c;
```

%程序 10：复正弦波

```
srate=1000; t=0:1/srate:10; n=length(t);
csw =exp(1i * 2 * pi * t);% csw=complex sine wave
plot3(t,real(csw),imag(csw))
xlabel('time'), ylabel('real part')
zlabel('imaginary part')
rotate3d % MATLAB 中的主动单击和拖动实现
plot(t,real(csw))
```

%程序 11:快速和慢速傅里叶变换

```
signal =2 * sin(2 * pi * 3 * t + pi/2);
fouriertime =(0:n-1)/n; % n is length(t)
signalX =zeros(size(signal));
for fi=1:length(signalX)
csw =exp(-1i * 2 * pi * (fi-1) * fouriertime);
signalX(fi) =sum( csw. * signal )/n;
end
signalXF =fft(signal)/n;
```

%程序 12:绘制和解读傅里叶变换的结果

```
nyquistfreq =srate/2;
Hz =linspace(0,nyquistfreq,floor(n/2)+1);
subplot(211)
plot( Hz,2 * abs(signalX(1:length( Hz))), hold on
plot( Hz,2 * abs(signalXF(1:length( Hz))),'r')
xlabel('频率( Hz)')
```

```
ylabel('幅值')
set(gca,'xlim',[0 10])
legend({'慢速傅里叶变换';…
'快速傅里叶变换'})
subplot(212)
plot( Hz,angle(signalX(1:floor(n/2)+1)))
xlabel('频率( Hz)')
ylabel('相角(radians)')
```

%程序 13：具有多个正弦波和噪声的傅里叶变换

```
srate=1000; t=0:1/srate:5; n=length(t);a=[10 2 5 8]; f=[3 1 6 12];
swave =zeros(size(t));
for i=1:length(a)
swave =swave + a(i)*sin(2*pi*f(i)*t);
end
%傅里叶变换
swaveX =fft(swave)/n;
Hz =linspace(0,srate/2,floor(n/2)+1);
%输出
subplot(211), plot(t,swave)
xlabel('Time (s)'), ylabel('amplitude')
subplot(212)
plot( Hz,2*abs(swaveX(1:length( Hz))))
set(gca,'xlim',[0 max(f)*1.3]);
xlabel('频率( Hz)'), ylabel('幅值')
swaveN =swave + randn(size(swave))*20;
swaveNX =fft(swaveN)/n;
subplot(211), plot(t,swaveN)
xlabel('Time (s)'), ylabel('amplitude')
subplot(212)
plot( Hz,2*abs(swaveNX(1:length( Hz))))
set(gca,'xlim',[0 max(f)*1.3]);
xlabel('频率( Hz)'),
ylabel('幅值')
```

%程序 14:提取特定频率的信息

```
[junk,ten Hzidx] =min(abs( Hz-10));
ten Hzidx =dsearchn( Hz',10);
frex_idx =sort(dsearchn( Hz',f'));
requested_frequences =2*abs(swaveX(frex_idx));bar(requested_frequences)
xlabel('频率( Hz)'), ylabel('幅值')
set(gca,'xtick',1:length(frex_idx), …
'xticklabel',cellstr(num2str(round( Hz(frex_idx))')))
```

％程序 15：非平稳正弦信号的傅里叶变换

```
srate=1000; t=0:1/srate:5; n=length(t);
f=3; %频率, Hz
swave=linspace(1,10,n). * sin(2 * pi * f * t);
swaveX=fft(swave)/length(t);
Hz=linspace(0,srate/2,floor(n/2)+1);
subplot(211), plot(t,swave)
xlabel('时间'), ylabel('幅值')
subplot(212)
plot( Hz,2 * abs(swaveX(1:length( Hz))))
xlabel('频率（ Hz)'), ylabel('幅值')
a=[10 2 5 8];
f=[3 1 6 12];
tchunks=round(linspace(1,n,length(a)+1));
swave=0;
for i=1:length(a)
swave=cat(2,swave,a(i) * ...
sin(2 * pi * f(i) * t(tchunks(i):tchunks(i+1)-1)));
end
swaveX=fft(swave)/n;
Hz=linspace(0,srate/2,floor(n/2)+1);
subplot(211), plot(t,swave)
xlabel('时间'),
ylabel('幅值')
subplot(212)
plot( Hz,2 * abs(swaveX(1:length( Hz))))
xlabel('频率（ Hz)'),
ylabel('幅值')
f=[2 10];
ff=linspace(f(1),f(2) * mean(f)/f(2),n);
swave=sin(2 * pi. * ff. * t);
swaveX=fft(swave)/n;
Hz=linspace(0,srate/2,floor(n/2));
subplot(211), plot(t,swave)
xlabel('时间'),
ylabel('幅值')
subplot(212)
plot( Hz,2 * abs(swaveX(1:length( Hz))))
xlabel('频率( Hz)'),
ylabel('幅值')
```

%程序 16：非正弦信号的傅里叶变换

```
srate=100; t=0:1/srate:11; n=length(t);
boxes = double(.02+(mod(.25+t,2)>1.5));
boxesX =fft(boxes)/n;
Hz =linspace(0,srate/2,floor(n/2));
subplot(211), plot(t,boxes)
xlabel('时间'), ylabel('幅值')
subplot(212)
plot( Hz,2 * abs(boxesX(1:length( Hz))))
xlabel('频率( Hz)'), ylabel('幅值')
```

%程序 17：边缘伪像和傅里叶变换,时间序列锥化

```
x=(linspace(0,1,1000)>.5)+0;
% the +0 converts boolean to numeric
subplot(211), plot(x)
set(gca,'ylim',[-.1 1.1])
xlabel('时间 (a. u. )')
subplot(212), plot(abs(fft(x))),
set(gca,'xlim',[0 200],'ylim',[0 100])
xlabel('频率(a. u. )')
srate=1000; t=0:1/srate:10; n=length(t);
x1 =sin(2 * pi * 2 * t + pi/2);
x2 =sin(2 * pi * 2 * t);
subplot(211), plot(t,x1)
hold on, plot(t,x2,'r')
xlabel('时间'), ylabel('幅值')
Hz =linspace(0,srate/2,floor(n/2)+1);
x1X =fft(x1)/n;
x2X =fft(x2)/n;
subplot(212),
plot( Hz,2 * abs(x1X(1:length( Hz))),'b. -'),hold on
plot( Hz,2 * abs(x2X(1:length( Hz))),'r. -')
xlabel('频率( Hz)'), ylabel('幅值')
set(gca,'xlim',[0 10],'ylim',[0 .001])
hannwin =.5 * (1-cos(2 * pi * linspace(0,1,n)));
subplot(311), plot(t,x1)
subplot(312), plot(t,hannwin)
subplot(313), plot(t,x1. * hannwin)
Hz =linspace(0,srate/2,floor(n/2)+1);
x1X =fft(x1)/n;
x2X =fft(x1. * hannwin)/n;
plot( Hz,2 * abs(x1X(1:length( Hz)))), hold on
plot( Hz,2 * abs(x2X(1:length( Hz))),'r')
set(gca,'xlim',[0 10],'ylim',[0 1])
```

%程序 18:零填充和频率分辨率

```
n=50; x=(linspace(0,1,n)>.5)+0;
zeropadfactor =2;
subplot(211), plot(x)
set(gca,'ylim',[−.1 1.1])
xlabel('Time (a. u. )')
X1=fft(x,n)/n;
Hz1=linspace(0,n/2,floor(n/2)+1);
subplot(212)
plot( Hz1,2 * abs(X1(1:length( Hz1))))
X2=fft(x,zeropadfactor * n)/n;
Hz2=linspace(0,n/2,floor(zeropadfactor * n/2)+1);
hold on,plot( Hz2,2 * abs(X2(1:length( Hz2))),'r')
set(gca,'xlim',[0 20])
xlabel('频率 (a. u. )')
```

%程序 19:混叠和子采样

```
srate=1000; t=0:1/srate:1;
f =30; % Hz
srates =[15 20 50 200]; % Hz
% "连续正弦波
d =sin(2 * pi * f * t);
for i=1:4
subplot(2,2,i)
plot(t,d), hold on
samples =round(1:1000/srates(i):length(t));
plot(t(samples),d(samples),'r−','linew',2)
end
```

%程序 20:重复测量

```
nTrials=40; srate=1000;
t=0:1/srate:5; n=length(t);
a=[2 3 4 2]; f=[1 3 6 12];
data=zeros(size(t));
for i=1:length(a)
data =data + a(i) * sin(2 * pi * f(i) * t);
end
dataWnoise =bsxfun(@plus,data, ...
30 * randn(nTrials,n));
Hz =linspace(0,srate/2,floor(n/2)+1);
dataPow =zeros(nTrials,length( Hz));
hanwin =.5 * (1−cos(2 * pi * linspace(0,1,n)));
fortriali=1:nTrials
```

```
temp = fft(hanwin. * dataWnoise(triali, :))/n;
dataPow(triali, :) = 2 * abs(temp(1:length( Hz)));
end
subplot(211), plot(t, mean(dataWnoise))
subplot(212), plot( Hz, dataPow), hold on
plot( Hz, mean(dataPow), 'k', 'linewidth', 5)
set(gca, 'xlim', [0 20])
```

%程序 21:傅里叶变换和信噪比

```
snr = mean(detrend(dataPow')'). / std(detrend(dataPow')');
plot( Hz, snr)
set(gca, 'xlim', [0 20])
srate = 1000; t = 0:1/srate:5; n = length(t);
% how much noise to add
noisefactor = 20;
%创建多主频信号
a = [2 3 4 2]; f = [1 3 6 12];
data = zeros(size(t)); for i = 1:length(a)
data = data + a(i) * sin(2 * pi * f(i) * t);
end
data = data + noisefactor * randn(size(data));
%定义 Slepian 锥化
tapers = dpss(n, 3)';
% initializemultitaper power matrix
mtPow = zeros(floor(n/2)+1, 1);
Hz = linspace(0, srate/2, floor(n/2)+1);
% loop through tapers
for tapi = 1:size(tapers, 1)-1
% 刻度锥度
temptaper = tapers(tapi, :). / max(tapers(tapi, :));
% FFT and add to power
x = abs(fft(data. * temptaper)/n). ^2;
mtPow = mtPow + x(1:length( Hz))';
end
% divide by the n tapers to average
mtPow = mtPow. /tapi;
% 'normal' power spectra
hann = .5 * (1-cos(2 * pi * (1:n)/(n-1)));
x = abs(fft(data. * hann)/n). ^2;
regPow = x(1:length( Hz));
%输出
plot( Hz, mtPow, '. —'), hold on
plot( Hz, regPow, 'r. —')
```

%程序 22：慢速和快速傅里叶逆变换

```
xTime = randn(20,1);
xFreq = fft(xTime)/length(xTime);
t = (0:length(xTime)−1)'/length(xTime);
recon_data = zeros(size(xTime));
for fi=1:length(xTime)
sine_wave = xFreq(fi) * exp(1i * 2 * pi * (fi−1). * t);
recon_data = recon_data + sine_wave;
end
plot(xTime,'.−'), hold on
plot(real(recon_data),'ro')
recon_data = ifft(xFreq);
```

%程序 23：短时傅里叶变换

```
srate=1000; t=0:1/srate:5; n=length(t);
f = [30 3 6 12];
tchunks = round(linspace(1,n,length(f)+1));
data =0;
for i=1:length(f)
data = cat(2,data,sin(2 * pi * f(i) * t(tchunks(i):tchunks(i+1)−1) ));
end
subplot(211), plot(t,data)
fftWidth_ms =1000;
fftWidth=round(fftWidth_ms/(1000/srate)/2);
Ntimesteps =10; % number of time widths
centimes =round(linspace(fftWidth+1, n−fftWidth,Ntimesteps));
Hz=linspace(0,srate/2,fftWidth−1);
tf=zeros(length( Hz),length(centimes));
hwin =.5 * (1−cos(2 * pi * (1:fftWidth * 2)/ (fftWidth * 2−1))); % Hann taper
for ti=1:length(centimes)
x =fft(hwin. * data(centimes(ti)−fftWidth:centimes(ti)+fftWidth−1))/fftWidth * 2;
tf(:,ti) =2 * abs(x(1:length( Hz)));
end
subplot(212)
contourf(t(centimes), Hz,tf,1)
set(gca,'ylim',[0 50],'clim',[0 1])
xlabel('Time (s)'), ylabel('Frequency ( Hz)')
freq2plot =dsearchn( Hz',6);
plot(t(centimes),tf(freq2plot, :),'−o')
```

%程序 24：短时傅里叶变换中频域精度和分辨率

```
% 仅保留 30 个均匀分布的频率
freqs2keep =linspace(0, Hz(end),30);
```

```
freqsidx = dsearchn( Hz',freqs2keep');
hanwin = .5 * (1−cos(2 * pi * (1:fftWidth * 2) /(fftWidth * 2−1)));
tf=zeros(length(freqs2keep),length(centimes));
for ti=1:length(centimes)
temp = data(centimes(ti)−fftWidt:centimes(ti)+fftWidth−1);
x =fft(hanwin. * temp)/fftWidth * 2;
tf(:,ti)=2 * abs(x(freqsidx));
end
```

%程序 25:根据不同的频率范围调整窗口大小

```
NtimeWidths =5;
fftWidth_ms =linspace(1300,500,NtimeWidths);
fftWidth =round(fftWidth_ms. /(1000/srate)/2);
Ntimesteps =10; % number of time widths
centimes =round(linspace(max(fftWidth)+1,length(t)−max(fftWidth),Ntimesteps));
% frequencies to keep, and per bin
f2keep =linspace(1,50,40);
freqsPerBin =ceil((f2keep. /max(f2keep)) * NtimeWidths);
tf=zeros(length(f2keep),length(centimes));
for ti=1:length(centimes)
for fi=1:NtimeWidths
% find appropriate frequencies in this bin
Hz=linspace(0,srate/2,fftWidth(fi)−1);
freqsidx = dsearchn( Hz',f2keep(freqsPerBin==fi)');
% 计算窗口化 FFT
hanwin=.5 * (1−cos(2 * pi * (1:fftWidth(fi) * 2)/(fftWidth(fi) * 2−1)));
temp = data(centimes(ti)−fftWidth(fi):centimes(ti)+fftWidth(fi)−1);
x =fft(hanwin. * temp)/fftWidth(fi) * 2;
% put data in TF matrix
tf(freqsPerBin==fi,ti)=2 * abs(x(freqsidx));end
end
```

%程序 26: Wigner-Ville 分布

```
% for signal 'data' of length 'n'
for ti=1:n
% determine points to use
tmax =min([ti−1,n−ti,round(n/2)−1]);
pnts =−tmax:tmax;
idx =rem(n+pnts,n)+1;
% multiply forward and backward points
wig(idx,ti) =data(ti+pnts). * data(ti−pnts);
end% take Fourier transform
wig =2 * abs(fft(wig)/size(wig,1))
```

%程序 27:小波和 Morlet 小波

```
t=-1:.01:1; f=10;
sinewave =cos(2 * pi * f * t);
w =2 * ( 5/(2 * pi * f) )^2;
gaussian =exp( (-t.^2)/w );
mwavelet =sinewave . * gaussian;
plot(t,mwavelet);
t=-1:.01:1; f=10;
csw =exp(1i * 2 * pi * f * t);
mwavelet =csw . * gaussian;
plot3(t,real(mwavelet),imag(mwavelet),'-o');
xlabel('Time (s)'), ylabel('real part'),
zlabel('imaginary part')
```

%程序 28:时域卷积

```
srate=1000; f=[2 8];
t=0:1/srate:6; n=length(t);
chirpTS =sin(2 * pi. * linspace(f(1),f(2) * mean(f)/f(2),n). * t);
% create complex Morlet wavelet
wtime =-2:1/srate:2; % wavelet time
w =2 * ( 4/(2 * pi * 5) )^2;
cmw =exp(1i * 2 * pi * 5. * wtime) . * exp( (-wtime.^2)/w );
% half of the length of the wavelet
halfwavL =floor(length(wtime)/2);
% zero-pad chirp
chirpTSpad =[zeros(1,halfwavL) chirpTSzeros(1,halfwavL)];
% 运行卷积
convres =zeros(size(chirpTSpad));for i=halfwavL+1:length(chirpTS)+halfwavL-1
% at each time point, compute dot product
convres(i)=sum(chirpTSpad(i-halfwavL:i+halfwavL) . * cmw );
end
% cut off edges
convres =convres(halfwavL:end-halfwavL-1);
subplot(211), plot(t,chirpTS)
subplot(212), plot(t,abs(convres))
```

%程序 29:振幅缩放复 Morlet 小波卷积结果

```
Lconv =length(t)+length(wtime)-1;
cmwX =fft(cmw,Lconv);
cmwX =cmwX. /max(cmwX);
convres4 =ifft( fft(chirpTS,Lconv). * cmwX );
convres4 =convres4(halfwavL:end-halfwavL-1);
plot(t,chirpTS), hold on
plot(t,2 * abs(convres4),'r')
```

%程序 30:复 Morlet 小波卷积进行时频分析

```
nfrex =30;
frex =logspace(log10(2),log10(30),nfrex);
tf =zeros(nfrex,length(chirpTS));
chirpTSX =fft(chirpTS,Lconv);
for fi=1:nfrex
w =2 * ( 5/(2 * pi * frex(fi)) )^2;
cmwX =fft(exp(1i * 2 * pi * frex(fi). * wtime) . * exp( (−wtime.^2)/w ), Lconv);
cmwX =cmwX./max(cmwX); % scale to 1
convres =ifft( chirpTSX . * cmwX );
tf(fi, :) =2 * abs(convres(halfwavL: ...
end−halfwavL−1));
end
contourf(t,frex,tf,40,'linecolor','none')
```

%程序 31:暂态降采样结果

```
% define time points to plot
t2plot =dsearchn(t',(1:.2:4.5)');
% and the frequency to plot
f2plot =dsearchn(frex',6);
plot(t,tf(f2plot,:)), hold on
plot(t(t2plot),tf(f2plot,t2plot),'ro−')
```

%程序 32:高斯宽度参数和时频协调

```
freq2use =5;
w =2 * ( 7/(2 * pi * freq2use) )^2;
cmw7 =exp(1i * 2 * pi * freq2use. * wtime) . * exp( (−wtime.^2)/w );
convres =ifft( chirpTSX . * fft(cmw7,Lconv) );
pow7 =abs(convres(halfwavL:end−halfwavL−1));
w =2 * ( 3/(2 * pi * freq2use) )^2;
cmw3 =exp(1i * 2 * pi * freq2use. * wtime) . * exp( (−wtime.^2)/w );
convres =ifft( chirpTSX . * fft(cmw3,Lconv) );
pow3 =abs(convres(halfwavL:end−halfwavL−1));
subplot(221)
plot(wtime,real(cmw7)),
hold on
plot(wtime,real(cmw3),'r')
subplot(222)
Hz =linspace(0,srate/2, floor(length(wtime)/2+1));
x7=2 * abs(fft(cmw7)); x3=2 * abs(fft(cmw3));
plot( Hz,x7(1:length( Hz))),
hold on
```

```
plot( Hz,x3(1:length( Hz)),'r')
set(gca,'xlim',[0 20])
subplot(212)
plot(t,pow7), hold on
plot(t,pow3,'r')
nfrex =9;
frex =logspace(log10(2),log10(30),nfrex);
ncyc =logspace(log10(3),log10(12),nfrex);cmw_fam =zeros(nfrex,length(wtime));
for fi=1:nfrex
w =2 * (ncyc(fi)/(2 * pi * frex(fi)) )^2;
cmw_fam(fi,:)=exp(1i * 2 * pi * frex(fi). * wtime). * exp( −wtime. ^2)/w );
end
for i=1:9
subplot(3,3,i)
plot(wtime,real(cmw_fam(i,:)))
set(gca,'xlim',[−1 1])
end
```

％程序 33：基线归一化

```
%创建信号
f =[6 14 25 40 70];
% note the widely varying amplitudes
a =[.001234 1.234 1234 123400 12340000];
% relevant amplitude modulations
m =[−.1 .1 −.2 .2 −.3];
signal =zeros(size(t));
for i=1:length(f)
% compute 'base' signal
signal =signal + a(i). * sin(2 * pi * f(i). * t);
% compute time−limited modulation
extrasignal =m(i) * a(i) * sin(2 * pi * f(i). * t) . * exp( −(t−7).^2 );
% add modulation to signal
signal =signal +extrasignal;
end
%−> wavelet convolution excluded for space <−%
%输出结果
subplot(221), plot(t,tf)
% compute dB relative to baseline
bidx =dsearchn(t',[2 4]');
baseMean =mean(tf(:,bidx(1):bidx(2)),2);
db =10 * log10(bsxfun(@rdivide,tf,baseMean) );
subplot(224), plot(t,db)
```

%程序 34:希尔伯特变换

```
n=20; d=randn(n,1); dx=fft(d);
posF =2:floor(n/2); % positive frequencies
negF =floor(n/2)+2:n; % negative frequencies
dx(posF)=dx(posF)*2;
dx(negF)=0;
hilbertd =ifft(dx);
plot(d), hold on
plot(real(hilbertd),'ro')
t=0:.01:5;
signal =zeros(size(t));
a=[10 2 5 8]; f=[3 1 6 12];
for i=1:length(a)
signal =signal + a(i)*sin(2*pi*f(i)*t);
end
hilsine =hilbert(signal);
subplot(311), plot(t,signal)
subplot(312), plot(t,abs(hilsine).^2)
subplot(313), plot(t,angle(hilsine))
```

%程序 35:时间序列数据的基本频域处理

```
t=0:.001:1; sinewave=3*sin(2*pi*5*t);
plot(t,sinewave), hold on
sinewaveDamp=real(ifft( fft(sinewave)*.5) );
plot(t,sinewaveDamp,'r')
srate=1000; t=0:1/srate:1; n=length(t);
signal=3*sin(2*pi*5*t) + 4*sin(2*pi*10*t);
subplot(211), plot(t,signal), hold on
x=fft(signal)/n;
Hz=linspace(0,srate/2,floor(n/2)+1);
subplot(212)
plot( Hz,2*abs(x(1:length( Hz))),'-*');
hold on
% 衰减频率
Hzidx=dsearchn( Hz',[8 14]');
x( Hzidx(1):Hzidx(2)) =.1*x( Hzidx(1):Hzidx(2));
subplot(211)
plot(t,real(ifft(x)*n),'r')
subplot(212)
plot( Hz,2*abs(x(1:length( Hz))),'r-o')
set(gca,'xlim',[0 15])
```

%程序 36：时域中的频率边缘伪像

```
srate=1000; t=0:1/srate:5;
sinewave=sin(2*pi*2*t);
subplot(211), plot(t,sinewave), hold on
x=fft(sinewave)/length(t);
Hz=linspace(0,srate/2,floor(length(t)/2+1));
subplot(212)
plot( Hz,2*abs(x(1:length( Hz))),'—*'), hold on
Hzidx=dsearchn( Hz',[8 9]');
x( Hzidx(1): Hzidx(2)) =.5;
subplot(211)
plot(t,real(ifft(x*length(t))),'r')
set(gca,'ylim',[−5 5])
subplot(212)
plot( Hz,2*abs(x(1:length( Hz))),'r—o')
set(gca,'xlim',[0 15])
```

%程序 37：高通和低通滤波器

```
srate=1000; t=0:1/srate:3; n=length(t);
frex =logspace(log10(.5),log10(20),10);
amps =10*rand(size(frex));
data =zeros(size(t));
for fi=1:length(frex)
data=data+amps(fi)*sin(2*pi*frex(fi)*t);
end
subplot(211), plot(t,data)
hold on
x=fft(data);
Hz=linspace(0,srate,n);
subplot(212), plot( Hz,2*abs(x)/n,'—*')
hold on
set(gca,'xlim',[0 25])
filterkernel =(1./(1+exp(− Hz+7)));
x =x.*filterkernel;
subplot(211), plot(t,real(ifft(x)),'r')
subplot(212), plot( Hz,2*abs(x/n),'r—o')
subplot(211), plot(t,data),
hold on
x=fft(data); Hz=linspace(0,srate,n);
subplot(212), plot( Hz,2*abs(x)/n,'—*')
hold on,
set(gca,'xlim',[0 25])
```

```
filterkernel =(1-1./(1+exp(- Hz+7)));
x =x. * filterkernel;
subplot(211), plot(t,real(ifft(x)),'r')
subplot(212), plot( Hz,2 * abs(x/n),'r-o')
```

%程序 38:平台形带通滤波器

```
srate=1000; nyquist=srate/2;
band =[4 8]; % Hz
twid =0.2; % transition zone of 20%
filtO =round(3 * (srate/band(1)));
freqs =[ 0 (1-twid) * band(1) band(1) band(2) (1+twid) * band(2) nyquist]/nyquist;
idealresponse =[ 0 0 1 1 0 0 ];
filterweights =firls(filtO,freqs,idealresponse);
filtered_data =filtfilt(filterweights,1,data);
subplot(211), plot(freqs * nyquist,idealresponse)
filterx =fft(filterweights);
Hz=linspace(0,nyquist,floor(filtO/2)+1);
hold on
plot( Hz,abs(filterx(1:length( Hz))),'r-o')
set(gca,'xlim',[0 50])
subplot(212), plot(filterweights)
Lconv =length(filterweights)+length(data)-1;
halfwavL =floor(length(filterweights)/2);
convres =real(ifft( fft(data,Lconv). * fft(filterweights,Lconv) ,Lconv));
convres =convres(halfwavL:end-halfwavL-1);
filtdat =filtfilt(filterweights,1,data);
plot(t,data), hold on
plot(t,convres,'r')
plot(t,filtdat,'k')
```

%程序 39:产生任意频率随时间变化信号

```
srate=1000; t=0:1/srate:5;
freqTS =linspace(1,20,length(t));
centfreq =mean(freqTS);
k =(centfreq/srate) * 2 * pi/centfreq;
y =sin(2 * pi. * centfreq. * t + ...
k * cumsum(freqTS-centfreq));
plot(t,y)
plot(freqTS)
```

%程序 40:估计瞬时频率

```
srate=1000; t=0:1/srate:5; n=length(t);
f =[4 6];
```

```
ff =linspace(f(1),f(2) * mean(f)/f(2),n);
signal =sin(2 * pi. * ff. * t);
phases =angle(hilbert(signal));
angVeloc =diff(unwrap(phases));
instFreq1 =srate * angVeloc/(2 * pi);
subplot(211), plot(t,signal)
subplot(212), plot(t(1:end−1),instFreq1)
instFreq1(n) =instFreq1(n−1);
```

％程序 41：带限瞬时频率

```
a=[10 2 5 8]/10; f=[3 1 6 12];
background =zeros(size(t));
for i=1:length(a)
background =background + ...
a(i) * sin(2 * pi * f(i) * t);
end
data =signal + background;
instFreq2 =srate * diff(unwrap(angle(hilbert( ...
data))))/(2 * pi);
subplot(211), plot(t,data)
subplot(212), plot(t(1:end−1),instFreq2)
plot(t,angle(hilbert(data)))
wtime =−2:1/srate:2;
wavefreq =5; % Hz
w =2 * ( 5/(2 * pi * wavefreq) )ˆ2;
cmw =exp(1i * 2 * pi * wavefreq. * wtime) ...
. * exp( (−wtime.ˆ2)/w );
halfwavL =floor(length(wtime)/2);
Lconv =length(t)+length(wtime)−1;
convres =ifft(fft(data,Lconv). * fft(cmw,Lconv));
convres =convres(halfwavL:end−halfwavL−1);instFreq3 =diff(unwrap(angle(convres)));
instFreq3(n) =instFreq3(n−1);
plot(t,instFreq1), hold on,
plot(t,srate * instFreq3/(2 * pi),'r')
```

％程序 42：宽带噪声下的瞬时频率估计

```
data =signal +randn(size(signal));
phases =angle(hilbert(data));
angVeloc =diff(unwrap(phases));instFreq =srate * angVeloc/(2 * pi);
instFreq(end+1) =instFreq(end);
subplot(311), plot(t,data)
subplot(312), plot(t,phases)
subplot(313), plot(t,instFreq)
```

%程序43:经验模态分解

```
signal=zeros(size(t));
for i=1:4
f=rand(1,2)*10 + i*10;
ff=linspace(f(1),f(2)*mean(f)/f(2),n);
signal =signal + sin(2*pi.*ff.*t);
end
Hz=linspace(0,srate/2,floor(n/2)+1);
x=fft(signal)/n;
subplot(211), plot(t,signal)
subplot(212), plot( Hz,2*abs(x(1:length( Hz))))
set(gca,'xlim',[0 60])
imfs =emdx(signal,4);
f=fft(imfs,[],2)/n;
plot( Hz,abs(f(:,1:length( Hz))).^2)
set(gca,'xlim',[0 60])
```

%程序44:均化平稳

```
n=10000;nbins=200; % bins =windows
x=linspace(0,5,n) + randn(1,n);
y=randn(1,n);
timeMeanX =mean(reshape(x,n/nbins,nbins));
timeMeanY =mean(reshape(y,n/nbins,nbins));
subplot(221), plot(x)
subplot(222), plot(y)
subplot(223), plot(1:n/nbins:n,timeMeanX)
subplot(224), plot(1:n/nbins:n,timeMeanY)
x=diff(x); x(n)=x(end);
timeMeanX =mean(reshape(x,n/nbins,nbins));
subplot(221), plot(x)
subplot(223), plot(1:n/nbins:n,timeMeanX)
```

%程序45:方差平稳性

```
x=linspace(1,5,n) .* randn(1,n);
y=exp(-linspace(-1,1,n).^2) .* randn(1,n);
timevarX =var(reshape(x,n/nbins,nbins),[],1);
timevarY =var(reshape(y,n/nbins,nbins),[],1);
subplot(221), plot(x)
subplot(222), plot(y)
subplot(223), plot(1:n/nbins:n,timevarX)
subplot(224), plot(1:n/nbins:n,timevarY)
```

%程序 46：相位和频率平稳性

```
srate=1000; t=0:1/srate:5; n=length(t);
freqTS =interp1(10 * randn(5,1), ...
linspace(1,5,n),'spline');
centfreq =mean(freqTS);
k =(centfreq/srate) * 2 * pi/centfreq;
y =sin(2 * pi. * centfreq. * t + ...
k * cumsum(freqTS−centfreq));
phases1 =diff(unwrap(angle(hilbert(y))));
y =sin(2 * pi. * 10. * t);
phases2 =diff(unwrap(angle(hilbert(y))));
subplot(211), plot(t(1:end−1),phases1)
subplot(212), plot(t(1:end−1),phases2)
```

%程序 47：多元数据的平稳性

```
n=100000; % N per section
% covariance matrices
v{1} =[1.5 0;.5 1 0; 0 0 1.1];
v{2} =[1.1.1 0;.1 1.1 0; 0 1.1.1];
v{3} =[.8 0 0.9; 0 1 0; 0 0 1.1];
% create multivariate signal (mvsig)
mvsig =zeros(0,length(v));
for i=1:length(v)
c =chol(v{i} * v{i}');
tempd =randn(n,size(v{i},1)) * c;
mvsig =cat(1,mvsig,tempd);
end
plot(mvsig)
nbins =200;
nn =length(mvsig);
d3d =reshape(mvsig,nn/nbins,nbins,length(v));
forbini=1:nbins
% 'tm' means temporary matrix
tm =squeeze(d3d(:,bini,:));
tCovar(bini,:,:) =(tm' * tm)/size(d3d,1);
ifbini>1
y(bini)=sum( (reshape(tCovar(bini,:,:)− ...
tCovar(bini−1,:,:),1,[]).^2 ));
end
end
plot(y)
variance=tCovar(:,:,3);
plot(variance)
```

％程序 48：滤波衰减噪声

```
srate=1000; t=0:1/srate:3; n=length(t);
signal =.2 * sin(2 * pi * .8 * t) + sin(2 * pi * 6 * t);
noise =100 * sin(2 * pi * 50 * t);
data =signal + noise;
dataX=fft(data);
Hz=linspace(0,srate,length(t));
filterkernel =(1-1./(1+exp(- Hz+40)));
dataX =dataX. * filterkernel;
data2 =real(2 * ifft(dataX));
subplot(211), plot(t,data)
subplot(212), plot(t,data2), hold on
plot(t,signal,'r')
```

％程序 49：去均值滤波

```
noise =randn(size(signal));
data =signal + noise;
d=9; % 19-point mean filter
dataMean=zeros(size(data));
for i=d+1:length(t)-d-1
dataMean(i) =mean(data(i-d:i+d));
end
subplot(211), plot(t,data)
subplot(212), hold on
plot(t,dataMean,'b')
plot(t,signal,'r')
```

％程序 50：加权移动平均滤波器

```
noise =randn(size(signal));
data =signal + noise;
d=9; % 19-point mean filter
% Gaussian, width=2
gausfilt =exp(-(-d:d). ^2/4);
halfGausL =floor(length(gausfilt)/2);
% convolution
Lconv =length(gausfilt)+length(t)-1;
convres =ifft( fft(data,Lconv). * ...
fft(gausfilt,Lconv) );
dataGaus =convres(halfGausL:end-halfGausL-1);
subplot(211), plot(t,data)
subplot(212), hold on
plot(t,dataGaus/sum(gausfilt),'b')
plot(t,signal,'r')
```

%程序 51:去中值滤波器

```
noise =zeros(size(t));
% necessity of 'find' is version—dependent
noise(find(isprime(1:length(t)))) =100;
data =signal + noise;
d=9; % 19—point median filter
[dataMed,dataMean]=deal(zeros(size(data)));
for i=d+1:length(t)—d—1
    dataMed(i)  = median(data(i—d:i+d));
    dataMean(i) =mean(data(i—d:i+d));
end
subplot(211), plot(t,data)
subplot(212), plot(t,dataMed), hold on
plot(t,dataMean,'r'), plot(t,signal,'k')
n_order=6; d=round(linspace(5,19,n_order));
dataMedFull =zeros(n_order,length(t));
for oi=1:n_order
    for i=d(oi)+1:length(t)—d(oi)—1
        temp =sort(data(i—d(oi):i+d(oi)));
        dataMedFull(oi,i) = ...
                temp(floor(length(temp)/2)+1);
    end
end
dataMed =mean(dataMedFull);
```

%程序 52:基于阈值滤波器

```
signal =.5 * sin(2 * pi * 60 * t) + sin(2 * pi * 6 * t);
noise =zeros(size(t));
noise(find(isprime(1:length(t)))) =100;
data =signal + noise;
d=9; % 19—point median filter
dataMed=data;
points2filter = ...
    find(data>2 * std(data)+median(data));
for i=1:length(points2filter)
    centpoint =points2filter(i);
    dataMed(centpoint) =median( ...
        data(max(1,centpoint—d): ...
            min(length(data),centpoint+d)));
end
subplot(211), plot(t,data)
subplot(212), plot(t,dataMed), hold on
```

```
plot(t,signal,'k')
set(gca,'xlim',[0 .5])
dataMed2 =zeros(size(data));
for i=d+1:length(t)-d-1
    dataMed2(i)  = median(data(i-d:i+d));
end
plot(t,dataMed2,'r')
```

%程序 53：多项式拟合

```
x=1:20; y=2 * x+randn(size(x));
p=polyfit(x,y,1);
plot(x,y,'o-'), hold on
plot(x,p(2)+p(1) * x,'r * -')
y = p(4) + p(3) * x + p(2) * x.^2 + p(1) * x.^3;
srate=1000; t=0:1/srate:5;
signal =interp1(0:5,randn(6,1),t,'spline');
noise =3 * randn(size(t));
data =signal+noise;
polyorder =6;
p =polyfit(t,data,polyorder);
dataPolyFit =polyval(p,t);
subplot(211), plot(t,data)
subplot(212), plot(t,dataPolyFit), hold on
plot(t,signal,'r')
plot(t,data-dataPolyFit,'k')
```

%程序 54：光谱相干性

```
srate=1000; t=0:1/srate:9; n=length(t);
% create signals
f =[10 14 8];
k1=(f(1)/srate) * 2 * pi/f(1);
sigA =sin(2 * pi. * f(1). * t + k1 * ...
cumsum(5 * randn(1,n))) + randn(size(t));
sigB =sin(2 * pi. * f(2). * t + k1 * ...
cumsum(5 * randn(1,n))) + sigA;
sigA =sigA + sin(2 * pi. * f(3). * t + ...
            k1 * cumsum(5 * randn(1,n)));
% show power of each channel
Hz =linspace(0,srate/2,floor(n/2)+1);
sigAx =fft(sigA)/n;
sigBx =fft(sigB)/n;
subplot(221)
plot( Hz,2 * abs(sigAx(1:length( Hz)))), hold on
```

```
plot( Hz, 2 * abs(sigBx(1:length( Hz))),'r')
axis([0 20 0 1]);
% spectral coherence
specX = abs(sigAx. * conj(sigBx)). ^2;
spectcoher = specX. /(sigAx. * sigBx);
subplot(222)
plot( Hz, abs(spectcoher(1:length( Hz))))
```

％程序 55：主分量分析

```
% covariance of data
v = rand(10); c = chol(v * v');
n = 10000; % n time points
d = randn(n, size(v, 1)) * c;
% subtract mean and compute covariance
d = bsxfun(@minus, d, mean(d, 1));
covar = (d' * d). /(n-1);
imagesc(covar)
% compute PCA andeigenvalues (ev)
[pc, ev] = eig(covar);
% re-sort components
pc = pc(:, end:-1:1);
% extracteigenvalues and covert to %
ev = diag(ev);
ev = 100 * ev(end:-1:1). /sum(ev);
plot(ev, '-o')
subplot(211), plot(d)
subplot(212)
plot(pc(:, 1)' * d'), hold on
plot(pc(:, 2)' * d', 'r')
```